VOLLER LEBEN
UNESCO-Biosphärenreservate –
Modellregionen für
eine Nachhaltige Entwicklung

Impressum

Herausgeber:
Deutsches MAB-Nationalkomitee beim Bundesministerium für Umwelt,
Naturschutz und Reaktorsicherheit (BMU)
Vorsitzender: Alfred Walter
Robert-Schuman-Platz 3 · D-53175 Bonn
Tel.: (+49 1888) 305-0 · Fax: (+49 1888) 305-3225

MAB-Geschäftsstelle im Bundesamt für Naturschutz (BfN)
Jürgen Nauber, Birgit Heinze
Konstantinstraße 110 · D-53179 Bonn
Tel.: (+49 228) 8491-0 · Fax: (+49 228) 8491-200
www.biosphaerenreservate.de

Die Veröffentlichung wurde im Auftrag und mit Mitteln des
Bundesministeriums für Umwelt, Naturschutz und Reaktorsicherheit erstellt.

Projektkoordinierung und Redaktion:
Birgit Heinze, MAB-Geschäftsstelle im BfN, Bonn (Projektleitung)
Richard Marxen, Thorsten Meyer und Stefan Bröhl
M&P – Partner für Öffentlichkeitsarbeit und Medienentwicklung GmbH, Sankt Augustin
www.mp-gmbh.de

Layout und Grafik:
AD DAS WERBETEAM Werbeagentur und Verlagsgesellschaft mbH, Sankt Augustin
www.ad-werbeteam.de

Titelfoto:
Joachim Jenrich, Gersfeld

ISBN 978-3-540-20080-2   ISBN 978-3-642-18955-5 (eBook)
DOI 10.1007/978-3-642-18955-5

Dieses Werk ist urheberrechtlich geschützt. Die in den Beiträgen geäußerten Ansichten und
Meinungen müssen nicht mit denen des Herausgebers übereinstimmen. Nachdruck, auch in
Auszügen, nur mit Genehmigung des BMU.
Die Wiedergabe von Gebrauchsnamen, Handelsnamen, Warenbezeichnungen usw. in diesem
Werk berechtigt auch ohne besondere Kennzeichnung nicht zu der Annahme, dass solche Namen im Sinne der Warenzeichen- und Markenschutz-Gesetzgebung als frei zu betrachten wären und daher von jedermann benutzt werden dürfen.

http://springer.de

© Springer-Verlag Berlin Heidelberg 2004

Gedruckt auf Recycling-Papier (aus 100 % Altpapier, ohne optische Aufheller)
30/3141/as 5 4 3 2 1 0

Redaktionsschluss: August 2003

1. Auflage
4.000 Exemplare

Zitiervorschlag:
Deutsches MAB-Nationalkomitee (Hrsg.) (2004): Voller Leben. Bonn.

INHALTSVERZEICHNIS

	Vorworte	8
	Vorwort des Generaldirektors der UNESCO *Koïchiro Matsuura*	8
	Vorwort des Herausgebers *Deutsches MAB-Nationalkomitee*	9

2.	Nachhaltige Entwicklung: Der Beitrag der Biosphärenreservate	10
2.1	**MAB - ein Programm im Wandel der Zeit** *Alfred Walter, Folkert Precht und Rolf-Dieter Preyer*	10
2.2	**Das Weltnetz der Biosphärenreservate** *Jürgen Nauber*	12
2.3	**Biosphärenreservate: Modellregionen für die Zukunft** *Harald Plachter, Lenelis Kruse-Graumann und Werner Schulz*	16
2.4	**Das Netzwerk der Biosphärenreservate in Deutschland** *Dieter Mayerl*	26

3.	Neue Konzepte für die Modellregionen	42
3.1	**Mensch und Biosphäre**	
	3.1.1 **Menschen und Kulturen in Biosphärenreservaten** *Lenelis Kruse-Graumann*	42
	3.1.2 **Von der Umweltbildung zum Lernen für Nachhaltigkeit** *Gertrud Hein und Lenelis Kruse-Graumann*	53
	3.1.3 **Kommunikation und Kooperation** *Karl-Heinz Erdmann, Uwe Brendle und Ariane Meier*	59
3.2	**Schutz von Natur und Landschaft**	
	3.2.1 **Ziele und Handlungsansätze für den Naturschutz** *Michael Vogel*	66
	3.2.2 **Kultur- und Naturlandschaften und neue Wildnis** *Michael Succow*	73
	3.2.3 **Kulturlandschaften und Biodiversität** *Harald Plachter und Guido Puhlmann*	80
	3.2.4 **Bewahrt die Mannigfaltigkeit! Aus der Praxis der Landschaftspflege** *Josef Göppel*	88
	3.2.5 **Bedeutung der Naturwacht** *Beate Blahy und Gertrud Hein*	95
3.3	**Nachhaltige Regionalentwicklung**	
	3.3.1 **Nachhaltiges Wirtschaften** *Werner Schulz*	99
	3.3.2 **Nachhaltige Landbewirtschaftung** *Jürgen Rimpau*	105
	3.3.3 **Nachhaltige Waldwirtschaft** *Hermann Graf Hatzfeldt*	109
	3.3.4 **Nachhaltige Tourismusentwicklung** *Barbara Engels und Beate Job-Hoben*	113
	3.3.5 **Umweltorientierte Unternehmensführung in der Industrie** *Frauke Druckrey*	119
3.4	**Forschung und Monitoring in Biosphärenreservaten** *Doris Pokorny und Lenelis Kruse-Graumann*	124
3.5	**Planungen für Biosphärenreservate** *Dieter Mayerl*	129
3.6	**Biosphärenreservate in der Entwicklungszusammenarbeit** *Monika Dittrich und Rolf-Peter Mack*	137

INHALTSVERZEICHNIS

3.7	Die Weiterentwicklung des deutschen Systems der Biosphärenreservate – Modellregionen für eine Nachhaltige Entwicklung *Alfred Walter, Hans-Joachim Schreiber und Peter Wenzel*	142
4.	**Fallbeispiele aus der Praxis**	146
4.1	Vom Rhönschaf bis zum Rhöner Apfel: Regionalvermarktung (BR Rhön) *Michael Geier*	146
4.2	Das Wildniscamp am Falkenstein (BR Bayerischer Wald) *Susanne Gietl*	152
4.3	Der „Jobmotor Biosphäre" – eine Existenzgründungsinitiative (BR Südost-Rügen) *Michael Weigelt*	156
4.4	Die Regionalmarke als Arbeitsinstrument für nachhaltige Regionalentwicklung (BR Schorfheide-Chorin) *Eberhard Henne*	160
4.5	Das Rahmenkonzept als regionale Agenda 21 (BR Schaalsee) *Klaus Jarmatz*	164
4.6	Tourismus mit der Natur - Naturschutz mit den Menschen: Besucherlenkung im Biosphärenreservat (BR Vessertal-Thüringer Wald) *Johannes Treß und Elke Hellmuth*	167
4.7	Nachhaltige Landwirtschaft auf den Halligen (BR Schleswig-Holsteinisches Wattenmeer) *Kirsten Boley-Fleet*	175
4.8	Umweltbildung: Eine Voraussetzung für Nachhaltige Entwicklung (BR Oberlausitzer Heide- und Teichlandschaft) *Peter Heyne*	179
4.9	Gesundheit und Biosphärenreservat (BR Berchtesgaden) *Werner d'Oleire-Oltmanns und Ulrich Brendel*	187
4.10	Natürliche Dynamik mitten in Europa (BR Niedersächsisches Wattenmeer) *Irmgard Remmers*	192
4.11	Gastvogelmanagement in der Elbtalaue (BR Flusslandschaft Elbe/Niedersachsen) *Brigitte Königstedt*	198
4.12	Traditionelle Hofstellen und die Spreewälder Landschaft (BR Spreewald) *Michael Petschick und Christiane Schulz*	201
4.13	Auf der Suche nach sich selbst – ein Biosphärenreservat im Schatten der Ballungsregion Südliches Saarland (BR i. G. Bliesgau) *Holger Zeck und Wilhelm Bode*	204
4.14	Zusammenarbeit des deutschen und des chinesischen MAB-Nationalkomitees *Jürgen Nauber und HAN Nianyong*	208
4.15	Grenzüberschreitende Biosphärenreservate: Win-Win-Lösungen für Mensch und Natur *Elke Steinmetz*	212
5.	**Fallbeispiele aus der Forschung**	220
5.1	Forschung und Monitoring in deutschen Biosphärenreservaten: Ein Überblick *Birgit Heinze*	220
5.2	Stand der Regionalvermarktung landwirtschaftlicher Produkte in den deutschen Biosphärenreservaten *Armin Kullmann*	225
5.3	Ökosystemare Umweltbeobachtung *Kati Mattern, Benno Hain und Konstanze Schönthaler*	233
5.4	Sozio-ökonomisches Monitoring der schleswig-holsteinischen Wattenmeerregion *Christiane Gätje*	245
5.5	Allensbach-Umfrage im Biosphärenreservat Rhön *Doris Pokorny*	251

INHALTSVERZEICHNIS

5.6	Das Schorfheide-Chorin-Projekt: Entwicklung von Methoden zur Integration von Naturschutz-Qualitätszielen in die landwirtschaftliche Praxis *Eberhard Henne*	255
5.7	Moderationsverfahren begleitend zur Pflege- und Entwicklungsplanung für das Gewässerrandstreifenprojekt im Biosphärenreservat Spreewald *Elke Baranek, Beate Günther und Christine Kehl*	261
5.8	Naturschutz und ökologischer Landbau im Biosphärenreservat – das Entwicklungs- und Erprobungsvorhaben Ökodorf Brodowin *Karin Reiter, Johannes Grimm und Helmut Frielinghaus*	268
5.9	Die Weiterentwicklung und Erprobung des „ökosystemaren Ansatzes" der Biodiversitätskonvention in ausgewählten Waldbiosphärenreservaten *Anke Höltermann*	273
6.	Biosphärenreservate in Deutschland: Ein Überblick	276
6.1	Deutschland in Stichworten	276
6.2	Die UNESCO-Biosphärenreservate in Deutschland	278
	- Biosphärenreservat Südost-Rügen	
	- Biosphärenreservat Schleswig-Holsteinisches Wattenmeer	
	- Biosphärenreservat Hamburgisches Wattenmeer	
	- Biosphärenreservat Niedersächsisches Wattenmeer	
	- Biosphärenreservat Schaalsee	
	- Biosphärenreservat Schorfheide-Chorin	
	- Biosphärenreservat Flusslandschaft Elbe	
	- Biosphärenreservat Spreewald	
	- Biosphärenreservat Oberlausitzer Heide- und Teichlandschaft	
	- Biosphärenreservat Vessertal-Thüringer Wald	
	- Biosphärenreservat Rhön	
	- Biosphärenreservat Pfälzerwald-Nordvogesen	
	- Biosphärenreservat Bayerischer Wald	
	- Biosphärenreservat Berchtesgaden	
7.	Anhang	296
7.1	Die Internationalen Leitlinien für das Weltnetz der Biosphärenreservate	296
7.2	Nationale Kriterien	299
7.3	Leitbilder des deutschen Dachverbandes für Großschutzgebiete EUROPARC Deutschland e. V.	302
7.4	Abkürzungsverzeichnis	306
7.5	Glossar	307
7.6	Sachverzeichnis	310
7.7	Autorenverzeichnis	312

Vorworte

1.

Vorwort des Generaldirektors der UNESCO

Im Zeitalter der Globalisierung gewinnen die Regionen und die lokale Ebene für die Menschheit immer mehr an Bedeutung. Die Identifizierung mit dem Gebiet, in dem sie leben, vermittelt den Menschen ein Zugehörigkeitsgefühl und eine Orientierung, und gleichzeitig wird das menschliche Grundbedürfnis nach einer vertrauten und überschaubaren Umgebung erfüllt. Zu Zeiten schnellen Wachstums und ständiger Veränderungen können die Menschen durch Engagement auf lokaler Ebene unmittelbar und aktiv an Entscheidungsprozessen teilhaben. Dadurch lässt sich teilweise das gestiegene Interesse an einer erfolgreichen regionalen Entwicklung erklären. In der Tat stellt die Regionalisierung eine ergänzende Bewegung zum Prozess der Globalisierung dar.

Gleichzeitig ist die globale Nachhaltige Entwicklung seit dem Erdgipfel von Rio 1992 zu einem Schlüsselziel für die nationalen Behörden auf der höchsten politischen Ebene geworden. Nachhaltige Entwicklung - das Gleichgewicht zwischen ökologischen, ökonomischen und soziokulturellen Elementen unter Berücksichtigung der Bedürfnisse kommender Generationen in den heutigen Entscheidungsprozessen - muss zunächst auf lokaler Ebene verwirklicht und demonstriert werden.

Eine der ersten Initiativen mit dieser Zielsetzung war das UNESCO-Programm Der Mensch und die Biosphäre (Man and the Biosphere, MAB), das auf einem weltweiten Netz von Biosphärenreservaten und auf den Grundsätzen freiwilliger Beteiligung basiert.

Eine der bedeutendsten Aufgaben des MAB-Programms besteht in der Entwicklung des Konzepts der Biosphärenreservate. Ein Biosphärenreservat ist eine Kombination aus Kultur- und Naturlandschaften, die für ein Land oder eine Region repräsentativ sind und bestimmten Gebieten, die als Naturschutzgebiete ausgewiesen sind sowie anderen Gebieten, die nachhaltig bewirtschaftet werden. Das MAB-Konzept führt zu einer aktiven Einbeziehung der in diesen Gebieten lebenden und arbeitenden Bevölkerung in die weitere Entwicklung der Region. Somit sind Biosphärenreservate Modellgebiete für Nachhaltige Entwicklung, die weltweit in gleicher Weise aufgebaut sind und auf denselben Prinzipien basieren. Daher stellen Biosphärenreservate nicht nur verschiedene Ökosysteme dar, sondern repräsentieren auch das gesamte Spektrum der verschiedenen Kulturen und Wirtschaftsarten auf unserem Planeten. Gegenwärtig umfasst dieses weltweite Netz insgesamt 440 UNESCO-Biosphärenreservate in 97 Ländern. Das MAB-Programm und seine Biosphärenreservate bieten nicht nur geeignete Forschungsgebiete für hoch qualifizierte multidisziplinäre Wissenschaftler, sondern tragen auch zu einem verstärkten Engagement der lokalen Bevölkerung bei und können auf über 30 Jahre Erfahrung bei der Verwirklichung und Untersuchung von Projekten auf dem Gebiet der Nachhaltigen Entwicklung zurückgreifen.

Ich freue mich, dass Deutschland als hoch industrialisiertes Land sich in der Entwicklung und Untersuchung von Modellen für nachhaltiges Leben und Wirtschaften engagiert. Diese Initiative des deutschen MAB-Nationalkomitees wird von der MAB-Gemeinschaft und von der UNESCO insgesamt wärmstens begrüßt. Als Diplomat mit langjähriger Erfahrung auf dem Gebiet der wirtschaftlichen Entwicklungszusammenarbeit und des Schutzes des Welterbes habe ich an dieser Initiative auch ein hohes Maß an persönlichem Interesse. Die Veröffentlichung des MAB-Programms und der von den UNESCO-Biosphärenreservaten angebotenen Dienste für ein breiteres Publikum – sowohl im deutschsprachigen Raum als auch aufgrund der Veröffentlichung in Englisch auf internationaler Ebene – stellt einen weiteren bedeutenden Schritt dar. Mein besonderer Dank gilt dem deutschen MAB-Nationalkomitee und allen beteiligten Wissenschaftlern. Hervorzuheben sind vor allem auch das Verständnis, das Engagement und die Anstrengungen der in den deutschen Biosphärenreservaten lebenden Menschen. Dieses Buch ist ein wertvoller Beitrag zur Weiterentwicklung des UNESCO-Programms Der Mensch und die Biosphäre in Deutschland und weltweit.

Koïchiro Matsuura
Generaldirektor der UNESCO
Paris 2003

Vorwort des Herausgebers

Liebe Leserinnen, liebe Leser,
wie möchten Sie in Zukunft leben – in fünf, zehn oder zwanzig Jahren? Welche Wünsche haben Sie für das Leben Ihrer Kinder? Bestimmt denken Sie dabei an sichere Arbeitsplätze, ein lebenswertes Umfeld, kulturelle Vielfalt, hohe Umweltqualität, attraktive Landschaften und Entwicklungsmöglichkeiten sowohl persönlich als auch für die Region, in der Sie leben.

Zukunftsentwürfe gibt es viele. Oft sind sie zu theoretisch und beziehen die Menschen, um die es geht, nicht genügend mit ein. Das UNESCO-Programm Der Mensch und die Biosphäre (Man and the Biosphere, MAB) stellt an sich selbst seit 1971 den Anspruch, Modelle für die zukünftige Entwicklung mit den Menschen vor Ort zu entwerfen und zu erproben. Weltweit werden in 440 Modellregionen, die die UNESCO „Biosphärenreservate" nennt, unterschiedliche Wege gegangen. Dabei entstehen Lösungen, die sowohl innovativ sind als auch Traditionen aufgreifen, die sich vor Ort bewähren und die häufig auf andere Regionen übertragbar sind. Diese Lösungen dienen sehr oft auch als eine wichtige Grundlage für politische Entscheidungen, da sie vorbildhaft ökologische, ökonomische und soziale Aspekte gleichermaßen berücksichtigen. Dem Weltnetz der Biosphärenreservate gehören in Deutschland 14 Gebiete an. Das im Jahre 2000 wieder neu durch den Bundesumweltminister berufene Deutsche MAB-Nationalkomitee hat sich neben der Überprüfung der deutschen Biosphärenreservate im Auftrag der UNESCO vor allem mit der konzeptionellen Fortentwicklung des MAB-Programms sowohl auf nationaler als auch auf internationaler Ebene befasst. Mit dem vorliegenden Buch des MAB-Nationalkomitees sollen neben dem aktuellen Stand der Entwicklung der einzelnen Gebiete Visionen und ganz konkrete Anregungen sowie die Potenziale des MAB-Programms und unserer Biosphärenreservate für die Gestaltung der Zukunft dargestellt werden.

Mit diesem Buch wollen wir eine breite Leserschaft erreichen und haben es deshalb als wissenschaftliches Lesebuch bzw. als lesbare Wissenschaft konzipiert. Insgesamt haben sich mehr als 60 Autorinnen und Autoren an der Erstellung des Buches beteiligt. Sie zeigen das breite Spektrum der an der Umsetzung des MAB-Programms beteiligten Akteure auf. In den Beiträgen geben sie ihre eigenen Meinungen, Ansichten und Erfahrungen wieder. So unterschiedlich und vielfältig die Biosphärenreservate sind, so unterschiedlich und vielfältig sind auch die Beiträge in diesem Buch.

Wir danken allen Autorinnen und Autoren für ihren Einsatz, der zum Gelingen des Projekts führte. Dieses Buch wurde in weniger als einem Jahr konzipiert und realisiert. Das war nur möglich durch die Begeisterung, den Elan und das große Engagement aller Beteiligten. Das MAB-Programm ist „voller Leben"! Der Prozess der Erstellung des Buches hat uns das eindrucksvoll gezeigt und macht uns neugierig auf die Zukunft. Natürlich war die Erstellung dieses Buches durch die Unterschiedlichkeit der Beiträge und die hohe Zahl der Beteiligten mit einem erheblichen Redaktions- und Koordinationsaufwand verbunden. Wir danken deshalb Stefan Bröhl und Thorsten Meyer von der Agentur „M&P - Partner für Öffentlichkeitsarbeit und Medienentwicklung GmbH" für ihre engagierte redaktionelle Arbeit. Unser besonderer Dank gilt Birgit Heinze von der Geschäftsstelle des Deutschen MAB-Nationalkomitees, die die Organisation des gesamten Projekts mit sehr viel Begeisterung und großem Einsatz übernommen hat.

Deutsches MAB-Nationalkomitee
Bonn 2003

Nachhaltige Entwicklung: Der Beitrag der Biosphärenreservate

2.1 MAB – ein Programm im Wandel der Zeit

Alfred Walter, Folkert Precht und Rolf-Dieter Preyer

Das UNESCO-Programm Man and the Biosphere (MAB), deutsch: Der Mensch und die Biosphäre, existiert bereits seit über 30 Jahren. Es hat sich im Lauf der Zeit fortentwickelt von einem rein wissenschaftlichen Programm hin zu einem Programm für den Aufbau eines Weltnetzes von Modellregionen für eine Nachhaltige Entwicklung.

Im Jahre 1968 fand im UNESCO-Haus in Paris die zwischenstaatliche Expertenkonferenz über „Wissenschaftliche Grundlagen für eine rationale Nutzung und Erhaltung des Potenzials der Biosphäre" statt. Die so genannte Biosphärenkonferenz wurde von der UNESCO veranstaltet. Aktiv daran beteiligt waren die Vereinten Nationen, die Welternährungsorganisation FAO und die Weltgesundheitsorganisation WHO. Die Konferenz fand in Zusammenarbeit mit der Weltnaturschutzunion IUCN und dem Internationalen Biologischen Programm IBP statt.

Durch eine der verabschiedeten Resolutionen wurde die UNESCO ermutigt, ein zwischenstaatliches und interdisziplinäres Umweltprogramm einzurichten. Es sollte soziale, wirtschaftliche und kulturelle Aspekte ebenso beinhalten wie umweltpolitische. Als Ergebnis wurde, auch auf deutsche Initiative hin, das Programm Der Mensch und die Biosphäre von der 16. Generalkonferenz der UNESCO am 23. Oktober 1970 ins Leben gerufen (16C/Resolution 2.3.13).

Ziel der Gründung war es, auf internationaler Ebene wissenschaftliche Grundlagen für den Schutz natürlicher Ressourcen sowie für eine ökologisch verträgliche Nutzung der Biosphäre zu erarbeiten, geeignete Handlungsvorschläge zu entwickeln und diese national umzusetzen. Das MAB-Programm war somit das erste zwischenstaatliche Umweltprogramm, das der Erforschung der Mensch-Umweltbeziehungen diente; Anliegen war die Partnerschaft des Menschen mit der Natur.

Von seiner ursprünglichen Ausrichtung her war das MAB-Konzept ein interdisziplinär arbeitendes Forschungsprogramm. Ökonomen sollten an der Seite von Ökologen arbeiten, Psychologen an der von Umweltmedizinern. Durch das Zusammenwirken der unterschiedlichen Wissenschaftsdisziplinen sollten tragfähige Handlungsempfehlungen für eine moderne Umweltpolitik vorgelegt werden.

Thematisch war das Programm in 14 Projektbereiche gegliedert. Sie umfassten das ganze Spektrum der Ökosysteme des Festlandes, des Süßwassers und der Küsten und befassten sich mit Prozessen, die überall auftreten können.

In nahezu allen UNESCO-Mitgliedsstaaten wurde unmittelbar nach der Gründung mit der nationalen Umsetzung begonnen. Mit der Einrichtung von MAB-Nationalkomitees erfüllten die Bundesrepublik Deutschland 1972 und die Deutsche Demokratische Republik 1974 eine wesentliche formale Voraussetzung zur Teilnahme am MAB-Programm.

NACHHALTIGE ENTWICKLUNG: DER BEITRAG DER BIOSPHÄRENRESERVATE

Einrichtung von Modellregionen

Als Programm der angewandten Forschung wurde schnell deutlich, dass es besonderer Instrumente bedarf, die Forschungsergebnisse in politisches Handeln umzusetzen. Eine Sonderarbeitsgruppe des MAB-Programms rief deshalb 1974 das „Konzept der Biosphärenreservate" ins Leben: Es sollen weltweit Gebiete (Biosphere Reserves) ausgewiesen werden, die dem Schutz genetischer Ressourcen und von Ökosystemen dienen, die als internationales Netz Fokus und Bezugspunkt für Forschung, Umweltbeobachtung, Bildung und Informationsaustausch sind und in denen Umweltforschung und -bildung mit der örtlichen und weltweiten Entwicklung verbunden werden. Im Jahre 1976 wurde dann das Weltnetz der Biosphärenreservate (World Network of Biosphere Reserves) gegründet, um die Effektivität der einzelnen Biosphärenreservate zu steigern und gegenseitiges Verständnis, Erfahrungsaustausch und Zusammenarbeit auf regionaler und internationaler Ebene zu stärken (siehe Kap. 2.2).

Erste in Deutschland anerkannte UNESCO-Biosphärenreservate waren „Vessertal" (1979), „Steckby-Lödderitzer Forst" (heute: „Biosphärenreservat Flusslandschaft Elbe, Teilgebiet Sachsen-Anhalt" (1979)) sowie der Bayerische Wald (1990).

Von der Theorie zur Praxis

Seit Mitte der 80er Jahre hat sich das MAB-Programm im Licht des Berichts „Unsere gemeinsame Zukunft" der Weltkommission für Umwelt und Entwicklung („Brundtlandbericht") gewandelt. Das vorwiegend auf Naturschutz und interdisziplinäre (Grundlagen-)Forschung ausgerichtete Programm wurde zunehmend ein aktiver Bestandteil der internationalen Umweltpolitik im Sinne einer Nachhaltigen Entwicklung. Nach der UN-Konferenz für Umwelt und Entwicklung (UNCED) in Rio de Janeiro 1992 verstärkten die Teilnehmerstaaten des MAB-Programms die Schwerpunktsetzung des Programms in Richtung Nachhaltige Entwicklung: Durch ihr Gründungskonzept besonders gut geeignet für diese Aufgabe sollten die Biosphärenreservate ihren angemessenen Beitrag zur Umsetzung der Beschlüsse der UNCED-Konferenz wie Umsetzung der Agenda 21 und der Konvention über die Biologische Vielfalt (CBD) leisten.

Die 1993 beschlossenen, vorrangig zu behandelnden Themen waren: Erhaltung der biologischen Vielfalt, Strategien einer nachhaltigen Nutzung, Förderung der Informationsvermittlung und der Umweltbildung, Einrichtung von Ausbildungsstrukturen sowie Beitrag zu einem globalen Umweltbeobachtungssystem.

Strategie für das 21. Jahrhundert

Die bis heute aktuelle konzeptionelle Grundlegung erhielt das MAB-Programm mit der 1995 von der UNESCO-Generalkonferenz beschlossenen Sevilla-Strategie (28C/Resolution 2.4). Mit den gleichzeitig verabschiedeten Internationalen Leitlinien für das Weltnetz der Biosphärenreservate wurde ein neuer institutioneller und inhaltlicher Rahmen für das Weltnetz geschaffen. Danach muss jedes Biosphärenreservat eine Reihe von Mindestbedingungen erfüllen, bevor es in das Weltnetz aufgenommen wird. Es müssen Natur und Landschaft geschützt, wirtschaftliche und menschliche Entwicklung gefördert sowie Umweltbildung, Ausbildung, Forschung und Umweltbeobachtung unterstützt werden. Die Einbeziehung der lokalen Bevölkerung ist dabei unerlässlich.

Ein Biosphärenreservat ist in drei ausgewiesene Zonen eingeteilt:
- Die Kernzone (core area) dient dem Naturschutz. Betreten ist in der Regel nur zum Zwecke der Forschung und des Monitorings erlaubt.
- Die Pflegezone (buffer zone) umgibt die Kernzone. Hier werden Einflüsse zugelassen, die mit ökologischen Ansprüchen vertretbar sind, z. B. Umwelterziehung, Erholung, Ökotourismus, ökologischer Landbau.
- Die Entwicklungszone (transition area) ist das Gebiet, in dem Modellprojekte für eine wirtschaftliche und menschliche Entwicklung umgesetzt werden.

In den Internationalen Leitlinien für das Weltnetz der Biosphärenreservate werden verbindliche Kriterien für die Anerkennung und Überprüfung von Biosphärenreservaten festgelegt (Internationale Leitlinien siehe Anhang, S. 296).

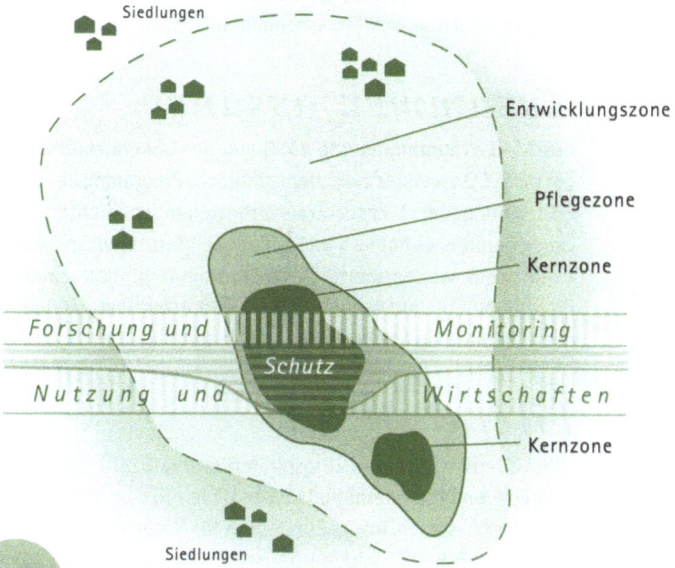

Abb. 1: Schematische Gliederung eines Biosphärenreservats und Darstellung der Funktionen (Quelle: MAB-Geschäftsstelle 2003, Grafik: AD DAS WERBETEAM)

2. NACHHALTIGE ENTWICKLUNG: DER BEITRAG DER BIOSPHÄRENRESERVATE

Alle zehn Jahre soll der Zustand der Biosphärenreservate auf der Grundlage der Kriterien überprüft werden. Die Leitlinien enthalten auch Sanktionsmöglichkeiten, die bis zu einer möglichen Aberkennung der Bezeichnung „UNESCO-Biosphärenreservat" gehen. Über die Einhaltung der Leitlinien wacht der Internationale Koordinationsrat (International Coordination Council, ICC), der sich dabei der MAB-Nationalkomitees bedient.

Deutschland hat die Leitlinien national durch die Entwicklung der Kriterien für Anerkennung und Überprüfung von Biosphärenreservaten der UNESCO in Deutschland 1996 konkretisiert (Nationale Kriterien siehe Anhang, S. 299).

Als wesentliches Ergebnis der ersten Überprüfung der Biosphärenreservate in Deutschland ab 2001 hat das deutsche MAB-Nationalkomitee festgestellt, dass der Bereich „nachhaltiges Leben und Wirtschaften" in UNESCO-Biosphärenreservaten national wie auch international bislang vernachlässigt wurde – trotz der Ausrichtung des MAB-Programms seit der Rio-Konferenz 1992 auf das Leitbild der Nachhaltigen Entwicklung. Das Nationalkomitee hält es für besonders wichtig, Biosphärenreservate als Modellregionen für eine nachhaltige Regionalentwicklung fortzuentwickeln.

Ein hochindustrialisiertes Land wie Deutschland steht dabei in der besonderen Verantwortung, im Rahmen des Weltnetzes Modelle nachhaltiger Lebens- und Wirtschaftsformen zu entwickeln und diese zu erproben. Deshalb liegt der Schwerpunkt der konzeptionellen Arbeit des deutschen MAB-Nationalkomitees derzeit bei diesem Thema.

Zudem müssen neue Lösungsansätze erarbeitet und erprobt werden, um die Menschen verstärkt in die Entscheidungsprozesse einzubeziehen. Es müssen neue Wege der Öffentlichkeitsarbeit, Bildung und Bewusstseinsbildung gegangen werden, damit sich Umweltwissen und Verständnis von Nachhaltigkeit auch in konkretes Handeln niederschlägt.

Zusammenfassung

Das MAB-Programm wurde 1970 von der Generalkonferenz der UNESCO als erstes zwischenstaatliches Programm, das der Erforschung der Mensch-Umweltbeziehungen diente, ins Leben gerufen. Es hat sich im Lauf der Zeit fortentwickelt von einem rein wissenschaftlichen Programm hin zu einem Programm für den Aufbau eines Weltnetzes von Modellregionen für eine Nachhaltige Entwicklung.

Literatur

UNESCO (Hrsg.) (1996): Biosphärenreservate. Die Sevilla-Strategie und die Internationalen Leitlinien für das Weltnetz. Hrsg. der dt.-sprach. Ausg.: Bundesamt für Naturschutz, Bonn.
DEUTSCHES MAB-NATIONALKOMITEE (Hrsg.) (1996): Kriterien für Anerkennung und Überprüfung von Biosphärenreservaten der UNESCO in Deutschland, Bonn.

2.2 Das Weltnetz der Biosphärenreservate

Jürgen Nauber

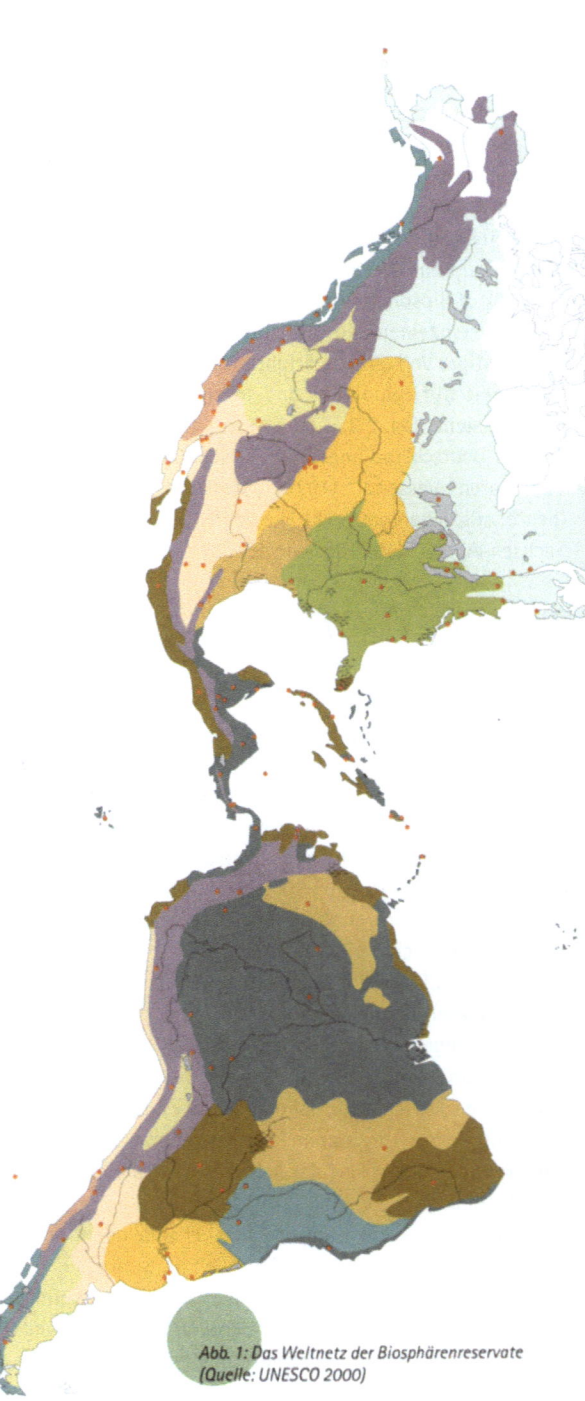

Abb. 1: Das Weltnetz der Biosphärenreservate (Quelle: UNESCO 2000)

NACHHALTIGE ENTWICKLUNG: DER BEITRAG DER BIOSPHÄRENRESERVATE

2.

Biosphärenreservate sind das Hauptinstrument des UNESCO-Programms Der Mensch und die Biosphäre (Man and the Biosphere, MAB). Von den 189 Mitgliedsstaaten der UNESCO arbeiten über 140 im MAB-Programm mit. Von diesen haben mittlerweile 97 insgesamt 440 Gebiete als Biosphärenreservat ausgewiesen (Stand: August 2003).

Die Größe der Gebiete ist äußerst unterschiedlich: Sie reicht von wenigen hundert bis zu Millionen von Hektar. Durch die Internationalen Leitlinien des Weltnetzes der Biosphärenreservate (UNESCO 1996) wird aus den vielen Einzelgebieten ein weltumspannendes Netz, das Weltnetz der Biosphärenreservate (World Network of Biosphere Reserves, WNBR).

Die Leitlinien wurden 1995 von der UNESCO-Generalkonferenz verabschiedet und bilden gewissermaßen die Rechtsgrundlage der Biosphärenreservate, ohne allerdings völkerrechtlich verbindlich zu sein. Es gilt vielmehr das Prinzip der Freiwilligkeit der Mitarbeit. Mit ihrer Mitarbeit verpflichten sich die Staaten allerdings, die Kriterien und Leitlinien des MAB-Programms zu akzeptieren. Das sind die grundlegende Voraussetzung und der Schlüssel für eine erfolgreiche internationale Zusammenarbeit.

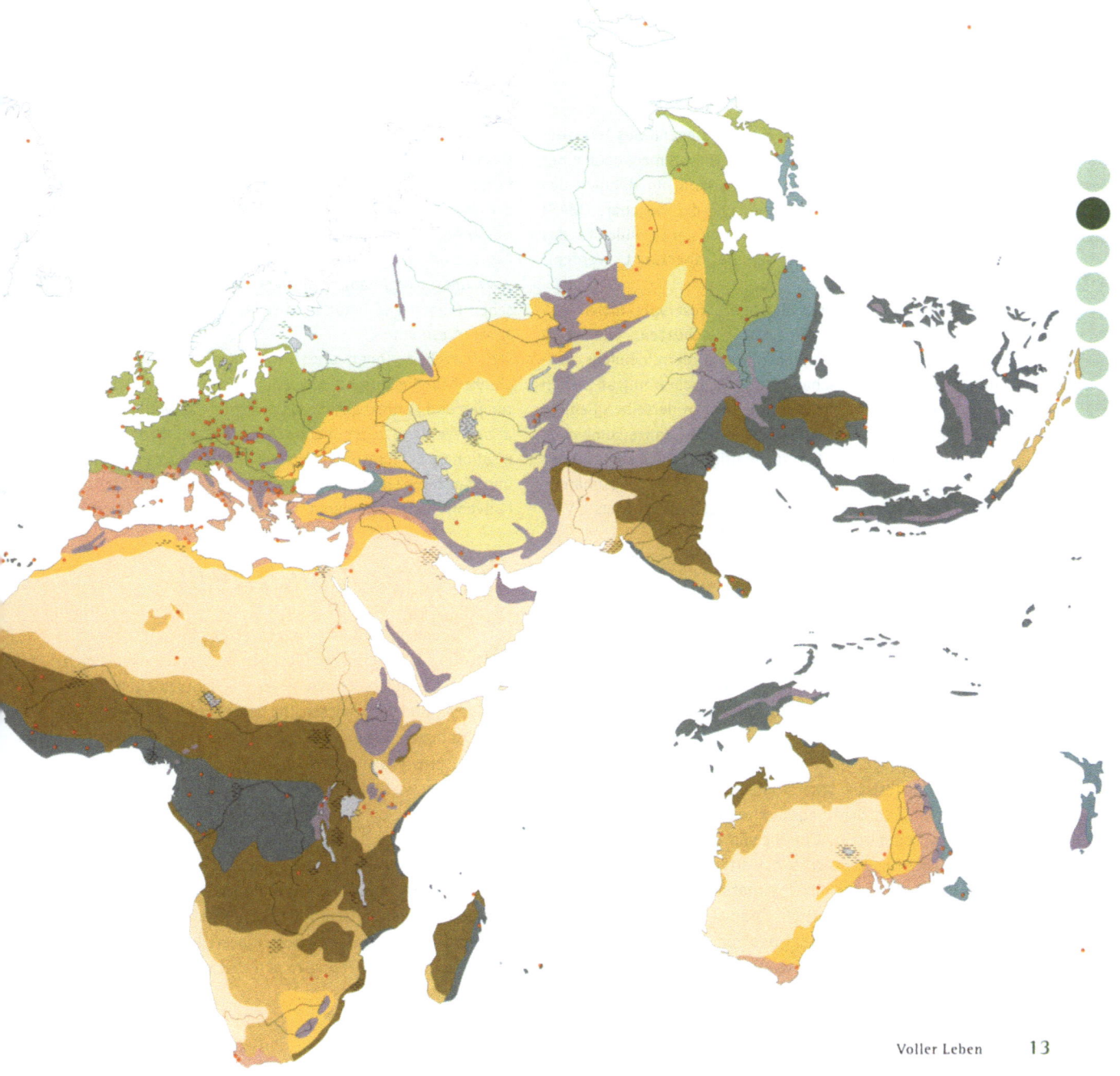

Voller Leben

2. NACHHALTIGE ENTWICKLUNG: DER BEITRAG DER BIOSPHÄRENRESERVATE

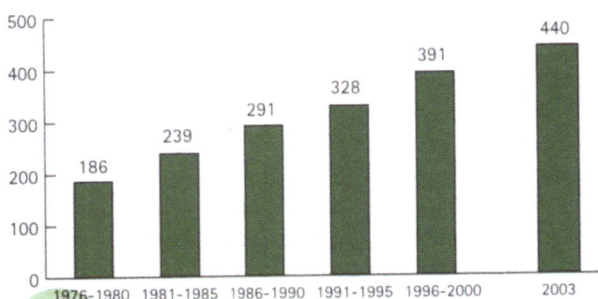

Abb. 2: *Das Weltnetz der Biosphärenreservate: Entwicklung im Zeitverlauf in Fünf-Jahres-Intervallen. Im August 2003 gibt es weltweit 440 UNESCO-Biosphärenreservate. Quelle: UNESCO 2002, modifiziert von MAB-Geschäftsstelle, Sep. 2003.*

Bestimmung der Biosphärenreservate

„Biosphärenreservate sind Gebiete, bestehend aus terrestrischen und Küsten- sowie Meeresökosystemen oder einer Kombination derselben, die international im Rahmen des UNESCO-Programms Der Mensch und die Biosphäre (MAB) nach Maßgabe vorliegender Internationaler Leitlinien für das Weltnetz der Biosphärenreservate anerkannt werden." (UNESCO 1996: 16)

Das bedeutet u. a., dass Biosphärenreservate nicht ausschließlich wertvolle Ökosysteme schützen, wie etwa Nationalparke. Sie ermöglichen und fordern vielmehr auch das nachhaltige Wirtschaften der Menschen mit all seinen ökonomischen Instrumenten und zwar in derselben Region, aber auf anderen definierten Flächen. Das Ganze kombiniert sich zu einer Region einer Nachhaltigen Entwicklung. Dafür bietet die einheitliche Zonierung aller UNESCO-Biosphärenreservate in Kern-, Pflege- und Entwicklungszone beste Voraussetzungen (siehe Kap. 2.1, Abb. 1).

Mit dem Weltnetz der Biosphärenreservate stellt die UNESCO der internationalen Gemeinschaft ein ideales Instrument zur Umsetzung des Übereinkommens über die Biologische Vielfalt (Convention on Biological Diversity, CBD) auf nationaler Ebene zur Verfügung. Ziele der CBD sind: Der Schutz der biologischen Vielfalt, ihre nachhaltige Nutzung und die gerechte Aufteilung der Vorteile aus ihrer Nutzung (siehe Kap. 5.9).

Die Leitlinien legen das Anerkennungsverfahren für Biosphärenreservate fest: Ein Staat nominiert ein Gebiet als Biosphärenreservat. Das Beratungskomitee für Biosphärenreservate (Advisory Committee, AC) mit zwölf vom Generaldirektor der UNESCO berufenen Experten bewertet den Antrag und spricht eine Empfehlung für den Internationalen Koordinationsrat (International Coordination Council, ICC) des MAB-Programms aus. Dieser besteht aus von der UNESCO-Generalversammlung gewählten Staaten und entscheidet über die Aufnahme des betreffenden Gebiets in das Weltnetz.

In den Leitlinien haben die Mitgliedsstaaten sich auch auf eine periodische Überprüfung des Funktionierens der Biosphärenreservate geeinigt. Alle zehn Jahre wird der Zustand jedes Biosphärenreservats von einem unabhängigen Expertengremium anhand der Kriterien der Leitlinien und der jeweils individuell gesteckten Ziele bewertet (Internationale Leitlinien siehe Anhang, S. 296). Es werden Empfehlungen und Verbesserungsvorschläge abgeleitet, die die Staaten in ihrem Bestreben unterstützen, die Biosphärenreservate fortzuentwickeln.

Auch ein Aberkennungsverfahren einzelner Gebiete ist vorgesehen, wenn die Kriterien dauerhaft nicht eingehalten und ausgesprochene Empfehlungen nicht umgesetzt werden. Norwegen hat beispielsweise das Prädikat UNESCO-Biosphärenreservat für Spitzbergen zurückgegeben, weil dort keine Bevölkerung lebt. Ein Biosphärenreservat, das ja eine Modellregion für Nachhaltige Entwicklung sein soll, ist dort nicht sinnvoll.

MAB-Sekretariat

Das Weltnetz der Biosphärenreservate wird vom MAB-Sekretariat der UNESCO in Paris koordiniert. Dort laufen die Drähte der einzelnen nationalen MAB-Strukturen zusammen.

Das MAB-Sekretariat organisiert die Versammlungen, sorgt für den Informationsfluss innerhalb des Netzes (siehe u. a. www.unesco.org/mab), koordiniert Studien, hilft bei technischen Fragen und berät in allen Angelegenheiten der Biosphärenreservate.

Die Mitarbeiterinnen und Mitarbeiter verstehen sich als „Broker" für die Biosphärenreservate und vermitteln Finanzierungen und Kontakte. Außerdem vertritt das MAB-Sekretariat das Weltnetz gegenüber anderen Institutionen und Organisationen. Es repräsentiert das Weltnetz auf Veranstaltungen und Konferenzen und gegenüber den Sekretariaten von Konventionen und anderen internationalen Programmen.

Partner-Programme

Ein besonderes Verhältnis besteht zur Ramsar Konvention, dem Übereinkommen über Feuchtgebiete von internationaler Bedeutung. Eine Reihe von Biosphärenreservaten sind gleichzeitig als besonders schützenswerte Feuchtgebiete der Ramsar Konvention ausgewiesen. Die beiden Sekretariate arbeiten eng zusammen und präsentieren sich auf einer gemeinsamen Internetseite (www.unesco.org/mab/ramsarmab.htm).

Ein weiterer wichtiger Partner für das Weltnetz der Biosphärenreservate ist die Weltnaturschutzunion (The World Conservation Union, IUCN). Diese international operierende Nicht-Regierungs-Organisation arbeitet in und mit vielen Biosphärenreservaten an der Umsetzung regionaler, ökologisch tragfähiger wirtschaftlicher Entwicklungskonzepte und natürlich auch an ökologischen Fragestellungen.

Eng ist auch die Beziehung zu den UNESCO-Welterbestätten (siehe Kasten).

NACHHALTIGE ENTWICKLUNG: DER BEITRAG DER BIOSPHÄRENRESERVATE

Die Welterbekonvention

Neben dem Weltnetz der Biosphärenreservate hat die UNESCO eine weiteres etabliert: das der Welterbestätten. Im Rahmen des Übereinkommens zum Schutz des Kultur- und Naturerbes der Welt – Welterbekonvention der UNESCO (1972), einer völkerrechtlich verbindlichen Konvention, werden nicht nur Kulturgüter ausgewiesen, sondern auch Natur- und Kulturlandschaften. Während Biosphärenreservate repräsentativ für die Ökosysteme der Welt sein sollen, steht bei den Welterbegebieten der herausragende, universelle Wert eines Gebiets im Vordergrund.

Die Welterbekonvention wirkt daher stärker konservierend, während bei den Biosphärenreservaten die weltweite Repräsentativität und der Entwicklungsaspekt im Vordergrund stehen. Dennoch ergänzen sich die Konzepte, die Kernzone eines Biosphärenreservats kann als Welterbegebiet zusätzlich international geschützt sein. Weltweit gibt es dafür schon ca. 70 Beispiele. In Deutschland ist es die Mittlere Elbe, das sachsen-anhaltinische Teilgebiet des Biosphärenreservats Flusslandschaft Elbe mit seinem Gartenreich Dessau-Wörlitz, das auch als Weltkulturerbe anerkannt ist (siehe Kap. 3.2.3). Weitere Beispiele sind die zwischen Ungarn und der Slowakei grenzüberschreitenden Biosphärenreservate Aggtalek und Slovensky Kras, in denen als Naturerbe ausgedehnte Kalkhöhlen liegen oder das Biosphärenreservat Palawan auf den Philippinen, in dem die Nationalparke „Tubbataha Reef Marine Park" und „Puert Princesa Subterranean River National Park" als Welterbegebiete ausgewiesen sind und Kernzonen des Biosphärenreservates bilden (www.unesco.org/mab/BR-WH.htm).

Perspektiven

In den letzten Jahren werden mehr und mehr grenzüberschreitende Biosphärenreservate angemeldet und durch die UNESCO anerkannt. Dies zeigt, dass Biosphärenreservate auch einen politisch-verbindenden Charakter haben. Der Schutz und die nachhaltige Nutzung zusammenhängender Landschaften, die „nur" durch politische Grenzen getrennt sind, werden durch die Einrichtung eines grenzüberschreitenden Biosphärenreservats ermöglicht. Durch eine nachhaltige Regionalentwicklung werden ökologisch und wirtschaftlich stabile Räume geschaffen und die nachbarschaftlichen Beziehungen verbessert. Auf diese Weise können Biosphärenreservate auch Beiträge zur Krisenvorbeugung und Konfliktlösung liefern (siehe auch Kap. 4.15).

In den letzten fünf Jahren ist nicht nur die Anzahl der Anträge auf Anerkennung als Biosphärenreservate stark gestiegen. Auch die Qualität der Anträge hinsichtlich des Beitrags der Biosphärenreservate zur nachhaltigen Regionalentwicklung hat deutlich zugenommen. Zurückzuführen ist dies auf die Verabschiedung der internationalen Leitlinien und der Sevilla-Strategie (1995), die als eine Art Leitfaden zur Umsetzung des Biosphärenreservatskonzepts den Bauplan für erfolgreiche Arbeit liefern. Auch die Flächengröße der beantragten Gebiete ist merklich größer geworden, denn zum Erreichen der wirtschaftlichen Ziele des MAB-Programms sind große, nach ökonomischen Aspekten ausgewählte Entwicklungszonen nötig.

Ausblick

Trotz aller bisherigen Erfolge steht viel Arbeit für die Weiterentwicklung des Weltnetzes der Biosphärenreservate an. Viele Gebiete wurden anerkannt, als der Schutz der Natur Schwerpunkt des MAB-Programms war. Nun gilt es, diese auszubauen, damit auch sie die Sevilla-Strategie von 1995 anwenden können. Aber auch die „ökologische" Arbeit ist noch nicht beendet: Viele Ökosysteme sind noch nicht ausreichend im Weltnetz repräsentiert, wie z. B. Berge, Küsten oder Wüsten. Zusätzlich besteht ein großer Nachholbedarf in vielen Regionen Afrikas, Asiens und Südamerikas. Hier wird das Weltnetz der UNESCO-Biosphärenreservate zur Umsetzung der Ergebnisse des Weltgipfels zur Nachhaltigen Entwicklung 2002 in Johannesburg in Zukunft einen wichtigen Beitrag leisten.

Zusammenfassung

Die 440 Biosphärenreservate in 97 Staaten bilden ein weltumspannendes Netz. Die UNESCO verfügt damit über ein Instrument, das geeignet ist, wichtige Beiträge zur Erreichung der Ziele des Übereinkommens über die Biologische Vielfalt (CBD) zu liefern und zur Umsetzung der Ergebnisse des Weltgipfels zur Nachhaltigen Entwicklung 2002 in Johannesburg beizutragen. Das Sekretariat des MAB-Programms koordiniert das Weltnetz der Biosphärenreservate und ist zuständig für die Abwicklung des Anerkennungs- und des Überprüfungsverfahrens. Vielfältige Beziehungen bestehen zur Ramsar- und zur Welterbekonvention.

Literatur

UNESCO (Hrsg.) (1996): Biosphere Reserves: The Seville Strategy and the Statutory Framework of the World Network.
UNESCO (Hrsg.) (2002): Biosphere Reserves: Special Places for People and Nature:19, UNESCO, Paris.

2. NACHHALTIGE ENTWICKLUNG: DER BEITRAG DER BIOSPHÄRENRESERVATE

2.3 Biosphärenreservate: Modellregionen für die Zukunft

Harald Plachter, Lenelis Kruse-Graumann und Werner Schulz

MAB: Das Programm für das 21. Jahrhundert

Als die UNESCO 1971 ein Wissenschaftsprogramm Der Mensch und die Biosphäre (Man and the Biosphere, MAB) ankündigte, war die Resonanz eher verhalten. Was war konkret gemeint? Und außerdem: Es war schließlich nur eines von vielen internationalen, regionalen und nationalen Forschungsprogrammen, die sich mit dem Verhältnis von Mensch und Natur beschäftigten.

Blickt man heute zurück, so war jenes Programm das erste, das konsequent einen Grundgedanken in den Mittelpunkt stellte, der heute – mehr als 30 Jahre später – zur übergeordneten globalen Leitlinie der Politik geworden ist. Den Begriff „Nachhaltigkeit" als politisches Programm gab es damals noch nicht und dennoch war bereits der Titel Der Mensch und die Biosphäre genau das, was wir heute darunter verstehen. Dennoch wäre dieses Programm, wie so viele andere, wohl über kurz oder lang in der Schublade verschwunden, wäre da nicht eine zweite Idee gewesen, nämlich die Einrichtung eines weltumspannenden Netzes repräsentativer Proberäume, in denen neuartige, schonende Formen der Naturnutzung durch Forschung und Praxis entwickelt werden sollten: die Biosphärenreservate. Im Nachhinein mag der Name unglücklich erscheinen. Zu sehr erinnern „Reservate" an Schutzgebiete, die die Menschen ausgrenzen, an unterdrückte Kulturen und so gar nicht an eine zukunftsorientierte Strategie. Und dennoch haben Programm und Begriff nicht nur überdauert, sondern sind heute aktueller denn je. Der Kern des MAB-Programms war Anfang der 70er Jahre nicht viel mehr als eine vage Vision in den Köpfen einiger Wissenschaftler. Heute steht sie in der Politik auf gleicher Stufe mit Begriffen wie „Frieden" oder „wirtschaftliche Stabilität".

Globale Leitlinie „Nachhaltigkeit"

Mit der „Technischen Revolution" der ersten Hälfte des 19. Jahrhunderts und den Erkenntnissen der sich im gleichen Zeitraum entwickelnden modernen Naturwissenschaften standen dem Menschen erstmals in seiner Geschichte die Möglichkeiten zur Verfügung, sich von einer engen, nicht selten überlebenswichtigen Abhängigkeit von der Natur zu befreien. Die neuen Technologien schienen so überzeugend, dass weder an ihren Vorteilen noch an ihrer langfristigen Tragfähigkeit irgendein Zweifel hätte aufkommen können. Frühe Kritiker dieser Technologie-Gläubigkeit, wie etwa der deutsche Dichter und Naturschützer Hermann Löns, blieben wenig beachtete „Rufer in der Wüste" (vgl. PLACHTER, H. 1991).

Es ist bemerkenswert, dass gerade jene Technologie, die bis heute wohl die meisten menschlichen Leben gerettet hat, auch jene war, die erstmals grundlegende Zweifel an der Grenzenlosigkeit wissenschaftlicher und sozialer Entwicklungsmöglichkeiten aufkommen ließ. Neuartige künstliche Pestizide, wie etwa das DDT, halfen Millionen von Menschen, sich ausreichend zu ernähren und zu überleben. Die sich zeitgleich entwickelnde moderne Ökologie dokumentierte jedoch schockierende Wirkungen auf die Natur. Rachel Carsons Buch „Der stumme Frühling" (1962) war der erste Dominostein, der ein anscheinend fest gefügtes Weltbild erschütterte. Eine Lawine von Meldungen über weitere negative Effekte moderner Technologien folgte, mündete in „Roten Listen ausgestorbener und gefährdeter Arten", der Gründung von Umweltministerien und ersten ernstzunehmenden politischen und wirtschaftlichen Konsequenzen.

Die Bedürfnisse einer rasch wachsenden Weltbevölkerung konnten nur mit Hilfe moderner Technologien und Gesellschaftsstrukturen befriedigt werden. Ihre Risiken für die Natur und – über die Natur – für die menschliche Gesundheit waren aber offensichtlich weitaus größer, als dies zu verantworten gewesen wäre. Sinnvolle Kompromisse, die über reine Verbote hinausgingen, waren kaum in Sicht und wenn, so erschienen sie politisch nicht realisierbar.

Abb. 1: Seit 2.000 Jahren übernutzte Landschaft Östliches Zadar, Kroatien. Die Optionen für künftige Generationen wurden aufgebraucht.

Es sollte bis in die zweite Hälfte der 1980er dauern, bis dieser Sachverhalt im politischen Raum ernsthaft problematisiert wurde. Unter anderem aufbauend auf einer wenig beachteten Definition der Weltnaturschutzunion IUCN (damals: International Union for the Conservation of Nature and Natural Resources; heute: The World Conservation Union; siehe Kasten), stellte eine internationale Kommission unter Leitung

NACHHALTIGE ENTWICKLUNG: DER BEITRAG DER BIOSPHÄRENRESERVATE

der ehemaligen norwegischen Ministerpräsidentin Brundtland einen politisch neuartigen Begriff in den Mittelpunkt ihrer Überlegungen (GOODLAND, R. et al. 1992). Sie griff das Prinzip „Nachhaltigkeit" auf, als eine Wirtschaftsweise, die „die gegenwärtigen Bedürfnisse befriedigt, ohne kommenden Generationen die Chance zu nehmen, auch ihre zu decken". Die Vereinten Nationen (United Nations, UN) erklärten Nachhaltigkeit auf dem Umweltgipfel 1992 in Rio de Janeiro schließlich zum generellen Leitbild für das 21. Jahrhundert. Da Armut einer der wesentlichen Gründe für den Raubbau an der Natur ist, machten sie die globale Armutsbekämpfung zur zentralen Lösungsstrategie. In dem UN-Konzept wird wirtschaftliches Wachstum und mehr Wohlstand für alle zum Motor der Zukunftssicherung. „Durch eine Vereinigung von Umwelt- und Entwicklungsinteressen sowie ihre stärkere Beachtung kann es uns jedoch gelingen, die Grundbedürfnisse zu decken, den Lebensstandard aller Menschen zu verbessern, einen größeren Schutz und eine bessere Bewirtschaftung der Ökosysteme zu gewährleisten und eine gedeihlichere Zukunft zu sichern…".

Seit dem UN-Umweltgipfel von Rio 1992 hat das Leitbild einer Nachhaltigen Entwicklung in politische Institutionen und Programme auf allen Ebenen Einzug gehalten. Beispielsweise verpflichtete sich die Weltgemeinschaft in gemeinsamen Abkommen wie den Protokollen von Montreal und Kyoto zum Schutz der Ozonschicht sowie des globalen Klimas und forcierte die Armutsbekämpfung mit der Erklärung von Doha, die den am wenigsten entwickelten Ländern freien Zugang zu den weltweiten Märkten gewähren soll.

Definition des Begriffs „Schutz der Biotischen Ressourcen" durch die Weltnaturschutzunion IUCN im Jahre 1980 (IUCN 1980):

(…)

- *essentielle ökologische Prozesse und Lebenserhaltungssysteme aufrecht erhalten, von denen die Existenz und die Entwicklung der Menschheit abhängen (z. B. die Regeneration und der Schutz von Böden, der Nährstoffkreislauf, die Gewässerreinigung);*
- *die genetische Vielfalt erhalten (…) von der die Funktion vieler der oben erwähnten Prozesse und Lebenserhaltungssysteme abhängt, die Zuchtprogramme durchzuführen, die den Erhalt und die Verbesserung von Kulturpflanzen, Haustierrassen und Mikroorganismen gewährleisten (…);*
- *die nachhaltige Nutzung von Arten und Ökosystemen sichern (…), durch die sowohl Millionen von ländlichen Gemeinschaften als auch wichtige Industriezweige erhalten werden.*

(unautorisierte Übersetzung von Rudolf Specht, BfN)

Wettbewerbsfähiges Europa

Auch die Europäische Union (EU) hat die Nachhaltige Entwicklung 1997 mit dem Amsterdamer Vertrag zum zentralen Gegenstand der gemeinsamen Politik gemacht. Auf dem Göteborg-Gipfel 2001 legte sie unter dem Titel „Nachhaltige Entwicklung in Europa für eine bessere Welt" eine Strategie vor, die die bereits ein Jahr zuvor in Lissabon festgehaltenen strategischen Ziele zur Wirtschafts- und Sozialpolitik um die ökologische Dimension erweiterte. In ihrer Strategie benennt die Europäische Kommission den Klima- und Ressourcenschutz sowie den Erhalt von Gesundheit und Mobilität als zentrale Ansatzpunkte. Gleichzeitig will sie Europa zum „wettbewerbsfähigsten, dynamischsten und wissensbasiertesten Wirtschaftsraum in der Welt machen". Unter dem Motto „Globale Partnerschaft" beschäftigt sich ein eigener Schwerpunkt mit der externen Dimension der Nachhaltigkeit – der weltweiten Armutsbekämpfung.

Perspektiven für Deutschland

Die Umsetzung der europäischen Zielsetzung auf nationaler Ebene konkretisiert die Nachhaltigkeitsstrategie der Bundesregierung 2002 unter dem Titel „Perspektiven für Deutschland". Darin bezeichnet die Bundesregierung Nachhaltigkeit als Querschnittsaufgabe, die künftig in allen Bereichen ein Grundprinzip ihrer Politik darstellen soll. Insgesamt formuliert die Strategie Leitsätze nachhaltigen Handelns für die Schwerpunkte Energie, Verkehr, Gesundheitsschutz und Ernährung, Familie und Alter, Bildung sowie Innovation. Ein eigener Schwerpunkt thematisiert Armutsbekämpfung, Entwicklungsförderung und den weltweiten Umwelt- und Ressourcenschutz. An die Adresse der Unternehmen richtet sich die Empfehlung, Nachhaltigkeit als Motor für Innovation zu begreifen und sich mit einer nachhaltigen Wirtschaftsweise den Herausforderungen der Globalisierung und des Strukturwandels zu stellen (www.bundesregierung.de).

Lokale Agenda 21

Zahlreiche deutsche Kommunen befinden sich zusammen mit mehreren tausend Städten und Gemeinden weltweit auf dem Weg zu einer lokalen Agenda. Anlass dieser Bewegung war das Rio-Abschlussdokument von 1992, die Agenda 21. Dieses globale Handlungsprogramm für eine Nachhaltige Entwicklung wurde von den meisten Staaten der Erde – so auch von Deutschland – verpflichtend unterzeichnet. In dem Dokument werden Anforderungen für eine Nachhaltige Entwicklung auf nationaler und internationaler Ebene dargestellt. Außerdem werden die Kommunen weltweit aufgefordert, eigene Handlungsprogramme in Form von „Lokalen Agenden" zu erarbeiten. Inzwischen sind in fast allen deutschen Großstädten solche auf die einzelne Stadt bezogenen Agenda-Prozesse in Gang

2. NACHHALTIGE ENTWICKLUNG: DER BEITRAG DER BIOSPHÄRENRESERVATE

gesetzt worden (www.agendaservice.de). In den skandinavischen Ländern und in Großbritannien werden Handlungsprogramme dieser Art nicht nur für Städte, sondern auch für einen großen Teil der ländlichen Kommunen erarbeitet.

Was ist Nachhaltigkeit?

Der Begriff „Nachhaltigkeit" ist wesentlich älter, als die heutige Popularität vermuten lässt. Tatsächlich führt die Geschichte der Nachhaltigkeit zurück ins barocke Sachsen. In Freiberg entwickelte Oberberghauptmann Carl von Carlowitz um das Jahr 1700 ein Gegenmodell zum bis dahin praktizierten Raubbau. Um die Ressource Wald auf Dauer zu erhalten, empfahl er, nur so viel Holz zu schlagen, wie durch Wiederaufforstung nachwachsen kann. Eine derartige, ausschließlich ressourcen- und mengenbezogene Definition der Nachhaltigkeit kann allerdings modernen Anforderungen nicht mehr gerecht werden.

Nachhaltigkeitsdreieck
„Ökologie & Soziales & Ökonomie"

In Rio hatten sich 1992 Industrie- und Entwicklungsländer auf die Bestätigung des Zukunftsziels einer globalen Nachhaltigen Entwicklung geeinigt. Spätestens seit der Nachfolgekonferenz „Rio + 10" in Johannesburg wird dieses Ziel so definiert, dass es über die bloße Aufrechterhaltung der Funktionsfähigkeit des ökologischen Systems hinausgeht. Vielmehr beinhaltet das Ziel die – auch soziale, ethische und ökonomische Dimensionen annehmende – Idee eines auf der Grundlage individueller Selbstentfaltung beruhenden menschenwürdigen Lebens sowohl für die heutigen als auch für die künftigen Generationen. Wesentlich an dieser Definition ist, dass sie Nachhaltige Entwicklung als querschnittsorientierte Aufgabe versteht, die im Grunde alle Gesellschaftsbereiche gleichermaßen angeht und dass sie mit der Verantwortung für künftige Generationen einen deutlich zukunftsorientierten Akzent setzt (BUNDESREGIERUNG 1999, ENQUETE-KOMMISSION 1998, HABER, W. 1998b).

In dieser allgemeinen Definition hat der Begriff Nachhaltigkeit eine sehr breite gesellschaftliche und politische Zustimmung erfahren. Er ist in dieser Form allerdings nicht handhabbar. Die Zeit nach Rio ist demzufolge durch intensive Bemühungen auf allen gesellschaftlichen Ebenen um die Präzisierung des Begriffs und seine Berücksichtigung bei Entscheidungsprozessen geprägt. Manches ist erreicht worden, aber Vieles ist auch bis heute offen geblieben, nicht nur im Detail, sondern auch in grundsätzlichen Fragen.

Perspektiven zur Nachhaltigkeit

Der Nachhaltigkeitsansatz zielt darauf ab, die ökonomische Leistungsfähigkeit, die soziale Verantwortung und den Umweltschutz zusammenzuführen, um faire Entwicklungschancen für alle Staaten zu ermöglichen und die natürlichen Lebensgrundlagen für künftige Generationen zu bewahren. Zurzeit gibt es weltweit etwa 70 Versuche, dieses Leitbild („regulative Idee") einer Operationalisierung näher zu bringen. Beispiele:

- *Wenn es nach den Wünschen der Ökologen geht, sollen die Ökosysteme durch eine Nutzung der gegebenen Ressourcen nicht überstrapaziert werden.*
- *Die meisten Ökonomen betrachten die Nachhaltige Entwicklung als eine Wirtschaftsform, die zu gewährleisten hat, dass für künftige Generationen die gleiche Wohlfahrt vorhanden sein soll wie für die heutigen.*
- *Die Physiker fordern den Erhalt in sich stabiler biologischer Systeme und die Chemiker möchten, dass möglichst alle anthropogen beeinflussten Stoffkreisläufe geschlossen werden (Stichwort „Recycling").*

Besonders drastische Beispiele nicht nachhaltigen Wirtschaftens sind:

- *die Abholzung der Wälder des Mittelmeerraums durch die Römer und die Vernichtung der Tropenwälder heute,*
- *die Überfischung der Weltmeere durch immer perfektere Fangtechniken sowie*
- *die Versteppung weiter Teile des früheren Aralsees in Russland als Folge der Ableitung großer Wassermengen zur Bewässerung landwirtschaftlicher Kulturen.*

Beispiele für nachhaltiges Wirtschaften sind schwieriger zu finden, vor allem dann, wenn nicht alle Wirtschaftsformen als nachhaltig bezeichnet werden sollen, die ihre Dauerhaftigkeit nur dem geringen technischen Eingriffsvermögen vergangener Zeiten verdanken. Als nachhaltig können grundsätzlich folgende Wirtschaftsweisen angesehen werden:

- *die Bewirtschaftung der jahrhundertealten Reisterrassen in China und Indonesien,*
- *verschiedene Formen der landwirtschaftlichen Forstnutzung (Agro-foresting) in Afrika und Lateinamerika sowie*
- *die Bewirtschaftung der Almen vom 17. Jahrhundert bis zum Ende des Zweiten Weltkriegs.*

Werner Schulz

NACHHALTIGE ENTWICKLUNG: DER BEITRAG DER BIOSPHÄRENRESERVATE

Abb. 2: UNESCO Welterbe-Kulturlandschaft „Reisterrassen von Ifugao/Philippinen": Verständnisvolles Nutzen der Natur...

...für künftige Generationen (Batad, Philippinen)

Offene Fragen und Präzisierungsansätze

Die zurückliegende Diskussion zur Nachhaltigkeit ist von einer Reihe emotionale Interpretationen überfrachtet, die einer rationalen Überprüfung nicht standhalten. Dahinter stehen grundsätzliche Werthaltungen, die zwangsläufig zu Kommunikationsproblemen führen müssen, wenn sie nicht ausreichend klar als solche gekennzeichnet werden. Auf einige generelle Probleme sei hingewiesen:

1. Ökonomie, Sozialwissenschaften und Ökologie (Naturschutz s. u.) interpretieren den Nachhaltigkeitsbegriff sehr unterschiedlich. Es besteht bis heute kein gemeinsam getragenes Grundverständnis darüber, was nachhaltiges Handeln sein könnte.

2. Interpretationen des Nachhaltigkeitsprinzips sind nicht selten von dem (nicht offen geäußerten) Wunschbild eines „Lebens in Harmonie mit der Natur" getragen. Oft wird hierbei auf historische Kulturen oder Naturvölker verwiesen, die diesem Wunschbild relativ nahe kommen würden. Viele historische Wirtschaftssysteme waren jedoch keineswegs ökologisch nachhaltig, sondern haben durch Raubbau und Übernutzung manchmal sogar zum Erlöschen der jeweiligen Kultur geführt. Bei indigenen Völkern in offensichtlich noch sehr naturnahen Regionen ist vor allem zu hinterfragen, in wieweit ihre derzeitige Lebens- und Wirtschaftsweise den heutigen Vorstellungen zur sozialen Nachhaltigkeit entspricht.

3. Breite Kreise, nicht nur in Öffentlichkeit und Politik, gehen von der irrigen Auffassung aus, es gäbe Lösungsansätze, bei denen ökonomische, soziale und ökologische Interessen gleichermaßen optimal am gleichen Ort berücksichtigt werden könnten. Die Entwicklung von Nachhaltigkeitsstrategien bedeutet jedoch stets, dass in einem Prozess ein Kompromiss oder ein Ausgleich für unterschiedliche Interessen gefunden wird. Lösungswege können einerseits integrierende Konzepte am gleichen Ort, andererseits aber auch die räumliche Trennung von Prioritäten sein („Vorrangräume"; integrative und segregative Strategien s. u.).

4. Die konkrete Anwendung der Nachhaltigkeitsprinzipien hängt deshalb nicht zuletzt von den Raumebenen ab, die gewählt werden. Allgemein gültige „Patentlösungen", die eins zu eins auf verschiedene lokale Situationen übertragen werden könnten, gibt es nicht. Nachhaltigkeitsstrategien für Europa oder Deutschland müssen anders konzipiert sein, als jene auf regionaler oder kommunaler Ebene und Lösungen, die an einem Ort entwickelt wurden, können erst nach Anpassung auf andere übertragen werden.

5. Das Fehlen einer genauen Beschreibung von Nachhaltigkeit wird häufig mit fehlenden wissenschaftlichen Daten begründet. Das ist sicher nicht falsch. Daten, und seien sie noch so präzise, werden jedoch nie „zwangsläufig" zu sachdienlichen Lösungsansätzen führen. Ebenso wichtig sind normative, auf Wertprinzipien beruhende Arbeitsschritte in Form von Übereinkommen unterschiedlicher Interessengruppen. So sollen z. B. Nachhaltigkeitsstrategien auch die Interessen künftiger Generationen berücksichtigen. Aber für wie viele Generationen soll dies gelten und wer hat im Zweifelsfall den Vorrang, die lebenden oder die zukünftigen Generationen? Wissenschaftliche Daten geben hierauf keine Antwort. Jede Form von Nutzung, wie immer man sie sich vorstellen kann, verändert die Natur und im Übrigen auch das soziale Umfeld des Menschen selbst. Nachhaltige Entwicklung und „unberührte Natur" gehen nicht zusammen (ungeachtet dessen kann sich die Gesellschaft bewusst entscheiden, bestimmte Gebiete nicht zu nutzen, etwa aus Naturschutzgründen oder, weil es keine ökonomischen Nutzungsformen gibt). Aber welches Ausmaß an Naturnutzung ist noch nachhaltig und welches sind die Indikatoren für die entsprechenden Naturquantitäten und -qualitäten? Auch hier liefern Forschungsergebnisse keine „zwangsläufige" Entscheidung. Nachhaltige Entwicklung muss das Ergebnis eines gesellschaftlichen Werteabgleichs und Konsenses sein. Diese wertende Dimension der Nachhaltigkeit kommt in vielen Diskussionen bis heute zu kurz.

6. Nachhaltigkeit bedeutet damit vor allem auch ein Überdenken von Werthaltungen und die Entwicklung von neuen Formen der Entscheidungsfindung für alltägliche Probleme. Letzteres ist auch nötig, weil die herkömmlichen Entscheidungsprozesse auf Leitlinien optimiert sind, die eben nicht mit dem Nachhaltigkeitsgedanken in Einklang zu bringen sind (z. B. kurzfristigen technischen Fortschritt gegenüber langfristiger Sicherung der Entwicklung bevorzugen, Entscheidungen auf der Grundlage von naturwissenschaftlichen Fakten treffen und dabei Wertefragen nicht berücksichtigen, individuelle Interessen

2. NACHHALTIGE ENTWICKLUNG: DER BEITRAG DER BIOSPHÄRENRESERVATE

über jene der Gemeinschaft und künftiger Generationen stellen). Agenda 21-Initiativen sind hierzu sicherlich ein richtungsweisender Baustein. Sie alleine reichen aber nicht aus, da in allen übrigen Gesellschaftsbereichen das herkömmliche Methodenspektrum weiterhin verwendet wird. Nachhaltigkeit entsteht somit nicht allein aus wissenschaftlichen Daten, sondern vor allem in den Köpfen und Herzen jener Menschen, die über ihre eigene Zukunft und jene ihrer Kinder entscheiden.

Die Säulen der Nachhaltigkeit

Naturschutz

Zwischen öffentlicher Wahrnehmung und wissenschaftlichem Konzept des Naturschutzes tat sich in den zurückliegenden Jahren eine immer weiter klaffende Schere auf. Gründe hierfür sind vor allem:

1. Als alleiniges Aufgabenfeld wurde zunehmend der herkömmliche Arten- und Biotopschutz wahrgenommen (Diskussionen um Biotopkartierungen, Naturschutzgebiete und Flora-Fauna-Habitat-Gebiete). Naturschutz umfasst jedoch alle Naturgüter, einschließlich der so genannten abiotischen wie Wasser und Boden. Er verfolgt ein flächendeckendes räumlich-thematisch differenziertes Zielkonzept und schließt seit jeher über die Landschaftsplanung eine zukunftsorientierte Entwicklungsstrategie ein, die menschliche Nutzungsinteressen berücksichtigt (siehe auch Definitionen der IUCN, Kasten 1 und Paragraf 1 Bundesnaturschutzgesetz). Nachhaltige Entwicklung von Natur und Landschaften ist für den Naturschutz seit langem ein zentrales Thema.

2. Die praktische Alltagsarbeit des Naturschutzes hat sich in den letzten Jahren wieder zunehmend statisch-konservierenden, eher rückwärts gerichteten Schutzstrategien und den biotischen Schutzgütern zugewandt. Das ist sicher eine unverzichtbare Folge aus den fortdauernden Verlusten an und Eingriffen in die Natur. Dies kann aber nicht bedeuten, dass aufgrund fehlender Kapazitäten und/oder geringer öffentlicher Akzeptanz die übrigen Aufgabenfelder auf Dauer vernachlässigt werden. Vor allem fehlen für diese Aufgabenfelder neue Ideen und praktikable Ansätze (SRU 1996, 2000).

3. Ökologie und Naturschutz werden inhaltlich weitgehend gleich gesetzt. Während die Ökologie jedoch eine erkenntnisorientierte Naturwissenschaft ist, ist Naturschutz eine wertende, ergebnisorientierte Handlungsdisziplin (ERZ, W. 1986). Ökologie und Naturschutz verhalten sich zueinander wie etwa Biologie zur Humanmedizin oder Physik und Chemie zu den Ingenieurwissenschaften. Naturschutz braucht demzufolge ein breites zusätzliches Methodenspektrum, u. a. in den Bereichen Wertbestimmung, Wertabgleich, Entscheidungsfindung und Planung, über das die Ökologie nicht verfügt (PLACHTER et al. 2002).

Naturschutz kann keineswegs auch nur Schutz unberührter oder vom Menschen möglichst wenig beeinflusster Natur bedeuten. Auch Agrarökosysteme funktionieren im naturwissenschaftlichen Sinn problemlos. Der Unterschied ist vielmehr, dass sie durch ständigen menschlichen Einfluss, insbesondere in Form von Energie- und Stoffeinträgen, künstlich stabil gehalten werden und häufig in größerem Umfang negative Auswirkungen (vor allem für den Menschen selbst) haben als natürliche. Der Naturschutz besitzt mehrere Grundmotive, zu denen neben dem Schutz natürlicher Arten und Ökosysteme u. a. auch der Schutz und die Entwicklung der Biodiversität, der Stabilität der Umwelt, einmaliger Naturschöpfungen und naturschonender Nutzungsformen gehören (PLACHTER, H. 1999). Für die Nachhaltigkeitsdiskussion ist entscheidend, dass die Ausprägung (und damit letztlich der „Wert") dieser Grundmotive nur in ganz bestimmten Fällen und nur an wenigen Orten der Erde in einem positiven Zusammenhang zueinander stehen. Manche Tropenwälder und große Korallenriffe sind gleichzeitig natürlich, biologisch vielfältig, stabil und einmalig. In den meisten anderen Fällen ist die Ausprägung der einzelnen Grundmotive voneinander unabhängig. Viele natürliche Ökosysteme sind ausgesprochen artenarm und/oder wenig stabil. Der Mensch hat in vielen Teilen der Erde – so auch in Mitteleuropa – durch Nutzungsformen, die nach heutigen Maßstäben keineswegs „nachhaltig" sind, die biologische Vielfalt gegenüber dem natürlichen Zustand deutlich erhöht. Frühere Landnutzungsformen in Europa waren hinsichtlich Arbeitskräfteeinsatz und Erschöpfung natürlicher Ressourcen keineswegs „extensiv", wie heute vielfach behauptet wird. Trotzdem gelten viele der dadurch entstandenen Ökosysteme, wie etwa Magerrasen, Weidewälder oder Heiden, heute wegen ihrer hohen Biodiversität und ihrer landschaftlichen Ästhetik als vorrangig schutzwürdig (siehe Abb. 3).

Somit kann es auch keinen einheitlichen „Nachhaltigkeits-Indikator" für den Teilbereich Ökologie geben. Welches Grundmotiv an welchem Ort Priorität vor den anderen haben soll, muss im Einzelfall und letztlich – bei aller Hilfe durch wissenschaftliche Daten – normativ entschieden werden. „Naturschutz" bedeutet vor allen Dingen, die Vielfalt der Natur in all ihren Ausprägungen zu erhalten. Diese aber sind von Ort zu Ort verschieden. Die ungeheure Reichhaltigkeit der Natur auf dieser Erde ist das Ergebnis der standörtlichen Unterschiede. Politik und Verwaltung hingegen streben nach allgemeingültigen, einfach und rechtssicher anwendbaren Richtlinien. Gerade das birgt die große Gefahr, vorgegebene Standortunterschiede – und damit Vielfalt – letztlich zu nivellieren, anstatt sie zu fördern. „Ökologische Nachhaltigkeit" kann nur raum- und themenbezogen entwickelt werden. Ein weltweites Netz von „Proberäumen", in denen Standort angepasste Schutz- und Entwicklungsstrategien erprobt werden, ist hierfür die entscheidende logistische Grundlage. Der Beitrag des Naturschutzes zu einer Nachhaltigkeits-

NACHHALTIGE ENTWICKLUNG: DER BEITRAG DER BIOSPHÄRENRESERVATE

Abb. 3: Historische Landschaften in Mitteleuropa: Hohe Biodiversität trotz degradierender Naturnutzung. (a) Überweidete Landschaft bei Garmisch-Partenkirchen 1839; Gemälde von H. Bürgel (Quelle: München, Städt. Galerie Lenbachaus, G 227; nach R. Beck 1996)

(b) Mittlere Schwäbische Alb 1936: Äcker im Talgrund, überweidete Kalkmagerrasen (Quelle: Schenkel-Archiv, LfU Baden-Württemberg)

strategie kann sich weder in einem punktuellen, konservierenden Schutz von Arten und naturnahen Ökosystemen noch in der Forderung nach Wiedereinführung pseudo-extensiver historischer Landnutzungsformen erschöpfen (Beachte: Ein großer Teil des so genannten Vertragsnaturschutzes verfolgt gerade dieses Ziel). Gefordert sind flächendeckende Konzepte, zukunftsweisende Ideen und – und das vor allem – eine für die Öffentlichkeit nachvollziehbare Valorisierung der Naturgüter. In diesem Sinne ist Umweltschutz als eine primär auf die menschliche Gesundheit bezogene Strategie des Naturmanagements letztlich nur eine Teilkomponente eines umfassenden Schutzes einer intakten Natur, wie ihn die einschlägige Gesetzgebung seit langem vorschreibt.

Ökonomie

Die zentrale Aufgabe des menschlichen Wirtschaftens besteht darin, ökonomische Werte durch unternehmerische Tätigkeiten zu schaffen. Wirtschaften dient jedoch nicht nur der kurzfristigen Gewinnmaximierung, sondern letztendlich der Befriedigung menschlicher Bedürfnisse und damit der Existenzsicherung aller Individuen (siehe Kasten). Auf lange Sicht lässt sich die ökonomische Komponente einer Nachhaltigen Entwicklung deshalb als eine Wirtschaftsform beschreiben, die zu gewährleisten hat, dass für künftige Generationen die gleiche Wohlfahrt oder Bedürfnisbefriedigung vorhanden sein soll wie für die heutigen. Strategisches Ziel einer nachhaltigen Wirtschaftsweise sollte es demnach sein, Produkte und Dienstleistungen für die Zukunftsmärkte einer nachhaltig wirtschaftenden Gesellschaft zu entwickeln.

Soziale Aspekte

Entscheidend für den normativen Prozess einer Nachhaltigen Entwicklung ist, dass keine der drei Dimensionen Ökologie, Ökonomie oder Soziales einzeln für sich optimiert werden darf, sondern eine Lösung immer nur unter Einbeziehung von und in Abwägung mit den anderen zwei Komponenten zu suchen und zu finden ist.

Während es für die ökologische Dimension, als dauerhaft schonende Nutzung natürlicher Ressourcen, und die ökonomische Dimension, als die Möglichkeit der Bedürfnisbefriedigung durch wirtschaftliche Entwicklung für jetzt lebende und künftige Generationen, noch relativ abgerundete

---

Ökonomische Handlungsansätze der Nachhaltigkeit

- Fördern Sie Innovationen zur Entwicklung von ökologischen Produkten und Märkten!
- Kooperieren Sie oder bilden Sie Netzwerke in der Produktlinie oder zur Marktveränderung!
- Nutzen Sie Chancen regionaler Strukturen durch den Einkauf von Materialien und Produkten aus der Region!
- Nutzen Sie Potenziale für Kosteneinsparungen durch ökologische und soziale Maßnahmen im Unternehmen (beispielsweise Senkung der Krankheitskosten)!
- Investieren Sie in Projekte, die ökonomisch, ökologisch und sozial sinnvoll sind!
- Führen Sie einen fairen Wettbewerb auf dem Markt!
- Bezahlen Sie angemessene tarifliche beziehungsweise branchentypische Gehälter und Löhne!
- Fördern Sie ökologische und soziale Projekte, zum Beispiel durch Spenden oder Sponsoring!

(BUNDESUMWELTMINISTERIUM/UMWELTBUNDESAMT 2001)

2. NACHHALTIGE ENTWICKLUNG: DER BEITRAG DER BIOSPHÄRENRESERVATE

Bestimmungen gibt, trifft dies für die soziale Dimension nicht zu. Kern der sozialen Dimension ist die Sicherung von Gerechtigkeit und Chancengleichheit innerhalb der jetzt existierenden Generationen (z. B. Ausgleich zwischen Nord und Süd, aber inzwischen auch West und Ost) und zwischen den gegenwärtigen und zukünftigen Generationen. Bei diesem auch als Generationenvertrag bezeichneten Ausgleich geht es im ersten Fall um Gerechtigkeit innerhalb einer Generation, im zweiten um Gerechtigkeit zwischen verschiedenen Generationen. Werden diese Aspekte berücksichtigt, spricht man auch von einer „sozialverträglichen" ökologischen und ökonomischen Entwicklung. Die soziale Dimension geht jedoch über diese Begriffsbestimmung weit hinaus. Schon in der Benennung des Sozialen gibt es Unterschiede: Häufig wird die soziale Dimension als sozio-kulturelle bezeichnet, um die kulturspezifischen Unterschiede und Ausprägungen (z. B. im Vergleich zwischen Nord und Süd) zu betonen. In anderen Fällen gilt die kulturelle Dimension als das „vierte Bein" eines Stuhls (siehe Kap. 3.1.1), der eben tunlichst nicht wackeln sollte. Die kulturelle Dimension wird aber auch als eine die drei Hauptdimensionen umfassende gesehen, da es kulturelle Schemata, Werthaltungen und Praktiken sind, welche die drei Dimensionen der Nachhaltigkeit strukturieren, miteinander verbinden und gegeneinander abwägen. Wieder andere fügen „Partizipation" als viertes Bein hinzu und verbinden damit eine auf die drei Inhalte bezogene Vorgehensweise.

Der Begriff Nachhaltige Entwicklung wird häufig als mehrdeutig und schwammig kritisiert und eine genaue Bestimmung angemahnt. Allerdings ist es gerade der relativ breite Interpretationsrahmen, der vielen Politikfeldern und vielen wissenschaftlichen Disziplinen eine Anschlussmöglichkeit bietet. Immerhin erzwingt das Konzept der Nachhaltigkeit die Überwindung von Sektoren- und Ressortgrenzen und ein Zusammengehen von, zumindest aber eine Auseinandersetzung mit so unterschiedlichen wissenschaftlichen Disziplinen wie Natur-, Wirtschafts- und Sozialwissenschaften. Ohne dieses integrative Konzept einer Nachhaltigen Entwicklung käme eine solche Zusammenarbeit nicht so leicht in Gang.

Für das Konzept und die Gestaltung von Nachhaltiger Entwicklung ist zudem entscheidend, dass Nachhaltige Entwicklung nur als **globaler** Prozess sinnvoll ist, der jedoch nur lokal in der Region (Natur- und Kulturraum) verwirklicht werden kann. Für derartige Prozesse beginnt sich der Begriff Glokalisation (glocalisation) durchzusetzen (CHARNIAWSKA, B. 2003). Trotz fortschreitender Globalisierung, trotz notwendiger globaler Rahmenbedingungen wird immer deutlicher, dass die lokale Handlungsebene eine wesentliche Rolle spielt, sowohl als Ursprung für globale Entwicklungen wie auch als Ort der Auswirkungen globaler Entwicklungen auf die lokale Bevölkerung und auf natürliche Ressourcen.

Die Rolle der Menschen als **Gestalter und Träger** Nachhaltiger Entwicklung wird in den Mittelpunkt gerückt. Nicht nur der Biosphärenreservatsmanager, sondern vor allem die verschiedenen beteiligten Einzelpersonen und Interessengruppen (Akteure, Stakeholder) in einem Biosphärenreservat müssen über die unterschiedlichen Formen und Ausprägungen von Schutz und Nutzung mitentscheiden, diese unterstützen und letztendlich auch konkret umsetzen. Voraussetzung dafür ist, diese Akteure in ihrer Gesamtheit auch tatsächlich zu interessieren und aktiv zu beteiligen. Das wiederum setzt ein profundes Wissen über die herrschenden individuellen und soziokulturellen Werthaltungen, die konfliktträchtigen Themenfelder, die Motivationsstrukturen, die Zuständigkeiten und die weiteren Handlungsbedingungen voraus, die bei dem Prozess des sozialen Wandels zu einer Nachhaltigen Entwicklung als Hindernisse, aber auch als Potenziale wirksam werden können.

Insofern gehören zur sozialen Dimension der Nachhaltigen Entwicklung alle individuellen, sozialen, kulturspezifischen Bedingungen, die für das Mensch-Natur- bzw. Mensch-Umwelt-Verhältnis relevant sind. Dieses Verhältnis wird wesentlich aufgebaut und mitbestimmt durch die Bedeutung, die die Natur für jeden einzelnen Menschen hat. Diese subjektive Bedeutung beruht auf in der Gesellschaft überdauernden Wissensbeständen (z. B. indigenes Wissen), individuellen Überzeugungssystemen (die Natur kann man gar nicht zerstören) und kollektiven Vorstellungen (Niem-Bäume werden in großen Teilen Indiens verehrt und daher unter Schutz gestellt) und wird durch ständige soziale Kommunikation, sei es direkt von Mensch zu Mensch, sei es über Medien, beeinflusst und verändert. Deshalb ist es naheliegend, Biosphärenreservate als „sozial-ökologische Einheiten" zu konzipieren.

Vision und Realität

Zurzeit (September 2003) sind weltweit 440 Biosphärenreservate in allen Erdteilen von der UNESCO anerkannt. Welchen Beitrag zu den Grundideen des MAB-Programms und zur politischen Leitlinie der Nachhaltigkeit haben sie geleistet? Eine systematische Analyse dessen, was in Biosphärenreservaten weltweit erreicht wurde, fehlt bis heute. Aufschluss über den Entwicklungsstand geben die „periodischen Berichte", die laut MAB-Programm alle zehn Jahre für ein jedes Biosphärenreservat und seit 2001 auch für die deutschen Biosphärenreservate erstellt werden. Bis aus diesen Berichten ein weltweites Bild abgeleitet werden kann, dürften jedoch noch mehrere Jahre vergehen. 97 Staaten haben sich bisher am Programm beteiligt. Die Biosphärenreservate bedecken ca. 450.953.525 Hektar (425 Biosphärenreservate, Stand Juni 2003) Fläche. Fast alle Biosphärenreservate verfügen über eigenes staatliches Personal.

Die Ideen des MAB-Programms waren 1971 so neuartig, dass zunächst nur relativ vage Vorstellungen über ihre Verwirklichung bestanden. Gerade in der Anfangszeit wurden deshalb Biosphärenreservate bevorzugt in herausragenden Naturge-

NACHHALTIGE ENTWICKLUNG: DER BEITRAG DER BIOSPHÄRENRESERVATE

bieten eingerichtet. Nicht selten waren dies bereits bestehende Nationalparke oder sogar Wildnisgebiete der Kategorie I der Weltnaturschutzunion IUCN, wie etwa der Amboseli Nationalpark in Afrika oder der Yellowstone Nationalpark in den USA. Auch die Anerkennung der deutschen Nationalparke Bayerischer Wald und Berchtesgaden als Biosphärenreservate geht auf diese Zeit zurück. In der ehemaligen Sowjetunion sind Biosphärenreservate eine eigene gesetzliche Schutzgebietskategorie. Die Kernzone der eingerichteten Gebiete ist dort vergleichsweise groß und sehr gut geschützt, so dass sie der IUCN Kategorie II (Nationalparke) insgesamt oft sehr nahe kommen. Dennoch ist das bestehende System der Biosphärenreservate weitaus mehr als eine weitere Kategorie großflächiger Schutzgebiete. Die Grundsätze der Sevilla-Strategie von 1995 haben dies erneut sehr deutlich gemacht und das MAB-Programm an die aktuelle Diskussion um Nachhaltige Entwicklung angepasst (UNESCO 1996).

Alle Biosphärenreservate besitzen eine räumliche Zonierung, die gewöhnlich aus einer Kern-, einer Pflege- und einer Entwicklungszone besteht. Gerade die strikt geschützte, nutzungsfreie Kernzone hat immer wieder zu Missverständnissen Anlass gegeben. Der Gedanke, in Biosphärenreservaten schonende Formen der Naturnutzung durch den Menschen zu entwickeln, ist einleuchtend und überzeugend. Aber ist er auch glaubwürdig, wenn gleichzeitig gefordert wird, einen gewissen Anteil der Fläche völlig aus der Nutzung zu nehmen? Der Verdacht konnte entstehen, dass Biosphärenreservate für die Naturschützer doch nicht viel mehr sind als ein Instrument, um auf einem weiteren Weg die Zahl der Schutzgebiete zu erhöhen.

Abb. 4: Biosphärenreservat Rhön: Museums-Landschaft oder Landschaft der Zukunft? Allein über 1.700.000 Übernachtungen in der Rhöner Hotellerie (größer acht Betten) im Jahr 2001 beantworten diese Frage eindeutig.

Gerade weil Biosphärenreservate Testräume sind, sozusagen kleine Welten, in denen man im Modell die Naturnutzung der Zukunft erprobt, sind strikt geschützte Kernzonen ein unverzichtbarer Bestandteil des Konzepts. Die wissenschaftliche Diskussion zu generellen Naturschutzzielen der letzten Jahrzehnte unterscheidet eine segregative und eine integrative Strategie. In der segregativen Strategie sind Naturschutzgebiete und vom Menschen genutzte Gebiete räumlich voneinander getrennt. In der integrativen sollen bestehende Nutzungsformen soweit verbessert werden, dass auf der gleichen Fläche oder räumlich eng verzahnt Natur und Nutzung gleichzeitig bestehen können. Die Literatur zu diesem Thema ist fast nicht überschaubar, die Standortbestimmungen sind häufig durch das individuelle Naturverständnis des Autors überprägt und nicht zuletzt auch von der Region, in der die zugrunde liegende ökologische Analyse entstanden ist. Arbeiten aus Regionen mit großflächigen Naturgebieten, die aktuellen Gefährdungen unterliegen, tendieren zu einer segregativen Strategie, solche aus alten Kulturlandschaften mit durchgängiger Nutzung eher zu einer integrativen.

Es kann heute aber kein Zweifel mehr daran bestehen, dass ausreichender Naturschutz nur durch beide Strategien gemeinsam erreicht werden kann. Das Konzept der Biosphärenreservate verfolgt bereits seit Beginn eine derartige „partielle Integrationsstrategie" (PLACHTER, H., REICH, M. 1994). Eine große Zahl von Arten und Ökosystemen kann nur unter weitgehend natürlichen Bedingungen existieren und auch viele ökologische Prozesse sind nur in nutzungsfreien Gebieten möglich. Betrachtet man größere Landschaftsräume, wie es Biosphärenreservate in der Regel sind, ist ein Netzwerk aus weitestgehend nutzungsfreien Gebieten das Skelett eines funktionsfähigen Naturhaushalts. Dieser Gedanke liegt z. B. auch dem europäischen Programm „Natura 2000" zugrunde. Dies allein kann jedoch nicht ausreichen. Fast grenzenlose Nutzung auf den übrigen Flächen hat in vielen Teilen der Erde zu jenem ökologischen Desaster geführt, vor dem wir heute stehen. Genauso nötig wie ein Kernflächenkonzept sind somit Konzepte der Integration naturschutzfachlicher Ziele in die bestehenden und künftigen Formen der Naturnutzung. Hierbei muss zwischen Räumen unterschieden werden, in denen Naturschutzziele aufgrund der Empfindlichkeit der Naturgüter Vorrang vor Nutzungsinteressen besitzen, ohne dass diese generell ausgeschlossen wären (die Pflegezonen der Biosphärenreservate) und anderen, in denen Nutzung im Vordergrund steht (Entwicklungszonen). Auch in Entwicklungszonen muss aber ein Mindestmaß an Natur erhalten bleiben, damit im Sinne des Nachhaltigkeitsgedankens für zukünftige Generationen Nutzungsoptionen erhalten werden. Durch das Zonierungskonzept der Biosphärenreservate werden die Prioritäten für Schutzfunktionen bzw. Nutzungsmöglichkeiten schon vorgegeben. Dennoch sind Schutz und Nutzung keine statischen, ein für allemal festgelegten Begriffe, sondern bedürfen immer wieder der erneuten Bestätigung, der Beachtung, der Anpassung, des „Lernens" durch Bewohner, Besucher und durch nachfolgende Generationen (siehe Kap. 3.1.1 und 3.1.2).

Legt man das System differenzierter Nutzungsintensitäten (HABER, W. 1971, 1998a; WBGU 2000) „Schutz vor Nutzung", „Schutz durch Nutzung" und „Schutz trotz Nutzung" zugrunde, so eignen sich Biosphärenreservate ganz besonders, um diese verschiedenen Strategien anzuwenden. Gerade die enge Verbindung zwischen Naturschutz (Schutz vor Nutzung in der

2. NACHHALTIGE ENTWICKLUNG: DER BEITRAG DER BIOSPHÄRENRESERVATE

Kernzone), den landschaftspflegerischen und sanften Erholungsaktivitäten in der Pflegezone (Schutz durch Nutzung) und der nachhaltigen Wirtschaftsweise in der Entwicklungszone mit ressourcensparender Produktion, regionaler Vermarktung und sanftem Tourismus (Schutz trotz Nutzung) müsste noch stärker modellhaft entwickelt und als Modell (Best Practice) propagiert werden.

Nur allzu nahe liegt dann die Frage, „wie viel Natur" hierfür erforderlich ist. Generell und für sehr große Räume kann man hierzu durchaus Richtwerte angeben, wie sie sich zum Beispiel auch im Bundesnaturschutzgesetz finden. Würde man solche Richtwerte allerdings ohne Anpassung auf kleinere Raumausschnitte übertragen, so hätte dies eine Nivellierung der landschaftlichen Vielfalt und somit einen Verlust an Biodiversität zur Folge. Das Schlagwort „Global denken, lokal handeln" gilt kaum irgendwo mehr als im Naturschutz. Nur ein breites Spektrum lokaler, an die Standortgegebenheiten, die Geschichte und das Entwicklungspotenzial angepasster Konzepte kann letztlich die Verwirklichung der globalen Ziele des Naturschutzes gewährleisten. Gerade deshalb ist ein weltweites Netz von Entwicklungsräumen Grundvoraussetzung für jede tragfähige Nachhaltigkeitsstrategie. Biosphärenreservate haben hierdurch zweifellos eine Sonderstellung. Um neue Konzepte und Technologien zu entwickeln sind Aufwendungen erforderlich, die über das normale Maß hinausgehen. Hierzu zählt die Bündelung von Forschung und Erprobung in Biosphärenreservaten ebenso wie die Schaffung besonderer Anreize, Neuartiges auch zu akzeptieren. Dies darf allerdings nicht so weit gehen, dass dadurch insgesamt Räume entstehen, die sich in den Eckwerten der Entwicklung drastisch von der Umgebung unterscheiden. Dann nämlich wären die dort entwickelten Modelle nicht mehr übertragbar (FISCHER, W. 2000).

Der Beitrag der deutschen Biosphärenreservate

Der Stand der Entwicklung in den 14 deutschen Biosphärenreservaten hinsichtlich ihrer Beiträge zu einer Nachhaltigkeitsstrategie ist unterschiedlich. Insgesamt sind sie jedoch, auch im weltweiten Vergleich, auf einem guten Weg. Gerade angesichts der vergleichsweise geringen Unterstützung durch Staat und Wissenschaft muss die Arbeit der deutschen Biosphärenreservate als ausgesprochen effizient gewertet werden. Dennoch bestehen noch weitere Handlungsmöglichkeiten:

- Das Konzept des MAB-Programms ist angesichts der laufenden Nachhaltigkeits-Diskussion hoch aktuell und überzeugend. Es sollte jedoch noch viel umfassender als bisher nach innen und außen kommuniziert werden. Broschüren,

Abb. 5: Nachhaltigkeit entsteht in den Köpfen unserer Kinder

Vorträge und Informationszentren sind wichtig, reichen hierfür aber nicht aus. Ein umfassendes Lernen für Nachhaltigkeit und die Entwicklung neuartiger Formen des Lernens (siehe 3.1.2), muss eine zentrale Aufgabe aller Biosphärenreservate werden (siehe hierzu auch Sevilla-Strategie).

- Auf staatlicher und politischer Ebene werden die Möglichkeiten des Instruments der Biosphärenreservate nicht ausreichend wahrgenommen. Die oft eher dürftige personelle Ausstattung einzelner Biosphärenreservate ist hierfür nur ein Anzeichen. Entscheidender ist, dass in allen Bereichen staatlicher Technologie- und Entwicklungsprogramme Biosphärenreservate bisher kaum eine Rolle spielen. Wenn bestimmte technologische oder wirtschaftliche Programme in Biosphärenreservaten stattfinden, so ist es in der Regel Zufall und keineswegs bewusste Bündelung. Kaum nachvollziehbar ist außerdem der Sachverhalt, dass etliche Biosphärenreservate seit Jahren Probleme damit haben, ein Mindestmaß an Gebieten als Kernzonen auszuweisen, obwohl eigentlich staatliche Flächen in mehr als ausreichendem Umfang zur Verfügung stehen.
- Ähnliches gilt für die Forschung, die aufgrund leerer staatlicher Kassen, aber auch aus forschungspolitischen Überlegungen, immer mehr als so genannte Drittmittelforschung über einzelne Projektanträge finanziert wird. Trotz aller Vorteile erhöht dieses System zweifellos die Abhängigkeit des Wissenschaftlers von den Vorstellungen und Leitlinien des Drittmittelgebers. Weder auf europäischer noch auf deutscher Ebene spielen hierbei Biosphärenreservate eine nennenswerte Rolle. Insbesondere fehlt es auch an Anreizen, die einen Wissenschaftler oder eine Wissenschaftlergruppe dazu bewegen könnten, die Untersuchungsgebiete eines Projekts in ein Biosphärenreservat zu legen.
- Unverkennbar konzentrieren sich viele Biosphärenreservats-Verwaltungen sehr stark auf „klassische" Naturschutzmaßnahmen, einschließlich Pflege und Vertragsnaturschutz. Dies ist allerdings zwangsläufig so, weil einerseits gerade in der Aufbauphase ein ausreichendes Naturpotenzial gesichert und wiederhergestellt werden muss; viele Naturgüter sind nicht oder nur in sehr langen Zeiträumen regenerierbar. Andererseits fehlen den Verwaltungen nicht nur die Zuständigkeiten für Anreizsysteme in anderen Gesellschaftsbereichen (z. B. Landwirtschaftsförderung, steuerliche Anreize), sondern nicht selten auch die personelle Fachkompetenz. Auf die Aufbauphase des

deutschen Biosphärenreservats-Netzes muss nun eine Phase folgen, die die strukturelle und wirtschaftliche Entwicklung des Raums (und damit auch die Entwicklungszonen) stärker in den Mittelpunkt rückt.
- Nur wenig von jenem, was in Biosphärenreservaten neu entwickelt wurde, ist bisher in Routineabläufe außerhalb dieser Gebiete eingeflossen. Eine Rolle spielt hierbei die bisher nur ungenügende Dokumentation der Erfolge, aber auch die Tatsache, dass politische Entscheidungsträger im Zeitalter der Globalisierung immer weniger lokale Entwicklungsfortschritte zur Kenntnis nehmen, ja sie mit ihren Aktivitäten teilweise systematisch behindern. Ansätze, die dies erkannt haben, wie etwa die Landschaftskonvention des Europarates, sollten auch in Biosphärenreservaten stärker als bisher beachtet werden.
- Die Identifikation der örtlichen Bevölkerung mit „ihrem" Biosphärenreservat ist in vielen Fällen noch nicht ausreichend. Nicht unwesentlich ist hierbei sicherlich, dass viele positive Entwicklungen (z. B. der Erholungswert und damit der Tourismus) zwar von dem Status Biosphärenreservat profitiert haben, dem einzelnen Bürger aber eine diesbezügliche Zuordnung nicht möglich ist.

Zusammenfassung

Lange bevor die Politik die Leitlinie der Nachhaltigen Entwicklung aufgegriffen hat, hat das MAB-Programm über das System der Biosphärenreservate ein ausgezeichnetes Instrument zur Präzisierung dieser Leitlinie bereitgestellt. Biosphärenreservate sind demzufolge vor allem als Angebot an Gesellschaft, Politik und Wissenschaft zu verstehen, neue und auf Dauer tragfähige Formen des menschlichen Umgangs mit der Natur zu entwickeln.

Von diesem Angebot wurde bisher erst in Ansätzen Gebrauch gemacht. Diese Ansätze sind erfolgversprechend und beweisen die Tauglichkeit des Konzepts der Biosphärenreservate. Allerdings sind nun vermehrte Anstrengungen erforderlich, aufbauend auf dem Erreichten, umfassendere Konzepte der landschaftlichen und gesellschaftlichen Entwicklung zu erproben und zu etablieren.

Literatur

BUNDESREGIERUNG (1999): Stichwort „Nachhaltigkeit", Bonn.
CARSON, R. L. (1962): Silent spring, New York.
CHARNIAWSKA, B. (2003): A Tale of Three Cities, Oxford.
ENQUETE-KOMMISSION „SCHUTZ DES MENSCHEN UND DER UMWELT – ZIELE UND RAHMENBEDINGUNGEN EINER NACHHALTIG ZUKUNFTSVERTRÄGLICHEN ENTWICKLUNG" des 13. Deutschen Bundestags (Hrsg.) (1998): Konzept Nachhaltigkeit. Vom Leitbild zur Umsetzung. Abschlussbericht, Bonn.
ERZ, W. (1986): Ökologie oder Naturschutz? Überlegungen zur terminologischen Trennung und Zusammenführung. – Ber. Akad. Naturschutz Landschaftspfl. 10: 11-17.
FISCHER, W. (2000): Sind Biosphärenreservate Modellregionen für zukunftsfähige Entwicklung? – Jülich: www.itas.fzk.de/deu/tadn/tadn002/fisc00b.htm.
GOODLAND, R., DALY, H., EL SERAFY, S. & VON DROSTE, B. (EDS.) (1992): Nach dem Brundtland-Bericht: Umweltverträgliche wirtschaftliche Entwicklung. – 104 pp., Bonn (Bundes-Umweltministerium).
HABER, W. (1971): Landschaftspflege durch differenzierte Bodennutzung. Bayerisches Landwirtschaftliches Jahrbuch, 48 (Sonderheft 1). 19-35.
HABER, W. (1998a): Das Konzept der differenzierten Landnutzung – Grundlage für Naturschutz und Nachhaltige Entwicklung. In: BMU (Hrsg.) Ziele des Naturschutzes und einer nachhaltigen Naturnutzung in Deutschland – Tagungsband zum Fachgespräch, Bonn: BMU, 57-64.
HABER, W. (1998b): Nachhaltigkeit als Leitbild der Umwelt- und Raumentwicklung in Europa. – Ber. 51. Dt. Geographentag, Bd. 2: 11-31, Bonn.
INTERNATIONAL UNION FOR THE CONSERVATION OF NATURE AND NATURAL RESOURCES (IUCN) (1980): World Conservation Strategy: Living resource conservation for sustainable development; 44 S., Gland (Schweiz).
PLACHTER, H. (1991): Naturschutz. 463 S., Stuttgart.
PLACHTER, H. (1999): The Contributions of Cultural Landscapes to Nature Conservation. In: BUNDESDENKMALAMT Wien (Ed.): Monument, Site, Sultural Landscape, Exemplified by the Wachau, 93-115, Vienna.
PLACHTER, H., REICH, M. (1994): Großflächige Schutz- und Vorrangräume: Eine neue Strategie des Naturschutzes in Kulturlandschaften. Verhandl. Projekt Angewandte Ökologie (PAÖ) 8: 17-43, Stuttgart.
PLACHTER, H., BERNOTAT, D., MÜSSNER, R. u. RIECKEN, U. (Hrsg.) (2002): Entwicklung und Festlegung von Methodenstandards im Naturschutz. – Schr. R. Landschaftspflege u. Naturschutz 70: 566 S., Bonn.
PRESSE- UND INFORMATIONSAMT DER BUNDESREGIERUNG (Hrsg.) (2002): Perspektiven für Deutschland. Unsere Strategie für eine Nachhaltige Entwicklung, Berlin.
RAT VON SACHVERSTÄNDIGEN FÜR UMWELTFRAGEN (SRU) (1996): Konzepte einer dauerhaft umweltgerechten Nutzung ländlicher Räume. Sondergutachten. (Deutscher Bundestag, Drucksache 13/4109).
RAT VON SACHVERSTÄNDIGEN FÜR UMWELTFRAGEN (SRU) (2000): Umweltgutachten 2000. Kurzfassung. www.umweltrat.de.
UNESCO (Hrsg.) (1996): Biosphärenreservate. Die Sevilla-Strategie und die internationalen Leitlinien für das Weltnetz. Hrsg. der dt.-sprach. Ausg.: Bundesamt für Naturschutz, Bonn.
WISSENSCHAFTLICHER BEIRAT DER BUNDESREGIERUNG GLOBALE UMWELTVERÄNDERUNGEN (WBGU) (2000): Welt im Wandel: Erhalt und nachhaltige Nutzung der Biosphäre, Berlin.

2. NACHHALTIGE ENTWICKLUNG: DER BEITRAG DER BIOSPHÄRENRESERVATE

2.4 Das Netzwerk der Biosphärenreservate in Deutschland

Dieter Mayerl

Die Entwicklung zum gegenwärtigen Netz der Biosphärenreservate in Deutschland muss im Zusammenhang mit der Entwicklung des UNESCO-Programms Der Mensch und die Biosphäre (Man and the Biosphere, MAB) gesehen werden. Obwohl die UNESCO die nachhaltige Bewirtschaftung repräsentativer Landschaften und den handelnden Menschen als integralen Bestandteil von Anfang an hat erkennen lassen (ERDMANN, K.-H. 1997; ERDMANN, K.-H., NAUBER, J. 1995), kann dies für die Entwicklung in Deutschland nicht festgestellt werden: Neben dem wissenschaftlichen Ansatz stand in Deutschland das Ziel im Vordergrund, über die UNESCO-Biosphärenreservate internationale Anerkennung zu erzielen. Insoweit bildet sich hier ein Stück deutsch-deutscher Geschichte ab.

Die deutsch-deutsche Geschichte der Biosphärenreservate

Die Bundesrepublik Deutschland wie auch die Deutsche Demokratische Republik schufen mit der Gründung von Nationalkomitees im Jahr 1972 bzw. im Jahr 1974 die Voraussetzung zur Teilnahme am MAB-Programm der UNESCO. So erkannte die UNESCO als erste Biosphärenreservate in der DDR 1979 den Steckby-Lödderitzer Forst (heute Teil des BR Flusslandschaft Elbe in Sachsen-Anhalt) und das Vessertal (heute BR Vessertal-Thüringer Wald in Thüringen) an. Die erste Anerkennung in der Bundesrepublik Deutschland folgte 1981 für den Bayerischen Wald. In der Folge haben die beiden deutschen Staaten forschungsbetonte Schwerpunkte bei der Ausgestaltung des von der UNESCO vorgegebenen Rahmens des MAB-Programms gesetzt (DEUTSCHES MAB-NATIONALKOMITEE 1995).

Besondere Aufmerksamkeit erfuhren die Biosphärenreservate in Deutschland durch den Beschluss des Ministerrats der DDR vom 22. März 1990, ein Nationalparkprogramm einzurichten. Bestandteil dieses Programms waren neben fünf Nationalparken und drei Naturparken vier neue Biosphärenreservate (Rhön, Schorfheide-Chorin, Spreewald und Südost-Rügen) sowie die Erweiterung der zwei bereits anerkannten UNESCO-Biosphärenreservate Mittlere Elbe und Vessertal-Thüringer Wald (AGBR 1995).

Am 12. September 1990 – kurz vor der Einigung Deutschlands – wurden die im Nationalparkprogramm der DDR enthaltenen Landschaften rechtlich gesichert. Die Verordnungen traten am 1. Oktober 1990 in Kraft. Kurz danach erkannte die UNESCO diese Gebiete als Biosphärenreservate sowie die Erweiterung bereits bestehender an.

Die Entwicklung des deutschen Netzes ist stark von der Vereinigung Deutschlands geprägt worden. Die Biosphärenreservate haben durch das Nationalparkprogramm der DDR in ganz Deutschland erheblich an Bedeutung gewonnen. Eine positive Entwicklung für das Biosphärenreservatskonzept wurde damit in Gang gesetzt. Es folgten nun auch im Westen Deutschlands die Einrichtung weiterer Gebiete, so im Wattenmeer und im Pfälzerwald, und deren Anerkennung durch die UNESCO.

Als 13. Biosphärenreservat hat die UNESCO im Jahr 1996 in Sachsen das BR Oberlausitzer Heide- und Teichlandschaft anerkannt. Dieses Gebiet schließt die größten und ökologisch reichhaltigsten Teichlandschaften Deutschlands – also bewirtschaftete Gebiete – ein. Enthalten sind auch ca. 2.000 Hektar ehemalige Braunkohlentagebaugebiete, die regeneriert werden sollen.

Die immer deutlichere Entwicklung des deutschen Netzwerks zu Modellregionen nachhaltigen Wirtschaftens markieren schließlich die Erweiterung des BR Mittlere Elbe in Sachsen-Anhalt zum BR Flusslandschaft Elbe in fünf Ländern (SH, MV, NI, BB, ST) mit einer Fläche von 342.848 Hektar entlang einer Flussstrecke von 400 Kilometern im Jahr 1997 und die Anerkennung des Schaalsees als 14. Biosphärenreservat im Jahr 2000. Damit ist die Entwicklung des Netzes noch nicht abgeschlossen. Dies betrifft sowohl die jeweiligen Gebiete selbst als auch die Zahl der Gebiete.

Definition der Biosphärenreservate

„Biosphärenreservate sind großflächige, repräsentative Ausschnitte von Natur- und Kulturlandschaften. Sie gliedern sich abgestuft nach dem Einfluss menschlicher Tätigkeit in eine Kernzone, eine Pflegezone und eine Entwicklungszone, die gegebenenfalls eine Regenerationszone enthalten kann. Der überwiegende Teil der Fläche des Biosphärenreservats soll rechtlich geschützt sein. In Biosphärenreservaten werden – gemeinsam mit den hier lebenden und wirtschaftenden Menschen – beispielhafte Konzepte zu Schutz, Pflege und Entwicklung erarbeitet und umgesetzt. Biosphärenreservate dienen zugleich der Erforschung von Mensch-Umwelt-Beziehungen, der Ökologischen Umweltbeobachtung und der Umweltbildung. Sie werden von der UNESCO im Rahmen des Programms Der Mensch und die Biosphäre anerkannt."

(AGBR 1995: 5)

NACHHALTIGE ENTWICKLUNG: DER BEITRAG DER BIOSPHÄRENRESERVATE

Überblick über die Biosphärenreservate

Die 14 von der UNESCO anerkannten Biosphärenreservate umfassen mit einer Gesamtfläche von 15.798 Quadratkilometern etwa 4,43 Prozent der Fläche Deutschlands. Abb. 1 und Tab. 1 geben einen Überblick über Lage, Größe und Gebietsstand mit den jeweiligen Flächenanteilen an den Zonen.

Die Biosphärenreservate in Deutschland haben sich aufgrund der individuellen Entstehungsgeschichte, der gegebenen administrativen und der z. T. gesetzlichen Verankerung in den Ländern sowie der jeweiligen finanziellen und personellen Ausstattung unterschiedlich entwickelt.

Anders als in den ostdeutschen Ländern wurden in den westdeutschen Ländern bereits bestehende Schutzgebiete – oder Teile davon – mit dem Status von Nationalparken und Naturparken als Biosphärenreservate anerkannt. Dieses Vorgehen brachte Probleme mit sich, weil die Gebiete – oft ohne ausreichende Entwicklungszone – nicht entsprechend der Sevilla-Strategie der UNESCO (UNESCO 1996: 6, 7, 11) und den Internationalen Leitlinien des Weltnetzes der Biosphärenreservate (UNESCO 1996: 21) weiterzuentwickeln sind. In diesen Biosphärenreservaten muss deshalb nachträglich an einer Lösung gearbeitet werden.

Durch das Netzwerk der Biosphärenreservate verläuft die Entwicklung unter Berücksichtigung der jeweiligen besonderen Situation weitgehend abgestimmt und nachhaltig. Wesentlich dazu beigetragen haben die seit 1990 eingerichtete Ständige Arbeitsgruppe der Biosphärenreservate in Deutschland (AGBR) und die von ihr in dem Buch „Biosphärenreservate in Deutschland" herausgegebenen Leitlinien für Schutz, Pflege und Entwicklung (AGBR 1995).

Biosphärenreservat	Bundesland	UNESCO-Anerkennung	Kernzone [ha]	[%]	Pflegezone [ha]	[%]	Entwicklungszone [ha]	[%]	Gesamtfläche [ha]
Südost-Rügen	MV	07.03.1991	349	1,5	3.204	16,0	19.947	82,5	23.500
Schleswig-Holsteinisches Wattenmeer*	SH	16.11.1990	85.500	30,0	6.400	2,2	193.100	67,8	285.000
Hamburgisches Wattenmeer	HH	10.11.1992	10.530	89,7	1.170	10,3	-		11.700
Niedersächsisches Wattenmeer*	NI	10.11.1992	130.000	54,2	108.000	45,0	2.000	0,8	240.000
Schaalsee	MV	21.01.2000	1.709	5,5	7.905	25,8	21.286	68,9	30.900
Schorfheide-Chorin	BB	16.11.1990	3.648	2,8	24.103	18,7	101.410	78,5	129.161
Flusslandschaft Elbe (Mittlere Elbe)	BB MV NI SH ST (ST)	15.12.1997 (24.11.1979)	7.220	2,1	61.726	18,0	273.902	79,9	342.848
Spreewald	BB	07.03.1991	974	2,1	9.334	19,6	37.201	78,3	47.509
Oberlausitzer Heide- und Teichlandschaft	SN	15.04.1996	1.124	3,7	12.015	39,9	16.963	56,4	30.102
Vessertal-Thüringer Wald	TH	24.11.1979	437	2,6	2.024	11,8	14.637	85,6	17.098
Rhön	BY HE TH	07.03.1991	4.199	2,3	67.483	36,5	113.257	61,2	184.939
Pfälzerwald/Nordvogesen (nur D)	RP	10.11.1992	3.739	2,1	49.261	27,7	124.000	70,2	177.000
Bayerischer Wald	BY	15.12.1981	10.224	76,7	3.105	23,3	-		13.329
Berchtesgaden	BY	16.11.1990	13.896	29,7	6.948	14,9	25.898	55,4	46.742
INSGESAMT			273.549		362.678		943.601		1.579.828

Tab. 1: Biosphärenreservate in Deutschland
*Quelle: MAB-Geschäftsstelle im BfN nach Angaben der Biosphärenreservate, Stand: 30.06.2003; *01.02.2000*

2. NACHHALTIGE ENTWICKLUNG: DER BEITRAG DER BIOSPHÄRENRESERVATE

Abb. 1: Biosphärenreservate in Deutschland (BfN 2002: 126)

NACHHALTIGE ENTWICKLUNG: DER BEITRAG DER BIOSPHÄRENRESERVATE

Biosphärenreservat	Beschreibung
Südost-Rügen	Extensiv genutzte, reich gegliederte und vielgestaltige Kulturlandschaft Rügens mit z. B. großflächigen extensiven Schaftriften auf Moränenkernen, Boddenlandschaft, alten Laubwäldern (Vilm)
Schleswig-Holsteinisches Wattenmeer	Wichtiges Wattvogel-Rastgebiet (bis zu 1,3 Mio. Vögel, über 30 Arten), Alpenstrandläufer (*Calidris alpina*), Großer Brachvogel (*Numenius arquata*), Säbelschnäbler (*Recurvirostra avosetta*), Austernfischer (*Haematopus ostralegus*); prägendes Landschaftselement: Halligen und naturnahe Salzwiesen; Andelgras (*Pucinellia maritima*), Strandflieder (*Cimonium vulgare*), über 2.000 Tierarten, darunter zahlreiche Endemiten
Hamburgisches Wattenmeer	Durch natürlichen Nährstoffeintrag im Mündungsgebiet der Elbe begünstigte, individuenreiche Fisch- und Wasservogelfauna, jährlich bis zu 10.000 Brutpaare diverser, stark gefährdeter Seeschwalbenarten allein auf den Düneninseln Scharhörn und Nigehörn
Niedersächsisches Wattenmeer	Vielfältigste Lebensräume: ständig wasserführende Rinnen, Salzwiesen des Deichvorlandes, verschiedenartigste Inseln, Brut-, Aufzucht- und Rastgebiet vieler Vogelarten, Lebensraum für Seehunde (*Phoca vitulina*); neben Hochgebirge letzte großräumige Naturlandschaft
Schaalsee	Von den Eiszeiten geprägte Kulturlandschaft; kalkreiche, tiefe Seen, kalkreiche Sümpfe, Auenwälder mit Erlen-Eschenwäldern (*Alno-Fraxinetum*), Bruchwälder, Moore, Trockenrasen und Grünland
Schorfheide-Chorin	Glazial überformte Landschaft (Grund- und Endmoränen, Sander) mit Mooren, oligotrophen Seen und alten Hutewäldern
Flusslandschaft Elbe	Große Auwaldkomplexe (Hart- und Weichholzauen) und naturnahe Bruch- und Niederungswälder an den Seitenzuflüssen, in der Aue weite Überschwemmungsflächen mit Stromtalwiesen; Sandufer, ausgedehnte Binnendünen mit Sandtrockenrasen und reiche Palette unterschiedlicher Gewässerformen wie Altwasser, Bracks und Qualmwasserzonen. Lebensraum für Elbe-Biber (*Castor fiber albicus*), Fischotter (*Lutra lutra*), hohe Weißstorchdichte (*Ciconia ciconia*), wichtiger Zugkorridor für nordische Gastvögel
Spreewald	Großes Niederungsgebiet mit naturnahen Erlenbruchwaldkomplexen, extensiven Feuchtwiesen und einem weit verzweigten Fließgewässernetz; u. a. Vorkommen von Schwarzstorch (*Ciconia nigra*)
Oberlausitzer Heide- und Teichlandschaft	Teil des größten deutschen Teichgebietes; eingebettet in eine von Kiefernforsten, Mooren und Binnendünen geprägte Heidelandschaft. Reproduktionsschwerpunkt des Fischotters (*Lutra lutra*) in Mitteleuropa
Vessertal-Thüringer Wald	Mitten in einem der größten zusammenhängenden Waldgebiete Deutschlands, dem Mittelgebirge Thüringer Wald, gelegen. Das Gebiet wird nur in den Bachtälern und auf den Hochflächen kleinflächig von Bergwiesen aufgelockert. Der Niederschlagsüberschuss in den Kammlagen bewirkt die Ausbildung kleinflächiger Hochmoore und eines dichten Fließgewässernetzes.
Rhön	Großflächige naturnahe Laubwälder auf Kalkstein und Basalt; Schlucht- und Blockschuttwälder; offene Basalt-Blockschutthalden, großflächige Bergmähwiesen (Goldhaferwiesen und Borstgrasrasen); großflächige beweidete Halbtrockenrasen, naturnahe Mittelgebirgsbäche mit ihren Auen, Moore; größtes außeralpines Vorkommen des Birkhuhns (*Tetrao tetrix*) in Deutschland
Pfälzerwald-Nordvogesen (nur D)	Laubwaldgebiet mit artenreichen Wiesentälern, Bruchwäldern, Nass- und Feuchtwiesen, Nieder- und Zwischenmooren, Quellbereichen
Bayerischer Wald	Mittelgebirge mit nicht mehr bewirtschafteten Bergmischwäldern, natürlichen Fichtenwäldern, zahlreichen Mooren, naturnahen Fließgewässern, natürlichen Block- und Schutthalden
Berchtesgaden	Typische Landschaft der nördlichen Kalkalpen mit Bergmischwäldern und montanen Fichtenwaldkomplexen (*Picetum*), Gewässern, Rasengesellschaften, Felsschuttfluren

Tab. 2: Landschaftstypen und Lebensräume der Biosphärenreservate
(nach BfN 2002: 127, aktualisiert durch Mayerl 2003 nach Angaben der Biosphärenreservate)

2. NACHHALTIGE ENTWICKLUNG: DER BEITRAG DER BIOSPHÄRENRESERVATE

Wesentliche Merkmale der Biosphärenreservate

Die Biosphärenreservate in Deutschland repräsentieren in ihrer Gesamtheit im Wesentlichen die Großlandschaften bzw. Landschaftstypen Deutschlands (siehe Tab. 2).

Die Biosphärenreservate des Wattenmeers decken die Watten, Inseln und Marschen der deutschen Nordseeküste ab, das BR Südost-Rügen die in der Eiszeit entstandene und in der Nacheiszeit geformte Landschaft des Küstengebiets von Mecklenburg-Vorpommern.

Das BR Schaalsee umfasst eine von Eiszeiten geprägte Kulturlandschaft mit kalkreichen, tiefen Seen und Sümpfen, das BR Oberlausitzer Heide- und Teichlandschaft eines der größten Teichgebiete Deutschlands. Das BR Schorfheide-Chorin repräsentiert einen vollständigen Ausschnitt der norddeutschen Jungmoränenlandschaft. Die Biosphärenreservate Flusslandschaft Elbe und Spreewald erfassen Niederungen bzw. Urstromtäler der norddeutschen Altmoränenlandschaft. Die Biosphärenreservate Rhön, Vessertal-Thüringer Wald und Bayerischer Wald verschiedene Landschaftstypen der mitteleuropäischen Mittelgebirgsschwelle. Das BR Pfälzerwald-Nordvogesen vertritt mit seinem deutschen Anteil das Südwestdeutsche Schichtstufenland und das BR Berchtesgaden die Nördlichen Kalkalpen.

Andere Großlandschaften bzw. Naturräume wie das Alpenvorland, die Nordwestdeutsche Geest, das Rheinische Schiefergebirge oder ein urban-industrielles Gebiet werden von den Biosphärenreservaten in Deutschland bislang nicht repräsentiert.

So vielgestaltig wie die Großlandschaften, die das Netz der Biosphärenreservate umfassen, ist auch das Spektrum der repräsentierten Ökosysteme sowie der Fauna und Flora. Es beinhaltet sowohl naturnahe als auch unterschiedlich stark vom Menschen geprägte Ökosysteme.

Das Artenspektrum in den Biosphärenreservaten reicht aufgrund ihrer geografischen Lage von Pflanzen- und Tierarten mit submediterranem Verbreitungsschwerpunkt, wie Edel-Kastanie (*Castanea sativa*) und Zaunammer (*Emberiza cirlus*) bis zu borealen Arten, wie Sumpfporst (*Ledum palustre*), Siebenstern (*Trientalis europaea*) und Auerhuhn (*Tetrao urogallus*), von den ursprünglich in der Schwarzmeerregion heimischen Arten Adonisröschen (*Adonis vernalis*) und Küchenschelle (*Pulsatilla vulgaris*) zu Edelweiß (*Leontopodium alpinum*) und Gämse (*Rupicapra rupicapra*) als charakteristische alpine Arten (siehe Tab. 3).

Die Biosphärenreservate werden durchweg – wenn auch unterschiedlich – genutzt. Selbst so ursprünglich wirkende Landschaften wie das Wattenmeer, die Auenlandschaft der Elbe oder die Berchtesgadener Alpen sind vom Menschen deutlich beeinflusst. Mit Ausnahme von Bereichen des Wattenmeers und der Hochlagen der Berchtesgadener Alpen ab der subalpinen Nadelwaldstufe handelt es sich um heute oder bis in jüngste Zeit genutzte Kulturlandschaften.

Die Biosphärenreservate liegen mit Ausnahme der Flusslandschaft Elbe in ländlichen, wirtschaftlich peripheren Räumen. Urban-industrielle Gebiete fehlen bislang.

Aufgrund ihrer vergleichsweise geringen Umweltbelastung, ihrer Naturausstattung und des reizvollen Landschaftsbildes sind Biosphärenreservate beliebte Urlaubsziele. Der Tourismus gehört zu einer der wichtigsten Erwerbs- und Beschäftigungsquellen der einheimischen Bevölkerung. Die Biosphärenreservate sind zudem bevorzugte Naherholungsgebiete der nächstgelegenen Verdichtungsräume (EUROPARC DEUTSCHLAND 2002).

In den Biosphärenreservaten treten zum Teil erhebliche Nutzungskonflikte und Belastungen des Naturhaushalts auf. Diese Konflikte resultieren vorwiegend aus Flächenversiegelung und -zerschneidung durch Siedlungs- und Gewerbegebiete sowie durch Verkehrs- und Infrastruktur, aus Schadstoffeinträgen, Massentourismus oder nicht standortverträglicher Landnutzung.

Diese Nutzungskonflikte und Belastungen werden besonders dann spürbar, wenn die Nutzung nicht nachhaltig und nicht mit den Zielen des jeweiligen Biosphärenreservats vereinbar ist. Deshalb ist es eine der wesentlichen Aufgaben der Biosphärenreservate, diese Konflikte zu lösen und bei der Weiterentwicklung (siehe Kap. 3.5) das Nachhaltige Wirtschaften in den Vordergrund zu stellen.

Unter den derzeitigen wirtschaftlichen und gesellschaftspolitischen Rahmenbedingungen steht die Kulturlandschaft in einigen Biosphärenreservaten langfristig vor einem tiefgreifenden Wandel. Dabei besteht die Gefahr, dass Wandel oder Aufgabe der Landnutzung das Landschaftsbild als Grundlage der Erholungsnutzung zu dessen Ungunsten verändern und den Erhalt derjenigen Arten und Lebensräume gefährden, die vom Fortbestand jener Ökosysteme der Kulturlandschaft abhängen. Kulturlandschaften sind zu ihrer langfristigen Erhaltung auf eine nachhaltige Nutzung angewiesen. Nutzung kann nur dann erwartet werden, wenn die Landschaftspflege als gesellschaftliche Aufgabe anerkannt und gefördert wird (MAYERL 1990; siehe Kap. 3.2.4).

Aufgaben und Management

Schutz, Pflege und Entwicklung der einzelnen Biosphärenreservate in Deutschland sind Aufgaben der Länder. Dazu gehören die rechtliche Absicherung der Biosphärenreservate, die Einrichtung der Verwaltung und die Umsetzung der Leitlinien für Schutz, Pflege und Entwicklung (AGBR 1995).

Die Verwaltungen der Biosphärenreservate sind in der Regel den Oberen bzw. Höheren Behörden oder den Obersten

NACHHALTIGE ENTWICKLUNG: DER BEITRAG DER BIOSPHÄRENRESERVATE

Biosphärenreservat	Repräsentierter Raum	Repräsentative Ökosysteme	Charakterarten Flora	Charakterarten Fauna
Südost-Rügen	Mecklenburgisch-Vorpommersches Küstengebiet	Buchenwälder, Mager- und Halbtrockenrasen, Abbruch- und Ausgleichsküste, Salzwiesen	Buschwindröschen (*Anemone nemorosa*), Sandstrohblume (*Helichrysum arenarium*), Großer Ehrenpreis (*Veronica teucrium*), Wiesenschlüsselblume (*Primula veris*), Stranddistel (*Eryngium maritimum*)	Uferschwalbe (*Riparia riparia*), Gänse (*Anatidae spp.*), Hering (*Clupea harengus*)
Schleswig-Holsteinisches Wattenmeer Hamburgisches Wattenmeer Niedersächsisches Wattenmeer	Watten, Inseln und Marschen	Watten, Salzwiesen, Sanddünen, Düneninseln	Queller (*Salicornia spp.*), Strandaster (*Aster tripolium*), Sanddorn (*Hippophae rhamnoides*), Krähenbeere (*Empetrum nigrum*), Mikro- und Makroalgen, i. e. Kieselalgen (*Diatomeen*)	Arktische Wat-Vögel (*Limicolae spp.*), Gänse (*Anserinae spp.*), Enten (*Anatinae spp.*), See-Schwalben (*Sternidae spp.*), Möwen (*Laridae spp.*), Seehund (*Phoca vitulina*), Schweinswal (*Phocoena phocoena*), Plattfische (Schollen, Butte, Seezungen - *Pleuronectidae* spp., *Bothidae* spp., *Soleidae* spp.), Nordseegarnelen (*Crangon crangon*)
Schaalsee	Baltisches Buchenwaldareal innerhalb der biogeografischen Provinz der mittel- und osteuropäischen Wälder	Buchenwald, kalkreiche Seen und Sümpfe, Glatthaferwiesen	Buche (*Fagus sylvatica*), Binsenschneide (*Cladium mariscus*), Armleuchteralgen (*Characeae spp.*), Orchideen (*Orchidaceae spp.*), Wollgras (*Eriophorum angustifolium*), Buschwindröschen (*Anemone nemorosa*)	Fischotter (*Lutra lutra*), Seeadler (*Haliaeetus albicilla*), Kranich (*Grus grus*), Gänse (*Anserinae spp.*), Rotbauchunke (*Bombina bombina*), Große Maräne (*Coregonus lavaretus*)
Schorfheide-Chorin	Norddeutsche Jungmoränen-Landschaft	Buchen- und Kiefernwälder, Äcker, Gewässer und Moore	Natternzunge (*Ophioglossum vulgatum*), Sumpfporst (*Ledum palustre*), Fieberklee (*Menianthes trifoliata*), Sandstrohblume (*Helichrysum arenaria*)	Biber (*Castor fiber albicus*), Fischotter (*Lutra lutra*), Kranich (*Grus grus*), Schreiadler (*Aquila pomarina*), Fischadler (*Pandion haliaetus*), Seeadler (*Haliaeetus albicilla*), Sumpfschildkröte (*Emys orbicularis*)
Flusslandschaft Elbe	Niederungen und Urstromtäler	Fluss, Weichholzauwald, Hartholzauwald, Auengrünland, Altwässer, Binnendünen	Stieleiche (*Quercus robur*), Wildbirne (*Pyrus pyraster*), Wildapfel (*Malus sylvestris*), Schwarzpappel (*Populus nigra*), Sibirische Schwertlilie (*Iris sibirica*), Schwimmfarn (*Salvinia natans*), Wassernuss (*Trapa natans*), Sand-Silberscharte (*Jurinea cyanoides*)	Elbebiber (*Castor fiber albicus*), Rotmilan (*Milvus milvus*), Weißstorch (*Ciconia ciconia*), Gänse (*Anserinae spp.*), Mittelspecht (*Dendrocopos medius*), Flussneunauge (*Lampetra fluviatilis*), Rotbauchunke (*Bombina bombina*), Großer Eichenbock (*Cerambyx cerdo*), Asiatische Keiljungfer (*Gomphus flavipes*)
Spreewald	Norddeutsche Altmoränenlandschaft	Bruch- und Auenwald, Feucht- und Nasswiesen, Fließgewässer	Schlanksegge (*Carex gracilis*), Wiesenalant (*Inula britannica*), Sumpfplatterbse (*Lathyrus palustris*), Sumpfdotterblume (*Caltha palustris*), Krebsschere (*Stratiotes alloides*)	Otter (*Lutra lutra*), Schwarzstorch (*Ciconia nigra*), Weißstorch (*Ciconia ciconia*), Kranich (*Grus grus*), Spechte (*Dendrocopos spp.*, *Dryocopus spp.*), Quappe (*Lota lota*), Libellen (*Odonata spp.*)
Oberlausitzer Heide- und Teichlandschaft	Oberlausitzer Heide- und Teichgebiet	Teiche, Moore, Heiden, Kiefernwälder, Flussauen	Seerose (*Nymphaea alba*), Moosbeere (*Oxycoccus palustris*), Glockenheide (*Erica tetralix*), Sumpfporst (*Ledum palustre*), Flatterulme (*Ulmus laevis*)	Fischotter (*Lutra lutra*), Kranich (*Grus grus*), Ziegenmelker (*Caprimulgus europaeus*), Seeadler (*Haliaeetus albicilla*), Schwarzspecht (*Dryocopus martius*), Kreuzotter (*Vipera berus*)
Vessertal-Thüringer Wald	Thüringisch-Fränkisches Mittelgebirge	Bergfichtenwälder, Bergmischwälder (buchendominiert), Bergwiesen, Moore, Bergbäche	Rotbuche (*Fagus silvatica*), Weißtanne (*Abies alba*), Arnika (*Arnica montana*), Bachbunge (*Veronica beccabunga*), Schwarzerle (*Alnus glutinosa*), Moosbeere (*Oxycoccus palustris*)	Schwarzspecht (*Dryocopus martius*), Waldschnepfe (*Scolopax rusticola*), Rothirsch (*Cervus elaphus*), Kurzflügelige Beißschrecke (*Metrioptera brachyptera*), Feuersalamander (*Salamandra salamandra*), Wasseramsel (*Cinclus cinclus*), Bachforelle (*Salmo trutta f. fario*)
Rhön	Mitteldeutsches Bergland	Buchenwälder, Linden-Ahorn-Schluchtwälder, Bergwiesen, Mager- und Halbtrockenrasen, Basaltblockhalden, Moore	Rotbuche (*Fagus silvatica*), Silberdistel (*Carlina acaulis ssp. caulescens*), Borstgras (*Nardus strictus*), Goldhafer (*Trisetum flavescens*), Arnika (*Arnica montana*), Trollblume (*Trollius europäus*), Orchideen (*Orchidaceae spp.*)	Birkhuhn (*Tetrao tetrix*), Uhu (*Bubo bubo*), Schwarzstorch (*Ciconia nigra*), Braunkehlchen (*Saxicola rubetra*), Wiesenpieper (*Anthus pratensis*), Schwarzspecht (*Dryocopus martius*), Raubwürger (*Lanius senator*), Rotmilan (*Milvus milvus*), Wachtelkönig (*Crex crex*), Bekassine (*Gallinago gallinago*), Berghexe (*Chazara briseis*), Rhönquellschnecke (*Bithynella compressa*)
Pfälzerwald-Nordvogesen (nur deutsches Teilgebiet)	Südwestdeutsches Schichtstufenland	Buchen- und Kiefernwälder, Rebland, dystrophe Gewässer	Edelkastanie (*Castanea sativa*), Küchenschelle (*Pulsatilla vulgaris*), Wildtulpe (*Tulipa sylvestris*)	Wildkatze (*Felis sylvestris*), Schwarzspecht (*Dryocopus martius*), Wanderfalke (*Falco peregrinus*), Zaunammer (*Emberiza cia*)
Bayerischer Wald	Oberpfälzer und Bayerischer Wald	Bergmischwälder, Fichtenwälder, Hochmoore	Fichte (*Picea abies*), Tanne (*Abies alba*), Buche (*Fagus silvatica*), Soldanelle (*Soldanella montana*), Siebenstern (*Trientalis europea*)	Luchs (*Lynx lynx*), Fischotter (*Lutra lutra*), Sperlingskauz (*Glaucidium passerinum*), Weißrückenspecht (*Dendrocopos leucotos*), Auerhuhn (*Tetrao urogallus*)
Berchtesgaden	Nördliche Kalkalpen	Bergmischwälder, subalpine Wälder, kalkalpine Matten, oligotrophe Seen	Tauernblümchen (*Lomatogonium carinthiacum*), Einseles Akelei (*Aquilegia einseliana*), Enzian (*Gentianaceae spp.*), Edelweiß (*Leontopodium alpinum*)	Murmeltier (*Marmota marmota*), Gämse (*Rupicapra rupicapra*), Steinadler (*Aquila chrysaetos*), Schneehuhn (*Lagopus mutus*), Seeforelle (*Salmo trutta f. lacustris*)

Tab. 3: Biotische Ausstattung der Biosphärenreservate (nach AGBR 1995: 17; aktualisiert durch Mayerl 2003 nach Angaben der Biosphärenreservate)

2. NACHHALTIGE ENTWICKLUNG: DER BEITRAG DER BIOSPHÄRENRESERVATE

Behörden der Länder zugeordnet. Die Verwaltungen haben vielfältige administrative und fachliche Aufgaben zu erfüllen. Sie werden dazu von den zuständigen Landesbehörden in unterschiedlichem Umfang mit Kompetenzen ausgestattet. So obliegt ihnen unter anderem die Umsetzung der Leitlinien für Schutz, Pflege und Entwicklung sowie der entsprechenden Rahmenkonzepte und Landschaftsrahmenpläne.

Die administrativen Aufgaben der Verwaltungen können je nach der einzelnen Regelung von behördlichen Stellungnahmen über die Beteiligung bei Planfeststellungs- und Genehmigungsverfahren bis zur selbstständigen Wahrnehmung hoheitlicher Aufgaben reichen.

Dabei haben sich zwischen den als Biosphärenreservate anerkannten Nationalparken der westdeutschen Länder und den Biosphärenreservaten der ostdeutschen Länder auf der einen und den weiteren Biosphärenreservaten der westdeutschen Länder, die nicht Nationalparke sind, auf der anderen Seite unterschiedliche Wege bei Aufgabenzuschnitt und Zuständigkeiten herausgebildet:

In den Biosphärenreservaten der ersten Gruppe stützen sich die Aufgaben der Gebietsverwaltungen auf eigene Gesetze (vor allem bei den als Biosphärenreservaten anerkannten Nationalparken) oder auf Schutzgebietsverordnungen, in denen auch die Aufgaben der BR-Verwaltungen geregelt sind. Diese Verwaltungen sind mit zum Teil umfangreichen und hoheitlichen Vollzugsinstrumenten ausgestattet (Untere Naturschutzbehörden oder so genannte Einvernehmensbehörden) und wirken als förmlicher Träger öffentlicher Belange bei Planfeststellungs- und Genehmigungsverfahren mit. Zugleich übernehmen sie zum Teil wichtige leistungsgewährende Funktionen (Förderverwaltung z. B. bei Agrar-Umwelt-Maßnahmen).

In den Biosphärenreservaten der zweiten Gruppe sind die Verwaltungen als Ideengeber, Motor, Moderator, Planer und Dienstleister für die Ziele und Aufgaben des Biosphärenreservats tätig.

Sie besitzen selbst keine hoheitlichen oder leistungsgewährenden Funktionen, sondern geben Anstöße und Informationen an die zuständigen Behörden für deren Tätigwerden im Biosphärenreservat weiter. So stellen sie durch eine enge Zusammenarbeit und laufende Abstimmung mit diesen Behörden und Stellen sicher, dass diese das Biosphärenreservat zielgerichtet und dauerhaft unterstützen.

Im BR Rhön werden beide Wege (erster Fall im thüringischen Teil, zweiter Fall im bayerischen und hessischen Teil) gegangen. Das Zusammentreffen beider Wege in einem Biosphärenreservat stellt einen außerordentlich spannenden Testfall dar. Die umfassenden Aufgaben in den UNESCO-Biosphärenreservaten erfordern eine entsprechende Personal- und Finanzausstattung. Die Bandbreite des Managements in den Gebieten und die beabsichtigte Außenwirkung als Modellregionen für Nachhaltige Entwicklung muss sich im fachkompetenten Personal der Verwaltungsstelle widerspiegeln. Eine effektiv wirkende Verwaltung ist Voraussetzung für ein erfolgreiches Management.

Die Verwaltungen können bei ihrer Arbeit von verschiedenen Gremien und Institutionen unterstützt werden. Tab. 4 gibt den gegenwärtigen Stand wieder.

Sowohl Beiräte als auch Kuratorien setzen sich vorwiegend aus Vertretern der verschiedenen Nutzergruppen und Verbände sowie aus Vertretern der Kommunal- und Landespolitik bzw. deren Verwaltungen zusammen. Beide dienen der fachlichen Beratung der BR-Verwaltung und der Abstimmung von Maßnahmen zu Schutz, Pflege und Entwicklung mit den Belangen der Gemeinden und örtlich oder sachlich beteiligten Behörden und Verbänden.

Die Zusammenarbeit mit den gesellschaftlich relevanten Gruppen und Institutionen muss hohe Priorität haben, damit das Wirken der Verwaltungsstellen zu positiver Resonanz und hoher Akzeptanz bei der Bevölkerung führt.

Stiftungen und Fördervereine unterstützen satzungsgemäß die BR-Verwaltung bei der Durchführung ihrer Aufgaben in ideeller und materieller Weise, z. B. durch gezielte Öffentlichkeitsarbeit oder durch das Werben für Spenden. Die Verwaltungsstellen können ihnen aber auch abgrenzbare Aufgaben, z. B. die Umweltbildung (wie im bayerischen Teil des BR Rhön) oder die Gebietsbetreuung gegen Kostenerstattung vertraglich übertragen. Hierfür eignet sich auch die Gründung eigener Gesellschaften, wie dies im BR Schleswig-Holsteinisches Wattenmeer bei der Gebietsbetreuung (Nationalpark-Service gGmbH) praktiziert wird.

Räumliche Gliederung der Biosphärenreservate

Ziele und Aufgaben in Biosphärenreservaten erfordern eine räumliche Gliederung. Nach dem Einfluss menschlicher Tätigkeit werden Zonen mit unterschiedlichen Funktionen und Aufgabenbereichen festgelegt: Kernzone (core area), Pflegezone (buffer zone) und Entwicklungszone (transition area). Letztere kann ggf. eine Regenerationszone (regeneration zone) enthalten (ERDMANN, K.-H., NAUBER, J. 1991).

Mit dieser Zonierung ist keine Rangfolge der Wertigkeit verbunden; jede der Zonen hat die ihr zugedachte Aufgabe und Funktion zu erfüllen. Aufgrund der Gegebenheiten der mitteleuropäischen Kulturlandschaft können sich die Flächenanteile der Zonen in den einzelnen Biosphärenreservaten stark unterscheiden.

Im Hinblick auf die Aufgabe der Biosphärenreservate, Modellregionen für Nachhaltige Entwicklung zu sein, soll die Entwicklungszone ausreichend groß – in der Regel mehr als die Hälfte der Fläche des gesamten Gebiets – bemessen sein (siehe Abb. S. 11).

In einem intensiv geführten Diskussionsprozess hat die Arbeitsgruppe der Biosphärenreservate in Deutschland (AGBR

NACHHALTIGE ENTWICKLUNG: DER BEITRAG DER BIOSPHÄRENRESERVATE

Biosphärenreservat	Beirat / Kuratorium	Stiftung	Förderverein	Öffentliche / Private Träger, übertragene Aufgaben (z. B. Gebietsbetreuung)
Südost-Rügen	„Biosphärenrat Südost-Rügen"; Beirat für „Jobmotor Biosphäre"	bisher nicht realisiert	„Förderverein Modellregion Rügen e. V."	„Public-Private Partnership" des Amtes mit Förderverein Modellregion Rügen e. V. (gemeinnützig) und „Service Biosphäre GmbH" für Projektentwicklung und -management
Schleswig-Holsteinisches Wattenmeer	besteht	nicht vorgesehen	nicht vorgesehen	NationalparkService GmbH, 7 Naturschutzverbände und ehrenamtliche Nationalparkwarte für naturkundliche Führungen, Ausstellungen und Gebietsbetreuung
Hamburgisches Wattenmeer	nicht vorgesehen	nicht vorgesehen	nicht vorgesehen	Gebietsbetreuung durch Nationalparkverwaltung
Niedersächsisches Wattenmeer	besteht	Niedersächsische Wattenmeer-Stiftung	Verein „Die Muschel" zur Förderung von Umweltbildung und Forschung im Nationalpark	Gemeinden und Naturschutzverbände als Träger bzw. Betreiber der Nationalparkhäuser und -zentren; Gebietsbetreuung durch Nationalparkwacht und ehrenamtliche Landschaftswarte sowie für ausgewählte Gebiete durch regionale Naturschutzverbände
Schaalsee	besteht	Stiftung „Biosphäre Schaalsee" zur Förderung von ganzheitlichem Natur- und Umweltschutz	Förderverein „Biosphäre Schaalsee"	Zweckverband für Gewässerrandstreifenprojekt
Schorfheide-Chorin	besteht	Naturschutzfonds Brandenburg für Gebietsbetreuung; Stiftung „Schorfheide-Chorin"	Förderverein „Kulturlandschaft Uckermark" zur Unterstützung des BR; Landschaftspflegeverband „Uckermark-Schorfheide" für Landschaftspflegemaßnahmen und weitere Maßnahmen	Naturschutzbund (NABU) als Träger des Hauptinformationszentrums „Blumenberger Mühle"
Flusslandschaft Elbe (SH)	nicht vorgesehen	nicht vorgesehen	nicht vorgesehen	keine
Flusslandschaft Elbe (MV)	geplant	nicht vorgesehen	Förderverein „Naturpark Mecklenburgisches Elbetal" zur Unterstützung des BR	Gebietsbetreuung durch Naturparkverwaltung
Flusslandschaft Elbe (NI)	besteht	ungeklärt	Förderverband Elbtalaue für Naturschutzaufgaben zur Unterstützung der Verwaltung	Kooperationsvereinbarung zur Informationsarbeit mit dem Elbschloss Bleckede (stadteigene Betriebsgesellschaft)
Flusslandschaft Elbe (BB)	besteht	Naturschutzfonds Brandenburg und Gebietsbetreuung	Förderverein für alle Ziele des BR; Landschaftspflegeverbände	Verbund kommunaler Gremien und Naturschutzverbände als Träger eines Naturschutzgroßprojektes; Koordinierungsstelle der Landkreise im BR für länderübergreifende Projekte; Bund für Umwelt und Naturschutz als Träger des Auenökologischen Zentrums Burg Lenzen
Flusslandschaft Elbe (ST)	geplant	nicht vorgesehen	Förder- und Landschaftspflegeverein BR „Mittlere Elbe" e. V. für Umweltbildung, Öffentlichkeitsarbeit und Landschaftspflege	keine
Spreewald	besteht	Naturschutzfonds Brandenburg für Gebietsbetreuung	Förderverein (FÖNAS) für Naturschutz im Spreewald; Carpus e. V. für Partnerschaftsaufgaben im BR Palawan	Zweckverband für Gewässerrandstreifenprojekt Spreewald
Oberlausitzer Heide- und Teichlandschaft	besteht als BR-Rat	ungeklärt	Förderverein für die Natur der Oberlausitzer Heide- und Teichlandschaft	ungeklärt; Gebietsbetreuung durch Naturwacht
Rhön (HE)	Berufung für gesamtes Gebiet in Kürze	nicht vorgesehen	Natur- und Lebensraum Rhön e. V. für nachhaltige Regionalentwicklung	nicht vorgesehen
Rhön (TH)	Berufung für gesamtes Gebiet in Kürze	nicht vorgesehen	zurzeit nicht vorgesehen	Landschaftspflegeverband BR Thüringer Rhön e. V. und Tourismus-Gemeinschaft Thüringer Rhön e. V.
Rhön (BY)	Berufung für gesamtes Gebiet in Kürze	nicht vorgesehen	Naturpark und BR Bayerische Rhön e. V.	Naturpark und BR Bayerische Rhön e. V. für Umweltbildung
Vessertal-Thüringer Wald	ungeklärt	ungeklärt	besteht; keine Aufgaben übertragen	nicht vorgesehen; Schutzgebietsbetreuung besteht
Pfälzerwald-Nordvogesen (nur D)	besteht	nicht vorgesehen	nicht vorgesehen	unterstützende Gruppierungen sind Mitglieder in der Trägerorganisation
Bayerischer Wald	besteht (Beirat und Kommunaler Nationalparkausschuss)	nicht vorgesehen	besteht für Nationalpark	ungeklärt
Berchtesgaden	vorgesehen	nicht vorgesehen	vorgesehen	„Zukunft Biosphäre GmbH" für Durchführung von Projekten

Tab. 4: Organisationsstrukturen zur Unterstützung der Biosphärenreservate (AGBR 1995: 23; modifiziert durch Mayerl 2003 nach Angaben der Biosphärenreservate)

2. NACHHALTIGE ENTWICKLUNG: DER BEITRAG DER BIOSPHÄRENRESERVATE

1995: 5) die Definition der Biosphärenreservate bundesweit abgestimmt. Ebenso sind für die räumliche Gliederung die Zonen bundesweit wie folgt definiert worden (AGBR 1995: 12, 13):

> **Zonen eines Biosphärenreservats**
>
> **Kernzone**
> *Jedes Biosphärenreservat besitzt eine Kernzone, in der sich die Natur vom Menschen möglichst unbeeinflusst entwickeln kann. Ziel ist, menschliche Nutzung aus der Kernzone auszuschließen. Die Kernzone soll groß genug sein, um die Dynamik ökosystemarer Prozesse zu ermöglichen. Sie kann aus mehreren Teilflächen bestehen. Der Schutz natürlicher bzw. naturnaher Ökosysteme genießt höchste Priorität. Forschungsaktivitäten und Erhebungen zur Ökologischen Umweltbeobachtung müssen Störungen der Ökosysteme vermeiden.*
> *Die Kernzone muss als Nationalpark oder Naturschutzgebiet rechtlich geschützt sein.*
>
> **Pflegezone**
> *Die Pflegezone dient der Erhaltung und Pflege von Ökosystemen, die durch menschliche Nutzung entstanden oder beeinflusst sind. Die Pflegezone soll die Kernzone vor Beeinträchtigungen abschirmen. Ziel ist vor allem, Kulturlandschaften zu erhalten, die ein breites Spektrum verschiedener Lebensräume für eine Vielzahl naturraumtypischer – auch bedrohter – Tier- und Pflanzenarten umfassen. Dies soll vor allem durch Landschaftspflege erreicht werden. Erholung und Maßnahmen zur Umweltbildung sind am Schutzzweck auszurichten. In der Pflegezone werden Struktur und Funktion von Ökosystemen und des Naturhaushalts untersucht sowie ökologische Umweltbeobachtung durchgeführt. Die Pflegezone soll als Nationalpark oder Naturschutzgebiet rechtlich geschützt sein. Soweit dies noch nicht erreicht ist, ist eine entsprechende Unterschutzstellung anzustreben. Bereits ausgewiesene Schutzgebiete dürfen in ihrem Schutzstatus nicht verschlechtert werden.*
>
> **Entwicklungszone**
> *Die Entwicklungszone ist Lebens-, Wirtschafts- und Erholungsraum der Bevölkerung. Ziel ist die Entwicklung einer Wirtschaftweise, die den Ansprüchen von Mensch und Natur gleichermaßen gerecht wird. Eine sozialverträgliche Erzeugung und eine Vermarktung umweltfreundlicher Produkte tragen zu einer Nachhaltigen Entwicklung bei („sustainable development"). In der Entwicklungszone prägen insbesondere nachhaltige Nutzungen das naturraumtypische Landschaftsbild. Hier liegen die Möglichkeiten für die Entwicklung eines umwelt- und sozialverträglichen Tourismus.*
> *In der Entwicklungszone werden vorrangig Mensch-Umwelt-Beziehungen erforscht. Zugleich werden Struktur und Funktion von Ökosystemen und des Naturhaushalts untersucht sowie Ökologische Umweltbeobachtung und Maßnahmen zur Umweltbildung durchgeführt. Schwerwiegend beeinträchtigte Gebiete können innerhalb der Entwicklungszone als Regenerationszone aufgenommen werden. In diesen Bereichen liegt der Schwerpunkt der Maßnahmen auf der Behebung von Landschaftsschäden.*
> *Schutzwürdige Bereiche in der Entwicklungszone sind durch Schutzgebietsausweisungen und ergänzend durch die Instrumente der Bauleit- und Landschaftsplanung rechtlich zu sichern.*
> *(AGBR 1995: 12f.)*

Gerade aus der Definition der Entwicklungszone wird die künftig zu verstärkende Aufgabe des nachhaltigens Wirtschaftens in den Biosphärenreservaten deutlich.

Rechtliche Sicherung der Biosphärenreservate

Die rechtliche Regelung für Biosphärenreservate im Bund und in den Ländern gestaltet sich nach wie vor nicht einheitlich und wenig befriedigend. Bekanntlich haben die durch den Einigungsvertrag aus dem Nationalparkprogramm der DDR übernommenen Biosphärenreservate mit ihren entsprechenden, einheitlichen Verordnungen Rechtskraft.

In Anbetracht dieser rechtlichen Situation hatte sich die Arbeitsgruppe der Biosphärenreservate in Deutschland 1995 in Fulda mit der Frage einer bundesrechtlichen Regelung befasst.

Sie stand vor einer schwierigen Harmonisierungsaufgabe: Die ostdeutschen Länder verstanden Biosphärenreservate durchweg als Schutzgebiete mit Gesamtverordnung, allerdings ausdrücklich mit einem Entwicklungsauftrag, der über die Schutzfunktion hinausgeht. Die westdeutschen Länder begriffen Biosphärenreservate vor allem als raumplanerisches Instrument. Biosphärenreservate sind aus diesem Verständnis heraus

NACHHALTIGE ENTWICKLUNG: DER BEITRAG DER BIOSPHÄRENRESERVATE

Planungs- und Entwicklungsgebiete – ohne Gesamtverordnung –, in denen schützenswerte Gebiete mit dem vorhandenen naturschutzrechtlichen Instrumentarium geschützt werden. Der dabei gefundene Kompromiss (Fuldaer Erklärung) lautet für UNESCO-Biosphärenreservate in Anknüpfung an die Naturparkregelung im Bundesnaturschutzgesetz wie folgt:

Fuldaer Erklärung

In gleicher Weise können die Länder nach Anerkennung durch die UNESCO großflächige, repräsentative Ausschnitte von Natur- und Kulturlandschaften zu Biosphärenreservaten erklären. Biosphärenreservate sollen nach dem Einfluss menschlicher Tätigkeit gegliedert werden. Der überwiegende Teil der Fläche soll rechtlich geschützt sein. In beispielhafter Weise dienen Biosphärenreservate insbesondere

- *dem Schutz, der Pflege und der Entwicklung von Natur- und Kulturlandschaften,*
- *der Entwicklung einer nachhaltigen Wirtschaftsweise, die den Ansprüchen von Mensch und Natur gleichermaßen gerecht wird,*
- *der Umweltbildung, der Ökologischen Umweltbeobachtung und der Forschung.*

(AGBR 1995a)

Dieser Vorschlag der Arbeitsgruppe der Biosphärenreservate in Deutschland (AGBR) für eine bundesrechtliche Rahmenregelung lässt den Ländern in ihren Landesgesetzen den rechtlichen Spielraum, UNESCO-Biosphärenreservate als Schutzgebiete mit Gesamtverordnung oder als Planungs- und Entwicklungsgebiete mit Erklärung zum Biosphärenreservat auszugestalten.
Leider kam es durch die 3. Novelle des Bundesnaturschutzgesetzes vom 26. August 1998 nicht zu einer Übernahme dieser Regelung für UNESCO-Biosphärenreservate. Der Bund hat eine Schutzgebietsregelung für Biosphärenreservate (ohne UNESCO-Bezug) eingeführt, die den Ländern aber die Möglichkeit eröffnet, davon in den Landesnaturschutzgesetzen abzuweichen. Damit können UNESCO-Biosphärenreservate auch als Planungs- und Entwicklungsgebiete rechtlich ausgestaltet werden.
Die gültige aktuelle Bestimmung im Bundesnaturschutzgesetz vom 25. März 2002 für Biosphärenreservate:

Auszug aus dem Bundesnaturschutzgesetz (25. März 2002)

§ 25 Biosphärenreservate:
(1) Biosphärenreservate sind rechtsverbindlich festgesetzte einheitlich zu schützende und zu entwickelnde Gebiete, die
1. großräumig und für bestimmte Landschaftstypen charakteristisch sind,
2. in wesentlichen Teilen ihres Gebiets die Voraussetzungen eines Naturschutzgebiets, im Übrigen überwiegend eines Landschaftsschutzgebiets erfüllen,
3. vornehmlich der Erhaltung, Entwicklung oder Wiederherstellung einer durch hergebrachte vielfältige Nutzung geprägten Landschaft und der darin historisch gewachsenen Arten- und Biotopvielfalt, einschließlich Wild- und früherer Kulturformen wirtschaftlich genutzter oder nutzbarer Tier- und Pflanzenarten, dienen und
4. beispielhaft der Entwicklung und Erprobung von die Naturgüter besonders schonenden Wirtschaftsweisen dienen.
(2) Die Länder stellen sicher, dass Biosphärenreservate unter Berücksichtigung der durch die Großräumigkeit und Besiedlung gebotenen Ausnahmen über Kernzonen, Pflegezonen und Entwicklungszonen entwickelt werden und wie Naturschutzgebiete oder Landschaftsschutzgebiete geschützt werden.

§ 22 Erklärung zum Schutzgebiet: (1) - (3)
(4) Die Länder können für Biosphärenreservate und Naturparke abweichende Vorschriften treffen. (...)

(BUNDESGESETZBLATT I : 1193)

Insgesamt kann diese rahmenrechtliche Regelung des Bundes sowohl inhaltlich als auch aus der Sicht des MAB-Programms nicht zufrieden stellen. Zum einen fehlt eine klare Zweckbestimmung für Biosphärenreservate als Modellregionen für Nachhaltige Entwicklung, zum anderen werden nicht UNESCO-Biosphärenreservate, sondern Biosphärenreservate ohne UNESCO-Anerkennung rechtlich verankert.
Damit wird die bundesrechtliche Regelung den internationalen Vorgaben der UNESCO, wie der Sevilla-Strategie und den Internationalen Leitlinien für Biosphärenreservate (UNESCO 1996), nicht gerecht.
Viele Länder haben bereits vor dieser rahmenrechtlichen Regelung in ihren Landesnaturschutzgesetzen die Biosphärenreservate festgelegt. So werden die unterschiedlichen Regelungen deutlich (siehe Tab. 5).

Voller Leben

2. NACHHALTIGE ENTWICKLUNG: DER BEITRAG DER BIOSPHÄRENRESERVATE

Biosphärenreservat	Landesgesetzliche Bestimmung	Gebietsbezogene Regelung	Bemerkung zur gebietsbezogenen Regelung
Südost-Rügen	§§ 21(1), 55, 75 Landesnaturschutzgesetz Mecklenburg-Vorpommern vom 22.10.2002	Verordnung vom 12.09.1990 über NSG und LSG mit Gesamtbezeichnung BR Südost-Rügen	BR mit eigener Verordnung für NSG und LSG, da 1990 keine Rechtsgrundlage für BR
Schleswig-Holsteinisches Wattenmeer	§ 18a Landesnaturschutzgesetz Schleswig-Holstein vom 13.05.2003	Gesetz zum Schutze des Schleswig-Holsteinischen Wattenmeeres (Nationalparkgesetz) vom 17.12.1999	Zonierung des BR entspricht noch dem Nationalparkgesetz von 1985
Hamburgisches Wattenmeer	Nationalparkgesetz vom 05.04.2001	Nationalparkgesetz vom 05.04.2001	keine
Niedersächsisches Wattenmeer	Nationalparkgesetz vom 11.07.2001	Nationalparkgesetz vom 11.07.2001	BR fast vollständig als Nationalpark geschützt
Schaalsee	§§ 21(1), 55, 75 Landesnaturschutzgesetz Mecklenburg-Vorpommern vom 22.10.2002	Verordnung vom 12.09.1990 über NSG und LSG mit Gesamtbezeichnung BR Schaalsee; Verordnungen der Landkreise Nordwestmecklenburg vom 27.05.1999 und Ludwigslust vom 30.09.1998 über LSG	BR mit eigener Verordnung für NSG und LSG, da 1990 keine Rechtsgrundlage für BR
Schorfheide-Chorin	§ 25 Brandenburgisches Naturschutzgesetz vom 25.06.1992	Verordnung vom 12.09.1990 über NSG und LSG mit Gesamtbezeichnung BR Schorfheide-Chorin	BR mit eigener Verordnung für NSG und LSG, da 1990 keine Rechtsgrundlage für BR
Flusslandschaft Elbe			
Teilgebiet Schleswig-Holstein	§ 18a Landesnaturschutzgesetz Schleswig-Holstein vom 13.05.2003	Verordnung für NSGe "Hohes Elbufer zwischen Tesperhude und Lauenburg" vom 12.01.1993 und „Lauenburger Elbvorland" vom 19.04.1995	keine
Teilgebiet Mecklenburg-Vorpommern	§§ 21(1),24, 55, 75 Landesnaturschutzgesetz Mecklenburg-Vorpommern vom 22.10.2002	Verordnung für NSG; Verordnung vom 05.02.1998 über Naturpark "Mecklenburgisches Elbetal"	noch kein BR im Sinne von § 21(1) Landesnaturschutzgesetz Mecklenburg-Vorpommern vom 22.10.2002
Teilgebiet Niedersachsen	Gesetz über das BR Niedersächsische Elbtalaue vom 14.11.2002	Gesetz über das BR Niedersächsische Elbtalaue vom 14.11.2002	Unmittelbare gesetzliche Regelung für das Teilgebiet
Teilgebiet Brandenburg	§ 25 Brandenburgisches Naturschutzgesetz vom 25.06.1992	Erklärung zum BR vom 13.03.1999	Verordnungen für NSG und LSG
Teilgebiet Sachsen-Anhalt	§ 19 Naturschutzgesetz Sachsen-Anhalt vom 30.01.1998	Verordnung vom 12.09.1990 über NSG und LSG mit Gesamtbezeichnung BR Mittlere Elbe	BR mit eigener Verordnung für NSG und LSG, da 1990 keine Rechtsgrundlage
Spreewald	§ 25 Brandenburgisches Naturschutzgesetz vom 25.06.1992	Verordnung vom 12.09.1990 über NSG und LSG mit Gesamtbezeichnung BR Spreewald	BR mit eigener Verordnung für NSG und LSG, da 1990 keine Rechtsgrundlage
Oberlausitzer Heide- und Teichlandschaft	§ 18 Sächsisches Naturschutzgesetz vom 14.11.2002	Verordnung vom 18.12.1997 über die Festsetzung des BR	Schutzgebietsverordnung für gesamtes BR
Vessertal-Thüringer Wald	§ 14 Thüringer Naturschutzgesetz vom 29.04.1999	Biosphärenreservatsverordnung Vessertal vom 12.09.1990 in der Fassung vom 02.10.1998	Schutzgebiet mit Verordnung
Rhön			Die Zusammenarbeit der drei Länder ist in einem Verwaltungsabkommen geregelt
Teilgebiet Hessen	§ 15b Hessisches Naturschutzgesetz vom 18.06.2002	Einrichtungserlass vom 12.06.1992	Verordnung für NSGe und LSGe
Teilgebiet Thüringen	§ 14 Thüringer Naturschutzgesetz vom 29.04.1999	Biosphärenreservatsverordnung Rhön vom 12.09.1990 in der Fassung vom 07.01.1999	Schutzgebiet mit Verordnung
Teilgebiet Bayern	Art. 3a Bayerisches Naturschutzgesetz vom 18.08.1998	Erklärung zum BR durch Bayerisches Umweltministerium noch ausstehend	Verordnungen für Naturpark Bayerische Rhön und für NSGe
Pfälzerwald-Nordvogesen (nur deutsches Teilgebiet)	§ 19 Landespflege-Gesetz Rheinland-Pfalz für Naturparke vom 30.11.2000	Novellierte Verordnung über den Naturpark Pfälzerwald als deutscher Teil des grenzüberschreitenden BR aus dem Jahr 2003; BR flächengleich mit Naturpark	Keine Rechtsgrundlage für BR im Landespflege-Gesetz Rheinland-Pfalz
Bayerischer Wald	Art. 3a, 8 Bayerisches Naturschutzgesetz vom 18.08.1998	Verordnung über den Nationalpark Bayerischer Wald vom 12.09.1997; BR flächengleich mit Nationalpark	Erklärung zum BR Bayerischer Wald durch Bayerisches Umweltministerium noch ausstehend
Berchtesgaden	Art. 3a Bayerisches Naturschutzgesetz vom 18.08.1998	Verordnung über den Alpen- und den Nationalpark Berchtesgaden vom 16.02.1987; BR flächengleich mit Alpenpark Berchtesgaden	Erklärung des Alpenparks zum BR Berchtesgaden durch Bayerisches Umweltministerium noch ausstehend

Tab. 5: Landesrechtliche Regelungen zu den Biosphärenreservaten (in Anlehnung an AGBR 1995: 23; aktualisiert durch Mayerl 2003 nach Angaben der Biosphärenreservate)

NACHHALTIGE ENTWICKLUNG: DER BEITRAG DER BIOSPHÄRENRESERVATE

> Auszug aus dem Bayerischen Naturschutzgesetz vom 18. August 1998:
>
> Art. 3a: Biosphärenreservate (im II. Abschnitt „Landschaftsplanung und Landschaftspflege")
> „(1) Das Staatsministerium für Landesentwicklung und Umweltfragen kann großflächige, repräsentative Ausschnitte von Kulturlandschaften nach Anerkennung durch die Organisation der Vereinten Nationen für Erziehung, Wissenschaft und Kultur zu Biosphärenreservaten erklären. Biosphärenreservate dienen in beispielhafter Weise insbesondere
> 1. dem Schutz, der Pflege und der Entwicklung von Kulturlandschaften,
> 2. der Entwicklung einer nachhaltigen Wirtschaftsweise, die den Ansprüchen von Mensch und Natur gleichermaßen gerecht wird,
> 3. der Umweltbildung, der ökologischen Umweltbeobachtung und Forschung.
> (2) Biosphärenreservate sollen entsprechend dem Einfluss menschlicher Tätigkeit in Kern-, Pflege- und Entwicklungszonen gegliedert werden.
> (3) Der Begriff Biosphärenreservat darf nur für die nach Absatz 1 erklärten Gebiete verwendet werden."
>
> (GESETZ- UND VERORDNUNGSBLATT (BAYERN) 1998: 59)

Mittlerweile werden Biosphärenreservate auch in den ostdeutschen Ländern nicht mehr durchgängig mit einer Verordnung festgesetzt. Hier zeichnet sich eine Entwicklung in den Landesnaturschutzgesetzen ab, die auf der Fuldaer Erklärung der AGBR (1995a) aufbaut. So werden z. B. in Brandenburg nach § 25 des Naturschutzgesetzes vom 25. Juni 1992 Biosphärenreservate durch Bekanntmachung der obersten Naturschutzbehörde erklärt:

> Auszug aus dem Brandenburgischen Naturschutzgesetz vom 25. Juni 1992
>
> § 25 Biosphärenreservate
> (1) Großräumige Landschaften, die durch reiche Naturausstattung und wichtige Beispiele einer landschaftsverträglichen Landnutzung überregionale Bedeutung besitzen und als Natur- oder Landschaftsschutzgebiete ausgewiesen sind, können auf der Grundlage internationaler Richtlinien durch Bekanntmachung der obersten Naturschutzbehörde zu Biosphärenreservaten erklärt werden.
> (2) Biosphärenreservate dienen beispielhaft
> 1. dem Schutz, der Pflege, Entwicklung und Wiederherstellung von Kulturlandschaften mit reichem Natur- und Kulturerbe,
> 2. der Erhaltung der natürlichen und durch historische Nutzungsformen entstandenen Artenmannigfaltigkeit,
> 3. der Entwicklung einer umwelt- und sozialverträglichen Landnutzung, Erholungsnutzung und gewerblichen Gebietsentwicklung,
> 4. der Umweltbildung und Umwelterziehung sowie der langfristigen Umweltüberwachung und ökologischen Forschung.
> (3) Schutz, Pflege und Entwicklung der Biosphärenreservate sind nach einheitlichen Gesichtspunkten und durch eine einheitliche Verwaltung zu gewährleisten.
>
> (GESETZ- UND VERORDNUNGSBLATT (BRANDENBURG) I/92: 208)

Ein weiteres Beispiel aus einer landesrechtlichen Bestimmung, das dem Vorschlag der AGBR (1995a) in der so genannten Fuldaer Erklärung für eine rahmenrechtliche Regelung und den Vorgaben der UNESCO für das MAB-schutzgesetz (siehe Kasten). Auch Schleswig-Holstein baut in dem am 13. Mai 2003 geänderten Landesnaturschutzgesetz im neu eingefügten § 18a „Biosphärenreservate (zu § 25 Bundesnaturschutzgesetz)" auf der UNESCO-Anerkennung und den inhaltlichen Vorschlägen der AGBR (Fuldaer Erklärung 1995) auf, lässt aber zu, die zur Verwirklichung der Schutzziele erforderlichen Bestimmungen einschließlich von Regelungen über die Verwaltung des Biosphärenreservats durch Verordnung zu erlassen.

Zusammenarbeit und Erfahrungsaustausch innerhalb des Netzwerks der Biosphärenreservate

Bereits unmittelbar nach der Vereinigung Deutschlands und aufgrund der Biosphärenreservate, die über das Nationalparkprogramm der DDR in den Einigungsvertrag übernommen worden waren, wurde deutlich, dass zur Harmonisierung

2. NACHHALTIGE ENTWICKLUNG: DER BEITRAG DER BIOSPHÄRENRESERVATE

Mitglieder der Arbeitsgruppe zum Erfahrungsaustausch der UNESCO-Biosphärenreservate in Deutschland

und zum Austausch der Erfahrungen ein bundesweites Arbeitsgremium dringend erforderlich ist.

So setzten im Jahr 1991 das deutsche MAB-Nationalkomitee unter seinem damaligen Vorsitzenden Wilfried Goerke und die über die anerkannten Biosphärenreservate beteiligten Länder die Ständige Arbeitsgruppe der Biosphärenreservate in Deutschland (AGBR) ein. Sie besteht aus den Leiterinnen und Leiter der BR-Verwaltungen sowie aus Vertreterinnen und Vertreter der Bundes und der Länder. Die AGBR nahm ihre Arbeit sofort auf.

Sie tagte bis 1996 unter Leitung des jeweiligen Vorsitzenden des MAB-Nationalkomitees. Seit 1996 wird sie von gewählten Ländervertretern geführt. Die Vertreter des Bundes tragen dabei wesentlich zur fachlichen und effektiven Arbeit und zur Abstimmung mit den Vorstellungen des Bundes bei. Der Bund wirkt mit durch das Bundesumweltministerium (Vorsitzender des MAB-Nationalkomitees), durch das Bundesamt für Naturschutz (BfN) als MAB-Geschäftsstelle und zuständig für die Fachfragen von Naturschutz und der Nachhaltigen Entwicklung sowie durch das Umweltbundesamt (Ökologische Umweltbeobachtung). Auch die Vertreterinnen und Vertreter der Biosphärenreservate, die noch in Planung oder Einrichtung stehen, werden einbezogen.

Ab dem Jahr 1996 hat die Arbeitsgruppe verstärkt den Kontakt und die Zusammenarbeit mit den Umweltverbänden, einschlägigen Stiftungen und Wirtschaftsverbänden gesucht. Durch die Öffnung für diese gesellschaftlich relevanten Gruppen konnte die Basis für das Wirken der Arbeitsgruppe verbreitert werden.

In den letzten Jahren hat sich die Zusammenarbeit mit EUROPARC Deutschland als Dachverband von Nationalparken, Biosphärenreservaten und Naturparken sehr bewährt: z. B. bei der Öffentlichkeitsarbeit (EUROPARC DEUTSCHLAND 2002). Die Kooperation soll weiter ausgebaut werden.

Wichtige Aufgabe der Arbeitsgruppe ist der Erfahrungsaustausch innerhalb des Netzwerks der Biosphärenreservate, aber auch die Abstimmung der Entwicklung in den Schwerpunktaufgaben der einzelnen Biosphärenreservate.

Die Arbeitsgruppe befasst sich von Fall zu Fall mit einschlägigen Einzelthemen, so z. B. mit Imagekampagnen, der rechtlichen Verankerung von Biosphärenreservaten (siehe oben), der Ökologischen Umweltbeobachtung am Beispiel mehrerer Biosphärenreservate (siehe Kap. 5.3), oder der Regionalvermarktung in Biosphärenreservaten (siehe Kap. 4.1 und 5.2). Die Arbeitsgruppe gibt Anstöße für praxisnahe Forschung zum nachhaltigen Wirtschaften oder für Planungen am Runden Tisch unter Einbeziehung der gesellschaftlichen Gruppen (siehe Kap. 3.5).

Insgesamt gesehen hat sich die Arbeitsgruppe in den 13 Jahren ihres Wirkens als effektives Gremium für eine abgestimmte Entwicklung der UNESCO-Biosphärenreservate etabliert. Sie hat in dieser Zeit wesentliche Marksteine gesetzt:

- Leitlinien für Schutz, Pflege und Entwicklung der Biosphärenreservate in Deutschland (AGBR 1995) als richtungsweisendes Werk für die Fortentwicklung der UNESCO-Biosphärenreservate.
- Mitwirkung an den Kriterien für Anerkennung und Überprüfung von Biosphärenreservaten der UNESCO in Deutschland des Deutschen MAB-Nationalkomitees (1996); im Rahmen dieser Mitwirkung hat die Arbeitsgruppe der 39 Kriterien auf ihre Relevanz, Effektivität und praktische Auswirkung geprüft (Nationale Kriterien siehe Anhang S. 299).
- Allgemeines Leitbild für Biosphärenreservate in Deutschland, beschlossen auf der 22. Sitzung der AGBR am 29. September 1999 im Biosphärenreservat Südost-Rügen; ausgehend von der Sevilla-Strategie der UNESCO (1995) für das 21. Jahrhundert stellt das Leitbild die Biosphärenreservate (siehe Kasten) als gemeinschaftliches Projekt der Menschen, die darin und davon leben, als ein Instrument der Daseinsvorsorge und der Zukunftssicherung dar.
- Biosphärenreservate in Deutschland: „Ankommen lohnt sich - bleiben auch" (2002); in dieser von EUROPARC Deutschland mit der Arbeitsgruppe herausgegebenen Broschüre wird die Bedeutung des Netzwerks der 14 Biosphärenreservate für einen umweltfreundlichen Tourismus in ansprechenden Kulturlandschaften dargestellt (siehe Kap. 3.3.4).

NACHHALTIGE ENTWICKLUNG: DER BEITRAG DER BIOSPHÄRENRESERVATE

Allgemeines Leitbild für Biosphärenreservate in Deutschland

beschlossen von der Ständigen Arbeitsgruppe der Biosphärenreservate in Deutschland (AGBR) am 29. September 1999 auf der Insel Vilm:

Leitbild für Biosphärenreservate in Deutschland

Biosphärenreservate sind ein wesentlicher Teil des „Mensch-und-Biosphäre"-Programms (MAB-Programm), das die UNESCO im Oktober 1970 ins Leben rief. Es dient dazu, die Wechselwirkungen zwischen dem Leben und Wirtschaften der Menschen einerseits und der Biosphäre andererseits zu erforschen und Konzepte für ein dauerhaft verträgliches Miteinander von Mensch und Umwelt zu entwickeln und zu erproben. Der Begriff „Biosphärenreservat" ist zusammengesetzt aus „Biosphäre" (= Lebensraum) und „-reservat" (von lateinisch: reservare = bewahren). Die Biosphäre umgibt wie eine zarte, verletzliche Haut unseren Planeten, sie allein ist der Raum, in dem Leben möglich ist. Jedes Biosphärenreservat soll drei sich ergänzende Funktionen erfüllen.
(...)
Daraus [aus der Vision von Sevilla für das 21. Jahrhundert] folgt, dass Biosphärenreservate Modellregionen sein sollen für eine Entwicklung, die sich an folgenden Ansprüchen orientieren muss:

1. Ethischer Anspruch („Erkenne Dich selbst")

Die Beziehung des Menschen zur Natur war bisher in der Regel ein Kampf gegen Grenzen. Seine „Siege", die er bei dem Versuch, sich die Natur untertan zu machen, errungen hat, haben ihn in eine existenzbedrohende globale Krise geführt. Deshalb müssen wir unsere zukünftigen Bemühungen konsequent auf die Akzeptanz von Grenzen ausrichten. Die Einrichtung von Biosphärenreservaten ist notwendig aus der Erkenntnis, dass
- wir nicht Herr über die Natur sein können, sondern als ein Teil von ihr untrennbar mit ihr verbunden sind. Nur durch sie und mit ihr können wir existieren,
- wir uns den Gesetzen der Natur, denen wir ohnehin unterworfen sind, bewusst unterordnen müssen,

weil wir Verantwortung tragen gegenüber den Generationen, die nach uns kommen.

2. Ökologischer, ökonomischer und sozialer Anspruch („Tu Gutes...")

Die wirtschaftliche Entwicklung muss die naturgegebenen Grenzen des Wachstums respektieren, d.h. Ökonomie muss als sparsames Haushalten mit begrenzten Ressourcen begriffen werden. Motiv darf allerdings nicht allein die Sorge um die Zukunft sein. Vielmehr kann die dauerhaft umweltgerechte Entwicklung der Biosphärenreservate als Vorteil begriffen werden, als Entwicklungschance für die Gesellschaft. Denn hier sollen nicht nur Erfahrungen genutzt und Traditionen gepflegt und weiterentwickelt werden. Biosphärenreservate sind vor allem „Testgelände" für Pilotprojekte, für zukunftsfähige Ideen, Visionen, Betriebs- und Wirtschaftsformen aller Art. Auf diese Weise sollen sie als Vorbilder und Schrittmacher ausstrahlen auf ihre Umgebung.
Grundlage und Motor der Entwicklung muss die Beteiligung und Kooperation aller Entscheidungsträger, Interessenvertreter und Initiativen in den Biosphärenreservaten und ihrem Umfeld sein. Wichtiger als das einzelne Vorhaben sind seine Passfähigkeit und seine Vernetzung in der Gesamtstruktur der Region. Durch die Bündelung von Interessen, Fähigkeiten und Kenntnissen auf gemeinsame Ziele soll die Beziehung der einheimischen Bevölkerung zu ihrer Heimat wiederhergestellt bzw. durch positive Beispiele und sichtbare Erfolge gestärkt werden.
Nur so entwickelte und durch Kooperation starke und selbstbewusste Regionen werden angesichts der globalen Probleme den Herausforderungen der Zukunft gewachsen sein.

3. Wissenschaftlicher Anspruch („..., überprüfe ständig, was und ob Du Gutes tust...")

Da wir von der Natur abhängig sind und von ihr lernen sollten, müssen wir auch verstehen, wie sie funktioniert. Wir müssen auch wissen bzw. abschätzen können, welche Folgen unser derzeitiges wirtschaftliches und soziales Tun und Lassen für unsere künftigen Entwicklungsmöglichkeiten hat. Deshalb muss die Forschung im Biosphärenreservat
- sich am ethischen Anspruch orientieren,
- die ökologischen Folgen vergangener und

2. NACHHALTIGE ENTWICKLUNG: DER BEITRAG DER BIOSPHÄRENRESERVATE

gegenwärtiger Formen der Landschaftsnutzung untersuchen,
- *die Auswirkungen vergangener, gegenwärtiger und zukünftiger Wirtschaftsformen auf die in der Region lebenden und wirtschaftenden Menschen untersuchen und daraus*
- *Konzepte und Strategien für die künftige dauerhaft umweltgerechte Nutzung von Landschaften entwickeln.*

Die Forschung muss eingebettet sein in den Rahmen der nationalen und internationalen ökologischen Umweltbeobachtung.

4. Pädagogischer Anspruch
(„... und rede darüber")
Der ethische, der ökologisch-ökonomisch-soziale und der wissenschaftliche Anspruch dieses Leitbildes können nur dann wirksam werden, wenn sie der Gesellschaft im Ganzen wie auch den Menschen in der Region mit allen Möglichkeiten der Umweltbildung und der Öffentlichkeitsarbeit nahe gebracht werden. Dabei müssen sowohl der Verstand als auch das Gemüt der Menschen angesprochen werden.

Verstand: „Nur was man weiß, das sieht man auch." Alles Wissen über das Wirkungsgefüge der Natur, über die Möglichkeiten einer dauerhaft umweltgerechten Entwicklung und ihre Chancen für die Gesellschaft, ist wirkungslos, solange es wenigen Experten vorbehalten bleibt. Gerade eine städtisch orientierte Gesellschaft, deren Kontakte zur Natur weitgehend auf den Urlaub beschränkt sind, braucht Anschauungsobjekte, mit deren Hilfe das Verständnis für natürliche Prozesse und Gesetzmäßigkeiten und die Auswirkungen unseres Tuns und Lassens geweckt bzw. verstärkt werden kann.

Gemüt: „Nur was man liebt, das schützt man auch." Emotionen gehören untrennbar zum Wesen des Menschen. In unserer heutigen Gesellschaft kommt den Biosphärenreservaten die Aufgabe zu, Werte im Sinne des ethischen Anspruchs zu vermitteln. Die Entwicklung eines Biosphärenreservates hängt maßgeblich davon ab, ob es gelingt die Liebe der Menschen zu ihrer Heimat ebenso zu wecken wie das Interesse und die Sorge um ihre Zukunft.

(...)

Nach diesen Ansprüchen müssen die Biosphärenreservate eingerichtet und entwickelt werden, als gemeinschaftliches Projekt der Menschen, die darin und davon leben, als ein Instrument der Daseinsvorsorge und der Zukunftssicherung.

(AGBR 1999)

Bilanz des gegenwärtigen Entwicklungsstands

Die bisherigen Anstrengungen, Erfolge und Marksteine in der Entwicklung des Netzwerks der Biosphärenreservate dürfen nicht darüber hinwegtäuschen, dass noch eine Wegstrecke für die Akzeptanz, die Bedeutung und das Image der Biosphärenreservate zu leisten ist.

Die Wahrnehmung der Biosphärenreservate durch die Öffentlichkeit lässt noch zu wünschen übrig. Oft genug werden Biosphärenreservate mit klassischen Schutzgebieten, wie Nationalparken, gleichgesetzt. Dies kann dann dazu führen, dass der Mensch in einem Schutzgebiet „keinen Platz" hat. Und damit wird genau das Gegenteil von dem erreicht, was mit UNESCO-Biosphärenreservaten beabsichtigt ist.

Daraus ist zu schließen, dass der Beitrag der Biosphärenreservate für Schutz und Pflege oftmals zu sehr in den Vordergrund gestellt und die Aufgabe als Modellregion für Nachhaltige Entwicklung nicht nach außen getragen wurde.

Das Spannungsfeld zwischen Schutz und Entwicklung muss in den Planungen für die Biosphärenreservate in enger Abstimmung mit den Betroffenen (siehe Kap. 3.5) gelöst werden. Hierbei müssen die Gewichte zugunsten einer nachhaltigen Regionalentwicklung sowie einer Stärkung des Images und des Bekanntheitsgrads der Biosphärenreservate verschoben werden. Das Wirken in Biosphärenreservaten soll sich stärker an der Arbeit in der Agenda 21 orientieren.

Die Auszeichnung der Gebiete mit dem Prädikat „UNESCO-Biosphärenreservat" hat sich bei der Beantragung und Bereitstellung von Projekt- und Fördermitteln, z. B. aus LEADER, INTEREG, Regionen Aktiv oder von Landesmitteln aus Förderprogrammen, im europäischen und bundesweiten Wettbewerb mit anderen Regionen sehr positiv ausgewirkt. Diese Projekt- und Fördermittel, für deren Gewinnung die BR-Verwaltungen immer große Anstrengungen unternehmen müssen, kommen der hier lebenden Bevölkerung zugute und stoßen eine nachhaltige Regionalentwicklung an. Solche Bemühungen müssen fortgesetzt werden, um das Ansehen der Biosphärenreservate weiter zu stärken.

Insgesamt ist zu bilanzieren, dass Vieles erreicht wurde, aber die künftige Entwicklung noch stärker auf das nachhaltige Wirtschaften ausgerichtet werden soll.

NACHHALTIGE ENTWICKLUNG: DER BEITRAG DER BIOSPHÄRENRESERVATE

Zusammenfassung

Das Netzwerk der Biosphärenreservate in Deutschland besteht gegenwärtig aus 14 von der UNESCO im Rahmen des MAB-Programms anerkannten Gebieten mit einem Anteil von 4,43 Prozent der Fläche Deutschlands.

Die Biosphärenreservate stellen großflächige repräsentative Ausschnitte von Natur- und Kulturlandschaften dar, die in eine Kern-, Pflege- und Entwicklungszone gegliedert werden. Sie werden rechtlich gesichert und sollen gemeinsam mit den in den Gebieten lebenden und wirtschaftenden Menschen zu Modellregionen für Nachhaltige Entwicklung werden.

Für diese Ziele und zum Erfahrungsaustausch haben sich die Biosphärenreservate zum Netzwerk in einer Arbeitsgruppe zusammengeschlossen. In den 13 Jahren ihres Wirkens hat sich die Arbeitsgruppe als effektives Gremium etabliert. Sie hat in dieser Zeit Leitlinien und Leitbilder herausgegeben und maßgeblich an den Kriterien für Anerkennung und Überprüfung dieser Gebiete mitgewirkt. Künftig muss sie das Augenmerk noch stärker auf das nachhaltige Wirtschaften anhand konkreter Projekte richten.

Literatur

AGBR (STÄNDIGE ARBEITSGRUPPE DER BIOSPHÄRENRESERVATE IN DEUTSCHLAND) (1995): Biosphärenreservate in Deutschland. Leitlinien für Schutz, Pflege und Entwicklung. - Berlin-Heidelberg u. a.

AGBR (1995a): Fuldaer Erklärung der AGBR zur gesetzlichen Anbindung der Biosphärenreservate im Bundesnaturschutzgesetz. Beschluss vom 30.01./01.02.1995, Fulda (unveröffentlicht).

AGBR (1999): Allgemeines Leitbild für Biosphärenreservate in Deutschland. Beschluss vom 29.09.1999, Vilm (unveröffentlicht).

BUNDESGESETZBLATT 2002 TEIL I Nr. 22 vom 3. April 2002: Gesetz zur Neuregelung des Rechts des Naturschutzes und der Landschaftspflege und zur Anpassung anderer Rechtsvorschriften vom 25. März 2002:1193 - 1218 ; § 22, 25: 1202.

DEUTSCHES MAB-NATIONALKOMITEE (1995): Empfehlung für den Beitrag Deutschlands zum UNESCO-Programm Der Mensch und die Biosphäre (MAB) für den Zeitraum 1996 bis 2001 (vierter mittelfristiger Plan der UNESCO), Bonn.

DEUTSCHES MAB-NATIONALKOMITEE (Hrsg.) (1996): Kriterien für Anerkennung und Überprüfung von Biosphärenreservaten der UNESCO in Deutschland, Bonn.

BUNDESAMT FÜR NATURSCHUTZ (BfN) (2002): Daten zur Natur 2002, Bonn.

ERDMANN, K.-H. (1997): Biosphärenreservate der UNESCO: Schutz der Natur durch eine dauerhaft-umweltgerechte Entwicklung.- In: ERDMANN K.-H., SPANDAU L. (Hrsg.): Naturschutz in Deutschland. Strategien, Lösungen, Perspektiven, Stuttgart.

ERDMANN, K.-H., NAUBER, J. (1991): UNESCO-Biosphärenreservate. Ein internationales Programm zum Schutz, zur Pflege und zur Entwicklung von Natur- und Kulturlandschaften. In: Umwelt. Informationen des Bundesministers für Umwelt, Naturschutz und Reaktorsicherheit 10/1991, S 440-450.

ERDMANN, K.-H., NAUBER, J. (1995): Der deutsche Beitrag zum UNESCO-Programm Der Mensch und die Biosphäre (MAB) im Zeitraum Juli 1992 bis Juni 1994. Mit einer englischen Zusammenfassung, Bonn.

EUROPARC DEUTSCHLAND (Hrsg.) (2002): Biosphärenreservate in Deutschland: Ankommen lohnt sich - Bleiben auch, Berlin.

GESETZ- UND VERORDNUNGSBLATT (BAYERN): Gesetz über den Schutz der Natur, die Pflege der Landschaft und die Erholung in der freien Natur (Bayerisches Naturschutzgesetz) in der Fassung der Bekanntmachung vom 18. August 1998: 593.

GESETZ- UND VERORDNUNGSBLATT (BRANDENBURG): Gesetz über den Naturschutz und die Landschaftspflege im Land Brandenburg (Brandenburgisches Naturschutzgesetz) vom 25. Juni 1992; I/92: 208.

MAYERL, D. (1990): Die Landschaftspflege im Spannungsfeld zwischen gezieltem Eingreifen und natürlicher Entwicklung - Standort und Zielsetzung, Planung und Umsetzung in Bayern. Natur und Landschaft 65(4); 167-175.

UNESCO (Hrsg.) (1996): Biosphärenreservate. Die Sevilla-Strategie und die Internationalen Leitlinien für das Weltnetz. Hrsg. der dt.-sprach. Ausg.: Bundesamt für Naturschutz, Bonn.

3. Neue Konzepte für die Modellregionen

3.1 Mensch und Biosphäre

3.1.1 Menschen und Kulturen in Biosphärenreservaten

Lenelis Kruse-Graumann

Menschen in Biosphärenreservaten: Wo sind sie?

Das MAB-Programm: Anspruch und Wirklichkeit

Schaut man auf die Geschichte des MAB Programms als internationales zwischenstaatliches Wissenschaftsprogramm und auf die Entwicklung der Konzeption der Biosphärenreservate, wie sie vom deutschen Nationalkomitee 1995 und besonders eindrucksvoll und bildhaft in UNESCO 2002 (Biosphere Reserves: Special Places for People and Nature) nachgezeichnet wurden, fällt zweierlei auf:

Erstens wird deutlich, dass, angefangen mit der Biosphärenkonferenz 1968, dem Beschluss für die Einrichtung eines MAB-Programms 1970 und schließlich der Entscheidung für die Einrichtung von Biosphärenreservaten (seit 1973) geradezu Bahn brechend und vorausschauend die wechselseitigen Einflüsse von Mensch und Natur bzw. Umwelt in den Mittelpunkt gestellt wurden. Ja mehr noch: Die Idee einer notwendigen, aber sorgfältig auszubalancierenden Verbindung zwischen Naturschutz und Nutzung natürlicher Ressourcen durch den Menschen wurde schon artikuliert, lange bevor diese Relation als zentrales Element des Konzepts der „Nachhaltigen Entwicklung" formuliert und seit der Rio Konferenz 1992 weltweite Verbreitung – wenn auch noch längst nicht weltweite Beachtung – gefunden hat.

Zweitens fällt auf, dass, wie so oft, auch beim MAB-Programm und bei der konkreten Realisierung des Konzepts der Biosphärenreservate eine Diskrepanz zwischen Anspruch und Wirklichkeit bestanden hat, die erst in den letzten Jahren zu schrumpfen beginnt. Die Anfänge der Biosphärenreservate waren gekennzeichnet durch den Schutz der Natur und die Ausweisung von Gebieten für Forschungszwecke. Die Biosphärenreservate als Orte menschlichen Lebens und wirtschaftlicher Entwicklung blieben bis in die achtziger Jahre hinein weitgehend unberücksichtigt. Die Einbeziehung von Wirtschafts-, Sozial- und Verhaltenswissenschaften fand nur vereinzelt statt. Im deutschen MAB-Nationalkomitee wurden solche Ansätze jedoch schon früh positiv aufgenommen. Immerhin machte sich erstmals bei einem EuroMAB-Treffen in Straßburg (1991) eine Gruppe von Teilnehmern für die

NEUE KONZEPTE FÜR DIE MODELLREGIONEN

Einbeziehung der Sozialwissenschaften in das MAB-Programm stark. 1995 wurden diese Forderungen bei einem vom deutschen MAB-Nationalkomitee organisierten internationalen Workshop in Königswinter über „Gesellschaftliche Dimensionen von Biosphärenreservaten" konkretisiert (KRUSE-GRAUMANN, L. et al., 1995). Ein weiterer Meilenstein war 1996 ein MAB-Workshop zu Problemen des sozialen bzw. gesellschaftlichen Monitorings (KRUSE-GRAUMANN, L. et al. 1998), der seine Fortsetzung 2001 in Rom im Rahmen eines großen BRIM-Workshops fand (LASS, W., REUSSWIG, F. 2002).

Nachhaltige Entwicklung und die Sevilla-Strategie

Für das Konzept der Biosphärenreservate wurden die neuen Anstöße zu einer Nachhaltigen Entwicklung durch die Konferenz von Rio 1995 auf der Biosphärenreservatskonferenz in Sevilla in eine „Vision von Sevilla für das 21. Jahrhundert" und in neue Leitlinien für das Weltnetz der Biosphärenreservate übersetzt. Entscheidender Fortschritt ist die Erkenntnis, dass ein Schutz der menschlichen Lebensgrundlagen nicht unabhängig von ihrer Nutzung durch die auf diese Lebensgrundlagen angewiesenen Menschen gesehen werden darf. Die Rolle der Nutzer, ihre Ansprüche und ihre Verantwortung bekommen damit einen neuen Stellenwert.

Mit dem Konzept der Nachhaltigkeit (siehe Kap. 2.3) ist nicht ein Nebeneinander von Schutz und Nutzung gemeint, sondern ein Prozess, der sich um einen Ausgleich bemüht zwischen Schutz und menschlicher Nutzung der Natur sowie zwischen der Bewahrung der natürlichen menschlichen Lebensgrundlagen und den Lebens- und Überlebensansprüchen der Menschen mit ihren verschiedenen historisch, kulturell und sozial geprägten Identitäten – und in diesem Sinne spricht man in der Regel von „Kulturen".

Wo sind die Menschen im Biosphärenreservat?

Hat man sich bisher *auch* um Menschen gekümmert, so ist ihre Rolle jetzt viel zentraler und umfassender geworden. Menschen in Biosphärenreservaten werden als *die* Träger der Entwicklung von Biosphärenreservaten gesehen. Biosphärenreservate sind nun „Besondere Orte für Menschen und Natur" („Special Places for People and Nature", UNESCO 2002). Nur durch menschliche Entscheidungen und menschliches Tun (bzw. Nicht-Tun) ist die Bewahrung von Natur möglich, aber auch die Vielfalt menschlichen Lebens lässt sich nur aufrechterhalten, wenn die biologische Vielfalt als wesentlicher Bestandteil ihrer Lebensgrundlagen bewahrt bleibt. Biologische Vielfalt und kulturelle Vielfalt gehen Hand in Hand. In Biosphärenreservaten kann dies beispiel- und modellhaft demonstriert werden. Die Sevilla-Vision sieht in Biosphärenreservaten mögliche „Schauplätze" einer Versöhnung von Mensch und Natur, die durch das weltumspannende Netz der Biosphärenreservate einen beachtlichen Beitrag zur Nachhaltigen Entwicklung dieser Welt leisten können.

Damit muss eine Vielzahl neuer Perspektiven eingenommen und neue Fragestellungen aufgegriffen werden. Menschen kommen nun in wechselnden Gruppenzugehörigkeiten, Rollen und Funktionen (z. B. als Interessen- und Konfliktparteien, als Landbesitzer und Landnutzer, als Naturschützer und Investoren, als Alteingesessene und kurzzeitige Besucher) in den Blick, für die die Natur- und Kulturlandschaft „Biosphärenreservat" ganz unterschiedliche Bedeutung hat und unterschiedliche Identifikations- und Handlungsmöglichkeiten bietet. Sie alle bestimmen mit unterschiedlichem Beitrag und Gewicht die vielfältigen Wechselwirkungsprozesse zwischen Mensch, Natur und Kultur.

Folgerichtig müssen sich damit aber auch das Management der Biosphärenreservate und nicht zuletzt ihre Forschung und ihr Monitoring verändern und erweitern.

In der Konzeption sind zukünftig viel umfassender die verschiedenen Mensch-Umwelt-Beziehungen zu berücksichtigen. Dazu gehören nicht nur Prozesse innerhalb des Gebiets, wie sie durch Bewohner und Besucher zustande kommen, sondern auch die Beziehungen zum Umland, das von der Existenz des Biosphärenreservats profitiert, das aber auch zur Quelle von Druck und negativen Einflüssen werden kann (z. B. Zweitwohnungen, Ansprüche an komfortable Zugangswege) zu berücksichtigen. Vor allem muss deutlich werden, dass ein Biosphärenreservat nicht nur ein geografischer Ort, sondern auch ein „Ort des Bewusstseins" ist (BRIDGEWATER, P., CRESSWELL, I. 1998), an dem sich ortsbezogene Identifikationen entwickeln. **Management** heißt nun, die mannigfaltigen Wechselwirkungen zwischen Mensch und Natur in einer nachhaltigen Weise zu gestalten und dabei eine Vielzahl von Instrumenten einzusetzen, zu denen rechtliche Rahmenbedingungen für den strikten Schutz oder die nachhaltige Nutzung ebenso gehören wie ökonomische Anreize und nicht zuletzt Bildung und Lernen für Nachhaltigkeit (siehe Kap. 3.1.2). Dazu müssen die lokale Bevölkerung, aber auch die Bewohner im Umland sowie Besucher in ganz neuen Funktionen einbezogen werden. Nicht mehr „Akzeptanz" von Schutzbestimmungen steht im Mittelpunkt, sondern „Partizipation", aktive Unterstützung bei der Formulierung und Umsetzung der Ziele und Funktionen des Biosphärenreservats sind gefragt. Auch die Thematisierung und Lösung von Konflikten zwischen verschiedenen Akteuren oder Akteursgruppen sind Teil des Managements. Voraussetzung dafür ist wiederum ein profundes Wissen (und entsprechende sozial- und verhaltenswissenschaftlichen Forschungsergebnisse) über die Faktoren, die naturschädigende bzw. naturverträgliche, nachhaltige oder nicht-nachhaltige Verhaltensweisen der unterschiedlichen Akteure in einem Biosphärenreservat bestimmen. Weder die Information der Öffentlichkeit (wie in den großen internationalen Konventionen (CBD, CCC, FCCC) gefordert), noch die Einbeziehung „indigenen Wissens" (wie es seit Rio 1992 betont und durch

3. NEUE KONZEPTE FÜR DIE MODELLREGIONEN

die Weltwissenschaftskonferenz in Budapest 1999 vehement vorgetragen wird) sind dafür ausreichend. Das Programm ist viel umfassender und anspruchsvoller, da die verschiedenen Akteure in ihren individuellen, gruppen- und kulturspezifischen Wahrnehmungsmustern, Überzeugungen, Verhaltenspräferenzen oder allgemeiner: ihren Lebensstilen einbezogen werden müssen. Dazu bedarf es schließlich auch der Mitarbeit von sozialwissenschaftlichen Experten im Management. Zur naturwissenschaftlich ausgerichteten Ökosystemforschung muss eine umfassende **humanökologische Forschung** treten, an der sich all jene Disziplinen beteiligen, die zur Erforschung von Mensch-Natur-Verhältnissen beitragen können (z. B. Umweltsoziologie und -psychologie, die Humangeografie, Politikwissenschaften, Ökonomie, Pädagogik, aber auch Geschichtswissenschaft und Philosophie). Zum ökosystemaren Monitoring muss ein soziales und **gesellschaftliches Monitoring** hinzukommen und idealerweise zu einem „integrierten" Monitoring werden (siehe Kap. 3.4).

Kultur ist die Art und Weise, wie Menschen sich mit der Natur auseinandersetzen

Ausgangspunkt für die Diskussion zur Nachhaltigen Entwicklung ist die Erkenntnis, dass der Mensch in wachsendem Maße seine Umwelt und seine natürlichen Lebensgrundlagen zerstört. Das einstmals scheinbar harmonische Verhältnis zwischen Mensch und Natur manifestiert sich inzwischen als Ausbeutung, Zerstörung und Verschmutzung, insgesamt als eine Fehlanpassung des Menschen mit seinen technologischen und kulturellen Praktiken. Die so genannte ökologische Krise ist in Wahrheit eine Krise der Kultur bzw. der zivilisatorischen Entwicklung. Die Bewältigung der ökologischen Krise ist demnach davon abhängig, dass Menschen diese Probleme erkennen und nach Mitteln und Wegen suchen, um sie zu lösen. Die Lösung erfordert die Veränderung fehlangepasster Umgangsweisen mit der Natur und vor allem der ihnen zugrunde liegenden Wahrnehmungen, Wissensvorräte, Bewertungen, Einstellungen und individuellen und sozialen Normen – also insgesamt veränderte Lebensstile.
Bereits in der Agenda 21, stärker noch in der Biodiversitätskonvention (CBD) und in den Schlussdokumenten der Weltwissenschaftskonferenz in Budapest 1999, wird darauf hingewiesen, dass viele indigene Kulturen und traditionelle Gemeinschaften über Jahrhunderte hinweg einen Umgang mit der Natur und natürlichen Ressourcen praktiziert haben, der nicht zu Abbau und Zerstörung der Lebensgrundlagen geführt hat. Wenn bei diesen, oft als „Naturvölker" bezeichneten indigenen Gemeinschaften also nur selten fehlangepasstes Handeln auftritt, wie ist dies zu erklären? Welche Rahmenbedingungen und Handelungsweisen, die manche gern zur Richtschnur für einen nachhaltigen Umgang mit biologischer Vielfalt machen wollen, lassen sich aufzeigen? Im Bericht „Unsere kreative Vielfalt" (1995), den der ehemalige UN-Generalsekretär Perez de Cuéllar als Ergebnis der „UN-Weltdekade für kulturelle Entwicklung" vorlegte, wird auch für die Erhaltung der Umwelt und der biologischen Vielfalt als Träger der Kulturen plädiert, ebenso wie für den Erhalt der Sprachenvielfalt, in der die kulturelle Vielfalt aufgehoben ist. Konsequent wird denn auch die Beziehung zwischen biologischer und kultureller (und sprachlicher) Vielfalt reflektiert und vom geradezu symbiotischen Charakter dieser Beziehung ausgegangen: Denn schließlich ist die Art und Weise, wie Menschen sich mit der Natur auseinandersetzen, das, was man Kultur nennt. **Kulturveränderung**, also Veränderung von Bewusstsein und Handeln in Bezug auf Natur, oder **Kulturerhalt**, als Voraussetzung für den Erhalt der biologischen Vielfalt, der Lebensbedingungen für Mensch und Tier bzw. für den Weg in die Nachhaltigkeit? Dieser Widerspruch kann nur gelöst werden, wenn man einen genaueren Blick auf die Beziehung zwischen Natur und Kultur, zwischen natürlicher und Kultur-Umwelt wirft, um Naturschutz und Kulturschutz in einem neuen Licht zu sehen (KRUSE-GRAUMANN, L. 2001; 2002) (siehe Kasten).

Kultur als Aneignung der Natur durch den Menschen

War es bisher üblich, den Menschen (im Unterschied zum Tier) als ein Kulturwesen in eine Gegenstellung zur Natur zu bringen, lässt unsere heutige Einsicht in die Wechselwirkung von Natur und Kultur eine solche Zweiteilung nicht mehr zu. Im Unterschied zu früher sieht man heute in der Natur nicht die vom Menschen „unberührte", sich selbst überlassene, „fremde" Welt, sondern eine durch mentale wie physische Aktivitäten des Menschen angeeignete Welt.
Unter Aneignung versteht man die Aktivitäten des Menschen, die ihn umgebende Natur, also die menschliche Umwelt, zu definieren und/oder für seine Zwecke zu ändern. Erst dadurch wird sie zu „seiner" Umwelt.
Aneignung erfolgt zum einen durch Veränderung der Natur durch Arbeit: Anlage von Reisterrassen, Entnahme von Steinen zum Bau von Häusern, Erschließen von Verkehrswegen zu Wasser und zu Lande, Züchten von Pflanzen, aber auch Aneignung durch profitorientierte Ausbeutung und Verbrauch lebenswichtiger Ressourcen, durch die Unterwerfung anderer Menschen und Völker.
Zum anderen gibt es die symbolische Aneignung von Natur bzw. ihre Kultivierung zum Beispiel durch sprachliche Benennung („Unkraut", „Pflege-

44 Voller Leben

NEUE KONZEPTE FÜR DIE MODELLREGIONEN

zone"), künstlerische Darstellung, Mythen und Geschichten. Dabei spielen Wissen und Erfahrung, aber auch Religion und Tradition eine entscheidende Rolle. Mit der symbolischen Aneignung eng verknüpft ist die Wertung, die von der jeweiligen Kultur abhängig ist. Einstellungen und Umgangsweisen können dabei so unterschiedlich bewertet werden, dass oft die Verständigung zwischen den Kulturen schwierig, wenn nicht gar unmöglich wird.

Bei der Aneignung handelt es sich um einen fortlaufenden Prozess: In dem Maße wie der Mensch sich seine Umwelt aneignet (z. B. durch Bearbeitung und Nutzung) verändert er die ihn umgebende Natur. Diese veränderte Umwelt wiederum wirkt auf den Menschen zurück, der sich seinerseits wieder ändert. Dieses Wechselspiel wiederholt sich wieder und wieder.

Bei der Aneignung laufen zwei unterscheidbare, aber miteinander verbundene Prozesse ab: Zum einen eignet sich die Menschheit (mit ihren Völkern und Stämmen, deren Kulturen und Sprachen) die Natur (ihre Rohstoffe und Kräfte) über viele Generationen hinweg an und führt in unterschiedlichen kulturellen Gruppen zu ganz unterschiedlichen Weltanschauungen und Praktiken. Zum anderen eignet sich aber auch jeder einzelne Mensch seine Umwelt von Neuem an, da er in seinem Leben die Errungenschaften seiner Kultur jeweils neu lernen muss.

Wie eignet sich nun ein Mensch beispielsweise eine Landschaft an, wie sie im Biosphärenreservat vorgefunden wird: Jeder neue Erdenbürger, aber auch jeder Tourist oder Neubürger eignet sich an, was vorangegangene Generationen geschaffen haben und zwar durch Erkundung des Raums, durch Bewegung in der Landschaft, durch Nutzung von Dingen, aber auch durch Benennung und Wertschätzung als etwas, das geschützt oder gepflegt werden muss oder auch vermarktet werden kann oder als (Natur- bzw. Kultur-) „Erbe" auch für kommende Generationen erhalten werden muss. Eine Aneignung geht im günstigen Fall mit einer positiven Identifizierung mit dem Ort einher, was sich z. B. in Sätzen äußert wie: „Ich bin ein Spreewälder." Auf der anderen Seite können verschiedene Einzelpersonen bzw. Interessengruppen durchaus unterschiedliche Aneignungsvorstellungen und entsprechende Handlungsintentionen haben, die nicht selten einander ausschließen und zu Konflikten führen können.

(siehe KRUSE, L., GRAUMANN, C. F. 1978)

Naturschutz durch Kulturschutz oder umgekehrt?

Wenn derzeit ein neues Interesse am so genannten indigenen Wissen der ca. 5.000 meist in Stammesgesellschaften lebenden Menschen (insgesamt etwa 200-300 Millionen, die Hälfte davon in China und Indien) entsteht, dann deshalb, weil anerkannt wird, dass es in vielen indigenen (siehe Kasten) oder breiter gefasst: traditionellen Gesellschaften gelungen ist, mit der Natur schonend oder nachhaltig umzugehen.

Indigene Völker

Indigen bedeutet wörtlich „in etwas hineingeboren", „innerhalb einer Abstammung" oder „eingeboren". Statt dieser als diskriminierend empfundenen Bezeichnung hat sich, international einheitlich, der Begriff indigen durchgesetzt. Rechtlich verbindlich ist die Definition der Internationalen Arbeitsorganisation (ILO). Danach sind indigene Völker:

1. *Stammesvölker in Ländern, deren soziale, kulturelle oder ökonomische Bedingungen sie von anderen Sektionen/Teilen der nationalen Gemeinschaft unterscheiden und deren Status ganz oder teilweise durch ihre eigenen Gebräuche oder Traditionen geregelt wird;*
2. *Völker in Ländern, die sich aufgrund ihrer Abstammung von Völkern, die das Land oder eine geografische Region, zu der das Land gehört, zur Zeit der Eroberung oder Kolonialisierung oder Festlegung der heutigen Staatsgrenzen bewohnten, selbst als indigen bezeichnen oder von anderen so bezeichnet werden.*

(zitiert nach WBGU, 2000, S. 189)

Dabei verwenden sie Praktiken, die durch ein komplexes Zusammenspiel von über lange Zeiträume hinweg entstandenem Wissen, Weltsichten und religiösen Überzeugungssystemen getragen werden. „Solche Menschen gehen ganz leicht durch die Landschaft" heißt es bei Mc Neely und Keeton (1995) und wie dieses funktioniert, hat inzwischen eine ganze Reihe sorgfältiger Studien über indigene und lokale Kulturen (z. B. UNEP 1999; UNESCO 2002) demonstriert. Sie zeigen die eindrucksvolle Vernetztheit von Natur und Kultur, wobei Kultur nicht nur den schonenden Umgang mit Landschaft, Pflanzen und Tiere meint, sondern auch den Umgang der Gemeinschaftsmitglieder untereinander. So ist „traditionelles ökologisches Wissen" (traditional ecological knowledge, TEK), ein Bestandteil aller dieser Kulturen, der Identität stiftet. Die Untersuchungen geben aber auch Zeugnis von misslungenen Anpassungen und Aneignungen, von konflikthaften Entwicklungen und Zusammenbrüchen von Kulturen (z. B. Osterinseln), die oft durch das Eindringen der industrialisierten, west-

3. NEUE KONZEPTE FÜR DIE MODELLREGIONEN

lichen Welt entstehen. Inzwischen sind verschiedene Bedingungen bekannt, unter denen die so gut an lokale Gegebenheiten angepassten Wissenssysteme und kulturellen Formen des Umgangs mit natürlichen Ressourcen und Mitmenschen aufrechterhalten werden können. Dazu gehören z. B. moderate Gruppengrößen, die die Tragfähigkeit einer Landschaft nicht übersteigen, guter Zusammenhalt in den Gruppen und volle Kontrolle über die lokalen Ressourcen. Allerdings erweisen sich diese Kulturmuster als höchst anfällig und sind in einer zunehmend globalisierten Welt in wachsendem Ausmaß gefährdet.

Über die indigenen Völker hinaus gibt es auch andere lokale Gemeinschaften, die in historischer Kontinuität mit ungezählten Anpassungsprozessen ihr Verhalten, ihre Sprache, ihre Gesellschaftsstrukturen auf wechselnde Lebensbedingungen reagiert und so die kulturelle Vielfalt geschaffen haben, die wir heute, z. B. aus vielen Biosphärenreservaten kennen. In Biosphärenreservaten zeigen sich die vielfältigen Wissenssysteme und Umgangsweisen in Bezug auf die natürliche Umwelt der hier lebenden Menschen. Sie sind damit im besten Sinne des Wortes zu Kulturlandschaften geworden.

In einer durch Technik bestimmten Welt, die einstmals als „zweite" Natur des Menschen bezeichnet wurde, heute aber für die meisten Menschen ganz selbstverständlich zur „ersten" geworden ist, sind die indigenen Muster einer Naturaneignung weitgehend verschwunden. Die Emanzipation von den natürlichen Lebensbedingungen ist längst zu einer Entfremdung geworden. Naturbeherrschung, Ausbeutung und Zerstörung heißen die modernen Aneignungsmuster, deren Folgen immer offensichtlicher und uns langsam auch bewusst werden.

Dass wir nun mehr denn je über unser Verhältnis zur Natur nachdenken müssen, das ist ein Merkmal unserer Kultur. Im 21. Jahrhundert müssen wir den Weg zu einer Nachhaltigen Entwicklung finden und das setzt voraus, wieder ein Bewusstsein der gegenseitigen Abhängigkeit von Natur und Kultur, von biologischer und kultureller Vielfalt zu entwickeln. Naturschutz und im weiteren Sinne eine Nachhaltige Entwicklung ist also ohne eine kulturelle Veränderung nicht denkbar.

Erfolgreiche Politik für eine Nachhaltige Entwicklung muss zur Kenntnis nehmen:
- Schutz der Natur und ihrer biologischen Vielfalt liegen im Interesse des Menschen, da dieser Natur- und Kulturwesen ist und die kulturelle Vielfalt auf der biologischen aufbaut.
- Schutz kultureller Vielfalt ist geboten, weil der Mensch als Teil der Biosphäre, aber nicht auf seine biologischen Anteile reduziert, als Kulturwesen einbezogen werden muss.
- Schutz kultureller Vielfalt ist darüber hinaus Garant für den Erhalt biologischer Vielfalt, besonders in den Regionen, wo lokale und indigene Gemeinschaften erfolgreich diese Vielfalt erhalten haben.

Menschen: Ihre Rollen in Biosphärenreservaten

Blättert man im so genannten Grünen Buch „Biosphärenreservate in Deutschland" (1995), findet man eine Vielzahl schöner Fotos, aber nur auf wenigen sind Menschen oder menschengemachte Bauwerke, wie Kirchen, Häuser oder Weinberge zu sehen. Daraus wird kaum die Vielfalt der Interaktionen zwischen Mensch und Landschaft deutlich, die ein Biosphärenreservat zu dem gemacht haben, als das es heutzutage geschützt, gepflegt und weiterentwickelt wird.

Ganz anders das UNESCO-Buch „Biosphärenreservate. Besondere Orte für Menschen und Natur" (Biosphere Reserves. Special Places for People and Nature, 2002), in dem den Menschen in ihren verschiedenen sozialen Rollen und kulturellen Zugehörigkeiten und ihrer Vernetztheit mit Natur- und Kulturumwelt ungleich mehr – auch optisches – Gewicht zukommt.

Und schließlich ein kritischer Blick in die Sevilla-Strategie, die verbindliche Managementphilosophie und der Zielkatalog für die Biosphärenreservate. Da heißt es, dass Biosphärenreservate nur dann Beispiele für Nachhaltige Entwicklung sein können, wenn sie sämtlichen kulturellen, geistigen und wirtschaftlichen Bedürfnissen der Gesellschaft gerecht werden. Sehr allgemein ist die Forderung, die menschliche Dimension von Biosphärenreservaten herauszustellen, sehr anspruchsvoll das Ziel, die Beziehungen zwischen kultureller und biologischer Vielfalt herzustellen und traditionelles Wissen zu erhalten.

Abgesehen von dem Ziel, Biosphärenreservate als Orte für Umweltbildung bzw. Nachhaltigkeitslernen (siehe Kap. 3.1.2) zu nutzen, gibt es in den Sevilla-Dokumenten ein übergeordnetes Thema: Die Einbeziehung der Ansprüche von verschiedenen Interessengruppen (Stakeholders) und die umfassende Beteiligung dieser Gruppen an Planungs- und Entscheidungsprozessen.

Durch eine multidisziplinäre humanökologische Brille betrachtet und eingedenk der Ausführungen in den vorangegangenen Abschnitten ist damit ein umfassender Aufgabenkatalog vorgegeben. Letztlich wird erwartet,
- dass man die vielfältigen Bedingungen (z. B. Aneignungsmodalitäten) und ihre Zusammenhänge, die die Wechselwirkungen zwischen Menschen und Biosphärenreservat bestimmen, kennt,
- dass man ihre jeweilige Bedeutung für verschiedene Aufgaben (z. B. Verstärkung des Naturschutzes oder Förderung bestimmter wirtschaftlicher Aktivitäten) abschätzen kann,
- dass man weiß, was zu erhalten und zu stärken ist (z. B. traditionelle Praktiken der Landbewirtschaftung und Landschaftspflege),
- dass man weiß, welche Wahrnehmungs- und Verhaltensmuster (z. B. Naturbilder, Lebensstile, Konsumgewohnhei-

NEUE KONZEPTE FÜR DIE MODELLREGIONEN

ten und Wirtschaftsweisen) bei dem erforderlichen Prozess eines gesellschaftlichen Wandels zur Nachhaltigkeit als Hindernisse, aber auch als Potenziale wirksam werden können und
- dass man all das in einem Biosphärenreservat umsetzt.

Beachtenswert sind in den letzten Jahren (gerade auch in Deutschland) zahlreiche Bemühungen (Konferenzen, Workshops, Projekte), solche Fragen im Zusammenhang mit Naturschutz und -nutzung in Großschutzgebieten aus ganz verschiedenen sozial- und verhaltenswissenschaftlichen Perspektiven anzugehen (siehe Erdmann, K. H., Schell, C. 2002; Erdmann, K. H., Mager, T. J. 2000; Erdmann, K. H., Spandau, L. 1997; Schweppe-Kraft, B. 2000; Grewer, A. et al. 2000 sowie O'Riordan, T., Stoll-Kleemann, S. 2002).

Im Rahmen dieses Kapitels müssen wir uns bescheiden und greifen daher beispielhaft ein für das Management von Biosphärenreservaten wichtiges Thema heraus: Wie lassen sich **Kommunikation und Partizipation** in Biosphärenreservaten gestalten, welche Voraussetzungen sind dabei zu beachten?

Rolle der Frauen im Biosphärenreservat Nationalpark Bayerischer Wald am Beispiel der Gemeinde Kirchdorf im Wald

Die Gemeinde Kirchdorf i. W. im Landkreis Regen mit ca. 2.300 Einwohnern, die sich auf sieben Ortschaften und fünf Weiler verteilen, hat ab 1990 am Modellprojekt „Umweltfreundliche Gemeinde" des Bayerischen Staatsministeriums für Landesentwicklung und Umweltfragen teilgenommen, eine Aufwertung der Dörfer im Zuge der Städtebauförderung und Dorferneuerung durchgeführt und ganz bewusst eine Lokale Agenda 21 erarbeitet und umgesetzt. Insbesondere bei der Vorbereitung und Umsetzung der Dorferneuerung sowie die Erarbeitung eines Aktionsprogramms der Lokalen Agenda 21 ist die Mitarbeit der Gemeindebevölkerung Voraussetzung für eine entsprechende Akzeptanz. Angeregt durch viele positive Beispiele, vor allen Dingen in Österreich, habe ich deshalb als Bürgermeister versucht, die Gemeindebevölkerung in Form von Arbeitskreisen für eine Mitarbeit zu gewinnen.

Innerhalb kurzer Zeit sind insgesamt zwölf Arbeitskreise entstanden, in denen jede Gemeindebürgerin und jeder Gemeindebürger die Möglichkeit zum Mitmachen hatte. Entsprechend der überlieferten Rollenverteilung musste ich nach der Gründung der Arbeitskreise feststellen, dass die Frauen und die Jugendlichen nicht im gewünschten Ausmaß in den Arbeitskreisen mitarbeiteten. Gemeinsam mit dem Ortspfarrer (die Gemeinde und die Pfarrei Kirchdorf i. W. sind deckungsgleich) und dem Vizepräsidenten der Direktion für ländliche Entwicklung in Landau wurde deshalb ein „Kaffeekranz'l" für die Frauen in den einzelnen Dörfern organisiert. Sehr schnell zeigte sich dabei die Bereitschaft von Frauen, in den einzelnen Dorfarbeitskreisen mitzuwirken. Dominant waren sie plötzlich im Arbeitskreis „Kindergartenerweiterung". In diesem Arbeitskreis konnte eine Mischung sehr erfahrener, mit in der Öffentlichkeit vorher total inaktiver Frauen erreicht werden. Die erarbeiteten Ergebnisse in den Arbeitskreisen bildeten die Grundlage für die Entscheidungen des Gemeinderats und fanden Eingang in die jeweiligen Planungen.

Auf Initiative einer Dorfbewohnerin wurde die so genannte Zukunftswerkstatt gegründet, ein Arbeitskreis, der sich mit der nachhaltigen Gemeindeentwicklung auseinander setzte und auch federführend für die Umsetzung einzelner Maßnahmen war. Aus dieser Initiative ist die Einführung eines Bürgerbusses, die Planung für die Anlage eines Landschaftsweihers, die Durchführung kultureller Veranstaltungen und die Herausgabe von Schriften erfolgt. Den Vorsitz der „Zukunftswerkstatt" hatte eine Frau. Im Zuge dieses Projekts hat die Ortsbäuerin Veranstaltungen über die Nutzung alternativen Energien und die Möglichkeiten von Energiesparmaßnahmen organisiert und in Zusammenarbeit mit der Kreisbäuerin durchgeführt. Auch im kirchlichen Bereich hat sich insofern einiges geändert, als der Pfarrgemeinderat in der Mehrzahl aus Frauen besteht und eine Frau den Vorsitz inne hat.

„Miteinander reden bringt d'Leut zam" dieser überlieferte Ausspruch wird in der Gemeinde Kirchdorf u. a. durch die mittlerweile sehr aktive Mitarbeit der Frauen umgesetzt und führt zu erfreulichen Ergebnissen bezüglich der Gemeinschaft in einer nachhaltigen Gemeindeentwicklung. Sicher ergibt sich aus dieser Vorgehensweise auch die sehr hohe Akzeptanz für einzelne Maßnahmen weil durch die Beteiligung der Gemeindebürger aus Betroffenen Beteiligte wurden.

Herbert Altmann
Altbürgermeister der Gemeinde Kirchdorf im Wald

3. NEUE KONZEPTE FÜR DIE MODELLREGIONEN

Häufig laufen Forschungsarbeiten zu diesen Fragen (noch) unter dem Stichwort „Akzeptanz" (z. B. HOFINGER, G. 2001; SCHUSTER, K. 2003; STOLL, S. 1999). Dies ist leicht zu erklären, ging es doch bisher meist um die Ausweisung von (Natur-) Schutzgebieten und das Problem, ob und wie die lokale Bevölkerung dazu gebracht werden könnte, die mit dem Schutz verbundenen Auflagen und Einschränkungen zu akzeptieren. Ähnlich wie bei den zahlreich durchgeführten Akzeptanzuntersuchungen zur Nutzung der Kernenergie bedurfte der Ausgangspunkt eine „top down" Strategie, die es durchzusetzen galt. Auch die Ausweisung der Biosphärenreservate folgte anfänglich in vielen Fällen einer solchen Strategie „von oben nach unten". Erst Misserfolge und Widerstände, verbunden mit einer wachsenden Bedeutung von Bürgerrechten und einem tieferen Demokratieverständnis, haben dazu geführt, dass Partizipation und Zustimmung der Bevölkerung dem Antrag auf Anerkennung als UNESCO-Biosphärenreservat vorausgehen müssen.

Wie äußern sich Akzeptanzprobleme, wie sind sie zu erklären und welche Maßnahmen können ergriffen werden, um sie zu vermindern oder besser noch, um die Partizipations- und Kooperationsbereitschaft der lokalen Bevölkerung zu sichern? Beispielhaft seien einige neuere Studien zitiert, die sich mit interessanten Ansätzen und beachtenswerten Schlussfolgerungen und Anregungen für Vorgehensweisen dieser Thematik widmen:

STOLL-KLEEMANN (1999; 2000) hat in mehreren Großschutzgebieten qualitative Interviews zu Akzeptanzproblemen bei Naturschützern, Managern, Personen aus der Bevölkerung usw. durchgeführt. Die Suche nach den verschiedenen Ursachen für Akzeptanzprobleme in den jeweiligen Gebieten und bei den unterschiedlich Betroffenen hat zu einer theoriegeleiteten Interpretation der Aussagen geführt (alle Interviewaussagen aus STOLL, S. 2000):
„Der Naturpark wird uns übergestülpt", „Es gibt ja viele Verordnungen, da sieht der Bürger nicht mehr durch, der sieht bloß ein Verbot, das ihn persönlich einschränken könnte...", „Man hätte die Leute von Anfang an mehr einbeziehen müssen.", „Viele Leute sind einfach nur beleidigt, dass sie nicht gefragt wurden...".
Wenn Menschen sich in ihrer (individuellen oder auch berufsspezifischen) Entscheidungs- und Handlungsfreiheit (z. B. in Bezug auf Landnutzungsmöglichkeiten oder Freizeitaktivitäten) bedroht sehen, führt dies zu Widerstand und damit zu einer starken Motivation, diese Freiheit wieder herzustellen. Erst Fakten schaffen und dann auf Akzeptanz hoffen – das kann nicht funktionieren.

Mehr oder weniger offene Konflikte tun sich oft schon auf, wenn Personen auf ihre Gruppenzugehörigkeit reduziert werden. Der Theorie der „sozialen Identität" folgend werden Naturschützer oder die Naturwacht in Großschutzgebieten schnell zur „Fremdgruppe", die im Vergleich zur „Eigengruppe", der man selbst angehört, negativ bewertet, ja zur Feindgruppe wird.
„Das sind doch Schmalspur-Engagierte. Die zählen nur Vögel und Frösche" fand STOLL in ihren Interviews. Von den „Verhinderern" und „Spinnern" will man sich tunlichst absetzen. Solche Unterscheidungen zwischen Eigengruppe und Fremdgruppe treten sehr schnell auf, selbst wenn gar kein echter Interessenkonflikt besteht. „Andererseits muss man aber einfach sagen, dass in der Bevölkerung grundsätzlich eine negative Einstellung zu dem Wort ‚Naturschutz' besteht und dass gleich eine ablehnende Haltung da ist und sie schon mal Abstand davon nehmen, wenn sie so etwas hören".
So sehen sich auch Forstleute und Naturschützer in oppositionellen Lagern: „Die Forstleute sind unsere absoluten Gegner: Wenn man mit den Amtsleitern redet, die sagen: ‚Die brauchen wir nicht (die Naturschützer), die sind eigentlich überflüssig hier im Naturpark, wir machen den Naturschutz im Wald schon eh und je'...". Und die Mountainbiker liegen mit den Wanderern genauso im Clinch (MUTZ, R. 2000) wie mit den Naturschützern (SCHWARZKOPF, J. 2002).

Wanderer und Sportler, wie hier im Biosphärenreservat Berchtesgaden, gehören zu den Nutzergruppen.

NEUE KONZEPTE FÜR DIE MODELLREGIONEN

Soziale Distanz und unterschiedliche Sichtweisen zwischen Gruppen, aber auch der Zwang zur Konformität innerhalb einer Gruppe, z. B. der Landwirte, die sich einem Verband verpflichtet fühlen und daher mit ihrer privaten Meinung lieber zurückhalten, kann die Akzeptanz für ein Schutzgebiet aus ganz unterschiedlichen Gründen vermindern.

Zur Abhilfe kommt eine Reihe von Strategien in Betracht, die zur Übernahme der Sichtweise „der anderen" einlädt oder soziale Kontakte zwischen den Mitgliedern verschiedener Gruppen fördert, oder auch die Minderheiten in einem zu konformem Verhalten drängenden Verband stärkt. STOLL plädiert für die Einbeziehung von Kommunikationsberatern in Großschutzgebieten, die Sachverstand und Konfliktlösungskompetenz einbringen können, der bei den Schutzgebietsmitarbeitern in der Regel nicht erwartet werden kann.

Ein ähnliches Problem, aber methodisch ganz anders greift HOFINGER im Rahmen des „Schorfheide-Projekts" (siehe DÖRNER, D. et al. 1995; DÖRNER, D., HOFINGER, G., TISDALE, T. 1999) Akzeptanzprobleme im Biosphärenreservat auf (HOFINGER, G. 2001a und b). Sie kann anhand von Interviewdaten, die von „Schlüsselpersonen" des Biosphärenreservats innerhalb von zweieinhalb Jahren fünfmal erhoben wurden, analysieren, welche Vorstellungen mit dem Biosphärenreservat verbunden sind, wie diese bewertet werden und wie sich die Akzeptanz bzw. Ablehnung des Biosphärenreservats – auch in Abhängigkeit von den verschiedenen Vorstellungen – über die Zeit hinweg verändern.

HOFINGER findet bei ihren Gesprächspartnern ganz verschiedene Sichtweisen auf das Biosphärenreservat: Es wird z. B. gesehen als

- *Region bzw. Landschaft;*
- *Schutzgebiet mit UNESCO-Anerkennung;*
- *Instrument des Arten- und Naturschutzes oder Inbegriff von Naturschutz;*
- *Instrument der Regionalentwicklung oder auch*
- *Behörde, mit den in ihr arbeitenden Personen.*

Während die ersten drei Sichtweisen meist mit positiven Bewertungen verbunden sind, wird die „Behörde" in der Regel kritisch bis ablehnend bewertet. Beim „Naturschutzinstrument" überwiegt ebenfalls die Ablehnung, aber aus ganz unterschiedlichen Gründen: Den einen geht der Naturschutz zu weit, den anderen geht er nicht weit genug.

Aufschlussreich ist auch eine nähere Analyse der Antworten zu einer ganz schlichten Frage: „Wenn es jetzt – sieben Jahre nach der Einrichtung des Biosphärenreservats – einen Volksentscheid gäbe, wie würden Sie entscheiden? Soll das Biosphärenreservat weiter bestehen?". Wenn hier 68 Prozent der Befragten mit „ja", 17 Prozent mit „ja, aber", 13 Prozent mit „nein" und zwei Prozent mit „nein, aber" antworten, so würde das Ergebnis all jene, die nur an Zahlen interessiert sind, zufrieden stellen. Es brächte jedoch nur einen geringen Erkenntnisgewinn, wenn man nicht – ähnlich wie in der Studie von STOLL – nach den Begründungen für diese Wahlentscheidungen forschte. So finden sich bei den Ja-Sagern wie bei den Nein-Sagern (und den in der jeweiligen Richtung noch Unentschlossenen) wiederum ganz verschiedene Gründe für ihre Antworten: Die Befürworter nennen als Gründe z. B. „Naturerhalt, Waldschutz, Erhalt der Existenzgrundlagen", aber auch „Schutz vor Ausbeutung durch ‚Wessis'", oder „Hoffnung auf Nutzen für die Region". Bei den „Abschaffern" finden sich z. B. „Kritik an der Verwaltung" oder „Behinderung eigener Ziele".

HOFINGER geht mit ihren Analysen noch weiter und beschreibt sieben verschiedene Formen von Akzeptanz, die sie als „aktive Gegnerschaft", „Ablehnung", „Duldung", „Gleichgültigkeit", „Zustimmung", „Begeisterung", „Zwiespalt" benennt und in die jeweils Bewertungen, emotionaler Bezug und Handlungstendenzen eingehen. Als häufigste Akzeptanzformen findet sie Duldung, Gleichgültigkeit und Zustimmung. Offen ausgetragene Feindschaft gibt es zum Ende der 90er Jahre im Biosphärenreservat Schorfheide-Chorin nicht. Weitere Differenzierungen haben sich ergeben, wenn die Akzeptanzformen bei unterschiedlichen Berufsgruppen im Biosphärenreservat genauer analysiert wurden. So findet sich z. B. bei den Landwirten am häufigsten Zustimmung zum Schutz der Region, verbunden mit Duldung der Behörde. Zustimmung erfolgte vor allem auch, „solange es Geld, Beratung, Förderung gibt". Die im Tourismus Tätigen wiederum stimmen mehrheitlich zu, weil sie den Schutz der Natur im Biosphärenreservat als ihre Existenzgrundlage sehen. Die Forstangestellten dagegen sehen sich bereits selbst als Naturschützer, lehnen aber zum Teil die Form „Biosphärenreservat" mit den total geschützten Kernzonen ab.

Voller Leben

3. NEUE KONZEPTE FÜR DIE MODELLREGIONEN

Auch diese Untersuchung zeigt, wie unterschiedlich die Vorstellungen, insbesondere aber auch die damit verbundenen Bewertungen von Biosphärenreservaten bei den Angehörigen verschiedener Berufsgruppen oder Interessengruppen sein können.

Solche und ähnliche Ergebnisse zu unterschiedlichen Konzepten und Bildern von „Natur" oder „Naturschönheit" oder „Naturschutz" machen vor allem deutlich, dass Kommunikationsprozesse wie auch Partizipationsprojekte, mehr aber noch Interventionsprojekte zur Veränderung von Handlungsweisen zielgruppenspezifisch geplant werden und „die Menschen dort abholen müssen, wo sie stehen".

Als ein letzter Ansatz zur Untersuchung von „Akzeptanz" im Bereich Naturschutz sei auf die „Lebensstilforschung" hingewiesen (z. B. BOGUN, R. 1997, REUSSWIG, F. 2002, SCHUSTER, K. 2003). Auch hier geht es darum, differenzierte Zielgruppenanalysen vorzunehmen, um Kommunikationsstrategien spezifisch gestalten zu können. Schon seit langem bekannt, aber trotzdem immer noch massenhaft im Umwelt- und Naturschutz angewandt, ist die relativ wirkungslose einseitige Weitergabe von Informationen (Broschüren, Informationstafeln). Vielmehr muss ein Erfolg versprechender Kommunikationsprozess immer berücksichtigen, wer, was, zu wem, mit welchem Medium, mit welchem Ziel und mit welchem Erfolg weitergibt (siehe Kap. 3.1.3). Wie in den beiden oben genannten Studien bereits deutlich wurde, ist eine genaue Kenntnis der Zielgruppen, die man im Biosphärenreservat

Der Mensch rückt in den Mittelpunkt: In Biosphärenreservaten sollen die unterschiedlichen Bedürfnisse der Menschen in Einklang gebracht werden.

erreichen will, unumgänglich. Dabei begnügt man sich jedoch häufig mit einer Unterscheidung der Gruppen auf der Basis demografischer Daten (Alter, Geschlecht, Bildung, Berufstätigkeit). Lebensstilanalysen gehen differenzierter, wenn auch längst nicht einheitlich vor. Es gibt weder *die* Lebensstile noch *die* Lebensstilforschung. Allen gemeinsam ist, dass sie – über die soziodemografischen Daten hinaus – häufig eine Reihe von Daten über Konsumverhalten, Alltags- und Freizeitgestaltung, Interessen, Werthaltungen, Geschmacksvorlieben in ihre Analysen einbeziehen, um ein anschauliches Bild der Gruppen zu erhalten, die sie mit ihren spezifischen Kommunikationsinhalten und -medien erreichen wollen. So ist es nicht verwunderlich, dass die Lebensstilforschung vor allem in der Marktforschung vorangebracht wurde. Inzwischen hat sich aber auch der Ableger des „Sozialen oder Ökologischen Marketings" entwickelt, das nicht auf Profit ausgerichtet ist, sondern z. B. ein kollektives Gut wie Naturschutz oder Nachhaltige Entwicklung unter die Leute zu bringen anstrebt.

> SCHUSTER (2003), dessen Arbeit explizit auf Naturschutzkommunikation ausgerichtet ist, hat in seine Lebensstilanalysen z. B. Alter und Bildung, Werteorientierungen zu Natur und Sicherheit, Naturschutz, Alltagspräferenzen (Musik, Kleidung und Wohnungseinrichtung), Konsumorientierung, Freizeit und Arbeitsorientierung einbezogen. Auswertungen der untersuchten Faktoren führten zu sieben Lebensstiltypen, die er „pragmatische Naturfreunde", „unabhängige Städter", „gesundheitsbewusste Unabhängige", „besorgte Naturfreunde", „häusliche Ruheständler", „erlebnisorientierte Materialisten" und „Sicherheitsorientierte" nennt. Aufgrund des Datenmaterials lässt sich die jeweilige Naturschutzakzeptanz beschreiben, aber auch Entwürfe für die lebensstilspezifische Naturschutzkommunikation bzw. Naturschutzkampagnen lassen sich schon machen.
>
> Derartige, auf das Thema Natur und Naturschutz bezogene Lebensstilforschung steckt noch in den Anfängen. Als Grundlage für groß angelegte Kampagnen ist sie ganz sicher den bisher veranstalteten unspezifischen Medienkampagnen vorzuziehen.

Mit den hier dargestellten Forschungsergebnissen wurde nur ein Aspekt aufgegriffen, der jedoch, wie oben erwähnt, in den meisten Richtlinien zum Naturschutz, zur Gestaltung Nachhaltiger Entwicklung sowie in den internationalen Konventionen zu Natur- und Biosphärenschutz besonderes Gewicht hat: Die Kommunikation von Schutzanliegen für die breite Bevölkerung.

Es sollte nochmals betont werden, dass Kommunikation zwar ein wichtiges Instrument für die konkrete Partizipation von Interessengruppen ist, sich das Fördern von Aneignungsprozessen aber nicht darin erschöpfen kann. Letztlich müssen sämtliche potenziellen Einflussfaktoren (sowohl im Sinne der Erhaltung bewährter wie auch im Sinne der Veränderung abträglicher Überzeugungs- und Verhaltensmuster) auf ihre Wirkung und Bedeutung geprüft werden. Ein wichtiger Schritt könnte dabei schon die Zusammenstellung und Systematisierung vorhandener Untersuchungen, die ja meist Fallstudien sind, sein. Ein weiterer wichtiger Schritt: Mehr anwendungsorientierte sozialwissenschaftliche Forschungsprojekte in den Biosphärenreservaten!

NEUE KONZEPTE FÜR DIE MODELLREGIONEN

Schlussbetrachtung

Wenn im MAB-Programm und in der Managementpraxis der Biosphärenreservate Menschen mit ihrer Zugehörigkeit zu sozialen und ethnischen Gruppen, als Mitglieder von Familien- und Berufsgruppen, mit ihren (traditionellen) Wissens- und Überzeugungssystemen, ihren Einstellungen und Werthaltungen, ihren Vorurteilen und Widerständen lange Zeit nur eine untergeordnete Rolle gespielt haben, so ist mit der Übernahme der für das 21. Jahrhundert proklamierten Leitlinie der Nachhaltigen Entwicklung eine neue Herausforderung für die Biosphärenreservate verbunden. Biosphärenreservate sollen mit guten Beispielen Nachhaltiger Entwicklung auf die übrige Welt ausstrahlen. Ob sie diesem hohen Anspruch gerecht werden können, wird sich zeigen. Eines jedoch kann festgehalten werden: Der Mensch rückt in den Mittelpunkt. Die Einbeziehung und das Aushandeln der Ansprüche von beteiligten Interessengruppen, die aktive Partizipation der lokalen Bevölkerung und anderer relevanter Gruppen bei der Planung und Gestaltung der Nachhaltigen Entwicklung in Biosphärenreservaten setzt voraus, dass man etwas über die Bedingungen weiß, die Menschen dazu bringen, die Notwendigkeit eines Schutzes von Gebieten, des sparsamen Umgangs mit Naturressourcen, der Entwicklung nachhaltig produzierter und zugleich attraktiver Produkte usw. zu akzeptieren und zu befördern oder aber, sich diesen Zielen zu widersetzen. Nur ein solches Wissen hilft, die Weiterentwicklung der Biosphärenreservate als Modellregionen für eine Nachhaltige Entwicklung voranzubringen, Konflikte zu bewältigen und die Bedeutung von Biosphärenreservaten mit ihren verschiedenen Funktionen nach innen und nach außen zu kommunizieren. Dazu sind fachliche Kompetenzen nötig, die in den Biosphärenreservaten in der Regel nicht vorhanden sind. Mehr als bisher müssen wirtschafts-, sozial- und verhaltenswissenschaftliche Forschungsarbeiten in Biosphärenreservaten angesiedelt werden, die die notwendigen Erkenntnisse liefern und die helfen können, Management- und Kommunikationsstrategien zu entwickeln. Schließlich sind solche Ergebnisse auch eine Voraussetzung für die sinnvolle Entwicklung von Methoden und Formaten eines sozialen Monitorings. Forschungsbasierte Kommunikations-, Partizipations- und Vermittlungsmethoden müssen jedoch auch professionell eingesetzt werden. Die Moderation von Beteiligungsprozessen oder auch die Mediation bei Konflikten in Biosphärenreservaten setzen Erfahrungen und Kompetenzen voraus, die über eine naturschutzfachliche Ausbildung weit hinausgehen. Die Einbeziehung von Menschen im Sinne einer kooperativen Verwaltung und Gestaltung von Schutz- und Nutzungsstrategien verlangt daher nicht nur die Einbeziehung von Naturschutzfachleuten, sondern auch von Wirtschafts- und Tourismusexperten, von Kommunikationsberatern und Marketingstrategen, die gemeinsam die Aufgabe haben, immer wieder neue „Aneignungsmöglichkeiten" für die lokale Bevölkerung, für Besucher und für die Gesellschaft insgesamt zu schaffen. Biosphärenreservate als Modellregionen für eine Nachhaltige Entwicklung? Ein ehrgeiziges Ziel, das eine genaue Analyse der dazu erforderlichen Voraussetzungen verlangt und den Willen, die dazu notwendige sachliche und personelle Infrastruktur bereitzustellen.

Zusammenfassung

Das MAB-Programm und das Konzept der Biosphärenreservate waren bereits in den 70er Jahren die Idee einer Nachhaltigen Entwicklung verpflichtet, lange bevor diese zum offiziellen Leitbild für das 21. Jahrhundert wurde. Allerdings ist noch viel zu tun, um den damit verbundenen Forderungen gerecht zu werden. Um die Balance zwischen der Bewahrung der natürlichen Grundlagen und den Lebens- und Überlebensansprüchen der Menschen mit ihren verschiedenen historisch, kulturell und sozial geprägten Identitäten zu gestalten, muss den Menschen in den Biosphärenreservaten und im Umland größere Aufmerksamkeit geschenkt werden. Menschen mit ihren unterschiedlichen Gruppenzugehörigkeiten, Rollen, Interessen und Verantwortlichkeiten müssen immer wieder die Möglichkeit erhalten, sich diese besonderen Gebiete neu „anzueignen", um sie zu bewahren und weiter nachhaltig zu entwickeln. Dazu ist es notwendig, mehr über die verschiedenen Formen von Mensch-Umwelt-Beziehungen zu wissen, um z. B. die Bedeutung von Biosphärenreservaten zielgruppenspezifisch zu kommunizieren, um die richtigen Formen für die Partizipation ganz verschiedener Gruppen zu finden und um Konflikte zwischen Interessengruppen zu verstehen und zu lösen. Einige Beispiele aus konkreten Untersuchungen zur Akzeptanz von Biosphärenreservaten und zu einer an Lebensstilen orientierten Unterscheidung von Nutzer- und Interessengruppen sollen zeigen, welche Informationen nützlich sein könnten, um Kommunikation, Bildungsprozesse und Konfliktlösungen besser zu gestalten. Außerdem werden Argumente für die enge Beziehung zwischen Naturschutz und Kulturschutz entwickelt. Die neue und verantwortliche Rolle der lokalen Bevölkerung in Biosphärenreservaten macht es notwendig, dass mehr als bisher wirtschafts-, sozial- und verhaltenswissenschaftliche Forschungsarbeiten in den Biosphärenreservaten verwirklicht werden, aber auch entsprechende Experten beim Management der Biosphärenreservate mitwirken.

Literatur

AGBR (Ständige Arbeitsgruppe der Biosphärenreservate in Deutschland) (1995): Biosphärenreservate in Deutschland. Leitlinien für Schutz, Pflege und Entwicklung. – Berlin-Heidelberg u. a.

Bogun, R. (1997): Lebensstilforschung und Umweltverhalten. Anmerkungen und Fragen zu einem komplexen Verhältnis. In:

3. NEUE KONZEPTE FÜR DIE MODELLREGIONEN

Brand, K. W. (Hrsg.): Nachhaltige Entwicklung. Eine Herausforderung an die Soziologie. (S. 211-224) Opladen: Leske + Budrich.

Bridgewater, P., Cresswell, I. D. (1998): The Reality of the World Network of Biosphere Reserves: Its Relevance for the Implementation of the Convention on Biological Diversity. In: IUCN „Biosphere reserves - Myth or reality? Proceedings of a workshop at the 1996 IUCN World Conservation Congress, Montreal, Canada (S. 1-6>) IUCN, Gland/Switzerland and Cambridge/UK.

Graumann, C. F. (1996): Aneignung. In: Kruse, L., Graumann, C. F., Lantermann, E. D.: Ökologische Psychologie. (S. 124-130) Weinheim: PVU.

Dörner, D., Hofinger, G., Tisdale, T. (1999): Forschungsvorhaben „Umweltbewusstsein, Umwelthandeln, Werte und Wertewandel". Endbericht. Bamberg: Institut für Theoretische Psychologie.

Dörner, D., Kruse, L., Lantermann E. D. (1995): Umweltbewusstsein, Umwelthandeln, Werte und Wertewandel. Zur Erforschung der Bedingungen und Formen anwendungsorientierten ökologischen Lernens. Begleituntersuchung der Etablierung des Biosphärenreservates Schorfheide-Chorin. In: Erdmann K.H. Nauber, J.: Der deutsche Beitrag zum UNESCO-Programm Der Mensch und die Biosphäre (MAB) (S. 73-96), Bonn.

Erdmann, K. H., Spandau, L. (Hrsg.) (1997): Naturschutz in Deutschland. Strategien, Lösungen, Perspektiven. Stuttgart, Ulmer.

Grewer, A., Knödler-Bunte, E. Pape, K. Vogel, A. (Hrsg.) (2000): Umweltkommunikation. Öffentlichkeitsarbeit und Umweltbildung in Großschutzgebieten. Reihe: Luisenauer Gespräche. Bd. 1. Berlin, Kommunikation und Management Verlag.

Hofinger, G. (2001a): Formen von „Akzeptanz" - Sichtweisen auf ein Biosphärenreservat. Umweltpsychologie, 5, 10-27.

Hofinger, G. (2001b): Denken über Umwelt und Natur. Weinheim, Beltz-PVU.

Kruse, L. (2001): Weltkultur und indigene Kulturen. In: Düssel, R., Edel, G., Schödlbauer, U. (Hrsg.) Die Macht der Differenzen, (S. 81-94). Heidelberg, Synchron.

Kruse, L., Graumann, C. F. (1978): Sozialpsychologie des Raumes und der Bewegung. In: Hammerich, K., Klein, M. (Hrsg.): Materialien zur Sozialpsychologie des Alltags, (S. 177-219). Opladen, Westdeutscher Verlag.

Kruse-Graumann, L. (2002): Natur und Kultur - Vermächtnis und Zukunftsaufgabe. In: Erdmann, K. H., Schell, C. (Bearb.): Naturschutz und gesellschaftliches Handeln, (S. 3-11). Bonn, Bundesamt für Naturschutz.

Kruse-Graumann, L., v. Dewitz, F., Nauber, J. u. Trimpin, A. (1995): Societal Dimensions of Biosphere Reserves - Biosphere Reserves for People. Proceedings of the EuroMAB Workshop, 23-25 January 1995, Königswinter. MAB Mitteilungen 41. Bonn, Deutsches MAB Nationalkomitee.

Kruse-Graumann, L., Hartmuth, G., Erdmann, K. H. (Hrsg.) (1998): Ziele, Möglichkeiten und Probleme eines gesellschaftlichen Monitorings. Tagungsband zum MAB-Workshop 13.-15.6.1996. Potsdam Institut für Klimafolgenforschung. Bonn, Deutsches MAB-Nationalkomitee.

Lass, W., Reusswig, F. (2002): Social Monitoring: Meaning and Methods for an Integrated Management of Biosphere Reserves. Report on an international workshop. Rome, 2-3 September 2001. Biosphere reserves integrated monitoring (BRIM) series No. 1. Paris, UNESCO.

McNeely A., Keeton, W. S. (1995): The Interaction between Biological And Cultural Diversity. In: van Droste, B, Plachter, H., Rössler, M. (Eds.): Cultural Landscapes of Universal Value. (S. 25-37). Jena, Gustav Fischer Verlag.

Mutz, R. (2002): Monitoring and Management of Visitor Flows in Recreational and Protected Areas: Zusammenfassung einer internationalen Konferenz. Umweltpsychologie, 6, 106-119.

O'Riordan, T., Stoll-Kleemann, S. (Eds.) (2002): Biodiversity, Sustainability and Human Communities. Protecting beyond the Protected. Cambridge: Cambridge University Press.

Perez de Cuéllar, J. (1995): Our Creative Diversity. Report of the World Commission on Culture and Development. Paris: UNESCO.

Schuster, K. (2003): Lebensstil und Akzeptanz von Naturschutz. Heidelberg, Asanger.

Schwarzkopf, J. (2002): Mountainbiker und Natur(schutz). Naturbilder und Akzeptanz von Naturschutz in einer extremen Zielgruppe. In: Erdmann, K. H., Schell, C. (Bearb.): Natur zwischen Wandel und Veränderung. Ursache, Wirkungen, Konsequenzen, 111-122. Bonn, Bundesamt für Naturschutz.

Schweppe-Kraft, B. (2000): Innovativer Naturschutz - Partizipative und marktwirtschaftliche Instrumente. Bonn, Bundesamt für Naturschutz.

Stoll, S. (1999): Akzeptanzprobleme bei der Ausweisung von Großschutzgebieten. Frankfurt, Lang.

Stoll, S. (2000): Akzeptanzprobleme in Großschutzgebieten. Umweltpsychologie, 4, 6-19.

UNEP (1999): Cultural and Spiritual Values of Biodiversity. London, Intermediate Technology Publications.

UNESCO (Hrsg.) (1996): Biosphärenreservate. Die Sevilla-Strategie und die Internationalen Leitlinien für das Weltnetz. Hrsg. der dt.-sprach. Ausg.: Bundesamt für Naturschutz, Bonn.

UNESCO (2002): Biosphere Reserves: Special Places for People and Nature. Paris, UNESCO.

Wissenschaftlicher Beirat der Bundesregierung Globale Umweltveränderungen (WBGU) (2000): Welt im Wandel: Erhalt und nachhaltige Nutzung der Biosphäre. Berlin, Springer.

3.1.2 Von der Umweltbildung zum Lernen für Nachhaltigkeit

Gertrud Hein und Lenelis Kruse-Graumann

Umweltbildung in Biosphärenreservaten

Ein zentrales Ziel des MAB-Programms der UNESCO und damit Aufgabe für alle Biosphärenreservate war von Anfang an die Förderung der Umweltbildung. Jedes Biosphärenreservat ist gehalten, in seinem Rahmenkonzept unter Berücksichtigung der speziellen Strukturen des Biosphärenreservats Kriterien und Inhalte für die Umweltbildung auszuarbeiten und umzusetzen (DEUTSCHES MAB-NATIONALKOMITEE 1996). So gibt es für Bevölkerung und Besucher in den Biosphärenreservaten vielfältige Umweltbildungsangebote: Naturkundliche Exkursionen und Seminare, Naturerlebnisprogramme, Projekttage, Lehr- und Naturerlebnispfade und Informationszentren mit Ausstellungen und reichhaltigen Informationsangeboten. Die unterschiedlichsten Interessengruppen können sich umfassend über die Naturausstattung des Gebiets, über Ziele und Aufgaben von Biosphärenreservaten sowie über die Beziehungen des Menschen zu seiner Umwelt informieren. Die Bildungsangebote finden sehr gute Resonanz und sind für die Außenwirkung der Biosphärenreservate von großer Bedeutung.

Bildung für Nachhaltige Entwicklung

Mit der Sevilla-Strategie (1996) erweiterte das MAB-Programm seine Zielvorstellung: UNESCO-Biosphärenreservate sollen zu Modellregionen für eine Nachhaltige Entwicklung werden. Natur- und Ressourcenschutz sowie Erhalt von Ökosystemen sind nunmehr im Zusammenhang zu sehen und abzuwägen mit den wirtschaftlichen Interessen der Menschen und der Chancengleichheit bzw. der Verteilungsgerechtigkeit für die heute lebenden und zukünftigen Generationen. Bildung für Nachhaltigkeit wird damit zu einem umfassenden und anspruchsvollen Programm, bei dem ökologische, ökonomische und sozio-kulturelle Aspekte thematisiert, ausgehandelt und schließlich umgesetzt werden sollen. Damit müssen in jedem Biosphärenreservat viele Aufklärungs- und Lernprozesse in Gang gesetzt werden für die dort lebenden und wirtschaftenden Menschen, für Kinder und Jugendliche, die im Biosphärenreservat aufwachsen, die aber auch langfristig hier ihr Auskommen haben sollen, für Besucher und Touristen, die bisher vielleicht nur „die schöne Natur" gesehen haben, aber sich wenig Gedanken gemacht haben, wie diese entstanden ist, wie sie erhalten wird, welche Rolle sie über das Lokale hinaus für die globale Situation des Erdsystems spielen mag.

Die erfolgreiche Weiterentwicklung eines Biosphärenreservats hängt somit wesentlich davon ab, inwieweit sich die Bevölkerung mit den Leitgedanken einer Nachhaltigen Entwicklung identifiziert und zu einer Mitwirkung bei der Gestaltung und Umsetzung im Biosphärenreservat motivieren lässt. Die Erkenntnis muss sich durchsetzen, dass jeder einzelne durch sein Tun, aber auch durch sein Nicht-Tun Verantwortung für die heutigen und künftigen Generationen sowie für seine Umwelt übernimmt (DEUTSCHES MAB-NATIONALKOMITEE 1996).

Menschen entscheiden sich immer wieder von Neuem auf dem Marktplatz, im Gemüseladen oder auch im Restaurant konkret für oder gegen regionale und nachhaltig produzierte Produkte.

Menschen entscheiden sich immer wieder von Neuem auf dem Marktplatz, im Gemüseladen oder auch im Restaurant konkret für oder gegen regionale und nachhaltig produzierte Produkte. Die Entscheidung, etwas Bestimmtes zu kaufen und zu konsumieren, die Wahl des Verkehrsmittels (Bus oder Bahn, eigenes Auto, Rad) oder der Entschluss, ein Niedrigenergiehaus zu bauen, hängen aber wohl kaum ab von bloßen Informationen (z. B. durch Broschüren, Vorträge, Presseartikel). In der Regel werden derartige Entscheidungen von vielfältigen anderen Faktoren beeinflusst. Wir wissen, dass die Bilanz solcher Entscheidungsprozesse häufig wenig umweltfreundlich, vielleicht kurzfristig und individuell gewinnmaximierend, aber auch wenig sozialverträglich ausfällt. Hier sind Veränderungen gefragt von einer nicht-nachhaltigen zu einer Nachhaltigen Entwicklung: Nachhaltige Entwicklung setzt die Veränderung einer Vielzahl kultur- und lebensstilspezifischer Handlungsmuster und Entscheidungsprozesse voraus.

In Biosphärenreservaten bestehen viele Möglichkeiten, um ergänzend zum bisherigen Umweltbildungsangebot am Beispiel konkreter Projekte aufzuzeigen und auszuprobieren, welche Wege zu einem neuen „Nachhaltigkeitsbewusstsein" führen

3. NEUE KONZEPTE FÜR DIE MODELLREGIONEN

und wie Menschen zu einem „nachhaltigen" und „zukunftsgerechten" Verhalten motiviert werden können. Um die traditionelle Umwelterziehung zu einer „Bildung für Nachhaltigkeit" zu erweitern, bedarf es neuer Konzepte und neuer Projekte, in denen über die ökologische Dimension hinaus auch ökonomische und soziokulturelle Anforderungen berücksichtigt und gewichtet werden. Darüber hinaus muss Bildung für Nachhaltigkeit einen ganz neuen Stellenwert innerhalb der Funktionen der Biosphärenreservate bekommen: Bildung und lebenslanges Lernen sind grundlegende Bestandteile einer Nachhaltigen Entwicklung, einem Prozess, in dem das globale Leitbild „Nachhaltigkeit" durch immer wieder neue lokale und regionale (Unter-)Ziele konkretisiert und realisiert wird. Ein solcher Bildungs- und Lernprozess muss durch integrierte Forschungsansätze unterstützt werden, bei denen nicht nur Natur- und Sozialwissenschaften (idealerweise interdisziplinär) zusammenwirken, sondern in die auch die verschiedenen Akteursgruppen eines Biosphärenreservats kontinuierlich und partizipativ einbezogen werden.

Lernen für Nachhaltigkeit: Voraussetzungen und Grundsätze

Umweltprobleme sind bekanntlich nicht Probleme der Umwelt, sondern Probleme des Menschen und der Menschheit im Umgang mit der Natur, mit Ressourcen, mit Umweltverschmutzung. Sie sind damit letztlich die Folge eines fehlangepassten, nicht-nachhaltigen Verhaltens oder Handelns. Der Weg zur Nachhaltigkeit bedeutet folgerichtig: Verhalten ändern, korrigieren und an veränderte Erkenntnisse und Verhältnisse anpassen. Konkret heißt dies: Verlernen von abträglichen Verhaltensweisen und Neulernen von verträglicheren, nachhaltigen, zukunftsfähigen Verhaltensweisen (KRUSE, L. 1999, 2002a und b).
Dabei ist zu beachten:
- Nachhaltiges, aber auch nicht-nachhaltiges Verhalten ist nicht angeboren, sondern wird von klein auf gelernt und angeeignet und dabei immer wieder kulturell und gesellschaftlich verstärkt. Erziehung, Bildung und Lernen spielen hierbei eine wichtige Rolle, wobei dem Umlernen ebensoviel Aufmerksamkeit gewidmet werden muss wie dem Neulernen.
- Handeln findet auf verschiedenen Ebenen individuellen und kollektiven Handelns statt (Individuum, Familie, Betrieb, Schule, Dorfgemeinschaft, Verein, aber auch Bundesland und internationale Gemeinschaft). Entsprechend unterschiedlich müssen Lernprozesse gestaltet werden.
- Umweltbezogenes und nachhaltiges Handeln weisen besondere Eigenheiten auf, die das Lernen und den Erwerb von Umwelt- und Nachhaltigkeitskompetenz erschweren (siehe etwa DÖRNER, D. 1989). Handlungen können unmittelbare, für alle gleich erkennbare Wirkungen haben. Bei umweltbezogenem und damit auch bei nachhaltigem Handeln ist der ursächliche Zusammenhang sowie die zeitlichen und räumlichen Wirkungen für den einzelnen Menschen häufig nicht oder nur verzögert wahrnehmbar. So ist für den Einzelnen schwer zu erkennen, was er z. B. durch die Installierung eines Solardachs oder den Verzicht auf das Auto konkret bewirkt. Erst mit der Zeit oder dadurch, dass viele Menschen in gleicher Weise handeln, kann der Effekt auch vom Einzelnen wahrgenommen werden.
- Nicht-nachhaltige Verhaltensweisen zeigen sich immer in konkreten Lebenswelten (zu Hause, am Arbeitsplatz, an der Ladentheke, in der Freizeit, im Biosphärenreservat). Lernen von nachhaltigen Verhaltensweisen muss daher ebenfalls an vielen unterschiedlichen Lernorten stattfinden.
- Nicht-nachhaltige Verhaltensweisen werden von konkreten Akteuren in ihren unterschiedlichen Rollen und Positionen ausgeführt (Kinder, Jugendliche, ältere Menschen, Männer und Frauen, Gartenbesitzer, Landnutzer, Arbeitgeber, Politiker, Lehrer u. a.). So muss auch die Vielfalt von Gruppen, Lebensstilen und Rollenzugehörigkeiten entsprechend berücksichtigt werden.
- Ging man früher davon aus, dass sich ein allgemeines Umweltbewusstsein auf alle Lebensbereiche und Handlungen auswirken würde, bemüht sich die Forschung heutzutage, Handlungsfelder zu unterscheiden, in denen sich nicht-nachhaltiges Verhalten zeigt. Denn es ist noch lange nicht ausgemacht, ob jemand, der erfolgreich Wasser spart, auch Produkte aus dem Ökolandbau kauft, auf das Auto verzichtet oder Widerstand gegen die Zerstörung von Natur leistet.
- Bei allen Bemühungen um „Bewusstseinsbildung" für den Schutz der Natur oder das Lernen von Nachhaltigkeit muss immer wieder deutlich gemacht werden, dass Begrifflichkeiten wie „Umwelt", „Natur", aber auch „Nachhaltigkeit" und „Nachhaltige Entwicklung" Konstruktionen der Gesellschaft sind, die sie in immer wieder neuen gesellschaftlichen Kommunikationsprozessen, in wissenschaftlichen und politischen Auseinandersetzungen entwickelt, aushandelt, in Frage stellt oder bestätigt.
- Die Kommunikation von Werten und Zielen einer globalen, aber immer auch lokal konkretisierten Nachhaltigkeit ist eine wichtige Voraussetzung und auch Bestandteil des Prozesses einer Nachhaltigen Entwicklung.

Letztlich aber kommt es auf veränderte Verhaltensweisen an, die eine vergleichsweise bessere Ökobilanz aufweisen, die Lebensbedingungen für möglichst viele Menschen auf dieser Welt verbessern helfen und dabei wichtige soziale und kulturelle Strukturen beachten. Für die Veränderung von Verhaltensweisen reichen weder die Kommunikation der Ziele oder das Vermehren von Wissen über Nachhaltigkeit noch neue Werte aus. Nicht umsonst wird immer wieder von der Kluft

NEUE KONZEPTE FÜR DIE MODELLREGIONEN

zwischen Wissen und Handeln gesprochen. Es müssen also andere Faktoren sein, die eine Verhaltensänderung bewirken. Dazu zählen z. B. emotionale Erlebnisse, wie sie etwa die Naturpädagogik fördert. Häufig vernachlässigt werden auch z. B. soziale Normen, die in einer Gesellschaft oder auch nur in der eigenen Bezugsgruppe vorhanden sind, die mitbestimmen, was „in" oder was „out" ist, was nicht akzeptabel oder was dringend wünschenswert ist. Die empirischen Mensch-Umwelt-Wissenschaften (z. B. Umweltpsychologie und Umweltsoziologie) haben inzwischen eine ganze Reihe von Faktoren untersucht, die als Hindernisse, aber auch als Stützen für eine Veränderung von nicht-nachhaltigen Verhaltensweisen in Frage kommen (HOMBURG, A., MATTHIES, E. 1998 UND KRUSE, L. 2002b). Entsprechende Forschungsprojekte in Biosphärenreservaten haben die Aufgabe, diese Faktoren zu untersuchen und für weitere Lernprozesse fruchtbar zu machen (DÖRNER, D., KRUSE, L. U. LANTERMANN, E. D. 1995; STOLL, S. 1999). Nun wird deutlich, dass herkömmliche Informationszentren nur einige der für ein Nachhaltigkeitslernen relevanten Aspekte ansprechen.

Warum Lernen statt Bildung?

Begriffe wie Erziehung und Bildung sind viel zu eng und zu stark mit dem formalen Bildungssystem und dem Kontext „Schule" verbunden. Um hervorzuheben, dass es um eine aktive Veränderung von Verhaltensweisen und den ihnen zugrunde liegenden Werthaltungen, Einstellungen, Zukunftsorientierungen, Motivationen usw. geht, sollte der Begriff des „Lernens", also „Lernen für Nachhaltigkeit", viel stärker in den Vordergrund gerückt werden. Der Begriff „Nachhaltigkeitslernen" macht auch deutlich, dass neue Formen, Lernorte und Handlungsfelder gefragt sind: Nicht nur Schulen, Kindergärten oder speziell eingerichtete Bildungseinrichtungen sind als Lernorte geeignet, sondern auch das Zuhause, der Arbeitsplatz und die Vereine. In Biosphärenreservaten sind Lernorte nicht nur das Infozentrum, sondern auch der Marktplatz oder der örtliche Handwerksbetrieb.

Nachhaltige Entwicklung setzt vielfältige und lebenslange Lernprozesse voraus.

Nachhaltige Entwicklung setzt vielfältige und lebenslange Lernprozesse voraus, bei denen es nicht nur um den Erwerb von abstraktem Wissen, sondern um den kontinuierlichen Aufbau und die Bekräftigung umfassender Nachhaltigkeitskompetenz geht. Lernen für Nachhaltigkeit muss über die engere Bildungslandschaft (Schule, Aus- und Weiterbildung) hinaus, den Erwerb neuer nachhaltiger (z. B. ressourcensparender, vorsorgeorientierter) Lebensstile (Konsum, Mobilität, Wohnpräferenzen usw.) für alle gesellschaftlichen Gruppen in ihren unterschiedlichen Lebens- und Arbeitssituationen fördern. Lernen hat viele Facetten und die Lernangebote in den Biosphärenreservaten sollten entsprechend vielfältig gestaltet werden. So müssen z. B. für den Kahnfährmann im Spreewald andere Lernstrategien und Lernorte gewählt werden als für den Berufspendler aus der Rhön oder den Waldbauern in Berchtesgaden. Für solche erweiterten Lernsituationen müssen neue Lernformen, Lernmedien, aber auch neue Partner für die „Lehre" (z. B. aus der Wirtschaft, in den Kommunen) gefunden werden.

Lernen für Nachhaltigkeit, setzt voraus, dass die Mitarbeiterinnen und Mitarbeiter der Biosphärenreservate künftig ihre Aufgabe auch darin sehen, das Biosphärenreservat als „Lernlandschaft" zu gestalten, neue Lernmethoden zu entwickeln und Lernprozesse zu gestalten. Das Lernen muss ganzheitlicher ausrichtet werden und ökologische, ökonomische und sozio-kulturelle Prozesse umfassen.

Vernetzung und Partizipation

Die UNESCO-Leitlinien sehen vor, dass Biosphärenreservate eine enge Zusammenarbeit mit Bildungsträgern (Hochschulen, Schulen, Volkshochschulen, Naturschutzakademien u. a.) und bestehenden Institutionen (Vereinen, Museen, Berufsverbänden u. a.) anstreben. Aber auch beispielhafte Betriebe der Land- und Forstwirtschaft, des Handels und der Industrie sollen als weitere „Lernorte" in das Bildungsprogramm aufgenommen werden.

In der Sevilla-Strategie wird betont, dass die unterschiedlichen Organisationsstrukturen (staatliche und nichtstaatliche), Bildungseinrichtungen und kommunalen Agenda-Prozesse nicht in Konkurrenz zueinander stehen, sondern ganz bewusst miteinander vernetzt werden und auch konstruktiv miteinander kooperieren (UNESCO, 1996). Neue Partner sind zu gewinnen und zu motivieren, aktiv bei der Ausgestaltung des Biosphärenreservats mitzuwirken und auf dem Wege zur Nachhaltigkeit mitzugehen. Da Lernen für Nachhaltigkeit von der Interaktion und Kommunikation der Lernenden lebt, ist es also auch ein miteinander und voneinander, d. h. ein partizipatorisches Lernen. Das Weltnetzwerk der Biosphärenreservate sollte auch hier genutzt werden, um über die lokalen Lernlandschaften hinaus, Lernpartnerschaften zu bilden, Aus-

3. NEUE KONZEPTE FÜR DIE MODELLREGIONEN

tauschprozesse und Kommunikationen zu fördern und so die Vision für die Biosphärenreservate als „Modelle" für Nachhaltigkeit auch für das „Nachhaltigkeitslernen" zu konkretisieren.

Beispiele für das Lernen von Nachhaltigkeit

Jugendliche in einer Region mit hoher Jugendarbeitslosigkeit haben meist keinen Sinn für irgendwelche Umweltthemen, denn die aktuelle persönliche Lebenssituation und Zukunftsängste sind für sie vorrangig. Jugend-Projekte, die in Kooperation mit unterschiedlichsten Einrichtungen angeboten werden (z. B. „Junior-Jobmotor"), können helfen, dass Jugendliche für sich eine Zukunftsperspektive in ihrer Heimat finden und ihre Abwanderung vermieden werden kann. Die Zukunft einer Region hängt wesentlich davon ab, ob junge Menschen sich mit der Region identifizieren und an der Gestaltung aktiv mitarbeiten. Wird den Jugendlichen ein Forum geboten, wo sie aktiv etwas selbst gestalten können und werden ihre Initiativen und Projektideen entsprechend ideell, fachlich und vielleicht auch finanziell unterstützt, sind viele bereit, sich entsprechend stark in ihrer Region zu engagieren und Eigeninitiative zu zeigen. Werden bei Bedarf Kontakte zum älteren Handwerksmeister oder Betriebswirt eines ortsansässigen Unternehmens hergestellt, sind diese in der Regel auch bereit, den jungen Menschen nützliche Tipps für das Berufsleben zu geben. Gemeinsame Gespräche und Projekte helfen auch, gegenseitige Vorurteile abzubauen. Vielleicht lässt sich mit innovativen Projektideen, engagierten Arbeitseinsätzen und neuen Kontakten ein künftiger Ausbildungsplatz finden oder ein ganz neuer Arbeitsplatz schaffen. Die Einbeziehung von Jugendlichen kann den jeweiligen Biosphärenreservaten wichtige Impulse für die künftige Arbeit geben und fördert die notwendige generationsübergreifende Kommunikation in der Region (siehe Kap. 4.3).

Die Pensionswirtin kann sich durch Fortbildung oder Arbeitskreismitarbeit zu einer wichtigen Multiplikatorin für Nachhaltigkeit entwickeln, indem sie in ihrem Betrieb nicht nur Produkte aus der Region oder aus dem eigenen Garten anbietet, sondern auch demonstriert, wie Wasser- und Energiesparmaßnahmen konkret ohne Komfortverlust in einem Haushalt funktionieren. Der Gästeprospekt sollte die Anreise mit öffentlichen Verkehrsmitteln nicht nur propagieren, sondern mit Angeboten aktiv fördern (Abholung der Gäste vom Bahnhof). Frühzeitige Informationen über nützliche Busverbindungen und günstige Ferientickets erleichtern den Gästen die Entscheidung, das Auto zu Hause zu lassen. Ausliegendes Infomaterial über das Biosphärenreservat, Exkursionsprogramme, Informationen über regionale Produkte (wo kann was wann gekauft werden?), Busfahrpläne sowie Rad- und Wanderkarten sind für den Gast ebenfalls sehr nützlich und erleichtern dem Gast, das Biosphärenreservat kennen zu lernen. Die Pensionswirtin, die ihren Gästen etwas zur Idee und Konzeption des Biosphärenreservats oder ihres eigenen nachhaltig wirtschaftenden Betriebs erzählen kann, Ausflugstipps gibt oder auf Besuchsmöglichkeiten bei nachhaltig wirtschaftenden Betrieben und Einrichtungen hinweist, ist als Multiplikatorin für das Biosphärenreservat wertvoll. Vielleicht lässt sie sich auch zu einer Gästeführerin oder Kräuterspezialistin fortbilden, die Gästen und Schulklassen nicht nur die Vielfalt von Wildkräutern am Wegesrand zeigt, sondern anschließend mit ihnen die gemeinsam gesammelten Wildkräuter in der Küche zu einer Delikatesse verarbeitet. Nicht nur für Jugendliche wird eine Wildkräuterexkursion unerwartet spannend und attraktiv, wenn der „Survival"-Gedanke angesprochen wird und sie in die Geheimnisse der Outdoor-Küche eingeweiht werden oder erfahren, welche Pflanze den Schmerz beim Wespenstich oder Brennnesselkontakt rasch lindern kann. Diese nützlichen Wildpflanzen bleiben in der Regel in nachhaltiger Erinnerung.

Viele Ideen und praktische Anregungen können von den Gästen aufgegriffen, mit nach Hause genommen und dort umgesetzt werden. Mit derartigen Aktivitäten kann eine Pension hervorragend auch für sich selbst werben.

Auch die speziell für Mountainbiker offerierte Exkursion, die als sportliche Radtour angeboten wird, kann ein effektiver Beitrag zum Umweltlernen sein. Der mitradelnde und mitschwitzende Referent findet mit seinem Exkurs über nachhaltige Forstwirtschaft, Biodiversität oder Aspekte des naturverträglichen Sports sicherlich mehr Aufmerksamkeit und auch Glaubwürdigkeit, als er jemals mit einem wohl formulierten Folienvortrag im Infozentrum beim identischen Zuhörerkreis erhalten würde. Eine Zielgruppe wie Sportler muss allerdings gezielt angesprochen werden und Fragen zur Nachhaltigkeit spezifisch auf die jeweilige Sportart zugeschnitten sein. Referenten, die sich nicht nur zu zielgruppenspezifischen Fragen der Nachhaltigkeit auskennen, sondern sich auch zum jeweiligen Sport kompetent äußern können, haben es wesentlich leichter, die Sportkollegen und -kolleginnen zu einem nachhaltigen Verhalten zu motivieren. Da die Wirkung einer einmaligen Exkursion allerdings meist rasch verpufft, sind weiterführende Angebote, Hinweise auf konkrete Handlungsmöglichkeiten und die Nennung möglicher Ansprechpartner empfehlenswert. Wo und wie kann z. B. ein interessierter Radfahrer konkret mit dazu beitragen, die örtlichen Bedingungen für das Radfahren zu verbessern (z. B. Arbeitskreis: Verkehr). Neu ausgebaute, sichere und sinnvoll vernetzte Radwege, aber auch sichere Fahrradparkplätze am Pendlerbahnhof fördern bei vielen (auch Nichtsportlern) die Bereitschaft, das Rad nicht nur in der Freizeit zu nutzen. Die Motivation wächst, auf das Auto zu verzichten und mit dem Rad zur Schule, zum Einkauf, zur Arbeitsstätte oder zum Vereinsheim

NEUE KONZEPTE FÜR DIE MODELLREGIONEN

zu fahren. Von derartigen Projekten profitieren nicht alleine die passionierten Radsportler selbst, sondern auch viele andere junge und ältere Mitbürger. Das Umsteigen auf das Fahrrad ist nicht nur sportlich, gesundheitsfördernd und umweltfreundlich, sondern macht sich häufig auch in barer Münze bezahlt. Das Biosphärenreservat kann unterschiedliche Interessengruppen an einen Tisch bringen und sowohl Einzelpersonen als auch Vereine (z. B. Kreissportbund) und sonstige Gruppierungen dazu motivieren, sich aktiv an der Gestaltung ihres Lebensumfelds mit Ra(d)t und Tat zu beteiligen.

Das große Dorffest des Heimatvereins, die Pflanzentauschbörse der örtlichen Gartenfreunde oder der Tag der offenen Tür bei der Feuerwehr bieten Gelegenheit, mit großen und kleinen Bürgern und dörflichen Gremien in Kontakt zu kommen. Mehrmalige Begegnungen und positive Erfahrungen im Rahmen derartiger Veranstaltungen sind häufig Auslöser, dass Menschen der Region das Label des Biosphärenreservats nicht nur wiedererkennen, sondern sich zunehmend mit den Leitgedanken des MAB-Programms auseinandersetzen und irgendwann auch identifizieren. Durch eine unkomplizierte Beratung und Vermittlung kann die Verwendung von Mehrweggeschirr, der Spülmobileinsatz, das Abfallvermeiden sowie die Verkostung mit regionalen Produkten auch bei dörflichen Veranstaltungen unerwartet schnell zu einer Selbstverständlichkeit für die Veranstalter und für die Gäste werden. Umweltverträgliches Handeln kann sich dann auch bei privaten Feiern oder Betriebsfesten zum Standard entwickeln. Dörfliche Feste erweisen sich häufig als ideale Informationsbörsen und manche „neumodische" Nachhaltigkeitsidee erfährt mit der Zeit immer mehr Aufmerksamkeit, wenn sie für die Menschen der Region begreifbar wird und attraktiv ist. Die Einsparungsmöglichkeiten infolge eines Öko-Checks im Sportler- oder Feuerwehrheim sprechen sich ebenso schnell herum wie die Tatsache, dass der örtliche Elektrobetrieb auch eine Solaranlage installieren kann oder, dass der ortsansässige Forstbetrieb seinen Wald nach internationalen Richtlinien nachhaltig bewirtschaftet.

Eigene Beobachtungen und Erfahrungen sind Auslöser dafür, sich selbst Gedanken zu machen, was konkret getan werden kann.

Bei einer Aktion des Biosphärenreservats, gemeinsam mit einer Grundschulklasse, Jugendfeuerwehr oder Ferienfreizeit, die Tierwelt des eigenen Dorfs (z. B. Fledermäuse, Schwalben, Mauersegler) zu beobachten und ihr Vorkommen zu dokumentieren, lernen Kinder und Jugendliche nicht nur etwas zur Biologie dieser Tiere. Eigene Beobachtungen und Erfahrungen sind Auslöser dafür, sich selbst Gedanken zu machen, was in einem Dorf konkret getan werden kann, um die Lebensbedingungen dieser Tiere zu verbessern. Nicht nur das Schulgelände kann entsprechend gestaltet werden, auch Eltern und Nachbarn lassen sich im Rahmen derartiger Aktionen durch Kinder und Jugendliche leichter motivieren, den Garten naturnaher zu gestalten und zu bewirtschaften, die Schwalbenfamilie oder Fledermauskolonie als Untermieter unter dem eigenen Dach zu dulden. Kinder und Jugendliche werden in ihrem eigenen Dorf für die Dorfgemeinschaft aktiv. Um ihr Anliegen umsetzen zu können, müssen sie mit Haus- und Gartenbesitzern sowie Landwirten oder dem Ortsvorsteher ins Gespräch kommen und erfahren, was Partizipation ist. Sowohl die Kinder und Jugendlichen als auch die älteren Gesprächspartner setzen sich anlässlich solcher Aktionen mit einem Natur- und Umweltthema auseinander und können voneinander lernen. Die positive Erfahrung, dass durch eigenes Engagement tatsächlich etwas erreicht werden kann, ist gerade für Kinder und Jugendliche Motivation für weitere Aktivitäten. Das Thema Biodiversität wird mit derartigen Aktionen auch in einem Dorf greifbar und führt zur Erkenntnis, dass jeder einzelne Mensch einen Beitrag zur Bewahrung der biologischen Vielfalt in seinem persönlichen Lebensumfeld leisten kann (siehe Kap. 4.8).

Ausblick

Biosphärenreservate bieten mit ihrem Konzept der verschiedenen Zonen hervorragende Möglichkeiten, Lernorte und Lernlandschaften für das Nachhaltigkeitslernen zu schaffen und alltäglich für viele Akteursgruppen mit neuen Lernmethoden attraktiv zu gestalten. So wie neben den klassischen Bildungseinrichtungen (Schule, Hochschule, Volkshochschule) auch die Dorfkirche, der umweltfreundliche Pensionsbetrieb und der Marktplatz zu Lernorten im Biosphärenreservat werden, können auch Verwaltungen, Handwerksbetriebe oder Wirtschaftunternehmen, die nachhaltig wirtschaften, mit neuen Lernangeboten einbezogen werden. Die Verwaltungsstellen der Biosphärenreservate müssen diese Partner darin bestärken, aktiv am Prozess „Lernen für Nachhaltigkeit" zu partizipieren.

Anders als die übrigen Großschutzgebiete haben Biosphärenreservate die Möglichkeit, die traditionelle Ausrichtung auf Naturschutz und auf Umweltbildung durch moderne Konzepte und Methoden des Nachhaltigkeitslernens zu ersetzen. Nachhaltige Entwicklung muss als ein Prozess verstanden werden, bei dem es um umfassende, weltweite und dauer-

3. NEUE KONZEPTE FÜR DIE MODELLREGIONEN

hafte Veränderungen geht, die sich immer wieder auch in konkreten direkt oder indirekt umweltrelevanten Verhaltensweisen von Individuen, Gruppen und Gesellschaften, in Lebensstilen, Produktions- und Konsummustern in vielen lokalen Zusammenhängen zeigen. Zur Gestaltung dieser Veränderungsprozesse müssen viele Instrumente (z. B. finanzielle Anreize oder Abgaben, Gesetze und Verwaltungsregeln) eingesetzt werden, aber eben auch Bildung und Lernen.

Man stelle sich vor: das Biosphärenreservat als nachhaltigkeitsorientierte, beispielhafte Lernlandschaft – dazu die Möglichkeit, sich im internationalen Netz der Biosphärenreservate hundertfach zu vernetzen, aus Fehlern zu lernen und die besten realisierten Lösungen vorzeigen – das ist in der Tat ein Modell!

Zusammenfassung

Mit der Sevilla-Strategie von 1995 werden UNESCO-Biosphärenreservate zu Modellregionen für Nachhaltige Entwicklung ausgebaut. Der Bildungsauftrag von Biosphärenreservaten erweitert sich damit zum Auftrag, „Lernen für die Nachhaltigkeit" zu fördern. Nachhaltigkeitslernen ist nur durch die Änderung von Verhaltensweisen von nicht-nachhaltigem zu einem nachhaltigen Verhalten möglich. Das bedeutet lebenslanges Lernen an den unterschiedlichsten Lernorten für alle und von allen Beteiligten. Im Unterschied zu anderen Großschutzgebieten sind Biosphärenreservate durch ihre Zonierung geeignet, „Lernlandschaften" für eine Nachhaltige Entwicklung zu werden.

Literatur

DEUTSCHES MAB-NATIONALKOMITEE (Hrsg.) (1996): Kriterien für die Anerkennung und Überprüfung von Biosphärenreservaten der UNESCO in Deutschland, Bonn.

DÖRNER, D. (1989): Die Logik des Misslingens. Strategisches Denken in komplexen Situationen.

DÖRNER, D., KRUSE, L. u. E.D. LANTERMANN (1995): Umweltbewusstsein, Umwelthandeln, Werte, Wertewandel. Zur Erforschung der Bedingungen und Formen anwendungsorientierten ökologischen Lernens. Begleituntersuchung der Etablierung des Biosphärenreservates Schorfheide-Chorin. In:

ERDMANN K.-H., NAUBER J. (1995): Der deutsche Beitrag zum UNESCO-Programm Der Mensch und die Biosphäre (MAB).

HOMBURG, A., MATTHIES, E. (1998): Umweltpsychologie- Umweltkrise, Gesellschaft und Individuum.

KRUSE, L. (1999): Umweltbildung angesichts globaler Umweltveränderungen: Konsequenzen aus umweltpsychologischer Perspektive. NNA-Berichte.

KRUSE, L. (2002a): Lernen für Nachhaltigkeit – nachhaltiges Lernen: Ein ubiquitäre Aufgabe – an vielen Orten, mit vielen Akteuren, in vielen Handlungsbereichen. In: BLK MATERIALIEN ZUR BILDUNGSPLANUNG UND ZUR FORSCHUNGSFÖRDERUNG. Heft 97: Zukunft lernen und gestalten – Bildung für eine Nachhaltige Entwicklung.

KRUSE, L. (2002b): Umweltverhalten – Handeln wider besseres Wissen? In: HEMPEL, G. u. SCHULZ-BALDES, M. (Hrsg.): Nachhaltigkeit und globaler Wandel. (S. 175-192).

STOLL, S. (1999): Akzeptanzprobleme bei der Ausweisung von Großschutzgebieten.

UNESCO (Hrsg.) (1996): Biosphärenreservate. Die Sevilla-Strategie und die Internationalen Leitlinien für das Weltnetz. Hrsg. der dt.-sprach. Ausg.: Bundesamt für Naturschutz, Bonn.

3.1.3 Kommunikation und Kooperation

Karl-Heinz Erdmann, Uwe Brendle und Ariane Meier

Einleitung

Zentrale Aufgabe der Verwaltungen von Biosphärenreservaten ist es, gemeinsam mit den Menschen, die in diesen Gebieten leben und wirtschaften, beispielgebende Konzepte zu Schutz, Pflege und Entwicklung der repräsentierten Landschaften zu erarbeiten und umzusetzen (MAB-NATIONALKOMITEE 1996: 12). Dies kann nur gelingen, wenn die Bevölkerung zu einer aktiven Mitwirkung motiviert werden kann (UNESCO 1996). Entscheidend dafür ist, dass alle Beteiligten bereit und fähig sind, zu kommunizieren und zu kooperieren.

Die Verantwortlichen der Biosphärenreservate sollten sich deshalb mit den verschiedenen kommunikativen und kooperativen Instrumenten vertraut machen und diese – an passender Stelle – einsetzen. Kommunikation und Kooperation sind essenzieller Bestandteil für den Erfolg von Biosphärenreservaten und damit Voraussetzung für eine naturverträgliche regionale Entwicklung.

Leistungen von Kommunikation und Kooperation

Kommunikative, partizipative und strategische Kompetenzen können Menschen zu Mitgestaltern von Biosphärenreservaten machen (UNESCO 1996). Kommunikation und Kooperation sind deshalb als funktionale Kriterien im Aufgabenkanon der Biosphärenreservate in Deutschland verankert (MAB-NATIONALKOMITEE 1996).

Kommunikation und Kooperation mit den unterschiedlichen Interessengruppen legitimieren die Verwaltungen der Biosphärenreservate und sichern deren Existenz (BURKART, R. 1998: 521). Darüber hinaus haben sie eine wichtige politische Funktion, denn sie stellen Öffentlichkeit und Transparenz her und binden die Interessengruppen ein. Außerdem erfüllen Kommunikation und Kooperationen für die unterschiedlichen Interessengruppen soziale und ökonomische Funktionen: Sie schaffen Sozialisation, Orientierung und Integration; auch übernehmen sie eine nicht zu unterschätzende rekreative Funktion (z. B. durch Events). Sie unterstützen auch die Wirtschaft, z. B. durch Wissensvermittlung und den Aufbau von Kooperationen.

Kommunikation und Kooperation fördern die Bereitschaft, an Aktionen und Planungen mitzuwirken. Letztlich sind Kommunikation und Kooperation auch für die Kontrolle der Aktivitäten in Biosphärenreservaten und das Austragen von Konflikten notwendig.

Biosphärenreservatsverwaltungen sprechen auf den verschiedenen Ebenen unterschiedliche Gruppen an (lokal, regional, national und international), die z. T. differierende, gegensätzliche Motive und Erwartungen haben (MAB-NATIONALKOMITEE 1996: 39). Grundsätzlich gilt, alle Individuen und Gruppen einzubinden, die ein tatsächliches oder potenzielles Interesse haben (Stakeholder): „Interesse kann nun in einem aktiven Anteil oder Interesse an der Unternehmung bestehen, oder aber auch im (passiven) Betroffensein durch Handlungen und Wirkungen der Organisation" (KARMASIN, K. 1998: 74). Durch das Einbinden von Steakholdern können die Verwaltungen der Biosphärenreservate an politischer und moralischer Legitimität gewinnen. Für einen erfolgreichen Einsatz kommunikativer und kooperativer Instrumente ist es erforderlich, die verschiedenen Interessengruppen zu identifizieren. Wichtig ist, diese Gruppen genau zu analysieren und weiter zu differenzieren.

Aktivitäten und Anliegen der Biosphärenreservatsverwaltungen haben nur Aussicht auf Erfolg, wenn diese in transparenten, partizipativen Verfahren mit der lokalen und regionalen Bevölkerung entwickelt werden.

Die lokalen und regionalen Interessengruppen, zu denen auch interessierte und engagierte Einzelpersonen zählen, sind mit ihrem gesammelten Wissen und reichen Erfahrungsschatz aus der Region gleichzeitig der Expertenpool ihrer Region, ihrer Heimat. Sie sind die wichtigsten Kommunikations- und Kooperationspartner einer jeden Biosphärenreservatsverwaltung.

Darüber hinaus kommunizieren und kooperieren die Verwaltungen von Biosphärenreservaten (AGBR 1995: 37) auch häufig mit der überregionalen Öffentlichkeit (aufgrund ihrer Modellfunktion) und mit internationalen Partnern (aufgrund ihrer Mitgliedschaft im Weltnetz der UNESCO-Biosphärenreservate).

Kommunikation

Kommunikation in Biosphärenreservaten dient nicht nur der Informationsvermittlung. Sie sichert auch verschiedene – soziale, politische, ökonomische – Leistungen innerhalb von Biosphärenreservaten. Kommunikative Instrumente fördern das Handeln aus innerer Überzeugung (intrinsische Motivation). Gleichfalls entfalten sie Tiefenwirkungen bei der Bewältigung von Konflikten zwischen Parteien unterschiedlicher Interessenlage (KARGER, C. R. 2000: 174). Kommunikation wird damit zu einem Instrument, mit dem Sach- und Ermessenskonflikte wie auch Werte- und Beziehungskonflikte erkannt, bearbeitet und gelöst werden können (KARGER, C. R. 2000: 172). Biosphärenreservate benötigen deshalb eine systematische, auf die verschiedenen Interessengruppen abgestimmte Planung des Kommunikationsprozesses.

Kommunikation kann direkt oder indirekt erfolgen. Direkte Kommunikation schließt vor allem zwischenmenschliche Kontakte ein: Fähigkeiten im Bereich interpersoneller Kom-

3. NEUE KONZEPTE FÜR DIE MODELLREGIONEN

munikation, Moderation, Präsentation und Pädagogik sind hierfür unerlässlich (u. a. bei Diskussionsforen, Führungen, Exkursionen, Vorträgen, Beratungen sowie der Vermittlung zwischen Interessengruppen). Indirekte Kommunikation setzt indessen Sachverstand in den Bereichen Medien, Marketing und Werbung voraus. Beispiele hierfür sind: Veröffentlichungen in Tageszeitungen und Fachzeitschriften, Erstellen von Werbematerial und Ausstellungen oder die Konzipierung und Durchführung von Wettbewerben.

Wer erfolgreich an die Öffentlichkeit herantreten will, muss passend für die verschiedenen Interessengruppen - die geeigneten kommunikativen Elemente wählen. Dies gilt gleichermaßen für die direkte und die indirekte Kommunikation (siehe Abb. 1).

An der Öffentlichkeitsarbeit sollten sich möglichst alle Mitarbeiterinnen und Mitarbeiter der verschiedenen Einrichtungen eines Biosphärenreservats (Verwaltung, Förderverein, Kuratorium, Beirat, Betriebsgesellschaft etc.) beteiligen. Dies fördert ihre Motivation und ihre Identifikation mit dem Biosphärenreservatsgedanken, außerdem bereichert dies die Vielfalt der Kommunikationsweisen (siehe LUTHE, D., SCHAEFERS, T. 2000).

Im Sinne des MAB-Programms sollte eine *verständigungsorientierte Öffentlichkeitsarbeit* angestrebt werden, die den Dialog, den Ausgleich und die Verständigung mit den Interessengruppen in den Mittelpunkt rückt (BURKART, R. 1993). Bei der Planung von Kommunikationsstrategien müssen drei Kommunikationsebenen beachtet werden: Erstens die Ebene der Sachverhalte (Interessen), zweitens die Ebene der Personen, die die Interessen des Biosphärenreservats vertreten, drittens die Ebene der Rezipierenden, die die Arbeit der Verwaltung des Biosphärenreservats legitimieren. Der Verständigungsprozess verläuft auf diesen Ebenen nur dann ungestört, wenn die Betroffenen die Wahrheit der thematisierten Gegenstände, die Wahrhaftigkeit der Verwaltung des Biosphärenreservats und die Angemessenheit des Vorhabens nicht anzweifeln (BURKART, R. 1998: 437).

Bei der Planung von Kommunikationsstrategien sind deshalb vor allem folgende drei Aspekte zu beachten (HOVLAND, C., WEISS, W. 1952; LASSWELL, H. D. 1971):

1. Die Kommunizierenden: u. a. ihre Glaubwürdigkeit, Sach- und Medienkompetenz, Attraktivität, Vertrauenswürdigkeit sowie ihr Persönlichkeitsbild;
2. die Art der Informationsdarbietung: u. a. Medienwahl, Sprache, Dramaturgie, Moderation;
3. die Beschaffenheit der Zuhörerschaft: u. a. Erfahrungen, Vorkenntnisse, Sozialisation, Motivation, Situation.

Die deutschen Biosphärenreservate: Kommunikation und Kooperationsstrukturen

Die Kommunikations- und Kooperationsbestrebungen der Biosphärenreservate Deutschlands sollen UNESCO-Biosphärenreservate der Öffentlichkeit bekannt machen. Auf breiter Ebene soll sich ein positives Image entwickeln. International und national sollen sie das Schutzgebietssystem befördern und als Modellregionen für Nachhaltige Entwicklung Aufmerksamkeit erzielen.

- Erfahrungsaustausch der Biosphärenreservate Deutschlands (AGBR/EABR)
Initiiert durch das Bundesumweltministerium findet seit 1990 ein regelmäßiger, intensiver Erfahrungsaustausch der Biosphärenreservatsverwaltungen untereinander und mit Externen statt. Die Gruppe entwickelt Strategien und Standards und gibt Publikationen heraus.

- MAB/ MAB-Nationalkomitee Deutschland
Das MAB-Programm gibt den Rahmen vor, setzt die internationalen Standards und sorgt für den internationalen Erfahrungs- und Wissenstransfer. Das deutsche MAB-Nationalkomitee wirkt an der Fortentwicklung der internationalen Leitlinien für das Weltnetz der Biosphärenreservate sowie an der Weiterentwicklung der nationalen Kriterien für die Anerkennung und Überprüfung von Biosphärenreservaten der UNESCO in Deutschland mit und dokumentiert in regelmäßigen Abständen im Auftrag der UNESCO die Entwicklung der deutschen Biosphärenreservate.

- EUROPARC DEUTSCHLAND / EUROPARC FEDERATION
EUROPARC, als Dachverband aller Großschutzgebiete (Biosphärenreservate, Nationalparke, Naturparke), dient der Kommunikation der Großschutzgebiete untereinander. Durch Öffentlichkeits- und Lobby-Arbeit sowie Know-how-Transfer befördert EUROPARC die Biosphärenreservatsidee national und international.

- Erscheinungsbild
Die Mitglieder von EUROPARC DEUTSCHLAND haben ein gemeinsames Erscheinungsbild für alle Großschutzgebiete entwickelt. Dieses wird von den Biosphärenreservaten Deutschlands mitgetragen und aktiv umgesetzt. Es dient der Wiedererkennung, Imagebildung und Akzeptanzförderung.

- Leitbilder
Aufbauend auf dem Allgemeinen Leitbild für Biosphärenreservate in Deutschland (AGBR, 1999; siehe Kap. 2.4) haben Biosphärenreservate, Nationalparke und Naturparke in ihrem Dachverband EUROPARC DEUTSCHLAND jeweils ein Leitbild erarbeitet. Sie dienen der Profilschärfung nach außen und der Kooperation nach innen (siehe Anhang S. 302).

Quelle: EABR 2003

NEUE KONZEPTE FÜR DIE MODELLREGIONEN

Interessengruppen	Kommunikative Instrumente und Maßnahmen									
	Info-Material	Pressearbeit	Gespräche	Feste und Events	Exkursionen	Vorträge und Diskussionsforen	Tagungen und Workshops	Präsentationen	Bildungsveranstaltungen	Arbeitsgruppen
Landwirtschaft	●		●		●	●			●	●
Verbraucherinnen und Verbraucher	●	●		●				●	●	
Gastronomie	●		●		●			●	●	
Verbände und Vereine	●		●			●	●			●
Schulen				●	●				●	
Politik			●			●	●	●		
Sponsoren			●	●				●		
Medien		●		●				●		
Weitere kommunale Interessengruppen	●	●	●			●	●		●	
Überregionale Öffentlichkeit	●	●		●					●	

Abb. 1: Maßnahmenplanung nach Interessengruppen zur Popularisierung der „Regionalmarke des Biosphärenreservats Schorfheide-Chorin" (nach PAPE, K. 2000: 30).

Um Glaubwürdigkeit, Publizität und Wiedererkennungswert der Kommunizierenden zu erhöhen, sollten die Verwaltungen von Biosphärenreservaten eine konsistente und homogene Öffentlichkeitsarbeit betreiben. Hierzu gehört auch die Abstimmung mit anderen Biosphärenreservaten. Im Sinne einer *Corporate Identity* sollten Biosphärenreservate gut wiedererkennbar sein (u. a. in ihrem visuellen Erscheinungsbild, ihrem Verhaltenskodex, ihrer Kommunikationsstrategie; siehe HECKER, R. et al. 2000: 103). Kommunizierende können ihre Position im Verständigungsprozess stärken und sichern, indem sie an gemeinsame, mit der Interessengruppe erzielte positive Ergebnisse anknüpfen (KARGER, C. R. 2000: 173). Zudem sollten sie Sachkompetenz, Sozialkompetenz, Selbstkompetenz und Methodenkompetenz besitzen. Ihre Aussagen sollten nicht nur sachlich, objektiv und widerspruchsfrei, sondern auch positiv, vielseitig und überzeugend formuliert sein (AGBR 1995: 37). Nur durch den Einsatz der passenden Methoden zum richtigen Zeitpunkt können die Ziele der Kommunikation und Kooperation erreicht werden. Das Kommunikationsangebot braucht bereits die Aussicht auf Lösungen und Handlungsoptionen. Tatsachen allein sprechen nicht für sich. Der Kommunikationserfolg (siehe Abb. 2) hängt auch davon ab, ob und inwieweit Inhalte potenzielle Verständigungsprobleme und Verständigungsbarrieren berücksichtigen. Ausschlaggebend ist außerdem die Ausrichtung von Kommunikationsform und -technik auf die jeweiligen Ziele und Zielgruppen (KARGER, C. R. 2000: 173).

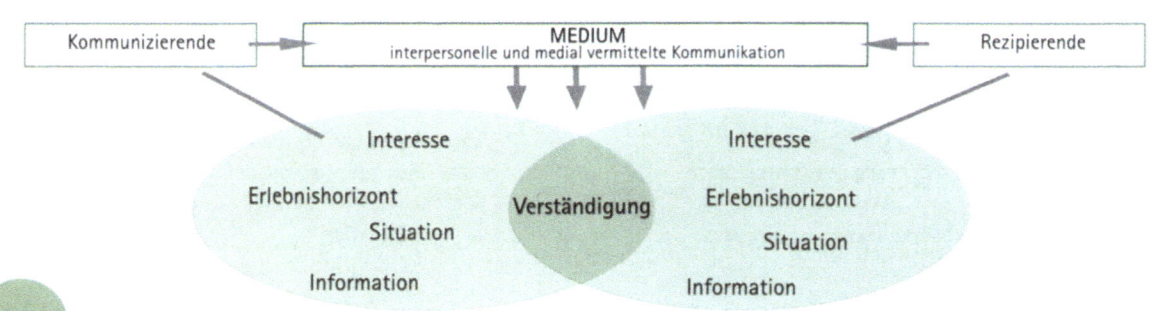

Abb. 2: Prozess der kommunikativen Interaktion (nach BURKART, R. 1998: 56 und 419)

NEUE KONZEPTE FÜR DIE MODELLREGIONEN

Rezipierende nehmen medial vermittelte Informationen immer im Kontext sozialer, psychologischer und kultureller sowie situativer Faktoren auf (BONFADELLI, H. 1999: 51f). Informationen und Handlungsoptionen werden deshalb immer dann besonders erfolgreich angenommen, wenn sie an vorhandene Motive, Werte, Orientierungen und Handlungsbereitschaften der Interessengruppen anknüpfen (**Lebensstile**; siehe RINK, D. 2002; REUSSWIG, F. 2002; SCHUSTER, K., LANTERMANN, E.-D. 2002). Hierzu zählen auch Motive, die zunächst in keinem unmittelbarem Zusammenhang mit den Zielen und Aufgaben von Biosphärenreservaten stehen. Je höher Rezipierende die Relevanz der Information für sich selbst einschätzen und je stärker sie sich persönlich betroffen fühlen, desto intensiver werden sie sich mit der Information beschäftigen (KARGER, C. R. 2000: 170). Inwiefern Wissensvermittlung eine intensive fachliche Auseinandersetzung erreichen kann, hängt auch von der Motivation und der Fähigkeit der Rezipierenden zur Verarbeitung der Botschaft ab.

Die Medienwirkungsforschung geht von einem Publikum aus, das in seinem Handeln aktiv, zielgerichtet und sinnhaft ist. Jedoch bestimmen einzelne Rezipierende in Abhängigkeit ihrer Bedürfnisse, Probleme und Erwartungen, ob und wie sie ein bestimmtes Medium oder einen Medieninhalt nutzen (**Uses-and-Gratification-Ansatz**; siehe BONFADELLI, H. 1999: 160f). Dabei orientieren sie sich vor allem an der Befriedigung ihrer Bedürfnisse, die durch bestimmte Medien zu einem früheren Zeitpunkt erfüllt wurden. Es sollten deshalb vor allem die Medien ausgewählt werden, die den Gewohnheiten der Rezipierenden am ehesten entsprechen. Selbstverständlich sollte mit bereits erfolgreich angewandten Kommunikationsinstrumenten an positive Kommunikationssituationen angeknüpft werden. Kommunikationschancen müssen erkannt, aus Fehlern muss gelernt werden.

Die Mitarbeiterinnen und Mitarbeiter der Biosphärenreservate sollten mehrere, sich ergänzende Kommunikationsformen unterscheiden und anwenden (MAB-NATIONALKOMITEE 1996: 40). Eine systematisch konzipierte Strategie fördert dabei den Erfolg. Sie kann gezielt eingesetzt werden und einzelne Maßnahmen flexibel miteinander kombinieren. Eine erfolgreiche Kommunikationsstrategie setzt sich – entsprechend dem **Social Marketing** – aus sechs Bausteinen zusammen: Analyse, Planung, Entwicklung, Umsetzung, Evaluation und Feedback (siehe Abb.3).

Kooperation

Die Entwicklung und Erprobung neuer Kooperationsformen zählt zu den zentralen Aufgaben der Verwaltungen von Biosphärenreservaten. Diese Kooperationen dienen jedoch weniger dem Ziel einen Konsens um jeden Preis zu erzielen, als vielmehr dem Ziel gemeinsame Interessen auszuloten und mögliche win-win-Situationen der Beteiligten zu erkennen und zu nutzen. Zahlreiche Beispiele aus Biosphärenreservaten zeigen, dass Kooperationen immer dann erfolgreich etabliert

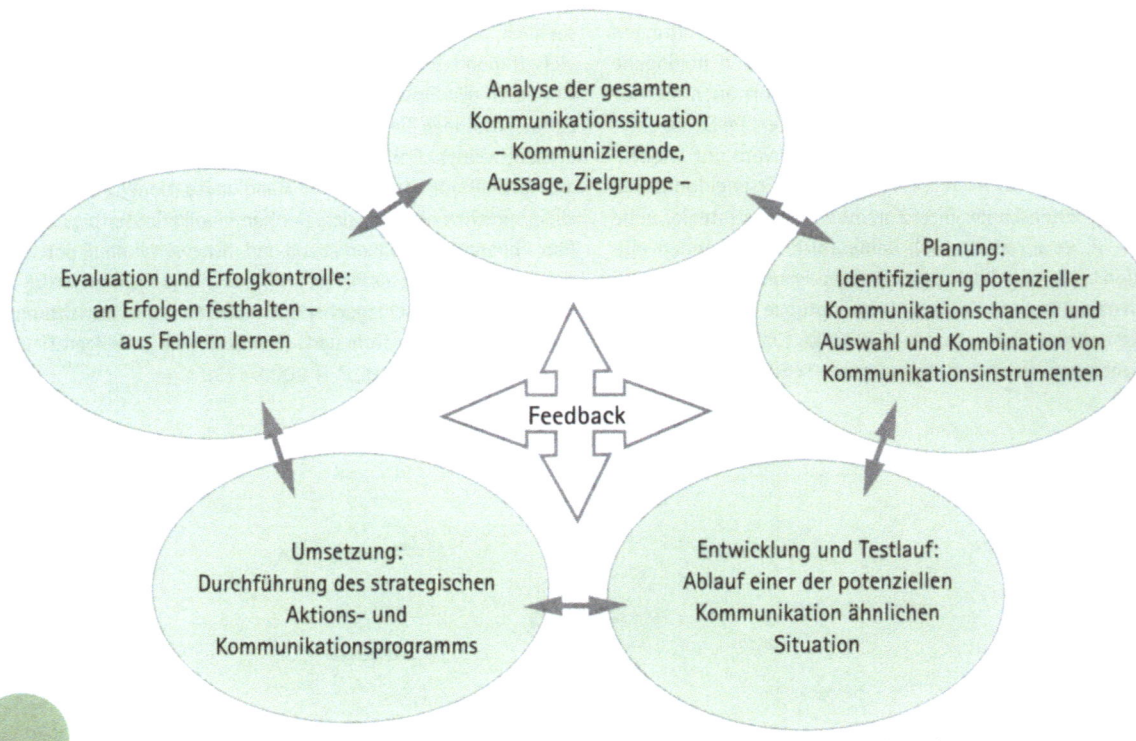

Abb. 3: Bausteine einer systematischen Planung von Kommunikation (nach KARGER, C. R. 2000; HÜBNER, G. 2002; NOVELLI, W. D. 1984).

NEUE KONZEPTE FÜR DIE MODELLREGIONEN

werden können, wenn bei der Gestaltung der Kooperationsprozesse kommunikative und strategische Kompetenzen angewandt werden (BRENDLE, U. 1999; ERDMANN, K. H. 1999).

Die wachsende Bedeutung von Kooperationen beim Management von Biosphärenreservaten gründet auf folgenden drei Aspekten:

1. Die Durchsetzung von Interessen in einer pluralistischen Gesellschaft beruht auf Einfluss und Macht. Nur wer über genügend Einfluss und Macht verfügt, kann im „freien Spiel der Kräfte" seiner Position zur Umsetzung verhelfen. Dies gilt im Grundsatz für Partialinteressen (wie z. B. jene der Landwirtschaft) ebenso wie für Gemeinwohlinteressen (wie z. B. jene des Naturschutzes). Kooperationen mit anderen Akteuren ermöglichen das Poolen von Einfluss und Macht und steigern die Durchsetzungsfähigkeit gemeinsamer Anliegen.
2. Die Zusammenarbeit unterschiedlicher Akteure – vor allem dann, wenn sie auf Dauer angelegt ist – öffnet die Chance, bei den Kooperationspartnern Verständnis, Anerkennung und Akzeptanz für die eigene Position zu schaffen. Im Laufe der Zusammenarbeit findet häufig eine Annäherung der Positionen statt, die sich zunehmend zu einer konstruktiven Zusammenarbeit entwickeln kann.
3. Kooperationen können den Stellenwert von Biosphärenreservaten in der Öffentlichkeit deutlich verbessern. Gelingt es den Verantwortlichen, mit Akteuren zu kooperieren, die über einen hohen Bekanntheitsgrad, hohes soziales Prestige und hohe Akzeptanz verfügen, so bringt dies für das Biosphärenreservat einen Imagegewinn und führt unmittelbar zu größeren Einflusschancen. Im Sinne eines „Schneeballeffekts" können erfolgreiche Kooperationen potenzielle Partner im Biosphärenreservat für weitere Kooperation interessieren.

In den vergangenen Jahren wurden u. a. mit den Arbeiten von U. BRENDLE (1999), S. HEILAND (1999) UND G. SPLETT (1999) neue Erkenntnisse zu Kooperationsstrategien im Naturschutz vorgelegt, die in Biosphärenreservaten angewandt werden können. Insbesondere die von U. BRENDLE (1999) bearbeitete politikwissenschaftliche Studie „Musterlösungen im Naturschutz – Politische Bausteine für erfolgreiches Handeln" belegt, dass mittels strategisch angelegter Kooperationen naturverträgliche Entwicklungen – wie sie auch die Biosphärenreservate anstreben – erfolgreich etabliert werden können. Die identifizierten politischen „Bausteine" bilden die Grundlage moderner Partizipationsformen, die auch die Arbeit in Biosphärenreservaten erheblich unterstützen können (BRENDLE, U. 1999 u. 2000).

- Engagierte Personen

Das hohe Engagement einzelner Personen in den verschiedenen Einrichtungen von Biosphärenreservaten ist zentral für dessen erfolgreichen Verlauf. Biosphärenreservate brauchen Persönlichkeiten, die das Projekt Biosphärenreservat von der Idee bis zur Umsetzung zu „ihrer Sache" machen. Sie sind „Zugpferde", die das Projekt ausdauernd und zielstrebig über schwieriges Terrain führen.

- Problemlagen und Lösungswille

Ein Mindestmaß an Problemdruck und Lösungsbereitschaft sind notwendig, um Menschen zum Handeln zu bewegen. Entscheidend ist dabei nicht der objektive Problemdruck, sondern jener Druck, den Menschen subjektiv wahrnehmen. Dabei ist nicht nur der ökologische Problemdruck relevant, sondern ebenso wirtschaftliche, soziale und politische Problemlagen.

- Gewinnerkoalitionen

Um Biosphärenreservate erfolgreich zu managen, braucht es keinen Konsens über sämtliche Ziele eines Biosphärenreservats. „Gewinnerkoalitionen" können auch von Akteuren mit verschiedenen Interessen gebildet werden. Voraussetzung ist jedoch, dass die Beteiligten einen Nutzen aus den Aktivitäten ziehen. Der Nutzen kann wirtschaftlicher, sozialer, politischer oder ökologischer Art sein.

- Starke Akteure

Die Anliegen von Biosphärenreservaten sind besonders durch starke Akteure erfolgreich umzusetzen. Schwache Akteure brauchen zur erfolgreichen Umsetzung ihrer Ziele starke Unterstützer. Starke Akteure sind einflussreich, durchsetzungsfähig und ressourcenstark (u. a. Geld, Personal, Wissen, Kompetenz). Informationen und Anliegen können zudem durch Meinungsführer innerhalb des Biosphärenreservats verstärkt vermittelt werden.

- Personen als Fürsprecher

Biosphärenreservate sind um so erfolgreicher, je mehr es den Verantwortlichen gelingt, enge und vertrauensvolle Kontakte zu leitenden Personen anderer Institutionen aufzubauen. Auf der personellen Ebene bilden sich Netzwerke, in denen schnell und unkompliziert gehandelt werden kann und Ressourcen für das Biosphärenreservat mobilisiert werden können.

- Überschaubarkeit

Biosphärenreservatsprojekte mit einfachen Projektstrukturen, einer begrenzten Zahl von Beteiligten, mit wenigen, erreichbaren Zielen und mit konkreten Einzelprojekten fördern den Gesamterfolg. Komplex angelegte Projekte machen dagegen deren Durchführung kompliziert, erhöhen den Kooperationsaufwand und machen ein Scheitern wahrscheinlicher.

- Anschlussfähigkeit

Die Erfolgswahrscheinlichkeit von Biosphärenreservaten steigt, wenn es gelingt, vorhandene rechtliche und fiskalische Steuerungsinstrumente (u. a. Landschaftsplan, Flurneuordnung bzw. Förderprogramme) zu nutzen. Der Erfolg von Biosphärenreservaten steigt, wenn sich einzelne Teilprojekte an den vorhandenen Rahmenbedingungen orientieren.

- Verfügbarkeit von Arbeitszeit und Geld

Der Erfolg von Biosphärenreservaten beruht ganz wesentlich darauf, dass ausreichend Geld und Arbeitszeit mobilisiert werden, um dessen Ziele umzusetzen. Kosten entstehen nicht nur für konkrete Naturschutzmaßnahmen, sondern vor allem auch für das „Projektmanagement" nach außen und innen. Orientiert sich die Gesamtkonzeption nicht an den verfügbaren Ressourcen, erhöht dies das Risiko des Scheiterns.

- Akzeptanz durch „Erfolge"

Die Verwaltungen von Biosphärenreservaten sollten versuchen, möglichst schnell Erfolge zu erzielen. Theorien und abstrakte Visionen schrecken ab, während mit konkreten Erfolgen Handlungs- und Leistungsfähigkeit der Verantwortlichen bewiesen wird. Dies verschafft den Verwaltungen von Biosphärenreservaten „Gewicht" und Akzeptanz (siehe VIETH, C. 2000). Die Erfolge sind sichtbar zu machen und offensiv nach außen zu kommunizieren.

- Flexibilität, Kompromissbereitschaft, Lernfähigkeit

Die Umsetzung von Zielen des Biosphärenreservats ist immer wieder auf die Kooperation mit anderen Akteuren angewiesen. Kompromissfähigkeit stabilisiert die Zusammenarbeit. Lernfähigkeit ist die Voraussetzung dafür, dass sich die Positionen verschiedener Interessengruppen annähern können. Flexibilität, Kompromissfähigkeit und Lernfähigkeit fördern den Erfolg von Biosphärenreservaten.

- Prozesskompetenz

Verfügen die Verantwortlichen von Biosphärenreservaten über ausreichende Prozesskompetenz, so erhöht dies die Erfolgschancen für das Gesamtvorhaben. Prozesskompetenz setzt sich zusammen aus der Fähigkeit, adäquate Strategien zu entwickeln und auf situative Veränderungen angemessen zu reagieren. Sie beruht auf dem Wissen, wie politische, gesellschaftliche, zwischenmenschliche Prozesse verlaufen und beeinflusst werden können und auf der Fähigkeit, die vorhandenen Bedingungen analysieren und Entwicklungen reflektieren zu können.

Vor dem Hintergrund der verschiedenen Bausteine für erfolgreiches Handeln stellt sich den Verantwortlichen von Biosphärenreservaten deshalb nicht mehr die Frage, ob sie kooperieren sollen und wollen, sondern nur noch wie (siehe Abb. 4). Nachhaltige Entwicklung kann nicht von außen oder oben verordnet werden, sie lässt sich nur gemeinsam mit den in den jeweiligen Regionen lebenden und wirtschaftenden Menschen erreichen. Gezielt die Selbstorganisation verschiedener Akteure und ihre aktive Mitwirkung anzuregen, ist somit Kerngedanke von Kooperation in Biosphärenreservaten.

Zusammenfassung

Kommunikation und Kooperation sichern soziale, politische sowie ökonomische Leistungen innerhalb von Biosphärenreservaten. Sie sind essenziell für den nationalen wie internationalen Bestand der Biosphärenreservate. Sach- und Ermessenskonflikte wie auch Werte- und Beziehungskonflikte können mit Hilfe von Kommunikation und Kooperation er-

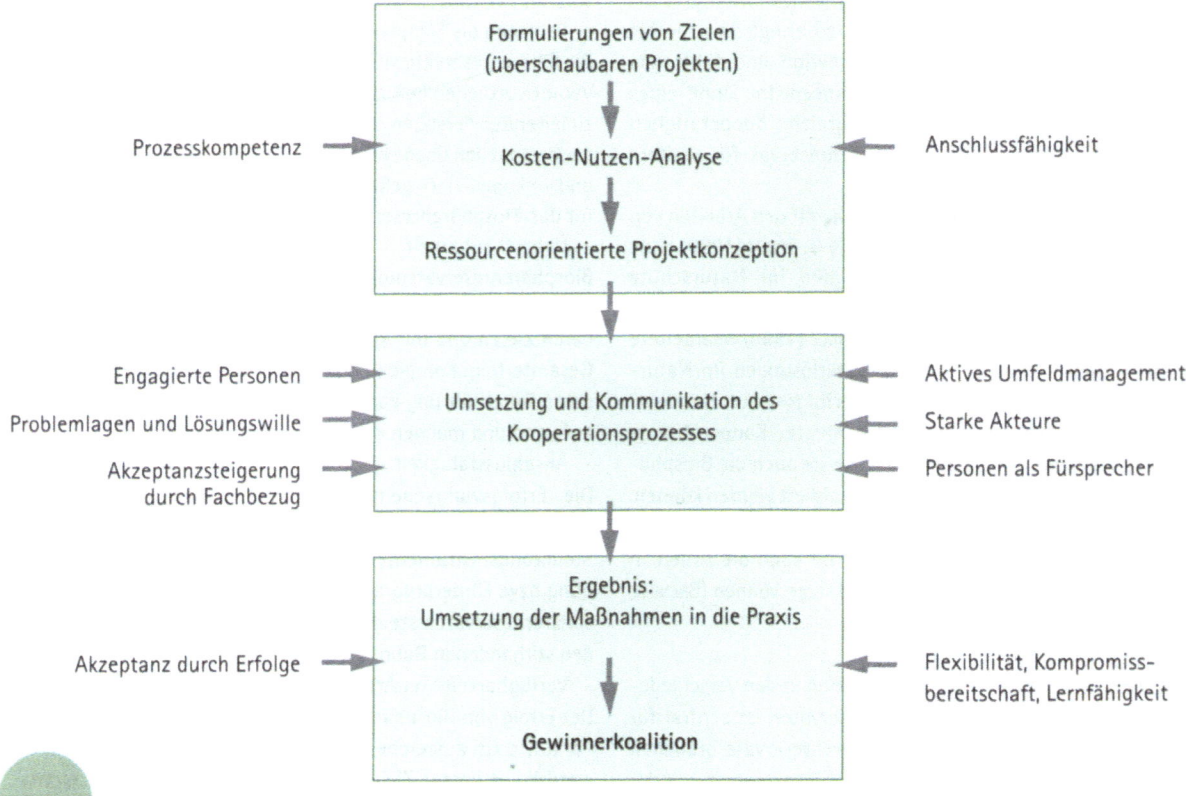

Abb. 4: Umsetzung von Kooperationen in Biosphärenreservaten (nach BRENDLE, U. 1999, 2000).

kannt, bearbeitet und gelöst werden. Weiterhin sichern Kommunikation und Kooperation die Integration aller Interessengruppen bei der Planung und Gestaltung von Biosphärenreservaten.

Wie im Bereich der Kommunikation fordern Umsetzungen von Kooperationen eine systematische und professionelle Planung, Durchführung und Nachbereitung. Der Erfolg dieser Maßnahmen hängt folglich u. a. von den kommunikative Kompetenzen, Management- und Strategiefähigkeiten, gesellschaftlich-politischem Wissen und taktischem Geschick der Verantwortlichen der Biosphärenreservate ab.

Literatur

AGBR (Ständige Arbeitsgruppe der Biosphärenreservate in Deutschland) (1995): Biosphärenreservate in Deutschland. Leitlinien für Schutz, Pflege und Entwicklung, Berlin-Heidelberg u. a.

Bonfadelli, H. (1999): Medienwirkungsforschung. Grundlagen und theoretische Perspektiven, Konstanz.

Brendle, U. (1999): Musterlösungen im Naturschutz – Politische Bausteine für erfolgreiches Handeln, Bonn.

Brendle, U. (2000): Erfolgsbedingungen von Naturschutzpolitik. Strategisches Handeln als Innovation. In: Erdmann, K. H., Mager, T. J. (Hrsg.): Innovative Ansätze zum Schutz der Natur. Visionen für die Zukunft. Berlin, Heidelberg u. a., S.199-216.

Burkart, R. (1993): Public Relation als Konfliktmanagement. Ein Konzept für verständigungsorientierte Öffentlichkeitsarbeit. Untersucht am Beispiel der Planung von Sondermülldeponien in Niederösterreich, Wien.

Burkart, R. (1998): Kommunikationswissenschaft. Problemfelder und Umrisse einer interdisziplinären Sozialwissenschaft, Wien, Köln, Weimer.

Deutsches MAB-Nationalkomitee (Hrsg.) (1996): Kriterien für Anerkennung und Überprüfung von Biosphärenreservaten der UNESCO in Deutschland, Bonn.

Erdmann, K. H. (1999): Naturschutz auf dem Weg ins 21. Jahrhundert - Anregungen aus humanwissenschaftlicher Perspektive. In: Gaia 7, S.218-220.

Hecker, R., Wedekind, I. u. D. Knapp (2000): Corporate Identity im Naturschutz. Beispiele aus den Großschutzgebieten Mecklenburg-Vorpommerns. In: Erdmann, K. H., Küchler-Krischun, J. u. C. Schell (Hrsg.): Darstellung des Naturschutzes in der Öffentlichkeitsarbeit. Erfahrungen, Analysen, Empfehlungen. - BfN-Skripten 20, S. 101-111.

Heiland, S. (1999): Voraussetzungen erfolgreichen Naturschutzes, Landsberg am Lech.

Hovland, C., Weiss, W. (1952): The Influence of Source Credibility on Communication Effeteness. - In: POQ, 15/1952, S. 635-650.

Hübner, G. (2002): Vom Wissen zum Handeln: Strategien zur Förderung naturverträglichen Verhaltens. In: Erdmann, K. H.,

Schell, C. (Hrsg.) (2002): Natur zwischen Wandel und Veränderung. Ursachen, Wirkung, Konsequenzen, Berlin, Heidelberg u. a., S. 193-213.

Karger, C. R. (2000): Kommunikation: Perspektiven für den Naturschutz. In: Erdmann, K. H., Mager, T. J. (Hrsg.): Innovative Ansätze zum Schutz der Natur. Visionen der Zukunft. Berlin, Heidelberg u. a., S. 165-177.

Karmasin, K. (1998): Medienökonomie als Theorie (massen) medialer Kommunikation. Kommunikationsökonomie und Stakeholdertheorie, Graz, Wien.

Lasswell, H. D. (1971): The Structure and Function of Communication and Society. – In: Schramm, W., Roberts, D. F. (Hrsg.): The Process and Effects of Mass Communication. – Urbana, S. 84-99.

Luthe, D., Schaefers, T. (2000): Kommunikationsmanagement – Strategische Überlegungen und konkrete Maßnahmen für eine beziehungsorientierte Öffentlichkeitsarbeit. In: Nährlich, S., Zimmer, A. (Hrsg.): Management in Nonprofit-Organisationen. Eine praxisorientierte Einführung, Opladen, S. 201-223.

Novelli, W. D. (1984): Developing Marketing Programs. In: Frederikson, L. W.; Solomon, L. J. u. K. A. Brehony, K. A. (Hrsg.): Marketing Health Behaviour. - New York, London, S. 59-89.

Pape, K. (2000): Öffentlichkeitsarbeit zwischen globalem Anspruch und lokalen Problemen im UNESCO-Biosphärenreservat Schorfheide-Chorin. - In: Erdmann, K. H.; Küchler-Krischun, J. u. C. Schell (Hrsg.): Darstellung des Naturschutzes in der Öffentlichkeitsarbeit. Erfahrungen, Analysen, Empfehlungen. BfN-Skripten 20, S. 23-35.

Reusswig, F. (2002): Die Bedeutung von Lebensstiltypen für den Natur- und Umweltschutz. - In: Erdmann, K. H., C. Schell (Hrsg.) (2002): Naturschutz und gesellschaftliches Handeln. - Bonn-Bad Godesberg, S. 55-79.

Rink, D. (Hrsg.) (2002): Lebensstile und Nachhaltigkeit. Konzepte, Befunde und Potentiale. Opladen.

Schuster, K., Lantermann, E.-D. (2002): Naturschutzkommunikation und Lebensstile. In: Erdmann, K. H., Schell, C. (Hrsg.) (2002): Naturschutz und gesellschaftliches Handeln, Bonn-Bad Godesberg, S. 79-93.

Splett, G. (1999): Erfolgskontrollen im Naturschutz. Karlsruher Schriften zur Geographie und Geoökologie 8.

UNESCO (Hrsg.) (1996): Biosphärenreservate. Die Sevilla-Strategie und die Internationalen Leitlinien für das Weltnetz. Hrsg. der dt.-sprach. Ausg.: Bundesamt für Naturschutz, Bonn.

Vieth, C. (2000): Wege zur besseren Akzeptanz. – In: Erdmann, K. H., Küchler-Krischun, J. u. C. Schell (Hrsg.): Darstellung des Naturschutzes in der Öffentlichkeitsarbeit. Erfahrungen, Analysen, Empfehlungen. - BfN-Skripten 20, S. 157-163.

3. NEUE KONZEPTE FÜR DIE MODELLREGIONEN

3.2 Schutz von Natur und Landschaft

3.2.1 Ziele und Handlungsansätze für den Naturschutz

Michael Vogel

Den Schutz der Natur nicht nur auf die menschlichen Bedürfnisse auszurichten, sondern die Natur auch um ihrer selbst willen zu schützen, so dass Optionen für künftige Generationen aufrechterhalten werden, ist ein in die Zukunft weisendes ethisches Anliegen, das im MAB-Programm formuliert wird.

Naturschutz ist ein sehr komplexes Arbeitsgebiet mit vielen mit einander vernetzten Einzelaspekten. Generell gilt es, die Schutzgüter Arten, Lebensgemeinschaften, Naturhaushalt, Abläufe natürlicher Prozesse sowie die Schönheit, Vielfalt und Eigenart von Natur und Landschaft zu sichern. Schutz und Erhalt, Nachhaltige Entwicklung und Forschung sowie Bildung und Umweltbeobachtung bilden die drei Säulen, auf denen Biosphärenreservate zu Modellregionen einer Nachhaltigen Entwicklung heranwachsen sollen. Ein breit gefächertes Zielspektrum, das von menschlichem „Tun" bis „Nicht-Tun" reicht, spiegelt sich in der generellen Gliederung von Biosphärenreservaten in eine Kernzone, eine Pflegezone und eine Entwicklungszone wider.

Unberührte Natur: Impressionen vom Ufer der Insel Vilm, der Kernzone des Biosphärenreservats Südost-Rügen

Die Arbeit im Naturschutz selbst kann beschrieben werden als die Gesamtheit der Maßnahmen zur Erhaltung und Förderung der natürlichen Lebensgrundlagen aller Lebewesen, insbesondere von Pflanzen und Tieren wildlebender Arten und ihren Lebensgemeinschaften, sowie Maßnahmen zur Sicherung von Landschaften und Landschaftsteilen in ihrer Vielfalt und Eigenart.

Naturschutz beruht auf objektiven wissenschaftlichen Erkenntnissen sowie auf subjektiven gesellschaftlichen Bewertungen und demnach ganz wesentlich auf der inneren Haltung jedes einzelnen Bürgers, also den Einstellungen zu Fragen:

- des Lebens in seiner Vielfalt,
- der Mit- und Umwelt,
- der Mitgeschöpfe,
- der Existenzgrundlagen des Menschen und
- der Zukunftssicherung.

Für die Naturschutzakteure ist dabei wichtig, dass sie die Ziele, Strategien und Maßnahmen, die sie sich selbst vorgeben, auch selbst verwirklichen können. Naturschutzkonzepte, die primär auf Handlungen anderer angewiesen sind, können nur selten umgesetzt werden. Eingebettet in den Rahmen vielerlei Verpflichtungen (von supranational bis national) muss in der Naturschutzarbeit hierfür eine Umorientierung stattfinden von einem einzelfall- und flächenbezogenen Verhindern hin zu einem gesamtflächen- und ursachenbezogenen Agieren.

Als inhaltliche und räumliche Ebenen bieten sich an:

Entwicklung und Anwendung naturgüterschonender und naturhaushaltsverträglicher Nutzungs- und Bewirtschaftungskonzepte in einem kooperativen und konstruktiven Prozess.

Die Ziele des Naturschutzes sollen in Biosphärenreservaten auf 100 Prozent der Fläche verwirklicht werden, allerdings in einer auf die jeweilige Zone angepassten Weise. Daher ist es notwendig, gesamtflächenbezogen und ursachenbezogen vorzugehen. Naturschutzarbeit soll nutzungsintegrierend wirken. Hierzu liegen eine ganze Reihe theoretischer und praktischer Ansätze vor, wie z. B. naturnaher/naturgemäßer Waldbau, integrierter Pflanzenbau bzw. -schutz, sanfter Tourismus oder integrierte Wasserversorgung. Dies bedeutet aber auch, dass sich die handelnden Personen in der Naturschutzarbeit in die Verteilungs- und Entwicklungsfragen der Gesellschaft einschalten müssen. Die Verteilungsfragen der jetzigen Gesellschaft betreffen im Grunde den Grad und die Form der Nutzung der Naturressourcen und nicht die Abschaffung der Nutzung selbst. Die Naturschutzakteure müssen hierzu Leitbilder, Qualitätsziele und eventuell Richtlinien formulieren. Dies braucht nicht auf der Ebene numerischer Werte geschehen, sondern dem Vorsorgeaspekt folgend, beispielsweise auf der Ebene der Formulierung von „Sicheren Mindeststandards". Die SMS-Methode (Sicherer Mindeststandard) wird in anderen Bereichen häufig angewandt. Auf den Schutz der Natur und Nutzungssysteme übertragen besagt sie:

„Den Nutzen der Ressourcenvielfalt in jedem Einzelfall zu messen, sind wir nicht in der Lage, aber es gibt genügend Hinweise, dass diese Forderung (z. B. Flächenbedarf, Minimierung von Stoffeinträgen, mechanische Belastungen, etc.) richtig und wichtig sind."

Natur und Umwelt hatten als öffentliche Güter nie einen Preis und so verwundert es kaum, dass ihr derzeitiger Zustand diese geringe ökonomische Wertschätzung widerspiegelt.

NEUE KONZEPTE FÜR DIE MODELLREGIONEN

Welchen Wert hat Natur?
Ansätze zu ihrer ökonomischen Valorisierung

„Natur" umfasst alle lebenden Systeme der Erde: Ökosysteme, Pflanzen und Tiere, Landschaften, biologische Vielfalt. Ohne diese Systeme kann keine menschliche Kultur und Gesellschaft überleben. Funktionierende Ökosysteme reinigen Luft und Wasser und kontrollieren Tier- und Pflanzenpopulationen; natürliche Produkte bilden die Grundlage für unsere Ernährung wie auch für viele Bereiche der technischen Produktion; genetische Ressourcen sind unverzichtbar in Land- und Forstwirtschaft, der Fischerei sowie der Medizin und Pharmazie; ohne natürliche Bestäuber wäre eine landwirtschaftliche Produktion nicht möglich; naturnahe Landschaften sind Zielgebiete für Erholungssuchende und den Tourismus. 1997 kalkulierten COSTANZA et al. in der Zeitschrift Nature (Bd. 387, S. 253-260) den Wert für die Leistungen natürlicher und naturnaher Ökosysteme der gesamten Erde mit 16 bis 54 Billionen US-Dollar pro Jahr. Das ist ungefähr das Doppelte des jährlichen globalen Bruttosozialprodukts! Da die Natur einen solch unschätzbaren Wert für unser Überleben besitzt, sollte man erwarten, dass sie sehr pfleglich behandelt würde. Dies ist jedoch oft genug nicht der Fall. Woher kommt diese Diskrepanz? Einer der Gründe besteht darin, dass Natur oft keinen direkt messbaren ökonomischen Wert hat, obwohl sie nicht „wertlos" ist. Ihr Wert wird daher nicht oder nur unvollständig in ökonomischen Rechnungen und gesellschaftlichen Entscheidungen berücksichtigt. Oft hat Natur den Status eines kostenlosen und frei verfügbaren öffentlichen Gutes. In vielen Fällen bringt ihre Nutzung zwar einen kurzfristigen Vorteil, aber einen mittel- oder langfristigen Nachteil, der womöglich erst die nächste Generation belastet. Diejenigen Individuen oder Gruppen, die den Vorteil aus der Nutzung ziehen, sind auch oft nicht diejenigen, die den gleichzeitig entstehenden Nachteil erleiden. Somit erzeugt die Nutzung der Natur oft „versteckte Kosten". Wie es gelingen kann, Leistungen und Produkten der Natur einen kalkulierbaren „Preis" zuzuweisen, ist Gegenstand der Forschung eines verhältnismäßig jungen Zweiges der Wirtschaftswissenschaften, der Umweltökonomie. Sie bedient sich dabei einer Reihe von Verfahren, um den „versteckten" Marktwert der Natur zu ermitteln oder zumindest abzuschätzen. In einer Kosten-Nutzen-Analyse wird beispielsweise der gesamtökonomische Wert berechnet. Dazu werden von der Summe der Nutzungsvorteile, die Summe der Kosten abgezogen, die durch die Nutzung entstehen. Kosten und Nutzen lassen sich durch Marktpreise angeben oder müssen ihrerseits durch verschiedene Verfahren abgeschätzt werden, beispielsweise durch eine Zahlungsbereitschaftsanalyse (durch Umfragen unter Zielgruppen wird ermittelt, wie viel diese für eine Leistung der Natur – oder die Unterlassung einer Nutzung – zu zahlen bereit wären). Es wird berechnet, was ein vollständiger technischer Ersatz bei Ausfall der betrachteten Leistung der Natur kosten würde oder es werden Werte aus vergleichbaren Untersuchungen als erste Näherungen verwendet. Die Kosten-Nutzen-Analyse eines Eingriffs in ein Ökosystem muss die Auswirkungen auch an anderer Stelle berücksichtigen. Beispielsweise müsste der verloren gehende Ertrag einer Fischerei in einem durch eine Baumaßnahme veränderten Fluss, als zusätzliche Kosten neben den reinen Baukosten in die Kosten-Nutzen-Analyse der Baumaßnahme mit einbezogen werden. Ökonomische Valorisierungsmethoden sind sicherlich kein Allheilmittel gegen eine nicht-nachhaltige Nutzungen der Natur. Sie können jedoch wertvolle Hilfen sein, um den Wert der Natur in der Öffentlichkeit und unter Entscheidungsträgern zu verdeutlichen, zwischen unterschiedlichen Nutzungsalternativen zu entscheiden, Prioritäten fest zu legen, die Auswirkungen von infrastrukturellen Eingriffen zu bewerten sowie zwischen Instrumenten des Naturschutzes auszuwählen. Ihre größten Schwächen liegen:
- in der Schwierigkeit, unterschiedliche Zeitrahmen integrieren zu müssen (kurzfristige Vorteile überwiegen langfristige Nachteile, auch wenn diese gravierend sind),
- in der Unwissenheit über zukünftige Nutzungspotenziale der Natur, die wir nur noch nicht entdeckt haben,
- in der Notwendigkeit, dem Vorsorgeansatz Rechnung zu tragen, auch wenn man mögliche Folgekosten nicht quantifizieren kann,
- in der Irreversibilität vieler natürlicher Prozesse;
- in der Unmöglichkeit des technischen Ersatzes vieler ökosystemarer Leistungen und Produkte und
- in der Schwierigkeit, ethische, moralische, kulturelle, wissenschaftliche, religiöse und andere Werte zu quantifizieren (diese Werte können für bestimmte Gruppen beliebig groß sein).

Umweltökonomische Verfahren kommen bereits heute vielfach zur Anwendung, von der Berechnung von Ausgleichsabgaben bei Eingriffen in die Natur in Deutschland bis zu den CO_2-Ausgleichsmechanismen und dem CO_2-Emissionshandel, wie er beispielsweise weltweit nach Ratifizierung des Kyoto-Protokolls implementiert werden soll. Sie besitzen jedoch noch ein großes und ungenutztes Potenzial, um den Wert der Natur für uns alle klarer herauszustellen.

Rudolf Specht, Bundesamt für Naturschutz (BfN)

3. NEUE KONZEPTE FÜR DIE MODELLREGIONEN

Dabei ist es ökonomisch genauso falsch, private Güter (z. B. landwirtschaftliche Erzeugnisse) im Überschuss mit staatlichen Subventionen auf Kosten eines extrem knappen öffentlichen Gutes (z. B. biologische Vielfalt) zu produzieren. Hier könnten Naturschutzakteure Regelungsmechanismen in das System des Interessenausgleichs zwischen gesellschaftlichen Gruppen einbringen.

Vermieden werden sollte aber als Entwicklungsziel eine „vorindustrielle bäuerliche Kulturlandschaft" anzustreben. Die sich veränderten sozioökonomischen und standortökologischen Voraussetzungen stehen diesem Ansinnen diametral gegenüber. Das Prinzip der Nachhaltigkeit muss in den Vordergrund gestellt werden.

Tiere brauchen Schutz: Schwarzspechte (Dryocopus martinus) im Biosphärenreservat Vessertal-Thüringer Wald

Damit wird auch dem ökologischen Faktor „Zeit" Rechnung getragen, der ja Voraussetzung ist für Diversität, Eigendynamik und Prozessabläufe.

Über 170 Staaten schufen in den letzten Jahren die für eine Nachhaltige Entwicklung erforderlichen Grundlagen durch die Unterzeichnung der Konventionen zu Klimaschutz und zur Biologischen Vielfalt, der Walderklärung und der Rio-Deklaration, des Aktionsprogramms Agenda 21 und dem Beschluss zur Errichtung einer hochrangigen UN-Kommission für Nachhaltige Entwicklung.

Die Agenda 21 von 1992 ist ein umfassendes dynamisches Aktionsprogramm, das detaillierte umwelt- und entwicklungspolitische Handlungsanweisungen enthält. Diese sollen einer weiteren Verschlechterung der gegenwärtigen Situation entgegenwirken, eine schrittweise Verbesserung erreichen und zu einer nachhaltigen Nutzung der Ressourcen führen. Das Aktionsprogramm gilt sowohl für Industrie- als auch für Entwicklungsländer. Es enthält insgesamt 40 Kapitel, u. a. wichtige Festlegungen zur Armutsbekämpfung, Bevölkerungspolitik, zu Handel und Umwelt, zu Abfall-, Chemikalien-, Luftreinhalte- und Energiepolitik, sowie zu Finanzen, Forschung und Technologie. Die Agenda 21 ist kein Rechtsinstrument. Das einleitende Kapitel misst ihr aber höchste politische Verbindlichkeit bei.

Ihre Umsetzung ist in erster Linie Aufgabe der einzelnen Regierungen. Sie sind angehalten, entsprechende nationale Politiken, Strategien, Programme und Maßnahmen zu entwickeln und durchzuführen. Die internationale Zusammenarbeit kann diesen Prozess stützen und ergänzen. Gefördert werden soll weiterhin die umfassende Beteiligung der Öffentlichkeit und die aktive Mitarbeit gesellschaftlicher Gruppen und Nichtregierungsorganisationen. Dazu braucht die weltweite Öffentlichkeit praktische Beispiele, welche die Ideen der Konferenz von Rio umsetzen. Diese Beispiele funktionieren aber nur, wenn sie die sozialen, kulturellen, geistigen und wirtschaftlichen Bedürfnisse der Gesellschaft berücksichtigen und, wenn sie gleichzeitig durch eine solide wissenschaftliche Grundlage abgestützt sind. Im Jahre 1995 hat daher die Internationale Konferenz über Biosphärenreservate in Sevilla/Spanien bekräftigt, dass Biosphärenreservate solche Beispiele darstellen, besonders auch deswegen, weil sie Wege in eine nachhaltigere Zukunft weisen.

Für die Arbeit im Naturschutz ergeben sich verschiedene Aspekte von Nachhaltigkeit und nachhaltiger Nutzung.

- Nachhaltige Nutzung unter ökologischen Aspekten

Ökologie ist die „Haushaltslehre der Natur". Ein natürliches System kann als Wirtschaftsbetrieb verstanden werden, der die verfügbaren lebensnotwendigen Ressourcen nachhaltig, d. h. wirkungsvoll und sparsam verwenden muss, um langfristig zu existieren. Diese lebensnotwendigen verfügbaren Ressourcen sind aber ungleichmäßig verteilt. Andererseits entwickelten sich in der Natur unter allen Bedingungen funktionierende und auch dauerhafte Ökosysteme, indem eine Auslese von Organismen stattfand, eine Anpassung von Organismen erfolgte und bis zu einem gewissen Grad auch eine Veränderung der Systeme durch die Organismen selbst vonstatten ging. Diese Ungleichartigkeit der Natur war und ist die Basis der biologischen Vielfalt, aufgrund derer sich im Verlaufe der kulturellen Evolution des Menschen kulturelle Systeme mit entsprechend kulturell geprägter Vielfalt entwickelten (siehe Kap. 3.1.1). Die menschliche Nutzung der ehemals natürlichen Systeme hat sich schrittweise vom Prinzip der ökologischen Nachhaltigkeit entfernt. Natürliche Systeme (mit relativ langsamen Produktionsrhythmen und Regelungen) werden durch anthropogene Systeme mit speziell ausgewählten Nutzpflanzen und -tieren ersetzt. Stoff- und Energiedurchsätze werden erhöht, Fremdressourcen müssen zugeführt werden, das Prinzip einer standörtlichen, systemeigenen ökologischen Nachhaltigkeit wird verlassen. Daher sind Ressourcenschonung mit weitgehender Erhaltung zum einen und die Aufnahmekapazität für den Systemoutput zum anderen die Größen, welche die Rahmenbedingungen für eine nachhaltige Nutzung aus ökologischer Sicht wesentlich bestimmen werden (siehe Kap. 3.2.3).

- Nachhaltige Nutzung unter ökonomischen Aspekten

Ein nützlicher Gradmesser für die Größe der Gesamtwirtschaft, verglichen mit der lebenserhaltenden Kraft der Erde, ist der Anteil an der gesamten Photosyntheseleistung unseres Planeten, der heute für anthropogene Tätigkeiten verbraucht wird. Nach Schätzungen geht man davon aus, dass heute ca. 40 Prozent der jährlichen Nettoprimärproduktion der landlebenden Pflanzen unserer Erde unmittelbar zur Deckung menschlicher Bedürfnisse herangezogen oder mittelbar durch menschliches Tun verbraucht oder zerstört

NEUE KONZEPTE FÜR DIE MODELLREGIONEN

werden. Wenn das gegenwärtige Bevölkerungswachstum und die Konsumrate unverändert beibehalten werden, könnte es sein, dass sich bis zum Jahre 2030 der Anteil auf ca. 80 Prozent verdoppelt.

Ein Wirtschaftswachstum, wie es bisher verstanden und gemessen wird, kann nicht mehr das Ziel einer Politik der wirtschaftlichen Entwicklung sein. Das traditionelle, oft als „Durchflusswachstum" bezeichnete Wachstumskonzept, das von einem erhöhten Durchfluss von Energie und anderen Ressourcen ausgeht, kann nicht mehr aufrechterhalten werden. Natürliche Kapitaldienste dürfen nicht weiterhin unterbewertet werden, die Abnahme der natürlichen Aktivposten muss mit in die Rechnung einbezogen werden. Es besteht also eine sich ergänzende Beziehung zwischen natürlichem und monetärem Kapital, deren Substitution nur begrenzt möglich ist. Irreparable Schäden an der Umwelt können durch monetäre Größen allein nicht abgebildet werden.

Naturschutzgebiete, wie hier im Biosphärenreservat Südost-Rügen, sind durch Schilder klar gekennzeichnet.

- Nachhaltige Entwicklung unter sozialen Aspekten.

Ökologisches und ökonomisches Handeln des Menschen erfolgt in sozialen Systemen. Eine Umsetzung von Nachhaltiger Entwicklung muss immer beim Menschen selbst ansetzen, bei der inneren Einstellung zum Lebensraum, bei der eigenen Wahrnehmung der Umwelt. Die Akzeptanzforschung zeigt, dass frühzeitige Beteiligung der Bevölkerung ein Schlüssel für Bewusstseinsbildung und letztendlich auch für die Umsetzbarkeit von Maßnahmen ist.

Von Nöten ist eine Bildungs- und Öffentlichkeitsarbeit auf allen Ebenen, um die Anliegen des Naturschutzes einer breiten Bevölkerungsschicht zu vermitteln (siehe Kap. 3.1.2), vor allem aber auch eine notwendige Berufsausbildung im Bereich Naturschutz-Landschaftspflege (siehe Kap. 3.2.4).

- Nachhaltige Nutzung unter räumlichen Aspekten

Die kulturelle Entwicklung des Menschen ist ungleichmäßig verlaufen, auch aufgrund einer ungleichmäßigen Verteilung von Ressourcen. Unser Gefühl von Gerechtigkeit und Moral plädiert jedoch für einen Ausgleich zwischen arm und reich bzw. ärmer und reicher. Dies ist z. T. auch gesetzlich niedergelegt, wie im deutschen Raumordnungsgesetz, das die „Schaffung gleichwertiger Lebensbedingungen in allen Regionen Deutschlands" gebietet.

Der Mensch hat über Jahrhunderte hinweg das natürliche Gefüge der ökologischen Systeme z. T. irreversibel verändert. Stoffe und Energie sind aus Systemen entnommen und verlagert worden. Er hat Systeme geschaffen, die vollkommen von stofflicher Zu- und Abfuhr abhängig sind, die nicht nachhaltig sind und es auch nicht sein können (z. B. menschliche Siedlungen wie Dörfer und Städte in allen ihren Übergängen). Ökologische Nachhaltigkeit und nachhaltige Nutzung kann daher nur in größeren Raumeinheiten erfolgen. Raumeinheiten verstanden in einem ökologischen Sinn, als nicht maßstabsbezogene räumliche Größenordnung mit bestimmter ökologischer Ausstattung und Funktionsweise.

- Nachhaltige Nutzung unter zeitlichen Aspekten

Natürliche Systeme besitzen eine Dynamik, die längerfristig ist als die eher kurzfristig angelegte Dynamik im Wirtschaftsgeschehen. Auch soziale Prozesse sind dynamisch, oft einhergehend mit einer Änderung von Werten und Normen. Der Naturschutz, der ja auch aktiv und dynamisch angelegt sein sollte, muss deshalb mit den ressourcennutzenden Partnern in einem ständigen Dialog stehen, um seine Interessen in die Entscheidungsprozesse einzubringen. Der Naturschutz besitzt z. B. Datenmaterial und Erkenntnisse, die eingebracht werden können; es muss aber auch Bereitschaft bestehen, sich einer Erfolgskontrolle zu unterziehen. Vielleicht kommen wir dann in ein Stadium der Früherkennung von Prozessen oder sogar der Prognosefähigkeit, um dem Anliegen einer nachhaltigen Nutzung auch einen realistischen zeitlichen Aspekt zu geben. Es ist bekannt, dass in Landschaftsräumen der gesamte Artensatz erhalten werden kann, wenn ca. 25 Prozent der Fläche aus natürlichen und naturnahen Bereichen besteht. Dies gilt auch für Biosphärenreservate. Ziel muss es daher sein, ein in die Gesamtfläche hineinwirkendes Gefüge von verschiedenen „Flächenschutzkategorien" herzustellen. Die Kernzone, als Einzelfläche oder mosaikartig zusammengesetzt, muss dabei die strengste Schutzkategorie haben. Voraussetzung für die Entwicklung eines sinnvollen Biotopverbundes ist die Zusammenfassung und Aufbereitung der den Naturschutzakteuren zur Verfügung stehenden Daten für eine allumfassende Planung.

Diese Planungen sollen von einer Bestandsaufnahme und Bewertung des gegenwärtigen Zustandes von Natur und Landschaft hin zu einem angestrebten Zustand von Natur und Landschaft geführt werden. Neben einer Analyse der Ausgangslage (Ist-Situation) soll die Planung auch eine Prognose der weiteren Entwicklung umfassen. Aufgrund von allgemeinen und besonderen Darstellungen wie z. B. Arten- und Lebensgemeinschaften, Boden-, Wasser- und Klimaverhältnissen sollen allgemeine und aus naturschutzfachlicher Sicht wichtige Entwicklungsziele abgeleitet werden. Fragestellungen wie beispielsweise „Was ist noch vorhanden?", „Was war einmal vorhanden?" und „Was wäre möglich?" sind zu bear-

3. NEUE KONZEPTE FÜR DIE MODELLREGIONEN

beiten und vielleicht auch zu beantworten. Diese Verfahren würden sehr viel dazu beitragen, dass konkurrierende Flächennutzungen im Sinne des Schutzes der Natur effektiver diskutiert und vorab in ihren Auswirkungen simuliert (visualisiert und in ihrer Intensität abgeschätzt) werden könn(t)en.

Was heute in der Naturschutzarbeit überwiegend fehlt, ist eine Zusammenführung der Daten, ihre Verarbeitung und auch die Generierung neuer Daten aus dem gesammelten Pool, die als Diskussionsgrundlage in den Entscheidungsprozess eingebracht werden können.

Ausgangspunkt für einen angestrebten Biotopverbund können jetzt schon vorhandene Schutzgebiete sein, verbunden mit Vertragsnaturschutzflächen und Flächen, die anderen Rechtsbestimmungen unterliegen (z. B. den Wassergesetzen). In einem solchen System von Flächen sollte Natur vor Kultur stehen, d. h. ein Nacheinander von verschiedenen Zuständen auf derselben Fläche (gleich Sukzession) muss gewährleistet sein, um ein spezifisches Nebeneinander zu ermöglichen (gleich Vielfalt der Systeme).

Ziel sollte sein: Der Schutz der ökosystemaren Grundfunktionen zum Erhalt und zur Förderung natürlicher dynamischer Prozesse wie Arealveränderungen, Individuenaustausch zwischen Populationen, Neubesiedlung, Sukzession, Artenneubildung, Evolution unter ungestörten Bedingungen, aber auch Land- bzw. Landschaftsnutzung im Sinne nachhaltiger, naturschonender, energie- und stoffsparender Nutzungstechniken („wise use", „sustainable use").

Einzelflächenschutz

Die Arbeit im Naturschutz war bisher meistens von einem weitgehend statischen Denken geprägt. Dies erscheint gerechtfertigt, solange es um den Schutz nur schwer regenerierbarer Ökosysteme mit langer Entwicklungsdauer und um die Sicherung akut bedrohter Teile der Natur geht. Der Einzelflächenschutz sollte daher speziellen Kriterien unterworfen werden, wie:

- Schutz von endemischen Arten, die weltweit nur in Mitteleuropa vorkommen,
- Schutz von Naturlandschaften mit langer Regenerations- und/oder Entwicklungsdauer wie z. B. Hochgebirgsregionen, Flusslandschaften, Wattenmeer,
- Kulturlandschaften mit einer anthropogen gesteuerten Vielfalt, wobei die Kulturgeschichte der wesentliche Faktor sein sollte,
- Schutz von Biotoptypen, die nicht oder nur schwer wiederherstellbar sind, wie nährstoffarme, alte/reife und/oder nass-feuchte/trockene Bereiche.

Gewährleistet sein muss eine Flächengröße, die Raum bietet für minimale überlebensfähige Populationen der Arten (minimum viable population) und auch zu einer Wiederbelebung eigendynamischer Prozesse ausreicht. Flächen- und Maßgaben zu den genannten Punkten liegen mittlerweile (zumindest ansatzweise) vor.

Forschung, Monitoring und Effizienzkontrolle

Naturschutz ist eine auf gesellschaftlichen Bewertungen basierende Handlungsdisziplin, die ihre für die Allgemeinheit in der Gesetzgebung fixierten Aufgaben nur auf wissenschaftlicher Grundlage erfüllen kann. Hierzu ist eine auf Zielkomplexe abgestimmte spezifische Forschung zur Problemdefinition, Bewertung und Problemlösung erforderlich. Als Zielkomplexe in Biosphärenreservaten lassen sich z. B. nennen:

- Erforschung von Veränderungen in Ökosystemen, hervorgerufen durch menschliche Aktivitäten, sowie Auswirkungen dieser Veränderungen auf den Menschen;
- Feststellung und Vergleich von Struktur, Funktion und Dynamik natürlicher, abgewandelter und bewirtschafteter Ökosysteme;
- Erforschung und Vergleich dynamischer wechselseitiger Beziehungen zwischen Ökosystemen und sozioökonomischen Prozessen;
- Erarbeitung wissenschaftlicher Kriterien für eine nachhaltige Bewirtschaftung der natürlichen Ressourcen.

Somit ist Forschung in Biosphärenreservaten auf Handlungsanleitungen ausgerichtet. Diese Forschung darf daher nicht nur fragen „Was ist?", sondern muss auch fragen „Was wird sein, wenn...?". Ihr Inhalt, ihre Methodik und ihr Umfang werden also durch die sich ergebenden Anforderungen sowie die zur Lösung solcher Probleme einzusetzenden und/oder zu entwickelnden Instrumente und Institutionen bestimmt. Daher liefert diese Forschung, als Teil einer umfassenden Umweltforschung, auch wissenschaftliche Beiträge für andere Bereiche des Umweltschutzes als „nur" für den Naturschutz. Wissenschaft und Forschung muss sich aber ihrer Rolle und Verantwortung für die Aufbereitung und Vermittlung ihrer Ergebnisse als Grundlage für politisches Handeln besser bewusst werden.

Das MAB-Programm geht aber noch weiter. Es betont die Notwendigkeit einer integrierten, interdisziplinären und nicht nur multidiziplinären Forschung. Gefordert ist die Kooperation zwischen natur-, sozial-, wirtschafts-, geistes-, planungs-, ingenieur-, agrar- und forstwirtschaftlichen Disziplinen. Ferner müssen überregionale Raumbezüge mit erfasst werden. Entsprechend der natürlichen Einbindung von Lebensgemeinschaften und Ökosystemen, aber auch der Interaktionen zwischen diesen, wie z. B. das Wanderverhalten vieler Arten, sind vielfach auch die politischen Grenzen überschreitende Forschungskonzeptionen sinnvoll und notwendig. Ein weiterer Bereich der Forschung in Biosphärenreservaten gewinnt immer mehr an Bedeutung: Die Umweltbeobachtung (Monitoring) und die Effizienzkontrolle von Maßnahmen. Zwar existieren schon im Augenblick für bestimmte Bereiche

NEUE KONZEPTE FÜR DIE MODELLREGIONEN

der Umwelt zahlreiche Beobachtungsprogramme, die aber bis jetzt keine ökologische Gesamtschau ermöglichen (siehe Kap. 5.3). In Zukunft müssen auch biologische Beobachtungsfelder genutzt und mit den Umweltbeobachtungen verknüpft werden. Ziel muss sein, ökologisch ungünstige Entwicklungen rechtzeitig zu erkennen, daraus Prioritäten für praktisches Handeln aufzuzeigen, um damit Gefahren für Mensch und Umwelt wirkungsvoller begegnen zu können. Gestärkt werden muss der so genannte Vorsorgeaspekt. Anzustreben ist in diesem Zusammenhang weiterhin der Schritt hin zu einem Sozial-Monitoring, das Fragestellungen wie:
- Soziodemografische Struktur der Bewohner im und um das Biosphärenreservat,
- Sozioökonomische Entwicklung von Besonderheiten im Privaten Sektor, die im Vorhandensein eines Biosphärenreservats ihren Ursprung haben,
- Werte und Ansichten der Bevölkerung oder auch
- Vorstellungen über die Zukunft und Entwicklung des Biosphärenreservats aus Sicht der Einwohner und aus Sicht von Experten

erhebt und fortführt.

Im Zeichen knapper Haushalte ist es weiterhin unumgänglich immer wieder die Effizienz und die Effektivität von Maßnahmen zu überprüfen und auch nachzuweisen. Auch in diesem Bereich besteht Forschungsbedarf, sowohl bei kurzfristigen als auch bei langfristigen Vorhaben und Zeitreihen. Dazu ist zweifelsohne interdisziplinäres Handeln und Arbeiten gefordert. Das weite Feld der Forschung bietet die Möglichkeit so manche festgefahrenen Verteidigungs- und Beharrungsposition aufzubrechen und stattdessen kommunikativ und interaktiv zum Wohle aller und der Natur zusammenzuarbeiten.

Umweltbildung, Öffentlichkeitsarbeit und Kommunikation

Alles Wissen, alle Erkenntnisse sind und bleiben nutzlos, wenn sie auf Experten begrenzt bleiben. Wirksamkeit und Handlungsfähigkeit wird nur dann erreicht, wenn das Wissen den Menschen durch Öffentlichkeitsarbeit, durch Umweltbildung und Kommunikation nahe gebracht wird. Gerade unsere jetzige Gesellschaft braucht Anschauungsobjekte, um das Verständnis für natürliche Prozesse zu wecken bzw. zu verstärken. Hier sind vor allem die Großschutzgebiete, die über eigenes Personal verfügen, aufgefordert, einen Schwerpunkt ihrer Arbeit zu setzen. Auch politische Entscheidungsträger sind nachgefragt. Alles spricht vom „grünen Klassenzimmer"; nur, die Klasse sitzt ohne Lehrer alleine im Zimmer. Entwickeln muss sich auch ein neues Mensch-Natur-Verhältnis. Der Eindruck, dass die Akzeptanz für das Ferne (Schutz des Regenwaldes, der Tiger, der Elefanten) größer ist, als die für das nahe Liegende, ist ein ganz allgemein zu beobachtendes Phänomen. Es muss für jeden Menschen erfahrbar werden, dass Umwelt- und Naturgüter den eigenen engsten Lebensbereich jedes Einzelnen direkt berühren, dass auch subjektiv nicht immer wahrnehmbare kontinuierliche naturschädigende Prozesse den Einzelnen betreffen. Durch Umweltbildung, Öffentlichkeitsarbeit und Kommunikation muss eine neue emotionale Bindung der Menschen zu ihrer Mitwelt geschaffen werden. Die Mechanismen und Methoden der Vermittlung sollten dabei für alle Altersgruppen, beginnend bei Kindern im Vorschulalter bis zu Erwachsenen der verschiedensten Berufsgruppen, differenziert und angewandt werden. Information muss zielgruppengerecht so aufbereitet werden, dass es nicht zu Verlusten in der Übertragungskette kommt (z. B. Wissenschaftler-Journalist-Lehrender-Betroffener), dass sie im korrekten Sinn weitergegeben wird (es gibt keinen ökologischen Straßenbau!) und dass Natur und Naturschutz auch sprachlich positiv und exakt dargestellt werden.

Zielperspektive

Es soll zu einer Trendwende in der Arbeit zum Schutz der Natur und auch der Naturschutzpolitik angeregt werden. Arbeiten für den Schutz der Natur, als handlungsorientiert angewandte, bewertende und flächenbezogene Disziplin, muss sich auf die „gleiche Augenhöhe" wie andere land- und naturnutzende Disziplinen begeben. Ein Instrument dazu kann dabei die Erarbeitung von fachlichen Regelwerken, Anforderungsprofilen und Konventionen sein. Die Entwicklung von Fachstandards und die Festlegung von Methodenstandards muss weiter forciert werden. Fach- und Methodenstandards können sich vertrauensbildend auf gesellschaftliche Abwägungsprozesse auswirken, sie helfen Transparenz und Akzeptanz zu schaffen, sie dienen einer gemeinsamen Kommunikation und sie helfen Teilprodukte harmonisch als Ganzes zusammenzuführen. Anfänge sind gemacht, sie müssen weitergeführt werden.

Verhandlungsprozesse in einer gesamtgesellschaftlichen Entwicklung zu initiieren und zu moderieren, sie mit den notwendigen und erforderlichen Inputs für die (natur-)wissenschaftliche Beurteilung der Situation und für die Konsequenzen von Entscheidungen zu versorgen, müssen die zukünftigen Schwerpunkte einer Arbeit für einen nachhaltigen Schutz der Natur sein.

Wichtige Einzelschritte sind dabei:
- Die Kernzone(n) von Biosphärenreservaten müssen rechtlich bindend festgelegt werden, um einen langfristigen Schutz von Arten, Systemen und Landschaften zu gewährleisten. Menschliche Eingriffe sollten unterbleiben und menschliche Tätigkeiten auf ein Minimum beschränkt bleiben.
- In und mit der Pflegezone sollen die Schutzziele der Kernzone unterstützt werden. Die Pflegezone von Biosphärenreservaten kann aber auch gleichzeitig Forschungs- und Demonstrationsbereich für eine qualitativ hochwertige Produktion in Landwirtschaft, Forstwirtschaft und Fische-

3. NEUE KONZEPTE FÜR DIE MODELLREGIONEN

rei sein, unter gleichzeitigem Schutz natürlicher Prozesse und der natürlichen biologischen Vielfalt. Ebenso können in der Pflegezone Möglichkeiten zur Wiederherstellung degradierter Bereiche erforscht bzw. aufgezeigt werden. Auch Umweltbildung, Erziehung, und Erholung können in dieser Zone stattfinden.

- In der Entwicklungszone müssen sich lokale Gemeinschaften, Nutzer und sonstige hier lebenden Interessengruppen auf eine Zusammenarbeit verständigen, damit die Ressourcen des Gebiets zum Wohle aller dort lebenden Menschen nachhaltig bewirtschaftet werden. Die Entwicklungszone ist für die regionale Entwicklung von großer wirtschaftlicher und sozialer Bedeutung, sowohl für den einzelnen als auch für die Gesamtregion des Biosphärenreservats.

Dazu ist eine Naturschutzstrategie notwendig. In großen Lexika wird der Begriff „Strategie" so umschrieben, dass sie „als Gesamtplanung das Zusammenwirken in Theorie und Praxis der höchsten politischen, wirtschaftlichen und militärischen Führungszentren eines Staates umfasst, mit dem Ziel, das verfügbare Gesamtpotenzial optimal für den Erfolg einzusetzen." Dies sollte auch für den Schutz der Natur gelten.

Zusammenfassung

Als eine der ersten internationalen Organisationen erkannte die UNESCO die weltweiten Herausforderungen, die sich durch die immer stärkeren Eingriffe des Menschen in den Naturhaushalt ergaben. Mit dem zwischenstaatlichen Programm Der Mensch und die Biosphäre (MAB) soll versucht werden, das Spannungsfeld zwischen Mensch und Umwelt zu untersuchen sowie Wege für eine nachhaltige Verbesserung dieser Beziehungen aufzuzeigen. Der Schutz der Natur soll dabei nicht nur auf menschliche Bedürfnisse ausgerichtet werden, sondern die Natur soll auch um ihrer selbst willen geschützt werden, so dass Optionen für künftige Generationen aufrechterhalten werden.

Als Zielperspektive für die Entwicklung von Schutzstrategien ist anzustreben: Die Entwicklung und Anwendung naturgüterschonender und naturhaushaltsverträglicher Nutzungs- und Bewirtschaftungskonzepte in einem kooperativen und konstruktiven Prozess, die Etablierung von Schutzgebietssystemen, ein ursachenbezogener Einzelflächenschutz. Forschung, Monitoring und Effizienzkontrolle sowie Umweltbildung, Öffentlichkeitsarbeit und Kommunikation müssen den Prozess begleiten.

Literatur zum Thema

BMU (Hrsg.) (1992): Bericht der Bundesregierung über die Konferenz der Vereinten Nationen für Umwelt und Entwicklung im Juni 1992 in Rio de Janeiro.

DEUTSCHER BUNDESTAG (Hrsg.) (1998): Abschlußbericht der Enquete Kommission „Schutz des Menschen und der Umwelt - Ziele und Rahmenbedingungen einer nachhaltig zukunftsverträglichen Entwicklung" des 13. Deutschen Bundestages: Konzept Nachhaltigkeit. Vom Leitbild zur Umsetzung.

DEUTSCHES NATIONALKOMITEE FÜR DAS UNESCO-PROGRAMM DER MENSCH UND DIE BIOSPHÄRE (MAB) (Hrsg.) (1990): Der Mensch und die Biosphäre; Internationale Zusammenarbeit in der Umweltforschung.

DEUTSCHER RAT FÜR LANDESPFLEGE (2002): Gebietsschutz in Deutschland: Erreichtes – Effektivität – Fortentwicklung. Schriftenreihe des Deutschen Rates für Landespflege, Heft 73.

ERDMANN, K. H., SPANDAU, L. (1997): Naturschutz in Deutschland: Strategien, Lösungen, Perspektiven, Stuttgart.

HAMMOND, A., ADRIAANSE, A., BRYANT, D. U. R. WOODWARD (1995): Environmental Indicators: A Systematic Approach to Measuring and Reporting on Environmental Policy Performance in the Concept of Sustainable Development. World Resources Institute.

KASTENHOLZ, H. G., ERDMANN, K. H. U. M. WOLFF (Hrsg.) (1996): Nachhaltige Entwicklung; Zukunftschancen für Mensch und Umwelt.

LASS, W., REUSSWIG, F. (Hrsg.) (2002): Social Monitoring: Meaning and Methods for an Integrated Management in Biosphere Re-serves. Report on an International Workshop. Rome, 2 - 3 September 2001. Biosphere Reserve Integrated Monitoring (BRIM) Series No. 1.

NATIONALPARKKOMMISSION DER IUCN (CNPPA) (1994): Parke für das Leben: Aktionsplan für Schutzgebiete in Europa.

PLACHTER, H., BERNOTAT, D., MÜSSNER, R. U. U. RIECKEN (2002): Entwicklung und Festlegung von Methodenstandards im Naturschutz. Schriftenreihe für Landschaftspflege und Naturschutz Heft 70, Bundesamt für Naturschutz.

PRIMACK, R. B. (1995): Naturschutzbiologie.

REMMERT, H. (1992): Ökologie: ein Lehrbuch.

SCHERZINGER, W. (1996): Naturschutz im Wald: Qualitätsziele einer dynamischen Waldentwicklung.

SCHWEPPE-KRAFT, B. (2000): Innovativer Naturschutz – Partizipative und marktwirtschaftlichen Instrumente. Angewandte Landschaftsökologie Heft 34, Bundesamt für Naturschutz.

UNESCO (2002): Biosphere reserves: Special places for people and nature.

ZEITSCHRIFT FÜR ANGEWANDTE UMWELTFORSCHUNG (1994): Umweltdiskussion: Sustainable Development, ZAU Jg. 7, Heft 1.

3.2.2 Kultur- und Naturlandschaften und neue Wildnis

Michael Succow

Situationsbestimmung

Die Entwicklungsgeschichte der Menschheit ist durch eine immer umfassendere, immer intensivere, immer rationellere Nutzung der Naturressourcen gekennzeichnet. Das trifft insbesondere auch auf die Landschaftsnutzung zu. Waren es anfangs die Gunststandorte, die zu Nutzungslandschaften umgewandelt wurden, so mussten mit wachsender Bevölkerungszahl zunehmend auch die Nicht-Gunststandorte in die Landschaftsnutzung einbezogen werden. In Mitteleuropa begann somit erst in den letzten drei Jahrhunderten die intensive Nutzung von Flussauen, Moorniederungen und Küstenüberflutungsstandorten. Eindeichungen, Flussregulierungen und tief greifende Entwässerungen machten das möglich. Dieses „Kulturwerk" (zitiert sei hier Goethe, Faust II: „Den faulen Pfuhl auch abzuziehen, das letzte wär das Höchsterrungene") war in der zweiten Hälfte des vorigen Jahrhunderts praktisch abgeschlossen. Aus den Naturlandschaften, in Mitteleuropa vornehmlich Laubwälder, entstanden nach anfänglichen Halbkulturformationen die so genannten historischen Kulturlandschaften mit ihrer Strukturvielfalt und landschaftlichen Schönheit.

*Historisch gewachsene „harmonische" Kulturlandschaft – ein Landschaftsschutzgebiet: Gesichert im Naturpark „Mecklenburger Schweiz".
Sie wurden schließlich überwiegend in die gegenwärtigen „Produktionslandschaften" überführt.*

Naturlandschaften sind vereinzelt lediglich noch in Hochgebirgen zu finden. Letzte Halbkulturformationen (Heidenhutewälder, Niederwälder) werden in Naturschutzgebieten durch Pflegenutzung erhalten.
Die gegenwärtige, den überwiegenden Teil unserer Agrarlandschaft prägende Landnutzung ist durch enorme Stoffimporte und durch einen hohen Einsatz von Fremdenergie geprägt. Die

„Moderne" Produktionslandschaft mit Rollstrang-Beregnungsanlage: Grundmoränenplatte in der Uckermark. Deutlich sichtbar ist die nach wenigen Jahrzehnten der Intensivnutzung eingetretene Heterogenität der Bodendecke infolge starker Bodenerosion.

Halbkulturformationen wie Hutungen als frühe Kulturlandschaften sind heute nur noch in Naturschutzgebieten durch Pflegenutzung zu erhalten wie z. B. im Müritz Nationalpark mit Fjällrindern.

Folgen sind Eutrophierung, oder richtiger Polytrophierung, Schadstoffakkumulation, Landschaftszerschneidung sowie eine totale Mechanisierung mit dem Ergebnis einer einschneidenden Reduzierung von Arbeitsplätzen. Die ausschließlich auf die Produktion von Nahrungsmitteln und Rohstoffen ausgerichteten intensiven Nutzungsformen führen zu einem dramatischen Verlust an Biodiversität und Funktionstüchtigkeit des Naturhaushalts. Für diese allein auf Ertragsmaximierung orientierten „homogenisierten" Produktionslandschaften mit ihren humusverarmten und verdichteten Böden, wildkrautfreien Monokulturen und extrem reduzierten Fruchtfolgen trifft der Begriff „Kulturlandschaft" schon lange nicht mehr zu (HABER, W. 1998, SUCCOW, M. et al. 2001)!
Die Böden sind in ihrem natürlichen Leistungsvermögen überfordert. Das führt letztendlich zu dauerhaft geschädigten Ökosystemen, deren Regeneration lange Zeiträume in Anspruch nehmen wird. Agrarindustrielle Produktionslandschaften können so zum „Sanierungsfall Landschaft" werden. Schon heute sind immer größere Aufwendungen für so genannte Renaturierungsvorhaben zur Reparatur eingetretener Schäden notwendig.
Ackerschläge von 100 Hektar und mehr, in hochintensiver Nutzung, auf denen die Regenwurmpopulationen nahezu ausgerottet wurden, benötigen möglicherweise ein Jahrhundert, bis die Regenwürmer in ihrer Artenvielfalt sie wieder besiedelt haben. Wie sollen die inzwischen generell eingetre-

3. NEUE KONZEPTE FÜR DIE MODELLREGIONEN

tene Humusverarmung und die Bodenverdichtung, die die Grundwasserneubildung fast zum Erliegen bringt, behoben werden?

Viele der tiefgründig entwässerten, ausgetrockneten Moorniederungen werden bei dem immer größer werdenden Wassermangel kaum wieder zu leben erfüllten, Torf speichernden Naturräumen zu entwickeln sein. Immerhin dürfte das für über die Hälfte unserer Niedermoore gelten (Succow, M., Joosten, H. 2001).

Ein Drittel unserer Seen ist polytroph oder gar hypertroph. Nährstoffüberlastete Seen mit meterdicken Faulschlammschichten können nie wieder Klarwasserseen werden.

Und was wird aus unseren kränkelnden Wäldern? Werden Rotbuchen (*Fagus sylvatica*) und Eichen (*Quercus robur, Quercus petrea*) den „Ausdünstungen" unseres Wirtschaftens noch lange widerstehen, den sich neu formierenden Klimabedingungen rasch genug anpassen können?

Gleichzeitig wächst in einer zunehmend von Überproduktion und Urbanisierung gekennzeichneten Industrie-, Dienstleistungs- und Freizeitgesellschaft das Bedürfnis, „auf dem Lande" zu wohnen und sich in „intakter Natur" zu erholen, es wächst also die Bedeutung der Landschaft als Lebensraum des Menschen.

Nutzungslandschaften der Zukunft

Der Erhalt des ländlichen Raums als Kulturlandschaft ist in Zukunft nur über eine stärker ökologisch und sozial orientierte Landnutzungspolitik zu erreichen. Zukünftige Leitbilder müssen unter Einbeziehung landschaftsökonomischer Gesichtspunkte, wie ein in Wert setzen ökologischer Leistungen oder das Schaffen von Märkten für Naturschutzleistungen, erarbeitet werden. Die Sicherung des Naturhaushalts, d. h. der Funktionstüchtigkeit der Ökosysteme, muss dabei Priorität erhalten. Der abiotische Ressourcenschutz ist stärker zu berücksichtigen (Plachter, H. 1992). Einen weiteren Schwerpunkt der Naturschutzarbeit stellt die Bewahrung größerer Landschaftsausschnitte als historische Kulturlandschaften dar. Schließlich muss es zukünftig vermehrt um die Einbeziehung der lokalen Bevölkerung gehen. Information, Aufklärung und Akzeptanz werden immer bedeutsamer.

Die allgemeine Krise der Landnutzung zwingt zu einer Neuorientierung. Die Gesellschaft sollte diese Gelegenheit nutzen, um ihr Verhältnis zur Landschaft neu zu bestimmen, um dem Schutz von Natur, der Sicherung der Funktionstüchtigkeit der Ökosysteme in Nutzungsräumen mehr Gewicht zu geben. Es gilt, die intensiv zu nutzenden Agrarflächen der Gunststandorte schrittweise in Formen eines ökologisch und sozial verträglichen Landbaus zu überführen.

Weiterer Preisverfall für Agrarprodukte sowie die zu erwartende generelle Verringerung der Transferzahlungen lassen die aktuellen Konzepte, d. h. die immer weiter vorangetriebene Intensivierung, zunehmend an Grenzen stoßen.

Was aber soll zukünftig mit den Nicht-Gunststandorten, den so genannten Problemgebieten des ländlichen Raums geschehen, also mit Agrarstandorten der Mittelgebirgslagen, den Sandböden mit Bodenwertzahlen unter 30 sowie den Niederungsstandorten, die nur durch ständig zu wiederholende Hydromeliorationen und den kostenaufwendigen Erhalt von Deichen und Schöpfwerken weiter herkömmlich landwirtschaftlich nutzbar bleiben? Immerhin handelt es sich bei diesen so genannten Grenzertragsstandorten um Flächenanteile, die in einigen Bundesländern gegenwärtig schon bis zu einem Drittel der gesamten agrarischen Nutzungslandschaften ausmachen (Bork, H. R. et al. 1998). Ihr Anteil wird wachsen. Kann man diese Landschaften einfach auflassen, sich aus der – nach derzeitigen Rahmenbedingungen – unwirtschaftlichen Nutzung zurückziehen? Auf einem Teil der Flächen wird das geschehen.

Eine sinnvolle Strategie ist sicher die Ausweisung von Naturentwicklungsräumen, also nutzungsfrei bleibenden Landschaften, die uneingeschränkt der Eigendynamik der Natur zurückgegeben werden, in denen Wildnis wieder entsteht. Diese Gebiete, die „ohne uns für uns" als Stabilisierungsräume so wichtig sind, kosten die Gesellschaft kaum Geld. Der Mensch ist hier nur Betrachtender, Staunender, Lernender. Darüber später mehr.

In waldarmen Landschaften sollten generell große Teile der „nicht mehr gebrauchten" Flächen der Wiederbewaldung überlassen werden. Wenn das in natürlichen Sukzessionen geschehen kann, ist das sicher am sinnvollsten. Für natürliche Sukzessionen gibt es aber (noch) keine Prämien. Daneben ist es aus den verschiedensten Gründen auch vernünftig, einen größeren Anteil der einstigen Nutzungslandschaften offen, d. h. waldfrei zu halten. Das kann in Form einer sehr extensiven Landnutzung geschehen. Auf Sandböden mit ihrer hohen Grundwasserbildungsrate eignet sich dazu vornehmlich der Anbau von Schafschwingel (*Festuca ovina*) mit seiner außergewöhnlich hohen Humusmehrung bei Weidenutzung.

Im Rahmen der Neuorientierung der Landnutzung müssen wir auch über dauerhaft umweltgerechte Formen der Moornutzung nachsinnen. Allein im Osten Deutschlands sind bzw. waren sieben Prozent der Landfläche – das sind über 500.000 Hektar – von Moorland bedeckt (Succow, M., Joosten, H. 2001). Bis vor wenigen Jahrhunderten handelte es sich dabei fast ausnahmslos noch um wachsende Moore, d. h. um torfbildende Ökosysteme. Sie wurden als letzte der Landflächen tiefgreifend entwässert, abgebaut bzw. kultiviert. Heute wissen wir: Unentwässerte Moorökosysteme haben eine außerordentlich hohe Bedeutung für die Stabilisierung des globalen Stoffhaushalts, das Klimageschehen und den Landschaftswasserhaushalt. Unentwässerte Moorökosysteme sind Akkumulationsräume für organische Substanz (und damit Kohlendioxid), Räume mit hohen Filter- und Entsorgungs-

NEUE KONZEPTE FÜR DIE MODELLREGIONEN

leistungen, Wasserspeicher, Kühlungsflächen und Lebensraum einer hoch spezialisierten Tier- und Pflanzenwelt. Ihre Wiederbelebung, d. h. ihre Entlassung aus den herkömmlichen, stets mit Entwässerung verbundenen Nutzungsformen, ist – wo immer möglich – ein dringendes Erfordernis.

Niedermoor-Revitalisierung: Vegetationsentwicklung zwei Jahre nach flachem Überstau eines einst tief entwässerten Saatgrasland-Standorts, Friedländer Große Wiese/Fleetholz.

„Paludikultur" auf degradiertem Niedermoor: Schilfpflanzung nach Überstau auf einstigem Moor-Saatgrasland. Experimentalanlage Biesenbrow am Rande des Biosphärenreservats Schorfheide-Chorin.

Wachsende Moore sind in humiden Regionen die bedeutendsten Kohlendioxid-Senken der Landschaft. Mit der Kultivierung ging ihnen diese Fähigkeit verloren. Aus entsorgenden Ökosystemen sind hochgradig belastete und belastende geworden. Der negative (sich verbrauchende) Stoffhaushalt entwässerter Moore führt schließlich zu deren vollständiger Aufzehrung. Es entstehen Problemlandschaften, deren agrarische Nutzung immer aufwendiger, d. h. immer unwirtschaftlicher und immer umweltbelastender wird (Succow, M., Joosten, H. 2001).

Mit dem gewonnenen Verständnis über Funktion und Funktionstüchtigkeit von Moorökosystemen im Landschaftshaushalt muss es uns heute einerseits darum gehen, weltweit alle noch nicht anthropogen beeinträchtigten Moore unbedingt in ihrem Naturzustand zu erhalten. Andererseits sind für bisher durch Entwässerung genutzte Moore Nutzungsformen zu finden, die ihre Funktionstüchtigkeit als akkumulierendes Ökosystem sichern. Das kann nur in semiaquatischen Ökosystemen erfolgen.

Dabei kann und sollte die oberirdisch aufwachsende Biomasse abgeschöpft, d. h. geerntet werden. Die Nutzung dieser Biomasse als nachwachsender Rohstoff aus den hochproduktiven „Paludikulturen" dürfte eine wirkliche Zukunftsoption sein. Derartige Sumpfkulturen sind nicht nur für wiedervernässte degradierte Niedermoorstandorte sinnvoll, sie stellen auch für abgetorfte Regenmoorstandorte eine dauerhaft umweltgerechte Nutzungsform dar. Alternative Nutzungsmöglichkeiten mitteleuropäischer Moore nach Wiedervernässung wären z. B. Produktion von Holz und Furnierholz, Verpackungsmaterial, Nahrung für große Wiederkäuer und Substrat für Gartenbau. Bei allen neuen Ökosystem angepassten Nutzungsformen besteht ein hoher Forschungs- und Entwicklungsbedarf, handelt es sich doch um landnutzungstechnisch neue Standorte. Neben Fragen der Implementierung sind stets aber auch Aspekte der Rentabilität, des Naturschutzes und der Umweltverträglichkeit mit zu untersuchen. Eine zukünftige Ökonomie hat dabei die Valorisierung ökologischer Leistungen mit einzubeziehen (z. B. Moore als Kohlendioxid-Senken) (Joosten, H., Clark, D. 2002). Für die energetische Verwertung der Biomasse kommen Verfahren der Vergasung, der Verbrennung und insbesondere der Verflüssigung in Frage (Herstellung von Benzin). Die seit Sommer 2002 bestehende Steuerbefreiung für Kraftstoffe aus Biomasse lässt zukünftig eine verstärkte Nutzung erwarten.

Sowohl das Abschöpfen der Biomasse nach Wiedervernässung in freier Sukzession als auch die bewusste Anlage von Paludikulturen dürften der Erreichung des Ziels einer dauerhaft umweltgerechten Landnutzung für Niederungsstandorte dienen. Bei einer auf Dauerhaftigkeit angelegten Moornutzung sollte die aufwachsende oberirdische Biomasse im Mittelpunkt des Nutzungsinteresses stehen und nicht der Torf als das aus dem Kreislauf Entzogene. In Anspielung auf Friedrich Schiller könnte das Fazit lauten: Das Moor hat noch längst nicht „seine Schuldigkeit getan". Neue Moore braucht das Land!

Auch ist es dringend erforderlich, dem „freien" Wasser, wo immer möglich (ohne „Leib und Leben" von Menschen zu gefährden), wieder größere Freiräume zu gewähren, d. h. ihm einstige Überflutungsräume zurückzugeben – in Flussauen und an Küsten.

Unter natürlichen Bedingungen dürften mindestens fünf Prozent unseres Landes – von den Jahreszeiten gesteuert –, durch natürliche Überflutungen geprägt gewesen sein. Heute versperren Deiche dem Wasser den Weg und Schöpfwerke lassen das Wasser gegen das natürliche Gefälle fließen. Damit wurden nicht nur Lebensräume hoher Eigenständigkeit, Dynamik und Mannigfaltigkeit zerstört, sondern ebenso auch weiträumige Entsorgungs- und damit Stabilisierungsräume. Flüsse müssen wieder in ihren Betten „arbeiten" dürfen, nur dann werden gewaltsame Ausbrüche vermieden. Der auf eine harte Grenzlinie reduzierte Raum zwischen Land und Meer an unseren Boddengewässern muss wieder an Fläche gewinnen, wo sich Sturmfluten „totlaufen" können. Wenigstens in Schutzgebieten sollte das möglich sein.

3. NEUE KONZEPTE FÜR DIE MODELLREGIONEN

Die Rahmenbedingungen ändern

Dringender denn je benötigen wir Beispiellandschaften, die alle Leistungen einer gesunden Kulturlandschaft erfüllen und die einer umwelt- und sozialverträglichen Regionalentwicklung dienen. Sie bilden ein ökologisch und sozial bedeutsames Gegengewicht zu urbanen Siedlungsräumen und natürlich auch den aktuellen Produktionslandschaften. Der Erhalt sowie die Entwicklung extensiver bzw. alternativer Nutzungslandschaften ist eine der vornehmsten Aufgaben der Biosphärenreservate. Generell handelt es sich dabei um Landschaften, die aufgrund ihrer Großräumigkeit, geringen Zerschneidung und kulturlandschaftlichen Prägung einen überregional bedeutsamen Naturreichtum aufweisen und als nationales Natur- und Kulturerbe zu definieren sind. Darüber hinaus steht bei Biosphärenreservaten in den Pflege- und Entwicklungszonen der Mensch im Mittelpunkt der Betrachtungen und so gehen wirtschaftliche und soziale Entwicklung Hand in Hand mit dem Schutz wertvollster Landschaften.

Es erhebt sich natürlich die Frage nach der langfristigen Bezahlbarkeit einer extensiven Landschaftsnutzung. Ganz sicher ist sie unter den Ansätzen der heutigen ökonomischen Rahmenbedingungen nicht wirtschaftlich. Das gilt aber ebenso für die Gunststandorte mit ihren besonders hohen Transferzahlungen. Wenn wir uns jedoch zu einer dauerhaft umweltgerechten Entwicklung bekennen – also zu der Vernetzung von ökologischen, sozialen und ökonomischen Erfordernissen, wie es der Sachverständigenrat für Umweltfragen in seinem Gutachten von 1994 besonders deutlich ausgeführt hat und wie es das MAB-Programm bereits vor über 30 Jahren konzipiert hat – so ist es notwendig, die „Rahmenbedingungen" zu verändern. Bisher bestehen für die Landnutzer kaum Anreize, ökologische Leistungen zu erbringen. Die einseitige Orientierung des Preissystems auf die Agrarprodukte hat zu einer Zunahme der so genannten negativen externen Effekte der Landnutzung geführt. Die klassische Agrar- und Forstökonomie bietet zur Lösung dieses Aufgabenfeldes allerdings ganz sicher keine Ansätze (HAMPICKE, U. 2000 a und b).

Ein Ökosteuer-System mit Abgaben für ökologisch negative Wirkungen – z. B. eine Nitrat-Steuer, eine Pflanzenschutzmittel-Steuer, eine Import-Futtermittel-Steuer, aber auch der Fortfall der Subventionierung des Maisanbaus und die Diesel-Privilegierung – würde uns dem Leitbild einer auf Kreisläufe ausgerichteten Landnutzung mit geringer Umweltbelastung näherbringen. Für „ökologisch" erzeugte Produkte müssen Preise der „ökologischen Wahrheit" erzielt werden. Sie sollten für ein Referenzsystem zur Honorierung ökologischer Leistungen herangezogen werden. Mehr denn je geht es heute um geschlossene Stoff- und Energiebilanzen auf betrieblicher Ebene. Die bisherigen, allein auf Produktions-Effektivitäts-Steigerung abzielenden Preissysteme bieten im Gegenteil sogar Anreize zur Schädigung von Naturgütern, verbunden mit anschließenden begrenzten Zahlungen für eine Verminderung dieser Schädigungen.

Die Landschaftsnutzung im 21. Jahrhundert muss sozial verträglicher und umweltverträglicher werden. Gerade die weltweit zunehmende Urbanisierung erfordert im Umland der großen städtischen Ballungsgebiete gesunde, dauerhaft nutzbare Landschaften, die ökologisch und sozial intakt sind, die Lebensraum stabilisierend sind, in denen die Tragekapazität weder der Natur noch der ländlichen Gesellschaft überschritten wird. Raumordnungspolitik, Landnutzungspolitik, Wasserhaushaltspolitik, Naturschutzpolitik und sozio-ökonomische Entwicklung im ländlichen Raum sind untrennbar miteinander verbunden. Sie müssen endlich als Einheit begriffen werden. Mittelfristig müssen wir nicht nur in Biosphärenreservaten, sondern auf 100 Prozent der Fläche ökologischen Landbau verbunden mit extensiven Formen des Ackerbaus und der Weidewirtschaft, naturgemäßen Waldbau, waldverträgliche Wildbewirtschaftung, naturgemäße Gewässernutzung und auch einen umweltverträglichen Tourismus betreiben. Damit wäre es auch möglich, mehr Menschen sinnvoll tätig werden zu lassen. Wir könnten dabei hochwertige Nahrung in ausreichender Menge erzeugen und brauchten keine aufwendige Lagerhaltung für die Überproduktion belasteter Nahrungsgüter betreiben. Die gigantische Energieverschwendung würde eingedämmt, Warenströme reduziert, die längst überfällige „Weltverträglichkeit" eingeleitet. Auch dürfte bei den Städtern wieder der Bezug zur heimatlichen Landschaft wachsen. Ich gehe davon aus, dass eine derartige Nutzung unserer Landschaft schon jetzt von der Gesellschaft finanziell mitgetragen würde. Eine breite Mehrheit der Bevölkerung dürfte schon jetzt Transferzahlungen für ökologische Leistungen in Verbindung mit hochwertiger Nahrung und gutem Grundwasser, zustimmen. Gelänge es, den subventionierten Verkehr, die zu billige Mobilität, einen ökologisch wahren Preis zahlen zu lassen, so brauchten wir um viele ländliche Räume überhaupt nicht mehr zu bangen. Das Produzieren, Verarbeiten, Vermarkten in der Region wäre dann wieder Normalität. Von weither transportierte Waren würden zum Luxusgut. Das örtliche Gewerbe würde wieder aufblühen. Produzieren und Verbrauchen würden wieder zusammengehören. Mehr Menschen hätten wieder Arbeit. Flächenstilllegungen stünden nicht mehr auf der Tagesordnung! Gesunde Kulturlandschaften halten die Balance zwischen Wandel und Bewahrung. Ihr Erhalt bzw. ihre Wiederherstellung erfordern das Zusammenwirken vieler Partner, wie Landwirte, Forstwirte und Naturschützer, wie Unternehmer und Vertreter der Verkehrs- und Tourismusbranche, wie Architekten und Denkmalpfleger, aber auch wie Vertretern von Kirchen und des kulturellen Lebens.

Intakte Kulturlandschaften können als alternative Modelle zur urbanisierten Welt betrachtet werden, denn es sind Gebiete, in denen der Mensch seine Kultur so entfaltet hat, dass die Natur trotz und teilweise auch wegen der Nutzung einen großen Reichtum entwickeln konnte. In diesen Räumen finden Menschen in einer zunehmend durch Entwurzelung, Bindungs- und Orientierungslosigkeit gekennzeichneten Zeit geistig-seelisches Wohlbefinden, künstlerische Inspiration, Gestaltungskraft und Hoffnung. Sie finden aber auch zurück zu Religiosität, zu Ehrfurcht vor der Natur, zu mehr Bescheidenheit. Kulturlandschaften sind Ausdruck einer Wechselwirkung von Mensch und Natur, von kultureller und biologischer Evolution. Kulturlandschaften bilden den Schlüssel zu einer ökologisch und kulturell angepassten Naturnutzung. Sie haben eine herausragende Bedeutung für die Umsetzung des Konzepts einer dauerhaft-umweltgerechten Entwicklung, dem einzig zukunftsfähigen Pfad der menschlichen Zivilisation (DÖMPKE, S., SUCCOW, M. 1998, SUCCOW, M. et al. 2001)!

Naturentwicklungsräume

Nach Überzeugung der Teilnehmer des Welt-Nationalparkkongresses im Februar 1992 in Caracas ist der konsequente Verzicht auf jegliche stoffliche Nutzungen von wenigstens 15 bis 20 Prozent der Ökosysteme der Erde unabdingbare Voraussetzung für das Fortbestehen der Menschheit (IUCN, 1992). Zu gleich lautenden Forderungen bezüglich des Erhalts natürlicher Ökosysteme kommt auch der Wissenschaftliche Beirat der Bundesregierung Globale Umweltveränderungen (WBGU) in seinem Jahresgutachten 1999. Viel mehr ist an nicht kultivierter Natur, an natürlicher Vegetationsdecke auf den Landflächen unserer Erde auch nicht übrig geblieben.

Um Wildnis in Europa real zu erfahren, muss man sich in extreme Randbereiche begeben. Wildnis im strengen Sinne, unter Einschluss „wilder Tiere" gibt es nur noch im hohen Norden des Kontinents, auf Spitzbergen, in Lappland, in Nord-Russland, sowie in den Gipfelregionen europäischer Hochgebirge zwischen Pyrenäen, Skandinavien und Kaukasus.

Ein zeitgemäßer Naturschutz muss sich der Forderung von Caracas bzw. des WBGU stellen. Sie gilt nicht nur global, sondern auch für Mitteleuropa. Auch hier müssen größere Landschaftsareale allein der Natur überlassen bleiben oder ihr zurückgegeben werden. Das Gutachten des Sachverständigenrates der Bundesregierung für Umweltfragen fordert 1994, dafür mindestens fünf Prozent der Landesfläche Deutschlands vorzusehen – damals fast revolutionär; inzwischen werden oft schon zehn Prozent diskutiert.

Seit Anfang der 90er Jahre wird nun auch „Wildnis" als ein Leitbild im Naturschutz diskutiert. Allein der Umstand, dass „Mut zur Wildnis" erforderlich scheint, zeigt, wie tief die Angst vor der Wildnis im allgemeinen Bewusstsein verwurzelt ist. Am Beginn des 21. Jahrhunderts wird „Wildnis" zur großen Herausforderung des Naturschutzes.

Der Rückzug der Landnutzung von den Grenzertragsstandorten eröffnet in Mitteleuropa die Möglichkeit, einen Flächenanteil von wenigstens fünf bis zehn Prozent der Eigendynamik der Natur zu überlassen. Nutzungen sind hier nur noch durch besonders hohe Transferzahlungen der Gesellschaft aufrechtzuerhalten. Naturentwicklungsgebiete hingegen kosten kaum Geld, lediglich das Bekenntnis der Gesellschaft zu bewusstem Verzicht auf materielle Nutzung, das Bekenntnis zu „ungezähmter" Natur – letztendlich zu unser Aller Nutzen. Nationalparke und Kernzonen als nutzungsfreie Flächen („wilderness areas") von Biosphärenreservaten sind dafür die entsprechenden Schutzkategorien. Sie können erstaunliche wirtschaftliche Erträge für die in den Entwicklungszonen lebenden Bevölkerung erbringen. Auch die soziale Komponente ist bedeutsam: Gebiete, in denen nutzungsfreie Natur zu erleben ist, benötigen zwar keine Forstwirte und Landwirte, Fischwirte und Wasserwirte, dafür aber Natur-Behüter und Natur-Erklärer, also Landschaftswirte im Sinne des Wortes. Hier ist ein neuer Berufszweig im Entstehen, in dem viel vom Wissen und Können der alten Berufe Landwirt, Förster etc. lebendig gehalten wird. Die in den meisten Nationalparken und Biosphärenreservaten in Deutschland vorhandene hauptamtliche Naturwacht ist dafür ein Beispiel. Auch die Dienstleistungsunternehmen in den Pflege- und Entwicklungszonen der Biosphärenreservate profitieren von der Kernzone als Naturentwicklungsgebiet. Mit den in den letzten Jahrzehnten in nunmehr fast allen Bundesländern ausgewiesenen Nationalparken und Biosphärenreservaten wurde eine Entwicklung eingeleitet, die dem Anspruch immer größerer Teile der Gesellschaft, werdende Wildnis zu erleben und zu schützen genauso Rechnung trägt wie dem Anspruch den ökonomischen und sozialen Bedürfnissen der in ihrer Peripherie lebenden Bevölkerung gerecht zu werden. In den Kernzonen der Biosphärenreservate Deutschlands und den Nationalparken steht insgesamt eine Fläche von mehr als 40.000 Hektar für die Neue Wildnis zur Verfügung, davon allein ca. 20.000 Hektar in Mecklenburg-Vorpommern.

Es erhebt sich natürlich die Frage, welche Landschaften stehen in unserem dicht besiedelten Mitteleuropa zukünftig für eine derartige Umwidmung noch zur Verfügung?

Ungünstige Standortbedingungen und z. T. auch eine Nutzung, die zur Degradierung, d. h. Verschlechterung der Standorte geführt hat, sind zusammen mit den aktuellen Rahmenbedingungen der Europäischen Union (EU) die Ursachen dafür, dass immer mehr Flächen ständig oder zeitweilig aus der Nutzung genommen werden. Das gilt für Äcker ebenso wie für Grünland. Besonders betroffen sind davon Mittelgebirgsregionen sowie nährstoffarme, trockene Sandlandschaften und stark reliefierte,

Truppenübungsplatz Jüterborg-West kurz nach Abzug der sowjetischen Armee im Oktober 1994: Für Ornithologen erhebt sich die bange Frage, wie lange werden Nachtschwalben (Caprimulgus europaeus) nach dem Abzug der Panzer dort noch siedeln können?

3. NEUE KONZEPTE FÜR DIE MODELLREGIONEN

steinige und in der Bodenqualität erheblich wechselnde Endmoränengebiete sowie zunehmend einst im Wasserhaushalt regulierte Niederungsstandorte.

Auch die heute militärisch nicht mehr genutzten großen Truppenübungsplätze können als Naturentwicklungsgebiete eine Neubestimmung erhalten. Sie eröffnen die Chance, weite Flächen der Eigendynamik der Natur zu überlassen. Allein in den neuen Bundesländern wurden 3,5 Prozent der Landesfläche von Truppenübungsplätzen eingenommen.

Von den einstmals 60 Plätzen werden nur noch wenige weiterhin genutzt. Die übrigen Flächen stellen ein nie wiederkehrendes Potenzial an frei werdender Landschaft dar (DEUTSCHER RAT FÜR LANDESPFLEGE 1993, GORISSEN, I. 1998, BEUTLER, H. 2000). Wir sollten schließlich auch den Mut haben, bisher noch nicht kultivierte Bergbaufolgelandschaften Ostdeutschlands der Natur zu überlassen. Diese weiträumigen Abbaugebiete erinnern in vieler Hinsicht an Landschaften der frühen Nacheiszeit. Die nackten Sand-, Kies- und Tonflächen werden durch „natürliche Sukzessionen" zu lebenserfüllten Räumen reifen. Schon jetzt sind Seen und Moore, Sandheiden und erste Primärwälder entstanden. In 100 Jahren werden unsere Enkel und Urenkel neue Wildnisgebiete erleben können, die sich ohne Zutun des Menschen entwickelt haben. Im Biosphärenreservat Lausitzer Heide- und Teichlandschaft wurde ein ehemaliges nicht-rekultiviertes Braunkohle-Abbaugebiet mit als Kernzone aufgenommen.

Neben den Truppenübungsplätzen sind diese Braunkohleabbau-Folgelandschaften die letzten frei werdenden weiträumigen Areale in staatlicher Hand, die einer Neubestimmung bedürfen. Aufgrund der oft extremen Standortbedingungen, der an die Oberfläche beförderten tertiären Ablagerungen, werden sich hier ganz im Gegensatz zu den ehemaligen Übungsplätzen der Armeen langzeitig Offenlandschaften erhalten, wie wir sie in unserem humiden Mitteleuropa sonst nur mit großem Pflegeaufwand frei zu halten vermögen.

Die Großräumigkeit, das Fehlen menschlicher Besiedlung, die ausbleibende Nutzung, die meist extreme Nährstoffarmut, verbunden mit extremen Säure-Basen-Verhältnissen der Böden und Gewässer, die Reliefierung, der Reichtum an neu entstehenden Gewässern mit zumindest anfänglich großer Dynamik, stellen einzigartige Voraussetzungen für die Entwicklung neuartiger Naturräume dar, denen wir – und an diesen Gedanken muss man sich erst gewöhnen, höchsten Naturschutzwert beimessen müssen (WIEGLEB, G. 1996, PFLUG, W. 1998, DEUTSCHER RAT FÜR LANDESPFLEGE 1999). Die neuen Wildnis-Gebiete mit hoher emotionaler Wirkung werden neben Wissenschaftlern ganz sicher auch Touristen und Künstler anlocken. Damit erwachsen unserer urbanisierten Gesellschaft neue Werte, die zweifelsfrei gerade im Umkreis der großen Ballungsgebiete Halle/Leipzig oder auch Berlin/Cottbus als naturbelassene Wildnisinseln von zunehmender Bedeutung sein dürften. Also nutzen wir die letzte Chance, sichern wir die noch nicht rekultivierten Bergbaufolgelandschaften möglichst weiträumig für den Naturschutz, und zwar als Kernzonen von Biosphärenreservaten bzw. Nationalparken (SUCCOW, M. et al. 2001).

Wir sollten aber auch – mehr als das bisher geschehen ist – darüber nachdenken, wie bei den noch tätigen Tagebauen von vornherein die „Naturschutznutzung" in ihrer ganzen Breite der Möglichkeiten vorauszuplanen, mit einzubeziehen ist. Wir sollten nicht wieder mit immensem Aufwand die durch den Bergbau zerstörten Landschaften zu rekultivieren versuchen, in Nutzungsformen zu führen, die immer fragwürdiger werden. Es war und ist ein langer Weg des Begreifens, dass die menschliche Zivilisation nur fortbestehen kann, wenn wir unsere Lebensgrundlage, und das ist der uns zur Verfügung stehende Naturraum, in seiner Funktionstüchtigkeit erhalten und möglichst wenig verändern. Das bedeutet, dauerhaft-umweltgerechte Formen der Landschaftsnutzung zu finden und umzusetzen sowie nicht bzw. nicht mehr benötigte Naturräume um unserer selbst willen in Eigendynamik der Natur zu belassen bzw. ihr wieder zurück zu geben. In diesem Sinne sei der Schriftsteller Reimar Gilsenbach (1925-2001) zitiert: „Lassen wir die Natur unverändert, können wir nicht existieren, zerstören wir sie, gehen wir zugrunde. Der schmale, sich verengende Gratweg zwischen Verändern und Zerstören wird auf Dauer nur einer Gesellschaft gelingen, die ökologische Prinzipien akzeptiert und deren Ethik sich im Eins sein mit der Natur empfindet".

Zusammenfassung

Einführend wird der Wandel der historisch gewachsenen (harmonischen) Kulturlandschaft zur Produktionslandschaft der Gegenwart umrissen. Der zunehmende Verlust der Funktionstüchtigkeit dieser intensiv genutzten Standorte wird aufgezeigt. Die ökologischen und auch sozialen Probleme, die die alleinige Orientierung der Landnutzung auf maximalen Ertragszuwachs hervorbrachten, verlangen nach einer Neuorientierung der Landschaftsnutzung. Eine ökologisch orientierte Landwirtschaft verbunden mit einer Honorierung ökologischer (und auch sozialer) Leistungen wird als allein zukunftsfähig herausgestellt. Für die nicht Gunst-Standorte werden extensive Formen der Landnutzung empfohlen, bei denen die „Kopplungsprodukte" einer durch die Agrarnutzung erzielten Offenhaltung der Landschaft im Mittelpunkt stehen. Biosphärenreservate müssen verstärkt als Modell-Landschaften für eine derartige dauerhaft-umweltgerechte Land-

Noch nicht rekultivierte Bergbaufolgelandschaft Nochten/Lausitz mit „Restloch" nach Abschluss der „Entkohlung".

schaftsnutzung entwickelt werden. Sie bilden ein ökologisch und sozial bedeutsames Gegengewicht zu urbanen Siedlungsräumen und den aktuellen „Produktionslandschaften". Kulturlandschaften dagegen sind Ausdruck einer Wechselwirkung von Mensch und Natur, von kultureller und biologischer Evolution. Kulturlandschaften sind Ausdruck einer ökologisch und kulturell angepassten Naturnutzung.

Der zweite Teil des Beitrages widmet sich der Notwendigkeit, in Teilen unserer Naturräume bewusst auf jedwede Form stofflicher Landschaftsnutzung zu verzichten. Der Rückzug der Landnutzung aus den so genannten Grenzertragsstandorten eröffnet die Möglichkeit, Teile von ihnen als so genannte Naturentwicklungsräume der „Natur zurückzugeben". „Mut zur Wildnis" ist heute ein wesentlicher Aspekt offensiver Naturschutzpolitik. Nationalparke und Kernzonen von Biosphärenreservaten bilden dafür geeignete Flächenschutzkategorien. Aufgegebene, großräumige Truppenübungsplätze, noch nicht rekultivierte Bergbaufolgelandschaften, aber auch Niederungsstandorte (Moore, Flüsse, Auen, Anlandungsküsten), auf denen eine Fortführung der Nutzung ökonomisch nicht mehr zu rechtfertigen ist bzw. ökologisch unverantwortlich ist, sollten ebenfalls der „Eigendynamik der Natur" zurückgegeben werden.

Die gegenwärtige allgemeine Krise der Landschaftsnutzung sollte als Chance für mehr Umwelt- und Sozialverträglichkeit in den weiterhin zu nutzenden Landschaftsräumen gesehen werden. Zum anderen dürfte es heute ohne weiteres möglich sein, auf fünf bis zehn Prozent der Landesfläche uneingeschränkte „Naturentwicklung" zuzulassen. Im Angesicht des offenbar begonnenen Klimawandels bedürfen wir unbedingt großflächiger Stabilisierungsräume in voller, natürlicher Funktionstüchtigkeit des Naturhaushaltes.

Literatur

BORK, H. R., BORK, H., DALCHOW, C., FAUST, B., PIOR, H.-P. U. T. SCHATZ (1998): Landschaftsentwicklung in Mitteleuropa: Wirkungen des Menschen auf Landschaften. – 328 S., Stuttgart.

BEUTLER, H. (2000): Landschaft in neuer Bestimmung – Russische Truppenübungsplätze. – Findling Buch- und Zeitschriftenverlag, Neuenhagen, 192 S.

DEUTSCHER RAT FÜR LANDESPFLEGE (Hrsg.) (1993): Truppenübungsplätze und Naturschutz. – Schr. R. Dtsch. Rat für Landespflege, H. 62, 64 S.

DEUTSCHER RAT FÜR LANDESPFLEGE (Hrsg.) (1999): Landschaften des Mitteldeutschen und Lausitzer Braunkohlentagebaus – Chancen und Probleme aus der Sicht von Naturschutz und Landschaftspflege. . – Schr. R. Dtsch. Rat für Landespflege, H. 70, S. 5-136.

DÖMPKE, S., SUCCOW, M. (1998): Cultural Landscapes and Nature Conservation in Northern Eurasia. – Proceedings of the Wörlitz Symposium, March 20-23, 1998. Edited by Naturschutzbund Deutschland (NABU) in cooperation with The Nature Conservation Bureau and AID Environment, Bonn, 330 S.

GORISSEN, I. (1998): Die großen Hochmoore und Heidelandschaften in Mitteleuropa. – Selbstverlag I. Gorissen, Siegburg, 190 S.

HABER, W. (1998): Von der Kulturlandschaft zur Landschaftskultur. Festvortrag anlässlich der Festveranstaltung „Verleihung des Alternativen Nobelpreises" an Prof. Dr. M. Succow. – Greifswalder Universitätsreden Neue Folge Nr. 85, S. 26-41.

HAMPICKE, U. (2000 a): Naturschutz – ökonomisch gesehen. – In: ERDMANN, K. H. u. MAGER, T. J. (Hrsg.): Innovative Ansätze zum Schutz der Natur, Visionen für die Zukunft. Springer Verlag, Berlin u. a., S. 127-150.

HAMPICKE, U. (2000 b): Möglichkeiten und Grenzen der Bewertung und Honorierung ökologischer Leistungen in der Landwirtschaft. – Schr.-Reihe des Dtsch. Rats für Landespflege 71, S. 43-49.

IUCN (1992): Parks for Life. – Report of the IVth World Congress on National Parks and Protected Areas, 252 S.

IUCN (1994): Parke für das Leben: Aktionsplan für Schutzgebiete in Europa. – Gland und Cambridge. FÖNAD Grafenau, 23 S.

JOOSTEN, H., CLARK, D. (2002): Wise Use of Mires and Peatlands – Background and Principles Including a Framework for Decisionmaking. Saarijärvi (Finnland): IMCG & Int. Peat Soc.

Plachter, H. (1992): Naturschutz in der Bundesrepublik Deutschland - Versuch einer Bilanz. – NNA-Berichte 5/1, S. 67-75.

PFLUG, W. (Hrsg.) (1998): Braunkohlenbergbau und Rekultivierung. Landschaftsökologie – Folgenutzung – Naturschutz. – Springer, Berlin, S. 453-760

RAT DER SACHVERSTÄNDIGEN FÜR UMWELTFRAGEN DER BUNDESREGIERUNG (1994): Umweltgutachten 1994 – Für eine dauerhaft-umweltgerechte Entwicklung. – Metzler-Poeschel Verlag, Stuttgart, 534 S.

SUCCOW, M. (2000): Der Weg der Großschutzgebiete in den neuen Bundesländern. Die Weiterentwicklung des Nationalparkprogramms von 1990. – Naturschutz u. Landschaftsplanung 32 (2-3), S. 63-70

SUCCOW, M. (2002): Zur Nutzung mitteleuropäischer Moore – Rückblick und Ausblick. – Telma 32: 255-266

SUCCOW, M., JOOSTEN, H. (Hrsg.) (2001): Landschaftsökologische Moorkunde. Zweite, völlig neu bearbeitet Auflage. – Stuttgart: E. Schweizerbart'sche Verlagsbuchhandlung. 622 S.

SUCCOW, M., JESCHKE, L., KNAPP, H. D. (2001): Die Krise als Chance – Naturschutz in neuer Dimension. – Neuenhagen: Findling-Verlag, 255 S.

WIEGLEB, G. (1996): Leitbilder des Naturschutzes in Bergbaufolgelandschaften am Beispiel der Niederlausitz. – Verh. Ges. Ökol. 25, S. 309-319

WISSENSCHAFTLICHER BEIRAT DER BUNDESREGIERUNG „GLOBALE UMWELTVERÄNDERUNG" (WBGU) (2000): Welt im Wandel: Erhaltung und nachhaltige Nutzung der Biosphäre. Jahresgutachten 1999. – Berlin, Heidelberg, New York: Springer-Verlag, 482 S.

NEUE KONZEPTE FÜR DIE MODELLREGIONEN

3.2.3 *Kulturlandschaften und Biodiversität*

Harald Plachter und Guido Puhlmann

Der Beitrag Europas zu einer Weltnaturschutzstrategie

Europa hat seine „unberührte" Natur teilweise schon vor Jahrtausenden verloren. Heute ist nichts mehr davon übrig. Alle europäischen Landschaften sind vom Menschen ökologisch geprägt, falls nicht strukturell, so doch durch andere Einflüsse wie Jagd, Wasserwirtschaft oder Einträge von Stoffen aus der Atmosphäre.

Wir müssen davon ausgehen, dass es bei wachsender Weltbevölkerung bald noch sehr viel mehr solcher Gebiete geben wird. Ist dort Naturschutz von vornherein sinnlos, nicht mehr als ein „Sandkastenspiel"?

Ein Grundmotiv des Naturschutzes ist der Erhalt von „Natürlichkeit" im Sinne ungestörter Natur-Entwicklung, ein anderes der Erhalt der „Vielfalt" von Arten, Ökosystemen und deren genetischem Potenzial. Motive für Gesellschaften, die Natur zu schützen, sind darüber hinaus aber auch „Einmaligkeit" (als wissenschaftlich oder ästhetisch einmalige Kombination struktureller und/oder funktionaler Eigenschaften) und „ökologische Stabilität" (als kostenlose ökologische Beiträge zu einer für den Menschen verträglichen Umwelt sowie die Fähigkeit, menschliche Nutzungen zu kompensieren).

„Naturschutz in genutzten Landschaften" ist also keineswegs eine „Ersatzlösung", sondern jene Strategie, die in Zukunft sehr schnell eine globale Schlüsselfunktion unserer modernen Gesellschaften bekommen wird. Lösungsansätze werden aufgrund der immensen Komplexität der Natur immer das Ergebnis eines Prinzips von „Versuch und Irrtum" sein. Kein Kontinent hat mehr Erfahrungen im Abgleich menschlicher Nutzungsinteressen und ökologischer Beschränkungen als der europäische. Seit Jahrtausenden versuchen europäische Kulturen mit eben jenem Prinzip von „Versuch und Irrtum" Nutzungsformen zu finden, die ihre Lebensbedürfnisse stillen und gleichzeitig die ökologischen Regelmechanismen nicht überlasten. Dabei sind viele Fehler gemacht worden, für die die europäischen Gesellschaften auch heute noch zahlen. Viele Gebiete wurden übernutzt, z. B. die Karstlandschaften im Mittelmeerraum oder die Heiden Mitteleuropas und Süd-Englands. Aber kein Kontinent hat über Jahrtausende mehr Informationen über die „Grenzen des Wachstums" zusammengetragen. Europäisches „Know-how" könnte somit der Schlüssel für die Präzisierung der Nachhaltigkeit auch in allen anderen Regionen der Erde sein, zumal dort inzwischen überwiegend Landnutzungstechniken europäischen Ursprungs angewendet werden.

Die Natur in Kulturlandschaften

Spätestens seit der jungsteinzeitlichen Revolution, seit der Einführung von Wechselfeldbau (shifting cultivation) und Haustieren, vor ca. 5.500 Jahren hat der Mensch begonnen, die mitteleuropäische Natur auch strukturell wesentlich zu verändern. Aus Jäger- und Sammlergesellschaften wurden zumindest weitgehend sesshafte Kommunen mit ganz neuen Möglichkeiten, Vorräte für schlechte Zeiten anzulegen. Rodungsinseln entstanden, Nutztierbeweidung lichtete die Wälder zumindest auf, schaffte und stabilisierte wahrscheinlich damals schon Heideflächen. Sommerweiden im Hochgebirge drückten die Waldgrenze nach unten. Mitteleuropa blieb dennoch überwiegend Waldland bis dann im Mittelalter innerhalb kurzer Zeit eine weitgehend offene Landschaft mit einem Waldanteil entstand, der dem heutigen entspricht (ca. 30 Prozent). Seither bestehen in Mitteleuropa großflächig halboffene bis offene Mischlandschaften mit einem eng verzahnten Mosaik eines breiten Habitatspektrums unterschiedlichen Natürlichkeitsgrades (vgl. PHILLIPS, A. 1998, PLACHTER, H. 1999). Die Entwicklung erfolgte nicht kontinuierlich. Zeiten einer maximalen Nutzung der Natur wechselten sich mit Bevölkerungseinbrüchen ab, in denen sich naturnahe Ökosysteme ausbreiten konnten. Insgesamt war die Nutzung über die Jahrhunderte hinweg nach heutigen Maßstäben jedoch keineswegs „nachhaltig". Moralische Richtlinien zur Nutzung der Natur fehlten weitgehend (einige Ausnahmen nachmittelalterlich als Folge offensichtlicher Übernutzung) und hätten unter den rauen Klimabedingungen auch wenig Sinn gegeben. Mehr noch als der Pflanzenbau prägte die Nutztierhaltung die Landschaften. Die Umweltfaktoren waren oft hart: schneereiche Winter, hohe Reliefenergie, Überschwemmungen, Sturmfluten. Ihre Zusammensetzung und Varianz waren in Mitteleuropa weitaus größer als in den übrigen Teilen der Erde und so entstand, bedingt durch diese Standortfaktoren, nebeneinander ein ausgesprochen breites Spektrum lokaler Kulturen. Die zeitweise extrem hohe hoheitliche Zersplitterung Mitteleuropas ist ein Indikator hierfür.

Generell begrenzten zwei Faktoren die damalige landwirtschaftliche Produktion: die menschliche Arbeitskraft und die Verfügbarkeit von Nährstoffen. Kunstdünger war unbekannt. Stoffe und Energie, die der Mensch zu Nahrungszwecken der Natur entnahm, mussten von dieser zunächst produziert werden. Die ökologische Produktivität des Ackers selbst reichte hierfür bei weitem nicht aus. Konstante Landwirtschaft ist – im Gegensatz zu Wechselfeldbau – ein ökologisch offenes System, das permanenter Stoff- und Energieeinträge

NEUE KONZEPTE FÜR DIE MODELLREGIONEN

bedarf. So war es letztlich die Einführung von Nutztieren, die den Schritt vom Wechselfeldbau zu ortskonstanter Landwirtschaft ermöglichte. Nutztiere waren auf landschaftlicher Ebene der „Motor" des Systems, indem sie Nährstoffe von außerhalb (den Weideflächen) auf die Äcker brachten (Abb. 1). Es nimmt deshalb nicht Wunder, dass Nutztierbeweidung ein ubiquitärer Faktor in historischen Landschaften war. Nicht nur auf Magerrasen, sondern ebenso im Wald, in Flussauen, im Hochgebirge. Über Jahrhunderte sank das Nährstoffniveau dieser Flächen, und damit ihr Potenzial, geschlossenen Wald zu tragen. Mitteleuropäische Landwirtschaft war in historischer Zeit genauso wenig nachhaltig, wie jene aktuell unter Bevölkerungsdruck degradierenden Systeme in anderen Teilen der Erde, die wir heute kritisieren.

Nährstofftransfer bei der historischen Landnutzung

Abb. 1: Nährstofftransfer durch Nutztiere in den historischen Kulturlandschaften Mitteleuropas (Original: Plachter)

Trotzdem hatten diese Nutzungstechnologien zumindest auf die Vielfalt der Pflanzen und die Habitatvielfalt eindeutig positive Effekte. Bereits in der Jungsteinzeit wanderten Begleitarten des Ackerbaus (Archeophyten) mit dem Saatgut ein. Neue unbewaldete Gebiete boten thermophilen, süd- und südosteuropäischen Pflanzenarten neue Ansiedlungsmöglichkeiten. Insgesamt bewirkte die Rodung der Wälder ein weitaus höheres Lichtangebot (der Mangelfaktor pflanzlichen Wachstums) für die Arten der Krautschicht. Auch dort, wo primäre Lebensräume zerstört wurden, boten benachbarte anthropogene einen guten Ersatz. Rekonstruktionen, wie jene von Fukarek über die pflanzliche Artenvielfalt in Mitteleuropa haben somit eine hohe Wahrscheinlichkeit (siehe Abb. 2). Anders bei den Tieren. Hier waren die Effekte ambivalent. Für wirbellose Tiere und kleinere Wirbeltiere waren die Effekte sicherlich ähnlich wie bei den Pflanzen. Offenlandarten,

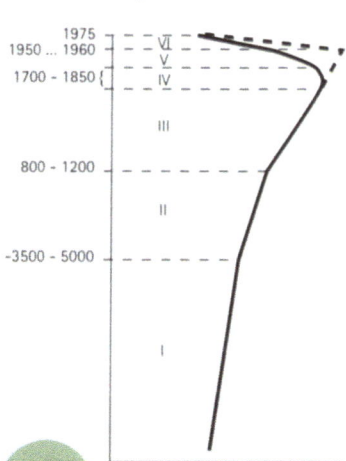

Abb. 2: Entwicklung der Artenzahlen höherer Pflanzen in Mitteleuropa zwischen 5000 v. Chr. und 1975. Gestrichelte Linie: zuzüglich Neophyten (aus Sukopp, H., Trepl T. 1987, nach Fukarek 1980)

nicht selten aus dem mediterranen und pontischen Raum wanderten ein, neue Rasen-Ökosysteme boten Ersatz für verschwindende Primär-Lebensräume. Zwischen großen Wirbeltieren und menschlichen Kulturen bestand hingegen ein immanenter Konflikt über Jahrtausende. Sie waren einerseits Nahrungs- und Produktlieferanten (Felle, Sehnen, Medizin). Viel wichtiger aber in nach-mittelalterlicher Zeit: sie waren Nahrungskonkurrenten. Die Prädatoren, indem sie potenzielle menschliche Beute abschöpften, die Pflanzenfresser, weil für sie Äcker ein „gedeckter Tisch" waren. Massiver Jagddruck war die logische Konsequenz, mit der Folge, dass große Wirbeltiere fast völlig aus mitteleuropäischen Landschaften verschwanden (siehe Abb. 3). Keine direkte, aber eine konsequente indirekte Folge der Landwirtschaft. Die Lebensraumsprüche der meisten großen Wirbeltiere passten einfach nicht mehr zu der neuen Landschaftsstruktur.

Abb. 3: Diversität von großen Wirbeltieren in der „Urlandschaft" und in den Kulturlandschaften Mitteleuropas (nach einem Original von W. Erz)

Welche Arten in welchen Populationsgrößen vor 200 oder 500 Jahren die mitteleuropäischen Landschaften besiedelten, wissen wir nicht. Immerhin sind aber Rekonstruktionen aus den heutigen Befunden heraus möglich. Danach ist davon auszugehen, dass auf landschaftlicher Ebene die historische Landnutzung (und wahrscheinlich auch noch die heutige) die Biodiversität gegenüber einer vom Menschen unbewohnten Landschaft wesentlich erhöht hat. Kulturlandschaften sind weit von einer „natürlichen" Landschaft entfernt und leisten nur vergleichsweise geringe Beiträge zum Grundmotiv „Natürlichkeit". Sie können – bei entsprechender Gestaltung –

NEUE KONZEPTE FÜR DIE MODELLREGIONEN

aber ein vergleichsweise sehr hohes Niveau an Biodiversität beherbergen. Und sie sind – adäquaten Stoff- und Energieeintrag durch den Menschen vorausgesetzt – genauso „stabil" wie Naturlandschaften am gleichen Ort.

In ihren basalen ökologischen Eigenschaften unterscheiden sie sich allerdings deutlich von vielen Naturlandschaften. In Naturlandschaften ist die Artenvielfalt auf kleiner Fläche häufig bereits sehr hoch. Dies ist z. B. der Fall in manchen tropischen Regenwäldern oder in Korallenriffen. Mehrere tausend Arten pro Hektar sind keine Seltenheit. In Kulturlandschaften sind hingegen viele Lebensräume vergleichsweise artenarm. Der Unterschied besteht darin, dass Naturlandschaften sich aus immer gleichen oder ähnlichen Grundeinheiten zusammensetzen, während Kulturlandschaften ein Mosaik aus sehr unterschiedlichen Lebensräumen bieten. Auf kleiner Fläche sind Naturlandschaften demzufolge häufig deutlich biodiverser, auf großer Fläche verschwimmen die Unterschiede (siehe Abb. 4). Die Frage, was – unter dem Motiv „Vielfalt" – „wertvoller" ist, ist somit zu allererst ein räumliches Skalenproblem. Bezogen auf das einzelne Ökosystem sind es zweifellos die Naturlandschaften, bezogen auf die Landschaft sind es (mit Ausnahme der großen Wirbeltiere) nicht selten die Kulturlandschaften.

Landschaft, Landschaftsökologie, Kulturlandschaft

Es ist offensichtlich, dass für die naturschutzfachliche Bewertung des Zustandes der Natur die räumliche Ebene der Landschaft eine wesentliche Rolle spielt. Landschaft ist ein Begriff, den jeder kennt – oder doch zu kennen glaubt. Aber es gibt wohl kaum einen Begriff, der in den Wissenschaften und in der Öffentlichkeit mit so unterschiedlichen Sinngehalten gebraucht wird, wie dieser. Ein Gartenarchitekt wird unter Landschaft etwas völlig anderes verstehen als ein Ökologe, ein Stadtbewohner etwas völlig anderes als ein Bewohner der subarktischen Tundra. „Landschaft" könnte jene räumliche Basis sein, auf der sich verschiedene Wissenschaften verständigen, zu der sie alle Befunde haben – allein, es fehlt an der begrifflichen Konsistenz. Die „Landschaftsökologie", die sich vor etwa 50 Jahren als Teildisziplin der Ökologie etabliert hat, hat bis heute damit zu kämpfen.

Weil Landschaft ein so wichtiger Begriff ist, haben ihn viele Wissenschaftler bis zu ihren Wurzeln verfolgt. Jeder kennt das Begriffspaar „Naturlandschaft"/„Kulturlandschaft" – aber was sind die charakterisierenden Unterschiede? Müssen Landschaften nach den wesentlichen Strukturen (Waldlandschaften, Steppenlandschaften ...) oder den charakteristischen Prozessen (Auelandschaften, Küstenlandschaften ...) gegliedert werden? Ist „Landschaft" nicht immer ein rein anthropozentri-

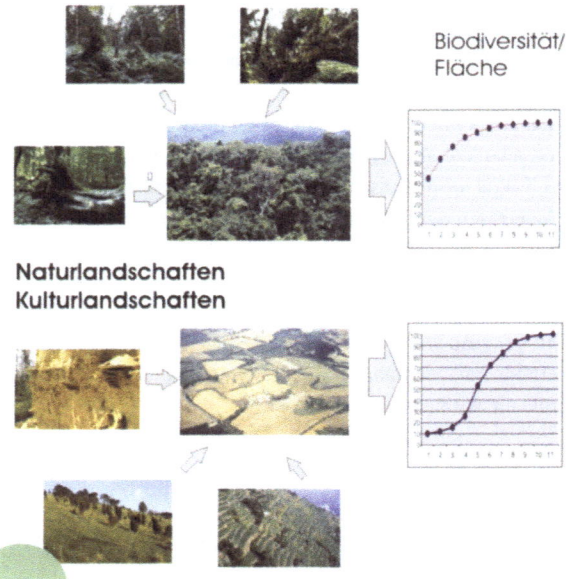

Abb. 4: *Unterschied zwischen Natur- und Kulturlandschaften in der Entwicklung der Biodiversität pro Raumeinheit*

scher Begriff, den es in der Natur gar nicht gibt? Für einen Maler ist Landschaft erst Realität, wenn er sie, einschließlich seiner kulturellen Werthaltungen (siehe Landschaftsmalerei) auf der Leinwand „realisiert" hat, für den Naturwissenschaftler ist sie das ökologische Funktionsgefüge auf einer hohen Raumebene. Ein Seeadler würde „seine" Landschaft sicherlich ganz anders definieren als ein Laufkäfer.

> *Der Begriff „Landschaft" ist in vielen Sprachen eingeführt, „landscape" im Englischen, „Landschaft" im Russischen – und ist dennoch undefiniert geblieben. Haber (1995) hat zu Recht auf den Wortstamm hingewiesen: „Land" = „Land" und „-schaft" = „scarpjan" oder „schaffen". Danach ist Landschaft etwas (vom Menschen) Geschaffenes, das Beiwort „Kultur-" damit eigentlich überflüssig. Landschaft wäre danach immer das Ergebnis der menschlichen Gestaltung der Natur.*

Ungeachtet aller wissenschaftlichen Exaktheit: Landschaft ist offenbar ein Begriff, der verbindet, ein Begriff, der die Kommunikation zwischen Menschen ganz unterschiedlicher Herkunft, Interessen und Werthaltungen erleichtert. Auch wenn Landschaft nur als Manifestation menschlicher Werthaltung existiert: eine Unterscheidung zwischen „Naturlandschaften" (natürliche ökologische Prozesse überwiegen und bestimmen die raum-zeitliche Struktur) und „Kulturlandschaften" (der menschliche Einfluss dominiert sowohl in Prozessen als auch in der Struktur) ist offensichtlich sinnvoll.

NEUE KONZEPTE FÜR DIE MODELLREGIONEN 3.

Aber auch dann ist das Spektrum der Kulturlandschaften so breit, dass es weiterer Untergliederungen bedarf. Während Naturwissenschaftler hierbei meist an rurale Landschaften denken, verweisen Geistes- und Kulturwissenschaftler zunächst auf „gestaltete" Landschaften, wie etwa Landschaftsgärten. Seit 1992 gibt es in der Welterbekonvention der UNESCO die Schutzkategorie „Kulturlandschaft". Eine pragmatische Definition musste gefunden werden. Das Ergebnis mag wissenschaftlich diskussionswürdig erscheinen. Für die Praxis hat es sich nun über mehr als ein Jahrzehnt als sinnvoll erwiesen (siehe Kasten).

Kategorien von Kulturlandschaften nach den „Operational Guidelines" der Welterbekonvention der UNESCO

Paragraf 39 der Operativen Richtlinien für die Umsetzung des Abkommens zum Schutz des Kultur- und Naturerbes der Welt:

Kulturlandschaften: Die drei Kategorien
1. (...) die gestalteten Landschaften (designed landscapes): Bewusst durch den Menschen entworfen und geschaffen. Dies umfasst Garten- und Parklandschaften, die aus ästhetischen Gründen und oft (aber nicht immer) mit religiösen oder anderen Denkmalen und Gebäude-Ensembles verbunden sind.

2. (...) die organisch entstandenen Landschaften (organically evolved landscapes): Sie sind das Ergebnis von ursprünglich sozialen, wirtschaftlichen, verwaltungsmäßigen und/oder religiösen Erfordernissen und haben ihre gegenwärtige Form durch die Verbindung mit und als Antwort auf ihre natürliche Umgebung entwickelt:
Zwei Unterkategorien:
- Überreste von historischen oder fossilen Landschaften (relict landscapes): Der Evolutionsprozess kam zum Stillstand, unterscheidende Merkmale sind aber noch erkennbar;
- fortdauernde Landschaften (continuing landscapes): sie spielen weiterhin eine aktive Rolle in den modernen Gesellschaften.

3. (...) die assoziativen Landschaften (associative landscapes): Sie rechtfertigen sich eher durch den hohen Wert von stark religiösen, künstlerischen oder kulturellen Vorstellungen, die mit natürlichen Elementen verknüpft sind, als durch materielle Erscheinungsformen.

(unautorisierte Übersetzung von Birgit Heinze, Bundesamt für Naturschutz)

Fallbeispiel Gartenreich Dessau-Wörlitz im BR Flusslandschaft Mittlere Elbe (Typ: „gestaltete Landschaft")

Die Kulturlandschaft Gartenreich Dessau-Wörlitz liegt im Gebiet um Dessau im Bundesland Sachsen-Anhalt. Sie entstand im ausgehenden 18. Jahrhundert als komplex angelegtes Reformwerk des Fürsten Leopold III. Friedrich Franz von Anhalt-Dessau. Mit dem Ziel, unter den damaligen Bedingungen einen Weg zu finden, der aus Armut und Krise führt, förderte der Regent die Nutzung der Landschaft, verbesserte den Bildungsstand und die sozialen Bedingungen der Bevölkerung und gestaltete die Landschaft nach ästhetischen Gesichtspunkten. Leitmotiv war im Sinne Rousseaus die Verbindung „des Schönen mit dem Nützlichen".

Wir würden heute sagen, dass hier vor 200 Jahren in einer Region bzw. sogar in einem Staat die Prinzipien einer Nachhaltigen Entwicklung angewandt wurden. Das Gartenreich ist damit wie wohl kaum ein anderes für die Mitgliedschaft im Weltnetz der UNESCO-Biosphärenreservate geeignet.

Was charakterisiert die Kulturlandschaft?

Das heutige Gartenreich umfasst auf ca. 143 Quadratkilometern zwischen Dessau und Wörlitz die Flusslandschaft von Elbe und Mulde mit weiten, eher extensiv genutzten Überflutungs- sowie intensiver genutzten eingedeichten Altauenbereichen.

In diese vor 1800 „naturnahe" Landschaft wurden mehrere Landschaftsparke eingebettet. In der Umgebung der Parke nimmt die Gestaltungsintensität mit zunehmender Entfernung vom Park nach und nach ab. Die Umgebung wird land- und forstwirtschaftlich genutzt oder dient als Siedlungsraum. Historische Infrastrukturelemente wie Sichtbeziehungen, gestaltete Gehölzpflanzungen, Bauwerke, Wegebeziehungen und Kleinarchitekturen bilden bis heute das tragende Netz des Gesamtkunstwerks Dessau-Wörlitzer Gartenreich. Der Eigentümlichkeit der Landschaft und dem damaligen Schönheitsempfinden entsprechend wurden auf den Auenwiesen einzeln stehende Eichen, so genannte Solitärbäume, erhalten oder angezogen. Die Deiche und Grabensysteme, die das Land für die Menschen erst nutzbar gemacht haben, wurden gepflegt und ausgebaut. Für die Gestaltung wurden auch Obstbäume verwendet, um den Blütenreichtum zur Verschönerung der Landschaft zu nutzen und gleichzeitig den Anbau der Bäume und die Verwertung der Früchte durch die Bevölkerung zu fördern. Fürst Franz von Anhalt-Dessau ließ im Gartenreich pädagogische Programme zu landwirtschaft-

3. NEUE KONZEPTE FÜR DIE MODELLREGIONEN

lichen und obstbaulichen Themen durchführen, setzte aber auch die Ideen einer neuen Garten- und Baukunst um.

Es ist u. a. der Dynamik der Flüsse Elbe und Mulde zu verdanken, dass sich in der heutigen Aue die Landschaftsgestaltungen am besten erhalten haben. Die Deichführung wurde im Wesentlichen über die Zeit beibehalten. Die Verteilung von Wald, Wiesen und Ackerland hat sich nur wenig verändert. Damit blieb die Grundstruktur der Landschaft erhalten. Auch heute kann der Besucher am nördlichen Deichweg nach Wörlitz an jedem Deichknick die Gestaltungsabsicht nachvollziehen.

Abb. 5: Schloss Luisium

Status und Handlungsinstrumentarium

Die Kulturlandschaft Gartenreich Dessau-Wörlitz wurde im Dezember 2000 als UNESCO-Weltkulturerbe anerkannt. Sie gilt als ein herausragendes Beispiel für die Umsetzung philosophischer Prinzipien der Epoche der Aufklärung in einer Landschaftsgestaltung und für die harmonische Verbindung von Kunst, Erziehung und Wirtschaft.

Bereits im Jahr 1988 wurde das Gartenreich Dessau-Wörlitz als historische Kulturlandschaft von der UNESCO als Teil des Biosphärenreservats Mittlere Elbe anerkannt. Diese in Deutschland einmalige Kombination von zwei sich ergänzenden UNESCO-Programmen in einem Gebiet bietet viele Möglichkeiten und Chancen für eine Valorisierung von Natur und Kultur, eine wichtige Voraussetzung für den Erhalt der Kulturlandschaft.

Die Biosphärenreservats-Verwaltung hat – innerhalb eines partnerschaftlichen Netzwerks – die Aufgabe, den Denkmalbereich Gartenreich Dessau-Wörlitz, also eine „Museumslandschaft" mit weltweit kulturhistorischer Bedeutung, zu schützen, zu erhalten und zugleich eine nachhaltige Regionalentwicklung zu fördern. Gemäß der Sevilla-Strategie von 1995 des MAB-Programms gilt es gerade hier, „das Wissen der Vergangenheit auf die Erfordernisse der Zukunft zu übertragen". Dabei sind insbesondere die Gestaltungsprinzipien der damaligen Zeit aufzuarbeiten und auf die heutigen Verhältnisse als eine Art Handlungsmuster zu übertragen.

Die BR-Verwaltung sieht ihr Betätigungsfeld im Gartenreich vorrangig in den unterschiedlich genutzten Flächen zwischen den Parkanlagen. Sie verfolgt das Ziel, an historische Prinzipien und gestalterische Zusammenhänge anzuknüpfen und die Wirtschaftsweisen an die heute herrschenden Bedingungen anzupassen, um den Fortbestand der historischen Substanz des Gartenreichs zu sichern. Dies verspricht nur in Partnerschaft und im Dialog mit Landnutzern, Bewohnern und öffentlichen bzw. privaten Interessenträgern Erfolg.

Die dauerhafte Lösung von flussspezifischen und ökologischen Problemen der Elbe- und Muldeauen und der Erhalt der Kulturlandschaft des Gartenreichs Dessau-Wörlitz hängen untrennbar zusammen. Aufeinander abgestimmte Maßnamen zum Erhalt von typischen Strukturen der Flussauen, insbesondere von Auenwald, Altwässern bzw. Altarmen der Elbe und zum Erhalt der historischen Strukturen haben im Gartenreich Tradition.

Die sich aus der Zonierung des Biosphärenreservats und den UNESCO-Leitlinien ergebenden Möglichkeiten schaffen hierfür ein zeitgemäßes Handlungspotenzial. Eine vertrauensvolle fachübergreifende Zusammenarbeit mit den verschiednen Behörden und Einrichtungen, vor allem denen der Denkmalpflege, ist dabei unverzichtbar. Gemeinsame Strategien von Naturschutz und Denkmalpflege im Hinblick auf das Gartenreich haben sich häufig bewährt.

Mit der Kulturstiftung Dessau-Wörlitz als Sachwalterin der historischen Parkanlagen des Gartenreichs hat die Verwaltungsstelle des Biosphärenreservats eine für beide Seiten vorteilhafte Vereinbarung abgeschlossen, die dem Gartenreich zugute kommt.

Die BR-Verwaltung vermittelt auch zwischen Vertretern des behördlichen und des ehrenamtlichen Naturschutzes, besonders bei „Eingriffen" in die Natur.

In gemeinsamen Veranstaltungen präsentieren sich die vier UNESCO-Stätten zwischen Dessau und Wittenberg, die Stiftung Luther-Gedenkstätten Wittenberg-Eisleben, die Stiftung Bauhaus Dessau, die Kulturstiftung Dessau-Wörlitz und die BR-Verwaltung der Öffentlichkeit und stellen das Potenzial an geistigen und materiellen Kultur- und Naturwerten der Region nach außen dar.

Probleme und Erfordernisse

Neben der Lösung von ökologischen Grundproblemen der Elbe- und Muldeauen bestehen im Gartenreich spezifische Erfordernisse. In der öffentlichen Wahrnehmung wird das Gartenreich meistens auf die Wörlitzer Anlagen und eventuell noch auf die verschiedenen Schlösser und Parke reduziert. Die Folge ist auf der einen Seite eine massive Übernutzung des Wörlitzer Parks, auf der anderen eine zu geringe Beachtung der übrigen Teile des Gartenreichs. Eine bessere Lenkung der Besucher des Gartenreichs ist daher erstrebenswert. Dafür

NEUE KONZEPTE FÜR DIE MODELLREGIONEN

müssen der Pflegezustand und die touristische Infrastruktur auf ein einheitlich hohes Niveau gebracht werden.

Seit 1990 werden daher mit Einzelprojekten die Hauptverbindungswege zwischen den verschiedenen Höhepunkten des Gartenreichs wiederhergestellt und Pflegedefizite schrittweise abgebaut.

Die Wertschöpfung in der Region und die Wertschätzung des Gartenreichs Dessau-Wörlitz durch die ortsansässige Bevölkerung, Landnutzer und Touristen wird entscheiden, in welchem Umfang die notwendigen Pflegemaßnahmen finanziert und damit der Weiterbestand und die Wiederherstellung der Wege gesichert werden können. Förderprojekte allein ermöglichen keine kontinuierliche Pflege und die Aufrechterhaltung des bereits erreichten Pflegezustands. Gemeinden, Bewohner, Landnutzer und andere sind derzeit noch nicht ausreichend motiviert oder auch nicht in der Lage, diese Aufgabe dauerhaft zu übernehmen.

Seit 2001 wird mit allen Beteiligten gemeinsam ein Denkmalrahmenplan erarbeitet, der die notwendigen Maßnahmen zum Erhalt der einzelnen Elemente des Gartenreichs nach ihrer Bedeutung und Dringlichkeit bewertet; dieser soll einen wesentlichen Qualitätssprung für die Umsetzung bringen.

Abb. 6: Warnungsaltar im Wörlitzer Park: Das älteste gemeinsame Denkmal für Naturschutz und Kultur. Der Altar trägt die Inschrift „Wanderer, Achte Natur und Kultur und schone ihre Werke".

Biosphärenreservate und Kulturlandschaften

„Herkömmliche" Kulturlandschaften in Pflege- und Entwicklungszonen

Die deutschen Biosphärenreservate bestehen überwiegend aus Kulturlandschaften, die dem Typ „Organisch entstandene Landschaften" der UNESCO-Definition entsprechen. Es handelt sich um weitgehend rural geprägte Landschaften, deren Spektrum von den Salzwiesen der Nordsee (Wattenmeer-Biosphärenreservate) über im 18. Jahrhundert gestaltete Agrarlandschaften Ostdeutschlands (BR Südost-Rügen, BR Schorfheide-Chorin, BR Flusslandschaft Elbe) bis zu den Gebirgslandschaften des Harzes, des Pfälzerwaldes, des Bayerischen Waldes und des Süddeutschen Alpenraums reicht. Damit ist jedoch das breite Spektrum mitteleuropäischer Kulturlandschaften bei weitem noch nicht ausgeschöpft. Unterrepräsentiert bzw. noch gar nicht enthalten sind z. B. Feuchtwiesen-Moorkomplexe des süddeutschen Voralpenlandes, magerrasenreiche Landschaften auf Kalk oder Weinbaulandschaften (ansatzweise im BR Pfälzerwald).

Bis heute liegt der räumliche Schwerpunkt der deutschen Biosphärenreservate in Kulturlandschaften mit ausgesprochen hoher Struktur- und Artenvielfalt. Dies macht sicherlich Sinn, da Vielfalt primär dort erhalten werden sollte, wo es sie noch gibt. Die folgenden Sachverhalte sind allerdings zu berücksichtigen:

Meist handelt es sich hierbei um periphere Landschaften fern der Ballungsräume, die aus verschiedenen Gründen sowohl den Meliorationen der 30er und 40er Jahre des 20. Jahrhunderts als auch der Flurbereinigungen weitgehend entgangen sind. Damit hat sich nicht nur eine relative Kleingliedrigkeit (auch der Besitz- und Nutzungsverhältnisse) erhalten, sondern diese Landschaften boten aufgrund ihrer langfristigen strukturellen Kontinuität insbesondere der naturgeprägten Landschaftselemente auch besiedlungsschwachen Arten Lebensraum. Allerdings handelt es sich keineswegs überwiegend um „historische" Kulturlandschaften, indem dort tatsächlich eine Landnutzung wie vor 200 oder 300 Jahren fortbestehen würde. Kunstdünger und moderne Maschinen sind ebenso allgegenwärtig wie moderne Nutztierhaltung auf Portionsweiden und in Ställen.

Gerade in den Pflegezonen der Biosphärenreservate ist die landwirtschaftliche Produktion derzeit relativ weit von internationalen Maßstäben entfernt. Die Höfe sind häufig klein, der Produktion sind durch standörtliche Faktoren enge Grenzen gezogen und die Betriebe wirtschaften trotz hohem landwirtschaftlichen Subventionsniveaus letztlich nicht mehr rentabel. Nicht selten steht deshalb auch die Hofübergabe auf die nächste Generation in Frage (siehe Kap. 4.12). Es besteht die Gefahr, dass die Pflegezonen zu einem permanenten „Pflegefall" des Naturschutzes werden, was mit den Prinzipien des MAB-Programms (ökonomische Nachhaltigkeit, Übertragbarkeit) auf Dauer nur schwer vereinbar sein dürfte.

Im Zeichen der aktuellen Diskussion über eine Neuorientierung der Land- und Forstwirtschaft sind gerade die Biosphärenreservate aufgrund ihres Auftrags gehalten, neue Wege zu finden. Und sie haben hierfür aufgrund noch vorhandener Naturausstattung sogar die beste Ausgangsposition. Vertragsnaturschutz und Kulturlandschaftsprogramme sind derzeit der beste Weg, diese Werte zu erhalten. Bei allen Erfolgen darf aber nicht in den Hintergrund treten, dass es sich hierbei nur um Übergangslösungen handeln kann, die irgendwann durch Alternativen ersetzt werden, die besser in die land- und forstwirtschaftlichen Betriebsabläufe integriert sind (siehe Kap. 3.3.2).

3. NEUE KONZEPTE FÜR DIE MODELLREGIONEN

Dass das sehr hohe Niveau der Biodiversität in den Pflegezonen der deutschen Biosphärenreservate und in vergleichbaren Kulturlandschaften ihrer Entwicklungszonen erhalten bleiben muss, steht außer Frage. „Nachhaltigkeit" bedeutet aber eben nicht nur ökologische, sondern auch ökonomische und soziale Tragfähigkeit. Landschaften, die nur noch ökologische Funktionen erfüllen, würden dieser Maxime kaum entsprechen. Welchen ökonomischen und sozialen Nutzen könnten aber solche Landschaften heute noch erfüllen, wenn sie zur Nahrungsmittel- und Holzproduktion nicht mehr tauglich sind?

Ein Ausweg scheint die Produktion besonders hochwertiger Nahrungsmittel und Waldprodukte zu sein. Ihr höherer Marktertrag könnte die standörtlichen Produktionsnachteile ausgleichen. Tatsächlich scheint das möglich. Schon heute gibt es in Deutschland über 150 Regionalmarken für landwirtschaftliche Produkte (siehe Kap. 4.1, 4.4 und 5.2). Zertifizierung findet auch in der Forstwirtschaft zunehmend Anklang (siehe Kap. 3.3.3). Wichtige Fragen bleiben aber offen:

- Wie viele „Qualitätsmarken" verträgt der Markt, ohne dass wirkliche Qualität in der Masse der Marken untergeht?
- Welche Mehrkosten ist der Verbraucher tatsächlich gewillt, für nachgewiesene Qualität zu bezahlen und vor allem: Wie oft leistet er sich solche Qualität? Die Tatsache, dass bis heute überwiegend nur so genannte Nischenprodukte guten Absatz finden, lässt aufhorchen. Ist es nicht normal, dass man sich besondere Qualität nur zu besonderen Anlässen gönnt?
- Wie kann eine vernünftige Qualitätssicherung rechtlich eingerichtet werden und wer kontrolliert sie?
- Auch hochwertige Produkterzeugung benötigt kaum naturnahe Landschaftsstrukturen. Enge Heckensysteme, Feuchtgebiete mitten im Feld, Bearbeitungspausen wegen brütender Vögel stören z. B. im (professionellen) Ökoanbau genauso wie im konventionellen. Wenn aber Nahrungsmittelproduktion (und sei sie noch so hochwertig) weiterhin einzige Priorität der Landwirtschaft bleibt, was sollte dann den Landwirt bewegen, von sich aus naturnahe Strukturelemente in der Landschaft zu erhalten und (kostenfrei?) zu pflegen?

Naturschutz als „Marktleistung"

Qualitätsprodukte sind zweifellos ein wichtiger Baustein für eine Nachhaltige Entwicklung in jenen peripheren Räumen, in denen auch ein großer Teil der deutschen Biosphärenreservate angesiedelt ist. Aber dies allein reicht nicht aus.

Die Natur, die in den letzten Jahrhunderten in den mitteleuropäischen Kulturlandschaften entstanden ist, war sozusagen ein „Abfallprodukt" der Naturnutzung, insbesondere der Landwirtschaft. Moderne, technisierte Landwirtschaft kann dies allerdings nicht mehr leisten. Effizienz, Exaktheit und Produktivität der landwirtschaftlichen Technologien wurden so grundlegend verbessert (was ja auch zielkonform zur Produktion von Nahrungsmitteln ist), dass für wildlebende Arten kein Platz mehr bleibt. Moderne Landwirtschaft – im Gegensatz zur historischen – schafft somit nicht mehr „so nebenbei" auch Biodiversität. Natur wird damit zu einer Qualität, die bewusst und mit Hilfe spezifischer Techniken „erzeugt" werden muss, zumindest dann, wenn es um jene Natur geht, die für offene Kulturlandschaften typisch ist.

Natur als „Produktleistung" der Land- und Forstwirtschaft mag zunächst ungewöhnlich klingen. Und dennoch waren die Randbedingungen nie günstiger für eine derartige Erweiterung der „Produktpalette". Die Bedeutung gerade peripherer Räume für die Nahrungsmittelproduktion sinkt seit Jahrzehnten rapide, in gleichem Maße wie ihr Wert als Erholungslandschaften wächst. Gleichzeitig steht die bisherige mengen- oder flächenbezogene, jedoch oft leistungs-unabhängige Subventionierung der Landwirtschaft durch die EU zunehmend in der internationalen Kritik. Landwirtschaft kann in vielen Räumen ohne massive staatliche Unterstützung nicht überleben. Allerdings muss hinterfragt werden, welche „Produkte" tatsächlich von der Gesellschaft gewünscht und damit auch gefördert werden.

Wie aber könnte ein solches „Produkt" Natur aussehen, wie könnten „Produktionsleistungen" sinnvoll honoriert werden? Die bisherigen Erfahrungen - nicht zuletzt aus Biosphärenreservaten - zeigen, dass die Lösung nicht so einfach ist, wie sie auf den ersten Blick scheint. Aufträge zur Erfüllung eines eigentlich hoheitlich geplanten Naturschutzes (z. B. Mahd einer mageren Wiese) können zunächst zu einem durchaus sinnvollen Ergebnis führen. Aber werden Landwirte dadurch nicht vom Unternehmer zum „Erfüllungsgehilfen"? Die Praxis zeigt: die Betriebsstrukturen bleiben unverändert (und auf Nahrungsmittelproduktion zentriert), der Naturschutzvertrag wird zusätzlich „mitgenommen", solange es eben Geld dafür gibt. Die emotionale Identifikation mit der neuen Aufgabe bleibt gering, ein „Markt" entsteht nicht (siehe Kap. 3.3.2).

Die aktuelle Diskussion um die zweite Säule der EU-Förderung bietet hierzu eine einmalige Chance. Wenn „Produktion" von Natur tatsächlich in den normalen Betriebsstrukturen, die der Landwirt kennt, leistungsbezogen honoriert wird, so entstehen auch Anreize, den eigenen Betrieb hierauf einzustellen. Mehr noch: Natur ist dann nicht ein „Abfallprodukt", sondern ein Wert, den es im individuellen Interesse zu erhalten gilt.

So logisch diese Argumentation theoretisch klingt, so schwierig dürfte ihre Verwirklichung praktisch sein. Welche Art von Natur soll „erzeugt" werden? Wer entscheidet dies? Wie handhabt man konkurrierende Angebote? Wieviel ist eine bestimmte Natur bzw. eine entsprechende Leistung „wert"? Die Antworten sind einfach, wenn sie sich an vorgegebenen Vertragsleistungen und an den Einbußen durch Minderproduktion von Nahrungsmitteln orientieren. Aber sind dies auch die Randbedingungen der Zukunft?

NEUE KONZEPTE FÜR DIE MODELLREGIONEN

Hier liegt ein weites und im Sinne des MAB-Programms besonders wichtiges Entwicklungsfeld für Biosphärenreservate: Wie können naturschutzfachlich hochwertige Kulturlandschaften erhalten werden, wenn die Nahrungsmittelproduktion nicht mehr im Mittelpunkt steht und sich die Anforderungen der Gesellschaft an diese Landschaften generell geändert haben? Dieses Problem ist nicht nur in Biosphärenreservaten und in Mitteleuropa aktuell. Es ist im Zeitalter der Verstädterung und der „Freizeitgesellschaft" ein globales Problem. Seine Lösung bedarf zusätzlicher Anstrengungen auf allen Feldern der „Nachhaltigkeit".

Informationen oder Emotionen?

Eine Schlüsselposition hat hierbei die Grundhaltung der örtlichen Bevölkerung zu „ihrer" Natur und Landschaft. Meist nicht gewollt und dennoch eine unabdingbare Folge der natürlichen Beschränkungen haben in historischer Zeit die Kulturen nicht nur die sie umgebende Natur geformt; sie wurden in gleicher Weise von dieser selbst geformt. Kulturlandschaftsentwicklung der Vergangenheit war ein interaktiver Prozess zwischen der Natur und den Menschen, die in ihr lebten. Erst mit der technischen Emanzipation ist daraus ein „Eingriff" geworden und wie das Wort selbst sagt, etwas Wesensfremdes, Mechanisches, Bedrohliches. Mit der Folge, dass die „Kommunikation" mit der Natur, das Verstehen ihrer Form, Farbe und Eigenart verloren gegangen ist. Beliebige Natur erscheint heute an beliebigen Orten „machbar" und „steuerbar". Für den Lurchliebhaber der Gartenteich mit dem Laubfrosch, für den Orchideenfreund die „gepflegte" Feuchtwiese. Wo sie liegt, in welcher landschaftlichen und naturräumlichen Einbettung, spielt eigentlich kein große Rolle mehr. Notfalls werden die erforderlichen Requisiten „importiert" (natürlich mit der Begründung, dass sie ja in „historischer Zeit" auch schon da waren).

Viele beklagen den Verlust von „Naturverständnis" in der Bevölkerung. Aber geht es wirklich um „Verständnis", also um rationale Erkenntnisse, oder um „Erleben", „Staunen", „Freude" ... und eben auch „Stolz" dort zu leben, wo der Laubfrosch noch leben kann, also um emotionale Werte? Vielleicht wissen jene „Städter" die heute massenhaft „aufs Land" ziehen mehr, was sie verloren haben als so manche belehrende Broschüre eines Naturschutzverbands.

Unsere Vorfahren konnten sich derartige Sentimentalitäten eigentlich nicht leisten. Ihr Leben war – zumindest in ländlichen Gebieten – immer geprägt von einer Natur, die weniger gab, als für das tägliche Leben erforderlich war. Aber dennoch blieb die „Ehrfurcht" vor der Natur, wie sie Albert Schweitzer für unsere modernen Gesellschaften neu formuliert hat, in tausenden von Festen, kleinen Gesten, Stolz auf „Heimat" lebendig.

Unsere „modernen" Gesellschaften verdrängen derartige Gedanken kategorisch. Es passt einfach nicht zum „Zeitgeist". Gerade hier aber muss die Arbeit der Biosphärenreservate ansetzen. „Periphere Regionen" sind keine Gebiete „zweiter Klasse". Es sind zu einem guten Teil jene Regionen, die ihre Einwohner „wider besseren Wissens" so erhalten haben, dass es sich emotional lohnt, in ihnen zu sein, zu leben (siehe Kap. 5.5).

Wer hierzu Zahlen benötigt: Weit mehr als 10 Millionen Erholungssuchende besuchen jährlich deutsche Biosphärenreservate. Sicher nicht nur, um sich über eine Landwirtschaft zu informieren, die hoffnungslos veraltet und unrentabel ist (siehe 3.3.4).

Biosphärenreservate und moderne Produktion

Ungeachtet dieser Überlegungen besteht tatsächlich die Gefahr, dass Biosphärenreservate das werden, was das Wort bereits ausdrückt: „Reservate", Sondergebiete, Inseln einer alternativen Lebensauffassung in dem Meer der modernen Gesellschaftsentwicklung. Rückzugpunkte, anstelle von Katalysatoren für eine zukunftsorientiere Entwicklung. Nicht umsonst sieht das MAB-Programm für jedes Biosphärenreservat deshalb auch eine „Entwicklungszone" vor. Aber was sind die Funktionen dieser Entwicklungszone?

Es sind meistens recht unauffällige „Normallandschaften" in diesen Entwicklungszonen. Ohne attraktive „Zielarten" des Naturschutzes, ohne hohe Biodiversität. Dafür mit handfesten ökonomischen und sozialen Problemen.

In der Mehrzahl der deutschen Biosphärenreservate stehen die Konzepte für die Entwicklungszonen erst am Anfang. Meist sind es punktuelle Maßnahmen oder übergreifende Initiativen, wie etwa Regionalmarken, die auch die Entwicklungszonen betreffen. Dass hier bis heute erhebliche Defizite bestehen, hängt zum einen von der wirtschaftlichen und sozialen Komplexität dieser Gebiete ab, zum anderen von der fehlenden personellen Fachkompetenz der Verwaltungen. Das Nachhaltigkeits-Dreieck muss sich auch in einer entsprechenden Personalbesetzung der Verwaltungen abbilden. Darüber hinaus sind neue Wege erforderlich, das Ressortdenken der übrigen Verwaltungen aufzubrechen und neue Kommunikationsstrukturen auf kommunaler Ebene zu finden (vgl. Agenda 21-Prozess, siehe Kap. 4.5). Schließlich fehlen auch tragfähige Entwicklungskonzepte des Naturschutzes für derartige, überwiegend land- und forstwirtschaftlich genutzte Normallandschaften, die Schutz, dynamische Entwicklungen und wertende Bilanzierung dieser Entwicklungen einschließen (vgl. FLADE, M. et al. 2003, PLACHTER, H. et al. 2002).

Zusammenfassung

Unberührte Landschaften sind aus Europa bereits vor langem weitestgehend verschwunden. Europas Biodiversität ist heute eng an ein breites Spektrum von Kulturlandschaften gebunden. Ein wesentliches Ziel einer europäischen Naturschutzstrategie muß es deshalb sein, die ausgesprochene Vielfalt und standörtliche Angepasstheit von Kulturlandschaften zu erhalten. Hierzu ist auf ökologische und kulturelle Eigenarten gleichermaßen Rücksicht zu nehmen. Die diesbezügliche Bedeutung von Kulturlandschaften wird erst allmählich erkannt, z. B. durch die Einrichtung einer eigenen Kategorie in der Welterbekonvention der UNESCO. Dies wird am Fallbeispiel der Mittleren Elbe diskutiert. Moderne Landnutzungstechniken sowie die Globalisierung von Handel und Entscheidungsprozessen bedingen eine Vereinheitlichung von Kulturlandschaften mit der Folge eines massiven Verlustes an Biodiversität. Biosphärenreservate sind ein herausragendes Instrument Kompromisse zwischen moderner Landschaftsentwicklung und dem Schutz der Biodiversität zu finden. Hierzu sind auch für die Entwicklungszonen verstärkt tragfähige Strategien zu entwickeln.

Literatur zum Thema

FLADE, M., PLACHTER, H., HENNE, E. U. ANDERS, K. (Hrsg.) (2002): Naturschutz in der Agrarlandschaft. Ergebnisse des Schorfheide-Chorin-Projekts, Wiebelsheim (Quelle & Meyer Verl.).

FUKAREK, F. (1980): Über die Gefährdung der Flora der Nordbezirke der DDR. Phytocoenologia 7: 174-182.

HABER, W. (1995): Concept, Origin and Meaning of 'landscape'.- In: VON DROSTE, B., PLACHTER, H. U. RÖSSLER, M. (eds.): Cultural Landscapes of Universal Value. Components of a Global Strategy, pp. 38-41, Jena (Fischer Verl.).

PHILLIPS, A. (1998): The Nature of Cultural Landscapes - a Nature Conservation Perspective.- Landscape Res. 23: 21-38.

PLACHTER, H. (1999): The Contributions of Cultural Landscapes to Nature Conservation. In: Bundesdenkmalamt, Wien. (ed.): Denkmal - Ensemble - Kulturlandschaft am Beispiel Wachau, pp. 93-115, Wien.

PLACHTER, H., BERNOTAT, D., MÜSSNER, R. U. RIECKEN, U. (Hrsg.) (2002): Entwicklung und Festlegung von Methodenstandards im Naturschutz.- Schr.R. Naturschutz u. Landschaftspflege 70: 564 pp., Bonn.

PLACHTER, H., RÖSSLER, M. (1995): Cultural Landscapes: Reconnecting Culture and Nature. In: von Droste, B., Plachter, H. H. Rössler, M. (eds.): Cultural Landscapes of Universal Value. Components of a Global Strategy, pp. 15-18; Jena (Fischer Verl.).

SUKOPP, H., TREPL, L. (1987): Extinction and Naturalization of Plant Species as Related to Ecosystem Structure and Function. Ecol. Studies 51: 245-276.

BEITRAG BRÄUER/PUHLMANN im Gartenreichsonderheft des Landschaftsplanungsbüros Dr. Reichhoff.

PUHLMANN, G., JÄHRLING, K.-H. (2003): Natur und Landschaft 78, Heft 4/April 2003. S. 143-149.

3.2.4 Bewahrt die Mannigfaltigkeit! Aus der Praxis der Landschaftspflege

Josef Göppel

Zum Begriff „Landschaftspflege"

Bei Klassikern wie Alwin Seifert oder Hermann Meusel ist der Begriff „Landschaftspflege" sehr stark naturschutzorientiert. „Bewahrt die Mannigfaltigkeit!" hieß Meusels Mahnung, als er hochbetagt an der Gründung des Deutschen Verbands für Landschaftspflege (DVL) teilnahm. Er hatte dabei die Mannigfaltigkeit alles pflanzlichen und tierischen Lebens sowie der Landschaftsformen im Blick.

In den 70er Jahren des 20. Jahrhunderts tauchten plötzlich neue Töne auf. Der Ölpreisschock von 1973 setzte vor allem in den Alpenländern Österreich und Schweiz eine Diskussion über regionale Rohstoff- und Energiequellen in Gang.

1978 griff das österreichische Bundeskanzleramt den Gedanken mit einem Förderprogramm für eigenständige Regionalentwicklung auf. In Deutschland waren es Mitarbeiter der Gesamthochschule Kassel und der Arbeitsgemeinschaft Bäuerliche Landwirtschaft, die die ersten Regionalkonzepte entwickelten. 1984 legte Hessen ein ländliches Regionalprogramm auf, das sich als erstes deutsches Förderkonzept an einer eigenständigen Regionalentwicklung orientierte.

Eine ganze Dorfgemeinschaft macht mit, um dem Wald einen schützenden Mantel zu geben.

Mitte der 80er Jahre gründeten sich in Bayern die ersten Landschaftspflegeverbände als regionale Aktionsbündnisse von Landwirten, Naturschützern und Kommunalpolitikern. Die rasche Ausbreitung dieser neuen Organisationsform ist wohl

NEUE KONZEPTE FÜR DIE MODELLREGIONEN

wesentlich auf die Beobachtung zurückzuführen, dass Investitionsneigung und attraktive Landschaften einen engen Zusammenhang aufweisen. In der Tat zeigte sich unter dem Wettbewerbsdruck des damals herannahenden europäischen Binnenmarktes eine klare Präferenz der Investoren für Regionen mit hohem Freizeitwert und unverwechselbarem kulturellen Gebietscharakter. Übernutzte Landstriche, aber auch Räume mit Verödungsmerkmalen fielen dagegen im Regionalwettbewerb zurück. So gewann die Landschaftspflege einen ganz neuen Stellenwert. Sie rückte vom Nischenziel zum Standortfaktor auf und entschied von nun an über den gesamtwirtschaftlichen Erfolg einer Region mit.

Was ist Landschaftspflege?

1. *Landschaftspflege dient der Erhaltung und Schaffung von Lebensräumen für heimische Tier- und Pflanzenarten sowie der Sicherung der natürlichen Lebensgrundlagen Boden, Wasser und Luft.*
2. *Landschaftspflege umfasst auch das Gewährenlassen ungestörter Abläufe in der Natur.*
3. *Landschaftspflege unterstützt mit fachübergreifenden Projekten die Erhaltung und zeitgemäße Weiterentwicklung landschaftsangepasster Nutzungsformen. Sie will die Eigenkräfte von Regionen stärken, ihre Besonderheiten herausstellen und die natürlichen Lebensgrundlagen durch angepasstes Wirtschaften ergiebig erhalten.*
4. *Landschaftspflege öffnet den Menschen über Umweltbildungsangebote den Blick für die Schätze ihrer nächsten Umgebung und macht echte Natur für alle Bevölkerungsschichten erlebbar.*

Quelle: DVL / www.lpv.de

Die Idee einer eigenständigen Regionalentwicklung veränderte auch in einem weiteren Punkt das Denken vieler Menschen in den so genannten benachteiligten Regionen: Sie wollten nicht mehr Objekt staatlicher Subventionspolitik von oben sein, sondern eine von unten und von innen heraus selbst gesteuerte aktive Einheit. Nicht mehr kurzfristige Beschäftigungseffekte durch die Ansiedlung außenbestimmter Niedriglohnbetriebe waren das Ziel. Man wollte vielmehr mit modernisierten einheimischen Betrieben die regionale Wirtschaft stärken und so weit wie möglich regionale Wirtschaftskreisläufe in Gang setzen.

Schließlich kam dem verbreiteten neuen Ansatz die Bewegung zu mehr Teilhabe und bürgerschaftlichem Engagement entgegen. Die gleichberechtigte und freiwillige Zusammenarbeit verschiedener Interessengruppen in den Landschaftspflegeverbänden war ein Experimentierfeld der späteren „Agenda 21"-Gruppen. Als 1993 in Berlin der Deutsche Verband für Landschaftspflege im Beisein des damaligen Bundesumweltministers Klaus Töpfer gegründet wurde, stand die neue Programmatik bereits auf soliden Beinen.

Ziele der Landschaftspflegeverbände

1. *Ein flächendeckendes Netz natürlicher Lebensräume aufbauen, um in allen deutschen Kulturlandschaften die Lebensgrundlagen intakt zu erhalten.*
2. *Der Landwirtschaft ein verlässliches Zusatzeinkommen im Naturschutz verschaffen und sie bei der Vermarktung gebietstypischer Produkte unterstützen.*
3. *Impulse für eine ökologisch orientierte Wirtschaftsentwicklung und umweltverträgliche Landnutzung geben, die das Besondere der einzelnen Regionen herausarbeitet und ihre Eigenkräfte weckt.*
4. *Den Blick auf die Landschaft vor der Haustür öffnen und echte Natur mit gezielten Aktionen für alle Bevölkerungsschichten erlebbar machen.*

Quelle: DVL / www.lpv.de

Landschaftspflege heute

Der naturverträglich wirtschaftende Mensch wurde von nun an prinzipiell nicht mehr als Störer gesehen, sondern als Bestandteil des Lebensraums Landschaft, der zu diesem ökologisch-kulturellen Gesamtsystem untrennbar gehört (siehe Kap. 3.1.1). Damit war nicht nur zur Land- und Forstwirtschaft, sondern auch zum Fremdenverkehr, zum Handwerk, zu den klassischen Dienstleistungsberufen, ja bis hin zu den ländlichen Banken eine Brücke geschlagen, über die der Naturschutz einflussreiche strategische Partner gewinnen konnte. Die Voraussetzung war dabei immer eine naturverträgliche Nutzung.

Ihren wichtigsten Impuls erhielt diese Sichtweise 1990 durch die Wende in der DDR. Hatten sich westdeutsche Landschaftspfleger bis dahin oft mit Restflächenmanagement begnügen müssen, so öffneten die Ostdeutschen jetzt den Blick auf Tausende von Hektar, auf existenzielle wirtschaftliche Verflechtungen, auf die Landschaft als Gesamtraum. Das ist neben der Sicherung der Großschutzgebiete das zweite große bleibende Verdienst der ostdeutschen Naturschutzaktivisten in der Wendezeit.

Voller Leben

3. NEUE KONZEPTE FÜR DIE MODELLREGIONEN

Dieses gedankliche Konzept bildete fortan auch die Grundlage der Arbeit in den Biosphärenreservaten und der LEADER-Aktionsgruppen.

Die Naturschutzverbände konnten von ihren Ideen und Vorschlägen viel mehr als früher in die Wirklichkeit umsetzen. Der Arbeitsgrundsatz der Landschaftspflegeverbände heißt: Alle Gutwilligen aus allen Bereichen sammeln und in gemeinsame Projekte für die heimatliche Landschaft einbinden. Jäger und Fischer sind hier ebenso willkommen wie Sportkletterer, Wassersportler oder Rohstoffbetriebe. Heute gehört der Blick auf die regionalwirtschaftliche Entwicklung und das Bemühen um strategische Partner überall untrennbar zur Landschaftspflege, ganz gleich, ob die Partner in Landschaftspflegeverbänden organisiert sind oder nicht. Diese Bündelung der Kräfte setzte beachtliche Energien frei.

- In Mecklenburg-Vorpommern wurde das vom Aussterben bedrohte Rauhwollige Pommersche Landschaf wieder gezielt zur Beweidung eingesetzt. Die Rasse ist damit in ihrem Bestand gesichert.
- Auf der Friedrichshöhe im Thüringer Wald entstand Thüringens erstes Heubad. In Betten mit frischem Bergwiesenheu entspannen sich immer mehr Besucher im Heilkräuteraroma. Auch der gezielte Verkauf von Arnikaheu an Pferdehalter trägt zur Finanzierung der Bergwiesenpflege bei.
- Zahlreich sind inzwischen die Vermarktungsprojekte für gebietstypische Produkte.
- Der Aufbau großräumiger Biotopverbundnetze bleibt bei all dem die Kernaufgabe. So hat das Projekt „Lebensraum Lechtal" entlang des bayerischen Lechs von der Tiroler Grenze bis zur Mündung in die Donau in zwei Jahren 800 Hektar Flächen gesichert.

Sondergutachten des Umweltrats der Bundesregierung 1996:

Konzepte einer dauerhaft-umweltgerechten Nutzung des ländlichen Raumes:

„Um die Ziele des Naturschutzes und der Landschaftspflege in die Praxis umzusetzen, haben sich Landschaftspflegeverbände als eine effektive Organisationsform erwiesen. (…) Die Integration aller betroffenen Gruppierungen erwies sich als ein erfolgreicher Weg, die Akzeptanz zu fördern und den Erfahrungsschatz aller Beteiligten zu nutzen; (…)
Der Umweltrat empfiehlt, Landschaftspflegeverbände für die Umsetzung regionaler Landnutzungskonzepte sowie der kommunalen Landschaftsplanung zu institutionalisieren und zu fördern."

- Zur regionalen Wertschöpfung gehört die Energieerzeugung aus der eigenen Fläche. Der Landschaftspflegeverband Freising baut ein Biomasseheizkraftwerk auf, um Grüngut aus der Landschaftspflege energetisch zu verwerten.

Seit Beginn der 90er Jahre traten bei der Abwicklung solcher Projekte immer stärker weitere Aufgaben hinzu: intensive Öffentlichkeitsarbeit und Umweltbildung.

Umweltpädagogik wurde zur eigenen Säule neben den Maßnahmen selbst. Es wächst eine Generation heran, die den Bezug zur Natur in der Kindheit nicht mehr automatisch mitbekommt. Die Lebenswelt der deutschen Durchschnittsfamilie spielt sich fast nur noch in zivilisationsgeprägten Räumen ab: Wohnung, Auto, Schule, Büro, Sporthalle, Freizeitcenter.

Die Mahd am Steilhang ist Schwerstarbeit.

Der Durchschnittsdeutsche verbringt heute weniger als eine Stunde täglich im Freien. Natur kann man über Fernsehen und Internet virtuell toll erleben. Den Geruch einer Sommerwiese, die Kühle eines schattigen Bachlaufs oder den direkt vom Baum gepflückten Apfel können jedoch die waghalsigsten Actionfilme nicht ersetzen. Die virtuelle Technowelt führt zu einer Realitätsverschiebung, weil Showeffekte und Tricks scheinbar alles möglich machen.

In dieser Situation ist es nötig, durch reales Erleben wieder den Blick für die eigene Umgebung zu schärfen, einen Zugang zur Landschaft zu finden, in der man lebt und die Augen geöffnet zu bekommen für ihre Schätze.

Alle Projekte der deutschen Landschaftspflegeverbände weisen deshalb heute eine intensive umweltpädagogische Begleitung auf. Beispiele dafür aus jüngster Zeit sind das spielerische Entdecken der Haselmaus in Sachsen, die Waldjugendspiele im Kreis Teltow-Fläming oder die Aktion Herumtollen in den Sandlebensräumen des Ballungsraums Nürnberg.

Umweltpädagogik bleibt angesichts des naturfernen Alltags der Menschen in unserer Zeit eine Daueraufgabe. Verständnis für die reale Welt, die uns umgibt, werden wir nur finden, wenn wir es in jedem einzelnen Menschen frühzeitig wecken. Nur so werden die Kinder von heute später als Erwachsene für einen pfleglichen Umgang mit der Landschaft zu gewinnen sein.

NEUE KONZEPTE FÜR DIE MODELLREGIONEN

Landschaftspflege in Biosphärenreservaten

In Biosphärenreservaten steht die praktische Landschaftspflege vor besonderen Herausforderungen. Einerseits gibt es genauere fachliche Vorgaben und in der Regel bessere Planungsgrundlagen; andererseits müssen die Maßnahmen höheren Qualitätsansprüchen genügen.

Unterschiede gibt es auch bei der Durchführung der Arbeiten. Steht die Geschäftsführung eines Landschaftspflegeverbands normalerweise ziemlich allein da, so hat sie in Biosphärenreservaten eine fachlich qualifizierte Verwaltung an der Seite. Das führt zu einer intensiveren Vorbereitung und Nachkontrolle aller Arbeitsschritte, kurzum: Die fachliche Dichte der Landschaftspflege in Biosphärenreservaten ist meist größer als außerhalb davon. Daraus ergeben sich oftmals neue Impulse für das ganze Land.

Einheimische Landwirte pflanzen im Auftrag des Landschaftspflegeverbandes Obstbaum-Hochstämme.

Beispiel BR Rhön

Der Landschaftspflegeverband Thüringer Rhön wurde maßgeblich von den Mitarbeitern des Biosphärenreservats initiiert. Er betreut jährlich rund 5.000 Hektar Grünlandflächen, die nach naturschutzfachlichen Merkmalen bewirtschaftet werden. Mit Hilfe von Vertragsnaturschutzmitteln wurden in den vergangenen Jahren zahlreiche Erstpflegemaßnahmen auf Kalkmagerrasen sowie in Feuchtflächen und Streuobstbeständen durchgeführt. Zu diesem Zweck lief das erste Bundesländer übergreifende EU-LIFE-Projekt in Deutschland. Hessen, Thüringen und Bayern waren daran beteiligt.

Mit verschiedenen Einzelprojekten verfolgt der Landschaftspflegeverband spezielle Artenschutzziele. Dazu gehört die Verbesserung der Lebensräume für das Birkwild (*Tetrao tetrix*) oder die Berghexe (*Chazara briseis*), ein Tagfalter, der seinen deutschen Verbreitungsschwerpunkt in der Thüringer Rhön hat. Ein Sortengarten dient der Erhaltung von rund 120 regionalen Apfelsorten. In Kürze können Interessenten solche Regionalsorten über die Reiserbörse des Landschaftspflegeverbands beziehen.

Inzwischen ist der Landschaftspflegeverband sogar Träger eines Naturschutzgroßprojekts des Bundes. Das Projektgebiet umfasst 13.400 Hektar. Projektziel ist der Aufbau stabiler Wanderschäfereien.

Beispiel BR Flusslandschaft Elbe/Brandenburg

Traditionell nutzen die nordischen Gänse und Schwäne den Zugkorridor an der Elbe, um in ihre angestammten Winterrastplätze zu gelangen. In den letzten Jahren nahmen die Schäden an landwirtschaftlichen Kulturen deutlich zu.

Der Landschaftspflegeverband Lenzener Elbtalaue erprobt Methoden zur Schadensminderung. Gezielte Störungen an besonders gefährdeten Feldern lenken die Tiere auf eigens angelegte Ablenkflächen wie Stoppeläcker oder Zwischenfruchtflächen. Eine besondere Anziehungskraft üben leicht überstaute Wiesen auf die Gänse aus. Hier finden sie all ihre Lebensraumansprüche an einem Ort vor.

An dem Gänseprojekt in der Lenzener Elbtalaue sind acht Landwirtschaftsbetriebe und zahlreiche Jagdpächter beteiligt (siehe Kap. 4.11).

Beispiel BR Schorfheide-Chorin

Der Landschaftspflegeverband Uckermark/Schorfheide entwickelte für die Gesamtfläche des Gutes Peetzig ein Landschaftsstrukturkonzept, das einerseits den wirtschaftlichen Betriebszielen dient und andererseits genügend Entwicklungsspielraum für eine vielfältige Flora und Fauna schafft. 30 Prozent der Flächen sind hoch bis sehr hoch erosionsgefährdet. Aufgrund der grundwasserfernen Sandstandorte liegt fast flächendeckend eine starke Winderosionsgefährdung vor.

Das Leibniz-Zentrum für Agrarlandschafts- und Landnutzungsforschung (ZALF) e. V. in Müncheberg erarbeitete für den Landschaftspflegeverband ein neues Schlagmuster. 16 Schläge für zwei jeweils achtgliedrige Fruchtfolgen wurden etabliert. 100 Hektar wassererosionsgefährdete Äcker mit geringem Ertragspotenzial wurden zur Umwandlung in Grünland empfohlen. Es traf sich gut, dass damit zugleich hofnahe Weideflächen geschaffen werden konnten.

3. NEUE KONZEPTE FÜR DIE MODELLREGIONEN

Zahlreiche neue Hecken durchziehen seit 1998 die Peetziger Flur. Sie wurden so angelegt, dass mehrere Ziele erreicht werden können: neue Gliederung der Landschaft, Erosionsschutz und Trittsteine für neue Lebensräume.

Beispiel BR Südost-Rügen

Der Landschaftspflegeverband Ostrügen widmete sich der Renaturierung eines 80 Hektar großen Polders am Neuensiener See. Diese Niedermoorfläche war einst ein von Brackwasser beeinflusstes Saatgrasland. Durch einen Deichbau wurde das Moor 1970 vom Neuensiener See abgetrennt. Ein Schöpfwerk entwässerte es fortan. Der Grundwasserstand sank deutlich ab. Die Vegetation veränderte sich zu einem Queckengrasland, das von Binsen und Brennnesseln dominiert wurde. Das Renaturieren sollte die Mineralisierung des Moores stoppen.

Der Landschaftspflegeverband Ostrügen übernahm das Management zur Umsetzung dieses Projekts. In Abstimmung mit allen Grundeigentümern und sonstigen Beteiligten nahm man auf zwölf Metern Länge eine Deichschlitzung vor und legte ein neues Grabensystem an. Eine neue Fußgängerbrücke sichert den beliebten Deichwanderweg.

Aufgrund des guten Erfolgs wird zurzeit die Renaturierung der Lobber-See-Niederung auf über 260 Hektar vorbereitet.

Im schwierigen Gelände ist die Plenterung alter Hecken auch heute noch Handarbeit.

Finanzierung

Die Finanzierung solcher Projekte ist trotz Einbeziehung der Kommunalpolitiker in vielen Fällen noch nicht dauerhaft gesichert. Manche Treueschwüre für die Nachhaltigkeit verstummen in Zeiten knapper Kassen; in etlichen Bundesländern sind Landschaftspflegeverbände und Regionalinitiativen immer noch zarte Pflänzchen.

Angesichts der beruflich ungewissen finanziellen Zukunft vieler Geschäftsführer ist ihre persönliche Leistung bewundernswert. Aus der Sicht der staatlichen Behörden sind freie Verbände durchaus willkommen. Ähnlich wie in der Sozialpolitik mit den Verbänden der freien Wohlfahrtspflege bilden sich nun im Umweltbereich mit den Landschaftspflegeverbänden und vergleichbaren Organisationen Umsetzungsinstrumente heraus, die an der Erfüllung staatlicher Aufgaben kontrolliert mitwirken. Sie haben den Vorteil klarer finanzieller Eingrenzbarkeit. Sie können zusätzliche Finanzmittel über Spenden und Sponsoring akquirieren und bringen viel Idealismus mit.

Es spricht also Vieles dafür, den Landschaftspflegeverbänden in den Länderhaushalten eine verlässliche Grundfinanzierung zu geben. Die Länder sind nach unserer grundgesetzlichen Ordnung für Naturschutz und Landschaftspflege in erster Linie zuständig. Alle anderen politischen Ebenen haben im Vergleich dazu nur eine ergänzende Verantwortung. Gerade auch im Blick auf die neue europäische Agrarpolitik bieten sich deshalb für freie Verbände in der Landschaftspflege folgende Aufgabenschwerpunkte an:

1. Mitwirkung bei der Umsetzung des Vertragsnaturschutzes,
2. Mitwirkung bei der Umsetzung von Agrarumweltmaßnahmen,
3. Mitwirkung bei der Umsetzung von Pflegeplänen in Natura 2000-Gebieten,
4. Umsetzung kommunaler Landschaftspläne,
5. naturschutzfachlich einwandfreie Abwicklung von Ausgleichsmaßnahmen nach dem Bundesbaugesetz,
6. Organisation von Landschaftsführungen und Naturerlebnissen vor der Haustür.

Der DVL achtet als Dachverband der Deutschen Landschaftspflegeverbände dabei sehr auf die Interessenlagen anderer Gruppen. So erstellen Landschaftspflegeverbände grundsätzlich keine Planungen. Das soll Sache der freien Architekturbüros bleiben.

Auch mit dem Bundesverband des Garten-, Landschafts- und Sportplatzbaus (GaLaBau) wurde eine Übereinkunft getroffen: Landschaftspflegeverbände arbeiten nur in der freien Feldflur, Innerortslagen bleiben den GaLaBau-Betrieben vorbehalten. Bei der Vergabe der Arbeiten werden bevorzugt landwirtschaftliche Selbsthilfeorganisationen wie Maschinenringe eingeschaltet.

Tätigkeitsfeld von Landschaftspflegeorganisationen bleibt im Kern immer das Management der Umsetzung. Das schließt Vorbereitung, Beratung, Abwicklung, Kontrolle, Abrechnung und begleitende Öffentlichkeitsarbeit ein.

Aus diesem Grund werden Landschaftspflegeverbände auch nicht ihre Einstufung als „anerkannter Naturschutzverband" beantragen, denn sie sind keine Naturschutzorganisationen, sondern freiwillige Aktionsbündnisse zur einvernehmlichen Umsetzung konkreter Maßnahmen. Nischen finden und Nischen lassen ist nicht nur in der Natur das beste Überlebensprinzip, sondern auch im sozialen Zusammenleben.

NEUE KONZEPTE FÜR DIE MODELLREGIONEN

Gewähren lassen oder Eingreifen?

In der täglichen Praxis taucht immer wieder die Frage auf: Wo soll der Mensch überhaupt in Abläufe der Landschaftsentwicklung eingreifen? Soll ein Hang entbuscht oder eine Talaue rückvernässt werden? Wo darf Aufforstung aus landeskulturellen Gründen versagt werden? Wie steht es mit der Durchweidung von Auwäldern, wo wir doch Wald und Weide jahrzehntelang strikt trennen wollten? Dürfen wir gezielte Feuer zur Verjüngung von Heideflächen einsetzen?

Ein vom Landschaftspflegeverband initiierter Regionalmarkt mit Früchten der Saison

Wir tun wohl gut daran, als Richtschnur für solche Entscheidungen den Satz von Hermann Meusel zur Erhaltung der Mannigfaltigkeit heranzuziehen: Ein gezielter landschaftspflegerischer Eingriff des Menschen ist immer dann gerechtfertigt, wenn er das Überleben von Arten oder Landschaftstypen sichert, die in dem jeweiligen Gebiet seltener sind als der vorhandene Zustand.

Letztlich setzt Landschaftspflege aber immer eine kulturelle Wertentscheidung voraus: Welche Landschaft wollen die Menschen? Landschaftspflege ist also primär kulturell begründet und nicht ökologisch. In einigen Bundesländern wird die Kulturlandschaftspflege deshalb auch unter der Rubrik „Heimat und Kulturpflege" geführt (siehe Kap. 3.2.3).

Regionale Vielfalt gegen globale Monotonie

Der fachübergreifende und umfassende Ansatz der heutigen Landschaftspflegeverbände und die innere Kraft dieser Bewegung sind nur vor dem Hintergrund der Globalisierung verstehbar. Die globalisierte technische Zivilisation westlicher Prägung beinhaltet einen starken Trend zur Gleichförmigkeit aller Lebensformen, der Sprache, der Kleidung, der Nahrung, der Bauweisen und des Freizeitverhaltens.

Menschen, die sich die Erhaltung der Vielfalt zum Ziel gesetzt haben, sind hier im Kern getroffen. Die Bewahrung der Mannigfaltigkeit bekommt eine weit über das Ökologische hinausgehende kulturelle Dimension. Gelingt es uns, die Vielfalt der Mundarten, Gebräuche, Speisen, Baustile und landschaftlich angepassten Wirtschaftsformen gegen den Trend zur globalisierten Einheitszivilisation zu erhalten? Das Ringen um die Balance zwischen regionaler Verwurzelung und weltweitem Agieren ist der Kern der Regionalbewegung. Die Verankerung der Menschen in überblickbaren Lebenskreisen mit einem eigenständigen Profil als Antwort auf die Entseelung der Menschen in der zentralisierten Industriewelt – das ist die Triebfeder, die so viel Idealismus und Opferbereitschaft freisetzt.

Die menschen- und naturverträgliche Gestaltung der Globalisierung ist die große Aufgabe unserer Generation. Das weltweite Aufflammen regionaler Protestbewegungen zeigt, auf welch brüchigem Eis die Neoliberalisten gehen. Die bisherige Form der Globalisierung hat einige wenige reicher und viele ärmer gemacht. Der voll liberalisierte Welthandel nimmt keine Rücksicht auf gewachsene Strukturen, auf soziales Gefüge und auf intakte Natur. Diese Art von Freihandel ist auch frei von Verantwortung. Freiheit muss aber in allen Lebensbereichen an Verantwortung gebunden sein, sonst gibt es bald nur noch das brutale Recht des Stärkeren; das wäre dann auch das Ende der Freiheit.

Die neoliberalistische Wirtschaftsdoktrin will möglichst keine Regeln. Alles soll der freie Markt bewirken. Diese Denkrichtung übersieht, dass die Hilfsquellen unserer Erde nicht unbegrenzt zur Verfügung stehen. Auch die Wirtschaft kann sich nicht außerhalb der Naturgesetze stellen. Die Behauptung, ein voll liberalisierter Welthandel nütze allen, ist unwahr. Je weiter die ungeregelte Liberalisierung voranschreitet, desto größer werden Unterschiede und Ungerechtigkeiten. Es gilt anzugehen gegen das schrankenlose „Shareholder-Value-Denken", die Zurückdrängung aller anderen Unternehmensziele gegenüber Aktienkursen und Gewinnraten.

Dieses Denken hat Züge eines Tanzes um das Goldene Kalb angenommen. Auch im 21. Jahrhundert bleiben solche Verirrungen nicht ungestraft.

Neben der ökonomischen gibt es eine ökologische und kulturelle Wertschöpfung. Regionale Traditionen und Landschaftsformen sind Nahrung für die Seele. Sie sind für die gemüthafte Verankerung der Menschen im Raum unersetzlich. In unserer technischen Zivilisation, die sich so rasch verändert, brauchen die Menschen Haltepunkte für das Gemüt. Nur Menschen mit Bodenhaftung können offenen Blickes auf die Fülle der heutigen technischen Möglichkeiten zugehen und sie verantwortungsvoll nutzen.

Zusammenfassung

In Deutschland arbeiten rund 150 Landschaftspflegeverbände, um Projekte des Naturschutzes und der Landschaftspflege umzusetzen. Ihr Charakteristikum ist die Zusammenarbeit von

3. NEUE KONZEPTE FÜR DIE MODELLREGIONEN

Landnutzern, Naturschützern und Kommunalpolitikern. Die freiwillige und gleichberechtigte Zusammenarbeit verschiedener Gruppen schafft Vertrauen. Sie hat sich in der Praxis bewährt.

Landschaftspflegeverbände haben zwei Hauptziele:
1. Ein flächendeckendes Netz naturnaher Lebensräume aufzubauen,
2. typische regionale Eigenarten zu stärken und daraus regionale Wertschöpfung für Landwirtschaft, Handwerk und Tourismus zu schaffen.

In Biosphärenreservaten müssen die Projekte der Landschaftspflegeverbände besonders hohen fachlichen Ansprüchen genügen. Daraus ergeben sich wichtige Impulse für die übrige Kulturlandschaft. Die Finanzierung der Landschaftspflege ist noch nicht überall solide gesichert. Vielleicht bringt die Europäische Förderung lokaler Partnerschaften ab 2005 den dringend nötigen Durchbruch. Intakte Landschaften erweisen sich nämlich als immer wichtigerer Standortfaktor für die wirtschaftliche Entwicklung ländlicher Regionen.

Literatur zum Thema

ARBEITSGEMEINSCHAFT BÄUERLICHE LANDWIRTSCHAFT (Hrsg.) (1997): Leitfaden zur Regionalentwicklung. – Rheda-Wiedenbrück.

DVL – DEUTSCHER VERBAND FÜR LANDSCHAFTSPFLEGE e. V. (1998): Waldrand – Hinweise zur Biotop- und Landschaftspflege. – Beutel (DVL): 8 S.

DVL – DEUTSCHER VERBAND FÜR LANDSCHAFTSPFLEGE e. V. (2001): Fledermäuse im Wald – Informationen und Empfehlungen für den Waldbewirtschafter, – Ansbach (DVL) – Landschaft als Lebensraum Heft 4: 19 S.

DVL – DEUTSCHER VERBAND FÜR LANDSCHAFTSPFLEGE e. V. (2002): Erprobungs- und Entwicklungsvorhaben: Reptilienlebensraum Lechtal (Voruntersuchung). – Ansbach (DVL) – unveröffentlichtes Gutachten.

FRANCÉ, R. (1923): Die Entdeckung der Heimat. – Asendorf.

GÖPPEL, J. (1993): Landschaft als Lebensraum. Heft 1 der Schriftenreihe des DVL.

GÖPPEL, J. (1996): Denken in Landschaften. – ars vivendi.

GÖPPEL, J. (1999): Regionen im Aufbruch. Heft 2 der Schriftenreihe des DVL.

GÖPPEL, J. (2000): Die Farben der Zukunft. – Wie regionales Wirtschaften erfolgreich wird. Heft 5 der Schriftenreihe des DVL.

GÜTHLER, W. (1999): Landschaftspflegeverbände – Bündnisse für die Natur. In: KONOLD, W., BÖCKER, R., HAMPICKE, U.: Handbuch Naturschutz und Landschaftspflege, Landsberg.

GÜTHLER, W. (2001): Agrarumweltprogramme als Perspektive der Kooperation zwischen Landwirtschaft und Naturschutz. In: OSTERBURG, B., NIEBERG, H. (Hrsg.) (2002): Tagungsband „Agrarumweltprogramme" – Konzepte, Entwicklungen, künftige Ausgestaltung", Tagung am 27. - 28. November 2000 in Braunschweig. Landbauforschung Völkenrode Sonderheft 231.

GÜTHLER, W. (2002): Zwischen Blumenwiese und Fichtendickung: Naturschutz und Erstaufforstung. – In: BUNDESAMT FÜR NATURSCHUTZ (Hrsg.): Bonn. – Schriftenreihe Angewandte Landschaftsökologie H. 45., 133.

S. GÜTHLER, W., KRETZSCHMAR, C., PASCH, D. (2003): Verwaltungsprobleme des Vertragsnaturschutzes und mögliche Lösungsansätze, Bundesamt für Naturschutz (Hrsg.), BfN-Skripten Heft 86, Bonn.

HAHNE, U. (1984): Endogene Entwicklung, Theoretische Begründung und Strategiediskussion. – Arbeitsmaterial der Akademie für Raumforschung und Landesplanung. Nr. 76, Hannover 1984.

MAIER, J. (1997): Nachhaltige Regionalentwicklung und regionale Energieversorgung. In: Das Prinzip der Nachhaltigen Entwicklung in der räumlichen Planung (= Arbeitsmaterial der Akademie für Raumforschung und Landesplanung, Nr. 238), Hannover 1997, 138-141.

MAIER, J, TROEGER, G., WEBER J. (1985): Regionale Selbstverwirklichung im Tourismus, Darstellung und Kritik des Konzeptes einer endogenen Regionalentwicklung am Beispiel peripherer Mittelgebirgslagen. In: Informationen zur Raumentwicklung, H. 1 1985, 21-33.

MAIER, J. (1997): Anforderungen an die Umsetzung des Gebots der Nachhaltigkeit in der ländlichen Entwicklung aus der Sicht des Regionalwirtschaftlers, Tagungsband der Bayerischen Akademie Ländlicher Raum, Memmingen 1997.

MOSE, I. (1993): Eigenständige Regionalentwicklung – Neue Chancen für die ländliche Peripherie? Studien zur angewandten Geographie und Regionalwissenschaft, Band 8, Vechta 1993.

TSCHUNKO, S., GÜTHLER, W. (1997): Landschaftspflegeverbände in Bayern – Erfahrungen und Perspektiven, unveröffentlichte Studie im Auftrag des Bayerischen Staatsministeriums für Landesentwicklung und Umweltfragen.

WALDERT, H. (1992): Gründungen – Starke Projekte in schwachen Regionen, Wien 1992.

NEUE KONZEPTE FÜR DIE MODELLREGIONEN

3.2.5 Bedeutung der Naturwacht

Beate Blahy und Gertrud Hein

In den 14 deutschen Biosphärenreservaten gibt es ca. 200 hauptamtliche Mitarbeiterinnen und Mitarbeiter der Naturwacht. In den Biosphärenreservaten Schleswig-Holsteinisches, Hamburgisches und Niedersächsisches Wattenmeer, Bayerischer Wald und Berchtesgaden, die gleichzeitig auch Nationalparkgebiete umfassen, ist die Naturwacht sowohl für die Biosphärenreservats- als auch für die Nationalpark-Verwaltung tätig.

In den Kriterien für Anerkennung und Überprüfung von Biosphärenreservaten der UNESCO in Deutschland von 1996 heißt es unter Kriterium 14: „Die hauptamtliche Gebietsbetreuung ist sicherzustellen." (Nationale Kriterien siehe Anhang, S. 299). Dieser knappe Satz ist die Basis für die Einrichtung einer hauptamtlich tätigen Naturwacht in den deutschen Biosphärenreservaten.

Die Studie „Naturschutzgebiete in der Bundesrepublik Deutschland" (HAARMANN, K., PRETSCHER, P. 1988) belegt die Notwendigkeit einer hauptamtlichen Gebietsbetreuung. Damals ergab die Untersuchung eines Naturschutzgebiets, dass der eigentliche Schutzzweck nach zehn Jahren entfallen war: Wegen fehlender fachlich qualifizierter Betreuung und Kontrolle hatten Besucher und Nutzer das ehemals wertvolle Gebiet „zu Tode geliebt".

Besonders in den ostdeutschen Biosphärenreservaten, die nach der politischen Wende 1989 auch in der Bundesrepublik per Verordnung festgesetzt sind, wurde diese Forderung der UNESCO konsequent umgesetzt. Das spiegelte sich auch in der Personalstärke wider. Allein in Brandenburg wurden 1991/92 rund 200 Mitarbeiter als Naturwächter eingestellt und durch eine zweijährige Fortbildung qualifiziert.

Die Naturwacht beschränkt sich nicht auf die reine Kontrolle des Gebiets. Sie ist als Sprach- und Hörrohr auch der „lange Arm" der BR-Verwaltung, da in der Regel die meisten Naturwächter aus der Region kommen und mit den örtlichen Gegebenheiten sehr vertraut sind. Das ist die Voraussetzung für einen vertrauensvollen Kontakt zur einheimischen Bevölkerung und den kommunalen Einrichtungen.

Es gibt vier große Aufgabenfelder der Naturwacht in den Biosphärenreservaten:
- Besucherbetreuung, Öffentlichkeitsarbeit und Umweltbildung;
- Kontrolle der Einhaltung der gesetzlichen Grundlagen und Schutzgebietsregelungen;
- Biotop- und Artenschutz, Monitoring, Unterstützung wissenschaftlicher Tätigkeit im Biosphärenreservat;
- Landschaftspflege, Vertragsnaturschutz.

Umweltbildungs- und Öffentlichkeitsarbeit

Für die meisten Besucher, aber auch für die ortsansässige Bevölkerung ist der ganz persönliche Kontakt zu Mitarbeitern eines Biosphärenreservats sehr wichtig. Bei der persönlichen Besucheransprache und dem direkten Bürgerkontakt stehen die Mitarbeiter der Naturwacht in der ersten Reihe. Sie sind die Vertreter des Biosphärenreservats, auf die der Bürger am häufigsten trifft, z. B. bei einer Exkursion oder einem Gespräch am Infostand.

Die vielen Gespräche und Bürgerkontakte bedeuten letztlich eine wirkungsvolle Werbung für die Idee der Biosphärenreservate in Deutschland. Persönliche Begegnungen mit der Naturwacht prägen maßgeblich das Erscheinungsbild der Biosphärenreservate in der Öffentlichkeit. Der Einsatz der Naturwacht in der Besucherbetreuung muss daher auch als wichtige Imagepflege für das jeweilige Biosphärenreservat gesehen werden.

Zur Umweltbildungs- und Öffentlichkeitsarbeit gehören z. B.:
- Naturerlebnis-Führungen und Exkursionen für verschiedene Zielgruppen (u. a. Einheimische, Besucher, Kinder, Senioren, Behinderte);
- Führungen und Betreuung von Gästen in Infozentren;
- Infostände auf Dorffesten und sonstigen regionalen Veranstaltungen;
- Mitgestaltung von Aktionstagen des Schutzgebiets;
- Ansprechpartner für die Akteure im Schutzgebiet aus den Bereichen Politik, Verwaltung, Vereine, Bürger der Region.

Am Info-Stand

Aufgaben in der Umweltbildung nimmt die Naturwacht auf vielfältige Weise wahr. Die Betreuung von Projektwochen mit Schulklassen zu unterschiedlichen Umweltthemen wie Wasser oder Wald und Tier- und Pflanzenarten gehört ebenso zu den Arbeiten der Naturwacht wie die langjährige Leitung und Betreuung von Kindergruppen aus der Region. Hierdurch ist es möglich, Kindern über längere Zeit ökologische Inhalte, die

3. NEUE KONZEPTE FÜR DIE MODELLREGIONEN

Die Naturwacht übernimmt einen wesentlichen Anteil der Arbeit in Schutzprogrammen für bedrohte Tier- und Pflanzenarten.

Historie der eigenen Heimat, Umwelt- und Naturschutzthemen sowie Gedanken zur Nachhaltigkeit und Agenda 21 zu vermitteln.

Darüber hinaus sind enge Kontakte zu den im Gebiet tätigen Bildungseinrichtungen und Vereinen ein wichtiger Bestandteil der Arbeit. Gemeinsam durchgeführte Umweltbildungsprogramme sorgen dafür, dass die Aufgaben und Ziele des Biosphärenreservats in die laufende Arbeit dieser Bildungseinrichtungen integriert werden.

Die von der Naturwacht angebotenen Junior-Ranger-Programme binden Kinder und Jugendliche in die praktische Naturschutzarbeit ein und begründen Artenkenntnis. Unter Ausnutzung der lockeren Atmosphäre des „Grünen Klassenzimmers" wird Umweltwissen verständlich und altersgerecht, immer mit regionalem Bezug zum Gebiet, vermittelt.

Das Naturerlebnis im Rahmen des Junior-Ranger-Programms wird zu einer wichtigen Lebenserfahrung der Kinder und Jugendlichen; sie bildet sicherlich auch die Basis für ein späteres umweltfreundliches Verhalten. Interessierte Jugendliche können bei Artenschutzprogrammen mitarbeiten, z. B. für Weißstorch (*Ciconia ciconia*), Kranich (*Grus grus*) oder Amphibien.

Kontrollen

Regelmäßige Gebietskontrollen – verstärkt in der Besuchersaison, an den Wochenenden und in stark touristisch genutzten Bereichen – tragen dazu bei, dass die bestehenden Regelungen, wie Wegegebot in den Naturschutzgebieten oder Betretungsverbot in den Kernzonen, durchgesetzt werden.

Verstöße wie Campen im Naturschutzgebiet, Feuer machen oder Hunde frei laufen lassen, Ausgraben geschützter Pflanzen, Beunruhigung oder Fang von geschützten Tieren werden durch die Präsenz der Naturwacht stark eingeschränkt oder unterbunden. In den meisten Fällen verfügt die Naturwacht nicht über hoheitliche Rechte (Ausnahme z. B. Mecklenburg-Vorpommern) und ist auf eine enge Kooperation mit den Ordnungsbehörden angewiesen.

Die Naturwacht erfasst auch Verstöße gegen geltendes Baurecht im Außenbereich. Sie kontrolliert besonders in den Sommermonaten die Gewässerränder (Fischereiaufsicht) und verhindert wildes Campen außerhalb von dafür ausgewiesenen Plätzen. Insbesondere in den Schutzzonen, also den Kern- und Pflegezonen der Biosphärenreservate, ist allein die Anwesenheit der Naturwacht für viele Besucher bereits Motivation genug, um sich tatsächlich auch an Ge- und Verbote zu halten.

Biotop- und Artenschutz, Monitoring, Unterstützung wissenschaftlicher Arbeit

Die Naturwacht übernimmt einen wesentlichen Anteil der Arbeit in Schutzprogrammen für bedrohte Tier- und Pflanzenarten. Dazu zählen die regelmäßigen Kontrollen von Otter- (*Lutra lutra*) und Biberbeständen (*Castor fiber*), die Erfassung der Brut und Aufzucht einzelner Vogelarten, z. B. Weißstorch (*Ciconia ciconia*), regelmäßige Wasservogelzählungen und simultane Zählungen von bestimmten Vogelarten in verschiedenen Gebieten, das Erfassen und Aufbereiten von Daten von Amphibien, Vögeln wie Adler, Kranich (*Grus grus*), Rohrdommel (*Botaurus stellaris*) u. a.

Die Überwachung von geschützten Gebieten ist nur eine von vielen Aufgaben der Naturwacht.

Darüber hinaus baut die Naturwacht jährlich Amphibienschutzzäune auf und kontrolliert sie. Dabei gehört die Bestimmung und Zählung der gefundenen Tiere ebenfalls zur Arbeit der Naturwacht. In Langzeitstudien wie der Ökosystemaren Umweltbeobachtung werden regelmäßig bestimmte Daten erhoben und dem zuständigen Referat der BR-Verwaltung zugearbeitet.

Die Naturwacht arbeitet bei Pegelmessprogrammen mit und liest termintreu die Daten für wissenschaftliche Untersuchungen ab. Nach einer fachlichen Vorbereitung durch die BR-Verwaltung führt die Naturwacht auch Staumaßnahmen zur Wasserrückhaltung in Mooren und anderen Feuchtgebieten durch. Im Rahmen des Schutzes, der Kontrolle und Entwicklung von ausgewiesenen Fauna-Flora-Habitat-Gebieten übernimmt die Naturwacht – nach fachkundiger Anleitung – Kartierungs- und Kontrollaufgaben.

Landschaftspflegemaßnahmen, Vertragsnaturschutz

Dank ihrer Ausbildung können Mitarbeiterinnen und Mitarbeiter der Naturwacht selbst Landschaftspflegemaßnahmen durchführen. So übernimmt die Naturwacht die kleinflächige Mahd von naturschutzfachlich wertvollen Flächen, entbuscht Trockenrasenflächen oder führt den fachgerechten Schnitt von Kopfweiden (*Salix*) durch.

Bei der Anlage von Hecken, bei Pflegeschnitten von Straßen begleitenden Hecken sowie bei der Pflege von Kleingewässern und der Sanierung von Dorfteichen beraten die Naturwächter die Leiter der Beschäftigungsmaßnahmen, leiten fachlich die Mitarbeiter der Beschäftigungsgesellschaften an und überwachen die ordnungsgemäße Durchführung der Arbeiten.

Die Mitarbeiterinnen und Mitarbeiter der Naturwacht beraten auch die Einwohner des Biosphärenreservats in Fragen der Grundstücksgestaltung, etwa bei der Anlage von Gartenteichen oder bei Fragen des fachgerechten Baumschnitts in den schutzwürdigen Streuobstwiesen.

Wichtige Aufgaben erwachsen auch im Zusammenhang mit den Verträgen, die im Rahmen des Vertragsnaturschutzes geschlossen werden. Die Naturwacht sucht geeignete Flächen für Verträge, macht Vorschläge zum Inhalt der Verträge, berät die Vertragsnehmer und kontrolliert die Umsetzung der vereinbarten Maßnahmen. Und erst nach Berichtslegung durch die Naturwacht werden die vertraglich vereinbarten Gelder ausgezahlt.

Fachliche Grundlagen der Arbeit

Die ca. 200 hauptamtlichen Mitarbeiterinnen und Mitarbeiter der Naturwacht, die in den 14 deutschen Biosphärenreservaten arbeiten, sind sowohl für die Umsetzung von Naturschutzmaßnahmen als auch für eine kompetente Besucherbetreuung zuständig. Hierfür benötigen sie eine entsprechende Fachkompetenz. Die BR-Verwaltungen fördern die Qualifizierung ihrer Naturwachtmitarbeiter nach besten Möglichkeiten, so dass bereits ein großer Teil den Fortbildungslehrgang zum „Geprüften Natur- und Landschaftspfleger" mit Erfolg absolviert hat. Die Fortbildung mit staatlich anerkanntem Abschluss führt in Deutschland zum ersten nicht akademischen Berufsabschluss im Naturschutz. Sie wird seit 1998 bundesweit angeboten. Die Rahmenstoffplan-Empfehlung wurde im Auftrag des Bundesministeriums für Umwelt, Naturschutz und Reaktorsicherheit und des damaligen Bundesministeriums für Ernährung, Landwirtschaft und Forsten (BMELF 1999) erarbeitet und beinhaltet folgende vier Themenblöcke:

- Grundlagen des Naturschutzes und der Landschaftspflege
- Informationstätigkeit und Besucherbetreuung
- Maßnahmen des Naturschutzes und der Landschaftspflege
- Wirtschaft, Recht und Soziales

Der Lehrgang umfasst 640 Stunden (= 16 Wochen). Die Teilnehmerinnen und Teilnehmer werden zu allen vier Themenblöcken praktisch, schriftlich und mündlich geprüft.

Zulassungsvoraussetzung ist neben einer abgeschlossenen Berufsausbildung als Landwirt, Forstwirt, Gärtner, Tierwirt-Schafhaltung, Revierjäger oder Wasserbauer auch der Nachweis einer Berufspraxis von mindestens drei Jahren in einem der genannten Berufe. Zur Prüfung kann auch zugelassen werden, wer vergleichbare Qualifikationen nachweisen kann, wie z. B. eine langjährige ehrenamtliche Tätigkeit im Naturschutz.

Die Fortbildung zum „Geprüften Natur- und Landschaftspfleger" vermittelt neben der planerischen und praktischen Landschaftspflege auch Kompetenzen im Bereich Besucherinformation und Schutzgebietsbetreuung. Die Lehrgangsteilnehmer werden auch im Bereich Kommunikation geschult, um auf mögliche Konfliktgespräche mit uneinsichtigen Bürgern vorbereitet zu sein. Darüber hinaus werden sie für ihren Einsatz als Exkursionsführer ausgebildet und erfahren Tricks und Kniffe, wie Besucher für die Natur begeistert und an Fragen des Naturschutzes herangeführt werden können.

Regelmäßige Kontrollen der Naturwacht tragen dazu bei z. B. das Betretungsverbot in den Naturschutzgebieten durchzusetzen.

Umfragen in vielen Schutzgebieten belegen, dass die Besucher den Einsatz der Naturwacht als wichtig bewerten und die Exkursionsangebote gerne wahrnehmen.

Die Erfahrung in verschiedenen Großschutzgebieten zeigt, dass das Einsparen dieses Fachpersonals vermehrt zu Proble-

NEUE KONZEPTE FÜR DIE MODELLREGIONEN

men bei und mit den unterschiedlichen Nutzergruppen führt. Einsparversuche beim Naturwachtpersonal haben auch zur Folge, dass der Bevölkerung wichtige Ansprechpartner fehlen, die durch ihre praktische Arbeit im Schutzgebiet und den Kontakt zu den Menschen vor Ort die Idee und Zielsetzung des UNESCO-Programms Der Mensch und die Biosphäre in der Region kommunizieren.

Damit die vielseitige und anspruchsvolle Arbeit der Naturwacht auch in Zukunft erfolgreich und qualifiziert in den Biosphärenreservaten gemacht werden kann, ist zusätzlich zum Fortbildungslehrgang zum „Geprüften Natur- und Landschaftspfleger" eine fortlaufende Weiterbildung der Mitarbeiterinnen und Mitarbeiter notwendig, insbesondere in den Bereichen Öffentlichkeitsarbeit, Umweltbildung sowie Fauna-Flora-Habitat-Richtlinie, Monitoring, Artenschutz und Umweltrecht.

Eine Geschichte aus dem Leben einer Naturwachtmitarbeiterin

„Alle vier waren splitternackt, vier ausgewachsene Männer, und noch tropfnass. Ich war auf sie bei meiner Kontrolltour am Südufer des Parsteinsees gestoßen. Baden im See ist natürlich erlaubt, verboten ist es aber generell im Schilfgürtel. Und noch strenger als sonst achten wir darauf in der Zeit des Jahres, in der die auf diese Reviere angewiesenen Vögel Gelege haben bzw. ihre Jungen führen. An so einer verbotenen Stelle hatte ich die vier Adams aufgestöbert. Wie verhält man sich, wenn man selbst in vorschriftsmäßiger Uniform steckt und eine Belehrung anbringen möchte? Taktvoller Rückzug war nicht meine Sache, also beherzt drauflos und dem vordersten Nackedei mutig ins Auge geschaut (wohin denn sonst?): „Guten Tag, ich bin Mitarbeiterin der Naturwacht im Biosphärenreservat Schorfheide-Chorin, Sie haben sicher schon davon gehört. Ich möchte Sie darauf hinweisen, dass Sie hier mitten im Schilfgürtel gebadet haben und dass es hier nicht erlaubt ist. An der Straße wird durch Schilder auch in eindeutiger Weise darauf hingewiesen." Zerknirschung auf der anderen Seite: „Ja, ja, wir wissen, wir waren auch ganz vorsichtig...".

Solche Argumente ließ ich natürlich überhaupt nicht gelten, und während mein nasser Gesprächspartner verstohlen nach Schlüpfer und Handtuch angelte, brach ich nochmals eine Lanze für Schilfbrüter und sämtliche Wasserkinderstuben. In der Zwischenzeit war es den drei anderen Badesündern gelungen, sich im Schutze von Handtüchern und dem breiten Rücken des Vordersten wieder in einen einigermaßen angezogenen Zustand zu versetzen. Nun traten sie hinzu und unterstützten wortreich den Entschuldigungsversuch. Das Versprechen, es „nie wieder zu tun", wurde vierfach gegeben, und ich fand, die Belehrung war lang und eindrücklich genug ausgefallen. Ich beschenkte sie noch mit einem außerdienstlichen Lächeln und kehrte zu meinem Kollegen zurück; der hatte während des Vorfalls in Hörweite gewartet."
Beate Blahy, 1993

Zusammenfassung

Mittlerweile gibt es in den 14 deutschen Biosphärenreservaten ca. 200 hauptamtliche Mitarbeiterinnen und Mitarbeiter der Naturwacht. Ein Teil von ihnen ist gleichzeitig auch für den jeweiligen Nationalpark tätig. Die Naturwacht hat vier große Aufgabenfelder:
- Besucherbetreuung, Öffentlichkeitsarbeit und Umweltbildung für unterschiedliche Zielgruppen,
- Kontrolle der Einhaltung der gesetzlichen Grundlagen und Schutzgebietsregelungen,
- Biotop- und Artenschutz, Monitoring, Unterstützung wissenschaftlicher Tätigkeit im Biosphärenreservat,
- Landschaftspflege, Vertragsnaturschutz.

Für die meisten Besucher, aber auch für die ortsansässige Bevölkerung sind persönliche Begegnungen mit den Mitarbeitern des Biosphärenreservats sehr wichtig. Die Arbeit der Naturwacht bietet häufig Gelegenheit zu direkten Kontakten bei Exkursionen, Kontrollgängen oder Gesprächen am Infostand. Hierdurch wird das Erscheinungsbild der Biosphärenreservate in der Öffentlichkeit entscheidend geprägt. Für die Umsetzung von Naturschutzmaßnahmen sowie für eine kompetente Besucherbetreuung ist es erforderlich, dass die Mitarbeiter gut ausgebildet sind. Zahlreiche Naturwachtmitarbeiter haben bereits den Lehrgang zum „Geprüften Natur- und Landschaftspfleger" mit 640 Stunden (= 16 Wochen) absolviert; sie werden fortlaufend weitergebildet.

Literatur

BUNDESMINISTERIUM FÜR ERNÄHRUNG, LANDWIRTSCHAFT UND FORSTEN (BMELF) (1999): Rahmenstoffplan für die Durchführung von Fortbildungslehrgängen zur Vorbereitung auf die Prüfung zum anerkannten Abschluß „Geprüfter Natur- und Landschaftspfleger", Bonn.

BUNDESVERBAND BERUFLICHER NATURSCHUTZ e. V. (2000): Geprüfte/r Natur- und Landschaftspfleger/in, Bonn.

HAARMANN K., PRETSCHER P. (1988): Naturschutzgebiete in der Bundesrepublik Deutschland.

3.3 Nachhaltige Regionalentwicklung

3.3.1 Nachhaltiges Wirtschaften

Werner Schulz

Warum und wohin?

Die Zukunftsaufgabe „Nachhaltigkeit" ist ein vielschichtiges Thema - die Literatur ist kaum überschaubar (siehe hierzu etwa ENQUETE-KOMMISSION 1998; BUNDESREGIERUNG 1999; UMWELTBUNDESAMT 2002). Nachhaltige Entwicklung zielt nach Auffassung des von der Bundesregierung 2001 einberufenen Nachhaltigkeitsrats auf eine Zukunft in einer größer und bunter werdenden Welt, deren Umwelt sauber und gesund ist und in ihrer natürlichen Vielfalt erhalten bleibt in der es mehr Demokratie und Wohlstand gibt und das gemeinsame kulturelle Erbe gepflegt wird (www.nachhaltigkeitsrat.de). Nicht auf Kosten künftiger Generationen oder der Menschen in anderen Teilen der Welt leben und wirtschaften – dies gilt als ein wichtiger Grundsatz der Nachhaltigkeit.

Von den Zinsen leben

Nachhaltigkeit ist wesentlich älter, als die heutige Popularität des Begriffs vermuten lässt. Tatsächlich führt die Geschichte der Nachhaltigkeit zurück ins barocke Sachsen. In Freiberg entwickelte Oberberghauptmann Carl von Carlowitz um 1700 ein Gegenmodell zum bis dahin praktizierten Raubbau: Um die Ressource Wald auf Dauer zu erhalten, empfahl er, nur so viel Holz zu schlagen, wie durch Wiederaufforstung nachwachsen kann.

Rund 300 Jahre später hat der Raubbau an den natürlichen Lebensgrundlagen nicht nachgelassen, sondern globale Dimensionen erreicht. Und so griff die Brundtland-Kommission 1987 das Prinzip Nachhaltigkeit auf und beschrieb Nachhaltigkeit als eine Wirtschaftsweise, die „die gegenwärtigen Bedürfnisse befriedigt, ohne kommenden Generationen die Chance zu nehmen, auch ihre zu decken".

Stichwort „Nachhaltiges Wirtschaften"

Der Nachhaltigkeitsansatz zielt darauf ab, die ökonomische Leistungsfähigkeit, die soziale Verantwortung und den Umweltschutz zusammenzuführen, um faire Entwicklungschancen für alle Staaten zu ermöglichen und die natürlichen Lebensgrundlagen für künftige Generationen zu bewahren. Zurzeit gibt es weltweit etwa 70 Versuche, dieses Leitbild („regulative Idee") einer Operationalisierung näher zu bringen. Beispiele:
- *Wenn es nach den Wünschen der Ökologen geht, sollen die Ökosysteme durch eine Nutzung der gegebenen Ressourcen nicht überstrapaziert werden.*
- *Die meisten Ökonomen betrachten die Nachhaltige Entwicklung als eine Wirtschaftsform, die zu gewährleisten hat, dass für künftige Generationen die gleiche Wohlfahrt vorhanden sein soll wie für die heutige.*
- *Die Physiker fordern den Erhalt in sich stabiler biologischer Systeme und die Chemiker möchten, dass möglichst alle anthropogen beeinflussten Stoffkreisläufe geschlossen werden (Stichwort „Recycling").*

Besonders drastische Beispiele nicht nachhaltigen Wirtschaftens sind
- *die Abholzung der Wälder des Mittelmeerraums durch die Römer und die Vernichtung der Tropenwälder heute,*
- *die Überfischung der Weltmeere durch immer perfektere Fangtechniken sowie*
- *die Versteppung weiter Teile des früheren Aralsees in Russland als Folge der Ableitung großer Wassermengen zur Bewässerung landwirtschaftlicher Kulturen.*

Beispiele für nachhaltiges Wirtschaften sind schwieriger zu finden, vor allem dann, wenn nicht alle Wirtschaftsformen als nachhaltig bezeichnet werden sollen, die ihre Dauerhaftigkeit nur dem geringen technischen Eingriffsvermögen vergangener Zeiten verdanken. Als nachhaltig können grundsätzlich folgende Wirtschaftsweisen angesehen werden:
- *die Bewirtschaftung der jahrhundertealten Reisterrassen in China und Indonesien,*
- *verschiedene Formen der landwirtschaftlichen Forstnutzung (Agro-foresting) in Afrika und Lateinamerika sowie*
- *die Bewirtschaftung der Almen vom 17. Jahrhundert bis zum Ende des zweiten Weltkriegs.*

Werner Schulz

3. NEUE KONZEPTE FÜR DIE MODELLREGIONEN

Die Vereinten Nationen erklärten Nachhaltigkeit auf dem Umweltgipfel 1992 in Rio de Janeiro zum Leitbild für das 21. Jahrhundert. Da Armut einer der wesentlichen Gründe für den Raubbau ist, machten sie die globale Armutsbekämpfung zum zentralen Bestandteil des Umwelt- und Ressourcenschutzes. In ihrem Konzept wird wirtschaftliches Wachstum und mehr Wohlstand für alle zum Motor der Zukunftssicherung: „Durch eine Vereinigung von Umwelt- und Entwicklungsinteressen sowie ihre stärkere Beachtung kann es uns jedoch gelingen, die Grundbedürfnisse zu decken, den Lebensstandard aller Menschen zu verbessern, einen größeren Schutz und eine bessere Bewirtschaftung der Ökosysteme zu gewährleisten und eine gedeihlichere Zukunft zu sichern."

Seit dem UN-Umweltgipfel von Rio hat das Leitbild einer nachhaltigen Wirtschaftsweise in politische Institutionen und Programme auf allen Ebenen Einzug gehalten. Beispielsweise verpflichtete sich die Weltgemeinschaft in gemeinsamen Abkommen wie den Protokollen von Montreal und Kyoto zum Schutz der Ozonschicht sowie des globalen Klimas und forcierte die Armutsbekämpfung mit der Erklärung von Doha, die den am wenigsten entwickelten Ländern freien Zugang zu den weltweiten Märkten gewähren soll.

Nachhaltigkeitsdreieck
„Ökologie – Soziales – Ökonomie"

In Rio hatten sich Industrie- und Entwicklungsländer auf die Bestätigung des Zukunftsziels einer globalen Nachhaltigen Entwicklung geeinigt. Spätestens seit der Nachfolgekonferenz „Rio + 10" in Johannesburg 2002 wird dieses Ziel so definiert, dass es über die bloße Aufrechterhaltung der Funktionsfähigkeit des ökologischen Systems hinausgeht.

Vielmehr beinhaltet die Idee das Ziel eines auf individueller Selbstentfaltung beruhenden menschenwürdigen Lebens, und zwar sowohl für die heutigen als auch für die künftigen Generationen, wobei soziale, ethische und ökonomische Dimensionen eingeschlossen sind.

Wettbewerbsfähiges Europa

Auch die Europäische Union hat die Nachhaltige Entwicklung 1997 mit dem Amsterdamer Vertrag zum zentralen Gegenstand der gemeinsamen Politik gemacht. Auf dem Göteborg-Gipfel 2001 legte sie unter dem Titel „Nachhaltige Entwicklung in Europa für eine bessere Welt" eine Strategie vor, die die bereits ein Jahr zuvor in Lissabon festgehaltenen strategischen Ziele zur Wirtschafts- und Sozialpolitik um die ökologische Dimension erweiterte.

In ihrer Strategie benennt die Europäische Kommission den Klima- und Ressourcenschutz sowie den Erhalt von Gesundheit und Mobilität als zentrale Ansatzpunkte. Gleichzeitig will sie Europa zum „wettbewerbsfähigsten, dynamischsten und wissensbasiertesten Wirtschaftsraum in der Welt machen".

Unter dem Motto „Globale Partnerschaft" beschäftigt sich ein eigener Schwerpunkt mit der externen Dimension der Nachhaltigkeit – der weltweiten Armutsbekämpfung.

Perspektiven für Deutschland

Die Umsetzung der europäischen Zielsetzung auf nationaler Ebene konkretisiert die Nachhaltigkeitsstrategie der Bundesregierung unter dem Titel „Perspektiven für Deutschland". Darin bezeichnet die Bundesregierung Nachhaltigkeit als Querschnittsaufgabe, die künftig in allen Bereichen ein Grundprinzip ihrer Politik darstellen soll. Insgesamt formuliert die Strategie Leitsätze nachhaltigen Handelns für die Schwerpunkte Energie, Verkehr, Gesundheitsschutz und Ernährung, Familie und Alter, Bildung sowie Innovation.

Ein eigener Schwerpunkt thematisiert Armutsbekämpfung, Entwicklungsförderung und den weltweiten Umwelt- und Ressourcenschutz. An die Adresse der Unternehmen richtet sich die Empfehlung, Nachhaltigkeit als Motor für Innovation zu begreifen und sich mit einer nachhaltigen Wirtschaftsweise den Herausforderungen der Globalisierung und des Strukturwandels zu stellen (www.bundesregierung.de).

Lokale Agenda 21

Zahlreiche deutsche Kommunen befinden sich zusammen mit mehreren tausend Städten und Gemeinden weltweit auf dem Weg zu einer lokalen Agenda. Anlass dieser Bewegung war das Rio-Abschlussdokument von 1992: die Agenda 21. Dieses globale Handlungsprogramm für eine Nachhaltige Entwicklung wurde von den meisten Staaten der Erde – so auch von Deutschland – verpflichtend unterzeichnet. In dem Dokument werden Anforderungen für eine Nachhaltige Entwicklung auf nationaler und internationaler Ebene dargestellt. Außerdem werden die Kommunen weltweit aufgefordert, eigene Handlungsprogramme in Form von Lokalen Agenden zu erarbeiten.

Inzwischen sind in fast allen deutschen Großstädten solche auf die einzelne Stadt bezogenen Agenda-Prozesse in Gang gesetzt worden (www.agendaservice.de). In den skandinavischen Ländern und in Großbritannien werden Handlungsprogramme dieser Art nicht nur für Städte, sondern auch für einen großen Teil der ländlichen Kommunen erarbeitet.

Kriterien für nachhaltiges Wirtschaften

Nachhaltigkeit in Unternehmen

Die künftigen Produktionsweisen der Unternehmen sind für das nachhaltige Wirtschaften naturgemäß ein Kernproblem. In Biosphärenreservaten ist dabei gerade den landwirtschaft-

lichen Betrieben eine besondere Bedeutung beizumessen. In Kapitel 14 der Agenda 21 bekennen sich die Regierungen zu einer nachhaltigen Landwirtschaft und ländlichen Entwicklung. Was das nach Auffassung der Agenda 21 heißt, wurde in Bezug auf verschiedene Themen konkretisiert, beispielsweise in Bezug auf Pflanzenschutz, Pflanzenernährung, biologische Vielfalt oder ländliche Energienutzung. Die Fördergemeinschaft Nachhaltige Landwirtschaft (FNL) hebt fünf Kriterien hervor:
- wirtschaftliche und gleichzeitig umweltschonende Verfahren im Pflanzenbau und in der Tierhaltung,
- verantwortungsvoller Umgang mit Nutztieren und der Natur,
- angepasster und optimierter Einsatz der Produktionsmittel,
- langfristige Erhaltung unserer Lebensgrundlagen (z. B. Boden, Wasser, Luft, Energieträger),
- Pflege der Kulturlandschaften und der ländlichen Räume.

Wie das Leitbild der Nachhaltigkeit in Unternehmen – beispielsweise in den Bereichen Landwirtschaft, Tourismus, Bauen, Verkehr, Einzelhandel und Handwerk – konkret umgesetzt werden kann, zeigen verschiedene Handlungsfelder (FUTURE e. V. 2000; BUNDESUMWELTMINISTERIUM/UMWELTBUNDESAMT 2001a; www.oekoradar.de).

■ Handlungsfeld „Ökologie"
- Schonender Umgang mit Ressourcen (Input)

Beispiele: Reduzierter Verbrauch an Roh-, Hilfs- und Betriebsstoffen in Tonnen; wachsender Anteil regenerativer Energieträger in Prozent; Anteil der Materialien, die nach Umweltkriterien angebaut oder produziert wurden (z. B. ökologisch kontrollierter Anbau, Öko-Tex-Standard 100).

- Reduzierung der Umweltbelastung durch Stoffeinträge (Output)

Beispiele: Verringerung des spezifischen Abfallaufkommens; Reduzierung der Sonderabfallquote; Erhöhung der Verwertungsquote.

- Verantwortungsbewusster Umgang mit Ökosystemen

Beispiele: Beachtet das Unternehmen den Schutz und Erhalt von Artenvielfalt, Naturräumen und Ökosystemen bei Abbau, Nutzung oder Verarbeitung von Ressourcen (z. B. Boden, Fischbestände) am eigenen Standort und bei Lieferanten? Schafft das Unternehmen zusätzlichen Naturschutz, bezogen auf wertvolle Gebiete oder zumindest Grünflächen (z. B. durch Flächenbegrünung, Entsiegelung, Anbau heimischer Arten oder durch Ausgleichsmaßnahmen, die über das gesetzlich Geforderte hinausgehen)? Führt das Unternehmen Bauvorhaben (Neu- oder Anbauten) Flächen sparend und zur Vermeidung von Zersiedelung durch (z. B. im Ortsbereich, Flächenrecycling, Nutzung bestehender Gebäude, Optimierung der Flächennutzung)? Werden bei Bauvorhaben baubiologische, ästhetische und humane Grundsätze berücksichtigt (z. B. Einpassen der Bauten in die Umgebung, eine dem menschlichen Wohlbefinden förderliche Innengestaltung)?

- Minimierung der Risiken für Mensch und Umwelt

Beispiele: Reduzierung des Anteils der Gefahrstoffe; Anzahl der meldepflichtigen umweltrelevanten Unfälle, Störfälle in den letzten fünf Jahren.

- Umweltverträgliche Produkte und Verfahren

Beispiel: Anteil der Produktionsverfahren, die in den vergangenen fünf Jahren nach ökologischen Kriterien bewertet wurden in Prozent.

- Globale ökologische Verantwortung

Beispiel: Vertreibt das Unternehmen Abfälle zur Entsorgung oder zur Verwertung an andere Länder, insbesondere Entwicklungs- oder Schwellenländer?

■ Handlungsfeld „Soziales"
- Arbeitsplätze, Ausbildung und Arbeitnehmerinteressen

Beispiele: Verfolgt das Unternehmen die langfristige Schaffung und Sicherung von möglichst unbefristeten Arbeitsplätzen? Stellt es auch qualifizierte Teilzeitarbeitsplätze bereit? Bietet es Ausbildungsplätze und Weiterbildungsmöglichkeiten an? Lässt das Unternehmen einen Betriebsrat und gewerkschaftliche Aktivitäten uneingeschränkt zu?

- Arbeitssicherheit und Gesundheit

Beispiele: Betriebsunfälle, Berufskrankheiten und Krankheitstage sollen so weit wie möglich reduziert werden; Arbeitsplätze sollen möglichst nach ergonomischen Kriterien gestaltet werden; das Unternehmen soll Betriebssport anbieten.

- Gleichberechtigung von Frauen und Männern

Beispiele: Das Unternehmen soll für einen hohen Anteil an Frauen in den Führungsebenen sorgen; es sollen Maßnahmen zur Frauenförderung (etwa zur Rückkehr in den Beruf) angeboten werden.

- Soziale Rücksichtnahme

Beispiele: Stellt das Unternehmen Behinderte mindestens entsprechend der gesetzlichen Quote ein? Berücksichtigt das Unternehmen die kulturellen Bedürfnisse von ausländischen Beschäftigten?

■ Handlungsfeld „Ökonomie"
- Langfristige Unternehmenssicherung

Ökologierelevantes Beispiel: Welche Kosten/Einsparungen waren mit betrieblichen Umweltschutzmaßnahmen verbunden?

- Wertschöpfung und gerechte Verteilung

Ökologierelevantes Beispiel: Wie hoch ist der Anteil der Mittel für das Ökosponsoring am Gewinn in Prozent?

- Bedürfnisorientierung

Ökologierelevantes Beispiel: Wie hoch ist der Anteil der Produkte, die ökologisch bedenklich sind (z. B. Wegwerfprodukte) in Prozent?

- Regionale/globale Verantwortung

Ökologierelevante Beispiele: Wie hoch ist der Anteil der Dienstleistungen und Waren aus der Region in Prozent? Wie hoch ist der Anteil des Materials, für das insbesondere an Entwicklungs- und Schwellenländer faire Preise gezahlt werden in Prozent (siehe zum Beispiel Logo Eco-Fair)?

3. NEUE KONZEPTE FÜR DIE MODELLREGIONEN

Nachhaltiger Staat

Im Jahre 1995 haben sich die G7-Umweltminister bei ihrem Treffen in Hamilton in Kanada auf die Ökologisierung ihrer Aktivitäten festgelegt. Die umweltfreundliche öffentliche Beschaffung wurde als ein Hauptbeitrag zum „Greening of Government" betrachtet (vgl. hierzu etwa UMWELTBUNDESAMT 1999; BUNDESUMWELTMINISTERIUM/UMWELTBUNDESAMT 2001b). Diese Strategie wurde bei der letzten Sitzung in Otsu in Japan bestätigt.

■ **Lyoner Erklärung**

In diesem Zusammenhang startete der Internationale Rat für Kommunale Umweltinitiativen (International Council for Local Environmental Initiatives, ICLEI) im Jahre 1996 die europäische Öko-Procura-Initiative (Eco-Procurement-Initiative). Auf der Öko-Procura-Konferenz von Lyon im Jahre 2000 haben kommunale Führungspersönlichkeiten Regierungen aller Ebenen ersucht, durch die Ökologisierung ihrer Politik und ihrer Aktivitäten in einer glaubwürdigen Weise zum Prozess der Nachhaltigen Entwicklung beizutragen. Nachhaltige Entwicklung verlangt, dass alle Teilbereiche unserer Gesellschaft an der Umsetzung arbeiten. Dennoch kommt der Öffentlichen Hand eine Schlüsselrolle zu, da sie mit ihrer Vorbildrolle eine Schrittmacherfunktion übernehmen kann. In Lyon wurden folgende Nachhaltigkeitskriterien für die staatliche Ebene festgelegt (vgl. hierzu auch BUNDESUMWELTMINISTERIUM/UMWELTBUNDESAMT 2001b):

Einsparung von Energie und anderen Ressourcen durch effiziente Technologie und organisatorische Anreize sowie Erhöhung der Transparenz von Verbrauch und Folgekosten.

- Reduktion von Abfall durch das Vermeiden nicht notwendiger Verpackungen und durch den vermehrten Einsatz von Produkten aus Recyclingmaterial.
- Berücksichtigung der Belastungsgrenzen der Umwelt durch politische Managementsysteme wie die Naturhaushaltswirtschaft und durch das Setzen von Reduktionszielen für klimawirksame Emissionen, Stickstoffemissionen, Wasserverbrauch, Abfallerzeugung und Landschaftsverbrauch.
- Befähigung von Angestellten auf allen Verwaltungsebenen, die Ökologisierung der Administration durch geeignete Ausbildung und durch Umwelt- und Energiemanagementsysteme umzusetzen und kontinuierlich zu verbessern. Dazu ist die Einführung kompletter Umweltmanagementzyklen notwendig: das Festlegen von Prioritäten, das Definieren von Aufgaben, die Überwachung der Implementierung, regelmäßige Berichterstattung, das Festlegen neuer Prioritäten usw.
- Einbezug der Öffentlichkeit und wichtiger Interessengruppen durch transparente Planung, wie sie etwa im Entwurf einer neuen europäischen Richtlinie über strategische Umweltverträglichkeitsprüfung vorgesehen ist. Das Schaffen von Bewusstsein sollte als ein in beide Richtungen wirksamer Prozess zwischen Regierungen und der Öffentlichkeit angesehen werden.

Nachhaltiger Konsum

Nach Angaben des Umweltbundesamts gehen bis zu 40 Prozent der Umweltbelastungen auf das Konsumverhalten der Menschen zurück. Deshalb ist die Änderung des Konsumverhaltens ein wichtiger Punkt im Aktionsprogramm der Agenda 21. Für einen nachhaltigen Konsum ist jedoch nicht nur der einzelne Verbraucher verantwortlich. Das zeigt sich besonders deutlich beim produktbezogenen Umweltschutz. Hier sind vor allem das produzierende Gewerbe, das Handwerk und der Handel gefragt. Sie müssen umweltfreundliche Produkte und Dienstleistungen anbieten. Nur wenn die Verbraucherinnen und Verbraucher umweltfreundlichere Alternativen zu herkömmlichen Produkten kennen, werden sie sich beim Kauf auch für diese entscheiden können.

■ **Umweltkennzeichen**

Umweltkennzeichen (Environmental Labelling) gibt es schon seit vielen Jahren. Der „Blaue Engel" zum Beispiel wurde 1978 aus der Taufe gehoben und gilt als wichtiges Instrument zur Förderung einer nachhaltigeren Konsumweise. Heute sind damit annähernd 4.000 Produkte aus 79 Produktgruppen von rund 1.000 Unternehmen ausgezeichnet. Empfehlenswerte Label gibt es insbesondere in folgenden Bereichen: Reinigung/Hygiene, Büro, Gebäudeausstattung, Fahrzeugwesen, Ver- und Entsorgung, Garten- und Landschaftsbau, Energiemanagement, Großküchen/Lebensmittel sowie Arbeitsschutz/Sicherheit (www.beschaffung-info.de). Nachhaltiger Konsum ist aber mehr als der Kauf umweltverträglicher Produkte. Es geht auch um Änderungen des Verhaltens durch neue Konsumstile und Wohlstandsorientierungen. Hier können die gesellschaftlichen Institutionen die Menschen unterstützen, zum Beispiel durch eine gezielte Information und Beratung der Konsumenten, wie sie viele Initiativen (zum Beispiel für Car-Sharing oder Wohnprojekte) und Umwelt- und Verbraucherberatungsstellen vor Ort anbieten.

Unternehmenspraxis

EMAS-Teilnahme

Das EG-Öko-Audit, inzwischen einheitlich in ganz Europa EMAS (Eco-Management and Audit Scheme) genannt, geht zurück auf die europäische Verordnung (EWG) Nr. 1836/93 des Rates vom 29. Juni 1993 über die freiwillige Beteiligung gewerblicher Unternehmen an einem Gemeinschaftssystem für das Umweltmanagement und die Umweltbetriebsprüfung (EG-Umwelt-Audit-Verordnung). Ziel der seit 1995 geltenden Verordnung ist es, mit der Bereitstellung eines europaweit einheitlichen Systems eine kontinuierliche Verbesserung des betrieblichen Umweltschutzes zu erreichen. Die Beteiligung an dem System ist freiwillig, es wird auf die Selbstverantwortung und Eigeninitiative der Unternehmen gesetzt. Die

NEUE KONZEPTE FÜR DIE MODELLREGIONEN

Verordnung wurde im Jahre 2001 revidiert. Wesentliche Neuerungen sind die Öffnung für eine Teilnahme von Unternehmen und sonstigen Organisationen aus allen Sparten sowie die Integration des Umweltmanagementsystems nach DIN EN ISO 14001. Kernelement dieser umweltrechtlichen Regelung ist der Aufbau und die Aufrechterhaltung eines betrieblichen Umweltmanagementsystems. Auf freiwilliger Basis sollen die Betriebe veranlasst werden, Umweltprogramme und Umweltmanagementsysteme zu entwickeln, Betriebsprüfungen durchzuführen und Umwelterklärungen zu erstellen. In den EU-Mitgliedstaaten wurden seit Gültigkeit der EG-Umweltaudit-Verordnung vom Herbst 1995 bis Mitte 2003 nahezu 3.800 Unternehmensstandorte registriert. Etwa 65 Prozent der am EMAS-System insgesamt Teilnehmenden entfallen derzeit auf Deutschland. Auf Platz zwei, drei und vier folgen Österreich, Spanien und Schweden (siehe Kap. 3.3.5).

ISO 14001-Teilnahme

Ein zentrales Instrument zur Einrichtung von Umweltmanagementsystemen stellt neben dem Europäischen Umweltmanagementsystem EMAS die ISO-Norm 14001 dar, an der sich zurzeit annähernd 50.000 Unternehmen beteiligen (siehe Abb. 1). Deutschland ist gegenwärtig mit knapp 4.000 zertifizierten Unternehmen eines der Hauptteilnehmerländer an diesem System.

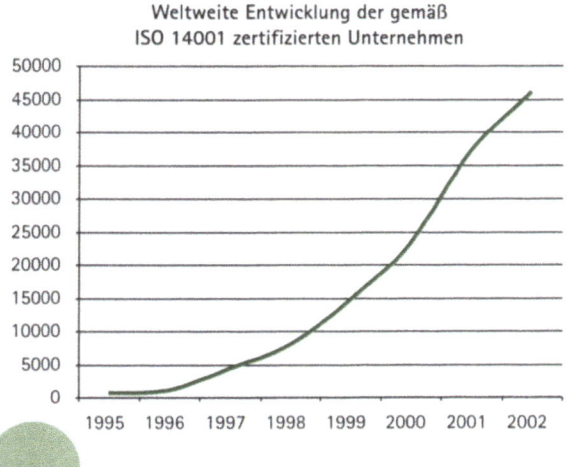

Abb. 1: Teilnahme am ISO 14001-System (Stand: Ende 2002)

Die ISO 14001 ist eine weltweit gültige Norm und legt die Forderungen an ein Umweltmanagement fest. Sie ist für jede Organisation anwendbar, unabhängig von Größe, Art, geografischer Lage und den kulturellen und sozialen Bedingungen der Organisation. Im Vergleich zu EMAS regelt die ISO 14001 lediglich das Umweltmanagementsystem und bindet keine Umwelterklärungen ein.

Erfahrungen, Trends und Potenziale

Von nachhaltigem Wirtschaften wird viel geredet: Manche Wissenschaftler und Unternehmensberatungen meinen einen klaren Trend zu erkennen, die Öffentlichkeit fordert es zunehmend ein und die Politik beschwört es als Ausweg aus der Globalisierungsfalle. Zahlreiche Vorträge prominenter Unternehmen und die zunehmende Zahl an Umwelt- und Nachhaltigkeitsberichten erwecken gar oftmals den Eindruck, als ob nachhaltiges Wirtschaften längst im Denken der Manager verankert wäre. Das Team des oekoradar-Verbundprojekts (www.oekoradar.de) wollte es genauer wissen und beauftragte das ifo-Institut für Wirtschaftsforschung, München, mit einer Studie zum Stand der Entwicklung (ÖKORADAR 2002). Insgesamt wurden 5.788 Unternehmen – vornehmlich die Geschäftsführer – danach befragt, inwieweit das Thema nachhaltiges Wirtschaften in der betrieblichen Praxis Fuß gefasst hat. Damit unterscheidet sich die vorliegende Studie von vielen bisherigen, denn sie beschränkt sich nicht auf Vorreiterunternehmen in Sachen Nachhaltigkeit, sondern erfasst einen möglichst ausgewogenen Querschnitt der deutschen Wirtschaft.

■ **Zentrale Ergebnisse**

Auf die Frage nach dem Thema Nachhaltigkeit gibt über ein Drittel der in dieser Studie erfassten Unternehmen an, sich bereits mehrfach damit beschäftigt zu haben, das Leitbild in konkrete Ziele umzusetzen oder Maßnahmen dazu zu erarbeiten. Ein Viertel der Befragten hat dabei den klassischen Umweltschutz im Blick. Zwar verhält sich die Mehrheit der Unternehmen in Deutschland noch weitgehend passiv, aber 58 Prozent der Befragten gehen davon aus, dass die Zukunft mehr Engagement von ihnen fordern und die Bedeutung sozialer und ökologischer Verantwortung steigen wird (siehe Abb. 2).

Abb. 2: Einschätzung der sozialen und ökologischen Verantwortung von Unternehmen (in Prozent); Quelle: ÖKORADAR 2002

Gefragt danach, was eine stärkere Nachhaltigkeitsorientierung hemmt, geben die Unternehmen den Mangel an Kostenvorteilen und eine schwierige Finanzsituation an. Weitere Gründe sind: zu wenig Informationen, geringes Bewusstsein bei Kunden sowie Verbrauchern und unzureichende staatliche Zielvorgaben und Rahmensetzungen. Die hohe Sensibilisierung der deutschen Wirtschaft – lediglich sechs Prozent der Unternehmen glauben, dass das Thema Nachhaltigkeit an Bedeutung verlieren wird – lässt jedoch eine dynamische Entwicklung erwarten, sofern das öffentliche Interesse zunimmt, der Staat entsprechende Anreizstrukturen schafft und der wettbewerbsbedingte Innovationsdruck zunimmt.

Unternehmen, die wesentliche Elemente nachhaltigen Wirtschaftens in ihre betriebliche Praxis aufgenommen haben, bewerten ihre wirtschaftliche Entwicklung in den letzten Jahren mehrheitlich positiv. Weniger ausgeprägt ist die Zufriedenheit bei Unternehmen, die sich eher an klassischem Umweltmanagement orientieren. Zu einer negativen Bewertung kommen vor allem solche Betriebe, die sich bisher weder mit ökologischen noch mit sozialen Aspekten befasst haben. Noch deutlicher fallen die Unterschiede aus, wenn die Unternehmen ihre Position im Wettbewerb bewerten. Während passive Unternehmen ihre Wettbewerbssituationen zu 47 Prozent als unbefriedigend einschätzen, teilen unter den nachhaltigkeitsorientierten Unternehmen lediglich 28 Prozent diese Sicht (siehe Abb. 3). Die Wettbewerbs- und Innovationsfähigkeit zu verbessern ist demzufolge auch das stärkste Motiv, Umweltschutz und Nachhaltigkeit in die Unternehmensstrategie zu integrieren. Gefragt nach den Gründen für ihr Engagement, bezeichnen insbesondere die kleinen und mittleren unter den bereits aktiven Unternehmen es als sehr wichtig, Innovationspotenziale auszuschöpfen, neue Geschäftsfelder zu erschließen und langfristig Kostenvorteile realisieren zu können.

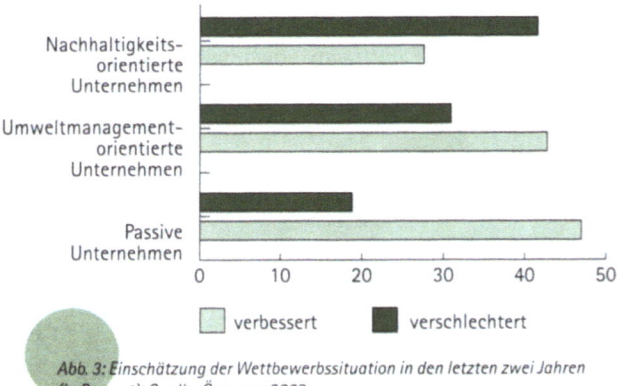

Abb. 3: Einschätzung der Wettbewerbssituation in den letzten zwei Jahren (in Prozent); Quelle: ÖKORADAR 2002

Gefragt nach der Art und Weise, wie Unternehmen den Umweltschutz im eigenen Haus organisieren, zeigt sich, dass die Mehrheit auf bestehende Instrumente der Qualitätssicherung zurückgreift und sie um Umweltschutzaspekte erweitert. Mit der Größe des Unternehmens wächst jedoch die Bereitschaft, Umweltschutz mit eigens dafür entwickelten Managementsystemen zu regeln. So finden Umweltmanagementsysteme wie EMAS und ISO 14001 in erster Linie bei Unternehmen Anwendung, die mehr als 1.000 Beschäftigte zählen, während kleine Betriebe – wenn überhaupt – vor allem eigene oder qualitätsorientierte Managementsysteme nutzen. Knapp zehn Prozent setzen gar kein Managementsystem ein.

Zusammenfassung

Als ein wichtiger Grundsatz der Nachhaltigkeit gilt, dass wir nicht auf Kosten künftiger Generationen oder der Menschen in anderen Teilen der Welt leben und wirtschaften. Wie dieses Leitbild in Unternehmen – etwa in den Bereichen Landwirtschaft, Tourismus, Bauen und Verkehr – konkret umgesetzt werden kann, zeigen die Handlungsfelder „Ökologie" (Beispiele: schonender Umgang mit Ressourcen, Reduzierung der Umweltbelastung und verantwortungsbewusster Umgang mit Ökosystemen), „Soziales" (Beispiele: Arbeitsplätze, Arbeitssicherheit und Gesundheit) und „Ökonomie" (Beispiele: langfristige Unternehmenssicherung und regionale/globale Verantwortung). Beim nachhaltigen Wirtschaften stehen jedoch nicht nur die Produktionsweisen der Unternehmen im Blickpunkt, sondern es geht auch um Änderungen des Verhaltens der Öffentlichen Hand („Greening of Government") und um neue Konsumstile und Wohlstandsorientierungen („nachhaltiger Konsum").

Literatur

BUNDESREGIERUNG (1999): Stichwort „Nachhaltigkeit", Bonn.
BUNDESUMWELTMINISTERIUM/UMWELTBUNDESAMT (Hrsg.) (2001a): Handbuch Umweltcontrolling für die Öffentliche Hand, München.
BUNDESUMWELTMINISTERIUM/UMWELTBUNDESAMT (Hrsg.) (2001b): Handbuch Umweltcontrolling. 2. Aufl., München.
ENQUETE-KOMMISSION „Schutz des Menschen und der Umwelt – Ziele und Rahmenbedingungen einer nachhaltig zukunftsverträglichen Entwicklung" des 13. Deutschen Bundestags (Hrsg.) (1998): Konzept Nachhaltigkeit. Vom Leitbild zur Umsetzung. Abschlussbericht, Bonn.
FUTURE e. V. (2000): Nachhaltigkeit. Jetzt! Anregungen, Kriterien und Projekte für Unternehmen, München.
ÖKORADAR (2002): Nachhaltiges Wirtschaften in Deutschland. Erfahrungen, Trends und Potenziale, München.
UMWELTBUNDESAMT (Hrsg.) (1999): Handbuch Umweltfreundliche Beschaffung. 4. Aufl., München.
UMWELTBUNDESAMT (2002): Nachhaltige Entwicklung in Deutschland – die Zukunft dauerhaft umweltgerecht gestalten, Berlin.

3.3.2 Nachhaltige Landbewirtschaftung

Jürgen Rimpau

Gemessen an der Fläche spielt Landwirtschaft in den meisten Biosphärenreservaten im Vergleich zu anderen Landschaften eine untergeordnete Rolle. Der Flächenanteil ist sehr gering (Wattenmeere; Pfälzerwald; Vessertal-Thüringer Wald; Bayerischer Wald; Berchtesgaden) bzw. gering (Rhön; Schorfheide-Chorin; Spreewald). Lediglich die Biosphärenreservate Südost-Rügen und Flusslandschaft Elbe (ST) weisen in den Entwicklungszonen auch heute einen nicht unbedeutenden Flächenanteil Landwirtschaft aus.

Dennoch ist die Kulturgeschichte aller Biosphärenreservate auch eine Geschichte ihrer landwirtschaftlichen Nutzung. Das Landschaftsbild und der Charakter der Kulturlandschaften ist in allen Biosphärenreservaten von der land- und forstwirtschaftlichen Tätigkeit geprägt worden. Einige heute als besonders attraktiv und ästhetisch empfundene Landschaften in den Biosphärenreservaten sind ohne landwirtschaftliche Tätigkeit nicht denkbar (Weinbau im BR Pfälzerwald; kleinflächige Landwirtschaft im BR Spreewald; Almwirtschaft im BR Berchtesgaden).

Während bislang der Schutz der in den Biosphärenreservaten besonders schützenswerten Naturgüter und Landschaften (Kernzonen) im Vordergrund stand, wird es in Zukunft darauf ankommen, die Nachhaltige Entwicklung insgesamt, d. h. neben den ökologischen auch die sozialen und ökonomischen Ziele der Regionalentwicklung in den Mittelpunkt der Bemühungen der Weiterentwicklung der Biosphärenreservate zu stellen. Dabei wird u. a. auch die Landwirtschaft als z. T. bedeutender Flächennutzer (zumeist in den Entwicklungszonen) weiterhin Gegenstand kritischer Begleitung sein.

Es gilt, eine Landwirtschaft weiterzuentwickeln, die zugleich die besonderen Ansprüche der Schutzfunktionen der Biosphärenreservate berücksichtigt, als auch soziale (Lebensqualität der bäuerlichen Familien; Stabilität ländlicher Räume) und ökonomische (Einkommen) Ziele anstrebt. Dabei besteht die besondere Herausforderung darin, Modelle zu entwickeln, welche eine Nachhaltige Entwicklung ohne externe Fördergelder ermöglichen. Die Herausforderungen werden noch einmal dadurch verstärkt, dass der wirtschaftliche Druck auf die landwirtschaftlichen Betriebe durch Globalisierung, Verhandlungen der Welthandels-Organisation (World Trade Organisation, WTO), Agrar-Reform der Europäischen Union (EU), EU-Erweiterung und Ansprüche der Verbraucher dramatisch zunimmt. Die Folgen dieser Entwicklung sind die fortschreitende und vermutlich beschleunigte Aufgabe der Bewirtschaftung von Grenzstandorten (Mittelgebirge; Sandstandorte ohne Beregnung), was zu anteiligen Flächenaufgaben oder sogar zum Rückzug ganzer Betriebe aus den Regionen führen kann. Die Folgen verlassener Flächen für das Bild von Kulturlandschaften ergeben sich aus den Möglichkeiten der Gestaltung: aktives Offenhalten als Brache, passive Selbstüberlassung (Sukzession), Umwidmung in naturnahe Flächen besonderer ästhetischer oder Naturschutz-Anforderungen und schließlich Aufforstung. Wissenschaftliche Untersuchungen zeigen, dass mit der Aufgabe der Landwirtschaft die Anzahl floristischer Arten in den betroffenen Landschaftsteilen deutlich abnimmt. Für die Fauna liegen solche Untersuchungen noch nicht vor.

Es soll an dieser Stelle deutlich werden, dass nicht nur das anspruchsvolle Ziel Nachhaltiger Entwicklung der Biosphärenreservate, sondern auch die Folgen der skizzierten externen Entwicklungen strategische und planerische Aufgabenstellungen bedingen. Und zwar nicht nur in Biosphärenreservaten, sondern in allen Landschaften, die von der Landwirtschaft geprägt sind. In diesem Sinne wird zu untersuchen sein, ob Biosphärenreservate Modellcharakter auch für andere Landschaften und den ländlichen Raum insgesamt übernehmen können.

Welches sind nun die Entwicklungsstrategien, die schon heute und zukünftig verstärkt für die landwirtschaftlichen Betriebe in den Biosphärenreservaten verfolgt werden?

Multifunktionalität

In allen Biosphärenreservaten ist erkannt worden, die Stärke der Landwirtschaft, nämlich ihre Multifunktionalität, zu fördern. Denn die Landwirtschaft übernimmt im ländlichen Raum nicht nur die Funktion der Produktion von Nahrungsmitteln. Auf der Fläche werden in Zukunft vermehrt auch nachwachsende und recyclingfähige Rohstoffe für Klimaneutrale und regenerierbare Energie und für die Industrie erzeugt werden. Diese Produktionsziele erweitern das Kulturartenspektrum auf der Fläche, führen zu einem lebhafteren Landschaftsbild und verstärken die Art-Erhaltungsfunktionen der Landwirtschaft.

Viele Betriebe stellen auf neue Produktbereiche um, wie z. B. auf den Tourismus durch Urlaubsangebote, durch die Produktion von (historischen) Spezialitäten, durch Weiterverarbeitung der Rohstoffe zu attraktiven Produkten und durch Direktvermarktung, durch Erlebniseinkauf auf dem Bauernhof, durch Tage der Offenen Tür, durch Gastronomie und nicht zuletzt durch Kulturangebote. Dabei wird der Landwirt als Unternehmer gefordert, der seinen Standortvorteil erkennt und seine Vermögensbestände revitalisiert. So werden beispielsweise die (häufig denkmalgeschützten) Gebäude in Hofläden, Hofcafes, Gasthöfe, Restaurants, Hotels, Veranstaltungsräume, Museen umgewidmet und werden Naturdenkmäler (Bauerngärten, Obstwiesen, Landschaftsparke) begehbar gemacht.

Will man hier strategisch helfen, gilt es, die Bemühungen zu vernetzen, weil viele Ideen einer Region ohne Konkurrenz-

3. NEUE KONZEPTE FÜR DIE MODELLREGIONEN

druck in anderen Regionen genutzt werden können. Auch gilt es, ein Netzwerk der Direktvermarkter aufzubauen, die ihre Produkte tauschen und damit ihr Hofladen-Angebot deutlich erweitern können. Die überbetriebliche Vernetzung kann vertikal zu anderen Betrieben mit Direktvermarktung erfolgen und durchaus auch in festere Organisationsformen gegossen werden. Positive Erfahrungen zu solchen festen Organisationsformen liegen zwischenzeitlich vor (KAGERBAUER, A. 2003). Die Vernetzung erfolgt zudem horizontal zu anderen Branchen und Veranstaltern der gleichen Region, um die Kommunikation zu steuern, Tourismusströme zu lenken und die Attraktivität des Raumes insgesamt zu stärken.

Für einen solchen strategischen und planerischen Ansatz steht den Biosphärenreservaten eine Verwaltung zur Verfügung, welche (als „Entwicklungsteam") die Akteure vor Ort identifiziert und neben Naturschutz und Landschaftspflege eben auch das Wirtschaftsgeschehen in Landwirtschaft, Forstwirtschaft, Gewerbe, Industrie, Tourismus und ländliche Entwicklung insgesamt als Querschnittsaufgabe betrachtet und in die Planungen integriert.

Markt für Umweltleistungen

Die Gesellschaft und die Landwirtschaft haben erkannt, dass Natur und Umwelt hohe Werte darstellen. Diesen Werten steht jedoch weder ein Markt noch ein Preis für Umweltgüter gegenüber. Deshalb ist in den vergangenen Jahren ein Ersatz-Markt für Umweltleistungen in Form von Agrarumweltmaßnahmen und anderen Fördermitteln für Umweltleistungen entstanden. Die Gesellschaft als Nachfrager in diesem Markt drückt in der Förderhöhe den Preis für Umweltleistungen aus. Der Landwirt als Anbieter von Umweltleistungen kann seine Kosten für definierte Umweltleistungen kalkulieren und diese anbieten. Es entsteht für diese so wichtigen Güter ein echter Markt. Diesen Markt gilt es auszubauen, und zwar flächendeckend für alle Landschaften.

Voraussetzung ist, die Ziele der Agrarumweltmaßnahmen genau zu beschreiben. Dafür ist die Zusammenführung von Fachkenntnissen im Naturschutz (Fachverbände) und in den räumlichen Verhältnissen vor Ort (Landwirte) notwendig. Aus den Zielbeschreibungen ist ein Maßnahmenbündel abzuleiten und festzulegen. Schließlich gilt es, die Kosten solcher Maßnahmen zu kalkulieren. Wichtig ist ferner, die räumliche Kulisse festzulegen, innerhalb derer ein Naturschutzziel überhaupt Relevanz und Förderwürdigkeit aufweist.

Die Zielerreichungs-Wahrscheinlichkeit der Maßnahmen hängt von der wissenschaftlich fundierten Fachkompetenz der beteiligten Akteure einerseits und andererseits von der Größe der Region ab, für welches ein Agrarumweltprogramm aufgelegt wird. Wichtig ist für die Optimierung der Zielerreichung, die Programme möglichst flexibel (bis hin zur Einzelbetriebsebene) zu gestalten. Dieses Erfordernis verlangt eine Flexibilität der Organisationsstruktur der Verwaltung der Agrarumweltprogramme, die einem Vorschlag einer Arbeitsgruppe der Deutschen Landwirtschaftsgesellschaft (DLG) und des World Wide Fund for Nature (WWF) zufolge am besten durch private Umweltagenturen sichergestellt werden könnte. Die Arbeitsweise dieser Agenturen wäre interdisziplinär und partizipativ.

Die Teilnahme an Agrarumweltprogrammen ist abhängig von der finanziellen Attraktivität der Programme. Damit kann auch Umweltschutz marktwirtschaftlichen Mechanismen und Wettbewerb ausgesetzt werden. Effizienz-Steigerung ist die unmittelbare Folge. Die Teilnahme ist auf Freiwilligkeit und Kooperation begründet. Nur so ist die Akzeptanz von Umweltzielen in der Landwirtschaft und das gegenseitige Lernen im kooperativen Ansatz zu gewährleisten. Dieser Ansatz ist wichtig, ist er doch erst Garant des Erfolges der Maßnahmen und damit auch der volkswirtschaftlichen Optimierung.

Die Honorierung der Landwirte würde (wie heute auch) maßnahmenorientiert und nicht zielorientiert erfolgen. Denn die Ziele der meisten Maßnahmen würden nur mit Zeitverzögerung erreicht und erkennbar werden. Die Kosten entstehen für den Landwirt jedoch unmittelbar. Dennoch ist natürlich eine Evaluation des Erfolges der Agrarumweltmaßnahmen unumgänglich, weil Zielvorhersage und Zielerreichung miteinander abgeglichen werden müssen. Das Nichterreichen eines Zieles kann begründet sein in den nicht zutreffenden Zielvorhersagen der Fachleute aufgrund mangelnder Datengrundlage. Oder der Misserfolg eines Programms beruht auf der Einwirkung Dritter und kann somit weder vom Programmgestalter noch vom Landwirt verantwortet werden. Letztlich kann die Zielverfehlung auch in der mangelnden Durchführungsqualität, also beim Landwirt, zu suchen sein. Für einen solchen Fall wären Mechanismen der Honorar-Rückforderungen festzulegen.

Es ist für die Naturschutzziele und für die Durchsetzung von Nachhaltigkeit in allen Landschaften von höchstem Interesse, wenn die Biosphärenreservate solche Organisationsmodelle an gut untersuchten Strukturen erproben könnten. Hier könnten Biosphärenreservate in der Tat Versuchsstandort und im Falle des Erfolgs Modellcharakter für alle Landschaften Deutschlands werden.

Es ist wichtig festzustellen, dass die Honorierung von Umweltleistungen weder eine Subvention noch öffentliche Förderung ist, sondern mit der Herstellung von Umweltgütern ein echtes Marktgeschehen widerspiegelt. Deshalb ist entscheidend, die Umweltleistungen deutlich von denjenigen Umwelt-Leistungen der Landwirtschaft abzugrenzen, die bei der Produktion der Nahrungsmittel als so genannte Koppelprodukte automatisch mit entstehen. Das ist z. B. das Offenhalten der Landschaft, die Unterhaltung der Wege und Gräben und damit die Zugänglichkeit der Landschaft, die Pflege der Bäume und Hecken.

NEUE KONZEPTE FÜR DIE MODELLREGIONEN

Auf der Agrarfläche sind es alle Elemente, die der Einhaltung der so genannten guten fachlichen Praxis dienen. Diese sind im Agrarfachrecht definiert. Allerdings wird seitens des Naturschutzes bemängelt, dass die Definition der „guten fachlichen Praxis" nicht konkret genug sei. Die Landwirtschaft macht deutlich, dass die Komplexität der biologischen Sachzusammenhänge eine konkrete Handlungsfestschreibung nicht zulässt, ja geradezu kontraproduktiv sei. Zudem weist die Landwirtschaft darauf hin, dass das Fachrecht und die Definitionen der „guten fachlichen Praxis" mit dem technischen Fortschritt dynamisch fortgeschrieben würden. Es gibt Ansätze interdisziplinärer Forschung, „gute fachliche Praxis" an den Anforderungen der Umweltschutzziele zu definieren. Biosphärenreservate sind auch hierfür ein gutes Terrain, um dem Test solcher Vorschläge als Modellregion zu dienen. Es ist an dieser Stelle darauf hinzuweisen, dass die Vorschläge den Kriterien der Nachhaltigkeit gerecht werden müssen.

Leitbild einer nachhaltigen Landbewirtschaftung

Die Vision

Die Deutsche Landwirtschafts-Gesellschaft (DLG) hat kürzlich ein neues Leitbild nachhaltiger Landwirtschaft vorgestellt. Sie bezieht sich dabei auf die bekannte Definition der Brundtland-Kommission, die eine gleichgewichtige Berücksichtigung der drei Säulen der Nachhaltigkeit, nämlich Ökologie, Ökonomie und soziale Kriterien verlangt. Dabei wurden sowohl das Oberziel als „der maximale volkswirtschaftliche Gesamtnutzen" definiert wie auch die wesentlichen Ziele einer multifunktionalen Landwirtschaft bestimmt. Diese lassen sich in vier Funktionsgruppen ordnen (Abb. 1).

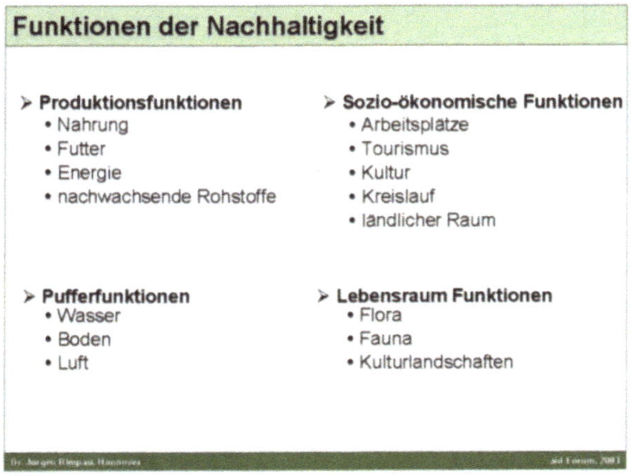

Funktionen der Nachhaltigkeit

- **Produktionsfunktionen**
  - Nahrung
  - Futter
  - Energie
  - nachwachsende Rohstoffe

- **Sozio-ökonomische Funktionen**
  - Arbeitsplätze
  - Tourismus
  - Kultur
  - Kreislauf
  - ländlicher Raum

- **Pufferfunktionen**
  - Wasser
  - Boden
  - Luft

- **Lebensraum Funktionen**
  - Flora
  - Fauna
  - Kulturlandschaften

Abb. 1: Funktionen der Nachhaltigkeit

Wegen der grundsätzlichen Gleichberechtigung der drei Säulen der Nachhaltigkeit sind die Nachhaltigkeitsziele miteinander verknüpft. Deshalb dürfen nicht einzelne Kriterien der Nachhaltigkeit beliebig herausgegriffen und beurteilt werden. Nur der sorgfältig ausgewählte Satz von Nachhaltigkeitskriterien dient der Beurteilung von Wirtschafts- und Gesellschaftsprozessen. Ebenso wenig lassen sich Nachhaltigkeitsziele nacheinander abarbeiten. Denn die Zielerreichung bei einem Indikator kann zur Zielverfehlung bei einem anderen Indikator führen. Nachhaltigkeitsziele können zum Teil miteinander konkurrieren. Auch sind Nachhaltigkeitsziele nicht gleichgewichtig. Daraus folgt, dass wir eine Bewertung und Gewichtung der Ziele vornehmen müssen, was eine Vergleichbarkeit von Zielen ganz unterschiedlicher Funktionen und Dimensionen verlangt. Diese ist am besten über eine monetäre Bewertung zu erreichen. Allerdings sind nicht alle Kriterien quantitativ oder halb quantitativ zu beschreiben (z. B. Ästhetik oder Vielfalt von Landschaften). Solche Ziele, die für die Gesellschaft einen hohen Wert, jedoch wegen fehlenden Marktes keinen Preis haben, dürfen wegen eben dieser Eigenschaft nicht unterschlagen werden, sondern sind verbal oder durch Ersatzwerte zu beschreiben und in die Entscheidungsprozesse einzuschleusen.

Nachhaltigkeit ist ein Prozess, in dem die Ziele dynamisch fortgeschrieben werden. Nachhaltigkeit ist zudem ein partizipativer Prozess: Die Ziele werden durch eine Vielzahl von Akteuren festgelegt.

Umsetzung im landwirtschaftlichen Betrieb

Abgestimmte Indikatoren-Sätze der Nachhaltigkeit werden die Basis für flächendeckend eingeführte integrierte Managementsysteme in der Landwirtschaft. Diese vereinen klassisches Controlling, betriebswirtschaftliche Buchführung, Qualitätsmanagement, Umweltmanagement, externe Beratung, Personalführung, Dokumentation und Gütesiegelung. Im horizontalen Betriebsvergleich können diese Zahlen – wie in der Betriebswirtschaft schon lange üblich, nunmehr jedoch ausgeweitet auch auf ökologische Indikatoren – in kurzem Zeitintervall überprüft werden. So werden z. B. Stickstoff-, Phosphor- und Kali-Bilanzen Teil der Buchführung und dienen in ihrer zweifachen Funktion einmal als Rückkopplung zur Optimierung der Düngemaßnahmen und zum anderen dem Nachweis des abiotischen und biotischen Umweltschutzes. Schwachstellen-Analyse und Kurskorrektur werden nunmehr kurzfristig und dauerhaft möglich. Beratung gehört zum festen und verpflichtenden Element nachhaltiger Betriebsführung.

Umsetzung in der Wertschöpfungskette

Landwirtschaft produziert im allgemeinen Rohstoffe für Nahrungsmittel, welche in der Ernährungsindustrie verarbeitet

Voller Leben 107

3. NEUE KONZEPTE FÜR DIE MODELLREGIONEN

werden. Deshalb erreichen den Verbraucher Nahrungsmittel, die mehrere Prozessstufen durchlaufen haben. Es ist deshalb notwendig, die Stufen von Wertschöpfungsketten miteinander zu verknüpfen.

Das Produkt des oben skizzierten Managementsystems ist ein „Gütepaket", welches Produkt- und Prozessqualität beinhaltet und in einem „Güteprotokoll" dokumentiert ist. Dieses wird nun an der Schnittstelle zu den Nachbarbranchen einer Wertschöpfungskette übergeben. Das „Güteprotokoll" ist in der Wertschöpfungskette erklärbar und nachvollziehbar, weil die Branchen z. T. gleiche, in jedem Fall abgestimmte Indikatoren verwenden. Die Akzeptanz der Indikatoren der Partner in der Kette ebnet den Weg zur Integration der Wertschöpfungskette zu einer Verantwortungsgemeinschaft (Abb. 2).

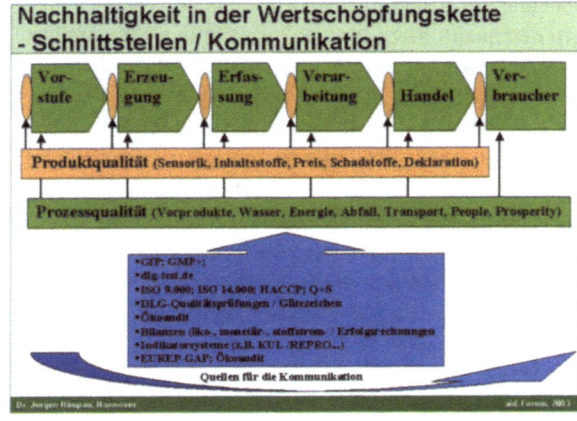

Abb. 2: Nachhaltigkeit in der Wertschöpfungskette – Schnittstellen/Kommunikation

Das „Güteprotokoll" dient als Gütesiegel der Nachhaltigkeit und als verpflichtendes Protokoll der Wertschöpfungskette gegenüber dem Verbraucher.

Die nächsten Schritte der Umsetzung

Zunächst gilt es, ein Kompetenzzentrum der Nachhaltigkeit in der Landwirtschaft zu identifizieren, welches die Ziele und damit die Indikatoren-Sätze festlegt, mit denen die Ziele gemessen werden. Diese orientieren sich an den Funktionen einer multifunktionalen Landwirtschaft (Abb. 1) und beziehen sich auf Regionen oder Betriebstypen oder können sogar betriebs-individuell gestaltet werden. In einem weiteren Schritt sind Bewertungskriterien festzulegen, um die Vergleichbarkeit ganz verschiedenartiger Indikatoren sicherzustellen. Zum Dritten gilt es, Entscheidungsverfahren festzulegen, nach denen die Auswahl und Gewichtung der Ziele vorgenommen werden und die Entscheidungsträger zu bestimmen (Expertenprotokolle, Partizipation, Umfragen, Delphi-Berichte).

Letztlich sind Schwellenwerte der Zielerreichung zu definieren, sowie Zeit- und Mengenfenster der Realisierung zu bestimmen.

Jedes Glied der Wertschöpfungskette gründet ein eigenes Kompetenzzentrum, die Koordination zwischen den Stufen beginnt und die Zertifizierung wird vorbereitet. Die Forschungsförderung wird auf Lücken in der hier relevanten Forschung aufmerksam gemacht. Ein Kommunikationsbündnis zwischen Wertschöpfungskette und Verbraucherverbänden wird geschlossen.

Rolle der Biosphärenreservate

Viele Biosphärenreservate können exzellente Einzelbeispiele vorführen, die den Versuch der Verwaltungen widerspiegeln, die Integration der Akteure im ländlichen Raum voranzutreiben. In diesem Sinne könnten Biosphärenreservate an ausgewählten Einzelbeispielen Modellcharakter übernehmen, um auszutesten, ob die oben skizzierte Vorgehensweise für den ländlichen Raum auch außerhalb von Biosphärenreservaten realisierbar ist. Schwerpunkt der Fragestellungen innerhalb der Biosphärenreservate an einzelnen Fallbeispielen könnte sein:

1. Wie kann man die Akteure im ländlichen Raum organisatorisch verbindlich integrieren („Entwicklungsteams")?
2. Wie kann man die Integration in der Wertschöpfungskette organisieren?
3. Wie kann man die Kommunikation mit dem Verbraucher optimieren?

Es kann schon heute vermutet werden, dass Erfahrungen der Biosphärenreservate auch im ländlichen Raum insgesamt umsetzbar sein werden.

Andererseits ist zu vermuten, dass die besonderen Schutzanforderungen der wertvollen Landschaftsteile in Biosphärenreservaten auch besondere Maßnahmen erfordern, die nicht generell auf den ländlichen Raum und die Landbewirtschaftung insgesamt übertragbar sind.

Zusammenfassung

Die Landbewirtschaftung in Biosphärenreservaten ist unter der Zielbeschreibung der Nachhaltigkeit weiterzuentwickeln. Dabei sollten die besonderen Naturschutzgüter der Biosphärenreservate geschützt und das landwirtschaftliche Einkommen auch unter den zukünftig steigenden Herausforderungen der politischen Rahmenbedingungen (WTO, EU-Agrar-Reform, EU-Erweiterung, Ansprüche der Verbraucher) gesichert sein.

Die Landnutzung in Biosphärenreservaten wird verstärkt die Vorzüge der Landwirtschaft, nämlich ihre Multifunktionalität, nutzen und neben der Produktion von Nahrungsmitteln und Nachwachsenden Rohstoffen auf Direktvermarktung, Gastronomie, Erlebniseinkauf und Veranstaltungen für Tourismus setzen. Dabei kommt es zur Revitalisierung der Dörfer und Umnutzung und damit Erhaltung der (denkmalgeschützten) Gebäudesubstanz.

Strategisch gilt es, diese Unternehmensformen in der Vermarktung mit gleichen Anbietern anderer Regionen zu vernetzen und durch Integration mit anderen Branchen der gleichen Region zur Stärkung des ländlichen Raumes beizutragen. Landwirte werden verstärkt den Markt für Umweltleistungen nutzen, in dem die Gesellschaft Umweltleistungen nachfragt und in Agrarumweltmaßnahmen investiert. Biosphärenreservate können aufgrund der genauen Naturschutzzielbeschreibungen Versuchsstandort für die zielgenaue Auslegung und Definition von Agrarumweltprogrammen werden und im Fall des Erfolges Modellcharakter für andere Agrarlandschaften erhalten. Auch gilt es, gegebenenfalls neue Organisationsformen des Vertragsnaturschutzes zu entwickeln.

Das neue Leitbild einer nachhaltigen Landbewirtschaftung bezieht sich auf die drei bekannten Säulen der Nachhaltigkeit: Ökonomie, Ökologie und Soziales. Das zentrale Instrument des neuen Leitbildes wird ein integriertes Managementsystem, in dem Betriebswirtschaft, Qualitätsmanagement und Umweltmanagement zusammengeführt werden. Schwachstellenanalyse und Kurskorrektur in allen wichtigen Nachhaltigkeitszielen sind kurzfristig möglich.

Die Branchen verbinden sich in Wertschöpfungsketten und dokumentieren gegenüber dem Verbraucher Produkt- und Prozessqualität im Gütesiegel für Nachhaltigkeit. Biosphärenreservate könnten die Integration von Wertschöpfungsketten exemplarisch vorführen und auch hier Modellcharakter für andere Landschaften außerhalb der Biosphärenreservate bekommen.

Literatur zum Thema

KAGERBAUER, A. (2003): Regionalentwicklung und soziale Netzwerke. Masterarbeit, Göttingen.

DLG-WWF (2003): Die Agrarumweltprogramme. Ansätze zu ihrer Weiterentwicklung.

RIMPAU, J. (2003): Nachhaltigkeit - ein neues Leitbild für die Landwirtschaft. Schriftenreihe der DBU.

RIMPAU, J. (2003): Die Anforderungen steigen – was tut die Landwirtschaft? Beispiele aus der Praxis: Pflanzenproduktion. 6. aid-Forum, aid-Schriftenreihe.

3.3.3 Nachhaltige Waldwirtschaft

Hermann Graf Hatzfeldt

Wald ist in den 14 deutschen Biosphärenreservaten zu unterschiedlichen Anteilen vertreten. Das Spektrum reicht von null Prozent Flächenanteilen in den drei Biosphärenreservaten des Wattenmeers bis zu 98 Prozent im Biosphärenreservat Bayerischer Wald. Weitere Biosphärenreservate mit einem hohen Waldanteil sind die Biosphärenreservate Vessertal-Thüringer Wald (88 Prozent), Pfälzerwald (75 Prozent) und Berchtesgaden (56 Prozent).

Die Waldfläche von insgesamt rund 420.000 Hektar, davon mehr als zehn Prozent in den Kernzonen, macht etwa ein Viertel der Gesamtfläche aller deutschen Biospärenreservate aus (MAB-GESCHÄFTSSTELLE 2001, nach Angaben der Biosphärenreservate). Der Waldanteil an der Gesamtfläche ist in der Bundesrepublik Deutschland mit 30 Prozent nur unwesentlich größer.

Wald ist wichtig

Die Zahlen lassen erkennen, dass Wald und seine Bewirtschaftung je nach Biosphärenreservat eine unterschiedliche Bedeutung für die nachhaltige Regionalentwicklung haben. In einigen dominieren sie, in vielen spielen sie eine wichtige Rolle. Selbst in jenen, in denen Wald kaum oder gar nicht vertreten ist, dient nachhaltige Waldwirtschaft zumindest als Modell für die nachhaltige Nutzung natürlicher Ressourcen. Grundsätzlich gilt, dass Wald und seine vielfältige Nutzung in ökologischer, gesellschaftlicher und kultureller Hinsicht zu Recht eine hohe Wertschätzung genießt. Wald ist in Deutschland das letzte große, einigermaßen intakte, terrestrische Ökosystem und von unersetzlicher Bedeutung nicht nur für Artenvielfalt, Bodenschutz, Wasserhaushalt und Klima, sondern auch für Erholung und Landeskultur. Für die Entwicklung der Regionalwirtschaft sind die Holzproduktion, die Schaffung bzw. Erhaltung von Arbeitsplätzen und der Beitrag zum Tourismus besonders hervorzuheben.

In der volkswirtschaftlichen Gesamtrechnung hat der Wald tendenziell an Bedeutung verloren, hauptsächlich weil die eigentlichen Leistungen des Waldes von Marktpreisen nicht erfasst werden. In den ländlichen, strukturschwachen Räumen, wie sie für Biosphärenreservate typisch sind, ist die Waldwirtschaft aber nach wie vor ein wesentlicher Wirtschaftsfaktor. Mit einem Beitrag von knapp drei Prozent zur Bruttowertschöpfung und ca. 900.000 Arbeitsplätzen ist die Wald- und Holzwirtschaft auch national immer noch ein wichtiger Wirtschaftssektor (DIETER, M., THOROE, C. 2003) - viel bedeutender jedenfalls als beispielsweise der Bergbau oder das Textilgewerbe.

Vom Forst zum Wald

Entscheidend für den Beitrag der Waldwirtschaft an der Nachhaltigen Entwicklung ist die Art der Bewirtschaftung. Bekanntlich reklamiert die deutsche Forstwirtschaft für sich, schon seit Jahrhunderten „nachhaltig" in dem engen Sinne zu sein, dass nur soviel Holz geschlagen wird, wie nachwächst, im Kahlschlagverfahren abgeerntete Flächen durch Pflanzung wieder aufgeforstet werden und dadurch eine dauerhaft hohe Holzproduktion gesichert wird.

Die traditionelle Altersklassenwirtschaft vernachlässigt jedoch die ökologischen, sozialen und kulturellen Aspekte eines erweiterten Nachhaltigkeitsbegriffs, wie er spätestens seit dem Brundtland-Bericht 1987 und der UN-Konferenz für Umwelt und Entwicklung (UNCED) in Rio de Janeiro 1992 international akzeptiert worden ist.

Naturgemäße Waldwirtschaft: Mehrstufiger Mischwald, in dem sich unter dem Schirm von Altbäumen der Wald von selbst erneuert.

Typischer schlagweiser Altersklassenwald

Danach soll die Nachhaltige Entwicklung von Wäldern nicht nur eine dauerhaft hohe Holzversorgung gewährleisten, sondern auch dauerhaft die Funktionstüchtigkeit von Wald-Ökosystemen und die gesellschaftlichen Leistungen des Waldes sichern. In ihrem Kern bedeuten die Forderungen von Rio, dass die Forstwirtschaft auf eine ökologisch orientierte, naturnahe Waldbewirtschaftung umzustellen ist.

Das neue Leitbild ist, wie der Name schon sagt, „Naturnähe". Intakte Urwälder sind heute in Mitteleuropa nur noch vereinzelt in abgelegenen Ecken der Karpaten und des Kaukasus übrig geblieben. Die naturnahe Waldwirtschaft orientiert sich gleichwohl an den natürlichen Waldgesellschaften des jeweiligen Standorts, wie sie vermutlich ohne menschliches Zutun entstanden wären. Wir brauchen darum dringend unbewirtschaftete, von Menschen unbeeinflusste Schutzgebiete, in denen die im Wald-Ökosystem ablaufenden natürlichen Prozesse und Mechanismen der Selbstregulierung beobachtet werden können. Dies ist ein wesentliches Anliegen bei der Ausweisung von Kernzonen in Biospärenreservaten.

In den Entwicklungszonen und – mit Einschränkungen – auch in den Pflegezonen besteht die anspruchsvolle Aufgabe darin, diese Prozesse und Mechanismen wirtschaftlich zu nutzen, ohne sie zu beschädigen. Also: Mit der Natur zu arbeiten, anstatt gegen sie. Praktisch heißt das unter anderem:
- auf massive Eingriffe (Kahlschlag, (Mono-) Kulturen, Chemie, Schwermaschinen) verzichten,
- unter dem Schirm von Altbäumen den natürlichen Jungwuchs durch Lichtdosierung erziehen („biologische Automation"),
- nicht mehr ganze Bestände, sondern nur noch einzelne Bäume nutzen,
- nur noch pflanzen, um fehlende Mischungselemente einzubringen.

Gemeinsames Merkmal dieser Verfahren ist, dass die bisher übliche Trennung von Verjüngung, Pflege und Nutzung aufgehoben wird – räumlich und zeitlich. Jetzt wird simultan, aber selektiv, auf der gesamten Fläche gearbeitet. Jeder gefällte Baum dient zugleich der Pflege seiner Nachbarn und der Verjüngung des Waldes. Eingriffe sind auf das absolut notwendige Minimum beschränkt.

Betriebsziel ist ein artenreicher, ungleichaltriger, wohlstrukturierter, stabiler „Dauerwald". Neben Urwald ist er optisch das Schönste, was Wald Menschen zu bieten hat. Zugleich ist er betriebswirtschaftlich attraktiv, da bei naturnaher Bewirtschaftung im Vergleich zur traditionellen Bewirtschaftung der Aufwand sinkt, die Erträge steigen und Risiken vermieden werden. Ökologisch zu wirtschaften kommt somit nicht nur dem Wald zugute, es lohnt sich auch ökonomisch. Unökologisch zu wirtschaften kommt einen dagegen teuer zu stehen.

NEUE KONZEPTE FÜR DIE MODELLREGIONEN

Mehrstufiger Mischwald mit Starkholzproduktion; einzelne Bäume werden geerntet.

Waldwirtschaft als Modell

Naturnahe Waldwirtschaft ist ein Modell für Nachhaltigkeit im Umgang mit der Natur, das auch für andere Wirtschaftszweige gültig ist. Es demonstriert anschaulich, dass Erhalt und Nutzung kein Widerspruch sein müssen. Schutz und Nutzen lassen sich im Wald beiderseits Gewinn bringend vereinen, wenn Menschen klug mit der Natur haushalten und sich ihr „gemäß" verhalten. Glücklicherweise gibt es in Deutschland, in der Schweiz, in Frankreich und Österreich eine Reihe von Betrieben, die schon seit Jahrzehnten nach naturgemäßen Prinzipien wirtschaften und diese Erfahrung belegen können. Beispiele sind in Deutschland der Forstbetrieb der Barone Rotenhan in Rentweinsdorf, Oberfranken; in der Schweiz der Wald von Couvet, Kanton Neuenburg; in Frankreich der Privatwald Landsberg, Vogesen, oder der Privatwald Bouscadié in den Cevennen sowie in Österreich der Stiftswald Schlägl, Böhmerwald (HATZFELDT, GRAF H. 1996).

Die deutschen Biosphärenreservate wollen ihrerseits Modellgebiete für den Schutz der Naturgüter und deren Nutzung für nachhaltige Regionalentwicklung sein. Es liegt nahe, dass sie sich die Prinzipien und Erfahrungen der naturgemäßen Waldwirtschaft zueigen und zunutze machen. In den Pflege- und Entwicklungszonen sollte darum der Wald möglichst naturnah bewirtschaftet werden; in den Kernzonen bleibt er sich selbst überlassen. Sofern das gelingt, wird die Waldbewirtschaftung in deutschen Biosphärenreservaten national und international Vorbildcharakter erhalten. So weit sind wir aber heute noch nicht.

Von der Idee bis zu ihrer Realisierung ist es ein weiter Weg. Neue Konzepte lassen sich nicht über Nacht in die Praxis umsetzen. Naturnahe Waldwirtschaft ist in Deutschland seit etwa einem Jahrzehnt das erklärte Ziel aller Landesforstverwaltungen, der meisten Kommunen und vieler Privatwaldbesitzer.

Infolge verheerender Sturmkatastrophen sind zwar große Fortschritte gemacht worden, der derzeitige Zustand der Wälder kann aber nicht über bestehende Defizite bei der Umsetzung hinwegtäuschen. Das gilt auch, obschon in unterschiedlichem Maße, für die Wirtschaftswälder in den Biosphärenreservaten.

Aller Anfang ist schwer

Eine grundlegende Schwierigkeit ist, dass die ökologische Neuorientierung der Waldwirtschaft einen Wandel im Selbstverständnis von Forstleuten voraussetzt. Forst wurde traditionell als Menschenwerk begriffen, Waldbau als ein Gebäude. Forste wurden von Forstleuten zum Zweck der Holzproduktion neu geschaffen, nach ihren Vorstellungen kultiviert und gestaltet. Die „Unordnung" der Natur wurde den Ordnungsvorstellungen der Forstleute unterworfen. Die Bewirtschaftung sollte „ordnungsgemäß" sein – noch immer ist „ordnungsgemäß" der Schlüsselbegriff in den Forstgesetzen der deutschen Bundesländer und des Bundes. Sichtbares Ergebnis sind die monotonen, geometrisierten Forste, die heute das Landschaftsbild in Mitteleuropa prägen.

Um wirklich „naturgemäß" wirtschaften zu können, müssen Forstleute lernen, radikal umzudenken. Sie müssen jetzt Wald als ein komplexes Ökosystem begreifen, dessen dynamische Abläufe es nicht zu beherrschen gilt, sondern zu verstehen, sanft zu lenken und gleichsam parasitär zu imitieren. Aus Forstmeistern müssen Waldpartner werden. Es kann nicht verwundern, dass dieser Lernprozess mühsam und langwierig ist, insbesondere wenn jungen Forstleuten der Zugang in die Forstverwaltungen verwehrt wird. Biosphärenreservate machen hier keine Ausnahme, da auch dort größtenteils staatliche Forstbeamte den Wald bewirtschaften. Erschwerend kommt hinzu, dass naturnahe Waldwirtschaft zwingend einen waldverträglichen Besatz an Schalenwild erfordert. Wenn die Wilddichten höher sind, lassen sich die Prinzipien der Naturgemäßheit nicht auf der Fläche verwirklichen. Die natürliche Verjüngung hat kaum eine Chance, dem Rasenmähereffekt der Äser zu entgehen. Gerade jene Baumarten, die für die Entstehung von Mischwald notwendig sind, werden vorzugsweise verbissen. Fegen und Schälen schädigen auch den Jungwuchs, der es dennoch schafft. Zäune zu bauen ist sehr teuer und bestenfalls eine punktuelle Notlösung.

Die Eigenheiten des deutschen Jagdbetriebs haben dazu geführt, dass in den heimischen Wäldern die Wilddichten in der Regel jedoch waldunverträglich sind. Der Augenschein und aktuelle Verbissgutachten beweisen es (Waldbauliches Gutachten 2001/2002 Rheinland-Pfalz). Es gibt zwar Ausnahmen und gebietsweise Unterschiede, insgesamt aber lässt sich feststellen, dass die derzeitige Wald-Wild-Situation in Deutschland der Umsetzung des Modells „Naturnahe Waldwirtschaft" diametral entgegen steht – unabhängig von der Besitzart. Mancherorts sind die staatlichen Forstverwaltungen sogar die größten Sünder!

3. NEUE KONZEPTE FÜR DIE MODELLREGIONEN

Trotz ihrer Größe haben sich Biosphärenreservate diesem Trend bisher nicht entziehen können. In einigen ist der Wilddruck in den Pflege- und Entwicklungszonen noch so groß, dass in den Kernzonen gejagt werden muss, um die natürliche Entwicklung des Waldes nicht zu gefährden.

Was ist zu tun?

Es stellt sich die Frage, wie die naturnahe Bewirtschaftung der Wälder in den deutschen Biosphärenreservaten künftig voran gebracht werden kann, damit ihr Potenzial als Modelle für Nachhaltige Entwicklung zumindest in der Waldwirtschaft voll realisiert wird. Ich möchte hier ein innovatives neues Instrument vorstellen, das mir vorzüglich hierfür geeignet erscheint: Die Wald- und Holzzertifizierung, insbesondere wenn sie nach dem System des Forest Stewardship Council (FSC) erfolgt.

Ziel der Zertifizierung ist der Schutz und die Förderung einer im umfassenden Sinne nachhaltigen Waldentwicklung. Dazu sind Standards entwickelt worden, nach denen im Einzelnen abgeprüft werden kann, ob konkrete Mindestanforderungen erfüllt und definierte Leistungen erbracht werden. In ihrem forstlichen Teil basieren sie auf den Prinzipien und Kriterien der naturgemäßen Waldwirtschaft. Der Bewirtschafter muss bei FSC zum Beispiel nachweisen, dass er im Rahmen seiner jagdlichen Möglichkeiten dafür sorgt, dass die natürliche Verjüngung der heimischen Baumarten ohne Schutzmaßnahmen möglich wird. Der Effekt ist ein doppelter: einerseits werden Anleitungen und Anreize gegeben, die nachhaltige Bewirtschaftung des Waldes zu verbessern; andererseits wird erfolgreiche Leistung nicht nur erkannt, gemessen und bewertet, sondern auch durch Audit und Testat eines unabhängigen Dritten der Öffentlichkeit bekannt gemacht. Beides passt gut in das Konzept von Biosphärenreservaten.

Zertifizierung ist zugleich ein marktwirtschaftliches Instrument zur Förderung der Holzverwendung aus nachhaltiger Bewirtschaftung. Die Idee ist, dass der Nachweis vorbildlicher Waldwirtschaft Handel, Vermarkter und letztlich auch den Endverbraucher dazu bewegt, so zertifizierten Holzprodukten sowohl den Vorzug zu geben gegenüber unzertifizierter Ware als auch gegenüber Nichtholzprodukten. Angesichts der Globalisierung der Holzmärkte kommt diesem Aspekt steigende Bedeutung zu. Importe aus umstrittenen Quellen drängen immer stärker in den heimischen Markt und verdrängen mit Dumping-Preisen die regionale Produktion. Unter diesen Umständen könnten von der Waldzertifizierung in Biosphärenreservaten künftig unverzichtbare Impulse zum Schutz der Regionalentwicklung ausgehen. Voraussetzung ist allerdings, dass Händlern und Käufern das Zertifikat bekannt ist und sie ihm vertrauen. Sie müssen wissen, wofür das Logo steht, um sich in ihren Kaufentscheidungen entsprechend zu verhalten. Der FSC steht in dieser Hinsicht heute noch ganz am Anfang seiner Möglichkeiten (www.fsc-deutschland.de, www.fscoax.org).

FSC Trademark© 1996 Forest Stewardship Council A. C.

Schließlich ist das System der Zertifizierung ein vorzügliches Lehr- und Lernmodell, mit dem der Begriff „Nachhaltigkeit" in seinen vielfältigen wirtschaftlichen, sozialen und ökologischen Facetten am Beispiel der Waldwirtschaft konkretisiert und kommuniziert werden kann. Oft wird beklagt, dass der Begriff unverständlich sei. Niemand weiß so recht, was man sich darunter vorzustellen hat, jeder stellt sich darunter etwas anderes vor. Eine Schlüsselfunktion der Standardentwicklung in der Waldzertifizierung ist es nun, im gesellschaftlichen Konsens und im konkreten Detail festzulegen, welche Entwicklung nachhaltig ist und welche es nicht ist. Ob ein Betrieb die Standards erfüllt oder nicht, wird überdies durch ein ausgefeiltes Verfahren von externen Kontrollen und internem Monitoring regelmäßig überprüft und veröffentlicht. (www.fsc-deutschland.de). Zertifizierung ist darum zugleich ein werbewirksames Instrument, um die Idee von Nachhaltiger Entwicklung öffentlich zu verbreiten.

Ausblick

Das deutsche MAB-Nationalkomitee empfiehlt, dass die Bewirtschaftung der in den Biosphärenreservaten gelegenen Wälder nach den anspruchsvollen Standards der FSC Arbeitsgruppe Deutschland zertifiziert werden soll. Im Bundesland Mecklenburg-Vorpommern ist die Zertifizierung der Biosphärenreservate Schaalsee und Südost-Rügen in Vorbereitung. In Brandenburg sind bereits Teile des BR Schorfheide-Chorin FSC-zertifiziert. Sofern andere waldreiche Biosphärenreservate der Empfehlung folgen, wird naturnahe, in dem umfassenden Sinn von Rio nachhaltige Waldwirtschaft exemplarisch in deutschen Biosphärenreservaten umgesetzt sein. Dies würde nicht nur dem Modellanspruch von Biosphärenreservaten entsprechen, sondern auch dem Zustand der Wälder in Biosphärenreservaten und der Regionalentwicklung zugute kommen.

Zusammenfassung

Die Waldbewirtschaftung spielt für die Regionalentwicklung in Biosphärenreservaten in Abhängigkeit von ihrem Charakter eine sowohl wirtschaftliche, ökologische, soziale als auch kulturelle Rolle. Der naturnahen Waldwirtschaft als ein Modell für Nachhaltigkeit im Umgang mit der Natur kommt eine besondere Bedeutung zu. Die Realisierung der Idee der naturnahen Waldwirtschaft gestaltet sich jedoch in der Praxis als durchaus schwierig. Als innovatives Instrument zum Schutz und Förderung der nachhaltigen Waldentwicklung kann die Wald- und Holzzertifizierung einen wichtigen Beitrag zur naturnahen Bewirtschaftung der Wälder in deutschen Biospärenreservaten leisten.

Literatur zum Thema

ARBEITSGEMEINSCHAFT NATURGEMÄßE WALDWIRTSCHAFT (ANW) (Hrsg.)(1999): Der Dauerwald: Zeitschrift für naturgemäße Waldwirtschaft. Ausgabe 20. Butzbach/Nieder-Weisel.

BODE, W. (Hrsg.) (1997): Naturnahe Waldwirtschaft: Prozeßschutz oder biologische Nachhaltigkeit? Deukalion, Holm.

DIETER, M., THOROE, C. (2003): Forst- und Holzwirtschaft in der Bundesrepublik Deutschland nach der neuen Sektorenabgrenzung. Forstwirtschaftliches Centralblatt 122. Blackwell Verlag, Berlin.

HATZFELD, GRAF H. (Hrsg.)(1996): Ökologische Waldwirtschaft: Grundlagen – Aspekte – Beispiele. C. F. Müller, Heidelberg.

KASSEL, R., BÜCKING, M., ROEDER, A., JOCHUM, M. (2003): Ergebnisse der waldbaulichen Gutachten in Rheinland-Pfalz auf Landesebene.

KLINS, U. (2000): Die Zertifizierung von Wald und Holzprodukten in Deutschland – eine forstpolitische Analyse. Dissertation der forstwissenschaftlichen Fakultät der Technischen Universität München.

MEIDINGER, E., ELLIOT, C., OESTEN, G. (Hrsg.) (2003): Social and Political Dimensions of Forest Certification. www.forstbuch.de, Remagen-Oberwinter.

3.3.4 Nachhaltige Tourismusentwicklung

Barbara Engels und Beate Job-Hoben

Einleitung

„Ankommen lohnt sich – Bleiben auch" – Unter diesem Slogan stellte EUROPARC Deutschland, der unabhängige Dachverband deutscher Großschutzgebiete, die deutschen UNESCO-Biosphärenreservate im Jahr 2003 erstmals auch als touristische Destinationen vor.

Die Broschüre, die sich wie ein Reisekatalog liest, macht deutlich, dass die 14 deutschen Biosphärenreservate an Natur und Landschaft alles bieten, was das Urlauberherz höher schlagen lässt: Die größte zusammenhängende Wattlandschaft der Erde im Norden, Hochgebirge im Süden, und dazu Küsten, Seen, Flüsse, Wälder und ländlich geprägte Regionen.

Und trotz der Vielfältigkeit ist ihnen eines gemeinsam: Sie stellen repräsentative Natur- und Kulturlandschaften dar, die in ihrem Modellcharakter einzigartig sind. Es sind diese Alleinstellungsmerkmale, welche die Biosphärenreservate zu attraktiven Zielen für einen natur- und landschaftsbezogenen Urlaub in Deutschland machen. Und dass dieser voll im Trend liegt, zeigen die Besucherzahlen in deutschen Großschutzgebieten: Nationalparke, Naturparke und Biosphärenreservate verzeichnen pro Jahr insgesamt rund 290 Millionen Besucher (HERDORFER, P. 2002: 19).

„Ankommen lohnt sich – Bleiben auch": Mit dieser Broschüre stellen sich die deutschen Biosphärenreservate als touristische Destinationen vor.

Wohin geht die Reise? – Trends im Tourismus

Tourismus in Großschutzgebieten

„Natur erleben" zählt zu den wichtigsten Urlaubsmotiven der Bundesbürger. Und für mehr als ein Drittel der Deutschen sind „reinere Luft, sauberes Wasser, aus der verschmutzten Umwelt

NEUE KONZEPTE FÜR DIE MODELLREGIONEN

Intakte Natur	92 %
Gute Wanderwege	77 %
Gute Beschilderung	59 %
Umweltfreundliche Hotels	54 %
Rhöntypische Gerichte	48 %
Gute Information	45 %
Angebote Sport/Freizeit	37 %
Gutes ÖPNV-Angebot	27 %
Viele Kulturangebote	23 %
Im Winter: Angebot Loipen	37 %
Im Winter: Angebot Lifte	23 %

Erwartungen an die Urlaubsregion Biosphärenreservat Rhön (BIOSPHÄRENRESERVAT RHÖN 1996: 32)

herauskommen" bestimmende Reisemotive, welche die Entscheidung zu einem Besuch eines Großschutzgebiets unterstützen können (PETERMANN, T., REVERMANN, C. 2002: 48). Darüber hinaus bieten gerade Großschutzgebiete eine perfekte „Mischung aus Aktivität und Ruhe", die von vielen Urlaubern gefragt ist (F.U.R. 2001).

Die touristische Bedeutung von Großschutzgebieten in Deutschland manifestiert sich in den steigenden Urlauberzahlen. Der Nationalpark Hainich verzeichnete im ersten Halbjahr 2003 einen Besucherzuwachs um 20 Prozent im Vergleich zum Vorjahr, der Anteil der Fremdbesucher stieg dabei von 15 Prozent auf 30 Prozent (NEWSLETTER FAHRTZIEL NATUR 19/03).

Der seit 1981 als UNESCO-Biosphärenreservat anerkannte Bayerische Wald registriert etwa zwei Millionen Besucher pro Jahr und in den umliegenden Gemeinden haben sich die Übernachtungszahlen seit Gründung des Nationalparks im Jahr 1970 verdreifacht. Und allein im bayerischen Teil des Biosphärenreservats Rhön werden jährlich drei Millionen Übernachtungsgäste und sechs Millionen Tagesausflügler gezählt (PETERMANN, T., REVERMANN, C. 2002: 43f.).

Eine Untersuchung des Verhältnisses zwischen Tages- und Übernachtungstourismus in deutschen Nationalparken und ausgewählten Naturparken ergab eine Dominanz des Tagestourismus (PETERMANN, T., REVERMANN, C. 2002: 43).

Für die deutschen Biosphärenreservate ist die Situation quantitativ bisher unzureichend untersucht. Einige Hinweise geben Untersuchungen in den Biosphärenreservaten, die zugleich Nationalparke sind: Im Bayerischen Wald, in Berchtesgaden sowie im Hamburgischen und Niedersächsischen Wattenmeer überwiegt der Tagestourismus; im Schleswig-Holsteinischen Wattenmeer dagegen dominieren 15 Millionen Übernachtungsgäste gegenüber zwölf Millionen Tagesausflüglern (PETERMANN, T., REVERMANN, C. 2002: 43f).

Trends im Deutschlandtourismus

Die Entwicklung im Deutschlandtourismus ist durch unterschiedliche Schwerpunkte gekennzeichnet: Neben dem verstärkten Interesse an Reisezielen in Deutschland (F.U.R. 2003) erfreut sich der Gesundheits- und Wellness-Tourismus wachsender Beliebtheit (F.U.R. 2002). Diese Trends werden durch eine Zunahme der Zweit- und Drittreisen und insbesondere der Kurzurlaubsreisen (zwei bis vier Tage) verstärkt, für die für den Zeitraum von 2000 bis 2010 eine Zunahme um bis zu 50 Prozent prognostiziert wurde (F.U.R. 2000).

Tourismus und Naturschutz – ein Widerspruch?

Das Spannungsverhältnis zwischen Tourismus und Naturschutz

Das Verhältnis zwischen Tourismus und Naturschutz ist durch eine gegenseitige Abhängigkeit gekennzeichnet: Zum einen profitiert der Tourismus gerade in Biosphärenreservaten von der Attraktivität von Natur und Landschaft, zum anderen kann eine touristische Übernutzung diese negativ beeinflussen.

Dabei sind die negativen Folgen vielgestaltig und komplex: Sie reichen von massiven Verkehrsproblemen wie z. B. im BR Südost-Rügen (seit Sommer 1991 werden dort pro Tag regelmäßig bis zu 15.000 Fahrzeuge gezählt) bis hin zu negativen Auswirkungen des Tourismus auf Flora und Fauna. Diese ergeben sich vor allem durch bestimmte Freizeitaktivitäten, die

Richtiges Verhalten bei der Sportausübung vermindert Beeinträchtigungen von Flora und Fauna.

im Urlaub verstärkt ausgeübt werden, z. B. Störung der im Schilf lebenden Vogelarten durch Wassersportler oder Beeinträchtigung von Flora und Fauna durch Sportler, die sich abseits ausgewiesener Routen bewegen (Radwege, Mountainbiketrails, Kletterrouten). Negativ wirken sich auch der

NEUE KONZEPTE FÜR DIE MODELLREGIONEN

Mountainbiker, die sich abseits der ausgewiesenen Routen bewegen, können Flora und Fauna beeinträchtigen.

Nachhaltiger Tourismus

„Nachhaltige Tourismusentwicklung befriedigt die heutigen Bedürfnisse der Touristen und Gastregionen, während sie die Zukunftschancen wahrt und erhöht.

Sie soll zu einem Management aller Ressourcen führen, das wirtschaftliche, soziale und ästhetische Erfordernisse erfüllen kann und gleichzeitig kulturelle Integrität, grundlegende ökologische Prozesse, die biologische Vielfalt und die Lebensgrundlagen erhält."

(nicht autorisierte Übersetzung von Thorsten Meyer, M&P - Partner für Öffentlichkeitsarbeit und Medienetwicklung GmbH)

(Definition der World Tourism Organisation (WTO): www.world-tourism.org)

erhöhte Ressourcenverbrauch (Flächen, Wasser, Energie) und die Produktion von Abfall und Abwasser aus.

Der Einfluss des Tourismus auf die biologische Vielfalt ist gerade in Schutzgebieten von besonderer Bedeutung, lässt sich jedoch nur beispielhaft quantitativ erfassen: So ist bei den gefährdeten Brutvogelarten an der deutschen Ostsee der Tourismus in 50 Prozent der Fälle Mitverursacher und in 21,4 Prozent alleiniger Verursacher der Gefährdung (BUNDESAMT FÜR NATURSCHUTZ 1996).

Auf der anderen Seite ergeben sich aus dem Tourismus auch positive Effekte für Natur und Landschaft: Tourismus kann dazu beitragen, das Image und die Akzeptanz von (Natur-) Schutzgebieten und Naturschutzmaßnahmen zu verbessern. Es wird allgemein davon ausgegangen, dass der Tourismus in Großschutzgebieten zu positiven ökonomischen Effekten für die Region führt und die Wertschöpfungsrate erhöht. Dies ist jedoch bisher nur in Ansätzen untersucht worden, und insbesondere für Biosphärenreservate liegen kaum Aussagen vor: Im BR Bayerischer Wald wird eine deutlich positive Wirkung des Schutzgebiets auf die regionale Fremdenverkehrswirtschaft angenommen, da 30 Prozent der Besucher wegen des fast flächengleichen Nationalparks in der Region Urlaub machen. Und einige Großschutzgebiete wären ohne die durch den Tourismus erwartete positive Wirtschaftsentwicklung nie gegründet worden.

Nachhaltiger Tourismus als Chance

Vor dem Hintergrund der skizzierten Chancen und Risiken stehen ökologische Schutzziele gerade in Großschutzgebieten, zu denen Biosphärenreservate, Naturparke und Nationalparke zählen, häufig im Widerspruch zu touristischen Entwicklungszielen, da Naturräume, die für den Touristen attraktiv sind, zumeist auch ökologisch sensible Räume darstellen.

Eine Lösung des Spannungsverhältnisses bietet die Entwicklung nachhaltiger Tourismusformen im Sinne der Welt-Tourismus-Organisation (WTO) (siehe Kasten):

Bei der Entwicklung eines nachhaltigen Tourismus stehen folgende Ziele im Mittelpunkt (VERBAND DEUTSCHER NATURPARKE 2002):

- Der Schutz und die Entwicklung des natürlichen und kulturellen Erbes,
- die Gewährleistung hoher Gästezufriedenheit,
- die Verbesserung der Lebensqualität der einheimischen Bevölkerung sowie
- die wirtschaftliche Stärkung der Region.

Tourismus kann so zum Erhalt ursprünglicher Landschaften und intakter Naturräumen beitragen, sofern eine angepasste Erschließung der Naturlandschaft stattfindet und der Tourismus auf der Grundlage eines naturschutzfachlichen Konzepts entwickelt wird. Biosphärenreservate mit ihrem Zonierungskonzept, also den nach ihrer Funktion definierten Flächen Kern-, Pflege- und Entwicklungszone bieten hierfür beste Voraussetzungen.

Natur erleben und gleichzeitig die Natur leben lassen – ein Element des nachhaltigen Tourismus.

Voller Leben 115

NEUE KONZEPTE FÜR DIE MODELLREGIONEN

Tourismus in Biosphärenreservaten

Die Sevilla-Strategie

Biosphärenreservate haben neben der Schutzfunktion zum Zwecke der Erhaltung der biologischen Vielfalt auch die Funktion, eine nachhaltige wirtschaftliche, soziale und kulturelle Entwicklung zu fördern.

So ist in der Sevilla-Strategie des MAB-Programms (siehe Kap. 2.1) als Ziel verankert, dass Biosphärenreservate als Modelle für die umweltgerechte Landbewirtschaftung und für Ansätze zur Nachhaltigen Entwicklung zu nutzen sind. Darin ist auch der Tourismussektor eingeschlossen, wie in den Kriterien für die Anerkennung von Biosphärenreservaten in Deutschland präzisiert wird:

„Der tertiäre Wirtschaftssektor (Dienstleistungen u. a. in Handel, Transportwesen und Fremdenverkehr) soll dem Leitbild einer dauerhaft-umweltgerechten Entwicklung folgen. (...) Hier liegen auch die Möglichkeiten für die Entwicklung eines umwelt- und sozialverträglichen Tourismus." (DEUTSCHES MAB-NATIONALKOMITEE 1996: 28) (Nationale Kriterien siehe Anhang, S. 299).

Eine besondere Bedeutung kommt dem Tourismus in Biosphärenreservaten im Hinblick auf deren Kommunikationsauftrag zu, wie er sich aus Ziel III.3 der Sevilla-Strategie ergibt. Da Biosphärenreservate dem Urlauber eine besondere Möglichkeit bieten, Natur und Umwelt zu erleben, kann auf diesem Wege ein erhöhtes Bewusstsein für diese geschaffen werden.

Internationaler Kontext

Das MAB-Programm sieht die Biosphärenreservate als Chance, die Anstrengungen für eine nachhaltige Tourismusentwicklung durch internationale Kooperation zu vernetzen. Beispiele für die Erprobung verbesserter Ansätze des Tourismusmanagements sind:
- eine vergleichende Studie zum Ökotourismus in fünf ostasiatischen Biosphärenreservaten,
- die Untersuchung eines „Green Label" für Qualitätsprodukte und -dienstleistungen in Hotels und Gastronomiebetrieben im Biosphärenreservat Hiiuma im West-Estnischen Archipel,
- die Einführung von 180 mit Erdgas betriebenen Bussen im Biosphärenreservat Juizhaigou (China) sowie
- die Ökotourismus-Handbücher für die Biosphärenreservate Urdaibai (Spanien) und Bañados del Este (Uruguay) (UNESCO/MAB 2003).

Eine aktive Rolle nehmen Biosphärenreservate auch bei der Durchführung von Fallstudien zur Anwendung der Richtlinien der Konvention über die Biologische Vielfalt (Convention on Biological Diversity, CBD) für „Biodiversität und Tourismusentwicklung" ein.

Lösungsansätze in Biosphärenreservaten

Insbesondere Biosphärenreservate sind mit ihrem Zonierungskonzept und ihrem Auftrag zur Verbindung von Schutz und Nutzung geeignet, Modellvorhaben im Bereich des Tourismus zu erproben.
Wichtige Aktionsfelder sind vor allem Managementkonzepte, die auf den Grenzen der Belastbarkeit sensibler Räume basieren, sowie die Entwicklung und Umsetzung kooperativer Strategien und integrativer Konzepte.

Besuchermanagement

Mögliche Konfliktpotenziale in Schutzgebieten sind die zeitliche und räumliche Konzentration des Besucheraufkommens in sensiblen Räumen sowie Verstöße der Besucher gegen Verhaltensregeln. Eine mögliche Lösung stellt ein Besuchermanagement dar, das auf der Analyse von Belastungsgrenzen und Gefährdungspotenzialen basiert.

Wesentliche Aspekte sind die Besucherlenkung und Infrastrukturplanung (Zufahrten, Parkplätze, markierte Wege, Besucherzentren). Als erfolgreich erweist sich hier eine Angebots-Verbots-Strategie („Honey-Pot-Strategie"), die Infrastruktur und ein attraktives Dienstleistungsangebot (Exkursionen, Naturerlebnisangebote) kombiniert. Mit einer solchen Strategie kann es gelingen, Besucher auf bestimmte Bereiche zu konzentrieren und zugleich die Akzeptanz von Zutrittsverboten in den Kern- und Pflegezonen zu erhöhen (PETERMANN, T., REVERMANN, C. 2002).

Wo geht's lang? Das A und O einer guten Besucherlenkung sind leicht verständliche Beschilderungen. Ein negatives (links) und ein positives (rechts) Beispiel.

Vergleichbare Konzepte werden in allen Biosphärenreservaten praktiziert und durch gezielte Einzelmaßnahmen ergänzt. Im Biosphärenreservat Vessertal-Thüringer Wald wurde z. B. ein umfassendes Besucherlenkungskonzept entwickelt, bei dem das touristische Wegenetz insgesamt reduziert und zur Vermeidung von Nutzungskonflikten maximal zwei touristische Nutzungsarten (z. B. Wandern, Reiten) pro Weg zugelassen wurden (siehe Kap. 4.8).

NEUE KONZEPTE FÜR DIE MODELLREGIONEN 3.

Kooperation statt Konfrontation

Die Mittelgebirgslandschaft der Rhön zieht Kletterer, Wanderer, Mountainbiker und Luftsportler gleichermaßen an. Damit ist einerseits ein großes touristisches Potenzial verbunden, andererseits bleiben Konflikte mit Naturschutzzielen sowie soziale Konflikte zwischen den verschiedenen Nutzergruppen nicht aus.

Eine Lösung stellen gemeinsam erarbeitete Nutzungskonzepte dar: So wurde auf Initiative der bayerischen Verwaltungsstelle des BR Rhön und des Allgemeinen Deutschen Fahrrad-Clubs e. V. (ADFC) ein Mountainbiking-Konzept entwickelt, das sportlich attraktive und gleichzeitig ökologisch weitgehend unbedenkliche Routen ausweist. Und auch der Wanderer kommt voll auf seine Kosten, wenn sich Mountainbiker an die für sie ausgewiesenen Routen halten (BR RHÖN, 2001). Für den Bereich des Luftsports entwickelten Naturschützer und der Deutsche Aeroclub im BR Rhön ein gemeinsames Nutzungskonzept, das den unterschiedlichen Nutzungsanforderungen gerecht wird (Deutscher Aeroclub, 2003). Vergleichbare Konzepte existieren im BR Schaalsee für den Wassersport und im BR Pfälzerwald-Nordvogesen für den Klettersport.

Luftsport in der Hohen Rhön: Sportler und Naturschützer entwickeln gemeinsame Lösungen.

Die Europäische Charta für nachhaltigen Tourismus in Schutzgebieten ist eine von EUROPARC vergebene Auszeichnung für Naturparke, Nationalparke und Biosphärenreservate, die sich für einen nachhaltigen Tourismus engagieren. Sie stellt eine Umsetzung der Agenda 21 und der Konvention über den Erhalt der Biologischen Vielfalt dar.

Im Unterschied zu herkömmlichen Gütesiegeln ist die Europäische Charta prozessorientiert. Im Mittelpunkt stehen die Einbindung aller relevanten Akteure und die gemeinsame Erarbeitung eines Tourismuskonzepts sowie eines Fünfjahres-Maßnahmenplans. Die Europäische Charta ist in Deutschland bisher in drei Naturparken erfolgreich umgesetzt worden (VERBAND DEUTSCHER NATURPARKE 2002). Als erstes Biosphärenreservat wird seit Sommer 2003 die Umsetzung im BR Pfälzerwald-Nordvogesen erprobt.

Forum für Nachhaltigen Tourismus (KONTOR 21, Hamburg)

Integrative Konzepte

Besucherlenkung, Zonierung und gemeinschaftliche Schutz-Nutzungskonzepte sind dazu geeignet, die touristische Entwicklung in Biosphärenreservaten ökologisch verträglich zu gestalten. Eine Entwicklung im Sinne der Nachhaltigkeit erfordert jedoch auch die Einbindung sozialer, kultureller und ökonomischer Erfordernisse.

Da Biosphärenreservate häufig Teil einer größeren touristischen Region sind, ist die Integration in kommunale und regionale Planung nötig. Beteiligte Akteure, z. B. touristische Leistungsanbieter, Tourismusorganisationen, BR-Verwaltungen, Planer und Politiker und nicht zuletzt die einheimische Bevölkerung müssen kontinuierlich in kooperative Prozesse eingebunden werden („Runde Tische", Beteiligungsverfahren). Grundlage fast aller integrativen Prozesse ist eine Stärken-Schwächen-Analyse der jeweiligen Region, aus der sich Chancen und Risiken einer Tourismusentwicklung herausarbeiten und prioritäre Handlungsfelder ableiten lassen.

Beispiele für die Umsetzung integrativer Prozesse bieten einige deutsche Biosphärenreservate, z. B. das BR Pfälzerwald-Nordvogesen und das BR Rhön.

Angebotsgestaltung und Vermarktung

Für die Biosphärenreservate gilt es, durch eine Steigerung der Angebotsvielfalt und die Entwicklung von speziellen Angebotsstrukturen die aufgezeigten Trends erfolgreich zu nutzen, wie z. B. die steigende Nachfrage nach pauschal buchbaren Angeboten, Kurzurlauben und Naturerlebnisreisen.

Entscheidend ist jedoch nicht nur das Vorhandensein eines spezifischen Angebots im Biosphärenreservat, sondern dessen Vermarktung. Bisher gibt es hier wenig innovative Konzepte, das Marketing basiert vor allem auf Infobroschüren, Veranstaltungen und Imagekampagnen (PETERMANN, T., REVERMANN, C. 2002).

Dass es auch anders geht, zeigt das BR Schaalsee mit der Präsentation eigener touristischer Angebote im Internet. Dabei fungiert der Förderverein Biosphäre Schaalsee e. V. insbesondere im Marketingbereich als Kooperationspartner für touristische Dienstleister, ist aber gleichzeitig aktiv in die Angebotsgestaltung eingebunden. Und der Erfolg lässt sich sehen: Die als Busreise konzipierte neunstündige „Biosphäre-Schaalsee-Tour" verzeichnete 2002 einen Zuwachs von 33 Prozent gegenüber dem Vorjahr (Auskunft des Fördervereins Biosphäre Schaalsee e. V.).

3. NEUE KONZEPTE FÜR DIE MODELLREGIONEN

Einen wichtigen Schritt hin zu einer gezielten Vermarktung von Naturerlebnisangeboten auf breiter Ebene gehen die Brandenburgischen Großschutzgebiete mit einem eigenen Katalog „Lust auf Natour".

Erfolg versprechend ist auch eine verstärkte Zusammenarbeit mit Tourismusorganisationen wie der Deutschen Zentrale für Tourismus und großen touristischen Partnern. Die Deutsche Bahn bewirbt 2003 in Kooperation mit den Umweltverbänden BUND, NABU, BN, VCD und WWF unter dem Motto „Fahrtziel Natur" 15 Großschutzgebiete in neun Regionen, darunter die Biosphärenreservate Schorfheide-Chorin und Südost-Rügen, sowie Wattenmeer, Bayerischer Wald und Berchtesgaden. Angeboten werden die direkte Anbindung per Bahn und öffentlichem Personennahverkehr sowie attraktive Ausflugstipps (z. B. Führungen, Fahrrad und Wanderwege).

Zukunftsperspektiven

Naturschutz gilt vielfach als „Bremsklotz" wirtschaftlicher Entwicklung. Die Beispiele nachhaltiger Tourismusentwicklung in Biosphärenreservaten zeigen jedoch, dass dies nicht der Fall sein muss. Im Gegenteil: In Biosphärenreservaten stellt der Tourismus häufig eine wichtige ökonomische Basis für die Bewohner dar, denn Biosphärenreservate, wie auch National- und Naturparke, bieten als positive Imageträger die Möglichkeit, sich im Wettbewerb als unverwechselbare Destinationen für spezifische Zielgruppen darzustellen.

Besondere Bedeutung kommt der Einbindung des Tourismus in Konzepte einer nachhaltigen Regionalentwicklung in strukturschwachen ländlichen Räumen zu. Dabei steht die Verknüpfung zwischen Landwirtschaft, Handwerk, Regionalvermarktung und Tourismus im Mittelpunkt, die zu einer Steigerung der regionalen Identität führen kann und neue Anziehungspunkte für den Tourismus schafft.

Die Einbindung der Tourismusentwicklung in ein Gesamtkonzept regionalen Wirtschaftens verspricht vielfältige positive Auswirkungen, z. B. mehr Steuereinnahmen, Schaffung von Infrastruktur, Veränderung von Zahlungsströmen und eine Erhöhung der Wertschöpfungsraten in der Region (PETERMANN, T., REVERMANN, C. 2002).

Immer mehr Biosphärenreservate setzen dabei auf die Vermarktung regionaler Produkte und die Schaffung eigener Regionalmarken. In den Biosphärenreservaten Schaalsee und Schorfheide-Chorin waren im Jahr 2002 jeweils 15 Betriebe aus Gaststätten und Beherbergung Träger der Regionalmarken „Für Leib und Seele" und „Schorfheide-Chorin" (BIOSPHÄRENRESERVAT SCHORFHEIDE-CHORIN 2003; BIOSPHÄRENRESERVAT SCHAALSEE 2003). Über Sympathieträger wie dem „Rhönschaf" gelingt es, Einheimische und Gäste gleichermaßen für regionale Produkte zu sensibilisieren und zu emotionalisieren.

Eine besondere Rolle spielen Biosphärenreservate auch bei der Schaffung von Arbeitsplätzen: Unter dem Motto „Job-Motor-Biosphäre" bieten das BR Südost-Rügen und das BR Schaalsee Unterstützung für Existenzgründer mit Ideen, die das Konzept des nachhaltigen Wirtschaftens umsetzen wollen: Im BR Südost-Rügen liefert der vom Ministerium für Arbeit in Mecklenburg-Vorpommern und von der Bundesanstalt für Arbeit finanzierte „Jobmotor" wichtige Impulse in einer Region, in der die Arbeitslosenquote bei 20 Prozent liegt (siehe Kap. 4.4). Zwar ist nur ein kleiner Teil der Unternehmenskonzepte unmittelbar auf den Tourismus bezogen, aber fast alle profitieren davon, dass Rügen ein beliebtes Urlaubziel ist.

Die touristischen Potenziale von Biosphärenreservaten sind noch nicht ausgeschöpft. Insbesondere die erwartete Zunahme der Zweit- und Drittreisen in Deutschland bieten Potenziale für deutsche Großschutzgebiete. Die Chancen für die Biosphärenreservate liegen in der Schaffung einer verbesserten Infrastrukturausstattung sowie im Bereitstellen von spezifischen, qualitativ hochwertigen Angeboten, z. B. im Familien-, Jugend-, Naturerlebnis- und Agrotourismus und in deren professioneller Vermarktung.

Die Zukunft des Tourismus hängt jedoch ganz entscheidend von der Qualität der Natur und Landschaft ab. Verschmutzte Strände und überfüllte Straßen locken nun mal keine Touristen an, im Gegenteil: Die Ferienregionen verlieren ihre Attraktivität und damit ihre Existenzgrundlage, wenn sie vorwiegend auf Masse statt auf Qualität setzen. Dies hat die Tourismusbranche inzwischen erkannt. Durch die gemeinsame Entwicklung von Zielen und Konzepten mit der einheimischen Bevölkerung kann einem Ausverkauf der Region entgegen gewirkt und gleichzeitig die Beziehung der hier lebenden und wirtschaftenden Menschen zu ihrer Heimat dauerhaft gestärkt werden.

Es ist also nicht nur der Tourismus, der vom Biosphärenreservat und den Modellen Nachhaltiger Entwicklung profitiert, sondern im Gegenzug profitiert auch das Biosphärenreservat selbst: Durch die Erhöhung der regionalen Wertschöpfung, durch eine Aufwertung ländlich geprägter Räume, durch die Schaffung von mehr Akzeptanz für Naturschutz bei der lokalen Bevölkerung und durch eine verstärkte Sensibilisierung für Natur und Umwelt beim Urlauber.

Zusammenfassung

Biosphärenreservate bieten als positive Imageträger die Möglichkeit, sich im Wettbewerb als unverwechselbare Urlaubsdestinationen zu entwickeln. Dabei stehen gerade in Schutzgebieten ökologische Schutzziele häufig im Widerspruch zu touristischen Entwicklungszielen. Eine Lösung des Spannungsverhältnisses stellt die Entwicklung nachhaltiger Tourismusformen dar, die Naturschutz, Qualitätstourismus, Zufriedenheit der einheimischen Bevölkerung und eine wirtschaftliche Stärkung der Region miteinander in Einklang bringt.

Das MAB-Programm der UNESCO mit seinen Biosphärenreservaten bietet beste Voraussetzungen, um ein an Belastungsgrenzen orientiertes Besuchermanagement, integrative Tourismusplanung und kooperative Konzepte umzusetzen.

Literatur

BIOSPHÄRENRESERVAT RHÖN (1996): Tourismus in der Rhön. Tourismus-Leitbild des BR Rhön.
BIOSPHÄRENRESERVAT RHÖN (2001): 10 Jahre Biosphärenreservat Rhön – Zwischenbilanz einer Erfolgsgeschichte.
BIOSPHÄRENRESERVAT SCHORFHEIDE-CHORIN (2003): Die Regionalmarke. Info-Broschüre.
BIOSPHÄRENRESERVAT SCHAALSEE (2003): Für Leib und Seele – Die Marke für Ihr Wohlbefinden. Info-Broschüre.
BUNDESAMT FÜR NATURSCHUTZ (1996): Rote Listen und Artenlisten der Tiere und Pflanzen des deutschen Meeres- und Küstenbereichs der Ostsee.
DEUTSCHER AEROCLUB e. V. (2003): Sport und Naturschutz in der Hohen Rhön - Grundlagen für Konfliktlösungen, BfN-Skript Nr. 83.
DEUTSCHES MAB-NATIONALKOMITEE (Hrsg.) (1996): Kriterien für die Anerkennung und Überprüfung von Biosphärenreservaten der UNESCO in Deutschland, Bonn.
EUROPARC DEUTSCHLAND (2002): Ankommen lohnt sich – Bleiben auch. Biosphärenreservate in Deutschland.
F.U.R. (2000): Reiseanalyse 2000. Kurzfassung. Forschungsgemeinschaft Urlaub und Reisen e. V., Hamburg.
F.U.R. (2001): Pressetext „Sport im Urlaub – die Mischung macht's". Forschungsgemeinschaft Urlaub und Reisen e. V., Hamburg.
F.U.R. (2002): Reiseanalyse 2002. Kurzfassung. Forschungsgemeinschaft Urlaub und Reisen e. V., Hamburg.
F.U.R. (2003): Reiseanalyse 2003. Kurzfassung. Forschungsgemeinschaft Urlaub und Reisen e. V., Hamburg.
HERDORFER, P.: Lust auf Natur - natürlich Deutschland - die Marketingkampagne der DZT für das Jahr 2002, in: BIEDENKAPP, A., GARBE, C. (2002): Nachhaltige Tourismusentwicklung in Großschutzgebieten. Symposium vom 18.-19.1.2002 im Rahmen des Reisepavillon, Hannover. BfN-Skript Nr. 74., S. 17-21.
NEWSLETTER FAHRTZIEL NATUR, Ausgabe 19/3 VOM 17.7.2003.
PETERMANN, T., REVERMANN, C. (2002): TA-Projekt Tourismus in Großschutzgebieten – Wechselwirkungen und Kooperationsmöglichkeiten zwischen Naturschutz und regionalem Tourismus. Endbericht. Büro für Technikfolgen-Abschätzung beim Deutschen Bundestag Arbeitsbericht Nr. 77 März 2002.
UNESCO/MAB (2003):
www.unesco.org/mab/ecotourism/#activities
VERBAND DEUTSCHER NATURPARKE (VDN) (2002): Nachhaltiger Tourismus in Naturparken - Ein Leitfaden für die Praxis
WORLD TOURISM ORGANISATION (WTO):
www.world-tourism.org/frameset/frame_sustainable.html

3.3.5 Umweltorientierte Unternehmensführung in der Industrie

Frauke Druckrey

Die Herausforderungen von Rio

Als am Ende der Konferenz der Vereinten Nationen über Umwelt und Entwicklung (UNCED) 1992 in Rio de Janeiro neben anderen historischen Dokumenten die Agenda 21, ein umfangreiches Arbeitsprogramm für das 21. Jahrhundert, verabschiedet wurde, ging ein bis dahin nie da gewesener „Ruck" durch die Industrie weltweit. So sammelte der Schweizer Unternehmer Stephan Schmidheiny eine Reihe gleichgesinnter Unternehmer um sich, gründete den „Business Council for Sustainable Development" und veröffentlichte das Buch „Kurswechsel" mit vielen Beispielen nachhaltiger Unternehmensführung. Auch die deutsche chemische Industrie bekannte sich als erster Industriezweig bereits sehr frühzeitig zum Leitbild der Nachhaltigkeit (www.vci.de). Die in der Präambel der Agenda 21 und in den 40 Kapiteln formulierten Herausforderungen bündelten die meist schon bekannten Probleme und brachten sie auf den Punkt. Für die Industrie begann ein intensiver Diskurs sowohl auf internationaler als auch auf nationaler Ebene mit dem Versuch, den sperrigen Begriff „Nachhaltige Entwicklung" (Sustainable Development) handhabbar zu machen. Zwei herausragende Aktivitäten waren dabei die Entwicklung von Umweltmanagement-Normen durch die Internationale Standardisierungs-Organisation (International Organization for Standardization, ISO, www.iso.org) und die Arbeit der beiden Enquete-Kommissionen des Deutschen Bundestags „Schutz des Menschen und der Umwelt".

Diese Publikation des Welt-Chemieverbandes (ICCA) zeigt beispielhaft, wie die Industrie auf die Herausforderungen von Rio reagiert.

Während die internationale ISO-Gemeinschaft begann, weltweit anwendbare, praktikable Normen für nachhaltiges

NEUE KONZEPTE FÜR DIE MODELLREGIONEN

Wirtschaften in Unternehmen und Organisationen aller Art und Größe zu erarbeiten, leisten die beiden Enquete-Kommissionen von 1992 bis 1998 grundsätzliche Arbeit bei der Definition und Konkretisierung des Leitbilds einer Nachhaltigen Entwicklung:

„Eine derartige, nachhaltig zukunftsverträgliche Entwicklung [Anmerkung der Autorin: Diese Übersetzung des englischen Begriffs „Sustainable development" wurde von der Enquete-Kommission „Schutz des Menschen und der Umwelt" des 12. Deutschen Bundestags aus der Vielzahl der Übersetzungsmöglichkeiten gewählt] steht vor der Herausforderung, im Rahmen des von der Brundtland-Kommission aufgestellten Prinzips ökologischen, ökonomischen und sozialen Zielen gleichgewichtig Rechnung zu tragen und damit die ethische Verantwortung für die Gerechtigkeit zwischen den heute lebenden Menschen und zukünftigen Generationen wahrzunehmen. Es handelt sich dabei um ein Leitbild, das weit über die Betrachtung der umweltpolitischen Komponente hinausgeht und unmittelbar ökonomische, ökologische und soziale Entwicklungsprozesse berührt." (Enquete-Kommission 1997: 22).

Das Zitat verdeutlicht, was besonders der Industrie weltweit wichtig ist, nämlich die notwendige gleichberechtigte Betrachtung aller drei Säulen (Ökologie, Ökonomie und Soziales) einer nachhaltig zukunftsverträglichen Entwicklung. Da diese Gleichberechtigung notwendigerweise zu Zielkonflikten führt, folgt eine weitere Herausforderung, nämlich die, Strategien für die Zukunftsentwicklung unter Beteiligung aller Betroffenen zu erarbeiten und umzusetzen (IFOK 1997: 1, 17).

Sowohl im ISO-Prozess als auch in den Enquete-Kommissionen wurde dies vorbildhaft durchgeführt. So gelang es im ISO-Prozess, auf freiwilliger Basis weltweit gültige Normen für das Umweltmanagement von Unternehmen im Konsens und unter Einbindung aller interessierter Kreise – in diesem Fall auch der Nicht-Regierungs-Organisationen – zu erarbeiten (www.iso.org).

Die beiden Enquete-Kommissionen arbeiteten mit Sachverständigen aus allen gesellschaftlichen Bereichen. Neben Vertretern aus der Industrie waren Experten aus Gewerkschaft, Umweltverbänden, Kirche und Wissenschaft beteiligt (ENQUETE-KOMMISSION 1998: 19). Über bisher Erreichtes in den zehn Jahren nach Rio wurde im August 2002 beim Weltgipfel in Johannesburg Bilanz gezogen. Die Industrie hat sowohl branchenspezifisch als auch unter dem Dach der Internationalen Handelskammer (International Council of Commerce, ICC) berichtet, was sie auf den Gebieten Ökonomie, Soziales und Ökonomie erreicht oder angestoßen hat und wo noch Lücken und Herausforderungen liegen (ICCA und UNEP 2002: 7).

Agenda 21 und das Konzept der Biosphärenreservate

Als Anfang der 70er Jahre das Konzept der Biosphärenreservate entwickelt wurde, standen der Naturschutzgedanke und entsprechende Forschungsaktivitäten zunächst im Mittelpunkt. Allerdings wurde schon auf der UNESCO-Biosphärenkonferenz (Intergovernmental Conference of Experts on the Scientific Basis for Rational Use and Conservation of the Resources of the Biosphere) im September 1968 in Paris erklärt, dass sowohl Nutzung als auch Schutz unserer Land- und Wasser-Ressourcen möglichst Hand in Hand gehen sollen (UNESCO 2002: 18). Aber erst in der Sevilla-Strategie von 1995 wurden diese umfassenden Visionen von der MAB-Gemeinschaft wieder aufgegriffen und mit den Zielen der Agenda 21 zu Schutz und Nutzung der natürlichen Ressourcen verknüpft (UNESCO 1996: 5).

Die Beiträge der Industrie zu einer Nachhaltigen Entwicklung

Im Kapitel 30 der Agenda 21 wird die Stärkung der Rolle von Handel und Industrie für eine nachhaltige, zukunftsverträgliche Entwicklung nachdrücklich gefordert (KEATING, M. 1993: 49).

Gleichzeitig wird das bereits vorhandene Engagement einiger Branchen lobend hervorgehoben und zur Nachahmung empfohlen:

„Die Unternehmen sollten jährlich Rechenschaft über ihr Umweltverhalten und über ihren Verbrauch von Energie und natürlichen Ressourcen ablegen. Sie sollten sich an einen Umweltkodex wie an die Handels-Charta über eine Nachhaltige Entwicklung der Internationalen Handelskammer (ICC) oder an das Programm für „Verantwortliches Handeln" („Responsible Care®") der chemischen Industrie halten." (KEATING, M. 1993: 49).

Für viele Unternehmen – nicht nur der chemischen Industrie – sind diese Forderungen heute in Deutschland, aber auch weltweit eine Selbstverständlichkeit. So nimmt Jahr für Jahr die Anzahl der Unternehmen zu, die ein zertifiziertes Umweltmanagement-System – sei es nach ISO 14001 oder nach der

EG-Öko-Auditverordnung (EMAS) – einrichten. Für die deutsche chemische Industrie sah die prozentuale Beteiligung der Betriebe wie folgt aus:

	1996	1997	1998	1999	2000	2001	2002
ISO 14001	3	10	16	23	30	32	38
EMAS	8	14	18	19	20	19	18

Tab. 1: Zertifizierte Betriebe der chemischen Industrie in Deutschland (in Prozent), Quelle: VCI-Umfragen

	1995	1996	1997	1998	1999	2000	2001	2002
Welt insgesamt	257	1.491	4.433	7.887	14.106	22.897	36.765	49.462
Anzahl der Länder	19	45	55	72	84	98	112	118

Tab. 2: Weltweite Entwicklung der ISO 14001 Zertifikate (www.iso.org/iso/en/iso9000-14000/pdf/survey12thcycle.pdf, S. 5)

In der chemischen Industrie, die in Deutschland 2002 ca. 461.000, in der Europäischen Union ca. 1.000.000 und weltweit mehr als 10.000.000 Beschäftigte hat, erscheinen auf nationaler, europäischer und internationaler Ebene jährliche Berichte, die in standardisierter Weise über die Bemühungen im Ressourcenmanagement und bei der Verminderung von Umweltbelastungen berichten. Dabei spielen auch ökonomische und soziale Zielkonflikte eine Rolle. Als Beispiel sei die enge Zusammenarbeit mit den Gewerkschaften genannt. In einem aufwendigen Diskurs-Projekt diskutierten auf Anregung des Verbands der chemischen Industrie (VCI) und der Industrie Gewerkschaft Bergbau, Chemie, Energie „von März 1996 bis April 1997 insgesamt 240 Vertreter von mehr als 130 Organisationen wie Forschungsinstituten, Wirtschaftsverbänden, Gewerkschaften, Umweltverbänden, Kirchen, Ministerien und Verwaltung auf 21 Veranstaltungen über Themen wie Globalisierung, Innovationen und Strukturwandel, Qualifizierung und Beschäftigung, Neuordnung der Umweltpolitik." (VCI und IG Bergbau, Chemie, Energie 1997: 7).

Bei allen Aktivitäten der Industrie wird es zunehmend eine Selbstverständlichkeit, alle betroffenen und interessierten Kreise in die Diskussions- und Konsensfindungsprozesse einzubeziehen. Zur Vorbereitung des Weltgipfels in Johannesburg organisierte die UN-Umweltorganisation UNEP in einem sehr aufwendigen Multi-Stakeholder Diskussions-Prozess Berichte einzelner Industriebranchen (ICCA und UNEP 2002: 74ff.).

Biosphärenreservate als Modellregionen für Nachhaltige Entwicklung

Driss Fassi, Vorsitzender des Internationalen MAB-Koordinationsrats (International Coordination Council, ICC) machte auf der Gründungssitzung der UNESCO-MAB Arbeitsgruppe „Entwicklung von nachhaltigem Wirtschaften in Biosphärenreservaten" (Task Force On the Development of Quality Economies in Biosphere Reserves, www.unesco.org/mab) im April 2002 deutlich, in welchem Rahmen Biosphärenreservate Modellregionen für eine Nachhaltige Entwicklung sein sollten. Im Sitzungsprotokoll heißt es: „Herr Fassi forderte auf, darüber nachzudenken, was ein Biosphärenreservat tatsächlich repräsentiere oder was es repräsentieren solle. Dabei müsse man bedenken, dass hierbei die Stufen der nationalen oder der regionalen ökonomischen Entwicklung eine wichtige Funktion haben. Herr Fassi identifizierte zwei gegensätzliche Szenarien oder Wahlmöglichkeiten: Biosphärenreservate als brach liegende Gebiete („set aside"), in denen eine ökonomische Entwicklung nur marginal gefördert würde oder als Gebiete im Zentrum des Lebens („centre of life") mit einer wichtigen Rolle für die ökonomische und Nachhaltige Entwicklung. Er favorisiere das zweite Szenario." (UNESCO-MAB 2002: 2, Übersetzung der Autorin).

Vor dem Hintergrund der langjährigen Diskussionen über die Herausforderungen von Rio kann es nicht mehr nur darum gehen, in Biosphärenreservaten Schutz- und Forschungsgebiete zu sehen, sondern Nutzungs- und Entwicklungsgedanken mit ihren sozialen und ökonomischen Aspekten müssen gleichrangig einbezogen werden. UNESCO-Biosphärenreservate mit ihren ausgewiesenen Entwicklungszonen und funktionierenden Organisationsstrukturen können Gebiete sein, in denen die Manager der Biosphärenreservate zusammen mit der Bevölkerung modellhaft neue Ideen und Konzepte zur ökonomischen Entwicklung umsetzen und regional testen können. Dabei ist der Erfahrungsaustausch über das Weltnetz der UNESCO-Biosphärenreservate von großem Nutzen.

Diese Vorstellungen waren der Hintergrund für die Einrichtung der neuen UNESCO-MAB Arbeitsgruppe „Nachhaltiges Wirtschaften" im April 2002.

Eine Kerngruppe von acht Experten aus Brasilien, China, Kuba, Frankreich, Deutschland, Marokko, Südafrika und der Schweiz erarbeitet u. a.:
- eine Definition des Begriffs nachhaltiges Wirtschaften (Quality Economies) in Biosphärenreservaten;
- Minimum Standards, Kriterien und Leitlinien für Nachhaltiges Wirtschaften in Biosphärenreservaten;
- ein Konzept zur Förderung und Bekanntmachen erfolgreicher Modell-Biosphärenreservate;
- Leitlinien für ein weltweit gültiges Biosphärenreservats-Logo und dessen gesetzlichen Schutz;
- eine kritische Analyse von Kennzeichnungs- und Marketingstrukturen in Biosphärenreservaten;
- Vorschläge, wie Investitionen in Biosphärenreservaten attraktiv gemacht werden können (UNESCO ICC-MAB 2002: Annex IV: 39).

Ein erster wichtiger Schritt war die Erarbeitung eines ausführlichen Fragebogens, um Informationen über laufende und geplante Aktivitäten sowie Erfahrungen im Zusammenhang mit der ökonomischen Entwicklung in Biosphärenreservaten zu sammeln und auszuwerten. Er wurde im Sommer 2002 an alle damals 425 Biosphärenreservate des Weltnetzes verschickt.

Die Auswertung der bisher eingegangenen Fragebögen gibt wichtige Auskünfte über die Anzahl der Einwohner, die Arbeitsplätze, die Arbeitslosenquote sowie die Anzahl und Art der Unternehmen in den einzelnen Biosphärenreservaten. Deutlich ist, dass wirtschaftliche Aktivitäten und besonders solche von industriellen Unternehmen eher die Ausnahme sind. Auch die in der Wirtschaft sonst zunehmend verbreitete ISO-Zertifizierung ist selten.

Im Oktober 2002 fand in Berlin eine erste Arbeitssitzung der Kerngruppe „Nachhaltiges Wirtschaften" statt.

Die erste Arbeitssitzung der MAB-Arbeitsgruppe „Nachhaltiges Wirtschaften" im Oktober 2002 in Berlin.

Auf eine exakte Definition des Begriffs „Nachhaltiges Wirtschaften in Biosphärenreservaten" konnten sich die Teilnehmer zwar noch nicht verständigen, sie hielten aber einige Eckpunkte für eine solche Definition fest. Die Definition sollte berücksichtigen, dass Nachhaltiges Wirtschaften in Biosphärenreservaten

- kompatibel mit der Sevilla-Strategie sein muss;
- konsistent mit dem Ökosystem-Ansatz des Übereinkommens über die biologische Vielfalt sein muss;
- hauptsächlich auf der Nutzung regionaler, natürlicher und menschlicher Ressourcen beruht;
- eine langfristige Perspektive berücksichtigt und auf ökonomische Stabilität zielt, die auf Effizienz, Vielfalt und Gleichheit beruht;
- „sanft" zur Natur und den Menschen ist und traditionelle Kenntnisse und Kulturen respektiert;
- der lokalen Bevölkerung und ihren Kommunen einen zusätzlichen Nutzen bieten sollte;
- die Einkommens- und Arbeitsplatzmöglichkeiten erhöht und das Gleichgewicht zwischen Verbrauch und Produktion hält (UNESCO-MAB 2002: 25).

Zu den zukünftigen Aufgaben der MAB-Arbeitsgruppe Nachhaltiges Wirtschaften wird es gehören, nicht nur eine genauere Vorstellung von Nachhaltigem Wirtschaften zu entwickeln, sondern auch konkrete Beispiele für entsprechende ökonomische Aktivitäten in Biosphärenreservaten aufzuzeigen.

Die recht unterschiedlichen Auffassungen der Mitglieder der Arbeitsgruppe über die „richtige" ökonomische Entwicklung sind dabei durchaus fruchtbar.

Industrie und Biosphärenreservate

Nicht erst seit Rio versuchen viele Unternehmen in Deutschland nachhaltig zu wirtschaften. Dabei stand viele Jahre der Umweltschutz im Vordergrund der Bemühungen. Einerseits gab es eine Reihe gravierender Probleme, andererseits waren wirtschaftliche Entwicklung und Arbeitsplatzsicherheit weniger gefährdet. Die Erfolge der letzten Jahre auf den Gebieten der Luftreinhaltung, der Abwasser- und Abfallbelastungen, der Ressourcenschonung und der Sicherheit von Anlagen, Transporten und Produkten sind eindrucksvoll und sicher auch auf entsprechende gesetzliche Vorschriften zurückzuführen. Eine ganz entscheidende Rolle spielte und spielt aber auch die Verpflichtung des Managements der Industrie-Betriebe zu umweltverträglichem Wirtschaften und die entsprechende Einführung von Management-Systemen.

Dass bei den Unternehmenszielen der Umweltschutz nicht einseitig im Vordergrund stehen kann, versteht sich von selbst. Die Zielsetzung, wirtschaftlich erfolgreich sein zu müssen, um den Bestand des Unternehmens und die Arbeitsplätze nicht zu gefährden, hat natürlich gleichrangige Priorität. Diese „Gratwanderung" erfolgreich zu meistern, zeichnet eine Vielzahl der deutschen Industrieunternehmen aus. Dabei müssen sie langfristige Unternehmenssicherung betreiben und etwaigen notwendigen Strukturwandel in eigener Verantwortung vorsehen. Dies ist besonders für viele kleine und mittlere Unternehmen nicht einfach. Umso wichtiger sind dann Initiativen, Netzwerke und Zusammenschlüsse, die gemeinsame Ziele formulieren und Erfahrungsaustausch und gegenseitige Hilfen ermöglichen.

Ein gutes Beispiel ist die Initiative Responsible Care® („Verantwortliches Handeln") der chemischen Industrie. Weltweit hat sich die Branche Leitlinien gegeben, in denen sich die teilnehmenden Unternehmen verpflichten, ihre Leistungen für Sicherheit, Gesundheit und Umweltschutz kontinuierlich zu verbessern und darüber in der Öffentlichkeit zu berichten. Die Einbindung der Mitarbeiter und anderer interessierter Kreise in die Weiterentwicklung der Umsetzungsprogramme ist dabei selbstverständlich. Zunehmend wird über eine Ausweitung der Initiative auf weitere soziale und ökonomische Aspekte nachgedacht.

Über die Erfolge und Herausforderungen von Responsible Care® in Deutschland berichtet der Verband der Chemischen Industrie (VCI) jährlich in seinem Responsible Care®-Bericht (VCI 2002). Analoge Berichte gibt es auf europäischer und internationaler Ebene (CEFIC 2002; ICCA 2002). Da viele Unternehmen der chemischen Industrie kleine und mittlere

Unternehmen sind, ist die gegenseitige Unterstützung und Hilfeleistung zur Erreichung der gesetzten Ziele, ein wichtiges Element von Responsible Care®.

Der Beitrag dieser Branche zu einer nachhaltig, zukunftsverträglichen Entwicklung hat also durchaus Modellcharakter und könnte anderen Initiativen als Vorbild dienen. Dies könnte auch für die Biosphärenreservate von Interesse sein. Umweltschonendes Wirtschaften, langfristige Unternehmenssicherung, Einbeziehen betroffener Kreise, Eigenverantwortung und gute Managementsysteme sind auch für Unternehmen in Biosphärenreservaten eine Notwendigkeit.

Damit Biosphärenreservate langfristig auch ökonomisch nachhaltig funktionieren können, müssen sie mit gleicher Professionalität wie Wirtschaftsunternehmen gemanagt werden, ohne dabei ihre Aufgaben des reinen Naturschutzes, der Forschung, Bildung und Öffentlichkeitsarbeit zu vernachlässigen.

Zusammenfassung

Das Konzept der UNESCO-Biosphärenreservate hat seit der Konferenz von Rio einen neuen Schwerpunkt bekommen. In der Sevilla-Strategie (1995) ist festgelegt, dass Biosphärenreservate als Modellregionen für nachhaltig zukunftsverträgliche Entwicklung dienen sollen. Dieses neue Konzept beinhaltet, dass sich Biosphärenreservate langfristig auch wirtschaftlich tragen müssen.

Um ökonomische Aspekte in Biosphärenreservaten näher zu untersuchen und Vorschläge für eine entsprechende nachhaltige wirtschaftliche Entwicklung zu erarbeiten, wurde im Jahr 2002 die UNESCO-MAB Arbeitsgruppe „Nachhaltiges Wirtschaften in Biosphärenreservaten" eingerichtet.

Die ersten Ergebnisse einer weltweiten Abfrage in Biosphärenreservaten zeigen, dass es bisher nur wenige Biosphärenreservate gibt, in denen ausreichende wirtschaftliche Aktivitäten stattfinden und dass nur wenige Unternehmen in Biosphärenreservaten die in der übrigen Wirtschaft inzwischen gebräuchlichen Instrumente für nachhaltig zukunftsverträgliches Wirtschaften, wie zum Beispiel Umweltmanagementsysteme nutzen.

Es wird deshalb vorgeschlagen, dass sich Biosphärenreservate an erfolgreichen Initiativen der Wirtschaft, wie z. B. der „Verantwortlich Handeln" (Responsible Care®-Initiative) der chemischen Industrie orientieren.

Eine grundsätzliche Diskussion über den „richtigen" Weg zum nachhaltigen Wirtschaften steht noch aus.

Literatur

CEFIC (2002): Annual Report CEFIC Responsible Care®.

ENQUETE-KOMMISSION „SCHUTZ DES MENSCHEN UND DER UMWELT" DES DEUTSCHEN BUNDESTAGES (Hrsg.) (1994): Die Industriegesellschaft gestalten – Perspektiven für einen nachhaltigen Umgang mit Stoff- und Materialströmen.

ENQUETE-KOMMISSION „SCHUTZ DES MENSCHEN UND DER UMWELT" DES DEUTSCHEN BUNDESTAGES (Hrsg.) (1997): Konzept Nachhaltigkeit – Fundamente für die Gesellschaft von morgen.

ENQUETE-KOMMISSION „SCHUTZ DES MENSCHEN UND DER UMWELT" DES DEUTSCHEN BUNDESTAGES (Hrsg.) (1998): Konzept Nachhaltigkeit – Vom Leitbild zur Umsetzung.

ICCA (2002): Responsible Care® Status Report.

ICCA (2002): On the Road to Sustainability - A Contribution from the Global Chemical Industry to the World Summit on Sustainable Development.

ICCA UND UNEP (Hrsg.) (2002): ICCA Chemical Sector Report to UNEP.

IFOK – INSTITUT FÜR ORGANISATIONSKOMMUNIKATION (Hrsg.) (1997): Bausteine für ein zukunftsfähiges Deutschland – Diskursprojekt im Auftrag von VCI und IG Chemie-Papier-Keramik.

KEATING, M. (1993): Agenda für eine Nachhaltige Entwicklung – Eine allgemein verständliche Fassung der Agenda 21 und der anderen Abkommen von Rio. Centre for Our Common Future.

UNESCO (1996): Biosphere reserves: The Seville Strategy and the Statutory Framework of the World Network.

UNESCO (2002): Biosphere reserves: special places for people and nature.

UNESCO ICC-MAB (2002): International Co-ordinating Council of the Programme on Man and the Biosphere, Seventeenth Session Paris - 18-22 March 2002; Final Report

UNESCO-MAB (2002): MAB Task Force on the Development of Quality Economies in Biosphere Reserves. First Meeting Paris, 21 March 2002.

UNESCO-MAB (2002): MAB Task Force on the Development of Quality Economies in Biosphere Reserves. Focus Group Workshop Berlin, 24-26 October 2002.

VCI UND IG BERGBAU, CHEMIE, ENERGIE (Hrsg.) (1997): Zukunftsfähigkeit lernen.

VCI (2002): Responsible Care® Daten der chemischen Industrie zu Sicherheit, Gesundheit, Umweltschutz, Frankfurt.

3.4 Forschung und Monitoring in Biosphärenreservaten

Doris Pokorny und Lenelis Kruse-Graumann

Bedeutung der Forschung in Biosphärenreservaten

Forschung ist ein elementarer Auftrag der Biosphärenreservate, da das Programm Der Mensch und die Biosphäre (Man and the Biophere, MAB) ein zwischenstaatliches Forschungsprogramm der UNESCO ist. Biosphärenreservate waren in den 70er Jahren Gegenstand eines damals bahnbrechenden, da interdisziplinären, Forschungsansatzes. Er sollte die komplexen Mensch-Umwelt-Beziehungen adäquat beschreiben. Gleichzeitig stand der (Natur-)Schutz der als Biosphärenreservat anerkannten Gebiete im Vordergrund.

Mit dem Wandel der Rolle der Biosphärenreservate von Forschungs- und Schutzgebieten hin zu Modellregionen für eine Nachhaltige Entwicklung auf der Grundlage der Sevilla-Strategie (1995) hat sich auch die Aufgabe der Forschung von naturschutzorientierter Forschung hin zu sozio-ökonomisch ausgerichteter Forschung verändert (vgl. Sevilla-Strategie, Teilziel III.1., Empfehlung 8; DEUTSCHES MAB NATIONALKOMITEE 1996a)

Forschung hat heute in den deutschen Biosphärenreservaten insbesondere die Frage zu beantworten, wie eine ökologisch, wirtschaftlich und sozial tragfähige Nutzung in einer mitteleuropäischen Kulturlandschaft gestaltet werden kann.

Forschungsthema: Zukunft der Kulturlandschaft

Forschung soll dazu beitragen, eine solche Nachhaltige Entwicklung in den Biosphärenreservaten anzustoßen und die Regionen auf ihrem Weg dorthin zu begleiten.

Grundlagenforschung wird benötigt, um eine solide Datenbasis aufzubauen und Ursachen und Wirkungen zu erklären. Hauptsächlich ist Forschung in Biosphärenreservaten jedoch anwendungs- und problemorientiert: Es gilt Fragen zu beantworten und Problemlösungen aufzuzeigen. Da Forschungsergebnisse (gerade) auch außerhalb der Wissenschaft, der „scientific community", gebraucht werden, ist Forschung eine wichtige Dienstleistung für die Region und unterstützt dort die Entscheidungsprozesse.

Themen der Forschung in Biosphärenreservaten

Für ein Biosphärenreservat sind grundsätzlich alle Themen relevant, die sich aus dem jeweiligen Leitbild bzw. Rahmenkonzept ergeben. Forschung betrifft gleichermaßen Natur-, Sozial-, Wirtschafts- und Politikwissenschaften, da ökologisch-naturschutzfachliche, ökonomische und sozio-kulturelle Fragen zu behandeln sind. Multi-, inter- und transdisziplinäre Ansätze werden als sinnvoll angesehen.

In Biosphärenreservaten widmet sich Forschung vor allem der:

- Erarbeitung von regionalen Indikatoren, Kriterien, Standards sowie Lösungsansätzen für eine Nachhaltige Entwicklung und Landnutzung,
- Erarbeitung von Strategien zur Erhaltung und nachhaltigen Nutzung der abiotischen Ressourcen sowie der biologischen Vielfalt (Biodiversität). Letzteres beinhaltet nicht nur wildlebende Tier- und Pflanzenarten und ihre Lebensräume, sondern auch Nutzpflanzensorten und Nutztierrassen,

Forschungsthema: Kriterien umweltschonender Landnutzung

- Erarbeitung von Strategien zur Inwertsetzung von Landschaften mit dem Ziel Arbeitsplätze zu schaffen und zu erhalten: Die Verknüpfung ökologischer und ökonomischer Potenziale steht im Vordergrund, vor allem die Produktion und Vermarktung regionaler Erzeugnisse (food und non-food) und Dienstleistungen. Vor dem Hintergrund des Wandels von Kulturlandschaften sind ökonomische Ansätze der Landschaftspflege von Bedeutung sowie Fragen eines nachhaltigen Tourismus. Auch sind Wege für einen erfolgreichen Abgleich konkurrierender Nutzungsansprüche an die Landschaft zu erarbeiten.
- Erarbeiten von Grundlagen für die Umweltbildung bzw. Bildung für Nachhaltigkeit, Kommunikation und Öffentlichkeitsarbeit.

NEUE KONZEPTE FÜR DIE MODELLREGIONEN

Forschungsthema: Angebot und Nachfrage: Rechnet sich's?

Jedes Biosphärenreservat hat inhaltlich andere Schwerpunkte – so auch in der Forschung. Ziel sollte dennoch eine thematisch ausgewogene Forschungslandschaft sein, die möglichst alle Nachhaltigkeitsaspekte widerspiegelt. In vielen Biosphärenreservaten liegen die Schwerpunkte noch immer auf Themen des Naturschutzes und der Landschaftspflege. In einzelnen Gebieten ist jedoch bereits eine deutliche Trendwende erkennbar. Im Biosphärenreservat Rhön wird z. B. seit Mitte der 90er Jahre verstärkt an sozio-ökonomischen Themen gearbeitet.

Die Voraussetzungen für Forschung in Biosphärenreservaten

Nur in geringem Umfang führen die BR-Verwaltungen Forschungsprojekte mit eigenem Personal durch. Eine Ausnahme bilden z. B. BR-Verwaltungen, die gleichzeitig Teil einer Nationalpark-Verwaltung sind, die für Forschungsaufgaben eigene Mitarbeiterinnen und Mitarbeiter hat.

In der Regel initiieren, organisieren und koordinieren die Verwaltungsstellen des Biosphärenreservats die Forschungsprojekte Dritter. Dies wird auch der Rolle der BR-Verwaltungen gerecht und ist personal- und kosteneffektiv.

Die BR-Verwaltungen brauchen hierzu kompetente Partner in Forschungsinstituten, Hochschulen und Fachverwaltungen. Eine unverzichtbare Rolle, vor allem im Bereich der naturschutzorientierten Forschung, bilden lokale Experten und ehrenamtliche Helfer vor Ort.

Im Idealfall identifizieren die BR-Verwaltungen zusammen mit den Menschen in der Region relevante Themenbereiche für die Forschung und bringen so „Angebot" und „Nachfrage" zusammen. Hierzu müssen geeignete Mechanismen z. B. Arbeitsgruppen oder Foren genutzt bzw. eingerichtet werden, um den Forschungsbedarf aus Sicht der Region zu ermitteln.

Oft werden von verschiedenen Forschungsinstitutionen Forschungsprojekte „von außen" an die Biosphärenreservate herangetragen. Die Wissenschaftler stimmen idealerweise im Vorfeld die Fragestellung mit der BR-Verwaltung ab, bevor sie einen Forschungsantrag stellen, z. B. an die Deutsche Forschungsgemeinschaft (DFG), das Bundesministerium für Bildung und Forschung (BMBF), das Umweltbundesamt (UBA) oder das Bundesamt für Naturschutz (BfN). Private Sponsoren, private und öffentliche Stiftungen helfen bei der Finanzierung von Forschungsarbeiten mit.

Neben dieser „Drittmittel-Forschung" spielen Hochschul-Arbeiten (Diplomarbeiten, Promotionen), die sich einzelnen Detailfragen intensiv widmen, eine wichtige Rolle.

Beides ist in der Regel für die Biosphärenreservate kostenneutral.

Darüber hinaus werden je nach Verfügbarkeit von Finanzmitteln Forschungsarbeiten direkt von den Verwaltungsstellen der Biosphärenreservate mit Mitteln aus dem Landeshaushalt finanziert. Die Arbeiten werden bei Forschungsinstituten oder privaten Planungs- oder Gutachterbüros in Auftrag gegeben, insbesondere, um Lücken zu schließen oder spezifische Themen zu bearbeiten.

Viele Biosphärenreservate haben bislang keinen eigenen Forschungsetat. Dieser ist jedoch unabdingbar, um Forschungsarbeiten optimal räumlich, inhaltlich wie zeitlich zu platzieren, die Kompatibilität der Daten zu gewährleisten, Doppelerhebungen zu vermeiden und sicherzustellen, dass bereits vorhandene Informationen bestmöglich genutzt werden, bevor Daten neu erhoben werden.

Forschungsaktivitäten müssen auch gelenkt werden, etwa in sensiblen (Natur-)Schutzgebieten, oder um regionale Akteure nicht über Gebühr mit Interviews und Fragebögen zu belasten.

Beispiele für angewandte Forschung im Biosphärenreservat Rhön:

„Wellness für die Rhön – Das Berufsbild des Wellness-Trainers wird für eine Region neu konzipiert". Diplomarbeit, Fachhochschule Fulda.

*

„Landschaftserhaltung mit Nutztieren im sozio-ökonomischen Kontext – Dargestellt am Beispiel ausgewählter Dörfer im Biosphärenreservat Rhön". Forschungsprojekt, Universität GH Kassel.

*

„Großflächige Nutztierhaltung als Beitrag zur Entwicklung peripherer Räume". Verbundforschungsprojekt, Universität Marburg, Universität Greifswald und Umweltforschungszentrum Halle-Leipzig.

*

„Perspektiven der Integration von touristischen Großunternehmen in Konzepte nachhaltiger Re-

3. NEUE KONZEPTE FÜR DIE MODELLREGIONEN

gionalentwicklung" – Dargestellt am Beispiel einer möglichen Ausrichtung der Gastronomie des Rhön-Park-Hotels auf das regionale Warenangebot im Biosphärenreservat Rhön. Diplomarbeit, Universität Eichstätt.

*

„Ein Biosphärenreservat – wie funktioniert´s? – Ein Rollenspiel – Umweltbildung im Biosphärenreservat Rhön". Zulassungsarbeit, Universität Erlangen-Nürnberg.

*

„Landschaftsästhetik und räumliche Planung-Theoretische Herleitung und exemplarische Anwendung eines Analyseansatzes als Beitrag zur Aufstellung von landschaftsästhetischen Konzepten in der Landschaftsplanung". Dissertation, Universität Kaiserslautern.

*

„Kooperation und Beteiligung im Biosphärenreservat Rhön – Verfahrensmodelle für eine Nachhaltige Entwicklung?" Diplomarbeit, Universität Marburg.

*

„Biotopspezifische Untersuchungen zu Ausbreitungsmechanismen und Regulierungsmöglichkeiten von Hochstauden in der Rhön – bearbeitet am Beispiel der Staudenlupine (Lupinus polyphyllus)". Forschungsprojekt, Universität Gießen.

*

„Biosphärenreservate und Tourismus: Die wirtschaftliche Bedeutung des Fremdenverkehrs in der Rhön". Diplomarbeit, Universität Mannheim.

*

„Das Informationszentrum „Haus der langen Rhön" im Biosphärenreservat Rhön (Bayern). Bewertung von Aufgabenstellung, Realisierung und Wirksamkeit". Diplomarbeit, Fachhochschule Eberswalde.

Kommunikation der Ergebnisse

Wichtig ist, dass die Forschungsergebnisse in die Region zurückfließen. Da dies häufig nicht von Forschungsinstituten geleistet werden kann, ist die Veröffentlichung von Forschungsergebnissen in Präsentationen, Broschüren, Schriftenreihen, Pressemitteilungen oder im Internet eine wichtige Aufgabe der BR-Verwaltungen.

Monitoring zur Erfolgskontrolle einer Nachhaltigen Entwicklung

Monitoring ist ebenfalls eine Aufgabe der Biosphärenreservate (vgl. Sevilla-Strategie Teilziel III.2., Empfehlung; DEUTSCHES MAB NATIONALKOMITEE 1996a). Im Unterschied zu Forschungsaktivitäten ist Monitoring in Biosphärenreservaten langfristig orientiert. Monitoring soll die Grundlage bilden, um Probleme in Biosphärenreservaten zu erkennen und zu lösen. Hierzu ist ein möglichst vollständiges Bild von Umwelt, Wirtschaft, Gesellschaft und ihren Veränderungen und Entwicklungstrends zu erfassen, zu beschreiben sowie zu analysieren. Monitoring sollte system- und problemorientiert sein und sich auf konkrete Ursache-Wirkungs-Zusammenhänge beziehen. Bislang widmen sich die Biosphärenreservate in Deutschland insbesondere dem Umweltmonitoring bzw. der Umweltbeobachtung. Die bestehenden Umweltbeobachtungsprogramme werden in der Regel von Landesanstalten, Landesämtern oder Einrichtungen des Bundes im Rahmen von landes- oder bundesweiten Programmen erhoben. Sie liegen – bis auf wenige Ausnahmen – nicht in der Regie der BR-Verwaltungen. Die Programme betrachten in der Regel jeweils nur einen Umweltsektor (z. B. Boden oder Wasser, Tier- oder Pflanzenwelt) und können durch diese sektorale Ausrichtung den Zustand des Naturhaushalts nicht vollständig beschreiben.

In den letzten Jahren wurde daher der integrierte Ansatz der Ökosystemaren Umweltbeobachtung entwickelt, die den gesamten Naturhaushalt mit seinen wichtigsten Komponenten und Prozessen im Blick hat. Sie betrachtet Ursachen und Wirkungen, bündelt die vorhandenen Informationen, ergänzt diese (wo notwendig) und wertet diese Informationen gemeinsam aus. Die ökosystemare Umweltbeobachtung ist ein neuer Ansatz und unterscheidet sich von der gängigen Praxis. Für die Biosphärenreservate wird schrittweise die Einführung einer ökosystemar ausgerichteten Umweltbeobachtung angestrebt (siehe Kap. 5.4).

Das Forschungs- und Entwicklungsvorhaben „Modellhafte Umsetzung und Konkretisierung der Konzeption für eine ökosystemare Umweltbeobachtung am Beispiel des länderübergreifenden Biosphärenreservates Rhön" (SCHÖNTHALER, K. et al. 2001) hat hierfür eine wesentliche fachliche Grundlage erarbeitet. Auch sollten die Biosphärenreservate in der Umweltbeobachtung zusammenarbeiten und gemeinsame, relevante Ursache-Wirkungs-Beziehungen identifizieren.

Unverzichtbar für die umfassende Dokumentation einer Nachhaltigen Entwicklung ist die Ergänzung der Umweltbeobachtung durch ein „soziales und gesellschaftliches Monitoring". Dafür müssen Indikatoren entwickelt werden, die geeignet sind, die Bevölkerung in einem Biosphärenreservat, ihre Beziehungen untereinander und mit anderen Nutzern (z. B. Besuchern) sowie ihre Beziehungen mit ihrer Umwelt (Nutzung und Schutz von Ressourcen, Landschaftspflege etc.) zu beschreiben. Ein soziales Monitoring umfasst weit mehr als die oft genannten, aber meist nicht näher erklärten „sozioökonomischen" Faktoren. Demografische Merkmale (z. B. Altersstruktur, Besiedlungsdichte; Einkommens- und Bildungsstruktur), Einstellungen und Werthaltungen der Einwohner, aber auch der Besucher, Möglichkeiten zur Partizipation, Zugang zu Information und Bildung, aber auch Konflikte, Managementstrukturen und -prozesse sind nur einige der Merkmale, die es zu erfassen gilt. Sie müssen herangezogen werden, um das Leben und Wirtschaften von Menschen in Biosphärenreservaten zu beschreiben, um Entwicklungen zu erklären und vielleicht auch Voraussagen machen zu können. Soziales Monitoring wird in Biosphärenreservaten bisher kaum durchgeführt. Allerdings war lange Zeit auch kein Interesse an solchen Daten oder überhaupt der Entwicklung von Konzepten für ein solches Monitoring vorhanden; dies, obwohl gerade auch vom deutschen MAB-Nationalkomitee dieses Thema seit den frühen 90er Jahren immer wieder angestoßen wurde (KRUSE-GRAUMANN, L., HARTMUTH, G. U. ERDMANN, K. H. 1998). Erst in den letzten Jahren, sicher auch durch die breite Diskussion des Leitbilds der Nachhaltigen Entwicklung angestoßen, ist das Interesse am Monitoring von ökonomischen, sozialen und kulturellen Dimensionen der Nachhaltigkeit auch in Biosphärenreservaten gestiegen (MAB 1996).

Ein grundlegendes Konzept und erste Vorschläge für Indikatoren entstanden anlässlich eines internationalen Workshops in Rom 2001 zum sozialen Monitoring in Biosphärenreservaten (LASS, W., REUSSWIG, F. 2002).

Als nächster Schritt sind Modellprojekte in einzelnen Biosphärenreservaten wünschenswert, um die Brauchbarkeit verschiedener Indikatoren für die Beantwortung relevanter Fragestellungen und für die Lösung von Problemen in den Biosphärenreservaten genauer zu analysieren. Des Weiteren müssen Fragen der Verallgemeinerbarkeit geprüft werden: Gibt es universelle Indikatoren? Wie spezifisch müssen Indikatoren für die einzelnen Biosphärenreservate ausgelegt sein? Auch die methodischen Probleme ihrer Erhebung sind zu klären.

Die ökosystemare Umweltbeobachtung hat schon einen gewissen Grad an Verbindlichkeit bei den Biosphärenreservaten erreicht. Der Wunsch, diese möglichst bald um eine soziale und gesellschaftliche Beobachtung zu ergänzen und beides zu verknüpfen, ist verständlich. Doch sollten die Schwierigkeiten, ein annähernd verbindliches soziales Monitoring-System zu entwickeln, nicht unterschätzt werden. Die bereits jetzt vorhandenen Überlegungen und Vorschläge sollten deshalb dringend in einer Reihe von nationalen und international vernetzten Forschungsprojekten konkretisiert werden.

Für das MAB-Programm und das Konzept der Biosphärenreservate ist soziales und gesellschaftliches Monitoring eine bedeutende Zukunftsaufgabe, denn nur, wenn sie auch diese Aufgabe wahrnehmen, können sie zu Modellregionen für eine Nachhaltige Entwicklung werden.

Was Forschung und Monitoring leisten können...

Zusammenfassend ist festzuhalten, dass Forschung und Monitoring wichtige Aufgabenfelder der Biosphärenreservate sind: Forschung zeigt die Ursachen und Wirkungen auf und schafft eine Datengrundlage. Langfristig angelegtes Monitoring überprüft hingegen, ob die Region noch auf dem Weg ist, den sie sich durch ihr Leitbild selbst vorgegeben hat.

Nicht zu unterschätzen ist auch die Bedeutung der Vermittlerrolle, die Wissenschaftler als „neutrale Dritte" gerade bei konfliktträchtigen Themen einnehmen können. Forschungsergebnisse helfen, Diskussionen vor Ort zu versachlichen.

Kreative Ansätze sind vor allem gefragt, wenn Forschung die Biosphärenreservate weiterbringen und Entwicklungsimpulse geben soll. Forschungsarbeiten sollten nicht auf der Analyse- und Bewertungsebene stehen bleiben, sondern konkrete Lösungsvorschläge oder Ideen formulieren. Planungsorientierte Disziplinen leisten hier einen besonderen Beitrag.

...und was nicht

Ergebnisse von Forschung und Monitoring in Biosphärenreservaten können keinesfalls politische Entscheidungen ersetzen oder vorwegnehmen. Forschung kann Konfliktbereiche zwar analysieren und Vorschläge zur Lösung erarbeiten, aber nicht von selbst lösen. Forschungsergebnisse können auch nicht von Wissenschaftlern in konkrete Entscheidungen und politisches Handeln umgesetzt werden.

Den Akteuren (Landnutzern, Kommunalpolitikern, Verbänden, Interessengruppen) in der Region bleibt dies überlassen.

Die Funktion der BR-Verwaltungen liegt direkt an der Schnittstelle zwischen Forschung bzw. Monitoring und deren Umsetzung und ist somit wesentlich für den Wissenstransfer in die Region.

Ausblick

Der umsetzungsorientierte Forschungsauftrag, ihr querschnittsorientierter Daten- und Informationspool und eine Verwaltungsstelle zur logistischen Unterstützung machen Biosphärenreservate für die Forschung attraktiv.

Sie sollten zukünftig stärker als bisher als Pilotgebiete für multi-, inter- und transdisziplinäre Forschungsprojekte genutzt werden.

Um den Stellenwert von Forschung in den Biosphärenreservaten zu erhöhen, sollten folgende Maßnahmen ergriffen werden:

Auf der nationalen Ebene:
- Einbringen des MAB-Programms in die Forschungsrahmenpläne der Europäischen Union.

NEUE KONZEPTE FÜR DIE MODELLREGIONEN

- Promotion der Biosphärenreservate als Forschungsgegenstand und Forschungspartner gegenüber Forschungsgebern auf Bundesebene.
- Initiieren von Verbundforschungsprojekten in und zwischen Biosphärenreservaten.
- Identifikation von gemeinsamen Forschungsschwerpunkten in den Biosphärenreservaten und von Forschungspartnern (national und im europäischen Ausland).
- Wechselseitige Nutzung wesentlicher Forschungsergebnisse durch die Biosphärenreservate u. a. Aufbau eines (Meta-) Datenpools aus den Forschungsergebnissen.
- Zusammenarbeit zwischen den Biosphärenreservaten in Deutschland und im Weltnetz durch Abstimmung der Monitoring-Fragestellungen im Rahmen des „Biosphere Reserve Integrated Monitoring (BRIM)".

Auf der Ebene der einzelnen Biosphärenreservate:
- Erstellen eines Forschungsrahmenplans für jedes Biosphärenreservat auf der Grundlage der jeweiligen Rahmenkonzepte und Leitbilder.
- Partnerschaften zwischen Universitäten und Biosphärenreservaten.
- Darstellung von Forschungsthemen und -ergebnissen im Internet.

Einen weit höheren Stellenwert als bisher sollte insbesondere den Sozial- und Wirtschaftswissenschaften bei der Forschung in Biosphärenreservaten eingeräumt werden, da die meisten Umweltprobleme an dieser Stelle ihre Ursache haben und folglich nur hier gelöst werden können. Als Stichworte für eine Neuorientierung der Forschung in Biosphärenreservaten seien an dieser Stelle genannt:

Die Entwicklung und Erprobung von:
- Methoden der Leitbildentwicklung einschließlich geeigneter Partizipationsmodelle („bottom-up-Prozesse") unter besonderer Berücksichtigung der Geschlechterrollen,
- Konfliktlösungsstrategien,
- Strategien zur Erhöhung der Akzeptanz von Umweltmaßnahmen,

Methoden, die „weiche" Ressourcen (Wissen, Erfahrung, Identität, Tradition) in der Region aktivieren und fördern,
- Strategien zur Umsetzung nachhaltiger Lebensstile und Konsummuster (unter Berücksichtigung insbesondere von Kindern und Jugendlichen),
- Strategien zur Steuerung von individuellen und gesellschaftlichen Entscheidungsprozessen in Richtung stärkerer Nachhaltigkeit (Trendforschung),
- Kommunikationsstrategien vor dem Hintergrund sich ändernder Werthaltungen („Umwelt ist out"),
- Strategien für ein neues Umwelt- und Nachhaltigkeitsbewusstsein und Akzeptanz von Umweltmaßnahmen,
- geeigneten Organisationsformen und -strukturen für eine nachhaltige Regionalentwicklung,
- und die Entwicklung einer Konzeption und von Kriterien für ein „Nachhaltigkeits-Monitoring" in Biosphärenreservaten.

Individuelle Entscheidungsprozesse – täglich, tausendfach.

(Wie) kann man Kinder noch für ihre Umwelt begeistern?

Zusammenfassung

Forschung hat in den deutschen Biosphärenreservaten insbesondere die Frage zu beantworten, wie eine ökologisch, wirtschaftlich und sozial tragfähige Nutzung in einer mitteleuropäischen Kulturlandschaft gestaltet werden kann. Damit ist Forschung anwendungs-, problem- und leitbildorientiert und eine wichtige Dienstleistung für die Region, wo sie Entscheidungsprozesse unterstützt, jedoch nicht vorwegnimmt. Ein eigener Forschungsetat und eine gute Koordination von Forschung sind unabdingbar, um Forschungsarbeiten optimal räumlich, inhaltlich wie zeitlich zu platzieren. Sozialwissenschaftliche Themen, insbesondere ein soziales und gesellschaftliches Monitoring, sollten zukünftig stärker im Mittelpunkt der Forschungsaktivitäten stehen.

Literatur

DEUTSCHES MAB-NATIONALKOMITEE (Hrsg.) (1996a): Die Sevilla-Strategie & Die Internationalen Leitlinien für das Weltnetz, Bonn.

DEUTSCHES MAB-NATIONALKOMITEE (Hrsg.) (1996b): Kriterien für Anerkennung und Überprüfung von Biosphärenreservaten der UNESCO in Deutschland, Bonn.

KRUSE-GRAUMANN, L., HARTMUTH, G. U. ERDMANN, K. H. (1998): Ziele, Möglichkeiten und Probleme eines gesellschaftlichen Monitorings. Tagungsband zum MAB-Workshop 1996 am Potsdam Institut für Klimafolgenforschung. Bonn: MAB

LASS, W., REUSSWIG, F. (Eds.) (2002): Social Monitoring: Meaning, Methods for an Integrated Managment in Biosphere Reserves. Report of an International Workshop Rome, 2-3 September 2001, published in BRIM Series.

SCHÖNTHALER, K. et al. (2001): „Modellhafte Umsetzung und Konkretisierung der Konzeption für eine ökosystemare Umweltbeobachtung am Beispiel des länderübergreifenden Biosphärenreservates Rhön", F+E Vorhaben 109 02 076/01 im Auftrag des Bayerischen Staatsministeriums für Landesentwicklung und Umweltfragen und des Umweltbundesamtes.

3. NEUE KONZEPTE FÜR DIE MODELLREGIONEN

3.5 Planungen für Biosphärenreservate

Dieter Mayerl

Wenn UNESCO-Biosphärenreservate als Modellregionen für Nachhaltige Entwicklung überzeugen wollen, müssen für diese Gebiete Umweltqualitätsziele und Umwelthandlungsziele aufgestellt werden. Diese Ziele sind aus dem Leitbild einer nachhaltig zukunftsverträglichen Entwicklung („Konzept Nachhaltigkeit") abzuleiten (DEUTSCHER BUNDESTAG 1998) und sollen ökologische, ökonomische und soziale Gesichtspunkte umfassen. Eine Schlüsselrolle kommt hierbei einer wohl verstandenen Planung unter Einbeziehung der Betroffenen zu. Hier stehen die Verwaltungen der Biosphärenreservate in der Pflicht. Ebenso wichtig ist aber auch, Ziele und Maßnahmen für die einzelnen Biosphärenreservate in die überörtlichen Planungen der Landes- und Regionalplanung und in die örtlichen Planungen der Kommunen einzubringen und damit planungsrechtlich abzusichern (AGBR 1995). Dies schließt Überlegungen für mögliche weitere Gebiete ein, z. B. in urban-industriellen Regionen.

Fachliche Planungen zu Schutz, Pflege und Entwicklung der Biosphärenreservate	Planungen zur Integration und Umsetzung der Ziele des Biosphärenreservats (nach Landesrecht)
Rahmenkonzept/Landschaftsrahmenplan (nicht im Sinne von § 15 BNatSchG) - für das gesamte Biosphärenreservat Regelmaßstab 1 : 50.000	Landes- und Regionalplanung überörtliche Planung - Landschaftsprogramm (im Sinne von § 15 BNatSchG) für den Bereich eines Landes - Landschaftsrahmenpläne (im Sinne von § 15 BNatSchG) für Teile des Landes, z. B. für Regionen als Teile der Regionalpläne Regelmaßstab 1 : 50.000 bis 1 : 100.000
Pflege- und Entwicklungspläne - vorrangig für die Pflege- und die Entwicklungszone, bedarfsweise für einzelne Schutzgebiete des Biosphärenreservats Regelmaßstab 1 : 5.000 bis 25.000	Landschafts- und Bauleitplanung örtliche Planungen - Landschaftspläne (im Sinne von § 16 BNatSchG) für Kommunen, i. d. R. Gemeinden, als Teile der Flächennutzungspläne Regelmaßstab 1 : 5.000 bis 1 : 2.500 - Grünordnungspläne als Teile der Bebauungspläne Regelmaßstab 1 : 1.000 bis 1 : 2.500

Tab. 1: Planungen für Biosphärenreservate (AGBR 1995: 39, aktualisiert durch Mayerl, 2003)

Notwendige Planungen für eine nachhaltige Zukunft

In einer Zeit, in der Politik und Gesellschaft sowie die Betroffenen einer Region gegenüber Planungen grundsätzlich skeptisch bis kritisch eingestellt sind, bedarf es intensiver Informations- und Überzeugungsarbeit der Verwaltungsstellen für die verschiedenen Planungen.

Schon bei Beginn der Planung für Biosphärenreservate müssen die Betroffenen und gesellschaftlichen Gruppen einbezogen werden. Vor allem muss überzeugend vermittelt werden, dass es sich nicht um Planung um ihrer selbst Willen handelt. Vielmehr muss klar gestellt werden, dass die Umsetzung der Planungsvorgaben aus dem MAB-Programm, der Sevilla-Strategie (UNESCO 1996) und der UNESCO-Anerkennung in Verbindung mit den Nationalen Kriterien (DEUTSCHES MAB-NATIONALKOMITEE 1996) für eine Modellregion für Nachhaltige Entwicklung unabdingbar ist (Nationale Kriterien siehe Anhang, S. 299).

Bei Beginn der Planung für Biosphärenreservate sitzen alle beteiligten Gruppen in einem Boot. (Quelle: Mueller/IMAGO 87)

3. NEUE KONZEPTE FÜR DIE MODELLREGIONEN

Die Sevilla-Strategie (1995) gibt unter dem Ziel II (Nutzung der Biosphärenreservate als Modelle für die Landbewirtschaftung und für Ansätze zur Nachhaltigen Entwicklung) zur Notwendigkeit bedarfsorientierter Planung u. a. Folgendes vor:
- Ermittlung der Ansprüche der verschiedenen Interessengruppen und volle Beteiligung dieser Gruppen an Planungs- und Entscheidungsprozessen hinsichtlich der Bewirtschaftung des Biosphärenreservats (Teilziel II.1 Nr. 5);
- Einbeziehung der Biosphärenreservate in die regionale Raumordnung und in regionale Projekte zur Bodennutzungsplanung (Teilziel II.3 Nr. 1).

Dies wird in den Kriterien für Anerkennung und Überprüfung von Biosphärenreservaten der UNESCO in Deutschland (DEUTSCHES NATIONALKOMITEE 1996) verdeutlicht. Die Planungskriterien 17 bis 20 setzen hier klare Maßstäbe (siehe Anhang S. 299).

Vor allem das Kriterium 17 als so genanntes Ausschlusskriterium (A) – was bedeutet, dass drei Jahre nach Anerkennung durch die UNESCO ein abgestimmtes Rahmenkonzept erstellt sein muss – besitzt große Bedeutung für Schutz, Pflege und Entwicklung eines Biosphärenreservats. In einigen Gebieten wird das Rahmenkonzept auch als Landschaftsrahmenplan bezeichnet. Es handelt sich hier aber nicht um einen Landschaftsrahmenplan im Sinne von Paragraf 15 Bundesnaturschutzgesetz als Teil der Regionalplanung, sondern um einen fachlichen Plan, dessen Inhalte über den eines Landschaftsrahmenplans hinausgehen.

Ausgehend von regionalisierten Leitbildern für das Biosphärenreservat werden im Rahmenkonzept Umweltqualitätsziele für den angestrebten Zustand und Umwelthandlungsziele für die notwendigen Schritte angegeben, um den beschriebenen Zustand zu erreichen (UMWELTBUNDESAMT 2000). Sie umfassen sowohl die biotischen und abiotischen Bedingungen als auch die anthropogenen Einwirkungen durch die Landnutzung. Bei der Zielbestimmung spielen die unterschiedlichen Zonen eines Biosphärenreservats eine entscheidende Rolle. Auf eine praxisnahe und umsetzungsorientierte Darstellung der Ziele ist zu achten. Die angegebenen Schritte bei den Umwelthandlungszielen münden in konkrete Maßnahmen für alle Fachbereiche und werden dem Handlungsbedarf entsprechend priorisiert.

Offene Planung am Runden Tisch

Planung kann heute nicht mehr im „stillen Kämmerchen" stattfinden, will sie von den Betroffenen akzeptiert und mitgetragen werden. Hier muss das Prinzip der Offenen Planung am Runden Tisch gelten (MAYERL, D. 1996). Offene Planung bedeutet, dass die Betroffenen von Anfang an in die Planungsschritte eingebunden und vom Nutzen einer vorausschauenden Planung überzeugt werden. In Arbeitskreisen können sie ihre Ideen und Vorstellungen einbringen und im Sinne der Agenda 21 am Planungsprozess mitwirken. Arbeitskreise an Runden Tischen sind ein bewährtes Mittel, um den unterschiedlichen Interessen Rechnung zu tragen (BAYSTMLU 2002a). Hier sollen auch die Vorstellungen anderer Fachplanungen einbezogen werden, z. B. der Land- und Forstwirtschaft im Bereich der Landnutzung. Auf diese Weise lassen sich integrierte Konfliktlösungen finden.

In diesem offenen Planungsprozess ist es eine wichtige Aufgabe der Verwaltungsstellen oder der von ihnen beauftragten Moderatoren, die internationalen und nationalen Vorgaben zur Geltung zu bringen. Überhaupt müssen die Verwaltungsstellen personell und finanziell in die Lage versetzt werden, um diesen für die Akzeptanz der Planung in Biosphärenreservaten notwendigen Prozess leisten zu können.

Nur wenn dieser Prozess am Runden Tisch gelaufen ist, werden die in den Biosphärenreservaten lebenden und wirtschaftenden Menschen die Ziele und Maßnahmen zu ihren eigenen machen und an der Umsetzung konkret mitwirken. Sie sollen dabei erkennen, dass diese Mitwirkung auch für sie von Vorteil sein kann. Aus eigenem Engagement sowie aus Mitsprache- und Mitgestaltungsmöglichkeiten erwächst Identifikation mit dem Biosphärenreservat.

Beispiel aus dem Biosphärenreservat Schaalsee

Rahmenkonzept als regionale Agenda 21
Im Biosphärenreservat Schaalsee wurde in den Jahren 2001 bis 2003 ein abgestimmtes, umsetzungsorientiertes Rahmenkonzept als regionale Agenda 21 erarbeitet (siehe Kap. 4.6). Hervorzuheben ist die außerordentlich hohe Beteiligung von Bürgerinnen und Bürgern aus der Region. Die Akteure der Region wirkten dabei in zahlreichen Arbeitsgruppen mit. In diesen Arbeitsgruppen wurden in intensiven und teilweise konträren – aber immer konstruktiven – Diskussionen schließlich konsensfähige Leitbilder erarbeitet, die in das Rahmenkonzept einflossen. Außerdem haben sich die Arbeitsgruppen mit verschiedenen Projekten in den Agenda 21-Prozess eingebracht. Beispiele dafür sind:
- *Gründung einer Jugendvertretung,*
- *Radwegekonzeption für die Region,*
- *Machbarkeitsstudie für die Etablierung einer regionalen Tourismusorganisation,*
- *Internetpräsentation „Regionale Agenda 21 im Biosphärenreservat Schaalsee" und Messestand,*
- *Potenzial- und Wirtschaftlichkeitsanalyse für die energetische Nutzung nachwachsender Rohstoffe,*
- *Variantenprüfung für Abwasserentsorgung,*
- *Baufibel.*

NEUE KONZEPTE FÜR DIE MODELLREGIONEN

Stand der Planungen für das gegenwärtige Netzwerk der Biosphärenreservate

Zur Umsetzung der Ziele und Aufgaben des Biosphärenreservats und zur Erhöhung seiner Akzeptanz ist es wichtig, diese auf den verschiedenen Ebenen der Planung zur Geltung zu bringen. Zu unterscheiden sind hier (siehe Tab. 1) die örtlichen Planungen für das Biosphärenreservat oder für Teile davon, wie

- das Rahmenkonzept für das gesamte Gebiet sowie
- die Pflege- und Entwicklungspläne für Teile des Gebiets, z. B. für die Pflegezone oder für Schutzgebiete,
- die Integration in die überörtliche Landes- und Regionalplanung (Raumordnungspläne nach Maßgabe der landesplanungsrechtlichen Vorschriften der Länder),
- in die örtliche Landschafts- und Bauleitplanung (kommunale Pläne nach Maßgabe der Landesgesetze).

Da die Biosphärenreservate in fast allen Ländern gesetzlich normiert sind (siehe Kap. 2.4), ist den Verwaltungen der Biosphärenreservate eine rechtlich abgesicherte Grundlage für ein zielgerichtetes Einbringen bzw. Handeln an die Hand gegeben.

Die Planungen für Biosphärenreservate besitzen unterschiedliche Verbindlichkeiten. Die Planungen der Landes- und Regionalplanung und der Kommunen (in der Regel die Landschafts- und Bauleitplanung) sind für alle öffentlichen Planungsträger verbindlich.

Dagegen bewirken die örtlichen Planungen für Biosphärenreservate eine planerische Selbstbindung für die Fachbereiche, mit denen die Planungen abgestimmt sind. Hier gilt für alle Planungsbeteiligten: Je breiter und intensiver die Abstimmung, desto stärker die Selbstbindung.

Die örtlichen Planungen für das Biosphärenreservat ergeben sich aus den internationalen und nationalen MAB-Vorgaben und dem fachlichen Bedarf. Während das Rahmenkonzept zwingend zu erstellen ist, sind Pflege- und Entwicklungspläne für Teile des Biosphärenreservats je nach fachlichem Erfordernis auszuarbeiten. Dies kann für die Pflegezone oder für Teile davon oder für bestimmte pflegebedürftige Schutzgebiete im Biosphärenreservat gelten.

Ein wichtiger Grund für Pflege- und Entwicklungspläne ist meistens, den Bedarf landschaftspflegerischer Maßnahmen in wertvollen Kulturlandschaften zur Bewahrung der Artenvielfalt und der Mannigfaltigkeit (siehe Kap. 3.2.4) räumlich konkret festzulegen. Es kann aber auch darum gehen, die Gebiete abzugrenzen, in denen auf landschaftspflegerische Maßnahmen verzichtet und damit eine natürliche Entwicklung zugelassen werden soll.

Beispiel aus dem Landesentwicklungsprogramm Bayern – Fortschreibung 2003

Ziele für Biosphärenreservate:
„Teil B: Ziele zur Nachhaltigen Entwicklung der raumbedeutsamen Fachbereiche
Ziel 2.1.2: (...) In geeigneten Landschaften sollen durch die Sicherung von Gebieten die Voraussetzungen für UNESCO-Biosphärenreservate geschaffen werden.
Ziel 2.2.1: (...) In Gebieten, die durch die UNESCO als Biosphärenreservate anerkannt sind, soll bei Planungen und Maßnahmen entsprechend der Zonierung das Leitbild des abgestuften Einflusses menschlicher Tätigkeit umgesetzt werden.
(BaStMLU 2003)

Beispiel aus dem Landesentwicklungsprogramm Thüringen

Landesentwicklungsprogramm Thüringen 1993
2.4.3 Biosphärenreservate
Die international bedeutsamen und wegen ihres Bestandes an Ökosystemen repräsentativen Landschaften in den Biosphärenreservaten Vessertal und Rhön sollen entsprechend den Verpflichtungen aus dem Übereinkommen mit der UNESCO gesichert und entwickelt werden.
(...)
Auf der Grundlage von Pflege- und Entwicklungsplänen sollen Nutzungen gefördert werden, die den Lebensraum der Bevölkerung nachhaltig ökologisch und ökonomisch verbessern."
(Thüringer Landtag 1993)

Beispiel aus dem Regionalen Raumordnungsprogramm Westmecklenburg

Regionales Raumordnungsprogramm: Ziele für die Biosphärenreservatsregion Schaalsee
- *Sicherung des großräumigen Ökosystemverbundes aus Seen und anderen Feuchtbiotopen sowie Anreicherung der strukturarmen Agrarlandschaft mit gliedernden Elementen.*
- *Erhalt der großen, wenig zerschnittenen und störungsarmen Landschafträume unter dem Aspekt des Artenschutzes und der Erholungsnutzung.*
(Regionaler Planungsverband Westmecklenburg 1996)

Voller Leben

3. NEUE KONZEPTE FÜR DIE MODELLREGIONEN

Beispiel aus dem Biosphärenreservat Rhön

Länderübergreifendes Rahmenkonzept für das Biosphärenreservat Rhön

Als gelungenes Beispiel für eine breite Beteiligung der Bevölkerung bei der Erstellung von Planungen im Biosphärenreservat gilt das länderübergreifende Rahmenkonzept für Schutz, Pflege und Entwicklung (BIOSPHÄRENRESERVAT RHÖN/ GREBE, R. 1995). In das Rahmenkonzept sind die Ergebnisse von Teilgutachten (Land- und Forstwirtschaft; Verkehr und Wirtschaft; Siedlungswesen) und ergänzender landesplanerischer Gutachten eingeflossen. Dieses beispielhafte Werk wurde in den drei Ländern (Bayern, Hessen, Thüringen) in einem mehrjährigen Diskussionsprozess am Runden Tisch unter Beteiligung aller betroffenen Kommunen, Fachstellen, Verbänden und gesellschaftlichen Gruppen sowie vieler Gebietskenner erarbeitet

(ABGR 1995, DEUTSCHES MAB-NATIONALKOMITEE 1996).

Beispiel aus dem Biosphärenreservat Spreewald

Leitlinien für die Entwicklung des Spreewalds (Auszug aus dem Landschaftsrahmenplan)

1. Schutz der einmaligen Niederungslandschaft mit ihren fein strukturierten Fließgewässersystemen, artenreichen Feuchtwiesen und Niederungswäldern.
2. Pflege, Nutzung, Gestaltung und Regulierung von Niederungsflächen mit einem naturnahen Wasserregime, hohen Grundwasserständen und periodischen Überstauungen in bestimmten Teilgebieten als Lebensräume der für den Spreewald typischen Tiere und Pflanzen. Bei diesen Maßnahmen sind die Nutzungsinteressen der ortsansässigen Bevölkerung in der Pflegezone und Regenerierungszone angemessen zu berücksichtigen.
3. Erhalt, Förderung und Stabilisierung von traditionellen Bewirtschaftungsformen wie Horstäcker, Streuwiesen und das dadurch entstandene kleinflächige Nutzungsmosaik.
4. Schutz, Pflege und Förderung gefährdeter und vom Aussterben bedrohter Arten in ihren Lebensräumen durch geeignete Maßnahmen (Landnutzung und Tourismuslenkung).

(...)

6. Die Förderung nachhaltiger Landnutzungsmodelle im Biosphärenreservat soll an die gestaltende Tradition der Land- und Forstwirte, der Jäger und Fischer dieser Kulturlandschaft anknüpfen. Dadurch sollen verträglichen Landnutzungen eine Existenzgrundlage gegeben und beispielhafte Lösungen für die Region entwickelt werden.
7. Tourismus hat im Spreewald eine über 100 Jahre zurückreichende Tradition. Er vollzieht sich vor allem auf den Wasserwegen und kann über die Kahnfahrten gut gelenkt werden. Ergänzt durch Naturbeobachtung und Information über den Naturhaushalt und die Landbewirtschaftung ist er ein Instrument der Umweltbildung.
8. Alle Formen der touristischen Nutzung sollen umwelt- und sozialverträglich sein. Dabei ist eine Vermeidung von umweltbelastendem Verkehr und die Förderung von umweltfreundlichen Verkehrsmitteln ein wichtiger Grundsatz.
9. Die gebietstypische Siedlungsstruktur, die Einbindung der Dörfer in die Landschaft sowie die traditionelle Bauweise der Streusiedlungshöfe und Dörfer an den Fließen prägen diese Landschaft. Die Pflege, der Erhalt und die Entwicklung dieser Elemente sind ein wichtiges Gebot dieser Kulturlandschaft. (...)

(MINISTERIUM FÜR UMWELT, NATURSCHUTZ UND RAUMORDNUNG 1998)

Traditionelle Spreewälder Hofstelle in Lehde

NEUE KONZEPTE FÜR DIE MODELLREGIONEN

Beispiel aus dem Biosphärenreservat Oberlausitzer Heide- und Teichlandschaft

Auszug aus dem mit den Bewirtschaftern im Biosphärenreservat einvernehmlich abgestimmten Rahmenkonzept für Schutz, Pflege und Entwicklung: Teil 2 Wasserwirtschaft, 3.4.2.1 Fließgewässer:

Grundsätzliches Ziel ist es, den Fließgewässern insbesondere in der freien Landschaft ihre naturgemäße Bewegungsfreiheit zurückzugeben und bei dem jeweils gewässertypischen Abflussverhalten einen ungehinderten Transport der Feststoffe von der Quelle bis zu Mündung zu ermöglichen. Für Fließgewässer im Biosphärenreservat sind demnach Durchgängigkeit und Dynamik als wichtigste Entwicklungsziele zu nennen. „Ein natürlicher oder naturnaher Zustand von Fließgewässern garantiert ihre Multifunktionalität ebenso wie ein Höchstmaß an Nutzungsmöglichkeiten" (SMU 1995). Die Fließgewässer im Biosphärenreservat Oberlausitzer Heide- und Teichlandschaft sollen damit auch ihrer Funktion als Lebensraum gerecht werden. Die Ansprüche fließgewässertypischer Arten der Oberlausitz wie Fischotter, Eisvogel, Quappe oder Gemeine Keiljungfer müssen erfüllt werden. Es ist die durchgehende Passierbarkeit der Fließgewässer für Fische und andere Wassertiere zu sichern bzw. wiederherzustellen. Vorhandene Wehre sind hinsichtlich ihrer Notwendigkeit zu überprüfen und gegebenenfalls zurückzubauen. Zur Wasserhaltung notwendige feste Wehre sollten durch raue Rampen ersetzt werden, um die Durchlässigkeit in beiden Richtungen zu gewährleisten. Gleichzeitig verringert sich damit der Unterhaltungsaufwand. Wo Rampen aufgrund erforderlicher Regulierbarkeit der Fließgewässer nicht einsetzbar sind, sollten die Querbauwerke beispielsweise durch die Umgehung mittels so genannter Fischtreppen durchlässig gestaltet werden. Sowohl bestehende als auch neu zu bauende Brücken und Wehre sind stets artenschutzgerecht (Fischotter, Amphibien) zu gestalten.

Zur Wiederherstellung der Durchgängigkeit wurden im Auftrag und mit Mitteln der Biosphärenreservatsverwaltung folgende Maßnahmen umgesetzt:

- 1997: Fischaufstieg (Umgehungsgerinne) am Schleifmühlwehr Uhyst
- 2001: Umbau Mühlwehr Milkel zur rauen Rampe
- 2002: Rückbau Sohlschwelle Halbendorf
- 2003: in Planung: Umbau Wehr Lippitsch zur rauen Rampe

(BIOSPHÄRENRESERVATSVERWALTUNG OBERLAUSITZER HEIDE- UND TEICHLANDSCHAFT 2000)

Raue Rampe Milkel

Landschaftsplanung, isoliert und losgelöst von dem Interesse der Bürger, stößt bald an ihre Grenzen. (Quelle: Mueller/IMAGO 87)

3. NEUE KONZEPTE FÜR DIE MODELLREGIONEN

Biosphärenreservat	Landes- und Regionalplanung (Raumordnung)	Landschafts- und Bauleitplanung	Rahmenkonzept / Landschaftsrahmenplan	Pflege- und Entwicklungspläne
Südost-Rügen	integriert (Schutzfunktion)	in Teilbereichen abgestimmt	für Teilbereiche (Schutzfunktion) im Entwurf vorhanden	vorhanden
Schleswig-Holsteinisches Wattenmeer	integriert als Nationalpark	in Teilbereichen abgestimmt	vorhanden bzw. in Ausarbeitung	für Teilbereiche vorhanden
Hamburgisches Wattenmeer	integriert als Nationalpark	abgestimmt durch Nationalparkgesetz	nicht vorhanden	in Vorbereitung
Niedersächsisches Wattenmeer	integriert	abgestimmt	vorhanden	für Teilbereiche vorhanden
Schaalsee	integriert (Schutzfunktion)	abgestimmt	vorhanden; in Fortschreibung	vorhanden; in Fortschreibung
Schorfheide-Chorin	integriert	in Teilbereichen abgestimmt	Landschaftsrahmenplan vorhanden	vorhanden
Flusslandschaft Elbe				
Teilgebiet Schleswig-Holstein	nicht integriert	noch nicht abgestimmt	in Ausarbeitung (länderübergreifend für gesamtes BR)	für Teilbereiche vorhanden und in Vorbereitung (Schutzgebiete)
Teilgebiet Mecklenburg-Vorpommern	integriert	abgestimmt in Teilbereichen	Rahmenkonzept im Entwurf vorhanden. Landschaftsrahmenplan vorhanden.	für Teilbereiche vorhanden
Teilgebiet Niedersachsen	integriert	abgestimmt	in Ausarbeitung	für Teilbereiche vorhanden
Teilgebiet Brandenburg	Integration vorgesehen	in Teilbereichen abgestimmt	Rahmenkonzept im Entwurf vorhanden; Landschaftsrahmenplan vorhanden	vorhanden
Teilgebiet Sachsen-Anhalt	Nordteil: Integration vorgesehen, Südteil: in Teilbereichen integriert	Nordteil: in Teilbereichen abgestimmt, Südteil: abgestimmt	vorhanden	für Teilbereiche vorhanden
Oberlausitzer Heide- und Teichlandschaft	integriert	überwiegend abgestimmt	vorhanden	für Teilbereiche vorhanden
Spreewald	integriert	überwiegend abgestimmt	vorhanden	vorhanden
Rhön				
Teilgebiet Hessen	in Teilbereichen integriert	in Teilbereichen abgestimmt	vorhanden	vorhanden
Teilgebiet Thüringen	integriert	abgestimmt	vorhanden	für Teilbereiche vorhanden
Teilgebiet Bayern	in Teilbereichen integriert	überwiegend noch nicht abgestimmt	vorhanden	vorhanden
Vessertal-Thüringer Wald	integriert	abgestimmt	in Ausarbeitung	für Teilbereiche vorhanden
Pfälzerwald-Nordvogesen (nur deutsches Teilgebiet)	Integration vorgesehen	in Teilbereichen abgestimmt	in Ausarbeitung	für Teilbereiche vorhanden
Bayerischer Wald	Integration vorgesehen	noch nicht abgestimmt	nicht vorhanden	vorhanden (Nationalparkplan)
Berchtesgaden	Integration vorgesehen	noch nicht abgestimmt	nicht vorhanden	für Teilbereich „Nationalpark Berchtesgaden" vorhanden

Tab. 2: Stand der Planungen für das gegenwärtige Netzwerk der deutschen Biosphärenreservate (AGBR 1995: 40; aktualisiert durch Mayerl 2003 nach Angaben der Biosphärenreservate)

NEUE KONZEPTE FÜR DIE MODELLREGIONEN

Der Stand der Planungen für das gegenwärtige Netzwerk der Biosphärenreservate ergibt sich aus Tab. 2.

Umsetzung der örtlichen Planungen für Biosphärenreservate

Jede praxisnahe und sinnvolle Planung zeigt konkrete Maßnahmen auf, die zur Umsetzung der Planung führen. Diese Umsetzung durch Projekte und Maßnahmen macht die Planung den Betroffenen bewusst. Sie macht sie auch für die am Planungsprozess an den Runden Tischen Beteiligten nachvollziehbar. Gerade in Biosphärenreservaten muss dieses Prinzip hohe Bedeutung haben, wenn es um Projekte zur Nachhaltigen Entwicklung geht.

Bereits während der Offenen Planung und der Gespräche an Runden Tischen soll damit begonnen werden, erste Maßnahmen umzusetzen. Beispielhafte Projekte in einem frühen Umsetzungsstadium tragen entscheidend zur Akzeptanz des Biosphärenreservats bei. Für die hier lebenden und wirtschaftenden Menschen wird so die Umsetzung unmittelbar erlebbar; sei es, dass die regionale Identität gestärkt und regionale Produkte vermarktet werden oder sei es, dass die Pflege der Landschaft durch Landschaftspflegeverbände gewünscht und entsprechend honoriert wird. Dies motiviert und spornt an, da bereits frühzeitig auch konkrete nachhaltige Erfolge sichtbar werden. Gemeinsame Aktionen führen zum Erfolg und ermutigen zum Weitermachen. (BAYSTMLU 2002b) (siehe Kap. 4.1).

Umsetzungsbeispiel aus dem BR Rhön

Im bayerischen Teil des Biosphärenreservats Rhön stellte sich nach der Veröffentlichung des Rahmenkonzepts die Frage, wie dessen Zielaussagen auf der örtlichen Ebene einer Gemeinde umgesetzt werden können. Durch die großzügige Unterstützung einer Stiftung war es möglich, unter den 18 Gemeinden im bayerischen Teil einen Wettbewerb für die erste Modellgemeinde im Biosphärenreservat auszuschreiben. Das so ausgewählte Hausen i. d. Rhön erhielt als Preis eine Fachkraft für 18 Monate in den Jahren 1997/98 bereitgestellt. Es war ihre Aufgabe, zusammen mit dem Gemeinderat und interessierten Bürgern lokale Projekte zur Umsetzung des Rahmenkonzepts zu entwickeln. Der Erfolg dieses Projekts ist bis heute in der Gemeinde deutlich spürbar und kann vor Ort erkundet werden.

Ortsansicht von Hausen, der ersten Modellgemeinde im Biosphärenreservat Rhön

Umsetzung parallel zur Planung. (Quelle: Mueller/IMAGO 87)

3. NEUE KONZEPTE FÜR DIE MODELLREGIONEN

Die Umsetzung der örtlichen Planungen muss von einer offensiven und laufenden Informationsarbeit durch die Verwaltungsstellen begleitet werden. Hierzu eignen sich Bürgerversammlungen, Bürgerbriefe, das jeweilige Gemeindeblatt, Broschüren und auch die Neuen Medien, wie das Internet. Der Start eines beispielhaften Projekts soll durch eine öffentlichkeitswirksame Aktion bekannt gemacht werden; über seine Fortentwicklung wird immer wieder informiert. Wichtig ist hier die Zusammenarbeit mit der Presse, die die Informationsveranstaltungen ankündigt und über die Ergebnisse berichtet.

Beispiele aus dem BR Schorfheide-Chorin

Touristisches Nutzungskonzept für Werbellin-, Grimnitz- und Parsteinsee
Das Konzept wurde 1998 aus dem Entwicklungsziel „Erarbeitung eines Nutzungs- und Zonierungskonzepts für die Großseen im Biosphärenreservat", das im Landschaftsrahmenplan definiert wurde, entwickelt. Es ist unter breiter Beteiligung von Kommunalbehörden, kulturellen Gruppen, Sportvereinen, Wirtschaftbetrieben und anderen Interessenvertretungen sowie vieler Bürger entstanden. Ziel war die touristische Entwicklung der Großseen im Einklang mit den Schutzzielen des Biosphärenreservats.
Im Ergebnis entstand unter Berücksichtigung des Bestands touristischer Strukturen und Aktivitäten, dem Schutzbedarf von Natur und Landschaft sowie der Umsetzbarkeit geplanter Maßnahmen ein Zonierungsvorschlag für die Gewässer- und Uferbereiche. Verschiedene der geplanten Maßnahmen befinden sich bereits in der Realisierungsphase. Dazu zählen u. a. die Vervollständigung des touristischen Wegenetzes, die Absperrung sensibler Uferbereiche durch Bojen, die Begrenzung der Liegeplatzkapazität, die Gestaltung einer Strandpromenade am Werbellinsee, die Einrichtung einer Naturbadestelle, die Anlage eines Rundwanderweges und Lehrpfads, der Bau eines Naturbeobachtungsturms am Grimnitzsee und die Verlagerung eines Campingplatzes aus der Uferzone am Parsteinsee.
(BIOSPHÄRENRESERVATSVERWALTUNG SCHORFHEIDE-CHORIN 1998)

Gewerbeflächenvermarktung
Ziel dieser von der Biosphärenreservatsverwaltung ins Leben gerufenen Initiative war es, die Standortvorteile in einem Schutzgebiet stärker zu kommunizieren und eine höhere Auslastung der vorhandenen Gewerbeflächen zu erreichen. Weitere Informationen sind im Internet unter www.schorfheide-chorin.de verfügbar.

Strukturreiche Offenlandschaft im BR Schorfheide-Chorin

Mit der Umsetzung der Planungen muss eine Erfolgskontrolle einhergehen. Auch die jeweiligen Projekte für Nachhaltige Entwicklung müssen auf ihre Effizienz überprüft werden. Dies kann dazu führen, dass die Planungen fortgeschrieben und die darin vorgeschlagenen Maßnahmen und Projekte angepasst oder neu gewichtet werden müssen.
Sinnvolle Planung mit den Betroffenen ist eine Daueraufgabe in Biosphärenreservaten, die sich den aktuellen gesellschaftspolitischen und fachlichen Anforderungen stellen muss.

Zusammenfassung

Biosphärenreservate benötigen für eine Nachhaltige Entwicklung überzeugende Planungen unter Mitwirkung der Betroffenen: Zum einen durch die Integration in die Raumordnung und die Abstimmung mit der Bauleit- und Landschaftsplanung und zum anderen für die Biosphärenreservate selbst in Form der Rahmenkonzepte für das gesamte Gebiet und der Pflege- und Entwicklungspläne für Teilgebiete nach fachlichem Erfordernis. Die Notwendigkeit der Planungen ergibt sich aus den internationalen und nationalen Vorgaben. Die Ziele der Planungen führen in der Umsetzung zu konkreten Maßnahmen für Schutz, Pflege und Entwicklung des Biosphärenreservats. Diese Umsetzung wird an erfolgreichen Beispielen aus dem Netzwerk der Biosphärenreservate dargelegt. Die im Gebiet lebenden und wirtschaftenden Menschen müssen von Anfang an in die Planungen am so genannten Runden Tisch eingebunden werden. Sie sollen dabei erkennen, dass diese Mitwirkung auch für sie von Vorteil sein kann. Sinnvolle Planung ist eine Daueraufgabe in Biosphärenreservaten, die sich den aktuellen gesellschaftspolitischen und fachlichen Anforderungen stellen muss.

Literatur

AGBR (Ständige Arbeitsgruppe der Biosphärenreservate in Deutschland) (1995): Biosphärenreservate in Deutschland. Leitlinien für Schutz, Pflege und Entwicklung. Berlin-Heidelberg u. a.

BayStMLU (Bayerisches Staatsministerium für Landesentwicklung und Umweltfragen) (2002 a): Blaue Box – Werkzeuge Landschaftsplan-Umsetzung, München.

BayStMLU (2002 b): Informationen zur Blauen Box – Landschaftsplanung effektiv umsetzen, München.

BayStMLU (2003): Landesentwicklungsprogramm Bayern 2003 (Fortschreibung), München.

Biosphärenreservat Rhön/Grebe R. (1995): Rahmenkonzept für Schutz, Pflege und Entwicklung, Radebeul.

Deutscher Bundestag (1998): Abschlussbericht der Enquete-Kommission „Schutz des Menschen und der Umwelt" des 13. Deutschen Bundestags. Konzept Nachhaltigkeit. Vom Leitbild zur Umsetzung. Drs. 13/11200, Bonn.

Biosphärenreservatsverwaltung Oberlausitzer Heide- und Teichlandschaft (Hrsg.) (2000): Biosphärenreservatsplan Teil 2. Rahmenkonzept für Schutz, Pflege und Entwicklung, Mücka.

Biosphärenreservatsverwaltung Schorfheide-Chorin (Hrsg.) (1998): Touristisches Nutzungskonzept für den Werbellin-, Grimnitz- und Parsteinsee unter Berücksichtigung der Belange des Landschaftsschutzgebietes (BR Schorfheide-Chorin); Büro für Tourismus- und Erholungsplanung/Kommunaldata, Berlin.

Deutsches MAB-Nationalkomitee (Hrsg.) (1996): Kriterien für Anerkennung und Überprüfung von Biosphärenreservaten der UNESCO in Deutschland, Bonn.

Mayerl, D. (1996): Landschaftsplanung am Runden Tisch – kooperativ planen, gemeinsam umsetzen. In: ANL (1996): Landschaftsplanung - Quo Vadis? Standortbestimmung und Perspektiven gemeindlicher Landschaftsplanung. Laufener Seminarbeiträge 6/96, Laufen.

Ministerium für Umwelt, Naturschutz und Raumordnung (Hrsg.) (1998): Biosphärenreservat Spreewald Landschaftsrahmenplan, Potsdam.

Regionaler Planungsverband Westmecklenburg (Hrsg.) (1996): Regionales Raumordnungsprogramm Westmecklenburg, Schwerin.

SMU (Sächsisches Staatsministerium für Umwelt und Landesentwicklung) (Hrsg.) (1995): Richtlinien für die naturnahe Gestaltung der Fließgewässer in Sachsen. In: Mat. Wasserwirtschaft 2/1995.

Thüringer Landtag (1993): Landesentwicklungsprogramm Thüringen, Erfurt.

Umweltbundesamt (2000): Ziele für die Umweltqualität – Eine Bestandsaufnahme, Berlin.

UNESCO (Hrsg.) (1996): Biosphärenreservate. Die Sevilla-Strategie und die Internationalen Leitlinien für das Weltnetz. Hrsg. der dt.-sprach. Ausg.: Bundesamt für Naturschutz, Bonn.

3.6 Biosphärenreservate in der Entwicklungszusammenarbeit

Monika Dittrich und Rolf-Peter Mack

Einleitung

Die Entwicklungszusammenarbeit hat das übergeordnete Ziel der Armutsminderung. Dies macht den langfristigen Erhalt der natürlichen Ressourcen erforderlich, damit alle Menschen jetzt und in Zukunft ein würdiges Leben führen können. Im Verständnis der Entwicklungszusammenarbeit kann Natur also niemals gegen, sondern immer nur zusammen mit der und für die Bevölkerung geschützt werden. Zwischen Schutz und Nutzung ist im konkreten Fall immer wieder ein Ausgleich zu suchen. Dies ist auch das zentrale Anliegen des UNESCO-Programms Der Mensch und die Biosphäre (Man and the Biosphere, MAB), das menschliches Handeln und Naturerhalt miteinander verbindet.

In diesem Beitrag soll aufgezeigt werden, inwiefern vor dem Hintergrund der unterschiedlichen Rahmenbedingungen in Entwicklungsländern Biosphärenreservate aus Sicht der Entwicklungszusammenarbeit einen besonders förderungswürdigen Ansatz darstellen und vor welchen Herausforderungen von Deutschland unterstützte Projekte aktuell stehen.

Rahmenbedingungen in Entwicklungsländern

In vielen Entwicklungsländern gibt es ein sehr großes Potenzial an Naturressourcen. Viele der weltweiten Hotspots der biologischen Vielfalt liegen in tropischen Ländern. In den letzten Jahrzehnten wurden große Flächen unter Schutz gestellt. Auf nationaler Ebene wurden diese u. a. als Nationalparke ausgewiesen (entsprechend der oder angelehnt an die Schutzkategorie II der weltweit größten Naturschutzorganisation IUCN – The World Conservation Union (IUCN: Unión Mundial para la Naturaleza). Auf internationaler Ebene wurden sie seit Mitte der 80er Jahre als Biosphärenreservate anerkannt, oft mit den früheren Nationalparken als Kernzone.

Die bisherigen Ansätze zum Management von unter Schutz gestellten Gebieten basieren auf folgenden Annahmen (Amend, S. et al. 2002: 28-30):

- Die Flächen sind in Staatsbesitz.
- Die Gebiete sind unbewohnt und liegen abseits.
- Die Institutionen können sich durchsetzen.
- Für das Management gibt es ausreichend gut ausgebildete Personen und finanzielle Mittel.

3. NEUE KONZEPTE FÜR DIE MODELLREGIONEN

- Es existiert der politische Wille, Natur zu erhalten.
- Es gibt konsistente Gesetze für die geschützten Gebiete.
- Es gibt einen breiten gesellschaftlichen Konsens für Naturschutz.

In der Realität sind diese Bedingungen jedoch nicht gegeben. Die Rahmenbedingungen in Entwicklungsländern lassen sich entlang den Kategorien administrativ/institutionell, politisch/legal, sozio-kulturell/ökonomisch und biologisch/ökologisch ordnen.

Generell zeichnen sich die mit Naturschutz beauftragten Behörden und Institutionen dadurch aus, dass sie über wenig, eher schlecht ausgebildetes Personal, geringfügige finanzielle Mittel und eine schwache Verwaltungsstruktur verfügen. Sie sind häufig von internationalen Mitteln abhängig und müssen Planungen von externem Personal durchführen lassen, das nicht mit den Gebieten und deren Bevölkerung vertraut ist. Aufgrund der zentralistischen Strukturen haben die Parkdirektoren nur sehr eingeschränkte Entscheidungsgewalt und Umsetzungsmöglichkeiten.

Der politisch-rechtliche Rahmen erscheint häufig konfus. Nutzungsbestimmungen und äußere sowie innere Grenzen von Schutzgebieten und Biosphärenreservaten stehen häufig im Widerspruch zueinander. Die Politik in anderen gesellschaftlichen Sektoren wirkt kontraproduktiv zur Arbeit der vergleichsweise jungen und schwachen Umweltministerien. Dies gilt für Bergbau, Forst- und Landwirtschaft, Bodenrechte, Landreformen sowie die Rechte ethnischer Minderheiten.

Ein weiteres Charakteristikum besteht darin, dass die lokale Bevölkerung arm ist und entweder die wenigen ihr zur Verfügung stehenden Ressourcen übernutzt oder sich die Siedlungsgebiete in die geschützten Gebiete hinein verschieben. Das Bewusstsein für die Notwendigkeit des Umweltschutzes ist nicht besonders ausgeprägt und der Handlungsspielraum primär auf kurzfristige Nutzung angelegt. In Kombination führt dies zu einer geringen Akzeptanz von Umweltschutzzielen.

Dennoch steigt die Akzeptanz, wenn Umweltschutz in regionale Entwicklungsziele eingebettet wird, wenn alternative, nachhaltige Nutzungsformen propagiert und zugelassen werden und die Bevölkerung in das Management einbezogen wird, einschließlich der Entscheidungen und Nutznießung (wie z. B. bei der Beteiligung an Erlösen aus dem Schutzgebietstourismus).

Obwohl in Entwicklungsländern noch große, kaum bewohnte Flächen zu finden sind, gibt es nur selten Inventare über den Naturbestand und die vorhandenen Arten. Gleichzeitig wächst der internationale Druck, die in den Gebieten vorhandenen oder vermuteten Ressourcen (Holz, Heilkräuter etc.) zu erschließen.

Die Ausweisung von Biosphärenreservaten gibt den Regierungen in Entwicklungsländern oftmals erst den Anstoß, die Einbindung von geschützten Flächen in regionale Entwicklungsziele offensiv zu suchen und naturschonende Nutzungsalternativen zu propagieren.

Das Konzept von Biosphärenreservaten verständlich zu machen braucht meist einen längeren Vorlauf in den Regionen. Gleichwohl steigern schon diese Bemühungen mittelfristig die Akzeptanz von Naturschutz seitens der Bevölkerung und das politische Engagement der Regierungen auch auf untergeordneten Ebenen. Die Auszeichnung „Biosphärenreservat" wird zunehmend als ein Siegel für die Region betrachtet, das mit Stolz erfüllt.

Ansätze in der Entwicklungszusammenarbeit

Die UN-Konferenz Umwelt und Entwicklung (UNCED) in Rio de Janeiro 1992 trug dem Interesse des Naturschutzes und der Nutzung von Ressourcen gleichermaßen Rechnung. Beide Themen wurden integrativ verhandelt. Zuvor hatte das Leitbild einer nachholenden Entwicklung dominiert. Dieses sieht als Entwicklungsziel einen weltweit einheitlichen Industrialisierungsstand vor. Naturschutz stellt dabei eine Gegenposition dar. Das Leitbild wurde in Rio in Richtung einer Nachhaltigen Entwicklung verändert: Von nun an sollten Werte wie der demokratische Ausgleich zwischen Interessengruppen (Naturschutz und Nutzung), Offenheit für Unterschiede und die Erhaltung der – sowohl biologischen als auch kulturellen – Vielfalt angestrebt werden.

1992 hat sich die Bundesregierung zu den Zielen und Grundsätzen der Nachhaltigen Entwicklung, wie sie in der Agenda 21 niedergelegt sind, verpflichtet.

Mit der Unterzeichnung des Übereinkommens über biologische Vielfalt (Convention on Biological Diversity, CBD) verpflichtete sich Deutschland überdies zur internationalen Kooperation bei der Umsetzung von Maßnahmen zum Schutz und zur nachhaltigen Nutzung der Biodiversität sowie dazu, den aus ihr resultierenden Nutzen gerecht zu teilen. Seitdem stellt der Erhalt der Biodiversität einen integralen Bestandteil der bilateralen Entwicklungszusammenarbeit der Bundesrepublik dar. Biosphärenreservate können dabei als konkrete Gebiete zur Umsetzung der CBD betrachtet werden.

Die Diskussionen um den Erhalt der Biodiversität im Rahmen von Entwicklungszusammenarbeit reichen bis in die 80er Jahre zurück. Das erste von Deutschland unterstützte Projekt, das Naturschutz im engeren Sinne und damit den Erhalt der Biodiversität zum Ziel hatte, war das „Selous Conservation Projekt" in Tansania, das Anfang der 80er Jahre begann (KASPAREK, M. et al. 2000: 18).

Seitdem hat das Bundesministerium für wirtschaftliche Zusammenarbeit und Entwicklung (BMZ) etwa 360 Projekte unterstützt, die zum Schutz und zur nachhaltigen Nutzung der Biodiversität und dem gerechten Vorteilsausgleich beitragen (siehe Kasten).

NEUE KONZEPTE FÜR DIE MODELLREGIONEN

Weltweites Engagement für die biologische Vielfalt

Das Bundesministerium für wirtschaftliche Zusammenarbeit und Entwicklung (BMZ) unterstützt seit 1985 360 Projekte zum Schutz und Erhalt der biologischen Vielfalt (Biodiversität). 45 Prozent der Projekte hatten bzw. haben ihren Sitz in Afrika, 32 Prozent in Lateinamerika, 18 Prozent in Asien und die restlichen Projekte im Nahen Osten und in den Transformationsländern bzw. in weltweiten Projekten (BMZ 2002: 10f.). Bezogen auf einzelne Länder erhielt Brasilien die größten Zusagen, gefolgt von Bolivien, Tansania, Peru, Madagaskar und Ghana.

Der deutsche Beitrag zum Globalen Umweltfonds (GEF), der für die Umsetzung der internationalen Umweltkonventionen (Klima-, Wüsten- und Biodiversitätskonvention) eingerichtet wurde, liegt bei insgesamt über 600 Millionen Euro. Für den Erhalt der Biodiversität hat Deutschland im Rahmen des GEF etwa 260 Millionen Euro bereitgestellt (BMZ 2002: 15).

Die Bundesrepublik ist einer der größten Geber weltweit. Die Umsetzung der CBD wird mit dem UN-Aktionsprogramm 2015 verknüpft, das u. a. die Halbierung der weltweiten Armut bis 2015 vorsieht (BMZ 2002: 16f.). Im Rahmen der Entwicklungszusammenarbeit werden Projekte oder Programme von Regierungen oder lokalen Organisationen in Entwicklungsländern unterstützt, aber nur dann, wenn diese den Grundsätzen der Nachhaltigen Entwicklung entsprechen. Es gilt das Antragsprinzip, d. h. die Initiative für ein Projekt muss aus den jeweiligen Ländern kommen.

Die deutsche Seite verfolgt das Ziel, die Fähigkeiten von nationalen Institutionen, Bevölkerungsgruppen und auch einzelnen armen Personen so zu stärken, dass diese die Situation in ihrem Land oder ihre eigene Situation verbessern können. Ein wesentlicher Grundsatz ist die Einbindung der lokalen Bevölkerung. Partizipation, verstanden als Teilhabe an politischen, wirtschaftlichen und sozialen Prozessen, gehört als integraler Bestandteil zur Konzeption des weltweit durch Entwicklungszusammenarbeit unterstützten Naturschutzes.

Das Konzept der Biosphärenreservate erscheint aus Sicht der Entwicklungszusammenarbeit als ein besonders förderungswürdiger Ansatz, da es einerseits Schutz und Nutzung verbindet und andererseits die biologische Vielfalt, verbunden mit Optionen für die zukünftigen Generationen, erhalten will. Die lokale Bevölkerung wird dabei nicht als „Störfaktor" sondern als wichtiger und wesentlicher Akteur des Naturerhalts betrachtet.

Projekte, die die Einrichtung oder Konsolidierung von Biosphärenreservaten und den Erhalt von Biodiversität zum Ziel haben, umfassen folgende wesentlichen Ansätze:

- Planung und (Flächen-)Management auf verschiedenen räumlichen Ebenen. Dabei geht es um die Einbindung von Reservaten und/oder Schutzgebieten in regionale Planungen und um die interne Zonierung.
- Stärkung der lokalen ökonomischen Entwicklung und des nachhaltigen Ressourcenmanagements. Hierunter fallen u. a. die Förderung von zertifizierten Produkten und deren Vermarktung.
- Management von transnationalen Biosphärenreservaten und Schutzgebieten sowie die Einrichtung von Biokorridoren. Die Koordination zwischenstaatlicher Zusammenarbeit sowie der Austausch von Informationen zwischen den in den Reservaten arbeitenden Menschen bilden dabei wesentliche Bestandteile.
- Ökonomische Bewertung von Umweltdienstleistungen, Naturleistungen und -gütern: Ein Ansatz, um Reservate und Schutzgebiete langfristig zu finanzieren.
- Institutionelle Stärkung von öffentlichen und privaten bzw. zivilgesellschaftlichen Organisationen, vor allem Parkverwaltungen. Hierzu gehört auch die Einbindung von lokalen Gruppen in das Management.
- Umsetzung von internationalen Konventionen, wie die Konvention zum Erhalt der biologischen Vielfalt.
- Politikberatung auf nationaler und sektoraler Ebene. Beraten werden Umweltministerien bzw. deren Forst- oder Schutzgebietsabteilungen sowie z. B. Agrarministerien im Hinblick auf eine effizientere Politikgestaltung.
- Koordinierung der Maßnahmen internationaler Geber.
(unveröffentlichte Ergebnisse eines GTZ-internen Workshops der Sub-AG „Biosphärenreservate und Biokorridore", Brasilien 2003)

Beispiele

Tropenwaldschutz Gran Sumaco: Biosphärenreservat Sumaco (Ecuador, Amazonasgebiet)

- **Projektstandort:** Tena, Provinz Napo
- **Träger:** Verwaltung des Nationalparks Sumaco Napo-Galeras (Umweltministerium)
- **Zielsetzung:** Konsolidierung der Nationalpark-Verwaltung und Schaffung von Einkommensalternativen für die Anrainerbevölkerung
- **Konkrete Aufgabe:** Ein Erdbeben im Jahre 1987 zerstörte eine Ölpipeline und die Zufahrtsstraße zu den Ölfeldern im Amazonastiefland. Daraufhin beschloss die ecuadorianische Regierung, ein ursprüngliches Waldgebiet mit einer Zufahrtsstraße neu zu erschließen und als Kompensation dafür einen Nationalpark und ein Waldschutzgebiet entlang dieser Straße auszuweisen. Die neue Zufahrtsstraße begünstigte eine rasche

3. NEUE KONZEPTE FÜR DIE MODELLREGIONEN

Be- und Zersiedelung des bis dahin unerschlossenen Urwaldgebiets, so dass sich die damalige Forstverwaltung INEFAN (Instituto Ecuatoriano Forestal y de Áreas Naturales y de Vida Silvestre, später aufgehend im ecuadorianischen Umweltministerium) mit der Bitte um Hilfestellung an das BMZ wandte.

Unterstützt durch die Deutsche Gesellschaft für Technische Zusammenarbeit (GTZ) begann das Vorhaben „Tropenwaldschutz Gran Sumaco" 1995 mit Maßnahmen zur institutionellen Stärkung der neu geschaffenen Nationalpark-Verwaltung und Suche nach Einkommensalternativen für die lokale Bevölkerung. Von dieser gehören in ethnischer Hinsicht rund 70 Prozent zu den Kichwa, die anderen 30 Prozent stellen Siedler aus verschiedenen Teilen des Landes, zumeist aus den Anden.

Im Rahmen des Projekts wurde das Konzept „Entwicklung für den Umweltschutz" entwickelt. Dies sieht vor, den produktiven Bereich (Intensivierung der Landwirtschaft, z. B. Erzeugung von Speisepilzen in Gewächshäusern) zu unterstützen und gleichzeitig die destruktive Nutzung der natürlichen Ressourcen zu mindern.

Weiterhin fördert das Projekt die Planung und Koordination von lokalen Gruppierungen, Provinz- und Kreisregierungen sowie Gremien, um gemeinsam eine nachhaltige Nutzung der lokalen Ressourcen voranzutreiben. Aus diesem Prozess ging eine multiinstitutionelle Initiative zur Gründung eines Biosphärenreservats hervor. Dieses wurde von der UNESCO im November 2000 mit der offiziellen Deklarierung honoriert.

Inklusive der 205.000 Hektar des Nationalparks sind damit nun ca. eine Million Hektar als Biosphärenreservat ausgewiesen, die von einer Regionalgesellschaft (Corporación Reserva de Biosfera Sumaco, CoRBS) betreut und gefördert werden. In dieser sind mehr als 25 lokale öffentliche und private Institutionen vereint.

Im Jahre 2002 trat eine weitere Förderungskomponente durch die Kreditanstalt für Wiederaufbau (KfW) in Kraft. Die KfW fördert mit ca. 7,5 Millionen Euro sowohl Infrastrukturmaßnahmen inner- und außerhalb des Nationalparks als auch die massive Verbreitung von produktivitätssteigernden Maßnahmen, die in den vorangehenden Implementierungsphasen des Projekts entwickelt wurden.

- **Schlussfolgerungen:** Das Projekt führte alle Prozesse der Planung und Implementierung von Maßnahmen in strikt partizipativen Prozessen durch, sowohl im produktiven wie auch im administrativen Bereich. Dies führte zu einer breiten Akzeptanz der Maßnahmen und auch zu einer Anerkennung der Schutzbedürftigkeit des Nationalparks sowie weiterer natürlicher Ressourcen. Die Anrainerbevölkerung wurde auf diese Weise zur stärksten Verteidigerin des Parks. Die Gründung des Biosphärenreservats genießt die breite Unterstützung der lokalen Regierungen, Gremien und Nicht-Regierungs-Organisationen (NGO).

Flüsse stellen im Amazonasgebiet Ecuadors oftmals den einzigen Kommunikationsweg dar.

Der Bewirtschaftungsplan für dieses Biosphärenreservat stellte ein Novum dar. Um seine offizielle Anerkennung im Umweltministerium zu erwirken, benötigten seine Verfasser viel Überzeugungskraft. Inzwischen dient er jedoch den lokalen Regierungen als generelle Orientierungshilfe bei Planungs- und Umsetzungsbemühungen. Auch die Regionalbehörde CoRBS richtet ihre Handlungslinien nach ihm aus.

Die Gründung dieser CoRBS erfolgte in einem langwierigen, aber strikt partizipativen Konstruktionsprozess. Eine der größten momentanen Herausforderungen für CoRBS ist die Sicherung ihrer langfristigen Finanzierung. Diese soll sich weniger auf direkte Beiträge ihrer – finanziell unterschiedlich ausgestatteten – Mitglieder stützen als vielmehr auf die Vermarktung von Serviceleistungen (z. B. Umwelt- und Projektmonitoring) und Einkünften aus Umweltleistungen (insbesondere Wasser und Ölförderung). Durch die Einrichtung eines Treuhandfonds aus Schuldentauschmitteln mit der Bundesregierung konnte die finanzielle Sicherung der BR-Verwaltung erreicht werden, die sich damit von der wirtschaftlichen und politischen Abhängigkeit von der nationalen Regierung abkoppeln konnte. Dies gibt vor allem den Parkwächtern in den Umlandgemeinden des Nationalparks die notwendige Stabilität und finanzielle Ausstattung zur Durchführung von produktiven und organisatorischen Unterstützungsmaßnahmen.

Pilotprogramm zum Schutz der Regenwälder Brasiliens:
„Demarkierung von Indianerschutzgebieten in Amazonien"

- **Projektstandort:** Brasilia
- **Träger:** Indianerschutzbehörde (Fundação Nacional do Índio, FUNAI)
- **Zielsetzung:** Sicherung des Lebensraums für Indianer durch die rechtliche Absicherung ihrer Gebiete und deren Schutz, Bewahrung der Naturressourcen und des sozialen Wohlbefindens
- **Konkrete Aufgabe:** Landlose Siedler, Viehzüchter, vorrückende Fronten der Holzwirtschaft und Bergbaugesell-

NEUE KONZEPTE FÜR DIE MODELLREGIONEN

schaften erhöhen zunehmend den Besiedlungsdruck im Amazonasraum. Infolgedessen werden die dort ansässigen Indianer in ihrer ethnischen Identität bedroht und ihr Lebensraum beschnitten. Gleichzeitig haben sich in deren Siedlungsräumen bzw. Rückzugsgebieten aufgrund der weitflächigen Wirtschaftsweise auffällig intakte Vegetationsformationen gehalten.

Seit Jahrzehnten engagieren sich die internationale Umweltschutz- und Menschenrechtsbewegung für den Amazonasraum. Die Zielsetzung beider sozialen Bewegungen und ihre Erfolge sind zunächst unterschiedlich: Die Verankerung von indigenen Rechten in der brasilianischen Verfassung einerseits und die Ausweisung von verschiedenen Nationalparken bzw. die Ernennung von Biosphärenreservaten im Amazonasraum andererseits.

In den 80er Jahren wurden beide Bewegungen zu Verbündeten. Bei Vertretern der Umweltschutzbewegungen setzte sich die Einsicht durch, dass Naturschutz nicht ohne die ansässigen Menschen möglich ist. Die lokale Bevölkerung erkannte, dass Naturschützer bessere Verbündete sind, wenn es darum geht, Rechte auf die Nutzung von Ressourcen durchzusetzen. Gerade Brasilien ist ein gutes Beispiel dafür, dass der Schutz biologischer Vielfalt mit dem Schutz kultureller Vielfalt einhergehen muss. Als problematisch erwies sich allerdings der Begriff Biosphären-„Reservat". Da er eine Verbindung zu den kolonialzeitlichen „Indianerreservaten" suggeriert, stieß er bei den indigenen Gruppen auf tiefes Misstrauen.

Auf der Rio-Konferenz von 1992 wurde das Internationale Pilotprogramm zum Schutz der brasilianischen Wälder beschlossen. Damals nahm man die Demarkierung von Indianergebieten in das Programm auf, da nur die Regelung von Besitzverhältnissen die Voraussetzung sowohl für einen angemessenen Schutz der Indianer als auch ihrer Naturressourcen bietet (Identifizierung, Deklarierung, Vermessung, Entschädigung an Nicht-Indianer, Registrierung und Ratifizierung). Die Förderung von Indianergebieten lässt sich als zentraler Anker zum langfristigen Erhalt des Amazonasraumes verstehen.

1995 begann das Projekt mit Unterstützung der KfW, der GTZ und dem von der Weltbank verwalteten Regenwaldfonds (Rain Forest Trust Fund). Das Projekt arbeitet heute in neun Bundesstaaten im brasilianischen Amazonasraum. Partizipative Formen der Identifizierung und Vermessung sollen die indianische Eigenverantwortung im Hinblick auf Kontrolle und Nutzung der Gebiete fördern. Auch über selbst verwaltete Projekte begleiten die Indianer aktiv die Demarkierungen und führen Grenzsicherungsmaßnahmen durch.

Die Indianerschutzbehörde FUNAI entwickelt gemeinsam mit der Bevölkerung Handreichungen und Leitfäden, die die technische Abwicklung der ethnologischen Erhebungen und topografischen Arbeiten verbessern. Eine Datenbank und geografische Informationssysteme erleichtern dabei das Monitoring und die innerbehördlichen Abläufe.

Demarkierung von Grenzen heißt, die Übereinstimmung von Karte und realem Raum zu finden.

Indianerin mit Kind. Kulturelle Vielfalt geht mit dem Schutz biologischer Vielfalt einher.

In Zusammenarbeit mit Indianerverbänden und -organisationen sowie spezialisierten NGO werden die früher etablierten paternalistischen Strukturen beim Träger abgebaut. Ethnoökologische Erhebungen erfassen in den Gebieten Daten zum indigenen Wissen und Management von Naturressourcen.

■ **Herausforderungen:** Trotz des spürbaren Demokratisierungsprozesses in Brasilien stößt das Projekt auf verschiedenen Ebenen immer wieder auf erhebliche Widerstände und bleibt politisch sehr umstritten. Gerade das scheinbare Missverhältnis zwischen der niedrigen Bevölkerungsdichte und der verhältnismäßig großen Ausdehnung der indianischen Nutzungsräume sorgt noch immer für flammende Diskussionen über die Angemessenheit des in der Verfassung verankerten Rechts der Indianer auf ihr Land. Die Gegner argumentieren hauptsächlich damit, dass die Indianer dem Fortschritt entgegenstünden, die Entwicklung des Landes verhinderten und auf unermesslich reichen Bodenschätzen siedelten. Über das Erreichte, wozu auch die Stärkung der Indianerbewegung zählt, werden nun auch alte Allianzen zwischen Naturschützern und Menschenrechtlern in Frage gestellt. Die Mehrheit der indigenen Bevölkerung bevorzugt aktuell die Ausweisung ihrer Gebiete als Indianerland bzw. die Umwandlung von einstigen Naturschutzgebieten in Indianerland.

Die Bezeichnung „Reservat" ruft häufig noch negative Erinnerungen bei den Indianern hervor. Dennoch stellen Biosphärenreservate einen viel versprechenden und in der Praxis erfolgreichen Ansatz dar, sowohl Nutzungs- und Schutzinteressen als auch die Förderung von biologischer und kultureller Vielfalt im Amazonasraum zu verbinden.

Zusammenfassung

In der Unterstützung der Einrichtung und Konsolidierung von Biosphärenreservaten besteht im Rahmen der Entwicklungszusammenarbeit ein besonders förderungswürdiger Ansatz, um Naturschutz und Armutsminderung zu verbinden und das Übereinkommen über die biologische Vielfalt (CBD) weltweit umzusetzen. Die Bedingungen in Entwicklungsländern, die sich von denen in den Industrieländern unterscheiden, setzen dabei den Rahmen für die Maßnahmen in einzelnen Projekten. Konkrete Beispiele zeigen, dass die Einbeziehung der lokalen Bevölkerung in der Praxis nicht nur einen wesentlicher Grundsatz, sondern auch auch die größte Herausforderung darstellt.

Literatur

AMEND, S. et al. (2002): Planes de Manejo - Conceptos y Propuestas. Parques Nacionales y Conservación Ambiental, Nr. 10, Panama.

BUNDESMINISTERIUM FÜR WIRTSCHAFTLICHE ZUSAMMENARBEIT UND ENTWICKLUNG (BMZ), DEUTSCHE GESELLSCHAFT FÜR TECHNISCHE ZUSAMMENARBEIT (GTZ) GMBH (2002): Biodiversity in German Development Cooperation, Eschborn.

DEUTSCHE GESELLSCHAFT FÜR TECHNISCHE ZUSAMMENARBEIT (GTZ) GMBH, BUNDESAMT FÜR NATURSCHUTZ (BFN), INTERNATIONALE NATURSCHUTZAKADEMIE INSEL VILM (Hrsg.) (2000): Naturschutz in Entwicklungsländern: Neue Ansätze für den Erhalt der biologischen Vielfalt, Heidelberg.

KASPAREK, M. et al. (2000): Naturschutz - eine Aufgabe der Entwicklungszusammenarbeit. In: DEUTSCHE GESELLSCHAFT FÜR TECHNISCHE ZUSAMMENARBEIT (GTZ) GMBH, BUNDESAMT FÜR NATURSCHUTZ (BFN), INTERNATIONALE NATURSCHUTZAKADEMIE INSEL VILM (Hrsg.) (2000), S. 11 - 26.

Danksagung

Autorin und Autor haben bei der Darstellung der beiden Projekt-Beispiele inhaltliche Beiträge der jeweiligen deutschen Ansprechpartner verwendet. Ihr ausdrücklicher Dank dafür gilt Jörg Henninger (Ansprechpartner von deutscher Seite für das Projekt „Tropenwaldschutz Gran Sumaco: Biosphärenreservat Sumaco (Ecuador, Amazonasgebiet)" sowie Dr. Carola Kasburg (Ansprechpartnerin für das Pilotprogramm zum Schutz der Regenwälder Brasiliens: „Demarkierung von Indianerschutzgebieten in Amazonien").

3.7 Die Weiterentwicklung des deutschen Systems der Biosphärenreservate – Modellregionen für eine Nachhaltige Entwicklung

Alfred Walter, Hans-Joachim Schreiber und Peter Wenzel

Modellregion für eine Nachhaltige Entwicklung zu sein, ist ein sehr hoher Anspruch. Das Leitbild der Nachhaltigkeit fordert, die langfristige Entwicklung so zu gestalten, dass sie den heutigen und den zukünftigen Generationen gerecht wird. In Biosphärenreservaten soll dieser Generationenvertrag ganz konkret mit den vor Ort lebenden Menschen durch Schutz und nachhaltige Nutzung der Biosphäre, also der belebten Welt, beispielgebend verwirklicht werden. Künftig muss jedes UNESCO-Biosphärenreservat im Weltnetz der Biosphärenreservate aus seiner speziellen Lage heraus, unter Beachtung des wirtschaftlichen, sozialen und kulturellen Umfelds, seinen Beitrag für eine Nachhaltige Entwicklung leisten und die entwickelten Lösungsansätze weiter verbreiten. Sowohl von der inhaltlichen Ausrichtung als auch von der Struktur und Organisation her, muss das deutsche System der Biosphärenreservate auf diese Zielrichtung hin ausgerichtet werden.

Zukünftige Arbeitsschwerpunkte

In der Vergangenheit lag ein eindeutiger Schwerpunkt der Umsetzung des MAB-Programms national und international in der Erfüllung der Schutzfunktion. Auch Forschung und Bildungsmaßnahmen wurden auf Schutz und Pflege der Natur- und Kulturlandschaft konzentriert. Trotz erheblicher Anstrengungen in der Vergangenheit besteht beim Schutz von Natur und Landschaft weiterhin erheblicher Handlungsbedarf. Naturschutz bleibt eine Daueraufgabe (siehe Kap. 3.2). Über diese traditionelle Aufgabe hinaus sollen in Zukunft in den Biosphärenreservaten die Aktivitäten zur Erfüllung der Entwicklungsfunktion verstärkt vorangetrieben werden. Es gilt vor allem, die wirtschaftlichen, ökologischen und sozialen Chancen für eine Nachhaltige Entwicklung der Region voll auszuschöpfen. Dabei wird es auch zu Rückschlägen kommen. Wenn sich die Erhaltung von Natur und Landschaft jedoch langfristig auch wirtschaftlich auszahlt, werden Projekte zunehmend auch ohne staatliche Fördermaßnahmen verwirklicht. Besonders die sich selbst tragenden Projekte erfüllen

NEUE KONZEPTE FÜR DIE MODELLREGIONEN

eine Modellfunktion, da sie ohne finanzielle Unterstützung von außen auch auf andere Gebiete übertragbar sind.

Für die nachhaltige Regionalentwicklung bieten sich eine Reihe von unterschiedlichen Handlungsfeldern an, die über nachhaltige Nutzung der natürlichen Ressourcen, Vermarktung regionaler Produkte, regionale Kreisläufe, umweltschonende Verkehrssysteme, Förderung des naturverträglichen Tourismus, Unterstützung von Existenzgründungen bis zur Einführung von Umweltmanagementsystemen gehen (siehe Kap. 3.3).

Dabei ist auch private Initiative gefragt. Die für die Initiierung und Umsetzung neuer Ansätze erforderlichen Verwaltungen und Strukturen in den Biosphärenreservaten müssen jedoch auf Dauer vom Staat vorgehalten werden. Die Instrumente für diese Ziele sind ständig weiterzuentwickeln.

Ein zentrales Anliegen des MAB-Programms ist es, die Menschen vor Ort in die Gestaltung ihres Lebensraums aktiv einzubeziehen. Das bedeutet: Entwicklung der Region mit den Menschen, Einbeziehung der Bevölkerung in die Entscheidungsfindung, Planung und Konzeptentwicklung, Bildungsangebote für die in der Region lebenden Menschen und für Besucher, Wahrung und Förderung örtlicher Kultur und Tradition. Biosphärenreservate sollen „lebendige" Regionen sein, die von den Menschen vor Ort getragen werden.

In den deutschen Biosphärenreservaten wurde und wird zur Erfüllung dieses Auftrags bereits vorbildliche Arbeit geleistet. Eine wichtige zukünftige Aufgabe ist es, das Erscheinungsbild der Biosphärenreservate in der Öffentlichkeit und in der veröffentlichten Meinung zu verbessern. Hierfür erscheint es dringend notwendig, eine klare Begriffsbestimmung einzuführen, die den alle Lebensbereiche übergreifenden Charakter des MAB-Programms deutlich macht. Der Begriff „Biosphärenreservat" sollte in Zukunft von allen Beteiligten immer mit dem Untertitel „Modellregion für eine Nachhaltige Entwicklung" verwendet werden.

Weiterentwicklung der nationalen Kriterien

Zentrale Bedeutung für das System der Biosphärenreservate in Deutschland haben die Kriterien für die Anerkennung und Überprüfung von Biosphärenreservaten der UNESCO in Deutschland des MAB-Nationalkomitees von 1996 (Nationale Kriterien siehe Anhang, S. 299). Sie konkretisieren die von der UNESCO 1995 beschlossenen Internationalen Leitlinien für das Weltnetz der Biosphärenreservate (Internationale Leitlinien siehe Anhang, S. 296). Die Kriterien werden vom deutschen MAB-Nationalkomitee bei der Anerkennung und Überprüfung der Biosphärenreservate zugrunde gelegt. Eine Nichterfüllung kann somit im äußersten Fall zu einer Aberkennung des Status als UNESCO-Biosphärenreservat führen. Somit gewährleisten die Kriterien die Umsetzung des MAB-Programms in Deutschland auf hohem Niveau.

Es hat sich bewährt, dass im Kriterienkatalog klare Anforderungen für die Struktur der Biosphärenreservate formuliert wurden. Das heißt: Ohne die Erfüllung der festgelegten Mindeststruktur kann eine Region nicht als UNESCO-Biosphärenreservat gelten. Die strukturellen Kriterien betreffen die Repräsentativität der Ökosysteme, die Flächengröße, die Festlegung der Zonen, die rechtliche Sicherung, den Aufbau einer funktionierenden Verwaltung und Organisation sowie die Erarbeitung eines Rahmenkonzepts.

Diese strukturellen Kriterien sind von erheblicher Bedeutung und nach wie vor aktuell; sie sind deshalb Maßstab für die Entwicklung der bestehenden Biosphärenreservate und unabdingbare Voraussetzung für die Anerkennung neuer.

Die im nationalen Kriterienkatalog formulierten „funktionalen Kriterien" bedürfen jedoch einer Weiterentwicklung – vor allem im Hinblick auf die verstärkte Einbeziehung ökonomischer und sozialer Aspekte. Insbesondere die Anforderungen zur Erfüllung der Entwicklungsfunktion müssen im Sinne der oben beschriebenen neuen Konzepte weiterentwickelt werden. Auch die Themen Bildung für Nachhaltige Entwicklung, Partizipation sowie Bewahrung der kulturellen und traditionellen Eigenheit der Region sollten in den nationalen Kriterien und damit in der zukünftigen Arbeit der deutschen Biosphärenreservate einen neuen Schwerpunkt bilden. Die Weiterentwicklung muss auch darauf gerichtet sein, dass künftig urban-industrielle Regionen in das Netz aufgenommen werden können.

Erweiterung des deutschen Netzes

In Deutschland existieren zurzeit 14 Biosphärenreservate. Sie repräsentieren verschiedene Ökosysteme und Landschaften. Sie stehen im Hinblick auf die regionale Situation vor sehr unterschiedlichen Herausforderungen. Das deutsche Netz hat marine Gebiete, Fluss- und Teichlandschaften, Gebiete mit offener Landschaft, Gebiete mit hohem Waldanteil, Gebiete mit hohem Anteil landwirtschaftlicher Produktion, Gebiete in touristischen Hochburgen, Gebiete in peripheren Räumen ebenso wie Gebiete in der Nähe von Ballungszentren, Gebiete mit überdurchschnittlicher Arbeitslosigkeit, Gebiete mit einer problematischen demografischen Entwicklung, Biosphärenreservate über mehrere Bundesländer sowie ein grenzüberschreitendes Biosphärenreservat mit Frankreich.

Deutschland verfügt damit zurzeit noch nicht über ein repräsentatives Netz von Biosphärenreservaten. Das MAB-Programm stellt sich dem Anspruch, mit Modellprojekten nicht nur in andere Biosphärenreservate und in das Umland der Biosphärenreservate auszustrahlen, sondern auch neue Lösungsansätze für Deutschland insgesamt und für andere Länder zu entwickeln. Deshalb ist es von entscheidender Bedeutung, dass nicht nur die verschiedenen Naturräume repräsentiert werden, sondern auch die unterschiedlichen sozialen und wirtschaftlichen Bedingungen. Eine Vervollständigung des deutschen Netzes der Biosphärenreservate wären vor diesem Hintergrund sicherlich ein Biosphärenreservat in einem urbanen Raum, ein Biosphärenreservat in einer Bergbaufolgelandschaft sowie ein Biosphärenreservat mit Rohstoffabbau.

Rolle der Länder

Für den Vollzug der Umsetzung des MAB-Programms sind in Deutschland die Länder zuständig. MAB ist ein Netzwerk von Freiwilligen. Das heißt: Die Antragstellung der Anerkennung als UNESCO-Biosphärenreservat geht von den Landesregierungen aus. Mit der Antragstellung übernehmen die Länder Pflichten, die in der Sevilla-Strategie der UNESCO (1995) sowie in den Internationalen Leitlinien für das Weltnetz der Biosphärenreservate festgeschrieben und in den Nationalen Kriterien für die Anerkennung und Überprüfung von Biosphärenreservate der UNESCO in Deutschland konkretisiert sind.

Die periodische Überprüfung der Biosphärenreservate in Deutschland hat gezeigt, dass der Schutz von Natur- und Landschaft in der Vergangenheit im Vordergrund der Arbeit in den Biosphärenreservaten stand. Von dem Ziel, durch Initiativen im Rahmen des MAB-Programms wesentlich zur Verbesserung der wirtschaftlichen und sozialen Verhältnisse in der Region beizutragen, sind einige Biosphärenreservate noch weit entfernt. Dies hat auch strukturelle Gründe. Neue Konzepte erfordern auch Anpassung von Strukturen.

Impression aus dem BR Rhön

Die Verwirklichung der oben beschriebenen neuen Konzepte verlangt die Übernahme zusätzlicher Aufgaben und eine Aufgabenverlagerung innerhalb der Verwaltungen. Hierzu erscheint es notwendig, die Ausstattung der Biosphärenreservats-Verwaltungen sowohl qualitativ als auch quantitativ an den neuen Anforderungen und Aufgaben auszurichten. Neben biologischem Sachverstand ist auch betriebswirtschaftlicher, soziologischer und pädagogischer Sachverstand in den Verwaltungen erforderlich.

Eine wichtige Voraussetzung für die Durchsetzungsfähigkeit von Maßnahmen ist die Anbindung der Biosphärenreservats-Verwaltung innerhalb der Landesregierung. Grundsätzlich sollten die Verwaltungen direkt bei den Länderministerien angebunden sein. Dies wird ihrer Rolle als Teilnehmer an einem zwischenstaatlichen Programm gerecht und verbessert die Durchsetzungsfähigkeit.

Rolle der Biosphärenreservate

Zwischen den Leitern der Biosphärenreservats-Verwaltungen in Deutschland findet ein intensiver Erfahrungsaustausch statt. Dieser Erfahrungsaustausch hat sich sehr bewährt. Er verbessert die Effizienz bei der Umsetzung des MAB-Programms und vermeidet Doppelarbeiten, führt zu einer Koordination der Bearbeitung übergreifender Fragestellungen und liefert für die Arbeit in den Ländern und des MAB-Nationalkomitees wichtige fachliche Grundlagen.

Die inhaltliche Fortentwicklung des MAB-Programms als auch die Fortentwicklung des Systems der Biosphärenreservate in Deutschland kann nur gelingen, wenn dabei der Sachverstand und die Interessen der Verwaltungen der Biosphärenreservate gebündelt eingebracht werden. Vor diesem Hintergrund sollte der Erfahrungsaustausch der Biosphärenreservate intensiviert werden.

Vordringliche, von dem Erfahrungsaustausch der Biosphärenreservate zu übernehmende Aufgabe wäre, in Zusammenarbeit mit EUROPARC Deutschland ein gemeinsames Erscheinungsbild der Biosphärenreservate sicherzustellen und eine gemeinsame Öffentlichkeitsarbeit zu organisieren. Zudem sollte eine Bestandsaufnahme der unterschiedlichen Forschungsaktivitäten in den Biosphärenreservaten vorgenommen, der Austausch der Forschungsergebnisse sichergestellt, ein gemeinsamer Forschungsplan entwickelt und eine Aufgabenverteilung bei zukünftigen Forschungsvorhaben vereinbart werden. Besonders wichtig sind gemeinsame Initiativen auf dem Gebiet der nachhaltigen Regionalentwicklung und der Umsetzung konkreter Projekte der nachhaltigen Nutzung (z. B. Regionalvermarktung).

Rolle des MAB-Nationalkomitees

Nach den Regeln der UNESCO sind ausschließlich das Auswärtige Amt sowie die Nationalkomitees Ansprechpartner für die nationalen Belange des zwischenstaatlichen Programms. Das Auswärtige Amt hat im Rahmen der konstituierenden Sitzung des ersten Nationalkomitees im Jahre 1972 die fachliche Zuständigkeit für das MAB-Programm auf das Bundesinnenministerium (heute Bundesumweltministerium) übertragen.

NEUE KONZEPTE FÜR DIE MODELLREGIONEN

Das MAB-Nationalkomitee beim Bundesministerium für Umwelt, Naturschutz und Reaktorsicherheit versteht sich als unabhängiges Durchführungsgremium des UNESCO-Programms Der Mensch und die Biosphäre (MAB). Seit dem Jahr 2000 ist das Nationalkomitee aus 14 Persönlichkeiten aus Wissenschaft (Natur-, Sozial- und Wirtschaftswissenschaften), Bildung, Naturschutz und Landnutzung (Land- und Forstwirtschaft, Tourismus, Industrie) sowie Vertretern der Verwaltungen (Bundesumweltministerium (BMU), Bundesamt für Naturschutz (BfN), Länderarbeitsgemeinschaft Naturschutz, Landschaftspflege und Erholung (LANA) und Erfahrungsaustausch der Biosphärenreservate in Deutschland (EABR)) zusammengesetzt. Diese Zusammensetzung hat sich sehr bewährt und sollte auch für die nächsten Amtsperioden gelten.

Als Durchführungsgremium der UNESCO wird auch in den nächsten Jahren wichtigste Aufgabe des Nationalkomitees sein, bei Anerkennung und Überprüfung der Biosphärereservate auf ein hohes Niveau der Umsetzung des MAB-Programms in Deutschland zu achten.

Eine entscheidende Rolle nimmt das MAB-Nationalkomitee bei der Entwicklung neuer Konzepte ein. Hierfür werden im Rahmen des Umweltforschungsplans des Bundesumweltministeriums Forschungsprojekte durchgeführt. Als zukünftigen Arbeitsschwerpunkt hat sich das Nationalkomitee das Thema „Bildung für Nachhaltige Entwicklung" vorgenommen.

Einige Arbeiten und Themen des MAB-Nationalkomitees seit 2003 sind im Kapitel 3 „Neue Konzepte für Modellregionen" im Einzelnen dargestellt. Es wird in der nächsten Amtsperiode des Nationalkomitees ab 2004 vor allem darum gehen, Ländern und Biosphärenreservats-Verwaltungen Unterstützung bei der praktischen Umsetzung der neuen Konzepte zu geben. Hierfür stehen die Mitglieder des Nationalkomitees bei Fachfragen auch als persönliche Ansprechpartner zur Verfügung.

Wahrnehmung internationaler Verantwortung

Deutschland muss auch seinen Beitrag zur Fortentwicklung des internationalen Programms leisten. Gefordert sind vor allem das Auswärtige Amt und das MAB-Nationalkomitee, in den UNESCO-Gremien die in Deutschland entwickelten konzeptionellen Ansätze einzubringen und die Beschlussfassung der Generalkonferenz der UNESCO und des Internationalen Koordinationsrats des MAB-Programms (International Coordination Council, ICC) entsprechend zu beeinflussen. Soll das Weltnetz der Biosphärenreservate dem Anspruch gerecht werden, ein Netz von Modellregionen für Nachhaltige Entwicklung zu sein, erscheint es dringend geboten, dass auch von der UNESCO aus die Themen „nachhaltiges Wirtschaften", „Bildung für Nachhaltige Entwicklung" sowie „sozioökonomisches Monitoring" als Schwerpunkte bearbeitet werden. Auf Initiative Deutschlands wurde bei der UNESCO bereits eine „Arbeitsgruppe Nachhaltiges Wirtschaften" eingerichtet.

Eine bedeutende Rolle im MAB-Programm kommt der bilateralen Zusammenarbeit zu. Fast alle Biosphärenreservate in Deutschland verfügen über bilaterale Kontakte zu ausländischen Gebieten. Es finden ein intensiver Erfahrungsaustausch und eine gegenseitige Unterstützung statt. Eine begrüßenswerte Initiative ist z. B. der Verkauf von Produkten aus südamerikanischen Biosphärenreservaten in Deutschland. Sie ist ein eindrucksvolles Beispiel der gegenseitigen Unterstützung der Mitglieder des Weltnetzes.

Zu einem regelmäßigen Erfahrungsaustausch zwischen den Biosphärenreservaten führt auch die bilaterale Zusammenarbeit des deutschen und chinesischen Nationalkomitees. In Zukunft werden die inhaltlichen Schwerpunkte der Zusammenarbeit bei den Themen „Nachhaltige Regionalentwicklung" und „Umweltbildung" liegen.

Für Aufbau und Erhaltung des UNESCO-Weltnetzes der Biosphärenreservate übernimmt die Entwicklungszusammenarbeit eine wichtige Rolle. Deutsche Entwicklungsprojekte sind beispielsweise in den Biosphärenreservaten Arganie in Marokko, Bosawas in Nicaragua und Issyk-Kul in Kirgisistan zu finden. Es wäre zu wünschen, dass in Zukunft das Konzept der Biosphärenreservate als Standardinstrumente der deutschen Entwicklungszusammenarbeit eingesetzt würden. Dafür sollten sich z. B. regelmäßig die Projektleiter der Deutschen Gesellschaft für Technische Zusammenarbeit (GTZ) in den deutschen Biosphärenreservaten fortbilden.

Zusammenfassung

Sowohl von der inhaltlichen Ausrichtung als auch von der Struktur und Organisation her, muss das deutsche System der Biosphärenreservate auf die Zielrichtung „Modellregionen für Nachhaltige Entwicklung" ausgerichtet sein. Das bedeutet u. a.: Weiterentwicklung der konzeptionellen Grundlagen, Fortschreibung der nationalen Kriterien vor allem um ökonomische und soziale Aspekte, den neuen Anforderungen angepasste Ausstattung der Verwaltungen, Gründung von neuen Biosphärenreservaten (z. B. im urbanen Raum), intensiver Erfahrungsaustausch zwischen und gemeinsames Erscheinungsbild der Biosphärenreservate.

4. Fallbeispiele aus der Praxis

4.1 Vom Rhönschaf bis zum Rhöner Apfel: Regionalvermarktung

Biosphärenreservat Rhön

Michael Geier

Rahmenbedingungen der Regionalvermarktung im Biosphärenreservat Rhön

Definitorische Klärungen

Die Rhön war zu allen Zeiten als Grenzraum zwischen verschiedenen politischen Einfluss-Sphären geteilt und nie ein einheitlicher Wirtschafts- und Kulturraum. Alle wirtschaftlichen Nahzentren von Bad Kissingen über Fulda, Bad Salzungen, Meiningen und Bad Neustadt a. d. Saale liegen geografisch gesehen am äußersten Rand der Rhön. Das Biosphärenreservat Rhön umschließt dabei den landschaftlichen Kern dieser Region und seine gleichzeitig wirtschaftlich schwächsten Teile. Die Darstellung der Regionalvermarktung im BR Rhön muss daher über das Gebiet des Biosphärenreservats hinausgehen und das nähere geografische Umfeld wie auch den „Export" in die Fernzentren (etwa das Rhein-Main-Gebiet) einbeziehen. Neben der geografischen Abgrenzung sind auch die Begriffe „Regionalvermarktung" und „Regionalmarketing" zu differenzieren: Regionalvermarktung befasst sich mit den Produkten aus einer Region, das Regionalmarketing hingegen mit der Region als Ganzes, also als Lebens-, Wirtschafts- und Freizeitraum. Dabei können im günstigen Fall regionale Produkte wichtige Facetten des „Produkts Region" darstellen. Umgekehrt kann die Entwicklung eines positiven Images der Region nach innen und außen den Absatz der regionalen Produkte erheblich fördern. Aus guten Gründen sollen die Ausführungen nicht auf die Produktpalette der landwirtschaftlichen Direktvermarktung beschränkt bleiben. Die Verarbeiterstufe (Müller, Bäcker, Metzger, Brauer für die Landwirtschaft, Säger, Zimmerer, Schreiner für die Forstwirtschaft etc.) ist ebenso einzubeziehen wie die Energieproduktion aus nachwachsenden Rohstoffen.

Ausgangslage 1991

Das BR Rhön ist in seiner ursprünglichen Abgrenzung kein von der Rhöner Bevölkerung aktiv angestrebtes Gebilde. Die Antragsstellung und die Abgrenzung gingen vielmehr auf eine Initiative staatlicher Stellen der damaligen DDR und der Naturschutzverbände in Hessen und Bayern zurück. Die Rhöner Bevölkerung war bis zum Zeitpunkt der Anerkennung der Rhön als Biosphärenreservat durch die UNESCO weder involviert noch umfassend informiert. Das Biosphärenreservat und die ganz wenigen Akteure der Regionalvermarktung standen ohne Berührung neben einander. Erst die Arbeit am Rahmenkonzept für Schutz, Pflege und Entwicklung im BR Rhön von 1991 bis 1994 füllte den Begriff „Biosphärenreservat" und die dahinter stehende Idee mit regionalen Inhalten und Zielen. Zumindest die am Rahmenkonzept beteiligten Fachbehörden, Gebietskörperschaften und Verbände konnten eine intensive Beziehung erkennen zwischen der Verwirklichung der Idee des Biosphärenreservats und der Vermarktung regionaler Produkte innerhalb und außerhalb der Region.

Zum Zeitpunkt der Anerkennung der Rhön als Biosphärenreservat war der Rückzug des Lebensmittel-Einzelhandels und des Lebensmittel-Handwerks aus den Dörfern der Rhön bereits im vollen Gange. Immer mehr Dörfer verloren ihre Lebensmittelhändler, Bäcker oder Metzger. Die Versorgung mit Gütern des täglichen Bedarfs verlagerte sich zunehmend auf die Kleinzentren oder gleich in die nächstgelegenen Unterzentren und Kreisstädte. Die großen Handelsketten und Discounter expandierten und versorgten binnen kurzer Zeit das Gebiet flächendeckend. Besondere Bedeutung für die Rhön hat dabei die große flächenmäßige Ausdehnung der regionalen Fuldaer Lebensmittel-Handelskette „tegut" nach Thüringen und Bayern. Die Vermarktung der Rhöner Produkte innerhalb und außerhalb der Rhön hatte zu dieser Zeit eine marginale Bedeutung. Sie beschränkte sich in erster Linie auf einige wenige ökologisch wirtschaftende Betriebe.

Allgemeine Marktbedingungen der Rhön

Nach wie vor hat die Selbstversorgung, der auch die nachbarliche oder verwandtschaftliche Versorgung zuzurechnen ist, eine nicht zu unterschätzende Bedeutung, auch wenn keine empirisch erhobenen Daten dafür vorliegen. Dabei weist die Produktpalette der Selbstversorgung wichtige Besonderheiten auf. So wird bis heute der Fleisch- und vor allem Wurstbedarf zum erheblichen Teil durch Eigenerzeugung gedeckt, Hausschlachtungen sind immer noch häufig, die Wurst wird nach überlieferten Hausrezepten hergestellt. Dagegen sind Brotbacken, Obstmosten und Hausbrauen als klassische Selbstversorgungsformen, unbeschadet gelungener Reaktivierungsprojekte, deutlich zurückgegangen.

Die Kaufkraft der Rhöner Bevölkerung lag immer deutlich unter den Landesdurchschnitten. Die Bedarfsdeckung, die über die Eigenversorgung hinausging, orientierte und orientiert sich daher im Wesentlichen strikt am Preis. Der Preis dominiert die Qualität als Kaufkriterium. (Bemerkenswert ist, dass dies für Wurstwaren in der bayerischen Rhön nur eingeschränkt gilt. Hier selektieren die Rhöner sowohl nach Qualität als auch nach Preis.)

Nach dem persönlichen Eindruck des Verfassers aus 18-jähriger Tätigkeit in der Rhön bringt der bayerische Rhöner den einheimischen Produkten auch bei gleicher Qualität und vergleichbarem Preis ein deutlich geringeres Vertrauen entgegen als nicht-einheimischen Produkten. In Hessen gilt nach Aussagen von Heinrich Hess, Leiter der hessischen Verwaltungsstelle des BR Rhön, diese Aussage mehrheitlich nicht.

Die erhebliche Entfernung zu überregionalen Verbrauchszentren wie dem Rhein-Main-Gebiet oder Würzburg verhinderte Vermarktungsbeziehungen nach außerhalb der Region lange und weitgehend. Eine Ausnahme bildeten hier einzelne Ökobetriebe der hessischen Rhön, die sich schon in den 80er Jahren die Stadt Frankfurt als Absatzmarkt erschlossen hatten.

Materielle und nicht-materielle Förderung

Materielle Unterstützung zur gezielten Förderung der Regionalvermarktung hat es nach Kenntnis des Verfassers bis zum Beginn der 90er Jahre nicht gegeben. Alle einschlägigen Initiativen in Bayern, Hessen und Thüringen entstanden erst danach.

Allerdings gab es bereits Vorbilder im Ausland: Im niederösterreichischen Waldviertel wurden bereits in den 80er Jahren systematisch regionale Potenziale eruiert und gezielt nach strikt betriebswirtschaftlichen Gesichtspunkten entwickelt. Völlig neue Anstöße kamen ab 1991 durch die Umsetzung der Strukturförderprogramme der Europäischen Union (EU) nach Ziel 5b und der Gemeinschaftsinitiative LEADER zum Tragen. Die bayerische und hessische Rhön wurden aufgrund der Anerkennung der Rhön als UNESCO-Biosphärenreservat in die Förderkulisse der LEADER-Förderung aufgenommen. Der Thüringer Teil gehörte, wie die neuen Länder insgesamt, zur Förderkulisse der Ziel-1-Förderung der EU. Er konnte erst ab LEADER II an dieser Förderung teilnehmen.

Die Umsetzung dieser dem Ansatz und der Konstruktion nach völlig neuen Förderprogramme erforderte neue organisatorische Strukturen. In Hessen wurde der Verein Natur- und Lebensraum Rhön zugleich als Lokale Aktionsgruppe nach LEADER gegründet. In Bayern wurden auf Initiative der Ländlichen Entwicklungsgruppe 5b-Gebiet, einer Arbeitseinheit der Regierung von Unterfranken, Interessengruppen ins Leben gerufen, die den von der EU geforderten Ansatz von unten („bottom up") umsetzten. Die beiden lokalen Aktionsgruppen auf Thüringer Seite haben mit Beginn von LEADER II ihren Förderschwerpunkt in der Rhön gesetzt, um die nachteiligen Auswirkungen der ehemaligen Grenze schneller zu überwinden.

Das erste gemeinsame Fördervorhaben war die Obstsorten-Bestimmungsaktion der Rhöner Apfelinitiative. Mit ihr begann eine erfolgreiche länderübergreifende Zusammenarbeit bei der Verwertung und Vermarktung von Streuobst. Von entscheidender Bedeutung für die Entwicklung und Umsetzung von Projekten waren dabei der damalige Geschäftsführer des Vereins Natur- und Lebensraum Rhön und die Mitarbeiter der Ländlichen Entwicklungsgruppe 5b-Gebiet in Bad Neustadt, die die Motorfunktion übernahmen.

4. FALLBEISPIELE AUS DER PRAXIS

Der Streuobstlehrpfad in der Rhöner Gemeinde Hausen

Die Zusammenarbeit zwischen den Verwaltungsstellen des Biosphärenreservats und diesen Stellen funktionierte nach kurzer Zeit reibungslos und effizient zu beiderseitigem Nutzen.

Aktivitäten zur Etablierung und Verstärkung der Regionalvermarktung im Biosphärenreservat Rhön

Aktivitäten von Seiten privater Unternehmer

Die Entwicklung der Regionalvermarktung begann mit einer lange Jahre währenden „Einzelkämpferphase", in der wenige Betriebe nur eine relativ begrenzte Produktpalette produzierten. In der bayerischen Rhön waren dies Eier und Wein (am äußersten Südrand im fränkischen Saaletal), in Hessen Wurst und Käse. In Thüringen bestand teilungsbedingt eine völlig andere Ausgangslage. So hatte hier z. B. die Hausbelieferung mit Trinkmilch und besonders mit Eiern eine lange Tradition und bot damit Anknüpfungspunkte für eine Wiederaufnahme durch die Agrarhöfe Kaltensundheim.

Andererseits nahm der Leidensdruck bei den Landwirten durch die Veränderungen in den agrarpolitischen Rahmenbedingungen rapide zu. Der Zwang zur Neuorientierung wurde für viele Betriebe unausweichlich. Trotzdem kam z. B. in der ganzen bayerischen Rhön in dieser Zeit kein staatlich gefördertes Markenprogramm zu Stande. Obwohl die Einzelkämpfer gesamtökonomisch kaum von Bedeutung waren, bereiteten sie einer Imageverbesserung der Landwirtschaft den Boden, da sie wieder den unmittelbaren Kontakt zwischen Erzeuger und Konsumenten aufbauten. Ohne ihre Pionierleistung wäre der heutige Stand der Regionalvermarktung in der Rhön kaum denkbar. Die stetige Entwicklung dieser Betriebe und gezielte Fortbildungsmaßnahmen wie die so genannten Frauenprojekte in der hessischen und Thüringer Rhön führten zu Professionalisierung und Nachahmung. Erst auf dieser Basis wurde es möglich, dass eine regionale Handelskette wie „tegut" mit über 250 Läden und Märkten in die Verarbeitung und Vermarktung regionaler Produkte einsteigen konnte.

Impulse durch nicht-staatliche Organisationen

Ein bis heute sehr wichtiger Startimpuls kam 1984, d. h. lange vor der Anerkennung des Biosphärenreservats, vom Bund Naturschutz (BUND) in Bayern e. V. Er suchte einen Landwirt, der bereit war, die letzte verbliebene Rhönschafherde in Bayern zu betreuen und auszubauen. Das war der Anstoß zur Vermarktung einer Produktpalette rund um das Rhönschaf mit höchstem Imagewert für die Region. Das Rhönschafprojekt des BUND in Bayern hat sich inzwischen zum erfolgreichen Selbstläufer entwickelt. Etwas später etablierten sich die Rhönhöfe als regionaler Vermarktungsverbund thüringischer, hessischer und bayerischer ökologisch wirtschaftender Betriebe.

Der Verein Natur- und Lebensraum Rhön, gegründet als Trägerverein für das BR Rhön, hat von Beginn an versucht, die regionale und überregionale Vermarktung von Rhöner Produkten voranzutreiben. Aus der Kombination von traditioneller Weidehaltung auf Gemeindehutungen und der Nachfrage der Kurhessischen Fleischwarenfabrik nach hochwertigem Rindfleisch entstand z. B. das Projekt Rhöner Biosphärenrind. Die jüngste Initiative in dieser Reihe hat die regionale Arbeitsgemeinschaft Rhön, kurz ARGE Rhön, mit der Entwicklung und Einführung der Dachmarke „Rhön" angestoßen.

Die Rolle staatlicher Verwaltungen einschließlich der Biosphärenreservats-Verwaltungen

Vor dem Start der EU-Strukturförderprogramme gab es faktisch keine staatlichen Initiativen zur Förderung der Regionalvermarktung. Die am ehesten zuständigen Behörden, die Landwirtschaftsämter, konzentrierten sich auf die Produktions- und Betriebsberatung.

Die Möglichkeiten der Biosphärenreservats-Verwaltungen zur aktiven Unterstützung der Erzeugung und Vermarktung regionaler landwirtschaftlicher Produkte waren und sind begrenzt. Keine der drei Verwaltungsstellen hat dafür eine echte Zuständigkeit – weder in der Beratung noch in der Förderung. Die Rolle der Verwaltungsstellen muss sich daher auf die personelle und organisatorische Unterstützung der eigentlichen Akteure, der nicht-staatlichen Organisationen und der landwirtschaftlichen Unternehmer beschränken. Es war jedoch mit der Zeit deutlich zu spüren, dass die permanente Leitbildarbeit, das „Wanderpredigertum", der Verwaltungsstellen auf der inhaltlichen Grundlage des Rahmenkonzepts Wirkung zeigte. Die Erhaltung der Rhöner Kulturlandschaft und die Sicherung der Grünlandbewirtschaftung

FALLBEISPIELE AUS DER PRAXIS

wurden mehr und mehr als politische Handlungsziele allgemein akzeptiert. Das konsequente Setzen auf Regionalität, Qualität und Originalität bekam regelmäßig, wenn auch unverhofft, Unterstützung durch diverse Agrar-Skandale.
Von ausschlaggebender Bedeutung für den enormen Aufschwung der Regionalvermarktung war die Umsetzung der EU-Strukturförderprogramme nach Ziel 5b und LEADER (I + II) durch die zuständigen Organisationen. Die dafür geschaffenen Strukturen waren in den drei Ländern durchaus unterschiedlich. In Bayern wurde eine eigene Dienststelle der Regierung von Unterfranken, die Ländliche Entwicklungsgruppe 5b-Gebiet, eingerichtet. Die potenziellen Projektträger mussten Mitglied in einer der eigens gegründeten Interessengruppen sein. In Hessen lagen Projektentwicklung und -umsetzung beim Verein Natur- und Lebensraum Rhön, die Projektbewilligung beim Amt für Regionalentwicklung, Landwirtschaft und Landschaftspflege Fulda. In Thüringen, das – wie bereits erwähnt – erst ab LEADER II an der EU-Förderung teilnehmen konnte, bewilligte das Landesverwaltungsamt die eingereichten Förderanträge. Grundlage waren dafür die regionalen Förderschwerpunkte, die durch die betreffenden lokalen Aktionsgruppen LEADER II erarbeitet wurden.
Diese Förderinstrumente waren wie geschaffen für die Umsetzung der Ziele des Rahmenkonzeptes im Bereich der Regionalvermarktung. Erstmalig waren Investitions-, Marketing- und Fortbildungsmaßnahmen förderfähig. Sie forderten überdies erstmalig in der Ländlichen Strukturförderung die Vernetzung von Projekten, die Kooperation von Projektträgern und die Einführung partizipativer Prozesse in der Projektentwicklung und -umsetzung ein. Die zahlreichen vorbildlichen Projekte im Bereich der landwirtschaftlichen Regionalvermarktung sind fast ausschließlich diesen neuen Programmen und ihrer engagierten Umsetzung durch die Projektträger und die Mitarbeiter der Landwirtschaftsämter, der Ländlichen Entwicklungsgruppe und des Vereins Natur- und Lebensraum Rhön zu verdanken. Die Verwaltungsstellen und die für das Biosphärenreservat zuständigen Ministerien versuchten viele Jahre, eine so genannte Rhönagentur als privatwirtschaftliche Serviceorganisation und als Projektträger für länderübergreifende Vorhaben zu gründen, um insbesondere die Regionalvermarktung zu bündeln. Die Versuche scheiterten jedoch an Widerständen der kommunalpolitischen Entscheidungsträger.

Heutiger Stand der Regionalvermarktung in der Rhön anhand von Beispielen

Produktpalette

In den zurückliegenden zwölf Jahren seit der Anerkennung der Rhön als Biosphärenreservat und des Starts der EU-Strukturförderprogramme hat die Vermarktung regionaler Produkte in und außerhalb der Rhön einen bemerkenswerten Aufschwung genommen. Die Produktpalette hat sich stark erweitert und deckt einen sehr großen Teil der in der Rhön überhaupt erzeugbaren Lebensmittel ab.
Dazu kamen echte neue Produkte wie die „Bionade" der Firma Peterbräu in Ostheim, das Bier-Mischgetränk „Öko Bier+Apfel" der Firma Rotherbräu in Hausen/Rhön oder die Produktpalette rund um den Rhöner Apfel der Rhöner Schaukelterei in Seiferts. Durch gezielte Aktionen, insbesondere des Vereins Natur- und Lebensraum Rhön, gelang es, ein Sortiment an Rhöner Leitprodukten zu kreieren. Dies sind im Lebensmittelbereich das Rhönschaf, der Rhöner Apfel, der Rhöner Weideochse und die Rhöner

Neue Markenprodukte aus der Rhön: „Bionade", „Öko Bier+Apfel"

Bachforelle, das Biosphärenrind, das Rhöner Kümmelbrot, der Rhöner Qualitätshonig, Rhöner Ziegenprodukte, Rhöner Öko-Molkereiprodukte, Rhöner Ökobier und Rhönholzprodukte.
Besondere regionale Potenziale in der Verarbeitung wurden

Möbel aus Rhöner Apfelbaumholz

Voller Leben 149

4. FALLBEISPIELE AUS DER PRAXIS

gezielt zusammen mit den Produzenten überregional beworben. Der erste Rhöner Wurstmarkt 2002 in Ostheim lockte Besucher aus dem gesamten Bundesgebiet an und hat alle Chancen, sich zu einem überregionalen Spezialitätenmarkt mit hohem Werbeeffekt für die gesamte Rhön zu entwickeln. Doch nicht nur im Lebensmittelsektor haben die Anzahl der Produzenten, die Breite der Produktpalette, die erzeugte Menge der Produkte und damit die Umsätze deutlich zugenommen. Es ist inzwischen wieder möglich, in der Rhön – bei den Rhönholz-Veredlern – Möbel zu kaufen, deren Holz in der Rhön gewachsen und in allen Verarbeitungsstufen in der Rhön zum Endprodukt verarbeitet wurde.

Rhöner Leitprodukte:
Rhönschaf · Rhöner Apfel · Rhöner Weideochse · Rhöner Bachforelle · Biosphärenrind · Rhöner Kümmelbrot · Rhöner Qualitätshonig · Rhöner Ziegenprodukte · Rhöner Öko-Molkereiprodukte · Rhöner Ökobier · Rhönholzprodukte

Akteure und Netzwerke

Bereits früh bildeten sich lokale oder regionale Erzeugerzusammenschlüsse wie die Rhönhöfe oder die Weidegemeinschaft Rhönschaf, die ihre Produkte gemeinschaftlich erzeugen oder im Falle der Rhönhöfe zu einem erheblichen Teil auch außerhalb der Rhön vermarkten. Es entstanden komplexe Netzwerke wie die Rhöner Apfelinitiative oder die Rhönholz-Veredler, in denen vom Rohstofferzeuger über alle Verarbeitungsstufen und den Handel alle Beteiligten zusammengeschlossen sind.

Seit 1998 entwickelte der Verein Natur- und Lebensraum Rhön ein Partnerbetriebssystem für Betriebe, die bereit waren, nach besonderen Qualitätsanforderungen zu erzeugen und untereinander zu kooperieren. Sie konnten auf Antrag als Partnerbetrieb des BR Rhön ausgezeichnet werden. Diese Initiative, der 2003 52 Betriebe angehörten, bildete die Vorstufe des kurz vor der Einführung stehenden Qualitätssiegels „Rhön".

Wertschöpfung und Arbeitsplätze

Es sind bis heute keine brauchbaren Zahlen verfügbar, die die Entwicklung der Wertschöpfung und der Arbeitsplätze in der Region aufgrund der Entwicklung der Regionalvermarktung belegen könnten. Bei einer Reihe von Betrieben hat jedoch der Verfasser selbst die Entwicklung von den ersten Anfängen an verfolgen können.

Es lassen sich drei unterschiedliche „Erfolgsfälle" unterscheiden: Ein „Minimalerfolg" ist dann erreicht, wenn ein der Größe nach eigentlich nicht überlebensfähiger landwirtschaftlicher Nebenerwerbsbetrieb sich durch Direktvermarktung soweit stabilisieren kann, dass der Betrieb Gewinn abwirft und seine Existenz gesichert ist, wie beim Betrieb Liborius Schmitt in Oberweißenbrunn, Stadt Bischofsheim.

Als „ansehnlicher Erfolg" kann gelten, wenn sich eine feste Kooperation zwischen Erzeuger und Verarbeiter herausbildet, die beiden Betrieben wirtschaftliche Vorteile bringt. Beispiele dafür sind die Rhönschäfer Josef Kolb in Ginolfs und Dietmar Weckbach in Wüstensachsen, die mit ortsansässigen Metzgern kooperieren. Zusätzliche Vorteile bringt die Verknüpfung verschiedener Bereiche in einem Betrieb: Umweltbildung und Rhönschafhaltung sind etwa inzwischen auf dem Betrieb Weckbach eine glückliche und wirtschaftlich lukrative Verbindung eingegangen. Über 200 Gruppenführungen pro Jahr sprechen eine deutliche Sprache. Gleiches kann für die geschickte Verbindung zwischen extensiver Viehhaltung und Gästebeherbergung gelten. Die Familie Knacker, Heufelderhof in Wüstensachsen, setzt das Rindfleisch ihrer Mutterkuhherde nahezu ausschließlich an Übernachtungsgäste ab.

Auf einer, was den Umsatz anbelangt, viel bedeutenderen Ebene ist hier auch die Kooperation zwischen der Rhöngoldmolkerei Kaltensundheim und den Agrarhöfen Kaltensundheim zu nennen. Die Belieferung durch die Agrarhöfe war ausschlaggebend für die Standortentscheidung zur Neuerrichtung der Molkerei durch die damaligen Eigentümer.

Im Optimalfall schließlich entwickelten sich die Betriebe so gut, dass tatsächlich in zählbarem Umfang zusätzliches Personal eingestellt und beträchtliche Investitionen getätigt werden konnten. Beispiele sind die Rhöner Schaukelterei in Seiferts, der Biohofbäckerei Christof Genssler in Poppenhausen, der Schreinerei Hand-Holz-Herz in Gersfeld, der ÖLV Rhönhöfe oder der Betrieb Pius Korb in Unterweißenbrunn.

Dabei verdient die Entwicklung der Betriebe ÖLV Rhönhöfe und Pius Korb besondere Beachtung: Seit der Gründung der ÖLV Rhönhöfe hat der Betrieb nicht nur mit acht weiteren Betrieben einen gut gehenden Hofladen in Kaltensundheim und eine Marktbeschickung der Frankfurter Zeil aufgebaut, sondern beliefert aktuell auch über 1.200 Einzelkunden über den eigenen Lieferservice mit Biomilch frei Haus.

Eine ganz andere Entwicklung nahm der Betrieb Pius Korb in Unterweißenbrunn. Der Betriebsleiter des damaligen landwirtschaftlichen Haupterwerbsbetriebs stand im Rahmen der Flurbereinigung vor der Entscheidung, auszusiedeln oder in den Nebenerwerb zu wechseln. Er siedelte nicht aus, sondern schuf sich einen neuen Haupterwerb: Mit Hilfe einer Investitionsförderung aus Ziel 5b errichtete er im Bischofsheimer Gewerbegebiet eine freie Tankstelle, wo er zunächst eigene und inzwischen auch Zukaufsprodukte aus der Region im eigenen Regionalladen verkauft. Für die Wurstprodukte aus betriebseigenen Rohstoffen arbeitet er mit einem Metzger aus der Nachbargemeinde zusammen. Als absoluter „Renner" erweist sich sinnigerweise der Verkauf von selbst gebrannten Obstbränden in der Tankstelle.

FALLBEISPIELE AUS DER PRAXIS 4.

Potenziale für die Zukunft

Erweiterung der Produktpalette

Nach Einschätzung des Verfassers sind nach wie vor beträchtliche Potenziale der Regionalvermarktung in der Rhön nicht ausgeschöpft. Im Lebensmittel-Bereich gilt dies z. B. für Geflügel, Schafmilch, Gemüse und Gewürze.

Es sollte aber erlaubt sein, auch in ganz andere Richtungen zu denken. Bis heute konnten sich in der Rhön einige kleine Bekleidungsbetriebe am Leben halten. Wieso sollte es nicht möglich sein, auch hier lange Transportwege abzukürzen und regionale Produkte stärker unter die heimische Bevölkerung zu bringen? Im Besonderen gilt dies für die (Wahl-)Rhöner und Rhönerinnen, die die Rhön tagtäglich außerhalb der Region repräsentieren.

Erhebliche ausbaubare Potenziale besitzt die Rhön in der Treibstofferzeugung aus Raps. Viel versprechende Ansätze gruppieren sich um die Einrichtungen auf der Wasserkuppe. Die im Vergleich zu anderen Regionen bis heute geringe Nutzung des Energieträgers Holz für die Gebäudeheizung in der Rhön ist ein äußerst unbefriedigender, aber wie zahlreiche fehlgeschlagene Anläufe zeigten, nur langfristig änderbarer Zustand. Als Musterbeispiel für eine konsequente Nutzung regenerativer Energien müssen die Agrarhöfe Kaltensundheim gelten. Sie verfügen über eine große Holz-Hackschnitzel-Heizanlage, in der Restholz aus der Region verarbeitet wird. Ein Teil der erzeugten Wärmeenergie wird an Dritte verkauft. Eine leistungsfähige Biogasanlage nutzt die Gülle des Milchviehbetriebs. Damit verdienen die Agrarhöfe gutes Geld und der Wärmeüberschuss wird in die betriebliche Wärmeversorgung eingespeist.

Innerregionaler Absatz

Bis heute ist es nicht gelungen, regionale Rohstoffe in zählbarem Umfang im Großküchenbereich unterzubringen. Angesichts der zahlreichen und großen Kur- und Rehabilitations-Einrichtungen bzw. Kliniken in den beiden bayerischen Rhön-Landkreisen liegt hier noch beträchtliches Absatzpotenzial brach. Allerdings ist seine Erschließung mit hohen wirtschaftlichen und vor allem logistischen Hürden verbunden. Mindestens genauso schwierig dürfte die Erhöhung des Anteils Rhöner Produkte im Einkaufskorb der Rhöner Haushalte sein. Zusätzlich zur Preishürde besteht hier eine subjektive Imagehürde. Vor allem der Verkauf über das Internet sollte hier nicht außer Acht gelassen werden.

Räumliche Expansion

Je länger die derzeit positive Entwicklung anhält, desto notwendiger wird ein verstärkter Export in die Verbrauchszentren werden. Neben dem bereits beschrittenen Weg der Direktvermarktung über einen Marktstand in Frankfurt stellen die Touristen, gleich ob Tagesausflügler oder Urlauber mit längerem Aufenthalt, ein wichtiges Kundenpotenzial dar.

Warum sollten im Übrigen hochwertige Rhöner Spezialitäten nicht auch den Luxuskonsum in den Metropolregionen bedienen können? Rhöner Apfelchips haben es immerhin schon mal bis in das Hotel Adlon geschafft. Denkbar wäre z. B. Rhönlamm-Schinken im KaDeWe in Berlin – zu der Lokalität angemessenen Preisen natürlich. In beiden Fällen ruhen viele Hoffnungen auf dem neuen Qualitätssiegel „Rhön".

Zusammenfassung

Das Biosphärenreservat Rhön am Schnittpunkt der Länder Bayern, Hessen und Thüringen wurde 1991 von der UNESCO anerkannt. Zu diesem Zeitpunkt hatte die Regionalvermarktung in der Rhön nur eine marginale Bedeutung. Die Umsetzung der EU-Strukturförderprogramme gab die entscheidenden Anstöße für eine rasante Entwicklung der Regionalvermarktung in der Rhön. In den zurückliegenden Jahren wurde eine Reihe von wirtschaftlich erfolgreichen Produktinnovationen auf den Markt gebracht. Funktionierende Netzwerke zwischen Erzeugern, Verarbeitern und Handel haben sich herausgebildet.

4. FALLBEISPIELE AUS DER PRAXIS

4.2 Das Wildniscamp am Falkenstein

Biosphärenreservat Bayerischer Wald

Susanne Gietl

Ein Camp in der Wildnis? Lage und Umgebung

Das Wildniscamp des Biosphärenreservats Bayerischer Wald liegt am Fuße des Falkensteins. Der Falkenstein ist mit 1.315 Metern über NN einer der markantesten Berge im Biosphärenreservat.

Die abwechslungsreiche Waldlandschaft nahe der Ortschaft Zwieslerwaldhaus bietet genügend Ruhe und Abgeschiedenheit, um gleichermaßen intensive Naturerfahrungen zu machen und Gruppenerlebnisse zu haben.

Urwüchsige, urwaldartige Wälder, wie der Hans-Watzlik-Hain, die Mittelsteighütte oder das Höllbachgespreng liegen in unmittelbarer Nähe und können vom Camp aus erwandert werden.

Das Camp liegt am Fuße des markanten Falkensteins.

Ein Camp für alle: Idee und Entwicklung

Das Wildniscamp als Umweltbildungseinrichtung wurde ab 1997 vornehmlich für Kinder und Jugendliche konzipiert und gebaut. Schon bei seiner ideellen Entwicklung hatte es einen ganz besonderen Charakter: Erste Entwürfe entstanden nicht etwa am Schreibtisch eines einzelnen Planers, sondern waren Ergebnis eines Kreativworkshops vor Ort, und zwar genau an der Stelle, wo später das fertige Camp stehen sollte. Schüler und Lehrer, Architekt und Bauarbeiter, Biologe und Pädagoge, Jung und Alt, Nachbar und Fremder ließen hier ihre so unterschiedlichen Ideen in die Planung einfließen. Auf diese Weise entstanden die Entwürfe der Themenhütten, die als Wohn- und Schlafräume dienen sollten: Das Wiesenbett, die Erdhöhle, das Baumhaus, die Wasserhütte, das Waldzelt und das Lichthaus.

Das Staatliche Hochbauamt Passau verband diese unterschiedlichen Ideen und entwarf ein stimmiges architektonisches Konzept.

Die Gesamtbaukosten einschließlich der Planung beliefen sich auf ca. 2,5 Millionen Euro und wurden vom Freistaat Bayern aus dem Programm „Offensive Zukunft Bayern" finanziert. 900.000 Euro übernahm die Deutsche Bundesstiftung Umwelt (DBU).

Einheit von Natur und Architektur: Das bauliche Konzept

Die einzelnen Gebäude des Wildniscamps sind ihrem jeweiligen Charakter entsprechend platziert. So stehen das Wiesenbett auf einer Waldlichtung, die Erdhöhle am Waldrand, das Waldzelt im Wald und die Wasserhütte über einem Bach. Die gesamte Anlage ist in den natürlichen Verlauf des Geländes integriert. Viele Formen der Bauwerke nehmen Linien, Schwünge oder auch Brüche der vorgefundenen Topografie auf.

Das Zentralgebäude

Das Zentralgebäude ist an die Höhenlinie des Geländes angepasst und erfüllt Gemeinschafts- und Versorgungsfunktionen; es dient z. B. als Speise- und Seminarraum. Im Zentralgebäude befinden sich die Küche, Räume für Betreuer und das Camp-Personal, die Verwaltung, das Lager, ein Übernachtungsraum, ein so genanntes Sammellager für ca. 20 Personen, für den Winter oder kalte Tage sowie die Technik und die sanitären Einrichtungen.

Die großen Glasflächen des Speise- und Seminarraums geben den Blick frei zu allen Themenhütten und der einmaligen Bergkulisse des Biospärenreservats.

Konstruiert wurde das Gebäude in Blockbauweise und Holzständerbauweise. Das Gründach vollendet die harmonische Einbettung in die umgebende Natur.

Das Zentralgebäude

FALLBEISPIELE AUS DER PRAXIS 4.

Das Wiesenbett
Das Wiesenbett wächst aus der Wiese heraus und ist durch ein Gründach hervorragend „getarnt". Die Form erinnert an einen umgedrehten Bootsrumpf. Der Hauptbogen des Gebäudes und quer dazu die Nebenbögen wurden aus Brettstapelträgern errichtet. Befindet sich der Besucher oder der Bewohner innerhalb des Gebäudes, geben sechs große Fenster einen guten Ausblick auf die nähere Umgebung und die im Frühjahr und Sommer bunte Wiese mit ihren zahlreichen Gräsern, Blumen und Tieren.

Die Erdhöhle
Die Erdhöhle gleicht in ihrer Form einer Halbkugel. Der Baukörper ist in reiner Blockbauweise erstellt. Ganze Baumstämme, die ringförmig übereinander geschichtet wurden, geben ihm seine charakteristische Form. Die Außenhaut trägt eine dicke, dicht bewachsene Lehmschicht.
Durch einen tunnelartigen Eingang erreicht der Bewohner das Innere der Höhle. Auch bei extremen Wetterverhältnissen bleibt hier das Innenraumklima stabil. Die Lichtverhältnisse und der erdige Geruch der Behausung vermitteln den Bewohnern das Gefühl, von Erde umschlossen zu sein.

Die Erdhöhle im Bau

Das Baumhaus
Die Wohn- und Schlafebene des Baumhauses befindet sich in etwa elf Metern Höhe in einem mächtigen Baum. Über einen Holzsteg gelangt man zum Eingang der Hütte. Das Haus besteht aus drei mächtigen Holzrahmenelementen mit drei horizontalen Aussteifungsebenen. Die Gäste spüren im wahrsten Sinne des Wortes das Element Luft. Das Gefühl lässt sich so beschreiben: Das Baumhaus wiegt sich sachte wie ein Vogelnest im Wind.

Die Wasserhütte
Die Wasserhütte steht auf Eichenpfählen direkt über dem Geiselbach, der durch das Camp hindurch zum Bach Großer Regen fließt. Das Plätschern, Gurgeln und Glitzern des Baches bestimmt die einzigartige Stimmung rund um diese Hütte. Holzrahmen- und Blockbauweise geben der Wasserhütte ihren stabilen und dennoch anmutigen Charakter.

Die Wasserhütte in der Wildnis

Das Waldzelt
Die zeltartige Hütte ist der Silhouette einer Baumkrone nachempfunden. Das Tageslicht kommt im Zwielicht des Waldes meist gebrochen durch die großen Fensternischen in die Hütte. Die Lichtarmut im Waldesinneren ist so auch in der Hütte deutlich spürbar. Das Traggerüst der Hütte bilden Rundstämme.

Das Lichthaus
Die Energie des Lichts durchdringt die gläsernen Elemente der Fassade und lässt sie je nach Zusammensetzung unterschiedlich farbig erscheinen. Das Gebäude steht etwas erhöht im Gelände und hat die Form eines Sterns. Er symbolisiert die magische Verbindung zum Kosmos.
Die Schlafplätze sind den Himmelsrichtungen entsprechend ausgerichtet und in jeweils unterschiedlichen Farbtönen gestaltet. Diese Hütte wird im Laufe des Jahres 2003 fertig gestellt.

Das Lichthaus

Voller Leben 153

4. FALLBEISPIELE AUS DER PRAXIS

Holz und Glas, die Schätze der Region: Ökologie am Bau

Das Wildniscamp am Falkenstein versteht sich als Modell für ein umweltverträgliches und ökologisches Projekt. Schon bei der Wahl der Baumaterialien ließen sich die Planer von vorbildlichen Beispielen ökologischen Bauens leiten und nutzten fast ausschließlich regionale Baustoffe wie Holz, Granit, Lehm oder Glas.

Die lange Glastradition des Bayerischen Waldes findet im Wildniscamp in Form der gläsernen Beleuchtungskörper seine Fortsetzung. Im Rahmen des Unterrichts entstanden in der Fachschule für Glas in Zwiesel individuelle Leuchten, die die Naturelemente plastisch und farblich darstellen. Im Seminarraum geistern gläserne Waldbewohner und Fabelwesen.

Als Baumaterial wurde fast ausschließlich heimisches Fichtenholz verwendet, das aus dem Biosphärenreservat und aus benachbarten Forstämtern stammt. Zum Teil ist es sogar vorher an derselben Stelle gewachsen, wo es jetzt verbaut ist: Z. B. wurde für das Zentralgebäude ein Waldstreifen gerodet und das anfallende Holz wurde eingeschnitten und verbaut.

Im Kreislauf der Natur: Alltag ökologisch

Ein wichtiger Aspekt des Aufenthalts im Wildniscamp am Falkenstein ist, den Alltag bewusst zu erleben und zu gestalten. Die Jugendgruppen lernen z. B. die Ver- und Entsorgung des Camps durch nachvollziehbare Kreisläufe genau kennen. So gibt es eine Kompostier- und Recyclinganlage, eine Schilfkläranlage und eine Solar- und Photovoltaikanlage. Wichtige Fragen werden deshalb ganz von allein aufgeworfen, werden von den Camp-Mitarbeiterinnen und Mitarbeitern aufgegriffen und mit den Besuchern diskutiert und bearbeitet.

Natürliche Kreisläufe, wie z. B. der Wasserkreislauf, sind im Camp für alle Besucher offensichtlich: Der Weg des Wassers kann von der Quelle im Wald über seine Erwärmung durch die Solaranlage, bis hin zu seinem Gebrauch und der anschließende Reinigung in der Schilfkläranlage verfolgt werden.

Regional – direkt – ökologisch: Das Verpflegungskonzept

Bewusste Ernährung ist ebenfalls ein erklärtes Ziel des Bildungskonzepts und wichtiger Bestandteil des Camp-Lebens. Die Verpflegung ist dabei an ökologischen Grundsätzen ausgerichtet. Passend zur Saison besteht der Speiseplan überwiegend aus regionalen Produkten aus dem ökologischen Landbau. Diese Dienstleistung übernimmt ein regionaler Kooperationspartner und zwar das Bio-Hotel „Der Pausnhof". Es betreibt eine eigene kontrolliert biologische Landwirtschaft nach den Richtlinien des „Biokreis e. V."

Begegnung im Camp: Partner jenseits und diesseits der Grenze

Das Wildniscamp am Falkenstein versteht sich auch als Stätte der Völkerverständigung. Es bietet einen Rahmen für internationale, der geografischen Lage entsprechend vornehmlich deutsch-tschechische Veranstaltungen. Hierbei erfolgt eine intensive Zusammenarbeit mit unterschiedlichen Partnern, beispielsweise dem Kreisjugendring, der kommunalen Jugendarbeit im Landkreis Regen und dem tschechischen Nachbarn des Bayerischen Waldes, dem Nationalpark Sumava.

Das Wildniscamp ist auch ein Lernort für Erwachsene oder Familien. Sie nutzen die Einrichtungen des Camps für Fortbildungen, Workshops, Exkursionen, Diskussionsforen und andere Veranstaltungen. Dies ist vor allem an den Wochenenden möglich, da dann die Schülergruppen nicht im Camp sind und erfolgt in Zusammenarbeit mit regionalen Kooperationspartnern wie Waldzeit e. V. oder dem Bildungswerk der Bayerischen Wirtschaft.

Der Minister und die „wilden Kerle": Die Eröffnungsfeier

Am 31. Mai 2002 eröffnete der bayerische Forstminister Josef Miller das Wildniscamp am Falkenstein. Zahlreiche Ehrengäste und interessierte Bürgerinnen und Bürger aus der Region kamen, um die lang ersehnte Fertigstellung dieser neuen Umweltbildungseinrichtung zu feiern.

Schon am Tag seiner Eröffnung präsentierte das Camp mit einem richtigen „Fest der Region" eine mitreißende Lebendigkeit. Dafür sorgten insbesondere die Hauptakteure der Feier, die Kinder der 4. Klasse der örtlichen Grundschule. Sie begeisterten mit dem eigens für diesen Anlass komponierten Musical „Wo die wilden Kerle wohnen". Camp-Mitarbeiter als „singende Bäume" und als rockende „Zwergen-Band" sorgten dafür, dass sich sogar die Prominenz zum „Tanz der wilden Kerle" einladen ließ.

FALLBEISPIELE AUS DER PRAXIS

Lernen in der Natur: Das Pädagogische Konzept

Zielsetzung

Umweltbildung ist eine zentrale Aufgabe des Biosphärenreservats Bayerischer Wald. Das Wildniscamp am Falkenstein ist eine wichtige Ergänzung bereits vorhandener Bildungseinrichtungen, wie z. B. das Informationszentrum, das Jugendwaldheim oder das Waldspielgelände, da es speziell ältere Kinder und Jugendliche anspricht. Sie haben hier die Möglichkeit, Natur in allen Facetten und eine entstehende Waldwildnis intensiv und hautnah zu erleben.

Im Wildniscamp haben Jugendliche außerdem die Chance, eine ihnen meist nicht mehr bekannte Welt kennen zu lernen und sich für sie zu begeistern. Die entstehende Waldwildnis kann sie anregen zu intensivem Erleben: Sehen und Beobachten, Hören und Lauschen, Anfassen und Fühlen.

Methoden

Im Vordergrund steht das prozessorientierte Arbeiten: Die Auswahl der Methoden erfolgt immer abgestimmt auf die aktuelle Situation der Teilnehmer und die spezielle Zielsetzung. In abwechslungsreicher, bunter Reihenfolge wechseln Projektarbeit in der Kleingruppe mit Aktionen in der Gesamtgruppe oder mit Einzelaktivitäten wie z. B. Wahrnehmen, Beobachten, kreatives Arbeiten und Forschungsarbeiten oder handwerkliches Arbeiten mit Diskussionen und Reflexionen ab.

Hauptzielgruppe sind Schulklassen ab der 4. Jahrgangsstufe, die von Montag bis Freitag im Camp leben. Bis zu sechs Schülerinnen und Schüler wohnen gemeinsam in einer Themenhütte und bilden auch eine Projektgruppe, die ein selbst gewähltes Thema bearbeitet. Fachliche Unterstützung erhalten die Gruppen jeweils von einem Camp-Mitarbeiter. Thema und Fragestellung entstehen spontan durch das intensive Erleben und Wahrnehmen der eigenen Hütte, also des momentanen „Lebensraums". Die dort herrschenden Bedingungen wie das Heu im Wiesenbett, die kühle, feuchte Luft der Erdhöhle, der Bach unter der Wasserhütte machen neugierig und regen an, diese Lebensbereiche näher kennen zu lernen und zu gestalten.

Analog zu den Themen der Hütten werden Themen wie Wiese, Erde und Stein, Schlamm, Wasser, Holz, Baum und Gemeinschaft gewählt. Weitere Themen sind beispielsweise „Wilde Völker leben im Wald", „Pflanzen und ihre Heilwirkung", „Ist Urwald urig?" und „Was lebt in unserem Teich?".

Sich ganz bewusst Zeit nehmen, Zeit geben, Zeit erleben und spüren sind wichtige Aspekte im Wildniscamp. Daher arbeiten Kleingruppen je nach ihren individuellen Wünschen und jede Woche läuft nach einem anderen Ablaufplan ab.

Die Begeisterung für die Einrichtung insgesamt, die Themenhütten und das Programm ist sowohl bei den jüngeren als auch bei den älteren Schülerinnen und Schülern groß.

Einige Zitate der Teilnehmer zum Wildniscamp:

„Was fandest du gut im Camp?"
- die Hütten, weil sie so gemütlich waren
- das Baumhaus, weil es so hoch ist
- das Schlafen im Heu
- das Leben in der Natur
- der große Wald
- die Humustoiletten
- das Lagerfeuer
- die Übernachtung ohne Betreuung
- verschiedene Häuser mit ihren eigenen Architekturen
- der Bach, in dem man Brücken, Dämme und Floß bauen kann
- die Nacht

„Was fandest du nicht so gut?"
- mir haben die Bioklos nicht so gut gefallen, sie stinken ein bisschen
- dass es in den Hütten kalt war
- viele Mücken und Fliegen
- dass wir abspülen mussten
- dass um zehn Uhr schon Bettruhe ist
- ich finde nicht schön, dass der Wald so verwüstet ist
- dass das Wasserhaus so weit weg ist
- die Duschen

Zusammenfassung

Das Wildniscamp am Falkenstein ist eine Umweltbildungseinrichtung des Biosphärenreservats Bayerischer Wald. Das Camp kann von Kindern und Jugendlichen, vornehmlich Schulklassen ab der 4. Jahrgangsstufe, genutzt werden. An den Wochenenden steht das Camp auch anderen Zielgruppen (Familien und Seminargruppen) offen. Als Wohn- und Schlafräume dienen „Themenhütten": Das Wiesenbett, die Erdhöhle, das Baumhaus, die Wasserhütte, das Waldzelt und das Lichthaus. Das Leben in den Hütten ermöglicht gleichermaßen beeindruckende Naturerfahrungen und intensive Gruppenerlebnisse.

Internet

www.wildniscamp.de

4. FALLBEISPIELE AUS DER PRAXIS

4.3 Der „Jobmotor Biosphäre" – eine Existenzgründungsinitiative

Biosphärenreservat Südost-Rügen

Michael Weigelt

Das Netzwerk der Projekte und Partner

Das UNESCO-Programm Der Mensch und die Biosphäre (Man and the Biosphere, MAB) hat den Biosphärenreservaten zur Aufgabe gemacht, „Modellregionen für eine Nachhaltige Entwicklung" zu werden (UNESCO 1996). Das Nationalparkamt Rügen als zuständige Landesbehörde für das Biosphärenreservat Südost-Rügen betreibt und pflegt eine Reihe von Projekten und Partnerschaften, um diesem Auftrag nachzukommen.

Zwar hat jedes dieser Projekte eine eigene Struktur, Organisation und Finanzierung, aber keines ist isoliert, jedes ist mit jedem vernetzt. Allen gemeinsam ist das Nationalparkamt Rügen als Träger der Idee und Motor im Sinne des MAB-Programms. Innerhalb dieses Netzwerks hat der „Jobmotor Biosphäre" eine zentrale Schlüsselposition und zwar als Ideenschmiede und für die Gewinnung neuer Partner, die an der Realisierung der Idee des MAB-Programms mitwirken. Dies wird im Folgenden dargestellt.

Der „Jobmotor Biosphäre"

Biosphärenreservate sollen u. a. Modellregionen für nachhaltiges Wirtschaften sein. Die Kriterien für Anerkennung und Überprüfung von Biosphärenreservaten der UNESCO in Deutschland (DEUTSCHES MAB-NATIONALKOMITEE 1996) fordern unter den Nummern 21 bis 24, dass alle Wirtschaftssektoren (Produktion, Verarbeitung, Handel und Dienstleistung) sich am Gebot der Nachhaltigkeit ausrichten sollen (Nationale Kriterien siehe Anhang, S. 299).

Diese Forderung steht allerdings im Gegensatz zum global üblichen Wirtschaftssystem.

Das 38. der oben genannten Kriterien fordert, dass „insbesondere Erzeuger und Hersteller von Produkten für eine wirtschaftlich tragfähige und Nachhaltige Entwicklung" gewonnen werden sollen. Unter den am Markt etablierten Unternehmen, vor allem bei denen, die erfolgreich sind und deshalb eigentlich keinen Rat brauchen, sind solche Partner eher schwer zu finden. Andererseits ist die Arbeitslosigkeit in Deutschland hoch. Im Landkreis Rügen liegt sie im Jahresmittel bei 20 Prozent (innerhalb des Biosphärenreservats bei 13 Prozent).

Zugleich erfordert Nachhaltige Entwicklung ohnehin das Ausprobieren neuer Ideen und das Ausloten brach liegender Potenziale. Vor diesem Hintergrund wurde im Dezember 1999, nach dem Vorbild des Anfang des gleichen Jahres im Biosphärenreservat Schaalsee gestarteten „Jobmotors Biosphäre", eine solche Existenzgründungsinitiative auch auf Rügen gestartet. Eine weitere läuft seit 2001 in der Sternberger Seenlandschaft, dort allerdings ohne Anbindung an ein Biosphärenreservat.

Abbildung 1 bezieht sich auf Rügen, gilt aber grundsätzlich auch für die anderen Regionen. Ziele des „Jobmotors Biosphäre" sind die Gründung neuer Unternehmen in der Region für die Region bzw. die Erweiterung oder der Umbau bestehender Unternehmen und die Schaffung eines arbeitsteiligen Netzwerks nachhaltig wirtschaftender Betriebe in Partnerschaft mit dem Biosphärenreservat.

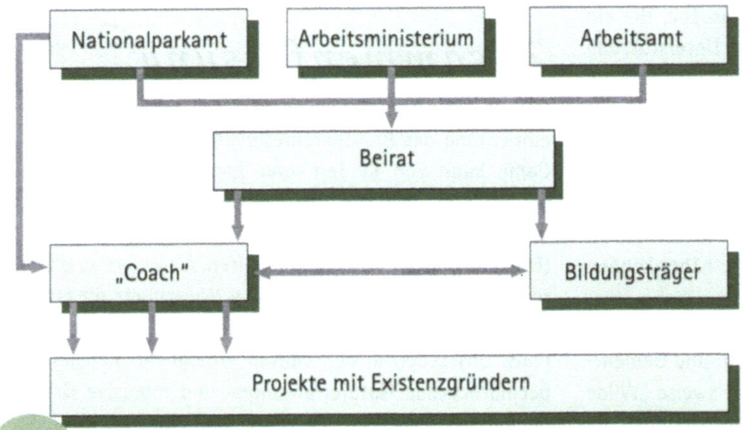

Abb. 1: Die Organisationsstruktur des „Jobmotors Biosphäre" des Biosphärenreservats Südost-Rügen (Quelle: Michael Weigelt)

Die Finanzierung erfolgt sowohl über das Arbeitsamt als auch über das Arbeitsministerium Mecklenburg-Vorpommern (aus Mitteln des Europäischen Sozialfonds). Daher kann jeder teilnehmen, der arbeitslos oder von Arbeitslosigkeit bedroht ist, der sich beruflich neu orientieren oder sein bestehendes Unternehmen verändern möchte.

Das Angebot des „Jobmotors" geht über übliche Existenzgründungsmaßnahmen weit hinaus. Es umfasst die Schulung durch Experten in mehrwöchigen Kursblöcken, individuelles und gruppenweises „Coaching" bis über die Gründung hinaus, monatliche Seminare, „Stammtische" und themenbezogene Arbeitsgruppen. Außerdem leistet die BR-Verwaltung Unterstützung bei Öffentlichkeitsarbeit und Marketing z. B. in Form von Pressearbeit und der Beteiligung an Messeauftritten etc.

Für die gesamte Organisation und das auch außerhalb der Kurse ständig besetzte Projektbüro ist ein Bildungsträger verantwortlich (Rügen: Bildungs-Institut Stralsund GmbH; Schaalsee und Sternberger Seenlandschaft: Bildungswerk der Wirtschaft).

Von besonderer Bedeutung ist der Beirat, in dem auf entscheidungsbefugter Ebene vertreten sind: Arbeitsministerium und Wirtschaftsministerium Mecklenburg-Vorpommern, Versorgungsamt Rostock, Landesamt für Forsten und Großschutzgebiete Mecklenburg-Vorpommern, Nationalparkamt Rügen, Landkreis Rügen (Amt für Wirtschaft und Kultur), Kreishandwerkskammer Rügen, IHK Vorpommern, Bundesverband mittelständische Wirtschaft, Regionaler Planungsverband Vorpommern, Universität Greifswald, Sparkasse Rügen und der Landesverband des Bundes Umwelt und Naturschutz Deutschland (BUND) Mecklenburg-Vorpommern.

Die Mitglieder verfügen über Fördermittel, Kredite, Genehmigungen, Beziehungen etc. Wo ein einzelner Firmengründer sich leicht im Dickicht der Behörden und Vorschriften verliert, oft abgefertigt mit der Auskunft „geht nicht", ist hier eine schnelle und effektive Hilfe möglich.

Dies ist besonders dann der Fall, wenn die Beiratsmitglieder sich untereinander über ihre sehr verschiedenen Möglichkeiten verständigen können. Der Beirat prüft die Unternehmenskonzepte und kontrolliert den Bildungsträger und das „Coaching".

Seit Dezember 1999 wurden bzw. werden insgesamt 89 Teilnehmer in fünf Kursen betreut, bei stetig wachsender Nachfrage. 50 Existenzgründungen und Firmenkonsolidierungen konnten realisiert werden (Stand: August 2003, Kurs fünf läuft noch), viele weitere sind in Vorbereitung. 21 Teilnehmer konnten mit Hilfe des „Jobmotors" in neue Anstellungen kommen.

Unter den neuen Firmen sind zahlreiche touristische Angebote, Dienstleistungen im EDV- und Internetbereich, Handwerks- und Verarbeitungsbetriebe und kulturelle Angebote. Durch „Gruppen-Coaching", d. h. die gemeinsame Entwicklung von Unternehmenskonzepten, durch regelmäßige „Stammtische", praktische gegenseitige Hilfe und andere gemeinsame Aktionen entwickelt und versteht sich der „Jobmotor Biosphäre" als kursübergreifende „Familie", aus der heraus sich nach und nach ein Netzwerk von Partnern und Projekten entwickelt. Dies ist der spezielle Agenda 21-Prozess des Biosphärenreservats Südost-Rügen.

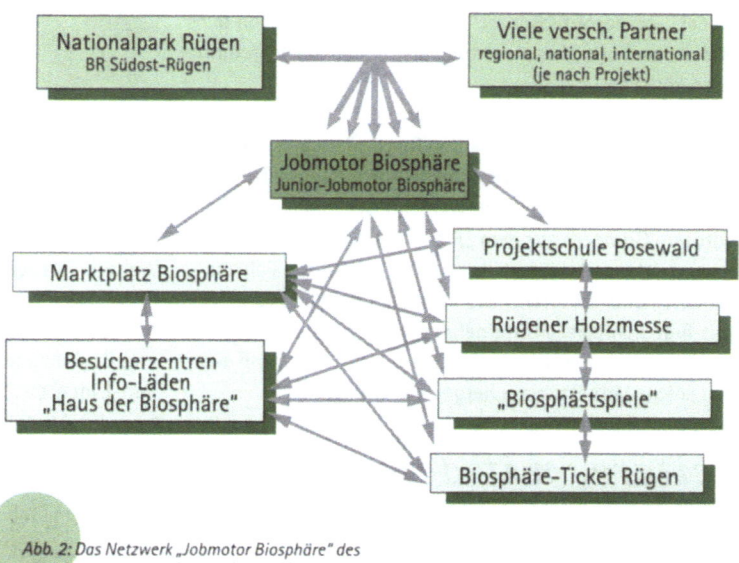

Abb. 2: Das Netzwerk „Jobmotor Biosphäre" des Biosphärenreservats Südost-Rügen (Quelle: Michael Weigelt)

Das landespolitische Interesse am „Jobmotor Biosphäre" ist an der Schirmherrschaft abzulesen: Auf Rügen ist es der Umweltminister Mecklenburg-Vorpommerns, am Schaalsee der Landwirtschaftsminister, in der Sternberger Seenlandschaft der Arbeitsminister.

Sitz des „Jobmotors Biosphäre" ist das „Rügenhaus" in Zirkow (siehe auch www.job-motor.de).

Der „Junior-Jobmotor Biosphäre"

Wegen mangelnder beruflicher Perspektiven verlassen viele Rügener Jugendliche den Landkreis, in der Regel gleich nach Beendigung der Schulzeit. Dies trägt erheblich zum drastischen Bevölkerungsrückgang und zur „Vergreisung" auf der Insel bei.

Um dieser bedenklichen Entwicklung ein Zeichen im Sinne des Biosphärenreservats entgegenzusetzen, wurde im August 2002 an der Realschule Sellin der „Junior-Jobmotor Biosphäre" eröffnet. Der „Junior-Jobmotor Biosphäre" ist Teil des gesamten „Jobmotors Biosphäre", d. h. der Schule steht dessen gesamte Struktur zur Verfügung. Dazu wurde in der 10. Klasse das Wahlpflichtfach „Existenzgründung" eingeführt.

Vorgesehen ist die Gründung von Firmen, die sich dauerhaft auf dem Markt etablieren können. Da die jungen Firmengründer zunächst eine Berufsausbildung absolvieren müssen und am Ende der 10. Klasse in der Regel noch nicht volljährig sind, wurde als Zwischenlösung eine Schüler-Aktiengesellschaft unter dem Dach des „Fördervereins Modellregion Rügen e. V." gegründet.

Hier werden die Schülerfirmen für die Dauer der Ausbildung „warm gehalten" – angelehnt an bereits gegründete Firmen aus dem „Jobmotor Biosphäre" – bis sie schließlich von den Gründern in eigener Verantwortung übernommen und geführt werden können.

Bisher konnte aus einer Vielzahl von Ideen heraus eine solche Firma gegründet werden. „Seeadler-Touring" organisiert speziell für Jugendgruppen Komplettangebote aus verschiedenen touristischen Leistungen. Dazu werden insbesondere die Angebote von Gründern aus dem „Jobmotor Biosphäre" genutzt (Seekajak-Wanderungen, Führungen, Segeltörns, Fahrradtouren etc.) und mit öffentlichen Verkehrsbetrieben vernetzt. Damit fügt sich dieses Unternehmen ein in das „Biosphäre-Ticket Rügen", ein weiteres Projekt der BR-Verwaltung, in dem genau solche Vernetzungen hergestellt werden.

Weitere, mit dem „Jobmotor Biosphäre" verknüpfte Projekte sind:

„Marktplatz Biosphäre"

Das Ergebnis Nachhaltigen Wirtschaftens in Biosphärenreservaten und dem Umfeld von Nationalparken sind Produkte und Dienstleistungen, für die es bisher keinen gemeinsamen Markt gibt. Mit dem „Marktplatz Biosphäre" wird ein solcher Markt geschaffen, mit nationalen und internationalen Partnerschaften. Er ist der erste Ansatz zu einem internationalen Netzwerk auf ökonomischer Basis. Den Handel selbst können nur private Unternehmen betreiben. Aufgabe der BR-Verwaltungen ist es, diesen Handel als „Aufsichtsrat" zu kontrollieren und ggf. mit ihrem Gebietslogo auszuzeichnen. Grundlage des Projekts sind daher Partnerschaften von öffentlichen und privaten Einrichtungen oder Personen, so genannte public-private-partnerships.

Inländische Partnerschaften mit gemeinsamen Messeauftritten existieren bereits mit den Biosphärenreservaten Berchtesgaden und Pfälzerwald. Wichtigster ausländischer Partner ist die zentrale Nationalpark-Verwaltung Kolumbiens. Die erste Testlieferung eines eigens kreierten „Café Biosphäre" aus zwei kolumbianischen Nationalparken zur Rügener Holz- und Regionalmesse 2002 war erfolgreich. Mit Hilfe der Deutschen Gesellschaft für technische Zusammenarbeit (GTZ) wird das Projekt ab 2003 ausgebaut.

Auf der 6. Rügener Holzmesse (2002):
Landwirtschaftsminister (MV) Backhaus und Landrätin Kassner am Stand der kolumbianischen Nationalparkverwaltung, der gerade von einer Wandergesellin des Projekts Posewald besucht wird. Ein geradezu symbolisches Bild für das Netzwerk „Jobmotor Biosphäre".

Weitere Partnerschaften, z. B. mit dem Nationalpark Wollin (Polen), sind im Aufbau begriffen. Der „Marktplatz Biosphäre" findet statt in Form von Märkten (z. B. auf der Rügener Holz- und Regionalmesse), als „Catering" auf Veranstaltungen, in Info-Läden etc. Auch das 2004 öffnende Nationalparkzentrum Königsstuhl im Nationalpark Jasmund wird dafür von großer Bedeutung sein. Der „Marktplatz Biosphäre" bietet damit konkrete Möglichkeiten für die Gründung neuer Unternehmen im „Jobmotor Biosphäre".

Projektschule Posewald

Posewald ist ein denkmalgeschütztes, aber ruinöses Gutshaus mit umliegendem Altlaststandort. Im Gutshaus entsteht eine internationale Jugendbegegnungsstätte des Biosphärenreservats, im Umfeld ein „ökologisches Gewerbegebiet", in dem sich vor allem Gründer aus dem „Jobmotor Biosphäre" ansiedeln können. Jugendherberge und Gewerbetreibende werden nach dem Vorbild der dänischen Produktionsschulen zusammengebracht, um Jugendlichen Möglichkeiten der Berufsfindung zu bieten.

Das Konzept wird bereits bei der Wiederherstellung des Standorts realisiert und zwar in Form von Bildungsmaßnahmen, die zugleich den Aspekt der Nachhaltigkeit beim Renovieren denkmalgeschützter Gebäude modellhaft umsetzen. 2002 war Posewald Standort der alljährlichen Sommerbaustelle der frei reisenden Wandergesellen. Über eine vom Arbeitsministerium Mecklenburg-Vorpommerns (aus dem Europäischen Sozialfonds) finanzierten Bildungsmaßnahme fungierten sie als Anleiter für Rügener Jugendliche. Mit einer „Bude" werden die Wandergesellen in Posewald dauerhaft als Partner zur Verfügung stehen. Träger des Projekts ist der „Förderverein Modellregion Rügen e. V."

Rügener Holz- und Regionalmesse

Seit 1997 macht alljährlich an einem Wochenende im Juni die Rügener Holzmesse im Biosphärenreservat anschaulich, wie vielfältig sich der nachwachsende Rohstoff Holz verwenden lässt und erläutert das Ökosystem Wald und die Forstwirtschaft. Erweitert zur Holz- und Regionalmesse und in Verbindung mit Angeboten für die ganze Familie ist sie Schauplatz für den „Jobmotor Biosphäre" und den „Marktplatz Biosphäre" bzw. „Schaufenster" einer nachhaltigen Regionalentwicklung („Modellregion Rügen"). Mit rund 20.000 Besuchern ist sie landesweit eine der wichtigsten Veranstaltungen dieser Art (siehe auch www.ruegener-holzmesse.de).

„Biosphästspiele"

Das Wortspiel ist eine Sammelbezeichnung für kulturelle Veranstaltungen im Biosphärenreservat. Darunter fallen bisher
- das Internationale Jugend-Jazz-Festival „blue boat" im Biosphärenreservat Südost-Rügen. Träger: „Förderverein Modellregion Rügen e. V.";
- die Putbus-Festspiele mit Musik des 18. und 19. Jahrhunderts und jeweiliger Schwerpunktsetzung (Komponist, Stilepoche). Träger: „Förderverein Putbus-Festspiele e. V."

Die Ideen kommen aus dem „Jobmotor Biosphäre", die Verknüpfung mit dem „Marktplatz Biosphäre" ist obligatorisch. Mit diesen Veranstaltungen werden ganz neue Zielgruppen erreicht, der Umweltbildung eröffnen sich völlig neue Ansätze und Möglichkeiten.

„Biosphäre-Ticket" Rügen

Das „Biosphäre-Ticket" ist ein Baukastensystem, in dem verschiedene touristische Angebote kombiniert werden können, den individuellen Wünschen der Besucher entsprechend. Dienstleistungen aus dem „Jobmotor Biosphäre" werden vernetzt mit Angeboten des öffentlichen Personennahverkehrs. Aktuelle Bausteine sind „Seekajakreisen Thomas Trojan" und die Arbeitsgruppe „Rad & Heu" mit bisher sieben Existenzgründern aus dem „Jobmotor Biosphäre", kombiniert mit geführten Wanderungen der BR-Verwaltung und privater Partner. Hinzu kommt die im Aufbau begriffene Schülerfirma „Seeadler-Touring" aus dem „Junior-Jobmotor Biosphäre".

„Haus der Biosphäre" - das Rügenhaus in Zirkow

Das als LEADER-II-Projekt von der Gemeinde gebaute Rügenhaus entwickelte sich durch die Etablierung des „Jobmotors Biosphäre" als innovatives Gründerzentrum für das Biosphärenreservat und den Landkreis Rügen. Darüber hinaus soll das Haus ein Kommunikationszentrum für das Biosphärenreservat und die „Modellregion Rügen" werden, indem weitere Komponenten darin integriert werden wie regionale Gastronomie, Information, Verkauf regionaler Produkte („Marktplatz Biosphäre"), Veranstaltungen aller Art, Angebote für Kinder und ein Heimatmuseum.

Das Rügenhaus in Zirkow: Sitz des „Jobmotors Biosphäre"

Zu diesem Zweck wurde das Haus langfristig von der Gemeinde Zirkow an den „Förderverein Modellregion Rügen e. V." verpachtet.

In ihrer Gesamtheit sind all diese Projekte als Strategie zur Nachhaltigen Entwicklung zu sehen, als die Agenda 21 des Biosphärenreservats und seines Umfelds mit zunehmender Beteiligung der verschiedensten Akteure.

Zusammenfassung

Der „Jobmotor Biosphäre" ist ein seit 1999 erfolgreich laufendes Modellprojekt, in dem die hohe Arbeitslosigkeit als Chance genutzt wird, um brachliegende Potenziale zu erschließen und Partner für die nachhaltige Regionalentwicklung zu gewinnen. Seit 2002 gehört auch der „Junior-Jobmotor Biosphäre" dazu, der Jugendlichen neue Perspektiven zeigt und der Abwanderung junger Leute entgegenwirken soll. In einem sich ständig fortentwickelnden komplexen Netzwerk von Modellprojekten und Partnern unterschiedlichster Art nimmt er eine zentrale Stellung ein. Insgesamt ist dieses Netzwerk als der Agenda 21-Prozess des Biosphärenreservats Südost-Rügen zu verstehen.

Literatur

DEUTSCHES MAB-NATIONALKOMITEE (Hrsg.) (1996): Kriterien für Anerkennung und Überprüfung von Biosphärenreservaten der UNESCO in Deutschland, Bonn.

UNESCO (Hrsg.) (1996): Biosphärenreservate. Die Sevilla-Strategie und die Internationalen Leitlinien für das Weltnetz. Hrsg. der dt.-sprach. Ausg.: Bundesamt für Naturschutz, Bonn.

4.4 Die Regionalmarke als Arbeitsinstrument für nachhaltige Regionalentwicklung

Biosphärenreservat Schorfheide-Chorin

Eberhard Henne

Das Schorfheide-Chorin-Projekt

Ein Ergebnis des vom Bundesministerium für Bildung und Forschung (BMBF) und der Deutschen Bundesstiftung Umwelt (DBU) geförderten Schorfheide-Chorin-Projekts mit dem Titel „Naturschutz in der agrar genutzten Kulturlandschaft am Beispiel des Biosphärenreservates Schorfheide-Chorin" war die Entwicklung von Beispielvorhaben, von denen eines hier vorgestellt werden soll.

Ziele des Beispielvorhabens „Regionalmarke"

Die Etablierung eines regionalen Herkunftszeichens basierte auf vielen Vorarbeiten im Biosphärenreservat, wie z. B. dem Aufbau von Erzeugergemeinschaften und von Vermarktungsstrukturen in unterschiedlicher Trägerschaft. Mit einem regionalen Herkunftszeichen, der Regionalmarke des Biosphärenreservats Schorfheide-Chorin, wollten die Initiatoren eine höhere Nachfrage nach umweltgerecht erzeugten Produkten und Dienstleistungen aus dem Großschutzgebiet herbeiführen.
Im Zuge des erwarteten Erfolgs und einer damit einhergehenden verbesserten Einkommenssituation in den Unternehmen sollten Anreize für nachhaltiges Wirtschaften entstehen. Eine wachsende Nachfrage nach heimischen Produkten sollte mit Rückwirkungen auf die Wirtschaftskreisläufe der Region einhergehen, die Attraktivität des Biosphärenreservats und das Selbstbewusstsein seiner Einwohner gestärkt werden. Die Lebensmittel produzierenden landwirtschaftlichen Unternehmen bildeten den Kern der regionalen Kreislaufkonzepte. Weitergehende Effekte waren aus Partnerschaften zwischen Landwirtschaft, Handel, Handwerk, Gastronomie und Tourismus zu erwarten. Solche Projekte können dazu beitragen, dass die erzeugten Primärprodukte auch zu einem großen Teil in der Region verarbeitet und konsumiert werden. Der Aufbau von Produktions- und Verarbeitungsketten in Verbindung mit direkter und regionaler Vermarktung zielt auf eine Erhöhung der regionalen Wertschöpfung. Die Regionalmarke arbeitet mit dem Logo des BR Schorfheide-Chorin. Daher konnte man davon ausgehen, dass die Konsumenten die beteiligten Unternehmen mit den Zielen des Biosphärenreservats identifizieren.

Die Entwicklung der Regionalmarke

Zur Entwicklung des regionalen Herkunftszeichens wurde aus dem Schorfheide-Chorin-Projekt heraus eine Arbeitsgruppe gebildet und mit Experten aus einschlägigen Instituten verstärkt.
Die Vermarktung von regionalen Produkten bezieht sich nur selten auf die betreffende Herkunftsregion selbst, sondern zielt auch auf das Erschließen weiterer Absatzmärkte ab. Deshalb führte der Fachbereich Agrarmarketing der Humboldt-Universität Berlin im September 1997 eine Befragung in Berlin durch, um dort die Vermarktungspotenziale zu ermitteln („Vermarktungschancen für Produkte aus dem Biosphärenreservat Schorfheide-Chorin", Humboldt-Universität 1997, SCHADE, G., LIEDKE, D.). Es wurden rund fünfhundert Personen befragt, die Umfrage gilt als repräsentativ für den Großraum Berlin. Dabei stellte sich heraus, dass 69,6 Prozent der Befragten das BR Schorfheide-Chorin kannten und positive Vorstellungen mit ihm verbanden. 42,4 Prozent der befragten Verbraucher waren bereit, bei einer klaren Kennzeichnung der Herkunft landwirtschaftliche Produkte aus dem Biosphärenreservat zu bevorzugen. Das unentschlossene Kaufverhalten bei 46,2 Prozent der Befragten werteten die Wissenschaftler als weiteres Kundenpotenzial, das bei entsprechender Öffentlichkeitsarbeit erschlossen werden könnte (SCHADE, G., LIEDKE, D. 1997).
Wegen des hohen Bekanntheitsgrads des BR Schorfheide-Chorin erschien die Nutzung des vorhandenen Logos des Biosphärenreservats sinnvoll. Das Logo wurde daraufhin als Bildmarke in das Register des Deutschen Patentamts angemeldet:

Logo des Biosphärenreservats Schorfheide-Chorin

Vergabe und Kriterien

Am 27. Oktober 1998 wurde zwischen der Verwaltung des Biosphärenreservats und seinem Förderverein „Kulturlandschaft Uckermark e. V." ein Nutzungsvertrag geschlossen. Der

FALLBEISPIELE AUS DER PRAXIS

Verein fungiert seither als Zeichengeber. Er erarbeitete überdies eine Markensatzung, damit das Herkunftszeichen nicht nur als Vermarktungs-, sondern auch als Arbeitsinstrument für eine nachhaltige Regionalentwicklung eingesetzt werden kann.

Diese Satzung regelt die Verantwortlichkeiten sowie den Ablauf der Zeichenvergabe und legt Nutzungskriterien fest. Der Vorstand des Vereins beruft einen ständigen „Fachbeirat Regionalmarke", dem je zwei Vertreter des Biosphärenreservats und des Vereins Kulturlandschaft Uckermark e. V. angehören. Diesem Beirat obliegen:

- die Festsetzung der Kriterien für die Zeichenvergabe,
- die Zulassung der Prüfstellen für die neutrale Kontrolle der Kriterien,
- die Vergabe und Aberkennung des Zeichens und
- eine jährliche Berichterstattung über dessen Anwendung an den Vorstand.

Im Rahmen des Schorfheide-Chorin-Projekts wurde vom Institut für Tiergesundheit und Agrarökologie in Berlin ein Katalog für Prüfkriterien für die Bereiche Landwirtschaft, Handwerk, Gastronomie und Beherbergung erarbeitet. Die Kriterien für die Seen- und Teichfischerei und die Imkerei erstellte der Verein Kulturlandschaft Uckermark e. V., der sie mit interessierten Anbietern aus verschiedenen Wirtschaftszweigen diskutierte. In diesem Prozess wurden die Kriterien präzisiert und auf ihre Praxistauglichkeit geprüft. Dabei blieben die normalen Pflichten der Produzenten unberührt, wie z. B. gesetzliche Hygieneanforderungen, Produktnormen oder Produkthaftungsregelungen.

Für die Verwendung der Regionalmarke als Herkunftszeichen stehen zwei Möglichkeiten zur Verfügung:

- die Beantragung des Zeichens für einzelne Produkte mit der Darstellung auf der Produktpackung und zur Produktwerbung;
- die Beantragung für den Gesamtbetrieb mit der Darstellung am Betriebsgebäude und in den Geschäftspapieren.

Der Nutzer der Regionalmarke muss mit seinem Unternehmen im Biosphärenreservat ansässig sein, bzw. sein Produkt mehrheitlich auf Flächen im Biosphärenreservat erzeugen. Insgesamt sind die Anforderungen so gestaltet, dass an das Biosphärenreservat angrenzende Gebiete Impulse für umweltverträgliches Wirtschaften aufnehmen und die entwickelten Methoden übernehmen können. Diese Entscheidung war notwendig, weil in den angrenzenden Siedlungsräumen Angermünde, Eberswalde und Templin die meisten verarbeitenden Unternehmen beheimatet sind. Auch das Beherbergungsgewerbe hat sich dort weit entwickelt.

Überdies wollte man die Kommunen, deren Gemarkung nur teilweise ins Biosphärenreservat fällt, mit in den Prozess einbinden. Um nicht bei der Verdeutlichung der Herkunft von Produkten und Dienstleistungen stehen zu bleiben, wurden für die einzelnen Branchen der Regionalmarke Produktionskriterien entwickelt. Sie berücksichtigen in besonderer Weise die Fragen des Umwelt- und Tierschutzes sowie der Verbrauchersicherheit und fordern Maßnahmen einer sozial verträglichen Wirtschaftsweise ein.

So werden neben der Herstellung pflanzlicher Erzeugnisse u. a. auch die Entwicklung von Landschaftsstrukturelementen, die Verhinderung von Wind- und Wassererosion und an den Boden angepasste Nutzungsformen gefordert. Generell soll die Verwendung der Regionalmarke und ihre Weiterentwicklung für Unternehmen einen Anreiz bieten, extensive und naturschutzkonforme Nutzungsmethoden anzuwenden.

Ein Instrument nachhaltigen Wirtschaftens

Mit der Einführung der Regionalmarke seit 1998 sind die Zuwachsraten im ökologischen Landbau im BR Schorfheide-Chorin deutlich angestiegen (siehe Abb.). Dazu hat im Wesentlichen die enge Zusammenarbeit mit den landwirtschaftlichen Betrieben beigetragen. Generell kann man sagen, dass die Kriterien für landwirtschaftliche und gartenbauliche Erzeugnisse den gehobenen Standards der kontrollierten und integrierten Produktion entsprechen. Dadurch entsteht eine gute Grundlage für die Umstellung auf ökologische Nutzungsmethoden. Auch die Kriterien für die Gastronomie und das Beherbergungsgewerbe enthalten umweltrelevante Auflagen. Verzicht auf Einweggeschirr, wassersparende Sanitäranlagen, umweltschonende Spülmittel, energiesparende Beleuchtungseinrichtungen u. a. sind neben der Verwendung regionaler Produkte Grundvoraussetzungen für die Nutzer der Regionalmarke in dieser Branche.

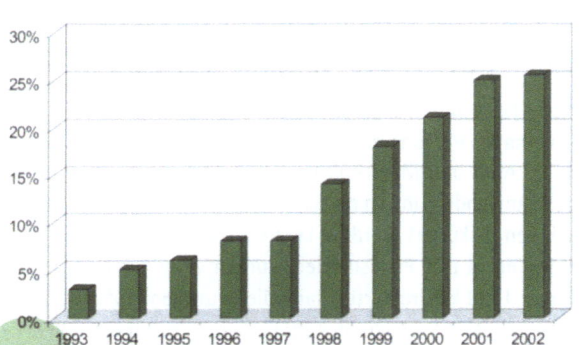

Abb.: Entwicklung des ökologischen Landbaus im Biosphärenreservat Schorfheide-Chorin 1993 - 2002 (%-Anteil an der gesamten landwirtschaftlichen Nutzfläche im Biosphärenreservat)

Überprüfung

Allen Anwendern ist in den verschiedenen Arbeitsgremien immer wieder verdeutlicht worden, dass die Kriterien der Regionalmarke fortlaufend aktualisiert und entsprechend neuer Erkenntnisse im Natur- und Umweltschutz weiterentwickelt werden müssen. In diese Arbeiten sind die Zeichennutzer

über verschiedene Ebenen eingebunden, so dass die Unternehmen ihre Produktionsmethoden rechtzeitig anpassen können. Um unnötige Doppelprüfungen zu vermeiden, werden andere Qualitätszertifikate dann übernommen, wenn bei nachgewiesener regionaler Herkunft auch die qualitativen Ansprüche der Regionalmarke erfüllt sind. Als konforme Zertifizierungen werden anerkannt:
- Nachweis der Mitgliedschaft in einem ökologischen Anbauverband,
- das Qualitätszeichen „Brandenburgisches Qualitätserzeugnis",
- das Umweltgütesiegel des Fremdenverkehrsverbandes Uckermark,
- Nachweis der Teilnahme an der Richtlinie für den kontrollierten und integrierten Anbau von Obst und Gemüse im Land Brandenburg.

Die Einhaltung der Qualitätsanforderungen, die Kontrolle der vorgeschriebenen Wirtschaftsweisen und die regionale Herkunft der Produkte sind Prüfkriterien des regionalen Herkunftszeichens, die von verschiedenen anerkannten Instituten kontrolliert werden. Drei Einrichtungen nehmen die festgelegten Überprüfungen vor:
- ERTOX Institut für Ernährungsforschung und Toxikologie GmbH, Schönwalde,
- IFTA Institut für Tiergesundheit und Agrarökologie AG Berlin,
- Fachverein Öko-Kontrolle e. V., Karow.

In den Branchen Gastronomie, Beherbergung, Handwerk, Seenfischerei und Imkerei prüft ausschließlich der „Fachbeirat Regionalmarke" des Vereins Kulturlandschaft Uckermark e. V. Allerdings werden bei Bedarf entsprechende Sachverständige hinzugezogen.

Der Weg in die Praxis

Anfang 1998 waren die Vorbereitungsarbeiten für das Beispielvorhaben Regionalmarke weitgehend abgeschlossen. Bereits im April und Mai 1998 konnte das Verfahren interessierten Anwendern in den einzelnen Branchen vorgestellt und mit ihnen diskutiert werden. Letzte Veränderungen für die Einführung in den Praxisbetrieb wurden vorgenommen. Im Sommer 1998 kontrollierten dann die neutralen Prüfungsinstitute und die Mitglieder des Fachbeirats 32 Antragssteller. Nach den Kontrollen beschied der Fachbeirat 26 Anträge positiv und die Zeichenvergabe konnte beginnen.

Bei einem positiven Entscheid schließt der Antragsteller einen Vertrag mit dem Verein Kulturlandschaft Uckermark e. V. über die Gebrauchserlaubnis ab. Darin sind die Pflichten für den Nutzer und den Verein so geregelt, dass ein Missbrauch des Herkunftszeichens ausgeschlossen ist. Die Vereinbarung gilt für ein Jahr und kann bei der jährlichen Nachkontrolle verlängert werden. Werden bei einer Nachkontrolle Mängel bei der Einhaltung der Kriterien festgestellt, erfolgt eine Wiederholungsprüfung innerhalb von acht Wochen. Der Förderverein löst den Nutzungsvertrag auf, wenn der Anwender die Nichterfüllung der Kriterien bis zu diesem Zeitpunkt nicht abgestellt hat.

Der Zeichennutzer erhält vom Verein Emailleschilder, Diskettenvorlagen und Produktaufkleber mit der Regionalmarke. Die Anwendung erfolgt nach den vertraglich vereinbarten Vorlagen.

Die Regionalmarke des Biosphärenreservats Schorfheide-Chorin

Unter den 26 ersten Regionalmarkennutzern waren folgende Branchen vertreten:

Landwirtschaft	7
davon ökologische Betriebe	3
Gartenbau	2
Lebensmittelverarbeitung	6
Handwerk	1
Fischerei	1
Imkerei	5
Gastronomie/Beherbergung	4

Die Erstvergabe der Regionalmarke verbunden mit einer Produktpräsentation fand am 27. August 1998 im Hauptinformationszentrum des Biosphärenreservats, der „Blumberger Mühle", statt. Für die weitere Bekanntmachung der Regionalmarke organisierten die Initiatoren verschiedene Veranstaltungen, auf denen die Markennutzer ihre Produkte präsentieren konnten, vom Aktionstag des Biosphärenreservats über Erntefeste in der Region. Auch Teilnahmen an der Internationalen Tourismusbörse in Berlin, dem Reisepavillon in Hannover und der Internationalen Grünen Woche in Berlin dienten der Bekanntmachung der Regionalmarke. Für die Werbung mit der Regionalmarke wurden verschiedene Materialien angefertigt, darunter eine spezielle Informationsmappe.

Regionalmarke als Wettbewerbsvorteil

Nach fünf Jahren Anwendungszeit nutzen heute fast 60 Unternehmen die Regionalmarke des BR Schorfheide-Chorin. Die Betriebe haben das Herkunfts- und Qualitätssiegel nicht nur für ihre eigene Vermarktung genutzt, sondern sind, den

Intentionen des Projekts folgend, auch untereinander wirtschaftliche Verbindungen eingegangen. Sie fügen sich engagiert in den Prozess der regionalen Wertschöpfung ein.

Bildlich gesprochen wird zunehmend deutlich, dass ökologische Standards in diesem Prozess nicht wie „Hemmschuhe" wirken, sondern wie gut passende Laufschuhe (JENSSEN, A. et al. 2003).

Die Einführung eines regionalen Herkunftszeichens und der Aufbau regionaler Wirtschaftskreisläufe sowie eines überregionalen Vermarktungssystems dauern lange und gestalten sich kompliziert. Bei der Suche nach Möglichkeiten der Weiterentwicklung müssen Arbeitsinhalte immer wieder neu überprüft werden.

Das BR Schorfheide-Chorin bildet das Kerngebiet des brandenburgischen Wettbewerbssiegers Barnim-Uckermark in dem Wettbewerb des Bundesministeriums für Verbraucherschutz, Ernährung und Landwirtschaft „Regionen aktiv". Daher stehen von 2003 bis 2005 finanzielle Mittel für die anstehenden Arbeiten zur Verfügung.

Die Regionalmarke spielt im Entwicklungskonzept der Wettbewerbsregion eine zentrale Rolle. Von daher wird sie neben den Themen Vermarktungsstrukturen, Stadt-Land-Brücke und Verbraucherschutz auch in Zukunft die inhaltliche Arbeit bestimmen.

Ausblick

Die Erfahrungen, die das BR Schorfheide-Chorin und der Verein Kulturlandschaft Uckermark e. V. bei der Etablierung des regionalen Herkunftszeichens gesammelt haben, können anderen Regionen bei der Einführung ähnlicher Vorhaben als Grundlage dienen. Die Ergebnisse dieses Entwicklungsprozesses sind für andere Anwender leicht handhabbar. Mit der Marke „Senne Original", die aus einem vergleichbaren regionalen Projekt am Teutoburger Wald hervorgegangen ist, hat die Regionalmarke des BR Schorfheide-Chorin schon eine konkrete Nachahmung gefunden.

Es hat viele Vorteile, eine Regionalmarke nicht nur als klar definiertes Herkunftszeichen, sondern auch als Qualitätsmarke mit entsprechenden Kriterien aufzubauen. Die Kontrolle der Kriterien, die Antrags- und Vergabeverfahren, die Nutzungsvereinbarungen und die Gestaltung der Marke sollten nach transparenten und einsichtigen Regeln gestaltet werden. Eine intensive und professionelle Öffentlichkeitsarbeit bleibt für eine Regionalmarke zwingende Notwendigkeit.

Das wichtigste Ergebnis des Projekts „Regionalmarke" besteht jedoch darin, dass die Region ein stärkeres Selbstbewusstsein entwickelt und neue Aktivitäten entfaltet. Dabei wird der Schutz von Lebensräumen und Arten ein integraler Bestandteil des Gesamtprozesses in dieser Kulturlandschaft.

Zusammenfassung

Die Regionalmarke des Biosphärenreservats Schorfheide-Chorin, ein regionales Herkunftszeichen mit Qualitätskriterien, entstand als Beispielsvorhaben aus einem Forschungsprojekt und etablierte sich als integratives Arbeitsinstrument der Schutzgebietsverwaltung. Fast 60 Primärproduzenten, verarbeitende Betriebe und touristische Dienstleister nutzen die Regionalmarke. Wirtschaftsbeziehungen zwischen den Nutzern des Herkunftszeichens und eine weitere Vernetzung der Unternehmen werden entwickelt. Neben der Identifikation mit dem Biosphärenreservat entstehen neue Möglichkeiten einer regionalen Wertschöpfung. Ein ständiger Fachbeirat entwickelt und vervollkommnet die Kriterien für die einzelnen Disziplinen des Herkunftszeichens. Ständige Kontrollen und eine gezielte Öffentlichkeitsarbeit wecken Verbrauchervertrauen und sorgen für Verbrauchersicherheit.

Literatur zum Thema

FLADE, M., PLACHTER, H., HENNE, E. u. K. ANDERS (2003): Naturschutz in der Agrarlandschaft, Ergebnisse des Schorfheide-Chorin-Projektes. Quelle Meyer.

SCHADE, G., LIEDKE, D. (1997): Vermarktungschance für Produkte aus dem Biosphärenreservat Schorfheide-Chorin. In: Entwicklung eines Grobkonzeptes zur Umsetzung vorhandener Regionalvermarktungsansätze im Biosphärenreservat Schorfheide-Chorin, Abschlussbericht.

JENSSEN, A., SCHWIGON, B. u. K. OKRENT (2003): Einführung des regionalen Herkunftszeichens „Regionalmarke Biosphärenreservat Schorfheide-Chorin". In: FLADE, M., PLACHTER H., HENNE, E. u. K. ANDERS: Naturschutz in der Agrarlandschaft, Ergebnisse des Schorfheide-Chorin-Projektes: 297-302. Quelle Meyer.

4. FALLBEISPIELE AUS DER PRAXIS

4.5 Das Rahmenkonzept als regionale Agenda 21

Biosphärenreservat Schaalsee

Klaus Jarmatz

Einleitung

Schon mit der Etablierung des Programms Der Mensch und die Biosphäre (Man and the Biosphere, MAB) durch die UNESCO im Jahr 1970 wurde der Anspruch erhoben, Konzepte und Modelle für ein dauerhaft verträgliches Miteinander von Mensch und Natur zu entwickeln und zu erproben. Präzisiert wurde dieses Ziel durch die 1995 im spanischen Sevilla ausgearbeitete Sevilla-Strategie (UNESCO 1996).

Das Logo des Agenda 21-Prozesses im Biosphärenreservat Schaalsee steht für Balance und Ausgewogenheit. (Foto: Archiv AfBR)

Diese empfiehlt konkrete Schritte für die Entwicklung der UNESCO-Biosphärenreservate im 21. Jahrhundert und behandelt als herausragenden Aspekt deren mögliche Rolle als Modellregionen für die Umsetzung wichtiger Schwerpunkte der Agenda 21.

Konkrete, auf die jeweiligen regionalen Besonderheiten ausgerichtete Strategien und Konzepte sind hierzu in Rahmenkonzepte zu fassen. Die Rahmenkonzepte der Biosphärenreservate bzw. deren Fortschreibungen sind ein wesentliches Instrument zur Umsetzung dieses höchst anspruchsvollen Aufgabenspektrums auf regionaler und lokaler Ebene.

Die Ausstrahlungswirkung der Biosphärenreservate aufgrund ihrer Stellung als Modellregionen in der regionalen und überregionalen Politik auf Nachbarregionen oder Multiplikatoren ist nicht zu unterschätzen. Für die BR-Verwaltung und deren Partner und Akteure der jeweiligen Region stellt es eine große Herausforderung dar, diese Wirkung positiv zu nutzen.

> „Viele kleine Leute, an vielen kleinen Orten, die viele kleine Dinge tun, werden das Gesicht der Welt verändern."
>
> *(Afrikanisches Sprichwort)*

Die Ausgangssituation

Mit Anerkennung des Biosphärenreservats Schaalsee durch die UNESCO im Januar 2000 bestand die Aufgabe, entsprechend der Kriterien für die Anerkennung und Überprüfung für Biosphärenreservate der UNESCO in Deutschland (DEUTSCHES MAB-NATIONALKOMITEE 1996) innerhalb der folgenden drei Jahre ein regional abgestimmtes Rahmenkonzept aufzustellen (Nationale Kriterien siehe Anhang, S. 299).

Die BR-Verwaltung verfolgte von Anfang an den Anspruch, dieses als regionales Entwicklungskonzept in einer ausgewogenen Einheit aus Erhalt der biologischen Vielfalt sowie einer nachhaltigen sozio-ökonomischen Entwicklung zu gestalten. Hierbei musste die BR-Verwaltung jedoch nicht bei Null anfangen. Das Großschutzgebiet war schon im Rahmen des Nationalparkprogramms der letzten demokratisch legitimierten DDR-Regierung mit einer eigenen Verwaltung errichtet worden. Es bestand bereits zehn Jahre, bis 1998 als Naturpark, ab dann als Biosphärenreservat nach Landesrecht, so dass Grundlagen und Erfahrungen in Planungs- und Beteiligungsprozessen vorlagen.

Tiefgründige Erkenntnisse liegen überdies in einem ebenfalls über einen Zeitraum von mehr als zehn Jahren erstellten Naturschutzfachplan vor. Dieser wurde über die Jahre durch viele spezifische zoologische, botanische, landschaftsökologische und sozio-ökonomische Gutachten ergänzt. Ermöglicht wurde dieses insbesondere durch die grenzübergreifende Teilnahme der mecklenburgischen und lauenburgischen Schaalseelandschaft am Bundesförderprogramm „Gebiete von gesamtstaatlich repräsentativer Bedeutung" seit 1992 (NATUR UND LANDSCHAFT 1994).

Im Wesentlichen konnten über diese Planungen die im Antragsverfahren an die UNESCO darzulegende Schutzfunktion sowie die daraus resultierende Zonierung des Biosphärenreservats aufgezeigt werden. Darüber hinaus erwiesen sich der lange Vorlauf und die damit zwangsläufig verbundene Auseinandersetzung mit den verschiedensten Nutzungsansprüchen als sehr hilfreich.

Die Formulierung der differenzierten Schutzansprüche sowie der daraus abgeleiteten Empfehlungen für freiwillige oder hoheitliche Naturschutzmaßnahmen bedarf solider fachlicher und nachvollziehbarer Grundlagen. Eine solche Aufgabe kann jedoch, wenn sie nicht vorbereitet wurde, kaum innerhalb der für die Erstellung des Rahmenkonzepts vorgesehenen drei Jahre bewältigt werden. Schon seit 1993 wurde die Teilnahme der Mecklenburger Schaalseeregion am MAB-Programm der UNESCO auch auf landespolitischer Ebene mit einem ersten Antragsentwurf verfolgt. Daher erhielt die damalige Schutzgebietsverwaltung schon sehr frühzeitig den Auftrag, neben der Bewahrung und Entwicklung der bereits national und international notifizierten Biotop- und Artenausstattung eine nachhaltige Regionalentwicklung zu initiieren.

Auch die Umweltbildungs- und Informationsarbeit wurde forciert. Dieser Prozess wurde zusammen mit Partnern der BR-Verwaltung (Amt für das BR Schaalsee) sowie regionalen als auch externen Moderatoren angeschoben. Im Ergebnis fanden gut besuchte Ideenbörsen statt und bildeten sich erste themenspezifische, anfänglich hauptsächlich touristisch orientierte Arbeitsgruppen (AGs).

Eine intensive Kommunikation, das Herauskristallisieren von interessanten Themen, die Förderung von Akteuren und kreativer Gestaltungsspielraum ermöglichen erste Erfolge auf dem Feld der nachhaltigen Regionalentwicklung. Allerdings auch mit der Erfahrung, dass regionale Netzwerke dauerhafter Betreuung bedürfen: Eine neue Aufgabe für die BR-Verwaltung.

Die Ausstellung und der große Medienraum im „PAHLHUUS" bieten gute Voraussetzungen für Besucherbetreuung, Information sowie regionale und überregionale Veranstaltungen. Die Ausstellung zählte in den ersten fünf Jahren seit ihrer Eröffnung 1998 ca. 325.000 Besucher.

Die Organisationsstruktur

Aufgrund der geschilderten Erfahrungen fiel die Entscheidung, das Rahmenkonzept für das BR Schaalsee im Gegensatz zu bisherigen klassischen Fachplanungen in Großschutzgebieten nicht intern durch die BR-Verwaltung zu erstellen. Der Planungsprozess und die Projektentwicklung sollten vielmehr offen, kooperativ, konsensorientiert und nur unter Vorgabe regional nicht verrückbarer Rahmenbedingungen ablaufen. Diese Bedingungen beziehen sich insbesondere auf EU-Recht sowie auf bundes- und landesrechtlichen Festsetzungen und Verpflichtungen wie das Raumordnungsgesetz oder andere spezifische Rechtsetzungen, z. B. für Naturschutzgebiete.

Dem Kuratorium für das Biosphärenreservat (Regionaler Beirat) gehören Landräte, Umwelt- und Landwirtschaftsministerium, Kommunalvertreter, Verbände und Vereine an. Auf Initiative der BR-Verwaltung beschloss es, ein an den internationalen und nationalen Vorgaben sowie regionalen Besonderheiten ausgerichtetes Rahmenkonzept im Zeitraum von 2001 bis 2003 aufzustellen.

Das Konzept soll Optionen für eine zukunftsfähige, ökologische, ökonomische, soziale und auf die Bedürfnisse der Mecklenburger Schaalseeregion abgestimmte Regionalentwicklung aufzeigen sowie einen Beitrag zur Lösung der Zukunftsaufgaben leisten. Insbesondere Bürger und Verantwortungsträger der Region waren dazu aufgefordert, unterschiedliche Lebens- und Wirtschaftsbereiche betreffende Leitbilder und Projekte zu entwickeln. Die langsam entstehende regionale Verbundenheit mit dem BR Schaalsee wird dadurch gefestigt und voran gebracht.

Als Besonderheit des Prozesses war vorgesehen, einzelne Projekte, Initiativen und Ideen parallel zur Planung, also möglichst sofort und vor Abschluss des Rahmenplans, nach Durchlaufen der Konsensgremien und externer Machbarkeits- bzw. Nachhaltigkeitsprüfungen umzusetzen. Die Prüfungen dienten als „Grobcheck" für Vorhabensträger im Hinblick auf Realisierungschancen, ökologische Verträglichkeit, Konkurrenz mit anderen Planungs- und Zielvorstellungen, rechtliche Rahmenbedingungen und Finanzierungsmöglichkeiten.

Die Aufstellung erfolgte in gemeinsamer Trägerschaft und Finanzierung beider beteiligter Landkreise, der Gemeinden in Form ihrer Kommunalämter sowie der BR-Verwaltung. Die Projektabwicklung und Mittelverwaltung, u. a. von speziell eingeworbenen Fördermitteln des Landes und der EU, wurde dem Förderverein des Biosphärenreservats (Förderverein Biosphäre Schaalsee e. V.) übertragen.

Das Beteiligungsmodell

Es wurde ein Beteiligungsmodell entwickelt, um die Mitwirkung möglichst vieler interessierter Bürger, Bewirtschafter, regionaler Interessenvertretungen, Vereine, Verbände, Mandatsträger sowie Akteure aus Politik, Wirtschaft, Verwaltung und öffentlichem Leben zu erreichen. Dieses sollte die Vernetzung der Trägerstruktur gewährleisten, das Zusammenwirken aller Akteure unterstützen, Konsensfindung fördern und möglichst über den Zeitraum der Aufstellung des Konzepts hinaus wirken.

Der bereits im Januar 2000 gegründete Regionale Beirat, das Kuratorium für das BR Schaalsee, begleitet den Agenda-Prozess beratend und empfiehlt die Umsetzung des Rahmenplans.

Eine Lenkungsgruppe aus Vertretern der Trägergemeinschaft, des Fördervereins Biosphäre Schaalsee e. V., den Leitern von fünf neu gegründeten thematischen AGs und einem Vertreter der Raumordnung und Landesplanung steuerte das Projekt.

Bei der Lenkungsgruppe lagen die inhaltliche Ausrichtung des Prozesses sowie die Entscheidung über die in den AGs vorbereiteten Projekte. In den durch interessierte Bürger besetzten und geleiteten AGs, deren Tagungsrhythmus sich entsprechend der Themenvielfalt oder dem Diskussionsbedarf gestaltete, wurden Leitbilder und Projekte entwickelt, auf den Weg gebracht und abgestimmt. Die AGs stellen somit den Aktivitätsschwerpunkt für die inhaltliche Gestaltung und zukünftige Fortschreibung des Rahmenkonzepts dar. Die AGs bearbeiteten die Themen Tourismus, Siedlungsentwicklung, Landnutzung, Jugend, Soziales und Energie.

Zwischenzeitlich waren neben den AGs bis zu sieben weitere AGs aktiv, von denen einige auch über den Planungsprozess hinaus Bestand haben werden. Die offenen AGs boten, von intensiver Öffentlichkeitsarbeit begleitet, allen interessierten Bürgern, Mandats- und Entscheidungsträgern die Möglichkeit, mitzuarbeiten.

In den Arbeitsgruppen (hier die AG Tourismus) wird intensiv und zielorientiert seit 2001 gearbeitet. Allein in der AG Tourismus nutzten mehr als 50 Akteure die Möglichkeit, ihre Vorstellungen zur Entwicklung der Region einzubringen.

Ein Forum für viele Stimmen

Ein regionales Dialogforum aus Repräsentanten der AGs und Vertretern aus Politik, Verwaltung und Interessengruppen wurde als Stellvertretermodell etabliert. Es sollte einen themen- und AG-übergreifenden Dialog gewährleisten. In diesem Sinne fungierte das regionale Dialogforum nicht direkt als Beschlussgremium, sondern eher als Basis einer umfassenden Kommunikation und Meinungsbildung. Auch eine länderübergreifende Abstimmung wurde durch Beteiligung von Vertretern aus Politik, Tourismus und Naturschutz aus dem Nachbarbundesland Schleswig-Holstein gewährleistet. Dieses Forum erhielt rasch die Akzeptanz und Legitimation aller Beteiligten.

Externe professionelle Moderatoren oder Sachverständige begleiteten diesen aus drei Beteiligungs- und Entscheidungsebenen bestehenden Prozess in den verschiedenen Ebenen anfänglich ständig und im späteren Verlauf nach Bedarf. Zum Ende des Verfahrens kamen auch regionale Persönlichkeiten sowie die BR-Verwaltung in die Moderatorenrolle.

Zur logistischen Abwicklung und Koordination der Agenda wurde ein Projektbüro mit zusätzlichen personellen Kapazitäten bei der BR-Verwaltung eingerichtet. Diesem Projektbüro oblag, unter Hinzuziehung eines externen Landschaftsplanungsbüros, die eigentliche Ergebniszusammenfassung, Aufstellung und Abstimmung des Planwerks in Text und Karten.

Alle Beteiligten bewerteten die äußerst hohe Transparenz des Prozesses als entscheidend für die Vertrauensbildung. So konnten z. B. Protokolle der Sitzungen aller Gremien sowie der Fortgang der Planungen zeitnah auf einer eigens dafür eingerichteten Internetpräsentation eingesehen werden. Auch die kommunalen Informationsblätter sorgten mit Beiträgen und Terminankündigungen dafür, dass sich die Bürger optimal informieren konnten.

Ergebnisse, Probleme, Empfehlungen

Am Ende des Planungs- und Beteiligungsprozesses steht ein regional abgestimmtes Rahmenkonzept für das BR Schaalsee, zu dem eine Bestandsanalyse, ein Band Leitbilder und Ziele sowie ein offener Band Handlungsfelder/Projektübersicht mit insgesamt rund 500 Seiten gehören. Der Aufbau des Konzepts erfolgte gemäß den Empfehlungen im „Leitfaden zur Erarbeitung von Nationalparkplänen" von EUROPARC Deutschland (EUROPARC DEUTSCHLAND 2000).

Der ständige Fortschreibungsbedarf des vorliegenden Rahmenplans wird die Prinzipien, Handlungsfelder und Strukturen der regionalen Agenda fortbestehen lassen. Die weitere Moderation bzw. Organisation wird zukünftig hauptsächlich in der Hand der BR-Verwaltung liegen, wenn auch beide Aufgaben nicht in der Intensität wahrgenommen werden können, wie in der Planungs- und Entwicklungsphase. Neben einem regionalen Leitbild für das Biosphärenreservat sind für alle relevanten Handlungsfelder mittel- bis langfristige Ziele beschlossen und dokumentiert worden. Daneben entstand eine Vielzahl von Projektideen, die teilweise bereits umgesetzt werden.

Die durch AGs bzw. Gutachter entwickelten Ziele und Leitbilder bilden die Messlatte aller folgenden regionalen Aktivitäten. Wesentliche Ergebnisse dieses Prozesses sind die Harmonisierung der verschiedenen Ansprüche und Interessenlagen, die Stärkung der Identität des BR Schaalsee, die Verfestigung des Netzwerks von Akteuren, die Förderung des ehrenamtlichen Engagements, die Entwicklung von Streitkultur sowie Kommunikations- und Kooperationsstrukturen.

Ein Erfolg dieses Prozesses war die Qualifizierung zur LEADER-plus-Region. Diese ermöglicht nun, ökologische, ökono-

FALLBEISPIELE AUS DER PRAXIS 4.

sche und soziale Projekte auf einer gut abgesicherten Basis zu initiieren. Ein derartig komplexer und vielschichtiger Prozess läuft allerdings nicht frei von Problemen ab. Großes Augenmerk sollte auf der Legitimation der Kompetenz- und Entscheidungsgremien liegen. Nur wenn die Agenda ständig attraktiv bleibt, lassen sich Bürger und Akteure „am Ball" halten. Insgesamt wird die bürgernahe und demokratische Erstellung des Rahmenkonzepts als beispielgebend und nachahmenswert angesehen. Dies zeigt sich auch darin, dass das Rahmenkonzept „Regionale Agenda 21 im Biosphärenreservat Schaalsee" mit dem ersten Preis des Umweltwettbewerbs 2002 des Landes Mecklenburg-Vorpommern belohnt wurde.

Zusammenfassung

Veränderungen in Politik, Wirtschaft und Gesellschaft mit immer kurzfristigeren Zielsetzungen verlangen nach neuen Formen der Kommunikation. Im Biosphärenreservat Schaalsee, einer Modellregion mit interdisziplinärem Auftrag, wurde ein neues Kooperations- und Beteiligungsmodell entwickelt und praktiziert. Dieses baut auf langjährigen Erfahrungen mit Planungsprozessen und ausreichendem Vorlauf in der Naturschutzfachplanung auf.

Die öffentliche Beteiligung bestand aus drei Ebenen: Den AGs, einem regionalen Dialogforum zur Projektverschneidung und einer Lenkungsgruppe als Entscheidungsinstanz. Das Rahmenkonzept wurde als moderiertes Verfahren regionale Agenda 21 gemeinschaftlich von Bürgern, Politikern, Verwaltungen und weiteren Interessenvertretern erarbeitet. Der Prozess hatte eine Harmonisierung der Interessenlagen, Stärkung der regionalen Identität, sowie den Aufbau von Netzwerken und Kooperationen zum Erfolg. Die regionale Agenda 21 steht für eine zukunftsfähige Region mit nachhaltigem Entwicklungskonzept.

Literatur

DEUTSCHES MAB-NATIONALKOMITEE (Hrsg.) (1996): Kriterien für Anerkennung und Überprüfung von Biosphärenreservaten der UNESCO in Deutschland, Bonn.

EUROPARC DEUTSCHLAND (2000): Leitfaden zur Erarbeitung von Nationalparkplänen.

NATUR UND LANDSCHAFT (1994): Errichtung und Sicherung schutzwürdiger Teile von Natur und Landschaft mit gesamtstaatlich repräsentativer Bedeutung: Projekt Schaalsee-Landschaft, Schleswig-Holstein und Mecklenburg-Vorpommern. 7/8, Bundesamt für Naturschutz, Bonn.

UNESCO (Hrsg.) (1996): Biosphärenreservate. Die Sevilla-Strategie und die Internationalen Leitlinien für das Weltnetz. Hrsg. der dt.-sprach. Ausg.: Bundesamt für Naturschutz, Bonn.

4.6 Tourismus mit der Natur – Naturschutz mit den Menschen: Besucherlenkung im Biosphärenreservat

Biosphärenreservat Vessertal -Thüringer Wald

Johannes Treß und Elke Hellmuth

Einführung – Orientierung für die gemeinsame Arbeit

Das Biosphärenreservat Vessertal-Thüringer Wald liegt im Mittleren Thüringer Wald und ist ein wichtiger Bestandteil einer touristischen Region mit über hundertjähriger Tradition. Mit rund 50 Prozent der Übernachtungen des Freistaats Thüringen ist diese Region, der Thüringer Wald, das bedeutendste Fremdenverkehrsgebiet des Landes.

In der ehemaligen DDR war die Region eines der Hauptreiseziele. Nach 1989 brachen allerdings die Zahl der Gäste und Übernachtungen dramatisch ein, da viele Stammgäste die neuen Freiheiten zum Erkunden nicht erreichbarer Urlaubsgebiete nutzten.

Städte, Gemeinden und die Tourismuswirtschaft bemühten sich in den 90er Jahren um die Wiederbelebung des Tourismusstandorts Thüringer Wald. Sie unternahmen zahlreiche Aktivitäten zur Verbesserung der Infrastruktur, der Angebote und der Vermarktung der Region. Allerdings waren diese Aktivitäten vielfach wenig koordiniert und berücksichtigten nur unzureichend andere Belange, z. B. die der Forstwirtschaft oder des Naturschutzes. Im Jahr 1999 konnte mit dem Beginn des Projekts „Besucherlenkung" eine nachhaltige touristische Entwicklung, die ganzheitlich die Ziele der Tourismusbranche mit denen des Naturschutzes verband, befördert werden. Dazu wurden von Anfang an alle Akteure, die im weitesten Sinne mit Fremdenverkehr zu tun hatten, in einen offenen Dialog- und Arbeitsprozess einbezogen. In einem partnerschaftlichen Prozess erarbeiteten die Beteiligten gemeinsam Ziele und realisierten Maßnahmen der Besucherlenkung.

Wandern ist ein Beispiel für die vielfältige touristische Nutzung des Biosphärenreservats Vessertal-Thüringer Wald.

Voller Leben 167

4. FALLBEISPIELE AUS DER PRAXIS

Gemeinsame Erarbeitung der Ziele – Ziele für eine ganze Region

Im Rahmen einer Diplomarbeit (KLEINE-HERZBRUCH, N. 2000) erarbeitete eine Diplomandin in einer ersten Beratungsrunde gemeinsam mit Vertretern der Gemeinden, der Fremdenverkehrs- und Forstämter, der örtlichen Vereine und der Naturschutzbehörden der Region den Handlungsrahmen für das Gesamtprojekt sowie erste Zielvorstellungen. In einer zweiten Beratung wurden die Ergebnisse präsentiert und diskutiert sowie weitere Arbeitsschritte vereinbart. Die Beteiligten einigten sich auf Folgendes:

Biosphärenreservate sind Gebiete, die in Ergänzung des Schutzes des Naturhaushalts noch weitere Aufgaben wie die Entwicklung nachhaltiger Landnutzungen, die Öffentlichkeitsarbeit und die Umweltbildung haben. Dazu zählt auch die Entwicklung einer umwelt- und sozialverträglichen Erholungsnutzung. Diesem Ansatz der Biosphärenreservate müssen auch die Ziele und Maßnahmen der Besucherlenkung gerecht werden. Deshalb werden neben den Themen Naturschutz und Fremdenverkehr zukünftig insbesondere auch die Aspekte des Verkehrs und der Bildung sowie die Belange der Land- und Forstwirtschaft, der Wasserwirtschaft und der Jagd berücksichtigt (siehe Abb. 1).

Die Diplomandin wertete auch über 110 touristische Publikationen aus der Region (Wanderkarten, Prospekte, Reiseführer etc.) aus, um einen Überblick über die touristische Infrastruktur und die Angebote zu erhalten. Darüber hinaus betrachtete sie naturschutzfachliche Belange und ermittelte potenzielle Konfliktbereiche, auch außerhalb der Naturschutzgebiete, also den Kern- und Pflegezonen des Biosphärenreservats.

Es wurde deutlich, dass vordringlicher Handlungsbedarf beim touristischen Wegenetz bestand. Diese Einschätzung teilten auch die Teilnehmer der zweiten Beratungsrunde und vereinbarten, in einem Teilprojekt als Erstes das Wegenetz zu überarbeiten.

Die Überarbeitung des touristischen Wegenetzes – von der Theorie zur Praxis

Die Ausgangssituation – das Wegenetz der 90er Jahre

- Zu Beginn der 90er Jahre schilderten insbesondere die Gemeinden zahlreiche Wanderwege oftmals ohne die erforderlichen Genehmigungen aus. Das Ergebnis war ein sehr dichtes touristisches Wegenetz, das viele Konflikte in den Bereichen Naturschutz, Forstwirtschaft und Jagd nach sich zog.

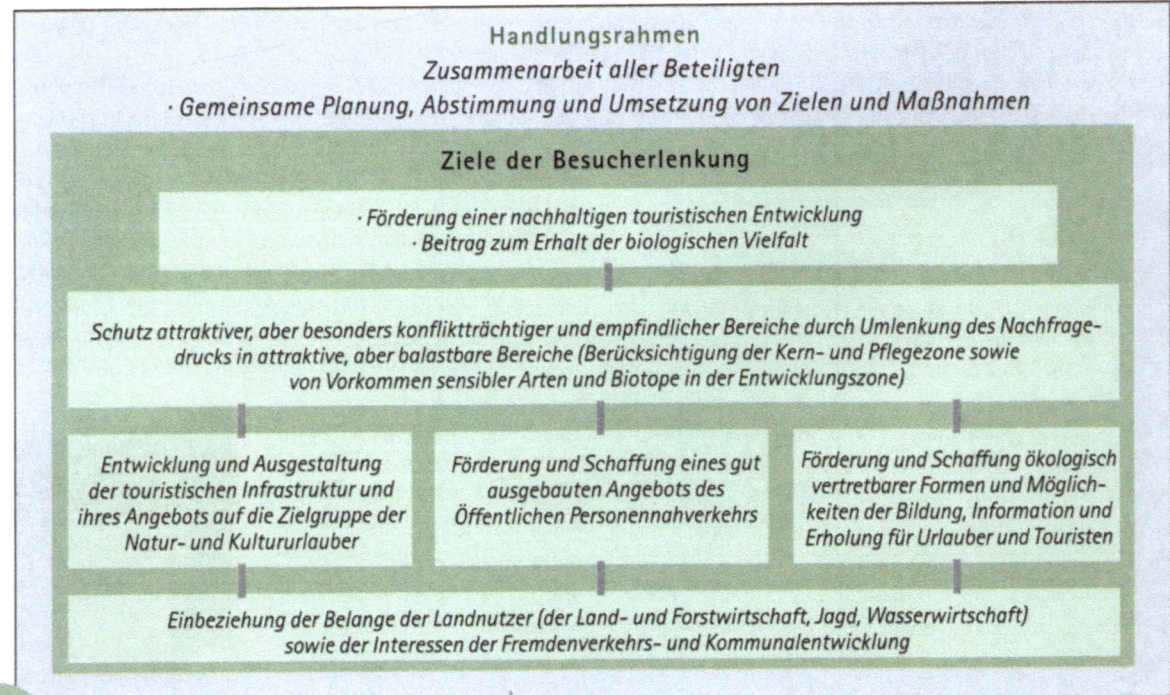

Abb. 1: Ziele der Besucherlenkung (nach KLEINE-HERZBUCH, N. 2000)

FALLBEISPIELE AUS DER PRAXIS 4.

- Unterschiedlichste touristische Aktivitäten wie etwa Wandern, Reiten, Radfahren oder Skilaufen überlagerten sich auf bestimmten Wegstrecken und es entstanden zunehmend Konflikte zwischen den verschiedenen Besuchergruppen.
- In einigen Bereichen stimmte die Ausschilderung vor Ort nicht mit den Angaben in den Wanderkarten überein. Die Gäste fanden sich nicht gut zurecht, Beschwerden nahmen zu.
- Die Flächeneigentümer konnten die Wegeinstandhaltung nicht mehr ausreichend finanzieren und die Verkehrssicherungspflicht nicht mehr gewährleisten. Mit einem Anteil von 89 Prozent Wald an der Gesamtfläche des Biosphärenreservats und einem Anteil von über 95 Prozent Staatswald war hier die Thüringer Landesforstverwaltung der Haupteigentümer und hatte deshalb ein besonderes Interesse am Projekt.
- Insgesamt gab es Defizite in der Organisation, Koordinierung und Zusammenarbeit der verschiedenen regionalen Partner.

Die Vorgehensweise –
Beratungsrunden und Ortstermine

Nachdem die BR-Verwaltung mit der Thüringer Landesforstverwaltung als dem wichtigsten Flächeneigentümer eine projektgebundene Kooperation vereinbart hatte, formulierten die Partner eine interessenübergreifende Zielstellung für die Überarbeitung des touristischen Wegenetzes. Das Projekt wurde den Bürgermeistern in direkten Gesprächen sowie der Öffentlichkeit über die Presse vorgestellt. Es folgte eine detaillierte Zustandsanalyse:

In Arbeitskarten im Maßstab 1:10.000 wurde die vorhandene Wegebeschilderung, einschließlich der Standorte von Infotafeln, Gabelwegweisern, Einzelschildern, Schutzhütten und Bänken kartiert. Angaben zu Wander-, Rad-, Reit- und Skiwegen aus Wanderkarten und Wanderführern wurden in die Karten aufgenommen, genauso wie Schutzgebiete, gemeldeten Flora-Fauna-Habitat-Gebiete (FFH-Gebiete), bekannte Vorkommen von ausgewählten störungsempfindlichen Vogelarten sowie Hinweise aus Landschaftsplänen hinsichtlich des Besucherlenkungsbedarfs, Forstwege, winterliche Holzabfuhrwege, Eigentumsverhältnisse und wichtige Wildeinstandsgebiete.

Die Biosphärenreservats-Verwaltung nutzte bei ihren Arbeiten das geografische Informationssystem (GIS) „ArcView". Durch die Kooperationsvereinbarung mit der Thüringer Landesforstverwaltung konnte u. a. auch deren digitale Waldwegefunktionsplanung genutzt werden. Im Ergebnis dieser Aktivitäten konnten die „Knackpunkte" des Wegenetzes flächendeckend lokalisiert werden.

In der Hauptphase fanden in den beteiligten Städten und Gemeinden Gespräche in „großer Runde" statt. An der Diskussion beteiligten sich alle, die Berührungspunkte mit dem touristischen Wegenetz haben: die Gemeindeverwaltungen, die Fremdenverkehrsämter, die örtlichen Vereine (Fremdenverkehrs-, Wander-, Heimat-, Wintersportvereine etc.), die Forstämter, die Jagdpächter, die Landwirte, die Naturschutzbehörden, die Landratsämter sowie private Interessenvertreter wie Reiterhof- und Campingplatzbetreiber und andere.

Die Entwürfe wurden in den Beratungsrunden vorgestellt, geprüft, diskutiert und abgestimmt. Lösungsvorschläge, die keine Zustimmung fanden, wurden erneut überarbeitet. Teilweise fanden mehrere Ortstermine zu einzelnen Wegeabschnitten statt.

Die Überarbeitung des touristischen Wegenetzes erfolgte für zwölf Städte und Gemeinden. Insgesamt wurden rund 80 Beratungen durchgeführt, an denen über 70 ver-

Wandertouristen erwarten ein klares Wegenetz.

schiedene Vertreter der o. g. Institutionen teilnahmen. Die BR-Verwaltung übernahm in diesem Projekt nicht nur die Rolle der Moderatorin, sondern auch die der Bearbeiterin.

Das Bearbeitungsgebiet schloss über die Fläche des Biosphärenreservats hinaus auch Gebiete im umgebenden Naturpark Thüringer Wald ein und orientierte sich in seiner Abgrenzung u. a. an Forstamtsbereichen und wichtigen Verkehrsachsen. Insgesamt wurde das Wegenetz auf einer Fläche von 36.680 Hektar neu konzipiert. In die Bearbeitung wurden auch die Ergebnisse eines zeitgleich laufenden Projekts der Thüringer Landesforstverwaltung zur Entflechtung touristischer Wege im Naturpark Thüringer Wald einbezogen. Dabei erfolgte eine enge Zusammenarbeit und gegenseitige Unterstützung.

Der Thüringer Wald ist ein beliebtes Naherholungsgebiet.

Voller Leben 169

4. FALLBEISPIELE AUS DER PRAXIS

Die Ergebnisse – ein Zugewinn für alle

Im August 2001 wurde das überarbeitete Wegenetz auf einer Präsentationsveranstaltung der Öffentlichkeit vorgestellt und übergeben (HELLMUTH, E., HÖRL, J. 2001). Die Ergebnisse lassen sich wie folgt zusammenfassen:

- Das touristische Wegenetz wurde insgesamt reduziert (vgl. Tab. 1 und 2). Bei den Radwanderwegen wurden ausschließlich überregionale Strecken, die auch entsprechend ausgeschildert sind, aufgenommen. Nicht berücksichtigt wurden zahlreiche örtliche Routenempfehlungen aus Radwanderführern. Reitwanderwege wurden neu aufgenommen, um Verbindungen zwischen einzelnen Reiterhöfen und Reitstützpunkten herzustellen.
- Die Wegenutzungen wurde entflochten. Nach Möglichkeit wurden höchstens zwei touristische Nutzungsarten auf einem Weg kombiniert.
- Das Wegenetz wurde unter dem Aspekt der Reduzierung der Folgekosten (Instandhaltung der Wege, Ausschilderung, Bänke, Schutzhütten, Gewährleistung der Verkehrssicherungspflicht) abgestimmt.
- Von den insgesamt 82 Informationstafeln mit Kartenausschnitten und Wegenetzdarstellung im Biosphärenreservat bedürfen 73 einer Aktualisierung.
- Um Konflikte zukünftig zu vermeiden, erfolgt die Wegeführung auf Flächen des Staats- und Kommunalwaldes.
- Die Wegeinformationssystem-Planung und die Wildeinstandsgebiete wurden berücksichtigt, indem z. B. auf Hauptabfuhrwegen im Winter keine Skiwanderwege ausgewiesen wurden. Wichtige Bereiche von Schutzgebieten, insbesondere die Kernzonen, sowie Vorkommen störungsempfindlicher Arten und Biotope wurden durch die Verlagerung touristischer Wege beruhigt (vgl. Abb. 2).

Bei der Präsentationsveranstaltung bewerteten die Beteiligten die Ergebnisse positiv: Die Qualität des touristischen Wegenetzes werde sich infolge der Einschränkungen und Entflechtung der touristischen Nutzungen verbessern und Einheimischen wie Gästen stehe auch zukünftig ein attraktives Geflecht aus markierten Wegen, thematischen Wegen, Lehrpfaden, Ausflugszielen und Aussichtspunkten zur Verfügung.

	Länge vor der Überarbeitung in km	Länge nach der Überarbeitung in km	Veränderung in km	Veränderung in %	Wegenetzdichte nach der Überarbeitung in lfd. m/ha
Wanderwegenetz	1.089	849	-240	-22	23,1
Skiwanderwegenetz	559	318	-241	-43	8,6
Radwanderwegenetz	735	117	-618	-84	3,2
Reitwanderwegenetz	20	94	+74	+384	2,5

Tab. 1: *Länge der touristischen Wegenetze vor und nach Überarbeitung im Bearbeitungsgebiet (36.680 ha), Stand 2001*

	Länge vor der Überarbeitung in km	Länge nach der Überarbeitung in km	Veränderung in km	Veränderung in %	Wegenetzdichte nach der Überarbeitung in lfd. m/ha
Wanderwegenetz	545	421	-124	-23	24,6
Skiwanderwegenetz	306	190	-116	-38	11,1
Radwanderwegenetz	430	65	-365	-85	3,8
Reitwanderwegenetz	19	51	+31	+155	3,0

Tab. 2: *Länge der touristischen Wegenetze vor und nach Überarbeitung im Biosphärenreservat Vessertal-Thüringer Wald (17.098 ha), Stand 2001*

FALLBEISPIELE AUS DER PRAXIS 4.

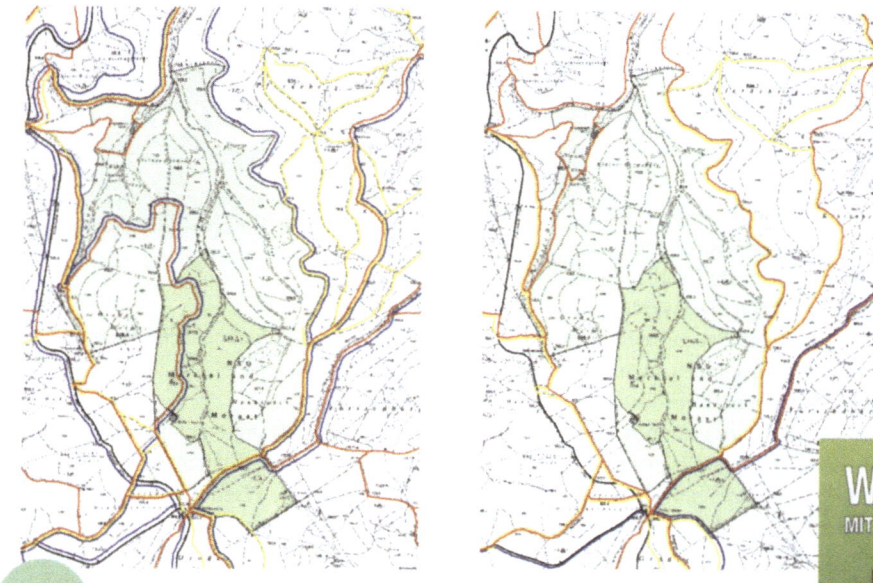

Abb. 2: Beispiel für die Beruhigung naturschutzfachlich sensibler Bereiche im Naturschutzgebiet „Marktal und Morast" vor (linke Karte) und nach der Überarbeitung (rechte Karte) des touristischen Wegenetzes (Quelle: BR Vessertal-Thüringer Wald)

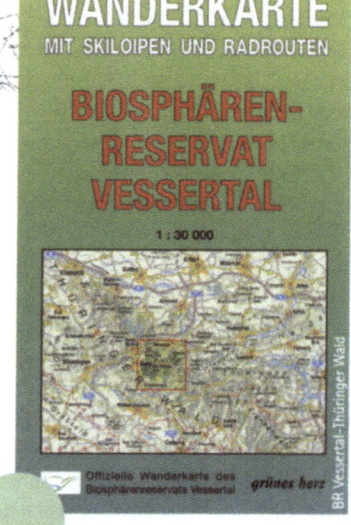

Die Wanderkarte „Biosphärenreservat Vessertal" mit dem überarbeiteten Wegenetz

Erste Erfolge bei der Umsetzung

Mit der Präsentation im August 2001 begann auch die Umsetzung: Ausschilderungen der touristischen Wege, Infotafeln und Wanderkarten werden aktualisiert und Instandsetzungsmaßnahmen an Wegen durchgeführt. Sie wird einen längeren Zeitraum beanspruchen. Bis Juni 2003 haben die Projektpartner bereits Folgendes erreicht:

■ **Ausschilderung des touristischen Wegenetzes**
In Gemeinden mit ehrenamtlichen Wegewarten oder Bauhöfen erfolgte die Umsetzung meist zügig. Die Gemeinde Stützerbach hat z. B. im Jahr 2002 die Ausschilderung eines Wanderweges durch die Kernzone im Naturschutzgebiet „Marktal und Morast" entfernt (vgl. Abb. 2). In einigen Gemeinden müssen andere Lösungen, auch in Zusammenarbeit mit örtlichen Vereinen, gefunden werden. Praktische Unterstützung erhielten einige Gemeinden durch ein Projekt des zweiten Arbeitsmarkts in Trägerschaft des Fremdenverkehrsverbandes Thüringer Wald e. V.

■ **Aktivitäten der Thüringer Landesforstverwaltung**
Die Thüringer Landesforstverwaltung hat das überarbeitete Wegenetz in ihr digitales Informationssystem übernommen. Den Forstämtern steht damit eine wichtige Arbeitsgrundlage zur Verfügung. Weiterhin haben die Forstämter begonnen, mangelhafte Wege in Stand zu setzen und Ausblicke frei zu schneiden.

■ **Touristische Literatur**
Die BR-Verwaltung hat mit Verlagen bzw. Autoren der ausgewerteten touristischen Literatur Kontakt aufgenommen und entsprechende Zuarbeiten geleistet. Die Kartenübermittlung erfolgte auf Wunsch digital, um die kartografische Bearbeitung zu erleichtern. Einige Neuauflagen von Wander- und Skiwegekarten mit entsprechenden Änderungen sind bereits erschienen.

Der Verlag Grünes Herz Ilmenau gab im Juni 2003 in Zusammenarbeit mit der BR-Verwaltung die Wanderkarte „Biosphärenreservat Vessertal" heraus, die auf dem überarbeiteten touristischen Wegenetz basiert. Damit liegt erstmals eine Wanderkarte im Maßstab 1:30.000 vor, in der das gesamte Biosphärenreservat dargestellt ist.

■ **Infotafeln**
Die Gemeinden erneuerten bisher zehn Infotafeln. Die weitere Aktualisierung wird länger dauern, da sie relativ kostenintensiv ist.

Die Vertreter aus der Region trafen sich im August 2002 und im April 2003 erneut, um Zwischenbilanz über den Stand der Umsetzung zu ziehen. Dabei berichtete der Verband für Seilbahnen und Schlepplifte in Thüringen, dass in der Wintersaison 2002/2003 deutlich weniger Probleme zwischen Wintersport und Forstwirtschaft sowie weniger Beschwerden über die Ausschilderung auftraten als in den Vorjahren.

Voller Leben 171

4. FALLBEISPIELE AUS DER PRAXIS

Die naturschutzfachlichen Grundlagen – Fragen und Antworten

KLEINE-HERZBRUCH konnte in ihrer Diplomarbeit nur eine erste Betrachtung der naturschutzfachlichen Aspekte vornehmen (KLEINE-HERZBRUCH, N. 2000). Obwohl eine vertiefte Bearbeitung aus Sicht der BR-Verwaltung erforderlich war, wurde wegen des dringenden Handlungsbedarfs zunächst mit der Überarbeitung des touristischen Wegenetzes begonnen. Zum Ende des Jahres 2000 gelang es jedoch, einen entsprechenden Werkvertrag an einen externen Gutachter zu vergeben. Gegenstand war die Erarbeitung räumlich konkretisierter Anforderungen des Arten- und Biotopschutzes an eine Besucherlenkung im BR Vessertal-Thüringer Wald. Dazu erfolgte eine GIS-gestützte Analyse der vorliegenden Arten- und Biotopschutzprogramme, weiterer Naturschutzfachplanungen und Datenbanken sowie eine Literaturrecherche (OPUS 2002). Das Bearbeitungsgebiet beschränkte sich dabei auf das Gebiet des Biosphärenreservats Vessertal-Thüringer Wald.

Der Feuersalamander (Salamandra salamandra) gehört zu den störungsempfindlichen Tierarten im BR Vessertal.

Störungsempfindliche Arten und Biotope

Ausgehend von der Literaturrecherche erarbeitete das Büro OPUS Listen potenziell störungsempfindlicher Arten und Biotoptypen. Neben ihrem Vorkommen im Bearbeitungsgebiet legten die Gutachter als weiteres Kriterium den Rote-Liste-Status (Rote Liste Thüringen) zu Grunde. Darüber hinaus erfassten sie, welche dieser Arten in den Anhängen der FFH-Richtlinie und im Leit- und Zielartenkonzept des Biosphärenreservats Vessertal (SCHLUMPRECHT, H. et al. 2002) enthalten sind.
Zu den ermittelten 55 störungsempfindlichen Tier- und Pflanzenarten gehören u. a.
- Arnika (*Arnica montana*),
- Breitblättriges Knabenkraut (*Dactylorhiza majalis*),
- Holunder-Knabenkraut (*Dactylorhiza sambucina*),
- Rundblättriger Sonnentau (*Drosera rotundifolia*),
- Scheidiges Wollgras (*Eriophorum vaginatum*),
- Sibirische Schwertlilie (*Iris sibirica*),
- Keulen-Bärlapp (*Lycopodium clavatum*),
- Stattliches Knabenkraut (*Orchis mascula*),
- Braunkehlchen (*Saxicola ruberta*),
- Rauhfußkauz (*Aegolius funereus*),
- Kreuzotter (*Vipera berus*),
- Feuersalamander (*Salamandra salamandra*),
- Bachforelle (*Salmo trutta fario*).

Für viele Arten sind die tatsächlichen Beeinträchtigungen durch touristische Aktivitäten aber nur unzureichend belegt. Meist überlagern andere Landnutzungen wie Land- und Forstwirtschaft die Beeinträchtigung durch touristische Aktivitäten, so dass eine Abgrenzung im Einzelfall Schwierigkeiten bereitet.

Zu den ermittelten 20 störungsempfindlichen Biotoptypen gehören:
- Moor- und Quellbereiche,
- die Lebensräume der stark störungsempfindlichen Vogelarten Bekassine (*Gallino gallino*), Birkhuhn (*Tetrao tetrix*), Schwarzstorch (*Ciconia nigra*), Wachtelkönig (*Crex crex*) und Wanderfalke (*Falco peregrinus*),
- alle Feuchtstandorte,
- alle Sonderstandorte im Wald (Standorte mit Erosionsgefahr).

Die Auswertung der mit Hilfe des GIS erarbeiteten Karten der Verbreitung der störungsempfindlichen Arten und Biotope ergab eine relativ gleichmäßige Verteilung über die einzelnen Zonen des Biosphärenreservats und nicht, wie zu erwarten gewesen wäre, eine Konzentration in den Kern- und Pflegezonen. Das heißt, dass auch in der Entwicklungszone Aspekte der Besucherlenkung berücksichtigt werden müssen.
Weiterhin sind auch saisonale Aspekte wie Brut- und Blütezeiten zu beachten. Durch die Bearbeitung mit Hilfe des GIS ist die BR-Verwaltung selbst in der Lage, zukünftig neue Erkenntnisse, z. B. zu Vorkommen störungsempfindlicher Arten, in das Projekt zu integrieren und die Ergebniskarten fortzuschreiben.

Auswirkungen touristischer Aktivitäten

Da bisher konkrete Angaben zum Besucherverhalten aus dem Biosphärenreservat nicht vorliegen, ermittelten die Gutachter zunächst die potenziellen Beeinträchtigungen durch touristische Aktivitäten wie Wandern, Radfahren, Reiten, Skifahren, Naturphotographie, Crosslauf, Klettern, Motocross, Sammeln von Pilzen und Beeren sowie Flugsportarten. Dabei stehen die möglichen Beeinträchtigungen zum überwiegenden Teil im Zusammenhang mit dem Verlassen von Wegen.
Weiterhin erfolgte eine Analyse der vorliegenden Schutzgebietsverordnungen im Hinblick auf touristisch bedeutsame Gebote und Verbote. Die Ergebnisse wurden in einer Übersichtskarte für das Biosphärenreservat dargestellt.

Bewertung der Ergebnisse

Die Ergebnisse, insbesondere die der Literaturrecherche, belegen, dass für die Beantwortung wichtiger Fragestellungen unsere Kenntnisse derzeit nicht ausreichen. So gibt es kaum

verallgemeinerbare Aussagen zu den tatsächlichen Beeinträchtigungen von Arten und Biotopen durch touristische Nutzungen. Dies trifft auch auf Beeinträchtigungen von Arten und Biotopen durch unterschiedliches Besucherverhalten im Zusammenhang mit tages- oder jahreszeitlichen Veränderungen zu.
Auch für das BR Vessertal-Thüringer Wald selbst fehlen Grundlagen, insbesondere zu weiteren Vorkommen potenziell störungsempfindlicher Arten, zur Übertragbarkeit von Ergebnissen aus anderen Regionen sowie zum Besucherverhalten. Trotz dieser Einschränkungen reichten die Ergebnisse, um das überarbeitete Wegenetz hinsichtlich potenzieller Beeinträchtigungen störungsempfindlicher Arten und Biotope vorläufig zu bewerten.
Die BR-Verwaltung ermittelte dabei zumindest für das Gebiet des Biosphärenreservats keine Konflikte, die weitere Korrekturen am Wegenetz erforderlich machen.
Eine Bestätigung, ob touristische Aktivitäten potenziell störungsempfindliche Arten und Biotope tatsächlich beinträchtigen, ist erst durch die Erfassung der Besucherströme und des Besucherverhaltens möglich.
Die Ergebnisse des Werkvertrags und die anschließende Bewertung wurden den Vertretern aus der Region im Frühjahr 2003 vorgestellt und mit ihnen diskutiert.
Auf Grundlage konkreter Vorschläge der BR-Verwaltung unterstützten die Teilnehmer die Einrichtung eines Besuchermonitoring im BR Vessertal-Thüringer Wald.

Verschiedene Akteure aus der Region sind in das Projekt „Besucherlenkung" eingebunden und kommen regelmäßig zu Beratungsrunden zusammen.

Moderne Beteiligungsverfahren – der Schlüssel zum Erfolg

Eine wesentliche Grundlage der Projektbearbeitung war die partnerschaftliche Beteiligung der Vertreter aus der Region im ergebnisoffenen Dialog. Auch die intensive Begleitung und Unterstützung des Projekts durch die Thüringer Landesforstverwaltung hat seinen Erfolg befördert.
Begleitend erfolgte eine intensive Öffentlichkeitsarbeit. Pressevertreter haben mehrfach an Beratungen und Projektbesprechungen teilgenommen und regelmäßig in der Lokalpresse berichtet.

Die Vorstellung und Diskussion des Projekts auf Fachtagungen hat Anregungen für die eigene Arbeit vermittelt und wurde in der Region positiv registriert. Hervorzuheben ist dabei die Projektpräsentation auf der Tagung „Monitoring and Management of Visitor Flows in Recreational and Protected Areas" (ARNBERGER, A. et al. 2002 und MODER F., HELLMUTH, E. 2002) im Februar 2002 in Wien.
Zunehmend wird auch die Projektdarstellung auf der Website www.biosphaerenreservat-vessertal.de genutzt.

Richtige Rahmenbedingungen – positive Ergebnisse

Die Projektbeteiligten äußerten sich immer wieder positiv über den Projektverlauf und seine Ergebnisse.
Neben dem transparenten Beteiligungsverfahren haben dabei weitere Faktoren zu dieser Einschätzung beigetragen. So bestand für die Überarbeitung des touristischen Wegenetzes aus unterschiedlichen Gründen ein Handlungsbedarf in der Region und die Partner waren an Lösungen interessiert. Die Bearbeitung der Teilprojekte brachte konkrete Resultate, alle Beteiligten hatten einen Nutzen daraus. Die getroffenen Vereinbarungen waren umsetzungsfähig und die Erfolge wurden in der Region kommuniziert.
Insgesamt war das Projekt auf einen Interessenausgleich ausgerichtet, d. h. sämtliche Partner haben mit Flexibilität und auch mit Kompromissbereitschaft agiert. Die Beteiligten haben einen Lernprozess hinsichtlich der Interessen der jeweils anderen Partner durchlaufen. Dies hat das gemeinsame Verständnis und Miteinander gefördert.
Als vorteilhaft erwies sich außerdem die Bearbeitung von Teilprojekten. Diese Arbeitsweise ist leichter überschaubar, es wurden Teilziele formuliert und Teilergebnisse erreicht. Dies war umso wichtiger, je länger das Projekt andauerte. Es wurde bald klar, dass die zu Beginn kalkulierte Projektdauer von drei bis vier Jahren zu knapp bemessen war.
Entscheidend war auch, dass die BR-Verwaltung die notwendige Managementfähigkeit zur Projektdurchführung besaß. Innerhalb der BR-Verwaltung hatte das Projekt einen hohen Stellenwert, auch was die Bereitstellung von Bearbeitungsressourcen betrifft. Weiterhin waren die notwendige Fachkompetenz und die Gebietskenntnisse vorhanden. Mit der Nutzung des GIS in der BR-Verwaltung erfolgte ein zeitgemäßes Datenmanagement, durch das viele Bewertungen erleichtert und eine zeit- und kostensparende kartografische Bearbeitung möglich wurde.
Ein externer Experte wurde hinzugezogen, um für einige spezielle Fragestellungen auf fachlich fundierte Grundlagen aufbauen zu können. Hier zeigte sich auch der Bedarf an weiteren wissenschaftlichen Untersuchungen. Gleichzeitig machen die Erfahrungen aber deutlich, dass es richtig war, das

4. FALLBEISPIELE AUS DER PRAXIS

Projekt zu starten, obwohl es erhebliche Defizite z. B. bei den naturschutzfachlichen Grundlagen gab. Auch wenn weiterhin solche Defizite bestehen, ist das Projekt der Einschätzung der Beteiligten nach dem Anspruch gerecht geworden, eine nachhaltige Fremdenverkehrsentwicklung zu fördern. Insgesamt ist mit dem Projekt „Besucherlenkung" ein Zugewinn für das BR Vessertal sowie für seine Bewohner und Gäste verbunden. Allen Beteiligten aus der Region sei an dieser Stelle für ihre tatkräftige Mitarbeit gedankt.

Ausblick – Wie geht es weiter?

Neben der weiteren Umsetzung im Zusammenhang mit dem überarbeiteten touristischen Wegenetz vereinbarte die BR-Verwaltung mit den Partnern aus der Region zwei weitere Teilprojekte:

■ **Besuchermonitoring**

Ein Besuchermonitoring soll die tatsächliche Beeinträchtigung der potenziell störungsempfindlichen Arten und Biotope feststellen.

Langfristig soll über ein Netz von automatischen Registriereinrichtungen in ausgewählten Bereichen die Besucherfrequenz mit ihren tageszeitlichen und saisonalen Schwankungen ermittelt werden. Zusätzlich will die BR-Verwaltung Trampelpfade und Skispuren abseits von Wegen in ausgewählten Bereichen erfassen, um mögliche Beeinträchtigungen durch das Verlassen von Wegen zu ermitteln. Erste methodische Tests in sensiblen Moorbereichen gab es bereits.

■ **Busverbindungen und Parken**

Weiterer Handlungsbedarf ergibt sich aus der Verschlechterung der Angebote des öffentlichen Personennahverkehrs für Touristen sowie aus Parkplatzproblemen im Winter. Die Gemeinden haben die BR-Verwaltung zur Lösung dieser Probleme um Unterstützung gebeten.

Außerdem ist absehbar, dass die BR-Verwaltung zukünftig einige Aufgaben regelmäßig bearbeiten muss und diese damit ihren Projektcharakter verlieren. Dazu zählt die Fortschreibung des touristischen Wegenetzes – bedingt durch neue Projektideen der Partner und die Bereitstellung aktueller Daten für Herausgeber und Autoren von touristischer Literatur für die Region. Dies sind spezifische Beiträge der BR-Verwaltung zur Unterstützung einer nachhaltigen Fremdenverkehrsentwicklung.

Zusammenfassung

Das Biosphärenreservat Vessertal-Thüringer Wald ist ein wichtiger Bestandteil der Fremdenverkehrsregion Thüringer Wald. Zur Förderung einer nachhaltigen touristischen Entwicklung wurde im Jahr 1999 das Projekt „Besucherlenkung" gestartet. Gemeinsam mit Akteuren, vor allem aus den Bereichen Fremdenverkehr, Kommunen, Forstwirtschaft und Naturschutz, wurden und werden die Ziele und Maßnahmen mit den Partnern gemeinsam erarbeitet, abgestimmt und umgesetzt.

So wird die bereits erfolgte Überarbeitung des touristischen Wegenetzes beschrieben. Weiterhin werden die naturschutzfachlichen Grundlagen sowie die Bedeutung moderner Beteiligungsverfahren und der Rahmenbedingungen für den Erfolg des Projekts erläutert.

Die Beteiligten in der Region bewerten den bisherigen Projektverlauf und die Ergebnisse positiv und als wichtigen Schritt auf dem Weg zu einer nachhaltigen touristischen Entwicklung.

Literatur

ARNBERGER, A. et al. (2002): Monitoring and Management of Visitor Flows in Recreational and Protected Areas. Conference Proceedings. January 30 - February 02 2002. Institute for Landscape Architecture and Landscape Management. Bodenkultur University Vienna, Austria.

HELLMUTH, E., HÖRL, J. (2001): Projekt Besucherlenkung im Biosphärenreservat Vessertal. Teilprojekt: Überarbeitung und Abstimmung des touristischen Wegenetzes. Ergebnisbericht zur Überarbeitung und Abstimmung des touristischen Wegenetzes im Bereich der Forstämter Oberhof, Schmiedefeld und Ilmenau (Städte und Gemeinden im Ilm-Kreis sowie Suhl-Goldlauter). Verwaltung Biosphärenreservat Vessertal, Schmiedefeld a. R., In: www.biosphaerenreservat-vessertal.de.

KLEINE-HERZBRUCH, N. (2000): Ziele der Besucherlenkung im Biosphärenreservat Vessertal unter Berücksichtigung touristischer und naturschutzfachlicher Aspekte. Unveröffentlichte Diplomarbeit. Universität Gesamthochschule Kassel, Studienbereich Stadt- und Landschaftsarchitektur, Wintersemester 1999/2000.

MODER, F., HELLMUTH, E. (2002): Objectives and Basis of Management of Visitor Flows in the Biosphere Reserve Vessertal/Thuringia Germany. In: Monitoring and Management of Visitor Flows in Recreational and Protected Areas. Conference Proceedings. January 30 – February 02 2002. Institute for Landscape Architecture and Landscape Management. Bodenkultur University Vienna, Austria: 346-352.

OPUS (OEKOLOGISCHE STUDIEN, UMWELTSTUDIEN UND SERVICE) (2002): Naturschutzfachliche Grundlagen der Besucherlenkung im Biosphärenreservat Vessertal (GIS-gestützte Analyse). Unveröffentlichtes Gutachten im Auftrag der Verwaltung Biosphärenreservat Vessertal, Schmiedefeld a. R.

SCHLUMPRECHT, H., BOCK, K.-H., ERDTMANN, J., TREB, J. u. J. WYKOWSKI (2002): Leit- und Zielartenkonzept für das Biosphärenreservat Vessertal. Gutachten Verwaltung Biosphärenreservat Vessertal, Schmiedefeld a. R. In: www.biosphaerenreservat-vessertal.de.

4.7 Nachhaltige Landwirtschaft auf den Halligen

Biosphärenreservat Schleswig-Holsteinisches Wattenmeer

Kirsten Boley-Fleet

Einleitung

Vor der Westküste Schleswig-Holsteins liegen inmitten des Biosphärenreservats und Nationalparks Schleswig-Holsteinisches Wattenmeer die nordfriesischen Halligen (Gröde, Habel, Hamburger Hallig, Hooge, Langeneß, Norderoog, Nordstrandischmoor, Oland, Süderoog, Südfall). Als unregelmäßig überflutete Landflächen mit Inselcharakter bilden sie einen wichtigen Bestandteil des Ökosystems Wattenmeer und wirken zudem als Wellenbrecher zum Schutz der Küste vor den Sturmfluten der Nordsee.

Die Halligen bieten Lebensraum für Pflanzen und Tiere der Salzwiesen, Brutplätze für viele Wat- und Wasservögel und Rastplätze für durchziehende Vogelarten mit internationaler Bedeutung. Außerdem stellen sie ein wichtiges Nahrungsgebiet für nordische Meeresgänse wie Ringelgans (*Branta bernicla*), Nonnengans (*Branta leucopsis*) und Pfeifenten (*Anas penelope*) dar.

Entwicklung der Landwirtschaft im Wattenmeer

Seit Jahrhunderten leben und wirtschaften Menschen auf den „schwimmenden Träumen" (STIFTUNG NORDFRIESISCHE HALLIGEN 2000). Zum Schutz vor dem Hochwasser wohnen sie auf künstlich angelegten Anhöhen, so genannten Warften. Heute gibt es noch knapp 300 Halligbewohner, die fest in ihrer Heimat verwurzelt sind und sich auf die besonderen Herausforderungen des Halliglebens eingestellt haben. Landwirtschaft, Küstenschutz und Tourismus bilden ihre drei wirtschaftlichen Standbeine.

Bis zur Mitte des 20. Jahrhunderts stellte die Landwirtschaft die eigentliche Lebensgrundlage dar, aber ihre Bedeutung hat in den vergangenen Jahrzehnten stetig abgenommen. Infrastrukturelle Fördermaßnahmen in den 1960er und 70er Jahren zur Einrichtung von Strom- und Wasserversorgung sowie der Bau von Fähranlegern verbesserten die Lebensbedingungen auf den Halligen in entscheidendem Maße. Dennoch ging es mit der Landwirtschaft weiter bergab und die Zahl der landwirtschaftlichen Betriebe sank. Auf den Halligen kommen weitere spezielle Standortnachteile für die Landwirtschaft hinzu: Häufige Salzwasserüberflutungen, umständlicher Transport verbunden mit hohen Frachtkosten, eine kurze Wachstumsperiode bei ertragsarmer Vegetation sowie Vorweide bzw. Kahlfraß durch Ringelgänse (*Branta bernicla*).

Von öffentlicher Hand gefördert

Dass das Halligland allen Widrigkeiten zum Trotz weiter bewirtschaftet wird, ist verschiedenen Fördermaßnahmen zu verdanken. So wurden die Halligen 1974 an das für benachteiligte Gebiete in ganz Europa konzipierte, aus EU-Mitteln finanzierte Bergbauernprogramm angekoppelt (Richtlinie 75/268/EWG 1975). Der Titel des Programms ist etwas irreführend, aber außer den Berggebieten wurden auch Landwirte in benachteiligten Gebieten mit schwierigen klimatischen Bedingungen und begrenzter Bodennutzung gefördert. Die Halligbauern erhielten darin die höchstmögliche Ausgleichszulage, um den Fortbestand der Landwirtschaft zu sichern, das Einkommen der Landwirte in den betroffenen Gebieten zu verbessern, um eine Mindestzahl an Personen auf dem Land zu halten und um die Umwelt in den benachteiligten Gebieten zu erhalten. Die ungünstigen wirtschaftlichen Rahmenbedingungen der 80er Jahre machten es erneut erforderlich, über die Halligen nachzudenken. Angesichts der speziellen Probleme der Halliglandwirtschaft startete das schleswig-holsteinische Landwirtschaftsministerium im Jahr 1987 das so genannte Halligprogramm (MELF 1986). Ziel dieses Programms ist es bis heute, die Halligen in ihrem ursprünglichen, naturnahen Charakter mit ihrer wichtigen ökologischen Funktion im Wattenmeer zu erhalten und als Lebens- und Arbeitsraum für die einheimische Bevölkerung zu sichern.

Im Rahmen dieses Programms „zur Sicherung und Verbesserung der Erwerbsquellen der Halligbevölkerung im Rahmen der Landschaftspflege und Landwirtschaft, des Küstenschutzes und des Fremdenverkehrs" fördert das Land Schleswig-Holstein seit 1987 eine extensive Landwirtschaft auf den Halligen („Richtlinie für ein erweitertes Bewirtschaftungsentgelt im Rahmen des Halligprogramms") (MNUL 1992). Seit 1988 beteiligt sich die Europäische Gemeinschaft, inzwischen Europäische Union, finanziell an dieser Förderung im Rahmen einer Kofinanzierung.

1992 wurden das EU-, Bundes- und Landesprogramm aktualisiert und 1998 kam eine weitere Förderung mit dem Programm zum Vertragsnaturschutz in Schleswig-Holstein hinzu. Die gültige Fassung aus dem Jahr 1992 wird derzeit im Rahmen eines Plans des Landes Schleswig-Holstein zur Entwicklung des ländlichen Raumes nach EU-Recht (Rats-Verordnung (EG) Nr. 1257/1999 vom 17.05.1999 (3)) überarbeitet und liegt der Europäischen Union zur Notifizierung vor.

4. FALLBEISPIELE AUS DER PRAXIS

Das kleine, aber feine Halligprogramm stand bei Haushaltskürzungen nie zur Disposition, weil es politischer wie gesellschaftlicher Konsens ist, die Halligen mit ihrer traditionellen Lebens- und Wirtschaftsweise zu erhalten.

In Zeiten leerer öffentlicher Kassen und vor dem Hintergrund einer veränderten Förderkulisse im Zuge der geplanten EU-Erweiterung 2004 gilt es, für die nordfriesischen Halligen qualifizierte Projekte und regionale Entwicklungskonzepte zu erarbeiten, um sich mit anderen Antragstellern aus ganz Europa dem Wettbewerb um Zuschüsse zu stellen. Ohne Subventionen ist auf den Halligen keine Form der Landwirtschaft möglich.

Das Halligprogramm

Inhalt und Ziele

Rund 50 landwirtschaftliche Betriebe befinden sich auf den Halligen. Sie bewirtschaften ca. 1.750 Hektar Grünland. Es sind ausschließlich Futterbaubetriebe, die mit eigenem Vieh Milchwirtschaft betreiben oder während der Sommermonate Pensionsvieh vom Festland halten. Die Zahl der Betriebe, die über eigenes Vieh verfügen, geht zurück. Entsprechend hat die Pensionsviehhaltung zugenommen.

Wer möchte hier nicht „in Pension" gehen? Kühe auf Nordstrandischmoor.

Pensionsvieh wird im Mai auf Schiffen oder durch das Watt zur Hallig gebracht. Den Sommer über weiden die Tiere auf den Halligfennen und werden Anfang Oktober auf das Festland zurückgebracht. Mit der Zunahme von Pensionsvieh ist auch ein Rückgang an Mahdflächen verbunden, die aus ökologischer Sicht wünschenswert wären. Winterfutter wird nicht mehr oder nur in sehr geringem Maße benötigt.

Der Wechsel von Mahd- und Weideflächen ist weitgehend verschwunden. Aber auch die Bemühungen, Pensionsvieh für einen Halligsommer zu bekommen, gestalten sich schwieriger, da auf dem Festland zunehmend mehr und günstigere Weideflächen zur Verfügung stehen. Zudem ist der Arbeitsaufwand beträchtlich und der Transport muss teuer bezahlt werden.

Die Schafhaltung hat, nachdem sie schon fast aufgegeben war, in den letzten Jahren wieder an Bedeutung gewonnen, besonders auf den kleinen Halligen Gröde, Oland und Nordstrandischmoor.

Im Frühjahr und auch im Herbst jeden Jahres nimmt eine andere, gefiederte Tierart die Salzwiesen in Besitz, nämlich die Dunkelbäuchige Ringelgans (*Branta bernicla*). Viele Menschen sind vom Anblick der großen Vogelschwärme begeistert. Den Landwirten bereiten diese Wildgänse jedoch Sorgen, wenn sie im Frühjahr ins Wattenmeer einfliegen und die Salzwiesen großflächig abfressen. Um die 70.000 Ringelgänse (*Branta bernicla*) rasten dann gleichzeitig auf den Halligsalzwiesen. Anfang des 20. Jahrhunderts gab es noch riesige Schwärme dieser Vögel im Wattenmeer. Ein halbes Jahrhundert später brach der Bestand dann zusammen und löste auf internationaler Ebene effektive Schutzbemühungen aus. Heute ist die Populationsgröße der Ringelgans (*Branta bernicla*) wieder so hoch, dass der Bestand als gesichert gilt.

Da rund die Hälfte der biogeografischen Gesamtpopulation im schleswig-holsteinischen Wattenmeer ihr traditionelles Hauptrastgebiet auf dem Weg zwischen der Arktis und Mitteleuropa hat, hat das Land Schleswig-Holstein eine besondere, internationale Verpflichtung, diese Art zu schützen. Für den einzelnen Landwirt hingegen bedeuten die Schäden in der Regel erhebliche wirtschaftliche Einbußen.

Um den ökologischen Charakter der Halligwelt und gleichzeitig die Erwerbstätigkeit der landwirtschaftlichen Bevölkerung zu erhalten, wird die Landwirtschaft auf den Halligen finanziell gefördert. Dabei werden Zuwendungen gewährt als Vergütung für Naturschutzleistungen, als Ausgleich für vereinbarte Bewirtschaftungsauflagen und als Ausgleich von Schäden, die Ringelgänse (*Branta bernicla*) verursachen.

Fördermöglichkeiten

Im Folgenden werden die einzelnen Fördermöglichkeiten beschrieben:

Pflegeentgelt

Das Pflegeentgelt für eine nachhaltige Bewirtschaftung der Halligsalzwiesen setzt sich aus vier verschiedenen Bestandteilen zusammen.

■ Bewirtschaftungsentgelt

Um eine Überweidung der Salzwiesen zu vermeiden, wurden unter naturschutzfachlichen Gesichtspunkten halligspezifische, d. h. für jede Hallig gesondert, maximale Viehbesatzstärken festgelegt (zwischen 0,7 und 1,7 Großvieheinheiten (GV) pro Hektar; dabei ist für die Umrechnung folgender Umrechnungsschlüssel anzuwenden: Kühe und Rinder von mehr als 2 Jahren entsprechen 1,0 GV, Rinder von mehr als 6 Monaten bis 2 Jahren 0,6 GV, Pferde von mehr als 6 Monaten 2,0 GV und 3 Schafe sind als 1 GV gleichzusetzen). Neben den maximalen Besatzstärken sind weitere Auflagen bei der Bewirtschaftung einzuhalten, die den

Naturschutz auf den Flächen verbessern. Dazu gehören der Verzicht auf das Ausbringen von stickstoffhaltigem Dünger und das Schleppen und Walzen der Flächen zum Glätten des Bodens. Die Ausgleichszulage muss bei der Inanspruchnahme des Bewirtschaftungsentgelts angerechnet werden. Es beträgt zurzeit 155 Euro pro Hektar. Die Gewährung des Zuschusses nur auf Teilflächen eines Betriebs ist nicht möglich.

- Mähzuschuss

Der zusätzlich gewährte Mähzuschuss in Höhe von 105 Euro pro Hektar erhält und fördert die Vielfalt von Arten auf den Halligen. Artenreiche Pflanzenbestände, die dort bis zur Samenreife ungestört aufwachsen können, bereichern das Halligbild. Sie schaffen vielfältige Lebensräume für Kleinstlebewesen z. B. Halligflieder-Rüsselkäfer (*Apion limonii*) und Brutvögel z.B. Rotschenkel (*Tringa totanus*) und sichern langfristig die Ertragsfähigkeit der Salzwiese.

Durch die Zunahme des Pensionsviehs gibt es kaum noch Mähflächen auf den Halligen. Der Mähzuschuss soll den Erhalt des Nutzungsmosaiks auf den Halligsalzwiesen fördern. Er wird unter Wahrung zeitlicher Auflagen, besonderer Schutzmaßnahmen für die Brutvögel und unverzüglicher Bergung des Heus nach dem Trocknen gewährt.

- Ringelgans-Entschädigung

Von April bis Mai rasten auf den Halligsalzwiesen rund 70.000 Ringelgänse (*Branta bernicla*), die sich für den langen Weg von der westlichen Nordseeküste bis in ihre sibirischen Brutgebiete die notwendigen Fettreserven zulegen: Sie fressen das Gras von den Salzwiesen. In der Regel bedeutet das für den Halliglandwirt, dass er sein Vieh nur verspätet auftreiben kann oder sogar gänzlich auf die Aufnahme von Pensionsvieh verzichten muss, weil die Gänse die Wiesen zuvor schon teilweise oder vollständig abgefressen haben.

Die Landwirte erhalten daher eine Entschädigung für die durch die Ringelgänse (*Branta benicla*) verursachten Fraßschäden in drei Schadensstufen. Diese beruhen auf der Grundlage einer zuvor durchgeführten Kartierung:
- Schadensstufe 1 mit 0 bis 20 Prozent Schädigung des Normalertrags: Keine Entschädigung
- Schadensstufe 2 mit 20 bis 80 Prozent Schädigung des Normalertrags: 40 Euro pro Hektar
- Schadensstufe 3 mit 80 bis 100 Prozent Schädigung des Normalertrags: 80 Euro pro Hektar

- Prämie für ein Biotop-Programm im Bereich landwirtschaftlicher Flächen

In Ergänzung zu Bewirtschaftungsentgelt, Mähzuschuss und Ringelgansentschädigung wird eine weitere, freiwillige Reduzierung der halligspezifischen maximalen Viehbesatzstärke finanziell honoriert, um den Naturschutz auf den Flächen zu verbessern. Für die Verringerung der Viehbesatzstärke um einen Wert zwischen 30 Prozent und 70 Prozent (gemessen am Durchschnitt der Jahre 1988 bis 1990) auf den gesamten, landwirtschaftlich genutzten Flächen eines Betriebs werden 80 Euro pro reduzierter Großvieheinheit gewährt.

Prämie für natürlich belassene Salzwiesen

Die nordfriesischen Halligen haben aufgrund ihrer Entstehungsgeschichte und ihrer typischen Salzwiesen eine einzigartige Bedeutung für den Naturschutz. Jede Bewirtschaftung bedeutet einen Eingriff in diesen besonderen Lebensraum. Deshalb wird auf begrenzten Flächen der Halligen (höchstens 50 Prozent eines jeden Betriebs) das ungestörte Aufwachsen von natürlich belassenen Salzwiesen gefördert (230 Euro pro Hektar).

Als Zuwendungsempfänger kommen landwirtschaftliche Unternehmerinnen und Unternehmer auf den Halligen in Frage, die dort Rinder und/oder Schafe und/oder Pferde halten. Der Verpflichtungszeitraum beträgt fünf Jahre. Außer bei der Ringelgansentschädigung finanziert die Europäische Union bis zu 50 Prozent der Zuwendungen.

Um die Auswirkungen des Halligprogramms zu erfassen, beauftragt das Land Schleswig-Holstein seit 2001 ein Planungsbüro, vegetationskundliche Untersuchungen auf Brachflächen, Untersuchungen zum Brutvogelvorkommen auf unterschiedlichen Vergleichsflächen und flächendeckende Vegetationskartierungen durchzuführen und die Ergebnisse der Geländearbeit zu dokumentieren (Planungsbüro PRO REGIONE 2001).

Diese Effizienzkontrolle erfolgt auf der Grundlage einer abgestimmten Methodik in zweijährigem Abstand. Die flächendeckende Vegetationskartierung ist auf alle vier Jahre festgesetzt. Die Ergebnisse des Jahresberichts werden am Jahresende mit den begleitenden Fachbehörden diskutiert.

Eine Erfolgsgeschichte mit Ausblick

Das Halligprogramm kann als Erfolgsgeschichte bezeichnet werden. Es wurde vorbildhaft mit der Bevölkerung konzipiert und ständig weiterentwickelt. Das Programm verbindet ökologische und ökonomische Interessen und Entwicklungen in einem einmaligen Landesteil Schleswig-Holsteins. Auch bei gelegentlich aufkommender Kritik – ausgelöst durch ungewöhnlich hohes Aufkommen von Ringelgänsen oder nachteilige Wetterlagen – repräsentiert das Halligprogramm ein gutes Beispiel für das erfolgreiche Miteinander von Landwirtschaft, Naturschutz und bürgernaher Verwaltung.

Hinweise hierfür sind u. a.:
- die Halliglandwirtschaft besteht weiterhin,
- der Gesamtbestand der Ringelgänse (*Branta bernicla*) stabilisiert sich,
- die Halligbewohner vermarkten aktiv den Erfolg der Naturschutzmaßnahmen (die Halliggemeinden Langeneß und Hooge veranstalten beispielsweise „Ringelganstage" mit einem vielfältigen Angebot an naturkundlichen Führungen und Ringelgansbeobachtungen) und

- jedes Jahr finden so genannte „Halligschauen" statt, bei denen die Halliglandwirtinnen und Halliglandwirte mit Vertreterinnen und Vertretern der zuständigen Behörden und Interessenverbände die Programmflächen besichtigen, Programmanträge aufnehmen und „miteinander schnacken".

Teilnehmerinnen und Teilnehmer einer Halligschau am Landungssteg (Mai 2003, Hallig Gröde)

Das Halligprogramm gehört zum Plan des Landes Schleswig-Holstein zur Entwicklung des ländlichen Raums und wird damit auch zukünftig eine wichtige Rolle spielen. Schon jetzt ist eine nicht vorhergesehene positive Entwicklung eingetreten: Angeregt durch verschiedene Informationsveranstaltungen u. a. der BR-Verwaltung haben die Bewohner der fünf großen Halligen, die bislang nicht im Biosphärenreservat liegen, den Wunsch geäußert, sich dem schon bestehenden BR Schleswig-Holsteinisches Wattenmeer als Entwicklungszone anzuschließen.

Sie sind nicht nur davon überzeugt, dass ihre traditionelle nachhaltige Landbewirtschaftung in das MAB-Programm der UNESCO hineinpasst, sondern möchten damit auch ihren Lebens- und Arbeitsraum erhalten, ihre wirtschaftliche Existenzen sichern und für ihre Kinder Perspektiven eröffnen. Mit der Anerkennung als Entwicklungszone des Biosphärenreservats werden sie Teil eines weltweiten Netzes von Modellregionen, die sich einer Nachhaltigen Entwicklung verschrieben haben, und übernehmen Modellfunktion für nachhaltiges Wirtschaften. Die Anerkennung durch die UNESCO ist keine Garantie für reichhaltige Förderprogramme, kann sich aber im nationalen, europaweiten oder weltweiten Wettbewerb um Zuschüsse als Vorteil erweisen.

Ein kleines „Bonbon" gibt es jetzt schon: Die Region Uthlande, zu der auch die Halligen gehören, hat erfolgreich an dem bundesweiten Wettbewerb „Regionen Aktiv" des Bundesministeriums für Verbraucherschutz, Ernährung und Landwirtschaft teilgenommen. Die von den Menschen in der Region selbst konzipierten Projekte zu Regionalvermarktung, Förderung und Verbesserung des nachhaltigen Tourismus auf den Halligen und Umweltbildungskonzepte können nunmehr realisiert werden. Dies wird die Entwicklung auf den Halligen ein großes Stück voranbringen. Die von den Bewohnern der Region gewählten Themenschwerpunkten zeigen aber auch, dass sich die Halliggemeinden nicht nur in der Landwirtschaft engagieren, sondern den Blick offen und vorausschauend in die Zukunft richten.

Zusammenfassung

Inmitten des Biosphärenreservats und Nationalparks Schleswig-Holsteinisches Wattenmeer liegen die nordfriesischen Halligen. Sie sind ein wichtiger Bestandteil des Ökosystems „Wattenmeer", Lebensraum für Pflanzen und Tiere mit internationaler Bedeutung aber auch Wellenbrecher zum Schutz der Küste vor Sturmfluten. Seit Jahrhunderten leben und wirtschaften Menschen auf ihnen – Landwirtschaft ist die eigentliche Lebensgrundlage. Um den ökologischen Charakter der Halligwelt und gleichzeitig die Erwerbstätigkeit der landwirtschaftlichen Bevölkerung zu erhalten, wird die Landwirtschaft durch das „Halligprogramm" finanziell unterstützt. Das Halligprogramm lässt sich als Erfolgsgeschichte bezeichnen, denn es wurde vorbildhaft mit der Bevölkerung konzipiert, ständig weiterentwickelt und von ihr umgesetzt. Ökologische und ökonomische Interessen und Entwicklungen werden optimal verbunden. Dies hat auch dazu geführt, dass die Bewohnerinnen und Bewohner der fünf großen Halligen, die nicht im Biosphärenreservat liegen, sich als Entwicklungszone dem Biosphärenreservat Schleswig-Holsteinisches Wattenmeer anschließen werden.

Literatur

SCHWABE, M. (2000): Das „Halligprogramm" des Landes Schleswig-Holstein.

PROKOSCH, P. (1989): Ringelgänse wieder am Pranger. In: Wattenmeer International, Juni 1989.

MINISTER FÜR ERNÄHRUNG, LANDWIRTSCHAFT UND FORSTEN DES LANDES SCHLESWIG-HOLSTEIN (1986): Halligprogramm.

BANCK, C. (2000): Manuskript über ein geplantes Buch über die Halligen (unveröffentlicht).

MNUL (MINISTER FÜR NATUR, UMWELT UND LANDESENTWICKLUNG) (1992): Richtlinie für die Gewährung eines erweiterten Pflegeentgeltes sowie einer Prämie für natürlich belassene Salzwiesen in Anlehnung an das Halligprogramm. Bekanntmachung des MNUL vom 10.03.1992, XI 530/3217.6600 (Amtsblatt Schleswig-Holstein, S. 213), berichtigt am 27.04.1992, XI 530/5327.6600 (Amtsblatt Schleswig-Holstein, S. 310).

Planungsbüro PRO REGIONE (2001): Jahresbericht 2001 zur Untersuchung der Salzwiesen-Brachen.

LANDESAMT FÜR DEN NATIONALPARK SCHLESWIG-HOLSTEINISCHES WATTENMEER (1998): Das Halligprogramm. In: Nationalpark Nachrichten 5/98.

LANDESAMT FÜR DEN NATIONALPARK SCHLESWIG-HOLSTEINISCHES WATTENMEER (1998): Fraßschäden durch Enten und Gänse. In: Nationalpark Nachrichten 3-4/98.

STIFTUNG NORDISCHE HALLIGEN (2000): Schwimmende Träume.

RICHTLINIE 75/268/EWG vom 28.04.1975 des Rates über die Landwirtschaft in Berggebieten und in bestimmten benachteiligten Gebieten. Abl. L 128 vom 10.05.1975.

4.8 Umweltbildung: Eine Voraussetzung für Nachhaltige Entwicklung

Biosphärenreservat Oberlausitzer Heide- und Teichlandschaft

Peter Heyne

Einleitung

Umweltbildung soll nach den Kriterien für Anerkennung und Überprüfung von Biosphärenreservaten der UNESCO in Deutschland Nr. 34 - 36 u. a. folgende Anforderungen erfüllen (DEUTSCHES MAB-NATIONALKOMITEE 1996: 10; siehe Anhang 299):
- Vertiefung umweltbezogener Kenntnisse und Aufbau eines fundierten Umweltbewusstseins,
- unmittelbare Begegnung mit der natürlichen und anthropogen gestalteten Umwelt sowie das Erkennen und Bewerten von Einflussfaktoren auf diese,
- Untersuchung und Reflexion der gegenwärtigen Umweltsituation und ihrer Geschichte sowie der Beziehungen zwischen den Menschen, ihrer gesellschaftlichen Einrichtungen und ihrer natürlichen und anthropogen gestalteten Umwelt,
- Entwicklung und Vermittlung von Alternativen zu den als umweltbelastend erkannten gegenwärtigen Denk- und Handlungsweisen.

(Nationale Kriterien siehe Anhang, S. 299)

Diese Ansprüche wurden innerhalb des 1999 beschlossenen Rahmenkonzepts für das Biosphärenreservat Oberlausitzer Heide- und Teichlandschaft präzisiert. Das Rahmenkonzept legt fest, dass Umweltbildung und Öffentlichkeitsarbeit zwei unterschiedliche und getrennte Bereiche sind.

Umweltbildung

Die Umweltbildungsarbeit ist auf die Auseinandersetzung mit dem Verhältnis Mensch - Natur, auf Persönlichkeitsbildung, Wertvorstellungen und Verhalten ausgerichtet. Sie verlangt einen intensiven Dialog mit kleineren Gruppen und erreicht somit im Vergleich zur Öffentlichkeitsarbeit eine geringere Zahl von Menschen (PASCHKOWSKI, A. 1996). Erfolgreiche Umweltbildung erfordert pädagogische Konzepte, die auf einzelne Zielgruppen zugeschnitten sind, und eine kontinuierliche Arbeitsweise.

Umweltbildung soll zu einer Identifikation mit der Region, der Heimat, führen, den Menschen Natur und gewachsene Kulturlandschaft als etwas Schönes, Ästhetisches, Achtens- und Schützenswertes nahe bringen; sie soll dabei alle Sinne

> **Informations- und Öffentlichkeitsarbeit**
>
> *Informations- und Öffentlichkeitsarbeit sollen aufklären, informieren, für Interesse werben, Transparenz erzeugen und damit Integrität vermitteln und Kooperationsbereitschaft erreichen. Beide werden häufig unter dem Oberbegriff „Öffentlichkeitsarbeit" zusammengefasst, da es zwischen ihnen viele Überschneidungen gibt. Im Gegensatz zur Umweltbildung präsentiert die Öffentlichkeitsarbeit das Biosphärenreservat breitenwirksam über die verschiedenen Medien überwiegend in monologischer Form (PASCHKOWSKI, A. 1996).*
>
> *Z. B. kann man über Pressebeiträge, Poster, Faltblätter oder Internetseiten große Gruppen von Nutzern erreichen. Jedoch spezifische Inhalte erarbeiten oder eine gezielte Empfindung bei einem Naturerlebnis spüren lassen, kann man mit Hilfe dieser Instrumente nicht. Dazu bedarf es einer intensiveren, unmittelbaren Konfrontation und spezieller pädagogischer Betreuung, wie z. B. beim Beobachten des herbstlichen Kranichzuges, wenn in der kühlen Abendstimmung die Begrüßungsrufe der großen Trupps durch den Nebel schallen. Man beginnt zu verstehen, was es heißt, sich kurz vor dem Winter auf eine gefahrvolle Reise zu begeben.*

ansprechen sowie Ansätze und Beispiele für einen schonenden Umgang mit der Natur zeigen. Umweltbildung muss einen ganzheitlichen Ansatz verwirklichen, neben Naturerfahrungen und -erleben beispielsweise auch soziale Kompetenz vermitteln. Die Umweltbildungsarbeit sollte stets einen Bezug zu den aktuellen Problemen im Gebiet haben, dabei aber globale Umweltprobleme nicht außer Acht lassen.

Umweltbildung soll vermitteln, wie Nachhaltigkeit im Gebiet erreicht werden kann. Weitere Themen sollten die landschaftlichen Besonderheiten sein wie für die Teichlausitz z. B. Teiche, Feucht- und Trockengebiete in enger Nachbarschaft, Dünen oder Bergbaufolgelandschaft; darüber hinaus kulturelle und soziale Charakteristika wie Besiedlungsgeschichte, sorbisches Leben oder auch Arbeitslosigkeit im ländlichen Raum.

Ergebnis der Umweltbildung soll verantwortungsbewusstes Handeln gegenüber den Mitmenschen und der Umwelt sein. Die Umweltbildung im BR Oberlausitzer Heide- und Teichlandschaft konzentriert sich auf die „Akteure im Raum", also die hier lebenden und arbeitenden Menschen, um die Ziele des Biosphärenreservats in alle Lebensbereiche des Gebiets zu tragen und entsprechende Maßnahmen umzusetzen. Umweltbildung sollte den Kulturraum Dorf integrieren, sich damit auseinander setzen und diesen bereichern.

Es muss in der Umweltbildung der Anspruch gelten, alle Altersgruppen zu erreichen. Die Arbeit mit Kindern soll Grundlagen legen und sie in der Entwicklung ihrer Wertvorstellungen begleiten. Erwachsenenbildung soll neugierig machen, Freude vermitteln, Traditionsverständnis fördern, Wissen vertiefen oder auffrischen, Probleme aufzeigen und bei der Lösungssuche begleiten. Ein nicht unwesentliches Ziel der Bildungsarbeit für Erwachsene ist es, Verbündete für die Kinder- und Jugendumweltbildung zu gewinnen und zu gemeinsamen Projekten zu finden. Umweltbildung muss mit einem geeigneten pädagogischen Konzept ein spezielles Thema für eine spezifische Zielgruppe erfahrbar machen.

Theoretisch ist damit alles gesagt, nicht aber, wie Umweltbildung tatsächlich in der Praxis funktioniert.

Umweltbildungsarbeit im BR Oberlausitzer Heide- und Teichlandschaft

Bereits während der Aufbauphase 1993 begann im Biosphärenreservat die Etablierung eines eigenen Umweltbildungsprojekts. Dank der Unterstützung durch die Deutsche Bundesstiftung Umwelt konnten zwei Fachkräfte ausschließlich für die Umweltbildungsarbeit finanziert werden. Die Idee, spezifische Inhalte mit eigens dafür konzipierten pädagogischen Methoden zu transportieren, spiegelte sich in der Wahl der beiden ersten Mitarbeiter, einer Pädagogin und eines Biologen. Diese Konstellation behielten wir in den zurückliegenden Jahren auch bei personellen Veränderungen möglichst bei. Rückblickend muss jedoch gesagt werden, dass es in der Umweltpädagogik Naturtalente gibt, die nie eine Vorlesung in der Erziehungskunst erlebt haben und dennoch einen geradezu unglaublichen methodischen Einfallsreichtum an den Tag legten. Das zeigt, dass die spezielle individuelle Eignung und Erfahrung durch nichts zu ersetzen ist.

Dank der guten Personalausstattung – zeitweise stehen für spezielle Projekte weitere Zeit- und Hilfskräfte zur Verfügung – konnten wir eine fundierte konzeptionelle Basis schaffen, so dass das Umweltbildungsprojekt zum Markenzeichen des jungen Biosphärenreservats wurde.

Seitdem entwickelt sich das Projekt kontinuierlich sowohl strukturell als auch inhaltlich weiter. Veranstaltungsformen kamen hinzu, andere wurden verändert. Dabei muss stets aufmerksam die Resonanz der Beteiligten beachtet werden. Immer wieder aber ist Mut zu Neuem gefragt, denn die Veranstaltungsangebote müssen sich nicht ausschließlich nach den bereits vorhandenen Vorlieben und Nachfragen orientieren. Das Spektrum der umweltpädagogischen Methoden und Möglichkeiten ist derart reichhaltig, dass bei kreativer Anwendung und mit engagiertem pädagogischem Geschick nahezu jedes Thema erfolgreich vermittelt werden kann.

Anfangs konzentrierte sich die Umweltbildungsarbeit weitgehend auf Kinder und Jugendliche. Projekttage, die maßgeschneidert zum Lehrplan passten (Anwendung und Vertiefung altersspezifischer Kenntnisse in spielerischer Form), Freizeitgruppen und Sommercamps waren schon zu Beginn die Favoriten der Veranstaltungen.

Gegenwärtig werden spezielle Veranstaltungsformen vom Kindergartenalter bis hin zu Jugendlichen zwischen 14 bis 16 Jahren angeboten. Je klarer die Gruppe mit ihren Bedürfnissen und in ihrer persönlichen Lebenssituation angesprochen werden kann, umso wahrscheinlicher erreicht sie die pädagogische Botschaft d. h., die Altersklassen und Interessengruppen dürfen nicht zu heterogen gewählt werden.

Im BR Oberlausitzer Heide- und Teichlandschaft ist es bis heute nicht gelungen, ein zentrales Informationszentrum einzurichten. Die Umweltbildungs- und Informationsarbeit wird an unterschiedlichen Orten dezentral durchgeführt. Neben den vor allem logistischen Nachteilen einer solchen Organisationsform haben sich aber auch deutliche Vorteile herausgestellt. Es ist z. B. günstig, am Schulort den Projekttag zu gestalten, so dass die Schülerinnen und Schüler in ihrer alltäglichen Umgebung neue und ungewohnte „Einsichten" gewinnen können. Ein weiteres Beispiel: Eine Freizeitgruppe kann im ländlichen Raum oftmals überhaupt erst stattfinden, wenn man zu den Kindern geht, weil Transportprobleme alle guten Ansätze zunichte machen können.

Oft entscheidet über das Gelingen einer Veranstaltung der Ort. Mehrere Jahre versuchten wir z. B. eine Vortragsserie zu etablieren. Trotz guter Themen und renommierter Referenten bewegte sich die Teilnehmerzahl stets bedenklich nahe an der selbst gesetzten kritischen Grenze, bis ein Zufall zu Hilfe kam: Die Stadt Niesky war an einer engeren Kooperation mit der BR-Verwaltung interessiert und stellte kurzerhand den Hörsaal der Bibliothek für gemeinsame Vortragsabende zur Verfügung. Beim dritten Abend reichten zum ersten Mal die Stühle für die unerwartet zahlreiche Besucherschar nicht aus.

Naturerlebnispfade und Lehrgelände

Zu den ersten praktischen Umsetzungsmaßnahmen der im Aufbau begriffenen BR-Verwaltung gehörte die Anlage von Naturlehrpfaden. Interessante Naturbereiche wurden auf herkömmliche Art mit Lehrtafeln ausgestattet. Inzwischen haben sich neue Formen des methodischen Herangehens auch in diesem Bereich durchgesetzt. Wie Untersuchungen zeigen, erinnern sich Besucher kaum an Tafeltexte. Ohne emotionale Hinlenkung an die Inhalte können die häufig sehr kompakten Informationen nicht umfassend verarbeitet werden. Deshalb

suchten wir nach interaktiven Formen der Informationsübermittlung. Es entstand die Idee der Naturerlebnispfade. Konzeptionell versuchten wir, charakteristische Standorte für die Demonstration nachhaltiger Formen der typischen Landnutzungsbereiche zu finden. Heute präsentieren sich zwei Naturerlebnispfade und ein Lehrgelände zu Teichfischerei, Landwirtschaft und Landschaftsentwicklung. Als Grundanforderungen gelten:
- geringes Störpotenzial in der Natur,
- interaktive Verarbeitung des Themas mit Bezug zum Standort,
- landschaftsangepasste Umsetzung in künstlerischer Holzgestaltung.

Die Informationselemente und Stationen werden z. B. durch Spiel und Kletterelemente, Sitzgelegenheiten oder Unterstände ergänzt. Ihre landschaftsgestalterische Dimension ist bewusst an die jeweiligen Standorte angepasst.

Station Altholz am Naturerlebnispfad „Landschaftsentwicklung"

Angebote für Kinder und Jugendliche

Naturerlebniswanderungen für Kindergruppen (Kindergärten, Grundschulen)

In dieser Veranstaltungsform legen wir einen besonderen Wert auf die Verbindung von drei Handlungsebenen:
1. Erleben
2. Erforschen
3. Gestalten.

Die emotionale Einstimmung der Kinder erreichen wir durch unterschiedliche Spiele (Hör- oder Tastspiele). Dadurch lassen sich die Aufmerksamkeit der Kinder wecken und eine Synchronisierung der Gruppe erreichen. Im weiteren Verlauf bekommen die Gruppenmitglieder eine 15-minütige „Forschungsexpedition" zur Aufgabe. Jeder Teilnehmer kann – ausgerüstet mit Becherlupe und Pinzette – auf Entdeckungsreise gehen und interessante Objekte sammeln. Daran schließt sich die gemeinsame Bestimmung der Funde an und spielerisch erfährt die Gruppe Wissenswertes zu den eigenen Sammelobjekten. Einige besondere Exponate führt der Exkursionsleiter im Rucksack mit, um nochmals einen Höhepunkt zu schaffen; weniger glücklichen Sammlern kann er so ebenfalls noch ein Erfolgserlebnis verschaffen.

Als Abschluss der Exkursion bieten wir die Möglichkeit an, das Erlebte in individueller Form auszudrücken. Mit Farbstiften und Papier oder auch mit Ton werden eigene Eindrücke gestaltet, zugleich entsteht ein Ergebnis für jeden Teilnehmer, also etwas, was er „getrost nach Hause tragen kann".

Projekttage

Diese Programmform bieten wir speziell an den Schulen im Einzugsgebiet des Biosphärenreservats an. Es gibt kaum einen Ort in der Kulturlandschaft ländlicher Räume, der soviel Zukunftserwartung in sich vereint wie die Schulen.

Bei guter Zusammenarbeit mit den Schulen ist die Wahrscheinlichkeit hoch, einen großen Teil der Familien direkt oder indirekt anzusprechen. Von der Schule ausgehend, werden Ideen, Inhalte und Aktivitäten in den ländlichen Raum getragen. Aus diesem Grunde sollen alle Inhalte aktueller Diskussionen und Auseinandersetzungen um die Entwicklung des Biosphärenreservats auch innerhalb der Schulen thematisiert werden. Projekttage sind wegen ihres vielschichtigen inhaltlichen und methodischen Rahmens dazu besonders geeignet.

Der Grundgedanke besteht darin, die Identifizierung der Kinder und Jugendlichen mit ihrem Schul- und Wohnumfeld zu stärken und Schülerinnen und Schüler permanent in die aktuelle Auseinandersetzung um Formen und Wege einer Nachhaltigen Entwicklung einzubeziehen.

Thematisch gibt es u. a. folgende Angebote:
- Natur und Mensch im Dorf
- Alte Kulturpflanzen im Biosphärenreservat
- Biosphärenreservat – ein Lebensraum für alle
- Forschungsauftrag Teichuntersuchung
- Fledermäuse – Jäger der Nacht
- Mein Freund, der Wald
- Unken, Frösche, Kröten
- Im Reich der Insekten
- Von der Wiese in den Kochtopf

Projekttag

4. FALLBEISPIELE AUS DER PRAXIS

Programme im Klassenraum

Diese Veranstaltungsform haben wir für die dunkle Jahreszeit vorgesehen, wenn den Aktivitäten im Freien Grenzen gesetzt sind. Dieses Angebot trägt dazu bei, innerhalb des Jahres Kontinuität in der Zusammenarbeit mit den Schulen zu gewährleisten. Die Mitarbeiter gehen mit thematischen Programmen in die Klassen, die je nach Altersgruppe den Unterricht auf unterschiedliche Weise bereichern helfen.

Für Grundschulklassen wird z. B. mit dem Programm „Storchenreise" der Weg der Weißstörche *(Ciconia ciconia)* im Verlauf des Jahres begleitet. Die Schülerinnen und Schüler erleben anhand von Dias nicht nur das Leben dieser Art während ihres Aufenthalts in Mitteleuropa; der Weg der Tiere bis in die Winterquartiere ermöglicht einen lebendigen Einblick in die Folgen der globalen Umweltprobleme. Am Beispiel einer für jeden Schüler wohlbekannten Tierart seiner Heimat schlagen wir so eine Brücke zum Verständnis unserer weltweiten Verantwortung für den Schutz der Biosphäre.

Für die Zukunft ist vorgesehen, insbesondere für den Ethikunterricht an Mittelschulen und Gymnasien das Grundanliegen des Programms Der Mensch und die Biosphäre als Diskussionsforum für Schüler anzubieten.

Feriencamps

Feriencamps zählen zu den intensivsten Veranstaltungsformen in der Umweltbildung. Neben den bereits beschriebenen Effekten intensiver Naturerfahrung, aktivem Lernen und Identifikation mit dem eigenen Umfeld kommen hier noch verstärkt Gruppendynamik und soziales Lernen zum Tragen.

Die Camps finden prinzipiell in einem der Dörfer innerhalb des BR Oberlausitzer Heide- und Teichlandschaft statt. Die Teilnehmerinnen und Teilnehmer stammen aus der unmittelbaren Umgebung. Alle Camps sind thematisch ausgerichtet, d. h. sie richten sich an eine spezielle Zielgruppe und vermitteln ein spezifisches inhaltliches Programm.

Junge Leute können sich mit dem eigenen Lebensumfeld durch intensive, positiv besetzte Ferienerlebnisse stärker identifizieren und erleben ihr heimatliches Umfeld als den Raum eigener Auseinandersetzung.

Beispiele für Feriencamps:
- Gesichter der Landschaft – künstlerisch naturkundliches Camp
- Feriencamp Storchenreise – mit dem Fahrrad auf Storchentour durchs Biosphärenreservat
- Jäger, Sammler, Ackerbauer – auf den Spuren einer alten Kulturlandschaft
- Fischottercamp – dem Lausitzer Wassermann auf der Spur

Die Beschäftigung mit umweltrelevanten Themen in der Freizeit liegt bei Jugendlichen zwischen 13 und 16 Jahren gegenwärtig nicht im Trend. Gerade aber in dieser Altersgruppe ist die Suche nach Maßstäben und Wertnormen besonders ausgeprägt.

Im Feriencamp

Ein Projekt, das 2001 erstmals im BR Oberlausitzer Heide- und Teichlandschaft umgesetzt wurde, richtet sich deshalb an diese Altersgruppe und bedient sich eines ansonsten in der Umweltbildung weniger populären methodischen Ansatzes: Als Einstieg wurde das Thema „Überlebenstraining" gewählt. Jugendliche ab 13 Jahren können an dem fünftägigen „Spreeläufercamp" teilnehmen, bei dem in verschiedenen Etappen ein Abschnitt der Spreeaue zu Fuß erwandert wird. An geeigneten Stellen müssen mit einfachen Mitteln die Teilnehmerinnen und Teilnehmer selbst Unterkünfte und Feuerstellen bauen, Nahrung z. T. selbst sammeln oder in einem der Dörfer organisieren. Die Gruppen bekommen eine Tagesaufgabe gestellt, die jeweils eine bestimmte Naturerfahrung beinhaltet oder eine besondere Teamleistung erfordert. Auf diese Weise können vielfältige Informationen über die Zusammenhänge von Nutzung und Erhaltung von Naturressourcen vermittelt und ungewöhnliche emotionale Erfahrungen gemacht werden. Soziale Wertnormen, Teamgeist, Hilfsbereitschaft und Zuverlässigkeit werden „nebenbei" erlernt.

Freizeitgruppen

Anfangs wurde der Anspruch formuliert, Umweltbildungsarbeit kontinuierlich, zielgruppengenau und nach einem pädagogischen Konzept umzusetzen. Veranstaltungen im

Freizeitgruppe beim Bau eines Weidentipi

Rahmen der Schule können nach unserer Erfahrung Kontinuität nur eingeschränkt erreichen.

Oft lässt sich bei der Gestaltung von Projekttagen das Interesse für eine regelmäßige Beschäftigung mit der Natur wecken. Hieraus entsteht die Freizeitgruppenarbeit. Sie erfordert neben der thematischen Auseinandersetzung auch eine soziale Struktur. Das Gruppenerlebnis bildet häufig die innere Verbindung für eine regelmäßige gemeinsame Freizeitgestaltung. Wie dauerhaft eine solche Gruppe existiert, hängt auch vom Geschick der Betreuerin bzw. des Betreuers ab. Man kann derartige Gruppen projektbezogen organisieren oder – je nach Jahreszeit und Gegebenheit – mit vielfältigen und wechselnden Themen gestalten. Entscheidend ist, dass Interesse und Spaß an der Sache erhalten bleiben.

Gegenwärtig werden vier Freizeitgruppen an unterschiedlichen Orten betreut. Die Themen und die Arbeitsschwerpunkte wählen wir entsprechend den örtlichen Gegebenheiten und der Altersgruppe.

Mögen Sie Fledermäuse?

Ein Beispiel für eine besonders gelungene Freizeitgruppenarbeit war das Projekt „Mögen Sie Fledermäuse?".

Innerhalb einer vorausgegangenen Projektwoche an einer Mittelschule bekamen zehnjährige Schüler die Aufgabe gestellt, die Verbreitung von Fledermäusen im Ort zu erforschen. Bevor die Kinder in Kleingruppen mit Fragebögen und Infomaterial die Dorfbewohner interviewten, wurden sie in Arbeitsgruppen vorbereitet. Sie erarbeiteten Kurzreferate über die Lebensweise der Tiergruppe und stellten die Ergebnisse einander vor. Spiele lockerten diesen theoretischen Teil auf. Verschiedene Befragungssituationen wurden nachgespielt: zunächst ein aufgeschlossener Hausbewohner und anschließend ein unfreundlicherer Zeitgenosse. Gestärkt durch dieses Training, ausgestattet mit Fragebögen und Detailkarten des Orts machten sich die Kinder auf den Weg. Die Ergebnisse wurden am vierten Tag auf großen Tafeln dargestellt und in der Schule präsentiert.

Das Wesentliche an der Dorfkartierung war der persönliche Kontakt der Kinder zu den Dorfbewohnern. Es gehört schon ein wenig Mut dazu, an jeder Haustür zu klingeln und nach Fledermäusen zu fragen. Andererseits zeigten sich die Erwachsenen gegenüber den ernsthaften Fragen der Kinder überwiegend aufgeschlossen. Mit einer interessierten Gruppe von Schülern entstand aus dieser Projektwoche eine Freizeitgruppe, die sich ein Jahr lang mit praktischen Maßnahmen des Fledermausschutzes beschäftigte. Die Schüler kartierten Baumhöhlen, brachten Nisthilfen an Häusern an und legten einen Tümpel zur Verbesserung des Nahrungsangebots an. Die Fledermausbretter zieren noch manche Fassade und sicher hat sich die Aufmerksamkeit vieler Bewohner den „Kobolden der Nacht" gegenüber in diesem Dorf dauerhaft verändert.

Angebote für die ganze Familie

Kleine Feste

Diese Angebotsform soll gemeinsame Erlebnisse für Kinder mit ihren Eltern fördern. Hierzu war wiederum ein methodischer Einstieg zu finden, um Eltern mit ihren Kindern für die Teilnahme zu gewinnen. Die Präsentation der Ergebnisse der Freizeitgruppenarbeit bietet hierfür regelmäßig einen guten Anlass. Die Kinder können voller Stolz die einstudierten Theaterstücke aufführen oder ihren Eltern die Ergebnisse des eigenen Anbaus beim herbstlichen Kartoffelfest zum Verkosten darbieten. Meist werden diese Veranstaltungen in Form kleiner Feste organisiert, bei deren Vorbereitung die Kinder selbst aktiv werden und Verantwortung tragen. Die Resonanz der Eltern, Großeltern und Familienangehörigen ist stets sehr groß und ermöglicht die Kommunikation über Generationen hinweg.

Familienfest in Friedersdorf

Puppenspiel

Immer häufiger werden wir gebeten, mit unserem Umweltbildungsprojekt auf verschiedenen Gemeinde- und Stadtfesten sowie sonstigen regionalen Veranstaltungen dabei zu sein. Abgesehen davon, dass wir mit unserem kleinen Team bei der Fülle von Veranstaltungen nicht überall präsent sein

Voller Leben   183

4. FALLBEISPIELE AUS DER PRAXIS

Puppenspiel: Die Geschichte vom Fischer und seiner Frau

können, erfordern derartige Rahmenbedingungen (große Menschengruppen, breites Alters - und Interessensspektrum) auch eine eigene Herangehensweise, die die bisher beschriebenen Methoden nicht erfüllen können.

Aus diesem Grunde entstand die Idee, ein eigenes, für die Landschaft und das Anliegen des Biosphärenreservats angepasstes Puppentheaterstück inszenieren zu lassen. Für die Auswahl des Themas kam in einer der wichtigsten Karpfenproduktionsregionen nur die „Geschichte vom Fischer und seiner Frau" in Frage, die an die Verhältnisse von Zeit und Ort adaptiert wurde. Es entstand ein Bühnenstück, das für Kinder und Erwachsene gleichermaßen anregend, unterhaltsam und motivierend wirkt.

Seit 2002 ist Puppenspieler Volkmar Funke mit seinem Einmanntheater in der Oberlausitzer Heide- und Teichlandschaft im Namen von „Mensch und Biosphäre" unterwegs. Die Termine für das Jahr 2003 sind längst ausgebucht.

Angebote für Erwachsene

Im Verlauf des Festsetzungsverfahrens für das Biosphärenreservat traten stärker als vorher Interessenkonflikte auf. Die dahinter verborgenen Kenntnis- und Einstellungsdefizite waren mit den unspezifisch wirkenden Mitteln der Öffentlichkeitsarbeit nicht aufzuarbeiten. So erfolgte 1998 eine Erweiterung des Umweltbildungsangebots um spezielle Veranstaltungen, die überwiegend für erwachsene Bewohner des Gebiets erarbeitet wurden. Besondere Aufmerksamkeit legten wir auf die methodische und inhaltliche Vorbereitung der Veranstaltungen sowie auf deren „Alltagstauglichkeit", ohne dabei alltäglich, d. h. uninteressant, zu sein.

Die angebotenen Themen müssen für das tägliche Leben der Bewohner des Biosphärenreservats relevant sein und durch die Art der Präsentation Lust aufs Mitmachen wecken.

Vorträge

Im Biosphärenreservat hat sich eine Vortragsreihe etabliert, die jährlich zu aktuellen Themen ganz unterschiedliche Angebote für die heimische Bevölkerung macht. Mittelpunkt sind Vorträge, die sich – sehr praktisch und informativ – am Bedürfnis der Bevölkerung orientieren und auf unterhaltsame Art zudem eine umweltberatende Funktion haben.

Wir bieten Themen mit unmittelbarer Praxisrelevanz im Sinne von „Ratgeberveranstaltungen" an. Themen sind u. a.:
- Wie begrüne ich Fassaden?
- Nutzung erneuerbarer Energiequellen im Dorf
- Naturnah Gärtnern ohne Chemie.

Ein zweites Segment bedient vorwiegend heimat- und naturkundliche Themen wie z. B.:
- Brunnenstuben in der Oberlausitz
- Die Geschichte des Schrotholzbaus in der Heide- und Teichlandschaft
- Wildbienen der Oberlausitz
- Biosphärenreservate der Welt.

Seminare

Bewusstes Umwelthandeln von Menschen zu initiieren bedarf nicht nur der Information und Beratung. Um wirkliche Verhaltensänderungen hervorzurufen, ist es gleichermaßen erforderlich, praktisches Handeln erproben zu können. Diesem Ziel dienen ein- und mehrtägige Seminare.

In erster Linie richten sich die Seminare an die erwachsenen Bewohner des Biosphärenreservats. In theoretischen Einführungen werden Kenntnisse gelegt oder gefestigt. Ein zweiter Schritt ist dann die praktische Demonstration und eigene Anwendung unter Anleitung.

Damit verringern wir die Schwellenangst, auch neue Ideen praktisch anzuwenden. Darüber hinaus vermittelt die Gruppe ein Gefühl der Gemeinsamkeit mit Gleichgesinnten, was vielfältigen Austausch ermöglicht. Folgende Themen sind z. B. im Angebot:
- Sonnenkollektoren im Selbstbau
- Herstellung von Naturfarben
- Fassadenbegrünung.

Seminare zur Weiterbildung bieten wir darüber hinaus speziell auch Fachwissenschaftlern an. Vor dem Hintergrund aktuell durchgeführter Forschungsprojekte wenden wir uns mit diesen Praxisseminaren vor allem an junge Wissenschaftler, Studenten und an interessierte Freizeitforscher. Das Ziel besteht darin, die in den Forschungsprojekten gemachten Erfahrungen, vor allem methodischer Art, unmittelbar weiterzugeben. Diese im Biosphärenreservat neue Seminar-

form konnte 2001 erfolgreich erprobt werden und wird mit den folgenden Themen weitergeführt:
- Einführung in die Säugetiertelemetrie
- Wildbienen und Sandwespen *(Ammophila sabulosa)* ehemaliger Truppenübungsplätze
- Heimische Spinnen für Einsteiger
- Mollusken der Teichlausitz.

Kolloquien

Biosphärenreservate haben einen umfangreichen Forschungsauftrag zu erfüllen. Insbesondere der Beitrag zur ökologischen Umweltbeobachtung im Weltnetz der UNESCO-Biosphärenreservate liefert eine Fülle von Daten und wissenschaftlichen Ergebnissen, die in der Regel nur dem engeren Kreis der Wissenschaftler bekannt werden. Die häufig geforderte Transparenz der Wissenschaft für breite Bevölkerungsschichten ist nur selten konsequent umgesetzt. Wenn wir die Denk- und Verhaltensweisen der Menschen verändern wollen, um die Idee einer nachhaltigeren Entwicklung zu unterstützen, dann müssen wir dafür Sorge tragen, dass die Ergebnisse der Erforschung nutzungsbedingter Veränderungen in der Natur verbreitet werden. Die „Mückaer Kolloquien" verstehen wir als eine Vermittlungsform zwischen Wissenschaftlern und Anwendern. Die Kolloquien finden jeweils im Frühjahr und im Herbst eines Jahres statt.

Hauptzielgruppen sind Bewirtschafter, Behörden für Landwirtschaft, Forst, Fischerei und Wasserwirtschaft, aber auch Kommunalvertreter und Mitglieder der berufsständischen Verbände (Bauern-, Fischer-, Waldbesitzerverbände u. ä.).

Von hohem Interesse sind prinzipiell nahezu alle Forschungsthemen bei entsprechender Aufarbeitung und praxisbezogener Präsentation. Aus diesem Grunde werden die Veranstaltungen speziell vorbereitet und als „Wissenschaftliche Ergebnisse für Anwender" präsentiert.

Jahreswettbewerbe

Vielfältige und regelmäßige Kontakte ergeben sich naturgemäß aus der Arbeit zwischen der BR-Verwaltung und allen landnutzenden Berufen, den Gemeinden und den meisten Behörden. Schwieriger ist, das Interesse desjenigen Bevölkerungsanteils zu wecken, der nicht bereits beruflich involviert ist. Es muss in der Bildungsarbeit gelingen, Betroffenheit des Einzelnen mit dem Thema herzustellen. Hier mangelte es jedoch oft an geeigneten „Vehikeln", um die alltäglichen Belange nachhaltigen Lebens und Wohnens bis in die Haushalte zu transportieren. Aus diesen Überlegungen resultierte die Idee der Jahreswettbewerbe.

Als erstes Thema suchten wir 2000 nach den schönsten naturnahen Gärten. Kriterien wurden von einer eigens berufenen Jury erarbeitet und ein Aufruf in der Presse gestartet. Anlässlich des Großen Herbstmarkts wurden die drei Preisträger öffentlich prämiert, was wiederum eine besondere Presseresonanz erzeugte. Auf diese Weise gelang es, mit Porträtbeiträgen in der Tagespresse interessante Menschen und Gärten, Ideen und ihre Umsetzer in die öffentliche Wahrnehmung zu rücken. Die Vorträge in diesem Jahr waren gleichermaßen auf das Thema „Naturnah Gärtnern" ausgerichtet und unterstützten so das Jahresmotto.

Das Angebot der Preisträger, öffentliche Führungen im Rahmen des Veranstaltungsplans der BR-Verwaltung anzubieten, führte zu einer unerwarteten Bereicherung des Veranstaltungsangebots.

Preisgericht beim Gartenwettbewerb

Inzwischen haben wir weitere Wettbewerbe organisiert. Die Ergebnisse der Suche nach den schönsten landschaftsangepassten Häusern mündeten in einen Ratgeber für landschaftsangepasstes Bauen im Biosphärenreservat. Gastronomie- und Beherbergungsbetriebe, die sich erfolgreich der Beurteilung nach den Kriterien zum „Biosphärenwirt" unterzogen, können mit dem Logo des Biosphärenreservats werben.

Zusätzliche Angebote für spezielle Interessengruppen

Fachexkursionen

Die Teichlausitz ist traditionell ein besonderes Attraktionsgebiet für interessierte Naturfreunde. Ihre Nachfrage nach und die Durchführung von Exkursionen im Frühjahr und im Herbst (Rast der Wasservögel) sind ein fester Bestandteil im jährlichen Programm. Speziell qualifizierte Naturführer und die Mitarbeiter der Naturwacht der BR-Verwaltung übernehmen hierbei die Exkursionsleitung.

Weitere Programmthemen sind z. B. Pflanzenwelt, Lurche und Kriechtiere, Fledermäuse, Libellen und Wasserinsekten.

Rollstuhlgerechte Exkursionen

Häufig wird beklagt, dass es zu wenige rollstuhlgerechte Exkursionen für Behinderte gibt. Seit 2001 bemühen wir uns darum, eine entsprechende Exkursionsroute einzurichten. Bereits heute können Behinderte speziell auf Rollstuhlhöhe angebrachte Tafeln nutzen und auf einer dafür präparierten Lehrpfadstrecke barrierefrei das Teichgebiet befahren. Auf einer eigens konstruierten Plattform, die in einen Teich hinein reicht, können Behinderte zudem die Wasservögel beobachten und inmitten der Natur sinnliche Eindrücke genießen. Ein spezifisches inhaltliches Angebot wird gegenwärtig erarbeitet.

Schlussbetrachtung

Die Umweltbildungsarbeit hat den bisherigen Entwicklungsweg des BR Oberlausitzer Heide- und Teichlandschaft nicht nur begleitet, sondern auch mitbestimmt.

Pro Jahr organisieren wir in unserem Biosphärenreservat ca. 260 Exkursionen, 30 Projekttage, 30 Naturerlebniswanderungen, fünf Feriencamps, 80 Freizeitgruppentreffen, vier Familienfeste, sechs Seminare und zwei Kolloquien.

Die speziellen Bildungsangebote werden stets in Verbindung mit der aktuellen Situation des konkreten Gebiets, aber auch der globalen Situation betrachtet. Die erfolgreiche Arbeit in der Umweltbildung hat wesentlich zur Akzeptanz des Biosphärenreservats bei der lokalen Bevölkerung beigetragen. Bei einer Umfrage 2002 waren 76 Prozent der Befragten der Ansicht, dass das Biosphärenreservat eine „sinnvolle Einrichtung" sei, nur drei Prozent lehnten es ab.

Zusammenfassung

Die Umweltbildung im BR Oberlausitzer Heide- und Teichlandschaft richtet sich in erster Linie an Kinder und Jugendliche, aber auch an die Erwachsenen des Gebiets. Mit einer Vielzahl möglichst spezifischer Angebote wollen wir sehr unterschiedliche Zielgruppen, die sehr unterschiedliche Erwartungen haben, erreichen. Mit zwei festen Mitarbeitern sowie saisonalen Honorarkräften kann ein umfangreiches Angebot organisiert werden: Naturerlebniswanderungen, Programme im Klassenzimmer, Projekttage, Freizeitgruppen und Camps für Kinder und Jugendliche, Exkursionen, Seminare, Vorträge, Kolloquien und Wettbewerbe für Erwachsene. Die erfolgreiche Arbeit des Umweltbildungsprojekts hat wesentlich zur Akzeptanz des Biosphärenreservats bei der lokalen Bevölkerung beigetragen. Bei einer Umfrage 2002 waren 76 Prozent der Befragten der Ansicht, dass das Biosphärenreservat eine „sinnvolle Einrichtung" sei, nur drei Prozent lehnten es ab (BRASSEL, V. 2002).

Literatur

BRASSEL, V. (2002): Analyse der Wirksamkeit der Öffentlichkeit im Biosphärenreservat „Oberlausitzer Heide- und Teichlandschaft". Dipl. Arbeit. Albert-Ludwigs-Universität Freiburg.

DEUTSCHES MAB-NATIONALKOMITEE (Hrsg.) (1996): Kriterien für Anerkennung und Überprüfung von Biosphärenreservaten der UNESCO in Deutschland, Bonn.

PASCHKOWSKI, A. (1996): Rahmenkonzept Umweltbildung in Großschutzgebieten. WWF-Naturschutzstelle Ost, Potsdam.

4.9 Gesundheit und Biosphärenreservat

Biosphärenreservat Berchtesgaden

Werner d'Oleire-Oltmanns und Ulrich Brendel

Alleinstellungsmerkmale des BR Berchtesgaden

Das UNESCO-Biosphärenreservat Berchtesgaden unterscheidet sich in vielerlei Hinsicht von den anderen Biosphärenreservaten in Deutschland. Ein entscheidender Unterschied besteht in den topografischen Gegebenheiten, denn diese verursachen eine außerordentlich vielfältig gestaltete Landschaft mit artenreichen Lebensräumen. Abbildung 1 veranschaulicht das Landschaftsprofil im BR Berchtesgaden und erklärt den daraus resultierenden, stark ausgeprägten Nord-Süd-Gradienten bezüglich der Naturausstattung und Nutzungsintensität. Der Höhenunterschied von mehr als 2.000 Metern zwischen Bad Reichenhall auf 470 Metern über NN und dem Gipfel des Watzmanns auf 2.713 Metern erfordert bei der Bewirtschaftung und Pflege landwirtschaftlich nutzbarer Flächen eine hohe Flexibilität der lokalen Bevölkerung.

Die Notwendigkeit einer den landschaftlichen, topografischen und klimatischen Gegebenheiten angepassten Bewirtschaftung hat zu einer biologisch äußerst artenreichen, kleinbäuerlichen Landschaftsstruktur geführt. Diese ist charakteristisch für das Biosphärenreservat am Südostrand Deutschlands. So findet man beispielsweise im gesamten Gebiet auf Hunderten von Bauernhöfen nur ca. 4.000 Rinder und damit etwa so viel wie auf einem einzigen Biohof im Biosphärenreservat Spreewald.

Die Pflege der Landschaft ist dementsprechend auf viele Schultern verteilt und spielt für die bäuerliche Bevölkerung seit alters her eine entscheidende Rolle. Darüber hinaus stellt das nachhaltige Wirtschaften eine wichtige Voraussetzung für die heutigen Alleinstellungsmerkmale des BR Berchtesgaden dar.

Nicht nur Gipfel, die in den Himmel ragen, intakte Wälder, glasklare Bäche, Seen und Flüsse, sondern auch blühende Almwiesen und gepflegte Weidelandschaften machen diese Region einmalig in Deutschland. Ursprüngliche Natur und nachhaltiges Wirtschaften über Jahrhunderte sorgen für ein gesundes Leben. Solche Gegebenheiten erklären auch die Bedeutung des Tourismus im BR Berchtesgaden. Dieser Sektor macht heute rund 70 Prozent der Wertschöpfung der lokalen Bevölkerung aus.

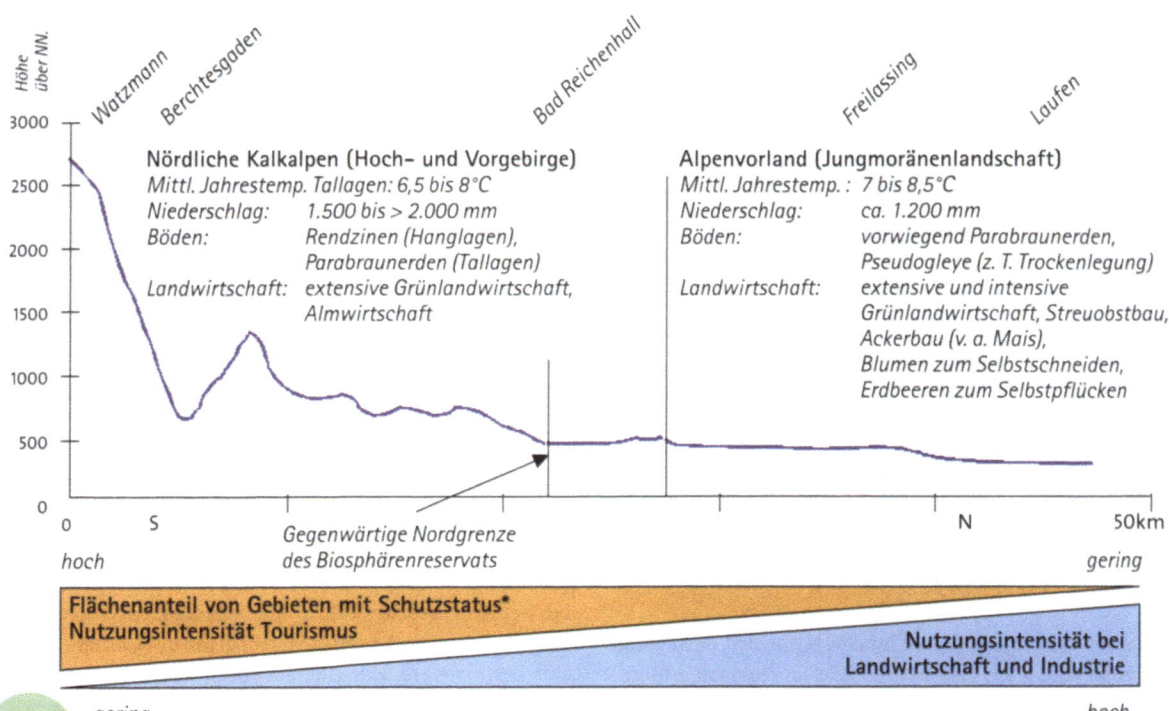

Abb. 1: Schematische Darstellung des Nord-Süd-Profils des Landkreises Berchtesgadener Land mit dem Biosphärenreservat Berchtesgaden (* = Nationalpark Berchtesgaden, Naturschutz- und Landschaftsschutzgebiete, Naturwaldreservat (Zukunft Biosphäre GmbH, 2002))

4. FALLBEISPIELE AUS DER PRAXIS

Abenteuer Natur

Für die Zukunft setzt das BR Berchtesgaden u. a. auf das Motto „AlpenNatur erleben – Gesundheit spüren". Tatsächlich bietet die Region zu jeder Jahreszeit sprichwörtlichen Urlaub für Körper und Geist, denn die nachhaltige Nutzung der Natur erzeugt Lebensmittel von höchster Qualität und Reinheit. Dies spiegelt sich in einer reichhaltigen Palette aus nachhaltig produzierten Produkten wider von Bauernspeck und Königsseeforellen über Milchprodukte und deren unterschiedlichste Veredelung bis Enzian-Schnaps. Salz, das „weiße Gold", hat das Leben der Menschen und ihre Kultur geprägt.

Charakteristisches Landschaftsbild des Biosphärenreservats Berchtesgaden

Auch für das geistige Wohl ist ausreichend gesorgt: Die Kernzone und die Pflegezone des Biosphärenreservats bilden den im Jahr 1978 gegründeten Nationalpark Berchtesgaden. Dort findet man an smaragdgrünen Seen, auf sonnigen Wiesen oder in stillen Wäldern Ruhe und Erholung.
Auf markierten Wanderwegen von mehr als 740 Kilometern kann im Biosphärenreservat jeder sein ganz persönliches, intensives Abenteuer Natur erleben. Im Winter bietet sich den Urlaubern eine märchenhaft verschneite Landschaft mit verschiedenen Wintersport- oder Wandermöglichkeiten.
Aus der Geschichte sowie den geschilderten Gegebenheiten lassen sich daher für die weitere Entwicklung dieser Region im Sinne der Nachhaltigkeit enorme Potenziale ableiten.

Gesundheit als Leitbild für eine Nachhaltige Entwicklung

Die Alleinstellungsmerkmale intakte Natur und nachhaltige Nutzung haben das bisherige Leitbild im regionalen Tourismussektor geprägt. Das gesunde Gebirgsklima stellte bis vor kurzem einen nur unzureichend genutzten Faktor bei der Vermarktung der Region dar.

Gerade aufgrund der einmaligen Merkmalskombination aus Natur, nachhaltiger Landnutzung und Klima ergibt sich für die auch hier schwächelnde Tourismusbranche eine große Chance im Hinblick auf die zukünftige regionale Vermarktung und die Bewerbung der Region bei neuen Kundenkreisen.

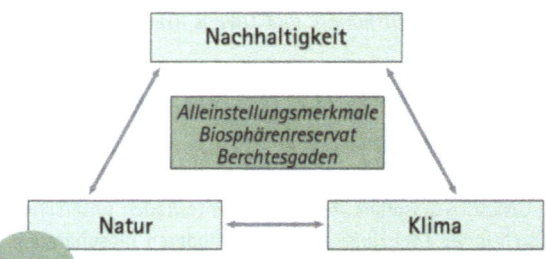

Abb. 2: Alleinstellungsmerkmale des UNESCO-Biosphärenreservats Berchtesgaden (Zukunft Biosphäre GmbH, 2003)

Das Streben nach Gesundheit gewinnt in unserer Gesellschaft zunehmend an Bedeutung. Dies betrifft u. a. auch diejenigen Menschen, die sensibel gegenüber allergieauslösenden Umgebungsstoffen reagieren. Für Allergiker kann das räumliche und zeitliche Auftreten von Allergenen, also von allergieauslösenden Stoffen, eine starke Einschränkung in ihrem Tagesablauf und in ihren Urlaubsmöglichkeiten bedeuten. Die wachsende Zahl der Allergiker schafft für die Tourismusindustrie neue Herausforderungen, aber auch die Chance, mit speziell abgestimmten Angeboten Kunden einer neuen Zielgruppe zu gewinnen. Nach neuester Statistik liegt die Zahl der Allergiker bei fast 60 Prozent, mit steigender Tendenz. Dabei unterscheidet man nach Allergenen, die eingeatmet werden können (Pflanzenpollen und Ausscheidungen von Hausstaubmilben), die auf die Haut einwirken (Metalle, Duft- und Konservierungsstoffe, Chemikalien und Tierhaare), die über den Magen-Darm-Trakt aufgenommen werden (Nahrungsmittel, auch Farb- und Konservierungsstoffe) und Allergenen, die über Medikamente oder Insektenstiche direkt in die Blutbahn gelangen.
Die klimatischen Besonderheiten im BR Berchtesgaden eignen sich bestens für eine entsprechende Ausrichtung im Tourismus. Dieses Potenzial der Region gilt es zukünftig im Sinne einer Nachhaltigen Entwicklung besser zu nutzen. Denn: Eine Nachhaltige Entwicklung will nicht nur einen gesunden Naturhaushalt und eine gesunde wirtschaftliche Entwicklung fördern, sondern auch die Gesundheit von Menschen.
Die Deutsche Gesellschaft für Klimatherapie e. V., Berchtesgaden arbeitet bereits seit längerer Zeit an der Konzeption für eine Zertifizierung klimatherapeutisch nutzbarer Orte. Ziel ist die Schaffung einer wissenschaftlich und medizinisch abgesicherten Bewertung von Beherbergungsbetrieben hinsichtlich ihrer Eignung für sensibel reagierende Menschen.

Im Wesentlichen sind im Biosphärenreservat zwei Faktoren als positiv zu bewerten:
- das Fehlen bzw. die Armut an Allergenen,
- das Fehlen bzw. das weitgehende Fehlen von Luftschadstoffen.

Gerade eine auf Nachhaltige Entwicklung ausgerichtete Region wie das BR Berchtesgaden, das zudem durch die Gebirgslage eine geringe Allergenbelastung aufweist, hat hier besondere Entwicklungschancen. So sind im Reinluftgebiet Berchtesgadener Land eine ganze Reihe allergiearmer Betriebe zu erwarten, die sich durch ihre speziellen Standorte für eine Zertifizierung eignen.

Vom Klima begünstigt

Die wichtigsten klimatischen Faktoren lassen sich folgendermaßen zusammenfassen: Das BR Berchtesgaden liegt im Übergangsbereich zwischen ozeanischem und kontinentalem Klima. Durch den Höhenunterschied von über 2.000 Metern lässt es sich als typisches Gebirgsklima charakterisieren. Luv- und Lee-Effekte, die sich durch die Lage der Gebirgszüge ergeben, sowie Höhenlage, Exposition und Hangneigung beeinflussen den Strahlungshaushalt wesentlich und stehen mit weiteren Parametern in enger Wechselwirkung. Daher zeichnet sich das Klima des Biosphärenreservats durch eine hohe vertikale, horizontale und zeitliche Variabilität aus.

Die Jahresmitteltemperaturen gehen von 9,6 Grad Celsius in Bad Reichenhall (473 Meter über NN) über 7,2 Grad Celsius in Berchtesgaden (542 Meter über NN) sowie 6,5 Grad Celsius am Obersalzberg (960 Meter über NN) auf 2,3 Grad Celsius an der Jenner-Bergstation (1.800 Meter über NN) nahezu linear zurück.

Der jährliche Niederschlag nimmt dagegen von 1.514 Millimetern in Berchtesgaden über 1.590 Millimeter am Obersalzberg auf 1.753 Millimeter am Stahlhaus (1.740 Meter über NN) zu und kann in den höchsten Lagen (Watzmann, 2.713 Meter über NN) auf über 2.500 Millimeter ansteigen. Im Biosphärenreservat liegt ein extremer Gradient vor, von wärmebegünstigten Tieflagen (entlang der Salzach bzw. Bad Reichenhall) über noch besiedelte Hochlagen in mittlerer Höhe (z. B. Buchenhöhe bei Berchtesgaden auf ca. 950 Metern über NN) bis hin zu hochalpinen Bereichen mit mehr als 2.000 Metern über NN.

Geografische Informationssysteme und Biosphäre

Seit über 20 Jahren werden vom Nationalpark bzw. nach der UNESCO-Anerkennung vom BR Berchtesgaden die Beziehungen zwischen Mensch und Biosphäre mit Hilfe von geografischen Informationssystemen (GIS) untersucht.

Im Jahr 2001 wurde das Know-how auf dem Gebiet der raumbezogenen Analysetechnik aus der BR-Verwaltung ausgegliedert und die „Zukunft Biosphäre GmbH" gegründet. Diese Gesellschaft zur Nachhaltigen Entwicklung hat sich mit der Auswertung von klimaspezifischen Parametern und deren Beziehung zum Menschen und seiner Biosphäre beschäftigt. Innerhalb des Biosphärenreservats lassen sich beispielsweise Regionen identifizieren, in denen die Belastung mit Allergenen weit unter dem Durchschnitt liegt oder gegen Null tendiert. Methoden sind unabhängig vom Untersuchungsgegenstand und das ermöglichte einen etwas ungewöhnlichen Brückenschlag: Vom Steinadler zur Hausstaubmilbe. Nach der Methode, die im Projekt der Allianz-Umweltstiftung zur „Entwicklung eines Leitfadens zum Schutz des Steinadlers (*Aquila chrysaetos*) in den Alpen" angewandt wurde (BRENDEL, U. et al. 2000), können mit Hilfe von Lebensraummodellen für Hausstaubmilben (*Dermatophagoides pteronyssinus* und *Dermatophagoides farinae*) oder Schimmelpilze (z. B. *Aspergillus spp., Mucor spp.* oder *Cladosporium spp.*) auch hier lokal erhobene Daten auf übergeordnete Regionen transformiert werden. Das Gleiche gilt für die Beschreibung des Pollenflugs, der sich mit Hilfe eines GIS realitätsnah darstellen lässt. Dazu werden Parameter wie Luftfeuchtigkeit, Höhenlage, mittlere Jahrestemperatur und Sonnenscheindauer herangezogen. Die beteiligten Wissenschaftler übertragen die auf kleiner Fläche erhobenen Daten in wenigen Schritten auf größere Flächen und überprüfen sie dort anhand geeigneter Indikatoren.

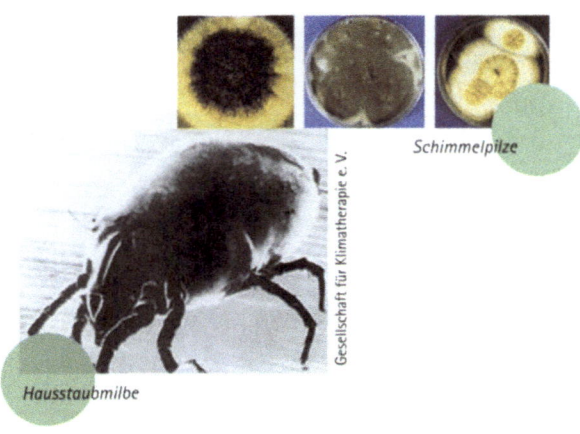

Schimmelpilze

Hausstaubmilbe

Eine solche Übertragung von Methoden entspricht genau dem Konzept der UNESCO-Biosphärenreservate: lokal forschen, entwickeln, erproben sowie anwenden und die Ergebnisse und Erfahrungen in der Region und über die Region hinaus bekannt und nutzbar machen.

Die methodische Umsetzung

Der Aufbau eines Zertifizierungsmodells

Die Gesellschaft für Klimatherapie e. V. plant den Aufbau eines dreistufigen Zertifizierungssystems für Betriebe innerhalb des Biosphärenreservats:

- Zertifikatstufe 1: Allergiearmut bzw. Armut an Luftschadstoffen außerhalb und unabhängig von Gebäuden.
- Zertifikatstufe 2: Orte und Gebäude, die qualitativ und quantitativ nachgewiesen haben, dass sie bestimmte Grenzwerte nicht überschreiten.
- Zertifikatstufe 3: Zusätzlich zu Stufe 2 werden die Gäste in wöchentlichen Informationsveranstaltungen intensiv zu umweltrelevanten Themen informiert und/oder es liegt eine spezielle Ausstattung vor (z. B. Allergene abweisende Bettbezüge) und/oder es liegen spezielle Ernährungsangebote vor, die positiv auf die klimatherapeutischen Effekte wirken.

Der erste Schritt ist also die Entwicklung eines Modells zur raumbezogenen Ableitung der Belastung durch potenzielle Allergene. Für die bedeutsamen Allergene Hausstaubmilben und Schimmelpilze soll die Lebensraumeignung wissenschaftlich und medizinisch abgesichert ermittelt werden. Die Grundlagen liefert hierbei eine an der BR-/NLP-Verwaltung Berchtesgaden angewandte und weiterentwickelte Methode zur Ableitung eines wissensbasierten Modells mit Hilfe der so genannten Workshop-Technik, d. h. einem Moderationsverfahren mit Experten.

Landschaftsbild des Biospärenreservat Berchtesgaden aus der Vogelperspektive

Als Ergebnis werden Karten entwickelt, welche die Verbreitung der Produzenten von Allergien auslösenden Stoffen räumlich darstellen. Dies dient einer ersten Einschätzung der Allergen-Belastung in der Region und ist die Grundlage für eine Zertifizierung von Gebieten auf Stufe 1. Diese Daten werden auch für ein Informationssystem für Patienten im Internet genutzt.

Auf der Grundlage dieser Karten können dann auch die Orte und Gebäude identifiziert werden, die für eine Zertifizierung auf Stufe 2 und 3 geeignet sind. Auf diese Weise kann die

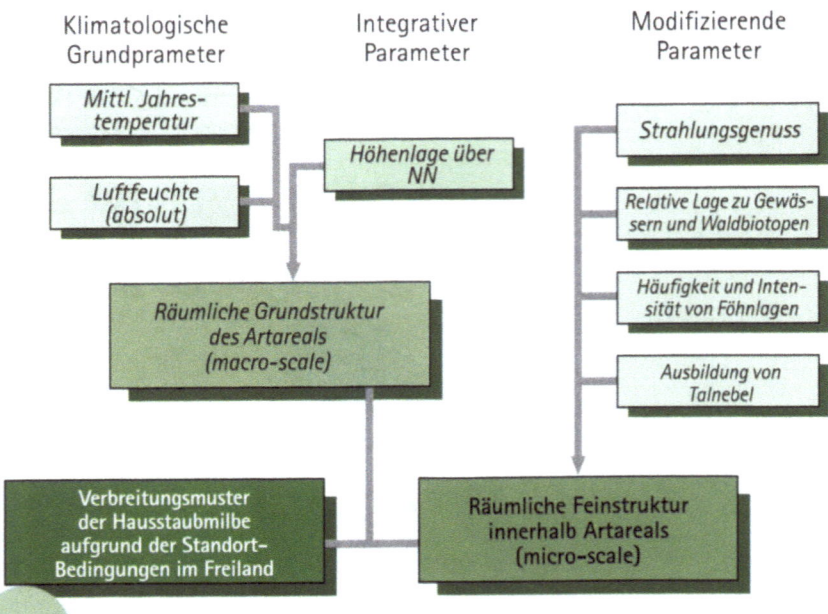

Abb. 3: Modellarchitektur für ein Habitateignungsmodell am Beispiel der Hausstaubmilbe (Zukunft Biosphäre GmbH, 2003)

Zertifizierung auf Stufe 2 und 3, die konkrete Messungen beinhaltet und hohe Kosten mit sich bringt, auf diejenigen Betriebe beschränkt werden, die gute Voraussetzungen haben, die Bedingungen zu erfüllen. Die nötigen Datenerhebungen können so effizient geplant und durchgeführt werden.

Ausweitung des Modells

In einem zweiten Schritt wird die Methodik analog auf Allergene wie Pollen und Luftschadstoffe (Ozon, Stickoxide, Schwefeldioxid, Feinstäube) ausgeweitet.

Der Aufbau eines Informationssystems Allergie

Auf Basis der so identifizierten Orte und Gebäude soll ein Informationssystem Allergie für Patienten aufgebaut werden, das als Grundlage für eine touristische Bewerbung des Angebots für einen allergenarmen bzw. allergenfreien Urlaub dient. Der potenzielle Gast kann über ein System aus sich überlagernden Karten einen für seine Indikation optimal geeigneten Beherbergungsbetrieb ermitteln.

Außerdem kann er aufgrund der durchgängig raumbezogenen Darstellung der Allergenbelastung geeignete Ausflugsziele und Wanderungen bzw. Radtouren für die Dauer seines Aufenthalts auswählen.

Verknüpfung des Informationssystems Allergie

Die Informationsplattform www.info-bgl.de bietet bereits jetzt den Nutzern zahlreiche Optionen zur Gestaltung ihres Urlaubs, wie z. B. Abfrage von Gaststätten, Fahrplanauskunft für Bus und Bahn. Eine Verknüpfung des Informationssystems Allergie mit dieser Plattform ist als nächster Schritt angedacht.

Mit einem solchen kombinierten Informationssystem könnte das BR Berchtesgaden aus seinem natürlichen Potenzial ein weiteres Alleinstellungsmerkmal entwickeln, das es nicht nur aus den deutschen Biosphärenreservaten, sondern auch aus allen anderen Gesundheitsregionen der Alpen heraushebt.

In Zukunft müsste dann Berchtesgaden den Vergleich mit weltweit bekannten Orten wie Davos (Schweiz) nicht mehr scheuen. Im Wettbewerb um gesundheitsbewusste Kunden sprechen neben abwechslungsreicher Natur und traditionell nachhaltiger Landnutzung, gesunden Nahrungsmitteln aus der Region vor allem die Aussicht auf Allergie freie Urlaubstage für Berchtesgaden.

Zusammenfassung

Die topografischen Besonderheiten des UNESCO-Biosphärenreservats Berchtesgaden sorgen für eine abwechslungsreiche Landschaft mit hoher Lebensraumvielfalt. Neben intakter Natur und nachhaltiger Nutzung soll Gesundheit das zukünftige Leitbild der Region prägen. Auf der Basis der Erfahrungen aus dem Projekt „Ökosystemforschung Berchtesgaden" sollen die für das allergenarme Klima verantwortlichen Parameter in Modellen dargestellt und für die Region in Form eines Zertifizierungssystems zur Klassifizierung von Beherbergungsbetrieben aufgrund ihrer Allergenbelastung nutzbar gemacht werden. Ein Informationssystem Allergie verknüpft mit der vorhandenen Infoplattform (www.info-bgl.de) könnte zukünftig der Bewerbung allergenarmer touristischer Angebote und damit der Vermarktung der Region dienen und wäre als weiteres Alleinstellungsmerkmal des BR Berchtesgadens zu sehen.

Literatur

Brendel, U., Eberhardt, R., Wiesmann-Eberhardt, K. U. u. W. d'Oleire-Oltmanns (2000): Der Leitfaden zum Schutz des Steinadlers Aquila chrysaetos (L.) in den Alpen. Nationalparkverwaltung Berchtesgaden, Forschungsbericht Nr. 45.

4.10 Natürliche Dynamik mitten in Europa

Biosphärenreservat Niedersächsisches Wattenmeer

Irmgard Remmers

Eine der letzten Naturlandschaften

Natürliche, nicht oder wenig genutzte Ökosysteme sind in Mitteleuropa selten. Das Biosphärenreservat Niedersächsisches Wattenmeer schützt in seinen großflächigen Kern- und Pflegezonen ein solches Ökosystem: das Wattenmeer, eine der letzten Naturlandschaften, dessen wesentliches Charakteristikum in seiner hohen natürlichen Dynamik besteht.

Diese Dynamik ist so groß, dass die Karten, die die inneren Grenzen des Biosphärenreservats zeigen, jedes Jahr den veränderten Verhältnissen angepasst werden müssen. Einige Informationstafeln werden im Winter abgebaut, weil das Land, auf dem sie stehen, vielleicht im nächsten Frühjahr schon nicht mehr da ist, und sogar Muscheln müssen sich mit Fäden fest verankern, um nicht ständig weggerissen zu werden.

Am Beispiel des niedersächsischen Wattenmeers soll gezeigt werden, dass eine solche Naturlandschaft im dicht besiedelten Mitteleuropa noch einen Platz hat und wie Möglichkeiten für ein Miteinander von Mensch und Natur aussehen können.

Meeresgrund trifft Horizont

Das Biosphärenreservat Niedersächsisches Wattenmeer erstreckt sich mit einer Größe von rund 240.000 Hektar zwischen den Mündungen von Ems und Elbe. Es umfasst nahezu das gesamte niedersächsische Wattenmeer mit seinen ausgedehnten Watt- und Wasserflächen, den Vorlandflächen vor den Deichen und den Ostfriesischen Inseln mit ihren Dünen- und Salzwiesenlebensräumen.

Die besiedelten Bereiche wie die Ortschaften auf Inseln, die Sielhäfen oder andere großflächige Infrastruktureinrichtungen liegen außerhalb des Biosphärenreservats. Mit nur einem einzigen Einwohner, dem Vogelwart auf der Insel Memmert, ist das niedersächsische Wattenmeer wohl eines der bevölkerungsärmsten Biosphärenreservate überhaupt.

Kern- und Pflegezone liegen fast vollständig im ca. 280.000 Hektar großen gleichnamigen Nationalpark. Nur Teile der Entwicklungszone, wie z. B. die intensiv genutzten Badestrände, sind seit der Novellierung des Nationalparkgesetzes im Jahre 2001 nicht mehr Teil des Nationalparks.

Dünen, Salzwiesen und Watten – untrennbare Elemente eines Lebensraums

Das landschaftsprägende Element im Biosphärenreservat ist der Wechsel der Gezeiten und die daraus resultierende große natürliche Dynamik: Zweimal täglich fallen rund 220.000 Hektar Wattfläche trocken und werden wieder überflutet.

Dynamik pur: Watt und Prielsystem in der Kernzone des Biosphärenreservats

Entsprechend vielfältig sind die Lebensräume des Wattenmeers: Von ständig Wasser führenden Seegaten, Baljen, Prielen und Rinnen, über die Schlick-, Sand- und Mischwatten (das eigentliche Eulitoral oder Watt), die Salzwiesen des Deichvorlandes bis hin zu den Inseln mit ihren Stränden, Dünenlandschaften und Salzwiesen.

All diese Elemente der dynamischen Naturlandschaft bilden eine ökologische Einheit. Sie bedingen einander als Grundlage für weitere morphologische Entwicklungsprozesse: Unter bestimmten hydrologischen und morphologischen Bedingungen bilden sich küstenparallel Sandbänke. Durch den Sandtransport des Windes höhen diese weiter auf, an kleinen Hindernissen kommt es zur Bildung erster Embryonaldünen.

Nach Besiedlung durch Pflanzen können die Dünen weiter aufwachsen, Düneninseln entstehen. An deren Wattseite bilden sich Salzwiesen aus, die wiederum in starkem Maße durch eine regelmäßige Überflutung beeinflusst werden. Die Ostfriesischen Inseln mit ihren Dünen und Salzwiesen sind daher zusammen mit dem Watt und dem Deichvorland der Küste als untrennbares Ganzes zu sehen. Sie sind mit ihren nicht besiedelten Gebieten Teil des Biosphärenreservats.

Die das Wattenmeer prägende Dynamik sorgt aber auch für extreme Lebensbedingungen. Im Watt selbst sind die Tier-

FALLBEISPIELE AUS DER PRAXIS

und Pflanzenarten stark schwankenden Milieubedingungen ausgesetzt. Wasserstand, Salzgehalt, Licht und Temperatur ändern sich zweimal täglich dramatisch. Und so sind es in erster Linie Spezialisten, die zwar in relativ geringer Artenzahl, aber in sehr hoher Individuendichte vorkommen, bedingt durch die hohe Produktivität im Watt und durch die Nahrungszufuhr aus der Nordsee und den Flüssen. Ein extremes Beispiel ist der Schlickkrebs (*Corophium volutator*), der im Schlickwatt eine Siedlungsdichte von bis zu 40.000 Individuen pro Quadratmeter erreichen kann.

Die hohe Individuendichte von Würmern, Krebsen und Muscheln bedingt ein großes Nahrungsangebot für Fische und Vögel. Das Wattenmeer ist daher nicht nur „Kinderstube" vieler Nordseefische, sondern auch Brut-, Aufzucht- und besonders Rastgebiet für zahlreiche Watt- und Wasservögel. Als Drehscheibe des Vogelzugs mit mehr als zehn Millionen Rastvögeln zu den Hauptzugzeiten ist das Wattenmeer von unschätzbarer Bedeutung.

Für den beliebtesten aller Wattbewohner, den Seehund (*Phoca vitulina*), stellt das Wattenmeer einen unverzichtbaren Teil seines Lebensraums dar. Hier findet er die für Paarung, Geburt und Aufzucht der Jungen notwendigen Sandbänke und ein entsprechendes Nahrungsangebot.

Das Wattenmeer erfüllt aber auch wichtige Funktionen im Gesamtökosystem Nordsee. Hier finden Umsetzungs- und Ablagerungsprozesse statt, die für die benachbarten Teile der Nordsee bedeutsam sind. Wegen des hier im besonderen Maße stattfindenden Abbaus organischer Substanzen wird das Wattenmeer auch als „Kläranlage der Nordsee" bezeichnet. Und noch eine Besonderheit hat das BR Niedersächsisches Wattenmeer zu bieten: Es ist einer der wenigen Lebensräume, die von Natur aus waldfrei sind.

Auf dem Weg zum Weltnaturerbe

Dem hohen Schutzwert dieser Landschaft wird nicht nur durch die Ausweisung als Biosphärenreservat und Nationalpark Rechnung getragen. Das Wattenmeer ist zusätzlich EG-Vogelschutzgebiet und als Flora-Fauna-Habitat-Gebiet gemeldet. Es ist damit Teil des europaweiten Schutzgebietssystems Natura 2000. Internationalen Schutz erfährt das Gebiet u. a. durch die Aufnahme in die Ramsar-Liste der Feuchtgebiete mit internationaler Bedeutung.

Zur Krönung der langen Liste der Schutzkategorien hat der niedersächsische Landtag im Jahr 2002 beschlossen, die Anerkennung als Weltnaturerbe anzustreben. Der Antrag auf Anerkennung des gesamten Wattenmeers kann allerdings erst gestellt werden, wenn auch in den anderen Anrainerstaaten des Wattenmeers die Diskussionen abgeschlossen sind und zugestimmt wird.

Der Mensch und die natürliche Dynamik

Der Küstenraum ist nicht nur aus Sicht des Naturschutzes von großer Bedeutung, sondern seit alters her auch Siedlungs- und Wirtschaftsraum des Menschen. Die hohe Dynamik und die herrschenden Naturgewalten mit Sturmfluten, Landabbrüchen und Inselverlagerungen erzwangen über Jahrhunderte eine an die natürlichen Gegebenheiten angepasste Nutzung.

Dies änderte sich mit den technischen Möglichkeiten des zwanzigsten Jahrhunderts. In Randbereichen des Biosphärenreservats finden wir daher heute mehr oder weniger stark vom Menschen beeinflusste Lebensräume vor.

In vielen Landschaften Deutschlands ist eine biologische Vielfalt erst durch bestimmte Nutzungsformen entstanden. Dem entsprechend ist zu deren Erhalt weitere Nutzung und Pflege erforderlich. Im Gegensatz dazu zeichnet sich das Wattenmeer dadurch aus, dass es einer solchen Pflege nicht bedarf. Hier ist es die natürliche Dynamik, die stetige Veränderung, die es zu erhalten oder besser: zuzulassen gilt.

Aufgabe der Schutzgebiets-Verwaltung ist es, die verschiedenen Interessen so zu lenken und abzuwägen, dass ein Miteinander der im Küstenraum lebenden, wirtschaftenden und Erholung suchenden Menschen mit dem Naturschutzziel „Bewahrung der das Wattenmeer prägenden hohen Dynamik" möglich bleibt. Dass dies nicht nur ein frommer Wunsch, sondern auch praktikabel ist, sollen die nächsten Beispiele zeigen.

Garant für Erholung: Urlaub im Biosphärenreservat; Badestrand in der Entwicklungszone

Urlaub im Biosphärenreservat – natürlich!

Seit mehr als 150 Jahren ist das Wattenmeer auch Erholungsraum des Menschen. Das erste Seebad wurde schon 1797 auf Norderney gegründet. Inzwischen besuchen mehr als zwei Millionen Urlauber jährlich die Ferienregion „Südliche Nordsee" mit ihren sieben Inseln und den vielen Küstenbadeorten.

Voller Leben 193

4. FALLBEISPIELE AUS DER PRAXIS

Während die Unterkünfte außerhalb des Biosphärenreservats liegen, konzentriert sich ein Großteil der touristischen Aktivitäten auf die in der Entwicklungszone des Biosphärenreservats liegenden Strände. Aktivitäten der Urlauber wie Wandern, Radfahren und Reiten finden aber zwangsläufig auch auf den Wegen in der Pflege- und z. T. auch in der Kernzone statt.

20 Millionen Übernachtungen im Nahbereich des Biosphärenreservats bedeuten zwangsläufig einen starken Druck auf Natur und Landschaft. Sie bieten aber auch die Chance, zahllose Menschen an die Natur heranzuführen und mit den Naturschutzgedanken und -zielen bekannt zu machen.

Ein wesentlicher Beitrag zur Entflechtung der Ansprüche besteht schon in dem charakteristischen Zonierungsmodell des Biosphärenreservats: Durch die räumliche Differenzierung von streng geschützter Kern- oder Ruhezone, der ebenfalls stark geschützten Pflege- oder Zwischenzone und der für den Bade- und Kurbetrieb nahezu uneingeschränkt zur Verfügung stehenden Entwicklungs- oder Erholungszone wird ein schonendes Miteinander von Urlaubern und Natur möglich.

Das Wegekonzept der Schutzgebiets-Verwaltung sorgt dafür, dass selbst in der Kernzone das Erleben von Natur und Landschaft in all ihren Facetten möglich bleibt, ohne Störungen in die Fläche hineinzutragen.

Wanderweg durch ein Dünenwäldchen in der Pflegezone auf Spiekeroog

Beobachtungsplattform in der Kernzone am Ostende Langeoogs

Ergänzend dazu wird der Besucher im Rahmen der Öffentlichkeits- und Bildungsarbeit über Informationstafeln, Naturpfade, Faltblätter etc. und in den 14 Nationalparkhäusern und -zentren über den Lebensraum und seinen besonderen Schutzwert informiert.

Im Gebiet selbst sorgen hauptberufliche Nationalparkwarte, Zivildienstleistende, ehrenamtliche Landschaftswarte und Schutzgebietsbetreuer verschiedener Naturschutzverbände für die Betreuung der Besucher.

Naturnahe Entwicklung von Salzwiesen

Ziel von Landgewinnungsmaßnahmen an der Küste und auf den Inseln war immer auch die Schaffung landwirtschaftlicher Nutzflächen. So war die landwirtschaftliche Nutzung durch Rinder-, Pferde- oder Schafbeweidung bzw. Mahd, verbunden mit intensiver Entwässerung, noch bis vor wenigen Jahrzehnten typisch für große Salzwiesenbereiche.

Durch Nichtverlängerung von Pachtverträgen auf landeseigenen Flächen, freiwillige Nutzungsaufgabe und Flächenaufkäufe, konnte inzwischen erreicht werden, dass 66 Prozent der Salzwiesen in der Kern- und Pflegezone des Biosphärenreservats nicht genutzt werden. Sie bleiben einer naturnahen Entwicklung überlassen.

Lebensraum zwischen Land und Meer: Natürliche Salzwiesen auf der Ostplate der Insel Spiekeroog in der Kernzone des Biosphärenreservats

Die Realisierung dieses Naturschutzziels erfolgte in Abstimmung mit den Belangen des Küstenschutzes und unter Berücksichtigung der wirtschaftlichen Betroffenheit der Landwirte. Vereinfacht wurde die Umsetzung dieses Naturschutzziels durch die Tatsache, dass die außerhalb der Deiche liegenden Flächen häufig nicht mehr in die Betriebsstruktur heutiger landwirtschaftlicher Betriebe passen.

Für 23 Prozent der Salzwiesen konnte durch Änderungen der Pachtverträge und Erschwernisausgleichszahlungen an private Grundeigner eine, an die Belange des Naturschutzes und des speziellen Artenschutzes angepasste Extensivierung erreicht werden. Bei der Beweidung dieser Flächen soll zukünftig dem Einsatz alter Haustierrassen mehr Beachtung geschenkt werden.

Soviel Küstenschutz wie nötig – soviel Naturschutz wie möglich

So positiv die hohe Dynamik auch für den Naturraum zu werten ist, für die im Küstenraum siedelnden Menschen bedeutet sie einen immer währenden Kampf um ihr Leben und Gut (siehe Kasten).

Der Mensch hat mit dem für ihn zwingend erforderlichen Insel- und Küstenschutz den Naturraum nachhaltig beeinflusst, beginnend mit einfachen Wohnhügeln über die

FALLBEISPIELE AUS DER PRAXIS

Anfänge des Deichbaus vor 1.000 Jahren bis heute. Dies gilt auch zukünftig vor dem Hintergrund eines steigenden Meeresspiegels. Eindeichungen, Festlegung der Inseln oder die Entnahme von Klei und Sand aus Salzwiese und Watt als Baumaterial für den Deich sind nur einige Beispiele dafür.

Um die berechtigten Interessen des Küsten- und Naturschutzes in Einklang zu bringen, gilt für alle Maßnahmen des Küstenschutzes im Biosphärenreservat die grundsätzliche Maxime „Soviel Küstenschutz wie nötig, soviel Naturschutz wie möglich." In den „10 Grundsätzen für einen effektiven Küstenschutz" der Landesregierung zum Küstenschutz wurde 1999 beispielsweise festgeschrieben, dass Deichverstärkungen nur im Ausnahmefall außendeichs und damit zu Lasten des Biosphärenreservats erfolgen dürfen (NLÖ 2001).

In Vorlandmanagementplänen und bei Detailabsprachen vor Ort wurde vereinbart, die noch bis vor wenigen Jahren übliche flächenhafte Entwässerung des Deichvorlands auf einen deichnahen Streifen zu beschränken und die Restfläche der natürlichen Entwicklung zu überlassen. Um diese zu fördern wird das künstliche Entwässerungssystem in Teilbereichen zurückgebaut und – soweit noch vorhanden – das alte Prielsystem wieder geöffnet.

Entsprechend den Zielsetzungen des Biosphärenreservats werden dort, wo es möglich ist, bevorzugt so genannte weiche Küstenschutztechniken eingesetzt, wie z. B. der Bau von Lahnungen in der traditionellen Bauweise mit Buschpackungen.

Das letzte Haus am Jadebusen

(...) im Jahre 1906 erlebten hier zwei Familien in der Nacht vom 12. zum 13. März die bis dahin höchste Flut unserer Küste, darunter der Fischer Büsing. Am 12. März wehte den ganzen Tag ein starker Sturm aus Nordwest, der sich gegen Abend zum Orkan steigerte. Die Ebbe lief nicht mehr ab, und vor dem Haus stand schon bald soviel Wasser, dass man den schützenden Deich nicht mehr erreichen konnte. Angekleidet durchwachte man voller Sorgen den langen Abend und die schreckliche Nacht.

Das Haus stöhnte unter den Stößen des Sturmes. Gegen Mitternacht schlugen die Wellen an das Haus, und bald danach kam das Wasser unter den Türen durch ins Haus auf die Diele und in die Ställe. Das war ein böses Zeichen, denn noch vier Stunden dauert es bis zur Flut.

Als erfahrener Fischer kannte Büsing die Tücke des Wassers. Er zog seine langen Fischerstiefel an und brachte die Sau in die Stube, die war einige Stufen höher. Als Büsing wieder hinaus wollte um die Schafe zu holen, war das Wasser so weit gestiegen, dass er die Tür nicht mehr öffnen konnte. Das Wasser drückte sie von außen zu und die Familie war in der Stube gefangen.

Der Raum hatte zwei Alkoven [Schrankbetten]. Da brachte Büsing seine beiden Söhne, die bei ihm schliefen, in das Bett seiner Frau, die noch ein kleines Kind an der Brust hatte. Dann legte er auch noch sein Bett in den anderen Alkoven, und oben auf den Betten saß die Frau angekleidet mit den Kindern.

Das Wasser folgte unter der Tür durch in die Stube. Da war die Sau nicht mehr sicher, und Büsing packte sie und wollte sie zu seiner Frau ins Bett legen. Dabei stieß das störrische Tier an die Laterne, dass sie herunterfiel und nun war es stockfinster in der Stube. Zum Glück hatte er Zündhölzer in der Tasche, so dass er wieder Licht machen konnte. Und dann gelang es ihm, die Sau glücklich zu seiner Familie ins Bett zu bringen. Es ist wohl das erste Mal gewesen, dass eine Sau, eine Frau und drei Kinder friedlich miteinander das Bett teilten.

Man durchlebte bange Stunden. Draußen brüllte das Meer und heulte der Sturm und das Haus stöhnte inmitten der entfesselten Elemente. Dann brach eine vom Deich zurückrollende Welle die Haustür auf, lief über die Diele, drückte eine Füllung der Stubentür ein und klatschte in die Stube. In demselben Augenblick brach unter dem Fenster das Wasser eine Steinfüllung aus dem Bindewerk. Und von nun an rollten die Wogen durch das offene Haus.

In höchster Not setzte Büsing seine beiden Söhne auf den Geschirrschrank zwischen den Alkoven. Dann warf er die Sau wieder aus dem Bett ins Wasser. Die Sau schwamm durch die Stube, kam wieder zurück zum Alkoven und wollte wieder aufgenommen werden. Büsing stieß sie zurück. Die Sau machte noch einmal eine Runde durchs kalte Wasser und erschien nochmals vor dem Bett. Da hatte er Mitleid und zog sie wieder herein in den Alkoven. Das Tier hat sich nicht mehr gerührt, bis die Flut vorbei war. (...)

(KÜNNEMANN, C. 1968: 104f.)

4. FALLBEISPIELE AUS DER PRAXIS

Die Fischerei – traditionelle Meeresnutzung mit Zukunft

Die Fischerei als traditionelle Nutzung des Meeres scheint untrennbar mit dem landläufigen Bild des Wattenmeers verbunden.

Dies gilt insbesondere für die auch heute noch im Biosphärenreservat mit kleinen Kuttern ausgeübte Krabbenfischerei (Fischerei auf *Crangon crangon*). Kein Reiseprospekt, keine Ansichtskarte ohne das Foto eines Krabbenkutters auf Fangfahrt.

Auch heute noch hat diese traditionelle Nutzungsform ihren Platz im Biosphärenreservat. Um die Auswirkungen auf den

Was wäre ein Nordseeurlaub ohne Kutterhäfen und Krabbenbrötchen? Traditionelle Nutzungen haben auch weiterhin ihren Platz im Biosphärenreservat.

Lebensraum zu reduzieren, unterstützt die Schutzgebiets-Verwaltung z. B. Maßnahmen zur Verbesserung der Fang- und Sortiertechnik.

Eine nicht verträgliche Form der Fischerei, die Herzmuschelfischerei (Fischerei auf *Cerastoderma edule*), wurde dagegen im Jahre 1992 im gesamten Biosphärenreservat eingestellt. Sie hatte aufgrund ihrer Fangtechnik, bei der der Wattboden mehrere Zentimeter tief buchstäblich umgepflügt wurde, zu kurz- bis mittelfristigen starken Schädigungen dieses Lebensraums geführt.

Bei der dritten Fischereiform, der Miesmuschelfischerei (Fischerei auf *Mytilus edule*), wird zusammen mit den Fischereibetrieben über ein Miesmuschelmanagement die Nutzung bzw. Nichtnutzung der vorhandenen Muschelbänke geregelt, damit auch diese Fischereiform langfristig Bestand im Biosphärenreservat haben kann.

Das Wattenmeer als Teil der gesamten Biosphäre

Natürliche Lebensräume im dicht besiedelten Europa können immer nur Inseln im Wirtschaftsraum des Menschen sein. Das gilt insbesondere für solche offenen Systeme wie die Meeresschutzgebiete. Schaumberge an den Stränden, Seehundsterben oder Ölunfälle machen dies leider immer wieder deutlich.

Viele dieser äußeren Einwirkungen wie Schadstoffeinträge aus den Flüssen, der Atmosphäre und der offenen See können nicht direkt von der Schutzgebiets-Verwaltung beeinflusst werden. Trotzdem ist der Erhalt einer natürlichen Dynamik in den Grenzen eines Großschutzgebiets möglich – und das BR Niedersächsisches Wattenmeer ist mit 240.000 Hektar zweifellos ein Großschutzgebiet im ureigensten Sinne des Wortes. Hier leistet das Biosphärenreservat im Verbund mit dem Nationalpark einen wichtigen Beitrag, indem Planungen und Maßnahmen, die negative Folgen für das Schutzgebiet haben könnten, hier gar nicht erst oder nur in Ausnahmefällen in Betracht gezogen werden.

Aber auch bei Nutzungen und Projekten außerhalb des Biosphärenreservats wie Baggergutverklappungen, Fahrwasserausbauten oder Offshore-Windparken müssen immer auch die Auswirkungen auf das angrenzende Schutzgebiet mit geprüft werden und Beeinträchtigungen soweit wie möglich verhindert werden.

So konnte z. B. hinsichtlich der von der Großschifffahrt ausgehenden Gefahren erreicht werden, dass große Teile des deutschen, holländischen und dänischen Wattenmeers seit Oktober 2002 als internationales Schutzgebiet anerkannt worden sind. Die Internationale Seeschifffahrts-Organisation (International Maritime Organisation, IMO) stimmte der Ausweisung als „besonders empfindliches Meeresgebiet (Particularly Sensitive Sea Area, PSSA) zu.

Dies ist nach den IMO-Richtlinien ein potenziell durch die internationale Seeschifffahrt gefährdetes Gebiet, das aufgrund seiner anerkannten ökologischen, sozioökonomischen oder wissenschaftlichen Bedeutung besonderer Schutzmaßnahmen bedarf. Das Schutzgebiet von etwa 15.000 Quadratkilometern wird künftig in den Seekarten eingetragen sein. Damit ist das Wattenmeer weltweit erst das fünfte derart ausgewiesene Gebiet und steht jetzt auf einer Stufe etwa mit dem Great Barrier Reef in Australien.

Ungezähmte Naturgewalt mitten in Europa

Trotz der im und am Rande des Biosphärenreservats stattfindenden Nutzungen hat es der Mensch nicht geschafft, die Naturgewalten des Meeres und der Gezeiten zu beherrschen. Riesige Watt- und Wasserflächen, Dünen- und Salzwiesenlandschaften sind nach wie vor vollständig sich selbst und der natürlichen Dynamik überlassen.

Das Beispiel des BR Niedersächsisches Wattenmeer zeigt, dass es möglich ist, einen solchen Lebensraum zu bewahren und gleichzeitig schonende, das Gesamtökosystem nicht schädigende Nutzungen zu ermöglichen. Im Gegenteil, das Biosphärenreservat lädt zur Begegnung mit der Natur ein und dort, wo es im Einklang mit den Schutzgebietszielen steht, auch zum naturverträglichen Wirtschaften in und mit ihr.

Gerade der Bereich Fremdenverkehr bietet hier viele Ansätze zur Zusammenarbeit. Intakte Natur ist nach wie vor das Hauptkapital des hiesigen Tourismus. Urlauber, Einheimische und Schutzgebiets-Verwaltung haben damit prinzipiell die gleichen Interessen.

Die von der niedersächsischen Landesregierung angestrebte Anerkennung als Weltnaturerbe ist ein weiterer wichtiger Schritt zum Schutz dieses einmaligen Naturraums. Sie soll für die Menschen entlang der Küste Ansporn zu einem nachhaltigen Umgang mit diesem weltweit einzigartigen Naturraum im Sinne des Biosphärenreservatsgedankens sein.

Wo der Wind die Form bestimmt:
Weißdünen in der Kernzone des Biosphärenreservats.

Es gibt sie also noch, natürliche, dynamische Lebensräume mitten in Europa. Wir haben die Verpflichtung, sie zu erhalten. Biosphärenreservate leisten zusammen mit den anderen Schutzkategorien hierzu einen wichtigen Beitrag.

Zusammenfassung

Natürliche, nicht oder wenig genutzte Ökosysteme sind in Mitteleuropa selten. Das BR Niedersächsisches Wattenmeer schützt in seinen großflächigen Kern- und Pflegezonen ein solches Ökosystem: das Wattenmeer, eine der letzten Naturlandschaften, dessen wesentliches Charakteristikum in seiner hohen natürlichen Dynamik besteht.

Am Beispiel des niedersächsischen Wattenmeers wird gezeigt, dass eine Naturlandschaft im dicht besiedelten Mitteleuropa auch heute noch ihren Platz hat und wie Möglichkeiten für ein Miteinander von Mensch und Natur aussehen können.

Literatur

AGBR (STÄNDIGE ARBEITSGRUPPE DER BIOSPHÄRENRESERVATE IN DEUTSCHLAND) (1995): Biosphärenreservate in Deutschland. Leitlinien für Schutz, Pflege und Entwicklung. – Berlin-Heidelberg u. a.

KÜNNEMANN, C. (1968): Meer und Mensch am Jadebusen, Reprint der 6. erweiterten Auflage von 1968. Verlag Ad. Littmann, Oldenburg (ohne Jahresangabe).

NATIONALPARKVERWALTUNG NIEDERSÄCHSISCHES WATTENMEER NLP-V (1992): Nationalpark Niedersächsisches Wattenmeer, 4. Aufl. Wilhelmshaven.

NATIONALPARKVERWALTUNG NIEDERSÄCHSISCHES WATTENMEER NLP-V, Umweltbundesamt (1999): Umweltatlas Wattenmeer, Bd. 2. Wattenmeer zwischen Elb- und Emsmündung. Stuttgart.

NIEDERSÄCHSISCHES LANDESAMT FÜR ÖKOLOGIE NLÖ (2001): Projektgruppe Verbesserung des Verfahrensmanagements im Küstenschutz – Abschlussbericht Oktober 2000, o. Hrsg.: Projektgruppe „Verbesserung des Verfahrensmanagements im Küstenschutz", c/o Niedersächsisches Landesamt für Ökologie (NLÖ), 2001

UNESCO (Hrsg.) (1996): Biosphärenreservate. Die Sevilla-Strategie und die Internationalen Leitlinien für das Weltnetz. Hrsg. der dt.-sprach. Ausg.: Bundesamt für Naturschutz, Bonn.

4.11 Gastvogelmanagement in der Elbtalaue

Biosphärenreservat Flusslandschaft Elbe/Niedersachsen

Brigitte Königstedt

Die Elbtalaue – ein Rastschwerpunkt

Die norddeutschen Tiefebene war schon immer ein Rast- und Überwinterungsgebiet nordischer Gänse und Schwäne in Europa, vor allem für Saatgänse (*Anser fabalis*) und Blässgänse (*Anser albifrons*), Singschwäne (*Cygnus cygnus*) und Zwergschwäne (*Cygnus columbianus*). Sie haben ihre Brutgebiete in Westsibirien und verbringen den Winter in den vergleichsweise wärmeren Gebieten in Europa. Durch die Verlagerung der Rastgebiete von Zentral- nach Westeuropa in den letzten 35 Jahren (MOOIJ J. 1999a) hat die Bedeutung der norddeutschen Tiefebene als Rast- und Überwinterungsgebiet immer mehr zugenommen. Hier finden sich – bezogen auf die westpaläarktischen Populationen – bis zu 50 Prozent der Blässgänse (*Anser albifrons*) und 70 Prozent der Saatgänse (*Anser fabalis*) – das sind rund 315.000 bzw. 200.000 Vögel auf dem Zuge (MOOIJ J. 1999a).

Überwinternde Singschwanfamilie (*Cygnus cygnus*) in der Elbtalaue

Von diesen entfallen auf Niedersachsen etwa 100.000 Blässgänse (*Anser albifrons*) und 40.000 Saatgänse (*Anser fabalis*). Mit maximal 45.000 Bläss- und 25.000 Saatgänsen sowie 1.500 Höcker- (*Cygnus olor*), 2.500 Singschwäne (*Cygnus cygnus*)- und 3.000 Zwergschwänen (*Cygnus columbianus*) ist das niedersächsische Teilgebiet des BR Flusslandschaft Elbe, die Niedersächsische Elbtalaue, für das Bundesland das bedeutendste Rast- und Überwinterungsgebiet für diese Arten (SÜDBECK, P., KÖNIGSTEDT, B. 1999). Deshalb hat Niedersachsen auch eine Fläche von 325 Quadratkilometern des Biosphärenreservats als EU-Vogelschutzgebiet „Niedersächsische Mittelelbe" der EU gemeldet. Damit wird der wichtigen „Trittsteinfunktion" des Elbtals im Zuggeschehen Rechnung getragen und ein international bedeutender Teillebensraum für nordische Gänse und Schwäne im BR Flusslandschaft Elbe gesichert und erhalten. Obwohl für vor 1990 keine exakten Zahlen im ehemaligen deutsch-deutschen Grenzbereich an der Elbe vorliegen, ist – parallel zum Trend der Verlagerung der Rastschwerpunkte von Zentral- nach Westeuropa – von einer Zunahme der Rastpopulationen nordischer Schwäne und Gänse in den vergangenen Jahrzehnten auszugehen. Systematische, flächendeckende Bestandserfassungen nach 1995 sprechen für eine Stabilisierung auf hohem Niveau. Jährliche Schwankungen der Rastbestände sind auf den Bruterfolg, die klimatischen Einflüsse, auf das Zugverhalten und die Rastbedingungen zurückzuführen.

Die Elblandschaft ist großräumig und relativ schwach mit Menschen besiedelt. Sie bietet durch ihre naturnahen, durch den Hochwasserrhythmus der Elbe geprägten Strukturen optimale Bedingungen für nordische Gastvögel auf dem Zuge aus der westsibirischen Brutheimat in die westeuropäischen Überwinterungsgebiete. Die Rast- und Schlafplätze verteilen sich entlang der Elbe auf Buhnenfelder, bestimmte Altarmbereiche, Seen und Elbe-Nebenflüsse. Bereits Ende September treffen die ersten Saat- (*Anser fabalis*) und Blässgänse (*Anser albifrons*) in der Elbtalaue ein. Maximalzahlen werden Anfang Dezember und auf dem Rückzug Mitte März erreicht. Hohe Bestände an Singschwänen (*Cygnus cygnus*) und Zwergschwänen (*Cygnus columbianus*) treten zwischen Ende November und März auf (NLÖ 2002).

Doch auch in der Elbtalaue sind die Vögel Gefahren ausgesetzt. Störungen an den Schlafgewässern sowie schlechte Rastbedingungen wirken sich besonders ungünstig auf die Familienverbände der hoch sozialen Vögel und ihre Konditionierung für die kommende Brutsaison aus (MOOIJ, J. 1999b). Ein nicht zu unterschätzender Gefährdungsfaktor im Elbtal ist auch die Verdrahtung der Landschaft durch freie Stromleitungen, der alljährlich zahlreiche Höcker-, Zwerg- und Singschwäne und Gänse zum Opfer fallen (*Cygnus olor, Cygnus columbianus, Cygnus cygnus, Anser albifrons, Anser fabalis*). Neben natürlichen Feinden, wie dem Seeadler (*Haliaeetus albicilla*), verursachen aber überwiegend gezielte Störungen durch den Menschen, wie aktive Vertreibung oder Jagd, heftige Fluchtreaktionen bei den Tieren. Dies geschieht vor allem dort, wo die großen Gastvogelschwärme zu Konkurrenten für die Landnutzer werden.

Fraßschäden – Konflikte mit der Landwirtschaft

Die Elblandschaft wurde über Jahrhunderte durch Eindeichungen, Buhnenbau, Flussbegradigungen, Entwässerungs- und andere Meliorationsmaßnahmen verändert. Die ursprünglich kleinen Parzellen wichen in den vergangenen vier Jahrzehnten zunehmend großflächigen maschinengerechten Schlägen. Agrarfördermaßnahmen begünstigten in den 80er und 90er Jahren den Anbau von Winterraps (*Brassica napus*) und -getreide wie Winterweizen (*Triticum aestivum*) und Wintergerste (Hordeum vulgaris). Die so entstandene großräumige Agrarlandschaft verbesserte mit ihrem reichen Nahrungsangebot in der eingedeichten Elbmarsch und dem gleichzeitigen Erhalt der Schlafgewässer die Rastbedingungen für die nordischen Gänse und Schwäne.

Höcker-, Sing- und Zwergschwäne (Cygnus olor, Cygnus cygnus, Cygnus columbianus) halten sich gerne auf überschwemmten Wiesen auf, bevorzugen aber Winterraps (Brassica napus) als leicht verfügbare, energiereiche Nahrung. Die Gänse suchen gleichermaßen Grünländereien und Äcker mit Mais- und Getreidestoppeln, Winterraps, Wintergetreide- und Grassaat auf. Überwiegend bilden sie größere Trupps von 1.000 bis 6.000 Vögeln (SPILLINNG E. 1998). Die Nutzung landwirtschaftlicher Kulturen durch große Gastvogeltrupps kann zu beträchtlichen Ertragseinbußen führen. Gänse und Schwäne stellen für die Bewirtschafter in den Rastgebieten neben anderen nachteiligen Standortfaktoren ein zusätzliches Risiko für den Ernteertrag dar.

Wann und in welchem Umfange Fraß- und Trittschäden an den Kulturen entstehen, ist von einer Reihe von Faktoren abhängig. Bestandesführung (d. h. Art und Zeitpunkt von Bodenbearbeitung, Aussaat, Düngung und Pflegemaßnahmen), Witterungsverlauf sowie Zeitpunkt und Dauer der Nutzung der Flächen durch die Gastvögel sind entscheidend für die Höhe der auftretenden Schäden. Schwach entwickelte Pflanzen sind besonders anfällig. Gut entwickelte Kulturen können hingegen das Abweiden im Herbst bei günstigem Witterungsverlauf im Frühjahr vollständig kompensieren.

Ausfälle von Winterraps- und Getreide sind auch ohne Einfluss der Vögel durch Auswinterung (Frostschäden) oder Staunässe auf den Äckern möglich. Da Gänse und Schwäne aber vernässte Bereiche bevorzugen, treten komplexe Schadbilder auf. Dies erschwert, die Schäden der jeweiligen Ursache zuzuordnen und quantitativ zu bewerten.

Schaden nachhaltig von den Flächen abzuwenden, gelingt selten oder nur unter immensem Aufwand (BERGMANN, H.-H. 1999). Vertreibungsversuche durch Flatterbänder, Scheuchen, Selbstschussanlagen oder Bejagung durch den Menschen führen selten zum gewünschten Erfolg. Gewöhnungseffekte treten ein, die Vögel reagieren gar nicht oder kehren nach kurzer Zeit auf die Flächen zurück. Dabei sind sie aber stets einem erheblichen Dauerstress ausgesetzt.

Die großen Gastvogelansammlungen stellen einen eindrucksvollen Teil unseres europäischen Naturerbes dar, zu dessen Erhalt Deutschland u. a. in Rahmen der EU-Vogelschutzrichtlinie verpflichtet ist. Das Land Niedersachsen trägt dabei einen großen Teil dieser internationalen Verantwortung und steht in der Verpflichtung, geeignete Maßnahmen zu ergreifen. Auf regionaler Ebene begründen diese ein hohes Konfliktpotenzial zwischen Landwirtschaft und staatlichem Naturschutz. Die betroffenen Bewirtschafter machen meist den staatlichen Naturschutz für die Schäden haftbar. Da keine förmlichen Nutzungseinschränkungen bestehen, lehnt die niedersächsische Landesregierung Schadensersatzzahlungen ab. Sie sieht aber die Notwendigkeit, sowohl die Rastlebensräume dauerhaft zu erhalten als auch den betroffenen Landnutzern zu helfen.

Gastvogelmanagement durch Vertragsnaturschutz

Als Lösungsweg werden im Biosphärenreservat verschiedene Varianten des Vertragsnaturschutzes realisiert. Fachliche Grundlagen lieferte das Pilotprojekt „Äsungsflächen für Gastvögel in der Elbtalaue" (ÄGidE), das von 1994 bis 1999 durchgeführt wurde. Für dieses Management-Projekt wurde ein 19.000 Hektar großes Elbmarschgebiet in der Gemeinde Amt Neuhaus ausgewählt. Die Bezirksregierung Lüneburg führte im Auftrag des Niedersächsischen Umweltministeriums das Projekt durch. Die wissenschaftliche Begleitung erfolgte durch das Niedersächsische Landesamt für Ökologie und die Universität Osnabrück. Die Daten aus diesem Projekt belegen die Höhe der Winterbestände nordischer Schwäne und Gänse, ihr Durchzugs- und Rastverhalten sowie ihre Raumnutzung (SPILLING, E. et al. 1999). Als Management-Maßnahmen kamen zur Anwendung:

- Angebot von attraktiver, energiereicher Nahrung und störungsarmen Rast- und Nahrungsflächen.
  Hierzu wurden Verträge mit den Bewirtschaftern der Flächen abgeschlossen. Honoriert wurde die Bereitstellung von Ablenkflächen, auf denen reifes Getreide und Mais – gegen Erstattung des zu erwartenden Ernteertrags – belassen wurde. Weiterhin wurde bei Duldung der Gastvögel auf bestellten Flächen ein prognostizierter durchschnittlicher Ertragsausfall durch Vogelfraß bezahlt. Dabei wurde ein Ernteausfall von 30 Prozent bei Winterraps und 10 Prozent bei Wintergetreide angenommen.
- Die jagdliche Beruhigung der Projektflächen und Schlafplatzbereiche. Sie wurde durch freiwillige Vereinbarungen mit den Jagdpächtern erzielt.

Im Ergebnis diese Projekts wurde nachgewiesen, dass

- Ablenkflächen mit reifem Getreide und Mais kurzfristig lokale Konzentrationseffekte bei Gänsen bewirken,
- eine vertraglich garantierte Beruhigung von Flächen (Duldungsflächen) zu höheren Nutzungsintensitäten durch Schwäne und Gänse führt,
- die realen Ertragsverluste trotz hoher Gastvogelzahlen erstaunlich gering waren.

Die Empfehlungen aus dem ÄGidE-Projekt wurden in dem im Jahre 2000 aufgelegten Kooperationsprogramm „Erhaltung der biologischen Vielfalt – Teilbereich nordische Gastvögel" (Laufzeit: fünf Jahre) umgesetzt. Dieses ist Bestandteil des Förderprogramms „PROLAND NIEDERSACHSEN" und wird mit

4. FALLBEISPIELE AUS DER PRAXIS

50 Prozent von der Europäischen Union kofinanziert. Die Maßnahmen haben eine extensive Bewirtschaftung und Schaffung von störungsarmen Nahrungsflächen für die Vögel zum Ziel. Die Gebietskulisse erstreckt sich auf Ackerflächen in den Vogelrasträumen des niedersächsischen Teilgebiets des BR Flusslandschaft Elbe. Hier können landwirtschaftliche Betriebe freiwillige Vereinbarungen für fünf Jahre mit folgendem Inhalt abschließen:
- Extensiver Getreideanbau ohne nachfolgende Ernte (Verzicht auf chemisch-synthetische Pflanzenschutzmittel),
- Belassen von Ernteresten auf den Flächen (Stoppelfeld),
- Rapsanbau als Zwischenfrucht ohne nachfolgende Ernte.

Innerhalb dieses Programms wurden 2001 für eine Fläche von 270 Hektar Verträge abgeschlossen, für 2003 liegen Anträge für 695 Hektar vor. Die BR-Verwaltung bietet darüber hinaus den Landwirten aus Landesmitteln Verträge an, wenn sie im Zeitraum vom 15. September bis zum 30. März auf Bewirtschaftungsmaßnahmen verzichten und die Gastvögel auf Winterraps – mit nachfolgender Ernte – dulden. Über diese Variante wurden 2002 Flächen von 500 Hektar und 2003 Flächen von 960 Hektar vertraglich gebunden.

Ergänzend zu den vertraglichen Vereinbarungen trifft die BR-Verwaltung Maßnahmen zur Verbesserung der Rastbedingungen. Das „Gesetz zum Biosphärenreservat Niedersächsische Elbtalaue" enthält im Paragrafen 15 Regelungen zur Jagd auf Federwild (NIEDERSÄCHSISCHER LANDTAG 2002). Sie zielen auf eine Ruhigstellung von Schlafplatzbereichen während der Hauptzugzeiten der geschützten Vogelarten ab. Zusätzlich sind Vereinbarungen mit Jagdpächtern zur Beruhigung von Schlafplatzbereichen möglich. Weitergehende Regelungen in Eigenjagdbezirken des Landes können zu einer Verbesserung der Rastsituation an den Schlafgewässern beitragen.

Zehn Flurbereinigungsverfahren finden derzeit in der Gemeinde Amt Neuhaus statt, dem bedeutendsten Rastbereich im Biosphärenreservat. Sie bieten zusätzliche Möglichkeiten für ein Management. So wurde der landwirtschaftliche Wegebau angepasst und teilweise auf den Ausbau durchgängiger Wege verzichtet, um störungsarme Bereiche zu erhalten. Geeignete Rastbereiche – vor allem großräumige Grünland- und Ackergebiete – sollen nicht durch Gehölzpflanzungen strukturiert werden. Möglichkeiten, als Ausgleichs- und Ersatzmaßnahmen geeignete Rastflächen für Vögel bereit zu stellen sowie freie Stromleitungen mit hohem Gefährdungspotenzial zurück zu bauen, werden ebenfalls in den Verfahren zur Flurbereinigung geprüft.

Bausteine für ein Gastvogelmanagement in der niedersächsischen Elbtalaue sind neben dem Vertragsnaturschutz hoheitliche Regelungen, freiwillige Vereinbarungen sowie Pflege-, Entwicklungs- und Kompensationsmaßnahmen, z. B. in der Flurbereinigung. Durch den Vertragsnaturschutz können die Konflikte zwischen der Landwirtschaft und dem Naturschutz minimiert werden. Er trägt in hohem Maße zur Akzeptanzbildung für Naturschutzmaßnahmen bei, erfordert aber jährlich einen hohen finanziellen und personellen Aufwand. Dennoch ist er in Verbindung mit der Nutzung aller sich bietenden Möglichkeiten ein geeignetes Instrument, langfristig die internationale Bedeutung der Elbtalaue als Vogelrastgebiet zu erhalten.

Zusammenfassung

Das niedersächsische Teilgebiet des BR Flusslandschaft Elbe, die Niedersächsische Elbtalaue, ist ein international bedeutendes Rastgebiet für nordische Schwäne und Gänse. Ein komplexes Gastvogelmanagement trägt dazu bei, Konflikte zwischen der Landwirtschaft und dem Naturschutz zu minimieren und die Elbtalaue als Vogelrastgebiet zu erhalten. Es basiert u. a. auf dem Vertragsnaturschutz im Rahmen des PROLAND-Kooperationsprogramms „Erhaltung der biologischen Vielfalt - Nordische Gastvögel", ergänzenden Regelungen zur Federwildjagd und Maßnahmen in laufenden Flurbereinigungsverfahren und zielt auf die Bereitstellung von geeigneten Rasträumen und den Rückbau von freien Stromleitungen ab.

Literatur

BERGMANN, H.-H. (1999): Winterökologie arktischer Gänse in Deutschland. NNA Ber. 12(3).

DEGEN, A. (2002) : Rastbestände von Schwänen und Gänsen an der nieder-sächsischen Mittelelbe. Gutachten im Auftrage der Bez.- Reg. Lüneburg, Schutzgebietsverwaltung Elbetal.

MOOIJ, J. (1999a): Übersicht über die Bestandssituation und Bestandsentwicklung der Gänse in Deutschland und der westliche Paläarktis. NNA Ber.12(3).

MOOIJ, J. (1999b): Kann die Jagd zur Verringerung von Gänseschäden beitragen? NNA Ber.12(3).

NIEDERSÄCHSISCHES LANDESAMT FÜR ÖKOLOGIE (2002): Wasservogelzähldaten 1990 bis 2000. Schriftl. Mitt.

NIEDERSÄCHSISCHER LANDTAG: Gesetz über das Biosphärenreservat niedersächsische Elbtalaue (NElbtBRG) vom 14. Nov. 2002: Nds. GVBl. S. 426 – VORIS 28100.

SPILLING, E. (1998): Raumnutzung überwinternder Gänse und Schwäne an der unteren Mittelelbe. Dissertation. Osnabrück.

SPILLING, E., KÖNIGSTEDT, B. U. P. SÜDBECK (1999): Das Pilotprojekt „Äsungsflächen für Gastvögel in der Elbtalaue (ÄGidE)". Projektabschlussbericht.

SÜDBECK, P., KÖNIGSTEDT, B. (1999): Gänseschadensmanagement in Niedersachsen. NNA Ber.12(3).

4.12 Traditionelle Hofstellen und die Spreewälder Landschaft

Biosphärenreservat Spreewald

Michael Petschick und Christiane Schulz

Einleitung

Wie das Biosphärenreservat Schorfheide-Chorin und der Naturpark Märkische Schweiz zählt das Biosphärenreservat Spreewald zum brandenburgischen Erbe des Nationalparkprogramms der ehemaligen DDR (siehe Kap. 2.4). 1990, noch vor der Vereinigung beider deutscher Staaten, wurde mit dem DDR-Nationalparkprogramm der Wert der von Straßen relativ unzerschnittenen Kulturlandschaft Spreeaue anerkannt und zum allgemeinen Schutzgut erhoben. In der Folge entstanden in der Region zahlreiche Aktivitäten, um die Spreewaldregion ökologisch und ökonomisch weiter zu entwickeln und dabei auch die soziokulturellen Gegebenheiten zu berücksichtigen. Von Anfang an nahm dabei der Erhalt der kleinteiligen landwirtschaftlichen Hofstellen im Spreewald mit ihrer traditionellen Wirtschaftsweise eine Modellfunktion ein.

Das Bild einer „mosaikartigen" Nutzung gilt auch heute noch als typisch für den gesamten Spreewald. Tatsächlich gibt es aber nur noch einige wenige Hofstellen, die das althergebrachte Landnutzungssystem in der Fläche realisieren. Sie sind in den Dörfern Lehde und Leipe im inneren Oberspreewald noch am stärksten vertreten. Die Biosphärenreservats-Verwaltung Spreewald bemüht sich deswegen dort seit 1992 mit verschiedenen Partnern intensiv um den Erhalt dieser für die Region typischen Nutzungsstrukturen.

Leiper Ackerinsel im BR Spreewald

Problematik und Stand des Nutzungssystems

In der Zeit der sozialistischen Kollektivierung auf dem Lande fand diese Wirtschaftsweise ihre Nische und wurde nicht der Planwirtschaft unterworfen. Kollektivierungsversuche sind aufgrund der ungünstigen natürlichen Bedingungen gescheitert. Die Familienbetriebe konnten quasi wie Handwerksbetriebe existieren und unter staatlicher Kontrolle gewisse privatwirtschaftliche Züge erhalten. Seit der Wende wirkt die europäische Agrarpolitik unmittelbar auf die einzigartige Nutzungsstruktur im Spreewald ein. Unter den veränderten agrarpolitischen Rahmenbedingungen sind die vom Labyrinth der Fließe, der Spreewald typischen Kanäle, umgebenen Insellagen mit Grünlandnutzung oder speziell angelegten Hochbeeten (Horstäcker) völlig unrentabel. Allein die Kosten, die eine Hofstelle tragen muss, die als vorrangiges Transportmittel den traditionellen Spreewaldkahn nutzt, liegen weit über den Erlösen aus Gemüsekulturen oder aus dem Verkauf des Fleisches der hier gemästeten Rinder.

Gewissermaßen dem Selbstlauf überlassen, zeichnete sich Anfang der 90er Jahre ein Trend zur Nutzungsaufgabe von landwirtschaftlichen Höfen im Vollerwerb ab. Das Spannungsfeld zwischen dem gesellschaftlichen Anspruch, die Kulturlandschaft zu erhalten einerseits und die vollkommen ungesicherte Existenz der Landwirte bei fortgesetzter traditioneller Landnutzung andererseits wurde bald allen Akteuren vor Ort, also den Landwirten, den Kommunen, dem Landkreis, den Tourismusorganisationen und der Biosphärenreservats-Verwaltung, bewusst.

Ein Ausweichen auf oder die Kombination mit anderen, wirtschaftlich interessanteren Bereichen, wie z. B. Tourismus oder Gastronomie, stellten nur bedingt eine Alternative dar, da die Hofstellen selbst und die traditionelle Landnutzungsform enorm viel Arbeitszeit binden.

Ein zusätzliches Problem ist die Altersstruktur der Betriebsleiter, die eine kurz- bis mittelfristige Lösung für die Hofnachfolge erforderlich macht. Diese gestaltet sich nicht zuletzt aufgrund der ungesicherten Existenzbedingungen äußerst schwierig. Heute, im Jahr 2003, bewirtschaften noch 21 Hofstellen die Gemarkungen der Ortschaften Lehde und Leipe auf traditionelle Weise; sie erfüllen damit die strengen Bedingungen des EU-zertifizierten ökologischen Landbaus.

Beispiele

Die Betriebsverhältnisse sollen anhand von zwei Beispielen dargestellt werden:

Hofstelle A, Lehde

Dieser Hof ist seit ca. 200 Jahren im Familienbesitz und wird heute von einer Person der Altersklasse 41 bis 50 Jahre ganzjährig bewirtschaftet. Bis 1929 war das Gehöft nur mit dem Kahn zu erreichen, und auch heute noch begrenzen die Fließe, die für den Spreewald typischen flachen Kanäle, drei Viertel der Gesamtfläche. Die Hofstelle ist nur über eine schmale Einfahrt vom Land her erreichbar. Bis auf eine Ausnahme lassen sich alle bewirtschafteten Flächen (97 Prozent der Gesamtfläche) nur mit dem Kahn erreichen.

Die landwirtschaftliche Nutzfläche betrug im Jahr 2001 rund 8,39 Hektar. Davon wurden ca. 0,39 Hektar als Ackerland und etwa 8,0 Hektar als Grünland genutzt. Das Heu lagerte in 13 Schobern auf den Wiesen. Sieben Rinder, drei Mutterkühe und zwei Schweine bilden den Viehbestand der Hofstelle.

Aufgrund der naturräumlichen Lage der Hofstelle arbeitet der Landwirt nach wie vor traditionell, mit einer zum größten Teil veralteten Technik. Der Spreewaldkahn als Transportmittel und die Handarbeit auf den Horst- und Grünlandflächen bestimmen noch immer maßgeblich die Wirtschaftstätigkeit.

Die Hofstelle selbst zeichnet sich durch einen typischen Bauerngarten, Hofbäume und Hausbegrünung aus. Die Hofgebäude sind in regional- und landschaftstypischer Backsteinbauweise errichtet. Aus Sicht des Naturschutzes und der Denkmalpflege handelt es sich um einen hervorragenden, einzigartigen und spreewaldtypischen Betriebsstandort.

Hofstelle B, Leipe

Die Erbfolge dieses Hofs in Leipe kann seit 1750 nachgewiesen werden. Heute wird er noch von einer Person der Altersklasse 61 bis 70 Jahre ganzjährig bewirtschaftet. Er ist gleichermaßen günstig vom Land als auch über das Wasser zu erreichen; die bewirtschafteten Flächen sind alle über den Landweg zugänglich. 2001 bewirtschaftete der Hofstelleninhaber insgesamt 16,94 Hektar Nutzfläche, die sich auf 0,79 Hektar Ackerland und 16,15 Hektar Grünland verteilten.

Seit 1995 erfolgt die Lagerung des Heus in Großballen, so dass keine Schober mehr errichtet werden. Der Viehbestand besteht aus 19 Stück Geflügel und fünf Kaninchen. Von einer traditionellen Bewirtschaftung der Nutzflächen kann hier nur noch teilweise gesprochen werden.

Der Spreewaldkahn hatte bereits vor 1989 an Bedeutung für die Wirtschaftstätigkeit der Hofstelle verloren. Alle Horstäcker fielen aus der Nutzung, so dass sich der Ackerbau der Hofstelle auf die so genannte Leiper Ackerinsel, eine ca. 12 Hektar große, zusammenhängende Fläche beschränkt.

Die Bearbeitung der Grünlandflächen wurde an einen anderen Bewirtschafter abgegeben und erfolgt größtenteils unter technischem Einsatz. Der handarbeitsintensive Ackerbau bleibt jedoch bestehen. Die Hofstelle besitzt einen Bauerngarten und eine Eiche als Hofbaum. Darüber hinaus prägen die Gebäude aus Backsteinmauerwerk das Bild der Hofstelle.

Folgen des Höfesterbens

Die Verordnung zum Biosphärenreservat Spreewald (Verordnung vom 12.09.1990, Gesetzblatt der DDR-Sonderdruck Nr.1473 vom 1.Okt.1990) bildet die Grundlage eines gemeinsam getragenen Konzepts zum Erhalt derartiger Hofstellen (Handlungsprogramm zur Agrarkulturellen Entwicklung Spreewald 1994). Sie erhebt das wertvolle Arteninventar zu einem besonders schützenswerten Gut. Zugleich möchte sie die kleinteilige landwirtschaftliche Nutzung dieser Kulturlandschaft bewahren, die auch für den Tourismus von grundlegender Bedeutung ist. Jedes Jahr besuchen nach einer Erhebung des Tourismusverbands Spreewald e. V. (2002) rund vier Millionen Besucher den Spreewald.

Der Rückzug der Landwirtschaft aus der Fläche hat gravierende Folgen, da er mit dem Verlust der Kulturlandschaft einhergeht. Wegen der gegenseitigen Abhängigkeit von Landschaft, Landwirtschaft und anderer Flächennutzung ergeben sich auch folgenschwere Auswirkungen für die Ökologie, die Ökonomie und das soziale Gefüge. Der weichende Landwirt überlässt die Flächen der freien Sukzession, was zur Verbuschung und Waldbildung führt und gibt damit die Lebensraumvielfalt für Pflanzen und Tiere und in letzter Konsequenz das gesamte Landschaftsbild dem Verfall preis.

Sukzession im Grünland: Der Wald kehrt zurück.

Der allgemeine landwirtschaftliche Betrieb selbst steuert wegen der fehlenden Rentabilität der Nutzungsaufgabe entgegen; dem Hofstellenbetreiber droht der soziale Abstieg. Was zurück bleibt ist eine soziale Brache von kulturhistorischer Dimension. Auf diese Weise läuft die Region Gefahr, die reichen Erfahrungsschätze der Spreewälder Bauern im Umgang mit ihrer Landschaft und der damit verbundenen Wirtschaftsweise für immer zu verlieren.

Strategien für eine Nachhaltige Entwicklung

Solange die ehemalige DDR existierte (bis 1989/90) produzierte der Landwirt im Spreewald in erster Linie Lebensmittel. Die Kulturlandschaft ergab sich daraus und war gewissermaßen ein – nicht beachtetes – „Nebenprodukt". Heute, im Jahr 2003, hingegen ist die Gestaltung dieser Kulturlandschaft sein wichtigstes Produkt und seine Haupterwerbsquelle. Die Landwirte und andere Flächennutzer, wie z. B. Touristen, müssen sich diesen Rollenwechsel zu einer neuen, multifunktionalen Landwirtschaft bewusst machen und sich dann entscheiden, ob sie bäuerliche Betriebe vor diesem Hintergrund nicht erhalten wollen. Mit der Gründung von Ortsvereinen 1994 haben die betroffenen Landwirte der Orte Lehde und Leipe selbst den ersten Schritt in die richtige Richtung getan. Indem sie ihre Situation nach außen darstellten und neue Organisationen schufen, gewannen und gewinnen sie Beachtung und Akzeptanz. Die Landwirte erkannten, dass „sich äußern" eine Voraussetzung für die Lösung ihres Problems ist, da nur die Öffentlichkeit ihre Leistungen für den Erhalt der Landschaftsstrukturen würdigen kann.

Alle am Fortbestehen der Höfe interessierten Gruppen haben diese Eigeninitiative der Landwirte im regionalen Schulterschluss mitgetragen. Der Arbeitskreis Lehde/Leipe, berufen durch den Landrat des Oberspreewald-Lausitz-Kreises, agiert seither Interessen übergreifend und koordinierend. Seit 1992 wurden kontinuierlich Projektmittel in Höhe von ca. 300.000 Euro jährlich eingeworben und im Sinne einer Vergütung für die Leistungen der Hofstelleninhaber direkt eingesetzt. Wichtige Partner waren dabei:

- die Allianz Umweltstiftung,
- der Spreewaldverein e. V. als Träger für LEADER-Projektmittel der EU,
- das Amt für Landwirtschaft bei der Koordinierung des Kulturlandschaftsprogramms Brandenburgs und der Zuschüsse des Landkreises Oberspreewald-Lausitz,
- die Gemeinde Leipe,
- die Stadtverwaltung Lübbenau,
- private Sponsoren wie z. B. Paddelbootverleiher und Kahnfährgenossenschaften und nicht zuletzt die
- Biosphärenreservats-Verwaltung mit Finanzmitteln des Vertragsnaturschutzes.

Im Jahr 2000 konnte der Arbeitskreis bewirken, dass die genannten Höfe gemäß einer EU-Förderrichtlinie (EG Nr.1257/99) zur Unterstützung des kleinteiligen Ackerbaus in das Kulturlandschaftsprogramm des Landes Brandenburg aufgenommen wurden. Der Arbeitskreis ermittelte Zielgrößen für eine so genannte Musterhofstruktur (ein Hektar Ackerland, zehn Hektar Grünland, fünf Großvieheinheiten je Hof) und machte damit die Vergleichbarkeit der Höfe möglich. Einer untypischen Hofentwicklung wirkt eine von Jahr zu Jahr abnehmende Förderung entgegen.

Ein Ausschlusskriterium für finanzielle Zuwendungen wäre z. B. die Veränderung der Hofgröße, wenn diese über das Doppelte der Musterhofgröße hinauswächst. Die genannten Ansätze dienten in den letzten zehn Jahren vor allem dem unmittelbaren Erhalt der Hofstellen. Parallel dazu wurde aber immer wieder gemeinsam um Konzepte und Perspektiven für die weitere, eigenständige Entwicklung der Höfe gerungen, ein sehr komplexes und mit vielen Unwägbarkeiten behaftetes Thema. Beispielhaft seien hier die Direktvermarktung, der Anbau alter Kulturpflanzensorten, die Veranstaltung von Dorffesten und die touristische Vermarktung des kulturhistorischen Werts der Hofstellen genannt. Die Bereitschaft der Landwirte, neue Aufgaben zu übernehmen, hält sich allerdings in Grenzen, da Bewirtschaftung und hofeigene Probleme den Arbeitstag ohnehin schon ausfüllen. Außerdem haben die Betriebe bis heute nicht die ausreichenden finanziellen Mittel, um die für Neuerungen notwendigen Investitionen zu tätigen.

Wichtige mögliche Einnahmequellen, z. B. aus dem Tourismus, werden daher noch nicht ausreichend genutzt. Die Betonung regionaler Besonderheiten in der Vermarktung der gesamten Hofstelle, seiner Produkte und des traditionellen Wissens der Betriebsinhaber könnten finanziellen Erfolg bringen.

Im Spreewald ergibt sich in hervorragender Weise die Möglichkeit, mit qualitativen Besonderheiten einer ganzen Region zu werben. Die hier produzierten landwirtschaftlichen Erzeugnisse tragen das Signum einer spezifischen regionalen Identität aus Natur und Kultur. Doch die bisherigen Entwicklungsschritte reichen noch nicht aus, um dem erklärten Ziel einer nachhaltigen und damit sich selbst tragenden Hofentwicklung zu entsprechen.

Ziele für die Zukunft

Die Partner der Landwirte sind sich einig, dass die kleinteilige landwirtschaftliche Struktur der Spreewaldhöfe ein unter allen Umständen erhaltenswertes Kleinod darstellt, das unverzichtbar zur Identität ihrer Heimat gehört.

Gemeinsam wollen sie mit den Hofstelleninhabern an den nachfolgend skizzierten Themenfeldern arbeiten, um dem Spreewaldhof auch in der nächsten Generation eine Chance zu geben:

- die neue Valorisierung multifunktionaler Landwirtschaft am Beispiel des Spreewaldhofs;
- Landschaft als Produkt und infrastrukturelle Vorleistung für den Spreewaldtourismus;
- der Spreewaldhof als Umweltbildungsstätte und kulturhistorischer Erfahrungsschatz zum Anfassen;
- neue Technologien und alte Kulturpflanzen – Spezialprodukte landwirtschaftlicher Flächennutzung;
- Vermarktungsstrategien im Kontext mit der europaweit geschützten geografischen Herkunftsangabe Spreewald;
- planmäßiger Generationswechsel auf dem Hof und Zukunft für Junglandwirte;
- EU-Beihilfen, Agrarumweltprogramme, Vertragsnaturschutz, Aktivitäten der Region;
- Überlegungen zur Kapitalisierung und nachhaltigen finanziellen Ausstattung des Gesamtprojekts Spreewaldhöfe, z. B. durch ein Stiftungsmodell.

Zukunft für den Spreewaldbauern: Die traditionelle Bewirtschaftungsweise trägt zum Erhalt der Kulturlandschaft bei.

4. FALLBEISPIELE AUS DER PRAXIS

Diese Ideen können nur umgesetzt werden, wenn die regionalen Akteure weiterhin effektiv zusammenarbeiten. Dafür steht mit dem Arbeitskreis eine gewachsene Struktur der Interessengemeinschaft zur Verfügung. Diese ist kein einmaliges Geschenk, sondern lässt sich nur in immer wiederkehrender Kleinarbeit mit allen Beteiligten erlebbar gestalten. Die BR-Verwaltung übernimmt hier Koordinierungsfunktionen, bringt sich als Ideengeberin und Informationsplattform für regionale und überregionale Kontakte ein und sichert z. T. finanzielle Zuschüsse ab.

Die Verantwortung für diesen Prozess tragen jedoch die Landwirte selbst. Nur sie können mit der angebotenen Hilfe zur Selbsthilfe die Leistungsträger der Region in ein gemeinsam getragenes Konzept integrieren: der lebende Spreewaldhof.

Zusammenfassung

Mit dem BR Spreewald verbindet sich insbesondere der Wandel der Landnutzung in einem sensiblen Schutzgebiet. Die erst seit drei Jahrhunderten erschlossene Spreewaldaue birgt noch viele Schätze, die in den Begriffen Natur- und Kulturlandschaft verschmelzen. Verbunden damit ist das gemeinsame Bemühen, den traditionellen Spreewaldhof als Voraussetzung dieser Vielfalt zu erhalten.

Mit dem Wandel der agrarpolitischen Rahmenbedingungen Anfang der 90er Jahre unterlagen die traditionellen Höfe schnell dem Anpassungsdruck und konnten aus der Produktion landwirtschaftlicher Güter heraus ihren Erhalt nicht mehr sicherstellen. Gemeinsam mit regionalen Interessenvertretern und der BR-Verwaltung entstand eine Organisationsstruktur, die bisher zur Existenzsicherung der Höfe entscheidend beigetragen hat.

Eine wichtige Erfahrung in diesem Prozess ist die Herangehensweise, strukturelle und finanzielle Probleme gleich gewichtet zu lösen. Geld allein hätte nämlich den Bestand der Höfe bisher auf keinen Fall gesichert. Erst die Integration der Landwirte in regionale Interessengemeinschaften hat für die zukünftig noch stärker einzufordernden Entwicklungsoptionen der Höfe den Grundstein gelegt.

An den Bemühungen, die kleinteilige Landbewirtschaftung im Kerngebiet der Spreewaldaue zu erhalten und weiter zu entwickeln, zeigt sich besonders deutlich, wie Biosphärenreservate ihre Modellfunktion realisieren.

Literatur zum Thema

SCHILLER, A. (1997): Die Ortschaften Lehde und Leipe – Probleme, Ziele, Entwicklungsrichtungen unter anthropogeografischer Sichtweise – Hausarbeit erste Staatsprüfung für das Lehramt an Gymnasien – Göttingen, Juli 1997.

SCHULZ, C. (2002): Der Wert spreewaldtypischer Landwirtschaftsbetriebe für den Erhalt der Kulturlandschaft im Inneren Oberspreewald. Diplomarbeit Universität Potsdam.

4.13 Auf der Suche nach sich selbst – ein Biosphärenreservat im Schatten der Ballungsregion Südliches Saarland

Biosphärenreservat i. G. Bliesgau

Holger Zeck und Wilhelm Bode

Der Saar-Bliesgau – heute

Das geplante Biosphärenreservat Bliesgau liegt im Südosten des Saarlands unmittelbar vor den Toren der Landeshauptstadt Saarbrücken. Es grenzt im Südosten an das französische Biosphärenreservat Nordvogesen (Vosges du Nord), das mit dem deutschen Biosphärenreservat Pfälzerwald ein länderübergreifendes Biosphärenreservat bildet. Die östliche Grenze des geplanten Biosphärenreservats bildet die Landesgrenze zum Bundesland Rheinland-Pfalz.

> *Im Entwurf des saarländischen Naturschutzgesetzes hat sich die Landesregierung entschieden, im Saarland UNESCO-Biosphärenreservate mit dem Begriff „Biosphärenregion" zu bezeichnen, stellt gleichzeitig aber klar, dass es sich dabei um Biosphärenreservate im Sinne der UNESCO-Leitlinien und im Sinne des Bundesnaturschutzgesetzes handelt.*

Das voraussichtlich rund 37.000 Hektar große Gebiet ist geprägt durch ein submediterranes Klima sowie Muschelkalk- und Buntsandsteinböden. Die Blies, ein Gewässer zweiter Ordnung, mit ihren zahlreichen Nebenflüssen prägt die Kulturlandschaft und gibt ihr den Namen. Dem waldreichen Norden steht ein waldarmer Süden gegenüber. Im Süden hat die Realerbteilung zur Parzellierung der Fläche und durch die traditionelle Landbewirtschaftung zu einem hohen Strukturreichtum der Landschaft geführt.

Der Mensch prägt den Bliesgau schon seit Jahrtausenden. Sichtbar sind diese Spuren beispielsweise am Gollenstein bei Blieskastel, einem der größten Menhire Europas. Die im Europäischen Kulturpark Bliesbruck-Reinheim ausgegrabene gallorömische Siedlung dokumentiert die Nutzung des Gebiets in römischer Zeit. Reste von Wölbäckern, das sind wellenförmige Abfolgen von Furchen und Scheiteln an der Bodenoberfläche, zeugen von mittelalterlichen Kulturtechniken.

Der Bliesgau ist durch die intensive, aber gleichzeitig naturverträgliche Landbewirtschaftung der vergangenen 100 Jahre

FALLBEISPIELE AUS DER PRAXIS

entscheidend geprägt. Die Landschaft mit ihren ausgedehnten Streuobstwiesen, extensiv genutzten Mähwiesen, Hecken- und Waldstrukturen entstand durch ein günstiges Zusammenwirken von Mensch und Natur.

Das Gebiet weist Ökosystemkomplexe auf, die von den anerkannten UNESCO-Biosphärenreservaten in Deutschland bislang nicht repräsentiert werden. Das gilt beispielsweise für die orchideenreichen, submediterranen-subatlantischen Kalk-Halbtrockenrasen und ihre Sukzessionsstadien. Sie gehören aus europäischer Sicht zu den vorrangig zu schützenden Lebensräumen. Die intensive Verzahnung der charakteristischen Biotoptypen auf Muschelkalk verleiht dem Gesamtraum einen hohen Strukturreichtum und damit ein überaus reizvolles Landschaftsbild.

Um diese Kulturlandschaft zu sichern, wird seit 1995 im Rahmen des Bundesprogramms zur Errichtung und Sicherung schutzwürdiger Teile von Natur und Landschaft mit gesamtstaatlich repräsentativer Bedeutung das Naturschutzgroßvorhaben „Saar-Blies-Gau/Auf der Lohe" durchgeführt (Laufzeit 1995-2005). Ein Großteil der Flächen des 1.340 Hektar umfassenden Projektgebiets (50 Prozent Grünland, davon ein Fünftel orchideenreiche Kalkmagerrasen) wurde durch Ankauf in öffentliches Eigentum überführt. Die Offenhaltung der Landschaft wird durch Vertragsnaturschutz bzw. naturverträgliche Bewirtschaftung ortsansässiger Landwirte sichergestellt. Es ist ein sehr wichtiges Projekt, auf dem die Idee zur Einrichtung eines Biosphärenreservats naturschutzfachlich maßgeblich aufbaut.

Charakteristisch für den Süden der Region sind ertragsschwache Salbei-Glatthafer- (*Salvio-Arrhenatheretum*) und Orchideenwiesen. Sie entstanden durch extensive Bewirtschaftung während der vergangenen 200 Jahre. Vielfach erfolgt nur eine Mahd pro Jahr; Beweidung spielt bis heute nur eine untergeordnete Rolle.

Das Buntsandsteingebiet im Norden des geplanten Biosphärenreservats ist demgegenüber waldreich. Hier sind Buchenwälder landschaftsprägend, die seit 1987 ohne Kahlschlag bewirtschaftet werden.

Wertvolle Auengebiete haben sich in Resten vor allem an der Blies erhalten. Aus dem Blickwinkel des Naturschutzes ist der Bliesgau ein Juwel: Er weist einen hohen Bestand an europa- und bundesweit bedeutsamen Tier- und Pflanzenarten auf sowie die höchste Dichte von Flora-Fauna-Habitat- und Vogelschutzgebieten im Saarland. Der Bliesgau ist überregional bekannt für sein reiches Vorkommen an Orchideen; allein im Bereich von Gersheim gibt es 25 Arten u. a. Ohnsporn (*Aceras anthropophorum*), Pyramiden-Orchis (*Anacamptis pyramidalis*) und Bocks-Riemenzunge (*Himantoglossum hircinum*). Das ist etwa die Hälfte aller in Deutschland vorkommenden Orchideen-Arten. Mindestens acht davon sind in Deutschland stark gefährdet. Die europarechtlich vorrangig geschützten Tagfalter (*Lepidoptera spp.*) sind im Bliesgau mit vier Arten vertreten: Großer Feuerfalter (*Lycaena dispar*), Skabiosen-Scheckenfalter (*Euphydryas aurinia*), Schwarzblauer Bläuling (*Maculinea nausithous*) und Spanische Flagge (*Callimorpha quadripunctaria*), zu deren Schutz Fauna-Flora-Habitat-Gebiete eingerichtet wurden.

Auch europaweit in ihrem Bestand bedrohte Vogelarten kommen hier vor, wie z. B. der Wespenbussard (*Pernis apivorus*), der Schwarzmilan (*Milvus migrans*) und der Rotmilan (*Milvus milvus*). Im nördlichen Bliestal ist es 1998 einer engagierten Privatinitiative sogar gelungen, erstmals wieder seit vielen Jahrzehnten den Weißstorch (*Ciconia ciconia*) anzusiedeln. Auch der Biber (*Castor fiber*) baut längst wieder seine Burgen an der Blies.

Der Bliesgau und der Ballungsraum Südliches Saarland

Das geplante BR Bliesgau weist eine regionalwirtschaftliche Zweiteilung auf: Der nordwestliche Teil steht unter dem Einfluss des Verdichtungsraums der Landeshauptstadt Saarbrücken. Dieser Raum dient Pendlern als Wohnort, die zwar im Grünen wohnen, hier aber nicht arbeiten und damit kaum zur Wertschöpfung in der Region beitragen. Durch Verstädterungstendenzen sind dörflich-bäuerliche Strukturen in diesem Teil heute nur noch vereinzelt erhalten.

Der südöstliche Teil des geplanten BR Bliesgau dagegen ist für saarländische Verhältnisse ausgesprochen dünn besiedelt. Er hat häufig noch intakte Dorfstrukturen und ist nach wie vor landwirtschaftlich geprägt. Die vorhandenen touristischen Potenziale werden zur Wertschöpfung der Region bisher kaum genutzt; hier liegt eine große Chance, durch wirtschaftliche Anreize Interesse am Schutz von Natur und Landschaft zu wecken.

Die Landnutzung, die den Bliesgau in seiner heutigen Artenvielfalt, Eigenart und Struktur bestimmt hat, ist – wie überall – auch hier im Rückzug. Die Verbundenheit der Bevölkerung mit der Landwirtschaft sinkt kontinuierlich. Die Tendenz zur Betriebsaufgabe und Konzentration steigt. Insgesamt läuft die Region Gefahr, durch Strukturwandel und Abnahme der Bevölkerung in ländlicheren Gebieten wirtschaftlich und kulturell immer weiter auszubluten.

Für die Probleme der Region gibt es auch historisch-politische Gründe: Als „amputierter Rest" der bayerischen Pfalz kam die Region als „Appendix" zum preußischen Saargebiet. Wie im deutsch-französischen Grenzraum auch andernorts zu beobachten, sind solche „Stiefkinder" nicht nur durch ihre Grenzlage wirtschaftlich benachteiligt, sondern auch durch den Verlust ihrer landsmannschaftlichen Zugehörigkeit.

Zudem hat die bis in die 80er Jahre dauernde Vorherrschaft des Stahl- und Kohlestandorts Saar fast zwei Jahrhunderte lang die ländlichen Randgebiete stark in Mitleidenschaft gezogen. Die ländliche Atmosphäre und die gewachsene Dorf-

4. FALLBEISPIELE AUS DER PRAXIS

kultur sind verschwunden. Die Rückgewinnung der eigenen Identität der Bliesgauer ist demzufolge eine wichtige soziokulturelle Herausforderung, der sich ein zukünftiges Biosphärenreservat stellen wird.

Bekanntlich erwächst das stärkste Schutzinteresse einer Gesellschaft für die sie umgebende Natur aus deren gesellschaftlichen Nutzen. Im Bliesgau, wie er sich heute zeigt, haben aber große Teile der Landschaft bereits jeglichen erkennbaren Nutzwert für den ländlichen Raum verloren. Die Nutzbarkeit der Landschaft, insbesondere die naturverträgliche Nutzung, ist insofern erst wiederzuentdecken. In diesem Aspekt liegen die verborgenen Schätze des Bliesgaus. Es ist die Chance des Naturschutzes, die naturreiche Kulturlandschaft für zukünftige Generationen zu erhalten.

Das Biosphärenreservat i. G. Bliesgau – morgen

Von der Vision zur Umsetzung

Die ersten Überlegungen zur Einrichtung eines Biosphärenreservats im Bliesgau wurden schon Ende der 80er, Anfang der 90er Jahre angestellt. Nachdem mehrere Gutachten zu hoffnungsvollen Ergebnissen kamen, eröffnete die Landesregierung 2001 eine breitere öffentliche Diskussion. Der Förderverein „Freunde der Biosphärenregion Bliesgau e. V." gründete sich im gleichen Jahr, um die Idee zu unterstützen.

Der Widerstand gegen die Einrichtung eines Biosphärenreservats ließ nicht lange auf sich warten. Die Landnutzer, allen voran Landwirte und Jäger meldeten ihre Bedenken an. Furcht vor Auflagen und Gängelung kam auf.

Der saarländische Minister für Umwelt, Stefan Mörsdorf, bot dem Bauernverband an, die geplante Ausweisung nur in enger Abstimmung und im Konsens durchzuführen. Ein erstes konkretes Angebot dazu wurde allerdings abgelehnt. Zu tief sitzt das Misstrauen Einzelner gegen einen Naturschutz, der keine Nutzung zulässt.

Misstrauen macht sich mittlerweile selbst auf Seiten der Naturschutzverbände breit. Es wird befürchtet, dass politische Zugeständnisse an die Landnutzer die Schutzbemühungen aufweichen.

Beide Seiten tun sich also schwer, den mit Biosphärenreservaten verfolgten, umfassenden Ansatz einer Nachhaltigen – auch biologisch nachhaltigen – Entwicklung, die auf Kooperation und Naturschutz durch Nutzung beruht, zu verstehen. Naturschützer und Landnutzer von den Chancen dieses Ansatzes zu überzeugen, stellt in Zukunft eine vorrangige politische Aufgabe dar. Eine lösbare Aufgabe, denn alles spricht für ein Biosphärenreservat, wenn man den Bliesgau erst einmal näher kennen lernt.

200 Jahre lang wurde die Region auf die Zulieferfunktion für den industriellen Ballungsraum reduziert und regionalwirtschaftlich regelrecht ausgeblutet. Die Gründung eines Biosphärenreservats bietet nun erstmals die Chance, die Identität und das Selbstbewusstsein der Region wieder zu entdecken. Die verstärkte Nutzung einheimischer Produkte in der Region und im angrenzenden Ballungsraum kann der Landwirtschaft zudem interessante Perspektiven eröffnen.

Ein spannender Aspekt ist die unmittelbare Nähe und Verzahnung mit dem Verdichtungsraum der industriegeprägten „Saarschiene", wie das ehemals preußische Saargebiet mit seinen Kohle- und Stahlstandorten genannt wird. Mit ca. 421 Einwohnern je Quadratkilometer hat das flächenkleinste Bundesland fast so viele Einwohner wie das große Bundesland Nordrhein-Westfalen. Das Ballungsgebiet des südlichen Saarlandes gehört sogar zu den am dichtesten besiedelten Regionen Europas. Hier leben ca. 650.000 Einwohner auf gerade 600 bis 700 Quadratkilometern, also fast 1.000 je Quadratkilometer.

Quelle: Förderverein „Freunde der Biosphärenregion Bliesgau e. V."

Aus der Satzung des Fördervereins „Freunde der Biosphärenregion Bliesgau e. V."

§ 2
Zweck und Aufgaben
(1) Der Verein fördert die Idee und die Ziele einer Biosphärenregion im Bliesgau gemäß § 25 Bundesnaturschutzgesetz (in der Fassung vom 25. März 2002) und deren Anerkennung durch die UNESCO als Biosphärenreservat.
(2) Der Verein hat die Funktion eines Forums für die Biosphärenregion. Er unterstützt materiell und ideell Maßnahmen, die dem Schutz, der Erhaltung und der Entwicklung der natürlichen Lebensgrundlagen, der Kulturlandschaften, der regionalen Entwicklung, der Wirtschaftsentwicklung, der kulturellen Identität sowie der Zukunftssicherung im Bereich der Biosphärenregion dienen.

(Freunde der Biosphärenregion Bliesgau e. V., 2001)

FALLBEISPIELE AUS DER PRAXIS

Der direkt angrenzende Bliesgau ist zwar deutlich dünner besiedelt, wird aber mit ca. 350 Einwohnern je Quadratkilometer immer noch das Biosphärenreservat mit der höchsten Siedlungsdichte der Bundesrepublik sein. Genau darin liegt aber die Chance für die regionalwirtschaftliche Entwicklung und den Naturschutz. Wie kaum in einem Gebiet vergleichbarer Naturqualitäten macht der Bliesgau deutlich, dass ein Schutz der Natur ohne oder sogar gegen die Menschen kaum Aussicht auf Erfolg hat und auch nicht dem MAB-Konzept einer Nachhaltigen Entwicklung entspricht. So verwundert es nicht, dass die politische Leitidee zur Einrichtung eines BR Bliesgau von der Landesregierung und Minister Stefan Mörsdorf formuliert wird als „Naturschutz durch Nutzung und Kooperation".

Ein Leitgedanke, der zum jetzigen Zeitpunkt noch keineswegs von allen begriffen wird. Die Übernahme der Leitidee setzt voraus, dass die Befürworter des Biosphärenreservats glaubwürdig um das Vertrauen der Landnutzer werben und nicht nur für den Schutz der Natur, sondern auch für die Interessen der Landwirtschaft eintreten. Insoweit steht die Verbreitung der Idee des UNESCO-Programms Der Mensch und die Biosphäre noch am Anfang.

Für den Bliesgau ist die Einrichtung eines Biosphärenreservats die Chance, den Impuls für eine eigenständige Regionalentwicklung zu geben.

Erste konkrete Projekte

Die von der Industrie geprägten Mentalität im Saarland legte es nahe, eines der ersten Modellprojekte im zukünftigen BR Bliesgau der Umweltbildung zu widmen, um so den Bezug der Bewohner zu ihrer Natur zu fördern.

Ökologisches Schullandheim „Spohns Haus"

Im Ökologischen Schullandheim „Spohns Haus" in Gersheim wird seit 2002 Schülerinnen und Schülern im Alter zwischen acht und zwölf Jahren im Rahmen von – gemeinsam mit den Lehrern vorbereiteten – Themenwochen ökologisches Basiswissen vermittelt. Zusammen mit örtlichen Partnern wird projektbezogenes Lernen (ohne Medien) initiiert. Die Veranstaltungen werden in den drei Sprachen Deutsch, Französisch und Polnisch durchgeführt. Dies fördert interkulturelles Lernen und ist ein Beitrag zur EU-Osterweiterung. Die deutsch-polnisch-französische Partnerschaft hat hier Tradition. Zu einer intensiven Kultur-Partnerschaft mit Frankreich und Polen kommt ein reger Schüleraustausch mit den Schulen der Partnerstädte Bazancourt (Frankreich) und Kobiernice (Polen).

Ein „Kompetenzzentrum Landwirtschaft und Kulturlandschaftsentwicklung" wurde im geplanten BR Bliesgau im Rahmen des Bundeswettbewerbs „Regionen Aktiv – Land gestaltet Zukunft" des Bundesministeriums für Verbraucherschutz, Ernährung und Landwirtschaft eingerichtet. Das Kompetenzzentrum hat die Aufgabe gemeinsam mit der Bevölkerung Konzepte für eine nachhaltige Regionalentwicklung zu erstellen, diese zu diskutieren und Projekte zu fördern. Erster Schritt ist die Suche nach traditionellen regionalen Produkten und die Entwicklung neuer regionaler Produkte und Dienstleistungen. Naturschutzfachliche Projekte sind bereits in großer Zahl auf den Weg gebracht. Dazu zählen:

- Das Projekt „Kulturlandschaftspflege im Saarpfalz-Kreis" leistete durch Pflege- und Entwicklungsmaßnahmen für wertvolle Lebensräume und die Wiederinstandsetzung alter Weinbergsmauern einen Beitrag zum Erhalt der typischen Kulturlandschaft des Bliesgaus;
- das Kulturlandschaftszentrum „Haus Lochfeld" informiert die Öffentlichkeit über Fragen des Kulturlandschaftsschutzes und dient als Stützpunkt für die im Gebiet tätigen Beschäftigungsgesellschaften des Saarpfalz-Kreises;
- das LIFE-Natur-Projekt „Regeneration und Erhaltung von Trockenrasen in Deutschland";
- das INTERREG II C (IRMA)-Projekt: „Untersuchungen und Maßnahmen zur Erhöhung des Retentionspotenzials der Blies";
- der Umbau eines Blieswehres bei Wörschweiler zur Strukturverbesserung der Blies;
- das Blies-Auenwaldprojekt;
- das „Wiederansiedlungsprojekt Laubfrosch" (*Hyla arborea*);
- das Projekt „Der Speierling kehrt zurück" (*Sorba domestica*);
- die Wiederansiedlung des Steinkauzes (*Athene noctua*) in Fechingen/Kleinblittersdorf;
- das INTERREG II C-Projekt (IRMA) „Vorbeugender Hochwasserschutz durch Standort angepasste Landnutzung".

Der organisatorische Anfang

Das Projekt BR Bliesgau nimmt mit der Einrichtung einer Geschäftsstelle (besetzt mit einer hauptamtlichen Geschäftsführerin) des Fördervereins „Freunde der Biosphärenregion Bliesgau e. V." sowie mit einem hauptamtlichen Mitarbeiter für das Kompetenzzentrum in Blieskastel seit Beginn 2003 konkrete Formen an.

In den für alle Bürgerinnen und Bürger offenen Arbeitskreisen des Vereins zu den Themen Tourismus, Kultur, Streuobst, Landwirtschaft, Jagd, Reiten oder Fischerei werden die Möglichkeiten und Wege der weiteren Entwicklung der Region diskutiert und erarbeitet.

Eine endgültige politische Entscheidung ist indessen bis heute noch nicht gefallen. Auch wichtige Vorarbeiten, wie z. B. die

Voller Leben

Festlegung der Außengrenzen und der Zonierung des Biosphärenreservats, sind noch nicht abgeschlossen. Neben dem fest bekundeten Willen der Landesregierung belegt eine Umfrage des Büros FUTOUR (München) unter Funktionsträgern, Multiplikatoren und Kommunalpolitikern eine überwältigende Zustimmung zu der Idee, ein BR Bliesgau einzurichten. Die deutliche Skepsis oder sogar Ablehnung einiger Bevölkerungskreise wie Landwirtschaft und Jagd ist jedoch zum gegenwärtigen Zeitpunkt (2003) keineswegs überwunden. Der Blick in die 14 anderen Biosphärenreservate der Bundesrepublik lässt aber hoffen, dass sich hier wiederholt, was alle anderen bereits erfahren haben: Letztendlich überzeugen die Erfolge! Für den Bliesgau würde das heißen: Die Bliesgauer finden ihre Identität wieder, die Region stärkt sich wirtschaftlich und eine einzigartige Natur wird erhalten: Eine Region findet zu sich selbst zurück.

Zusammenfassung

Das Saarland plant die Einrichtung eines Biosphärenreservats Bliesgau im Südosten des Bundeslandes unmittelbar vor den Toren der Landeshauptstadt Saarbrücken. „Naturschutz durch Kooperation und Nutzung" ist dazu die Leitidee der Landesregierung. Eine schlussendliche politische Entscheidung ist jedoch noch nicht gefallen, auch sind wichtige Vorarbeiten erst in Arbeit (z. B. Zonierungskonzept). Die Landesregierung hat jedoch ihren festen Willen bekundet und eine Umfrage des Büros FUTOUR (München) belegt unter Funktionsträgern, Multiplikatoren und Kommunalpolitikern eine geradezu überwältigende Zustimmung zur Idee, ein Biosphärenreservat einzurichten. Die bestehende Skepsis insbesondere der Landwirtschaft und Jagd ist zum gegenwärtigen Zeitpunkt aber noch nicht überwunden. Der Blick in die 14 anderen Biosphärenreservate der Bundesrepublik lässt hoffen, dass sich im Bliesgau wiederholt, was alle anderen bereits erfahren haben: Letztendlich überzeugen die Erfolge! Im Bliesgau hieße das: Eine durch die über ein Jahrhundert existierende Dominanz des Stahl- und Kohlestandorts Saar „entmündigte" Region findet zu sich selbst zurück. Sie entdeckt ihre kulturelle Identität wieder, stärkt ihre Wirtschaft und erhält ihre einzigartige Natur.

Literatur

AGL (2001): Neuabgrenzung Biosphärenregion Saar-Blies-Gau, Saarbrücken.
BÜRO FÜR LANDSCHAFTSÖKOLOGIE DR. BETTINGER & MÖRSDORF, (1999): Biosphärenreservat Bliesgau/Saarkohlenwald, Nohfelden.
ESCH, F.-R., LANGNER, T. u. J. REDLER (2000): Das Biosphärenreservat Bliesgau aus Marketingsicht. Institut für Marken- und Kommunikationsforschung e.V. an der Justus-Liebig-Universität Gießen.
Satzung des Vereins Freunde der Biosphärenregion, 2001.

4.14 Zusammenarbeit des deutschen und des chinesischen MAB-Nationalkomitees

Jürgen Nauber und HAN Nianyong

Die deutsch-chinesische Zusammenarbeit im Rahmen des UNESCO-Programms Der Mensch und die Biosphäre (Man and the Biosphere, MAB), begann bereits 1987. Damals finanzierte das deutsche Bundesministerium für Forschung und Technologie (BMFT) das Gemeinschaftsprojekt über ökologische Forschung (Co-operative Ecological Research Project, CERP) mit 4,8 Millionen US-Dollar, die als Treuhandmittel über die UNESCO zur Verfügung standen.

Mit diesen Mitteln wurden acht Unterprojekte interdisziplinärer Forschung im Zeitraum von 1987 bis 1995 in China durchgeführt.

Die ökologischen Probleme, die China aufgrund seines hohen Bevölkerungswachstums und der rasanten wirtschaftlichen Entwicklung erfuhr, bestimmten die Untersuchungsgegenstände. Zu den Hauptproblemen zählen Wasserverschmutzung, Bodenerosion, Entwaldung und Degradierung von Ökosystemen. Die UNESCO veröffentlichte die Ergebnisse der Projekte 1996 (UNESCO 1996).

Anders als in Deutschland, wo die Zuständigkeit für das MAB-Programm vom Auswärtigen Amt dem Bundesumweltministerium übertragen wurde, ist in China die „Akademie der Wissenschaften", der Zusammenschluss sämtlicher wissenschaftlichen Einrichtungen des Landes, die Ansprechpartnerin für die UNESCO. Deshalb begann auch die chinesisch-deutsche Zusammenarbeit vorwiegend im rein wissenschaftlichen Bereich, was für die Forschung in dieser Zeit von großem Vorteil war. Da die wissenschaftlichen Einrichtungen Chinas aber nur in geringem Maße Einfluss auf die tatsächliche Landbewirtschaftung hatten, mangelte es häufig an der Umsetzung und Nutzung der Ergebnisse.

Das erklärt, warum die chinesische „Akademie der Wissenschaften" den UNESCO-Biosphärenreservaten im Land mit der Zeit eine immer herausragendere Bedeutung für die Umsetzung von Forschungsergebnissen beigemessen hat und sie zunehmend als Instrument der Landnutzungsplanung für eine nachhaltige Regionalentwicklung nutzt. Entsprechend konzentriert sich die chinesisch-deutsche Zusammenarbeit im Rahmen des MAB-Programms mehr und mehr auf die Biosphärenreservate. Es wurden gegenseitige Besuche der MAB-Nationalkomitees vereinbart, um die Situation in dem jeweils anderen Land kennen zu lernen und einen gegenseitigen Austauschprozess zu beginnen. 2002 besuchte eine chinesische Delegation Deutschland. Sie bestand aus Mitgliedern des chinesischen Nationalkomitees und Managern von Biosphärenreservaten. Noch im gleichen Jahr erfolgte der Gegenbesuch einer deutschen Delegation in China. Das chinesische MAB-Nationalkomitee (www.china-mab.org) besteht derzeit aus 47 Mitgliedern, die aus den unterschiedlichsten wissenschaftlichen Disziplinen und verschiedenen Regierungsstellen stammen. Es ist äußerst aktiv darin, das Konzept der Biosphärenreservate in den Dienst der modellhaften Lösung ökologischer Probleme zu stellen und sich für eine nachhaltige Regionalentwicklung einzusetzen. Das chinesische Nationalkomitee gibt außerdem einen englischen Monatsbrief heraus und veröffentlicht in einer chinesischen Zeitschrift mit beeindruckenden Fotos Berichte aus den Biosphärenreservaten und Forschungsergebnisse.

Die Biosphärenreservate in China

Chinesische MAB-Delegation in Deutschland

Vom 2. bis 11. Oktober 2002 besuchten insgesamt zehn chinesische Gäste die Biosphärenreservate Rhön und Schorfheide-Chorin sowie die Bundeshauptstadt Berlin.

Die chinesische MAB-Delegation im BR Rhön

Im Vordergrund der Studienreise stand nicht der Schutzaspekt der Biosphärenreservate, sondern der Beitrag, den die Biosphärenreservate zu einer nachhaltigen Regionalentwicklung leisten können.

Die Gäste diskutierten mit den Experten vor Ort Fragen des Aufbaus regionaler Produktionskreisläufe, des Tourismus sowie der Umweltbildung und erörterten die Mechanismen der Beteiligung der lokalen Bevölkerung mit lokalen Akteuren, der Biosphärenreservats-Verwaltung und Nicht-Regierungs-Organisationen.

Auf dem Abschlussworkshop diskutierten die Teilnehmer zusammen mit deutschen Experten, was Biosphärenreservate zur Umsetzung des Übereinkommens über die biologische Vielfalt (Convention on Biological Diversity, CBD) beitragen können. Die Biosphärenreservate haben besonders in den Bereichen Schutz und nachhaltige Nutzung der biologischen Vielfalt ihre Stärken. Die Besucher erörterten mit ihren deutschen Gastgebern außerdem die Zusammenarbeit im Rahmen des „Clearing-House-Mechanismus", der Informationsdrehscheibe der Konvention über die biologische Vielfalt, durch den die Daten und Erfahrungen, die den Biosphärenreservaten vorliegen, weltweit zugänglich gemacht werden können. Das Ergebnis des Besuchs wurde von Herrn CAO Guangzhao, Direktor des Biosphärenreservats Nanji, folgendermaßen zusammengefasst: „In Deutschland gibt es eine gute Zusammenarbeit zwischen der Verwaltung und verschiedenen Naturschutzgruppen, die Umweltbildung arbeitet sehr gut. Die lokale Wirtschaft kann durch eine Marke Biosphärenreservat mit umweltfreundlichen Hotels und ökologischer Landwirtschaft wichtige Impulse erfahren. Die Kombination von Naturschutz und ökologischer Landwirtschaft trägt zur lokalen Nachhaltigkeit bei."

Herr ZHAO Xiadong, Direktor des Biosphärenreservats Gaoligong, meinte, dass zwar deutsche Erfahrungen nicht direkt auf China übertragbar seien, dass er jedoch für seine Arbeit wichtige Anregungen erhalten habe.

Deutsche MAB-Delegation in China

Vertreterinnen und Vertreter des deutschen MAB-Nationalkomitees und deutscher Biosphärenreservate statteten den chinesischen Partnern im September 2002 einen Gegenbesuch ab. Die deutsche Delegation besuchte die Biosphärenreservate Huanglong, Juizhaigou und Wolong in der Provinz Sichuan und nahm teil an einem Abschlussworkshop in der Akademie der Wissenschaften in Peking.

Die deutsche Delegation im Biosphärenreservat Juizhaigou

4. FALLBEISPIELE AUS DER PRAXIS

China hat gegenwärtig 24 Biosphärenreservate (Aug. 2003), die seit 1993 zum chinesischen Netzwerk der Biosphärenreservate (Chinese Biosphere Reserve Network, CBRN) zusammengeschlossen sind. Gemeinsam mit der Demokratischen Republik Korea, Japan, der Mongolei, der Russischen Föderation und der Volksrepublik Korea bilden sie das Ostasiatische Biosphärenreservats-Netzwerk (East Asian Biosphere Reserve Network, EABRN), das etwa 40 Biosphärenreservate umfasst. Auch China setzt zunehmend die Biosphärenreservate ein, um die regionale Entwicklung nachhaltig zu gestalten und gleichzeitig Naturgüter von hohem Wert zu erhalten. Auf einem Treffen der chinesischen Biosphärenreservate vom April 2003 wurden die Weiterentwicklung der chinesischen Biosphärenreservate diskutiert und aktuelle Probleme angesprochen (CHINESISCHES MAB-NATIONALKOMITEE 2003).

Ähnlich wie in vielen anderen Staaten muss die Zonierung der chinesischen UNESCO-Biosphärenreservate den geänderten Ansprüchen der Sevilla-Strategie von 1995 angepasst werden: Zu große und zu restriktiv geschnittene Kernzonen verhindern teilweise wirtschaftliche Aktivitäten. Das erschwert die Akzeptanz durch die Bevölkerung, was nicht im Sinne des MAB-Konzepts ist. Ein Ausgleich zwischen Schutz- und Nutzinteressen muss hier neu ausgehandelt werden.

Eine andere in China viel diskutierte Frage ist, wie die lokale Bevölkerung in die Entscheidungsprozesse eingebunden werden kann, da dieser Weg der politischen Entscheidungsfindung in China leider noch in den Kinderschuhen steckt. Das Konzept der Biosphärenreservate hinsichtlich partizipativer Ansätze kann hier neue Ideen und praktische Erfahrungen liefern. Neuland wird auch bei der Frage nach Grundeigentum oder Nutzungsrechten betreten. Grundsätzlich gibt es in China kein Privateigentum an Boden, sondern ausschließlich langfristige Nutzungsrechte. Die Bewirtschaftung des BR Yancheng wird beispielsweise dadurch erschwert, dass zwar die Nutzungsrechte für die Kernzone des Biosphärenreservats bei der BR-Verwaltung liegen, die für die Pflege- und die Entwicklungszone aber bei anderen Verwaltungen oder Privatpersonen. Die für deutsche Verhältnisse normale Verteilung öffentlichen und privaten Eigentums führt in China auf lokaler Ebene zu erheblichen Problemen, da die Anwendung angepasster und partizipativer Konfliktlösungsmechanismen noch fehlt. Ein anderes wichtiges Problem in den chinesischen Biosphärenreservaten ist der (Massen-)Ökotourismus. Im BR Huanglong stieg die Besucherzahl von jährlich 10.000 im Jahr 1983 auf 800.000 in 2001, mit weiter steigender Tendenz (CHINESISCHES MAB-NATIONALKOMITEE 2003). Die deutschen Besucher konnten sich dort über beeindruckend erfolgreiche Wege der Besucherlenkung informieren.

Im gleichfalls besuchten BR Juizhaigou wurde z. B. die Obergrenze der Tagesbesucher auf 10.000 begrenzt. Offen bleibt dabei allerdings, ob diese Anzahl wirklich eine für das Gebiet tragfähige Grenze darstellt. Zur Klärung dieser Frage besteht Forschungsbedarf. Das Gebiet ist im Übrigen für private Autos

Besucherlenkung im Biosphärenreservat Huanglong

gesperrt. Für den Eintrittspreis von ca. 30 Euro kann der Besucher sich in mit Erdgas betriebenen Bussen in dem Gebiet beliebig fortbewegen.

Das Biosphärenreservat bietet rund 1.000 Menschen Arbeit als Wächter, Fahrer, Kellner oder Andenkenverkäufer. Mit diesen Tätigkeiten verdienen sie mehr, als in der Landwirtschaft, die an den steilen Berghängen äußerst mühselig und ertragsschwach ist. Viele der Bewohner geben daher die Bewirtschaftung der Terrassen auf, mit dem Ergebnis, dass nicht nur die Bodenerosion zunimmt und Strassen von Erdrutschen bedroht werden, sondern auch wertvolle, traditionell bewirtschaftete Kulturlandschaft verloren geht. Dieses Beispiel verdeutlicht, dass Biosphärenreservate nur in gesamtheitlicher Betrachtungsweise von ökologischen, ökonomischen und sozio-kulturellen Aspekten die gewünschten Ergebnisse einer nachhaltigen Regionalentwicklung erzielen können.

„Glücksbringende Fee" im Biosphärenreservat

Der tibetische Name der sympathischen Führerin durch das Biosphärenreservat von Jiuzhaigou heißt übersetzt „Glücksbringende Fee". Die Begeisterung und Fröhlichkeit, mit der sie die Besucher durch das Biosphärenreservat führt, ist derart ansteckend, dass das regnerische Wetter bei der mehrstündigen Wanderung entlang der zahlreichen Seen und Wasserfälle schnell vergessen ist. Neben vielen interessanten Details über Natur und Kultur der Region erzählt sie auch von ihrer Ausbildung an einer pädagogischen Hochschule und von ihrer tibetisch-stämmigen Familie mit sechs Brüdern, die am Rande des Biosphärenreservats einen kleinen landwirtschaftlichen Betrieb bewirtschaftet. Das Biosphärenreservat Jiuzhaigou bleibt Dank der Glücksbringenden Fee nicht nur als spektakuläre Naturschönheit, sondern auch als Lebensraum und Heimat für sympathische Menschen dauerhaft in bester Erinnerung.

(Text und Foto: Getrud Hein)

Die Biosphärenreservate Huanglong und Juizhaigou sind wirtschaftlich außerordentlich erfolgreich. Bei Eintrittsgeldern von ca. 15 bzw. 30 Euro sind sie praktisch „Gelddruckmaschinen", die einen erheblichen Beitrag für die regionale Wirtschaft leisten. Die Lenkung der für einen Mitteleuropäer unvorstellbar großen Besucherströme ist kaum noch verbesserungsfähig, für den reinen Naturschützer ist das Bild von Menschenmassen in schutzwürdiger Natur allerdings gewöhnungsbedürftig.

Im dritten, leider nur für wenige Stunden besuchten Biosphärenreservat Wolong wurde den deutschen Besuchern die Aktivitäten Chinas auf dem Gebiet des Artenschutzes exemplarisch vorgestellt. Hier befindet sich eine Aufzuchtstation für Pandas (*Ailuropoda melanoleuca*). Etwa 50 Pandas werden in der Station betreut und nach Angaben des Direktors der Station erblickten dort 2002 sechs junge Pandas das Licht der Welt, ein Erfolg, wenn man die großen Schwierigkeiten der Vermehrung von Pandas in Gefangenschaft bedenkt. Nach der Entwöhnung von der Mutter werden die Tiere zumeist an chinesische Zoos abgegeben. Pandas sind vom Aussterben bedroht und stehen im Anhang I des Washingtoner Artenschutzabkommens (CITES). In der chinesischen Bevölkerung haben Pandas fast den Status des Unantastbaren: 2003 wurde ein Wilderer zu 15 Jahren Gefängnis verurteilt.

Junge Pandas in der Aufzuchtstation in Wolong

Insgesamt ist die bilaterale Zusammenarbeit mit dem chinesischen MAB-Nationalkomitee ein Beispiel dafür, wie wichtig es ist, über den eigenen Tellerrand hinaus zu schauen und voneinander zu lernen. Die eigenen Probleme und Erfolge können in einen internationalen Zusammenhang gestellt und dadurch auch relativiert werden.

Gerade für ein internationales Programm wie das MAB-Programm Der Mensch und die Biosphäre ist dies eine Grundvoraussetzung und Zielsetzung zugleich. Trotz der Unterschiedlichkeit der beiden Länder haben wir viele Gemeinsamkeiten in den Problemen einer nachhaltigen regionalen Entwicklung gesehen, aber auch Übereinstimmung in der Überzeugung, dass nur das gleichzeitige Berücksichtigen von ökonomischen, ökologischen und sozio-kulturellen Komponenten tragfähige Zukunftskonzepte liefert. Wir wurden auch darin bestätigt, dass UNESCO-Biosphärenreservate ein geeignetes Instrument sind, beispielhaft Wege zu einer Nachhaltigen Entwicklung aufzuzeigen.

Die Zusammenarbeit soll in den nächsten Jahren fortgesetzt werden. Das gemeinsame Interesse gilt der Frage: Wie kann die wirtschaftliche Komponente der Biosphärenreservate gestärkt werden? Es ist vorgesehen, zu dem Thema „Nachhaltiges Wirtschaften in Biosphärenreservaten" einen bilateralen Workshop in Berlin zu veranstalten, an dem auch Vertreter der UNESCO teilnehmen werden.

Außerdem wird Ende August 2004 am deutsch-chinesischem Wissenschaftszentrum Peking eine bilaterale Konferenz mit dem Thema „Biosphärenreservate als Ansatz für eine dauerhaft-umweltgerechte Nutzung von Ökosystemen der gemäßigten Zone" stattfinden.

Zusammenfassung

Die MAB-Nationalkomitees Chinas und Deutschlands haben die 1987 begonnene Zusammenarbeit auch 2001 und 2002 weitergeführt. Bei gegenseitigen Besuchen in Biosphärenreservaten wurden Informationen ausgetauscht und das Verständnis für die jeweiligen Probleme geweckt, so dass ein gegenseitiges voneinander Lernen möglich wird. Die Zusammenarbeit wird in den nächsten Jahren mit dem Thema Biosphärenreservate und ihrem Beitrag für eine nachhaltige regionale Entwicklung fortgesetzt.

Literatur

UNESCO (1996): Final Report of the Co-operative Ecological Research Project (CERP).
CHINESISCHES MAB-NATIONALKOMITEE (2003): Newsletter Number 15.

4. FALLBEISPIELE AUS DER PRAXIS

4.15 Grenzüberschreitende Biosphärenreservate: Win-Win-Lösungen für Mensch und Natur

Elke Steinmetz

Die Idee

Politisch und historisch entstandene Grenzen stimmen nur selten mit „ökologischen Grenzen" überein. Häufig befinden sich daher Ökosystemkomplexe auf beiden (oder im Fall von mehreren Grenzen auf allen) Seiten einer politischen Grenze. Diese können sowohl Staaten als auch Länder, z. B. eines föderativen Systems wie der Bundesrepublik Deutschland, trennen.

Arten finden hier zwar oft relativ ungehinderte Ausbreitungsmöglichkeiten; deren gemeinsamer Schutz und nachhaltige Nutzung ist durch die unterschiedlichen legislativen, administrativen und politischen Bedingungen der jeweiligen Staaten bzw. Länder jedoch häufig erschwert. Ein räumlich integriertes Ökosystem- und Schutzgebietsmanagement ist daher nur möglich, wenn politische Grenzen optimal durchlässig sind.

Grenzüberschreitende Naturschutzvorhaben sind aber nicht nur für Schutz und Erhalt der biologische Vielfalt (Biodiversität) sowie für deren nachhaltige Nutzung von großer Bedeutung. Die Zusammenarbeit im Naturschutz über Grenzen hinweg kann auch eine wichtige Rolle spielen für die Völkerverständigung, Vertrauensbildung sowie für die Konfliktbearbeitung ethno-politischer Spannungen und Konflikte. In diesem Sinne können so genannte Win-Win-Lösungen sowohl für die Menschen als auch für Mensch und Natur erzielt werden.

Unter Win-Win-Lösungen versteht der unter dem Namen „Harvard-Konzept" bekannt gewordene Ansatz Konfliktlösungen, die auf der Grundlage gemeinsamer Interessen oder Interessenausgleich gefunden wurden (FISHER, R., URY, W. u. B. PATTON. 1993 UND ROPERS, N. 1995). Dabei ist entscheidend, dass für jeden der Konfliktpartner ein Gewinn oder Vorteil entsteht (Win-Win), der auf nicht konkurrierenden Einzelinteressen oder auf gemeinsamen Interessen aufbaut. Bei dem Beispiel der grenzüberschreitenden Biosphärenreservate, wo Lösungen für Natur und Mensch sowie für Mensch und Mensch herbeigeführt werden können, ergibt sich hier also idealerweise eine „Win-Win-Win-Lösung".

Die Idee, Schutz und Nutzung natürlicher Ressourcen sowie die Entschärfung von sozialen Konflikten zu verbinden, ist nicht neu: Bereits 1932 wurde der „Waterton Glacier International Peace Park" zwischen den USA und Kanada eingerichtet, um den lang währenden Frieden zwischen den beiden Staaten zu unterstreichen (SANDWITH, T. et al. 2001). Im Jahr 1935 entstand zwischen den USA und Mexiko ein weiterer Nationalpark „Maderas del Carmen and Canyon de Santa Elena / Big Bend National Park", der helfen sollte, Grenzprobleme zu lösen.

Neben der Schutzgebietskategorie der Nationalparke, deren grenzüberschreitende Etablierung durch die „Parke für Frieden" („peace parks" bzw. „parks for peace") durch verschiedene internationale Organisationen (IUCN, WWF, CI und PPF) in den letzten Jahren vor allem im südlichen Afrika stark vorangetrieben und unterstützt wurde (WORLD CONSERVATION UNION (IUCN) 1997), sind die grenzüberschreitenden Biosphärenreservate mit ihrem integrierten, ganzheitlichen Konzept ein besonders geeignetes Instrument, um positive Synergieeffekte aus der Zusammenarbeit zu erzeugen.

Das Konzept

Innerhalb des Weltnetzes der Biosphärenreservate gibt es zunehmend mehr grenzüberschreitende Biosphärenreservate. Als solche werden Biosphärenreservate bezeichnet, die zu beiden (oder allen) Seiten einer politischen Grenze liegen. Sie bekunden durch die Anerkennung der UNESCO offiziell ihren Willen, beim Schutz und der nachhaltigen Nutzung eines Ökosystems durch gemeinsames Management zusammenzuarbeiten (UNESCO 2000).

Die Anerkennung beinhaltet außerdem die Übereinkunft, die so genannte Sevilla-Strategie der Biosphärenreservate umzusetzen. Im Rahmen dieser 1995 auf einer internationalen Expertenkonferenz in Sevilla verabschiedeten Strategie (UNESCO 1996) wurden Schritte für die weitere Entwicklung der Biosphärenreservate im 21. Jahrhundert empfohlen. Eines der Ziele der Strategie ist die „Förderung der Schaffung grenzübergreifender Biosphärenreservate zur Erhaltung von Organismen, Ökosystemen und genetischen Ressourcen über nationale Grenzen hinweg" (UNESCO 1996).

Die Folgekonferenz „Sevilla + 5" in Pamplona im Jahr 2000 verabschiedete besondere Empfehlungen für die Etablierung von grenzüberschreitenden Biosphärenreservaten (UNESCO 2000), um ihrer besonderen Bedeutung gerecht zu werden. Diese „Pamplona-Empfehlungen" beschreiben den Prozess zur Einrichtung eines grenzüberschreitenden Biosphärenreservats, dessen Funktion, seine institutionellen Rahmenbedingungen und den Bezug zu den Zielen der Sevilla-Strategie. Dabei zieht sich die Idee, gemeinsame Managementstrukturen zum Schutz und zur nachhaltigen Nutzung der Biodiversität mit Mechanismen und Strukturen zur Kooperation und Konfliktprävention zu verbinden, als roter Faden durch die Empfehlungen.

FALLBEISPIELE AUS DER PRAXIS

Das Management von grenzüberschreitenden Biosphärenreservaten hat insbesondere im administrativen und legislativen sowie im finanziellen Bereich mit vielen Herausforderungen und Hindernissen zu kämpfen. Das kann einen Nachteil in der Effektivität des Managements darstellen. Dem gegenüber gibt es aber vor allem folgende Vorteile (EUROPARC FEDERATION 2001):

- Erfolgreiches Schutzgebiets- und Nutzungsmanagement:
  Der Erhalt der biologischen Vielfalt sowie deren nachhaltige Nutzung kann im Fall von Grenzen überschreitenden Ökosystemen am besten im Rahmen eines gemeinsamen Schutz- und Nutzungsmanagements gewährleistet werden. Nur wenn dem Raumanspruch von Tier- und Pflanzenarten in ausreichendem Maß stattgegeben wird, können sie erhalten, geschützt und genutzt werden. Außerdem können durch die grenzüberschreitende Vernetzung von Schutzgebieten Korridore und Trittsteine für ein ökologisches Verbundsystem gebildet werden.

- Förderung der Regionalentwicklung in peripheren Gebieten:
  Grenznahe Gebiete sind in ihrer wirtschaftlichen Entwicklung häufig benachteiligt, da sowohl die Anbindung an den nationalen Markt als auch die Etablierung regionaler Wirtschaftskreisläufe erschwert ist. Eine nachhaltige wirtschaftliche Regionalentwicklung im grenzüberschreitenden Biosphärenreservat kann diesen Nachteil der räumlichen Randlage aufheben bzw. zumindest abschwächen.

- Erhaltung kultureller Identität und Integrität:
  „Künstliche" politische Grenzen trennen häufig ethnische Gruppen, wodurch deren Identität und Integrität bedroht sind. Grenzüberschreitende Biosphärenreservate können den kulturellen Zusammenhalt dieser Bevölkerungsgruppen aufrechterhalten, z. B. durch das Bewahren traditioneller Landbewirtschaftungsformen, Handwerke, Sprachen und Brauchtümer. Dadurch kann eine regionale Identität wieder hergestellt oder neu geschaffen werden. Haben historisch gewachsene Grenzen zu kulturellen Unterschieden geführt, können grenzüberschreitende Biosphärenreservate dazu beitragen, diese Unterschiede nicht in einem Konflikt eskalieren zu lassen, sondern sie in einem partizipatorischen Prozess für kreative Lösungen zu nutzen.

- Friedliche Bearbeitung von Konflikten, Friedensförderung und Krisenprävention:
  Das MAB-Programm verbindet konzeptionell zwei Bereiche, die in ihrer Kombination konfliktträchtig sind: Mensch und Biosphäre. Bei grenzüberschreitenden Biosphärenreservaten kommt eine dritte Komponente dazu: Die Existenz von zwei oder mehreren Bevölkerungsgruppen. Biosphärenreservate bieten jedoch eine Kommunikations- und Handlungsplattform, auf der es möglich ist, gemeinsame Interessen und einen Interessenausgleich herauszuarbeiten und als Handlungsgrundlage für die Entwicklung einer Region heranzuziehen. Die Konzentration auf gefundene Gemeinsamkeiten, wie z. B. eine nachhaltige Ressourcennutzung, ermöglicht es, politische oder ethnische Konflikte anzugehen (STEINMETZ, E. 2002). Dadurch können grenzüberschreitende Biosphärenreservate zu einem Instrument der Friedensförderung und der Stabilisierung sowie der Krisenprävention im Sinne eines neuen, ganzheitlichen Sicherheitsbegriffs werden.

Durch die Kombination dieser Vorteile kann ein Mehrwert erzielt werden, der grenzüberschreitende UNESCO-Biosphärenreservate zu einem Instrument nachhaltiger Umwelt-, Entwicklungs- und Sicherheitspolitik für das 21. Jahrhundert machen kann.

Die UNESCO hat bisher offiziell sechs grenzüberschreitende Biosphärenreservate anerkannt (Stand Mai 2003):
- Region „W" (Benin/Burkina Faso/Niger)
- Krkokonose/Karkonosze (Tschechische Republik/Polen)
- Vosges du Nord/Pfälzerwald (Frankreich/Deutschland)
- Ostkarpaten (Polen/Slowakische Republik/Ukraine)
- Tatra (Polen/Slowakische Republik)
- Donau-Delta (Rumänien/Ukraine).

Abgesehen von der Region „W" liegen alle anerkannten grenzüberschreitenden Biosphärenreservate in Europa. Es gibt aber weltweit viele Bestrebungen, bereits bestehende und sich entwickelnde Kooperationen zwischen Biosphärenreservaten durch die UNESCO anerkennen zu lassen und dadurch zu institutionalisieren. Hierzu zählen z. B. die demilitarisierte Zone zwischen den beiden Koreas, die Grenzregionen Panama/Costa Rica und Bolivien/Peru (BRIDGEWATER, P. 2002) sowie der Altai (Russland, China, Mongolei, Kasachstan).

Im Folgenden sollen drei Beispiele vorgestellt werden:
Ein länderübergreifendes Biosphärenreservat innerhalb der föderativen Struktur Deutschlands, eines der bisher sechs offiziell anerkannten grenzüberschreitenden Biosphärenreservate sowie eine Initiative zur Einrichtung eines grenzüberschreitenden Biosphärenreservats. Damit soll die breite „Palette" aus unterschiedlichen Regionen, unterschiedlicher administrativer Konstellation und unterschiedliche Stadien aufgezeigt werden.

Die Umsetzung

Länderübergreifendes Biosphärenreservat Rhön
(Bayern/Hessen/Thüringen):

Das Biosphärenreservat Rhön liegt in der Mitte Deutschlands im Grenzland zwischen den drei Bundesländern Bayern, Hessen und Thüringen und stellt damit ein innerstaatliches, länderübergreifendes Biosphärenreservat innerhalb des föderativen Systems Deutschlands dar. Aufgrund der politischen, administrativen und legislativen Unterschiede in den drei Ländern ist das Biosphärenreservat Rhön in vielerlei Hinsicht mit einem internationalen, souveräne Staaten übergreifenden Biosphärenreservat vergleichbar, auch wenn es offiziell nicht als solches in der Nomenklatur der UNESCO geführt werden kann.

4. FALLBEISPIELE AUS DER PRAXIS

Als typische Mittelgebirgslandschaft weist die Rhön eine durch extensive landwirtschaftliche Nutzung entstandene Landschaft auf, die durch eine hohe Standortvielfalt und ein differenziertes Mosaik unterschiedlichster Ökosysteme gekennzeichnet ist. Der mit 40 Prozent relativ geringe Waldanteil (AGBR 1995) hat der Rhön den Namen „Land der offenen Fernen" eingebracht.

Die Rhön ist als „Land der offenen Fernen" bekannt. Besonders augenscheinlich wird die Bedeutung dieses Namens auf dem Plateau der Hochrhön, dem Kernstück des Biosphärenreservats, im Dreiländereck Bayern, Hessen, Thüringen.

Michael Geier, Leiter der bayerischen Verwaltungsstelle des Biosphärenreservats Rhön: „13 Jahre nach der Wiedervereinigung sind im Land der Offenen Fernen politische Grenzen optisch nicht mehr erkennbar. Aber die unsichtbaren Grenzen halten sich hartnäckig, erstaunlicherweise weniger zwischen Thüringen und Bayern/Hessen als zwischen Bayern und Hessen. Wir haben uns oft gefragt, woran das liegen mag, bis wir über die triviale Tatsache gestolpert sind, dass die Verbreitungsgebiete der Rhöner Tageszeitungen nach wie vor perfekt die Landesgrenzen abbilden. Wie sollen die Rhöner länderübergreifend eine gemeinsame Identität entwickeln, wenn sie so wenig voneinander wissen?"

Dieser Titel bestimmt im Wesentlichen das Leitbild der Entwicklung in der Rhön, das im gemeinsamen „Rahmenkonzept für Schutz, Pflege und Entwicklung im Biosphärenreservat Rhön" erarbeitet wurde. Der typische Landschaftscharakter wird nicht mehr durch die Landwirtschaft erhalten, da nur noch ein Prozent der Bevölkerung in der Landwirtschaft haupterwerbstätig ist. Es werden daher Landschaftspflegemaßnahmen zur Offenhaltungen der Flächen im Rahmen des Vertragsnaturschutzes durchgeführt. Auch die extensive Schaf- und Rinderhaltung und der ökologische Landbau leisten einen wichtigen Beitrag zum Erhalt der kleinräumigen Struktur mit ihrer hohen Biodiversität.

Die Rhön ist schon immer Grenzland gewesen und stellt daher keinen einheitlichen Kulturraum dar. Sprache, Kultur, Architektur, Landschaftsbild und Mentalität unterscheiden sich erheblich in den drei – historisch und politisch lange Zeit voneinander abgeschnittenen – Teilgebieten der hessischen, bayerischen und thüringischen Rhön. Eine gemeinsame Entwicklung des Naturraums Rhön war nach dem Zweiten Weltkrieg bis zum Jahr 1990 aufgrund der Teilung Deutschlands nicht möglich. Erst die Grenzöffnung und die anschließende UNESCO-Anerkennung als BR Rhön im Jahr 1991 machten die Entwicklung einer gemeinsamen Vision für die Zukunft und ein Zusammenwachsen möglich.

Die Rhöner Bevölkerung erkannte bald, dass ein Mehrwert des grenzüberschreitenden Biosphärenreservats nicht durch das Hervorheben des Trennenden, z. B. die sehr unterschiedliche rechtliche und administrative Stellung der jeweiligen BR-Verwaltungsstelle, sondern durch das Betonen der Gemeinsamkeiten und des Verbindenden erreicht werden kann.

Neben der Einrichtung verschiedener grenzüberschreitender Arbeitsgruppen (z. B. AG Umweltbildung und AG Forschung) und dem gemeinsamen Erarbeiten des Rahmenkonzepts für das BR Rhön, machte dies besonders die Teilnahme an dem 1998 durch das Bundesministerium für Verkehr, Bauwesen und Raumordnung ausgeschriebenen Wettbewerb „Regionen der Zukunft" deutlich. Eine eigens eingerichtete Arbeitsgruppe koordinierte den gemeinsamen Wettbewerbsbeitrag. Die Darstellung der Rhön als regionale Einheit erhielt neben sieben anderen Regionen in der Endausscheidung einen ersten Preis. Die Erfahrung, dass man Erfolg hat, wenn man als Einheit auftritt und Gemeinsamkeiten nutzt, wo dies möglich und effizient ist, hat sich auf zahlreiche grenzüberschreitende Projekte ausgewirkt. Beispiele sind das länderübergreifenden Monitoring-Projekt zum Birkwild (*Tetrao tetrix*), die „Rhöner Apfelinitiative", die Arbeitsgruppe „Rhöner Qualitätshonig" und die Direktvermarktungsgemeinschaft „Rhönhöfe", die länderübergreifend ökologisch erzeugte Produkte vermarktet.

Im Jahr 1995 wurde die Rhöner Apfelinitiative e. V. gegründet. Neben der Rhöner Schaukelterei ist der Streuobstlehrpfad der Gemeinde Hausen eines von mehreren grenzüberschreitenden Projekten unter diesem Dachverband.

FALLBEISPIELE AUS DER PRAXIS

Michael Geier, Leiter der bayerischen Verwaltungsstelle des Biosphärenreservats Rhön: „Am wirkungsvollsten werden Grenzen immer noch und immer wieder von unten außer Kraft gesetzt. Die Rhöner Apfelinitiative hat dafür das schönste Beispiel geliefert. Der Anstoß zur Gründung kam aus Hessen, die Kelterer sitzen in Hessen, aber die Äpfel kommen – weit überwiegend – aus Bayern und Thüringen".

Ein entscheidender Schritt für die gemeinsame Entwicklung des BR Rhön war die Gründung der regionalen Arbeitsgemeinschaft Rhön (ARGE Rhön) im Jahr 2000. Sie kann als wichtige Ergänzung zu der bereits bestehenden interministeriellen Ständigen Länderübergreifenden Arbeitsgruppe, die auch die BR-Verwaltungsstellen einbezieht, gesehen werden. Die ARGE Rhön besteht aus fünf am Biosphärenreservat beteiligten Landkreisen sowie den drei Trägervereinen des BR Rhön aus Bayern, Hessen und Thüringen. Sie koordiniert mit etwa 20 Organisationen und Institutionen die Aufgaben bei der Entwicklung der Region. Damit bestehen in der Rhön zwei sich ergänzende formelle Strukturen, die einen Rahmen bieten, um Ressourcen effektiv und effizient für die gemeinsame Entwicklung der Region einzusetzen. Ebenso wichtig, wenn nicht sogar wichtiger, sind jedoch informelle Strukturen und persönliche Kontakte, die nicht selten Ausgangspunkt für die Einrichtung formeller Strukturen sind.

Das BR Rhön ist insbesondere mit seinen vielen innovativen grenzüberschreitenden Projekten ein gutes Beispiel dafür, dass nicht trotz, sondern gerade wegen der kulturellen Unterschiede und der feinen Differenzen der Mentalitäten zwischen der bayerischen, hessischen und thüringischen Bevölkerung sich ein kreatives und dynamisches Zusammenspiel auf dem Weg zur gemeinsamen regionalen Entwicklung ergeben kann.

Grenzüberschreitendes Biosphärenreservat Pfälzerwald-Nordvogesen (Deutschland/Frankreich):
Das Biosphärenreservat Pfälzerwald-Nordvogesen liegt im deutsch-französischen Grenzraum und ist seit 1998 von der UNESCO als grenzüberschreitendes Biosphärenreservat anerkannt. Nach den Pamplona-Empfehlungen kann die Anerkennung von grenzüberschreitenden Biosphärenreservaten durchaus in einem gemeinsamen Schritt erfolgen. Bisher wurden allerdings alle sechs offiziell anerkannten grenzüberschreitenden Biosphärenreservate zunächst separat anerkannt. So auch im Fall des Biosphärenreservats Pfälzerwald-Nordvogesen: Es ist aus dem Regionalen Naturpark Nordvogesen und dem Naturpark Pfälzerwald hervorgegangen, die jeweils eigenständig die Anerkennung als Biosphärenreservat erhalten hatten.

Das Gebiet des grenzüberschreitenden BR Pfälzerwald-Nordvogesen stellt sich in vielerlei Hinsicht als Einheit dar, vor allem in ökologischer und landschaftlicher Hinsicht: Auf dem im Gebiet verbreiteten Buntsandstein hat sich auf beiden Seiten der Grenze das größte zusammenhängende Waldgebiet Westeuropas erhalten. Die speziellen Boden- und Klimaverhältnisse sind jedoch für die Landwirtschaft von Nachteil. Wegen der zahlreichen Grenzertragsböden und der deshalb geringen landwirtschaftlichen Nutzfläche arbeitet nur ein kleiner Anteil der Erwerbstätigen in dieser Branche. Eine Ausnahme bilden die Intensiv-Weinanbaugebiete im östlichen Teil des Pfälzerwalds.

Die aufgrund der natürlichen Standortbedingungen eigentlich begünstigte Waldwirtschaft und ihre Folgewirtschaft sind in den letzten Jahren im Zuge der globalen Preisentwicklung stark zurückgegangen. Der Abbau und die Verarbeitung von Sandstein sind im französischen Teil des Biosphärenreservats von großer wirtschaftlicher Bedeutung, im deutschen Teil jedoch rückläufig. Der Tourismus konnte insbesondere in den Rubriken Naherholung und Kurzzeitaufenthalten seine Zahlen verbessern. Nach wie vor große Bedeutung hat der Weinbau entlang der Deutschen Weinstrasse. Insgesamt stellen der Pfälzerwald und die Nordvogesen ein typisches peripheres Gebiet dar, das insbesondere wirtschaftlich durch die geringen Beschäftigungsmöglichkeiten an der marginalen Lage leidet. Neben diesen Aspekten teilt die Region aber auch eine lange, wechselvolle und von vielen Konflikten geprägte Geschichte. Das Gebiet des heutigen BR Pfälzerwald-Nordvogesen erlebte sowohl Phasen unter einer gemeinsamen Herrschaft, als auch eine Zersplitterung in viele kleine Einheiten. Hiervon zeugen nicht zuletzt zahlreiche mittelalterliche Burgen und Festungen, die heute ein bedeutendes kulturelles Erbe darstellen. Insbesondere im Dreißigjährigen Krieg (1618-1648) waren die Nordvogesen und der Pfälzerwald regelmäßig Schauplatz blutiger Kämpfe. Im Laufe der darauf folgenden Jahrhunderte gehörte die Region sowohl zum französischen Unterelsass als auch zum deutschen Elsass-Lothringen. Die zahlreichen Grenzverschiebungen führten zum einen zu Identitätskonflikten innerhalb der Bevölkerung, zum anderen aber auch – als eine Gegenreaktion – zu einem verstärkten Festhalten an kulturellen Eigenarten und Traditionen.

Gerade hier sieht das grenzüberschreitende BR Pfälzerwald-Nordvogesen einen wichtigen Ansatzpunkt für seine Arbeit, die über die Sicherung des größten zusammenhängenden Waldgebiets Westeuropas, Umweltbildungsmaßnahmen und wirtschaftliche Entwicklung der Region hinausgeht: Die interkulturelle Annäherung und Zusammenarbeit sollen zu einem besseren gegenseitigen Verständnis und zur dauerhaften Versöhnung der Bevölkerung und der politischen Entscheidungsträger beiderseits der Grenzen beitragen. Dies wurde bereits 1996 im „deutsch-französischen Kooperationsvertrag zur Schaffung eines gemeinsamen grenzüberschreitenden Biosphärenreservats Pfälzerwald-Nordvogesen" festgehalten.

4. FALLBEISPIELE AUS DER PRAXIS

Auch der deutsch-französische Lenkungsausschuss (Vertreter der Vorstände der beiden Trägerinstitutionen, der Wissenschaftlichen Beiräte, der Regionen und Départements sowie des Landes Rheinland-Pfalz) sieht die interkulturelle Annäherung als wichtige Aufgabe.

Gemäß den Pamplona-Empfehlungen der UNESCO für grenzüberschreitende Biosphärenreservate und den Mindeststandards grenzüberschreitender Zusammenarbeit von Schutzgebieten in Europa von EUROPARC (EUROPARC 2000), wurde ein Koordinator („facilitator and focal point") eingesetzt. Er betreut die verschiedenen deutsch-französischen Gremien, wickelt die grenzüberschreitenden Kooperations- und EU-Förderprogramme ab und berät und vermittelt im Rahmen deutsch-französischer Projektinitiativen. Die Einrichtung dieser Stelle, speziell für grenzüberschreitende Koordinierungsaufgaben, hat sich bewährt.

Darüber hinaus haben die beiden Verwaltungsstellen z. B. ein gemeinsames mehrjähriges Arbeitsprogramm ausgearbeitet, aus dem u. a. mehrere binationale Arbeitsgruppen hervorgegangen sind. In gemeinsamen Trainingskursen „Interkulturelles Projektmanagement und Interkulturelle Kommunikation" haben die Mitarbeiterinnen und Mitarbeiter der beiden Verwaltungsstellen gelernt, die Arbeits- und Denkweisen des Nachbarn besser zu verstehen.

Die deutsch-französische Facharbeitsgruppe „Biodiversität und Naturschutz"

Roland Stein, Koordinator der deutsch-französischen Zusammenarbeit im grenzüberschreitenden BR Pfälzerwald-Nordvogesen: „Das Identifizieren und Zusammenführen von deutschen und französischen Schlüsselpersonen, die sich mit echtem Engagement für die Zusammenarbeit einsetzen, ist neben der permanenten Pflege von persönlichen Kontakten ein wesentliches Element der Weiterentwicklung des grenzüberschreitenden Biosphärenreservats. Hier gilt es, sachbezogenes und personenbezogenes Arbeiten so zusammenzuführen, dass für alle Beteiligten ein nutzbarer Mehrwert entsteht".

Auch Besucherinnen und Besucher der Region können an dem Prozess teilhaben: Die gemeinsam konzipierte zweisprachige Entdeckungsroute für Wanderer mit Stationen beiderseits der Grenze lädt mit Gucklöchern und Informationstafeln aus Buntsandstein nicht nur ein, Landschaftselemente zu entdecken und Begriffe wie „UNESCO" und „MAB" zu verstehen, sondern auch zum „Blick auf die andere Seite".

Die grenzüberschreitende Entdeckungsroute „Landschaft über Grenzen": Vier Rundwanderwege verbinden Elsass, Pfalz und Lothringen miteinander und laden zum Entdecken der deutsch-französischen Modellregion ein.

Roland Stein, Koordinator der deutsch-französischen Zusammenarbeit im grenzüberschreitenden BR Pfälzerwald-Nordvogesen: „Das Bewusstsein, mit dem Nachbarn über der Grenze gemeinsam eine naturräumlich und politisch-historisch definierte Region zu bewohnen und für zukünftige Generationen zu erhalten, kann erst dann entstehen, wenn mehr Wissen über Geschichte, Naturerbe und Kulturerbe in verständlicher Weise vor Ort vermittelt und erlebbar wird".

Gemeinsame regionale Vermarktungsinitiativen wie die deutsch-französischen Bauernmärkte bieten neben größeren Absatzmöglichkeiten auch die Gelegenheit zu Begegnung und Austausch. Foren wie diese sind nicht selten Ausgangspunkte für neue gemeinsame Projekte.

Um Verständnis im wahrsten Sinne des Wortes zu ermöglichen, werden seit einigen Jahren alle Materialien der Öffentlichkeitsarbeit des Biosphärenreservats zweisprachig aufgelegt; auch das gemeinsame Wissenschaftliche Jahrbuch, das die Ergebnisse deutscher, französischer und gemeinsamer Forschungs- und Monitoringaktivitäten im Biosphärenreservat beschreibt, wird auf Französisch und Deutsch veröffentlicht.

Es zeigt sich am Beispiel des BR Pfälzerwald-Nordvogesen, dass sowohl formelle als auch informelle Strukturen die wichtigsten Voraussetzungen für die Nutzbarmachung des Mehrwerts eines grenzüberschreitenden Biosphärenreservats und für konflikt-deeskalierende und vertrauensbildende Maßnahmen sind.

FALLBEISPIELE AUS DER PRAXIS

Grenzüberschreitendes Biosphärenreservat Altai (Russischen Föderation/Mongolei/China/Kasachstan):

Derzeit (Stand: Juni 2003) bestehen Bestrebungen, in der Altai-Region ein vierlaterales, grenzüberschreitendes Biosphärenreservat einzurichten.

Das Altai-Gebirge liegt im Grenzgebiet zwischen der Russischen Föderation, der Mongolei, China und Kasachstan. Es bildet geografisch die Grenze zwischen der Taiga Sibiriens und den Steppen und Wüsten Zentralasiens. Die Bevölkerung mit weniger als 500.000 Menschen setzt sich aus Altaiern, Kasachen, Mongolen, Uiguren und Tuwinern sowie Russen, Deutschen und Chinesen zusammen. Neben der ethnischen besteht eine große religiöse Vielfalt. Der Altai ist als Randgebirge aller vier Länder ein extrem peripheres und abhängiges Gebiet mit unterentwickelter Infrastruktur und einer armen, überwiegend in der Landwirtschaft tätigen Bevölkerung. Der Abbau der reichen Bodenschätze und die Folgeindustrie sind zum Erliegen gekommen; Tourismus entwickelte sich bisher kaum. Laut dem „World Wide Fund for Nature" (WWF) gehört der Altai zu den 200 Regionen der Erde mit der bedeutendsten Artenvielfalt, ist also ein „Hotspot der Biodiversität". Diese Vielfalt ist jedoch von Wilderei bedroht. Im Altai gibt es mehrere große Schutzgebiete, so genannte Zapovedniks, von denen die UNESCO drei zusammengenommen als Weltnaturerbe „Altai Goldene Berge" anerkannt hat. Ein modernes Schutzgebietsmanagement ist bisher noch nicht etabliert.

Das Schutzgebiet „Katunsky" ist neben dem Schutzgebiet „Altai" und dem „Plateau Ukok" eines von drei Schutzgebieten, so genannte Zapovedniks, die gemeinsam aufgrund ihrer naturhistorischen Bedeutung durch die UNESCO als Weltnaturerbe „Altai Goldene Berge" anerkannt wurden. Es liegt im russischen Teil des potenziellen vierlateralen Biosphärenreservats Altai und trägt seinen Namen aufgrund des Flusses „Katun".

Der Großraum Zentralasien ist aufgrund seines Reichtums an Ressourcen (Bodenschätze, nukleare Ressourcen, Wasser) von hoher geostrategischer Bedeutung und zugleich ein potenzieller Krisen- und Konfliktherd von hoher Brisanz. Die bilateralen Beziehungen der Russen, Mongolen, Chinesen und Kasachen sind historisch zum Teil stark belastet. Außerdem gibt es Konflikte zwischen eingesessenen Uiguren und angesiedelten Chinesen. Aufgrund der seit dem September 2001 veränderten sicherheitspolitischen Lage sind darüber hinaus noch weitere Konfliktfelder hinzugekommen.

Für die Region stellte sich in den vergangenen Jahren des politischen Wandels die Frage, ob die ökonomische Integration mit umfassender infrastruktureller Erschließung oder der Erhalt der natürlichen und ethnisch-kulturellen Vielfalt mit einer nachhaltigen, von lokalen Kräften ausgehenden Entwicklung Vorrang erhalten sollte.

Seit Ende der 1990er Jahre haben daher die vier Staaten unter Vermittlung des deutschen Bundesministeriums für Umwelt, Naturschutz und Reaktorsicherheit und des Bundesamts für Naturschutz begonnen, die Idee eines vierlateralen Biosphärenreservats zu diskutieren und zu prüfen. Nach einem langen, fast zehnjährigen Annäherungsprozess und mehreren multilateralen Treffen unterzeichneten Vertreter aller vier Staaten in einem wichtigen ersten Schritt eine Willensbekundung zur Unterstützung des Projekts.

Der Austausch von Informationen und Erfahrungen spielt eine wichtige Rolle bei der Einrichtung eines grenzüberschreitenden Biosphärenreservats. Gemeinsame Traditionen und Brauchtümer können dabei eine Brücke schlagen, wie hier bei der Begrüßungszeremonie einer Besuchergruppe im russischen Teil des Altai.

Henry Mix, GTZ-Berater für Biodiversitätsschutz und natürliche Ressourcen: „Die Idee, das Herz Asiens als einen grenzübergreifenden Lebensraum für Natur, Kultur und Entwicklung zu begreifen, ist eine kühne Vision. Ob sie im Altai machbar wird, einem alten Schmelztiegel von Völkern und Kulturen, gerät zu einem neuen Prüfstein für Biosphärenreservate und internationale Zusammenarbeit. Politische Grenzen einer ganzen Region könnten an Bedeutung und Schärfe verlieren zugunsten eines gemeinschaftlichen Natur- und Kulturerbes."

Eine durch die Deutsche Gesellschaft für Technische Zusammenarbeit (GTZ) koordinierte Machbarkeitsstudie prüft derzeit (2003), ob ein grenzüberschreitendes Biosphärenreservat das geeignete Instrument ist, die Ziele des Natur- und Landschaftsschutzes in dieser Region ebenso zu erreichen wie die einer nachhaltigen sozio-ökonomischen Regionalentwicklung. Unter anderem geht die Machbarkeitsstudie der Frage nach, ob durch ein grenzüberschreitendes Biosphärenreservat eine ethno-politische Stabilisierung der Region erreicht werden könnte. Die Ergebnisse der Machbarkeitsstudie sollen im Dezember 2003 vorliegen.

Die derzeitigen Bestrebungen zur Einrichtung eines vierlateralen BR Altai sind in vielerlei Hinsicht interessant in Bezug auf den Mehrwert von grenzüberschreitenden Biosphärenreservaten und deren Eignung auch als Instrumente der Entwicklungs- und Sicherheitspolitik. Die Region Altai könnte damit zu einem Modell für eine neue Dimension grenzüberschreitender Biosphärenreservate werden.

Chancen für die Zukunft und Forschungsbedarf

Grenzüberschreitende Biosphärenreservate bieten durch ihren Mehrwert hohe Potenziale für eine Nachhaltige Entwicklung. Um diesen Mehrwert jedoch übertragbar und nutzbar zu machen, besteht neben der Partizipation aller Beteiligten ein großer Bedarf an prozess- und handlungsorientierter Forschung.

Während bereits viele Forschungsvorhaben naturschutzfachliche Aspekte des grenzüberschreitenden Schutzgebietsmanagements in Biosphärenreservaten untersuchen, gibt es nur wenige Forschungsvorhaben mit sozio-ökonomischer oder sozio-kultureller Ausrichtung, die die oft sehr wichtigen „weichen Faktoren" betreffen. Aus diesem Grund wird die „Internationale Arbeitsgruppe für Grenzüberschreitende Schutzgebiete" der Weltnaturschutzunion IUCN auf dem im September 2003 stattfindenden Welt-Parke-Kongress in Durban (Südafrika) fordern, dieses Forschungsdefizit zu beheben. Einige Fragestellungen, die in Zukunft von Bedeutung sein werden, sind:

- Wie kann der Mehrwert von grenzüberschreitenden Biosphärenreservaten für die jeweilige Region in ökologischer, ökonomischer, soziokultureller und politischer Hinsicht nutzbar gemacht werden?
- Welche Rahmenbedingungen und Kriterien zeichnen grenzüberschreitende Biosphärenreservate aus, um Synergieeffekte beim Erfolg von Naturschutzvorhaben und bei der Bearbeitung von Konflikten bzw. der Konfliktprävention zu erzielen? Welche Rolle können sie in der Entwicklungszusammenarbeit spielen?
- Welche formellen und informellen Strukturen sind für das jeweilige grenzüberschreitende Biosphärenreservat geeignet, um den Mehrwert nutzbar zu machen?
- Welche Mechanismen sind geeignet, um kulturelle Unterschiede positiv und als dynamischen Antrieb für die Entwicklung zu nutzen? Welche Rolle spielen hierbei interkulturelle Kommunikationsmuster?
- Unter welchen Rahmenbedingungen kann durch grenzüberschreitende Biosphärenreservate eine „Transformation" von destruktiven zu konstruktiven Konflikten (ROPERS, N. 1999) erreicht werden?

Diese Fragen zeigen nur einen sehr kleinen Ausschnitt, geben aber einen Eindruck von dem „weiten Feld" zwischen Soziologie, Politikwissenschaft, Organisationsforschung, Psychologie, Kommunikationswissenschaft, Friedens- und Konfliktforschung sowie Ethnologie, das hier angeschnitten wird. Sie sind sowohl für Biosphärenreservate in Deutschland und anderen Industrieländern als auch für Biosphärenreservate in Entwicklungsländern relevant (vgl. GTZ 2000). Wichtig für die genannten und auch die nicht genannten Fragestellungen ist die Untersuchung von Fallbeispielen und die auf Monitoring, Analysen und Evaluierung basierende Herleitung von übertragbaren, dokumentierten und ausgewerteten Erfahrungsberichten („lessons learned") und von besten realisierten Lösungen („best practices"). Das UNESCO-Weltnetz der Biosphärenreservate bietet hierfür ideale Voraussetzungen, die für den Erfahrungsaustausch ebenso genutzt werden sollten wie für die angewandte Forschung.

Hoher Besuch aus fernen Ländern

Oberelsbach. Zu einem fünftägigen Besuch hielt sich eine hochrangige Delegation bestehend aus den Provinzgouverneuren, den Präsidenten der Akademien der Wissenschaften sowie einem stellvertretenden Umweltminister aus der Mongolei, Russland und Kasachstan in Deutschland auf. Die Teilnehmer wollten sich über die Möglichkeiten und Chancen bei der Einrichtung eines länderübergreifenden Biosphärenreservats im Altai-Gebirge informieren.

Dazu bereiste die Delegation das Biosphärenreservat Rhön in allen drei Ländern Bayern, Hessen und Thüringen. Sie wurden begleitet von Vertretern des Bundesumweltministeriums und des Bundesamtes für Naturschutz.

Ziel des Besuchs in der Rhön war vor allem der Erfahrungsaustausch mit den Verwaltungsstellen über die Erfahrungen zur grenzüberschreitenden Zusammenarbeit und die Besichtigung länderübergreifender Projekte. Ergänzend zu den Gesprächen mit den Verwaltungsstellenleitern in Seiferts fand in Seiferts ein Erfahrungsaustausch mit der Geschäftsführerin der Regionalen Arbeitsgemeinschaft Rhön, Susanne Zenkert, Wartburgkreis, und den beiden Landräten Dr. Fritz Steigerwald, Rhön-Grabfeld, und Herbert Neder, Bad Kissingen statt. Die Gäste zeigten sich überaus interessiert an den Verwaltungs- und Finanzierungsstrukturen in der Rhön. Gerade die Provinzgouverneure fanden in den Landräten ideale Diskussionspartner.

Dass die Rhön sogar etwas gemeinsam hat mit dieser fernen Region, zeigte sich beim Besuch bei Rhönschäfer Kolb. Josef Kolb wurde von den Gästen förmlich mit Fachfragen bombardiert, ist doch die Schafhaltung die wichtigste Form der Landnutzung im Altai-Gebirge.

Herr Nauber, der Delegationsleiter von Seiten des Bundesamts für Naturschutz, zeigte sich aufgrund der zahlreichen Einzelgespräche mit Delegationsmitgliedern zuversichtlich, dass dieser Besuch wesentliche Anstöße für die Schaffung eines länderübergreifenden Biosphärenreservates Altai gegeben haben könnte.

Das Weltnetz der Biosphärenreservate bietet die Möglichkeit, Informationen und Erfahrungen auszutauschen und voneinander zu lernen. Dies nutzte eine viernationale Delegation aus dem Altai bei einem Besuch im Biosphärenreservat Rhön.
Rhön- und Saalepost, 28. Juni 2001

Biosphärenreservate sind Modellregionen. Hier soll es möglich sein, sowohl gelungene als auch misslungene Prozesse zu beobachten und auszuwerten sowie praktikable und übertragbare Lösungen für eine nachhaltige regionale Entwicklung zu finden, die Natur und Mensch gleichermaßen einschließt. Grenzüberschreitende Biosphärenreservate sind darüber hinaus internationale Modellregionen, die eine besondere Herausforderung und Chance für die trans- und interdisziplinäre Erforschung, Erprobung und Entwicklung von nachhaltigen regionalen Entwicklungsstrategien darstellen.

Zusammenfassung

Grenzüberschreitende Biosphärenreservate bieten ein hohes Potenzial für eine nachhaltige Regionalentwicklung: Sie sind internationale Modellregionen, in denen durch erfolgreiches Schutzgebiets- und Nutzungsmanagement, die Förderung der Regionalentwicklung, die Erhaltung kultureller Identität und Integrität und die friedliche Bearbeitung von Konflikten, Friedensförderung und Krisenprävention ein Mehrwert erzielt werden kann, den es in der Zukunft noch stärker und effektiver zu nutzen gilt.

Literatur

AGBR (STÄNDIGE ARBEITSGRUPPE DER BIOSPHÄRENRESERVATE IN DEUTSCHLAND) (1995): Biosphärenreservate in Deutschland. Leitlinien für Schutz, Pflege und Entwicklung. – Berlin-Heidelberg u. a.
BRIDGEWATER, P. (2002): Grenzüberschreitende Biosphärenreservate. Vergangenheit, Gegenwart und definitiv die Zukunft! In: Biosphärenreservat Naturpark Pfälzerwald (Hrg.) (2002): Zwischen Frankreich und Deutschland hat die Natur keine Grenze mehr. Dokumentation.
EUROPARC FEDERATION (Hrsg.) (2000): Basic Standards for Transfrontier Cooperation between European Protected Areas.
EUROPARC FEDERATION (Hrsg.) (2001): EUROPARC Expertise Exchange Working Group on Transfrontier Protected Areas.
Fisher, R.; Ury, W. u. B. Patton (1993): Das Harvard-Konzept: Sachgerecht verhandeln – erfolgreich verhandeln.
GESELLSCHAFT FÜR TECHNISCHE ZUSAMMENARBEIT (GTZ) (HRG.) (2000): Krisenprävention und Konfliktbearbeitung in der Technischen Zusammenarbeit.
ROPERS, N. (1999): zur Begrifflichkeit im Arbeitsfeld „Konfliktbearbeitung" und „Friedensförderung". Unveröffentlichtes Manuskript.
ROPERS, N. (1995): Friedliche Einmischung. Strukturen, Prozesse und Strategien zur konstruktiven Bearbeitung ethnopolitischer Konflikte. In: Berghof Forschungszentrum für konstruktive Konfliktbearbeitung (1995). Berghof Report Nr. 1.
SANDWITH, T. et al. (2001): Transboundary Protected Areas for Peace and Co-operation. IUCN.
STEIN, R. (2000a): Das deutsch-französische Buntsandsteingebirge „Pfälzerwald – Voges du Nord". Eine Waldlandschaft wird zur internationalen Modellregion. In: Nationalpark – Umwelt – Natur. Jg. 4; Nr. 110; 68-71.
STEIN, R. (2000b): Das deutsch-französische Biosphärenreservat Pfälzerwald – Vosges du Nord wird zur Modellregion. In: Stärkung regionaler Identität durch die Naturparke, 87-96. Verband Deutscher Naturparke (Hrsg.)(2000).
STEINMETZ, E. (2002): Chancen und Hindernisse erfolgreicher Konflikttransformation durch grenzüberschreitende Naturschutzvorhaben. Bundesamt für Naturschutz (Hrg.) (2002): Treffpunkt biologische Vielfalt III. 195-200.
UNESCO (Hrsg.) (1996): Biosphärenreservate. Die Sevilla-Strategie und die Internationalen Leitlinien für das Weltnetz. Hrsg. der dt.-sprach. Ausgabe: Bundesamt für Naturschutz, Bonn.
UNESCO (Hrsg.) (2000): MAB Sevilla + 5 Recommendations for the Establishment and Functioning of Transboundary Biosphere Reserves. www.unesco.org/mab/mabicc/2000/eng/TBREng.htm (Zugriff Juni 2003)
WORLD CONSERVATION UNION (IUCN) (1997): Parks for Peace. – Parks. The International Journal for Protected Area Managers, Vol 7, No 3.

Danksagung

Diese Arbeit wurde unterstützt durch das individuelle Projekt IP7 „Environmental Change and Conflict Transformation" im Rahmen des Forschungsschwerpunkts NCCR North-South „Research Partnerships for Mitigating Syndromes of Global Change", finanziert durch den Schweizerischen Nationalfonds zur Förderung der wissenschaftlichen Forschung (SNSF) und die Direktion für Entwicklung und Zusammenarbeit (DEZA).

Fallbeispiele aus der Forschung

5.

5.1 Forschung und Monitoring in deutschen Biosphärenreservaten: Ein Überblick

Birgit Heinze

Das MAB-Programm Der Mensch und die Biosphäre ist eines von mehreren wissenschaftlichen Forschungsprogrammen der UNESCO, aber das einzige, das mit seinen Biosphärenreservaten über einheitlich definierte Probeflächen für die Erforschung von Mensch-Natur-Beziehungen verfügt. Das weltweite Netz umfasst derzeit (2003) 440 Modellregionen in 97 Ländern. UNESCO-Biosphärenreservate haben eine bestimmten Funktionen zugeordnete und in ihrer Nutzung durch den Menschen abgestufte Flächeneinteilung in Kern-, Pflege- und Entwicklungszone. In Biosphärenreservaten können damit sämtliche Komponenten einer Nachhaltigen Entwicklung dauerhaft beobachtet, erforscht und erprobt werden. Forschung und Langzeit- bzw. Dauerbeobachtungen (Monitoring) sind wesentliche Ziele des Programms und grundlegende Aufgabe aller Biosphärenreservate.

Seit dem Weltgipfel von Rio 1992 bekennt sich die internationale Staatengemeinschaft zu einer Nachhaltigen Entwicklung. Eine interdisziplinäre Nachhaltigkeitsforschung hat aber Schwierigkeiten, sich zu finanzieren, da sie zwischen allen Stühlen des sektoralen Aufbaus unserer (und auch der anderer Länder) Forschungslandschaft sitzt. Sie ist weder der Wirtschafts-, noch der Ökosystemforschung, noch der sozialwissenschaftlichen Forschung zuzuordnen. Das Bundesministerium für Bildung und Wissenschaft (BMBF) ersetzt aus diesem Grunde das Umweltforschungsprogramm der Bundesregierung ab 2004 durch zwei neue Rahmenprogramme: Das eine soll umsetzungsorientierte Beiträge zur Realisierung einer Nachhaltigen Entwicklung erarbeiten, das andere steht unter dem Titel „Verletzlichkeit des Systems Erde". Auch auf europäischer Ebene gibt es entsprechende Verschiebungen in der Forschungsförderlandschaft, die eine Forschung für Nachhaltige Entwicklung erst möglich machen. Wird Nachhaltigkeitsforschung von dem Geld gebenden Institutionen gefördert, so bietet das Netz der UNESCO-Biosphärenreservate weltweit repräsentative Forschungsräume, die für die Durchführung von Vorhaben besonders geeignet sind. UNESCO-Biosphärenreservate werden als Referenz-, Forschungs- und Erprobungsgebiete für eine Nachhaltige Entwicklung in Zukunft an Bedeutung gewinnen können.

Im Folgenden ein Überblick über die Forschungsaktivitäten in den deutschen UNESCO-Biosphärenreservaten.

Sämtliche Angaben beruhen auf einem Fragebogen der MAB-Geschäftsstelle vom Juni 2003. Es konnten die Rückmeldungen von 19 Verwaltungsstellen ausgewertet werden, die 13 Biosphärenreservate Deutschlands repräsentieren. Die Verwaltungsstelle eines Biosphärenreservats sah sich außer Stande, Angaben zu liefern, wodurch dieser Überblick leider kein vollständiges Bild der Biosphärenreservate in Deutschland wiedergeben kann.

FALLBEISPIELE AUS DER FORSCHUNG

Forschungsrahmenplan

Nur in drei der 19 Verwaltungsstellen ist ein Forschungsrahmenplan aufgestellt, in zweien ist ein solcher geplant. Die Forschungsrahmenpläne haben meist keine Verbindlichkeit, da sie von Haushalt- und Personalausstattung abhängig sind. Ansonsten werden die Forschungskapitel der für Biosphärenreservate obligatorischen Rahmenkonzepte genutzt, um daraus die für das jeweilige Biosphärenreservat relevanten Forschungsfragen zusammenzustellen.

Forschungsprojekte

Gefragt war nach der Anzahl der Projekte und deren Zuordnung zu thematischen Schwerpunkten. Auch das jeweilige Finanzvolumen wurde erfragt; die Rückmeldungen hierzu sind jedoch so lückenhaft, dass eine Auswertung nicht sinnvoll erscheint. Die Anzahl der Projekte lässt nur begrenzt eine Aussage über den tatsächlichen Forschungsumfang zu, da große und kleine Forschungsprojekte mit langer oder kurzer Laufzeit gleich behandelt werden. Trotz dieser Einschränkung gibt die Zusammenstellung der Angaben einen ersten Einblick:

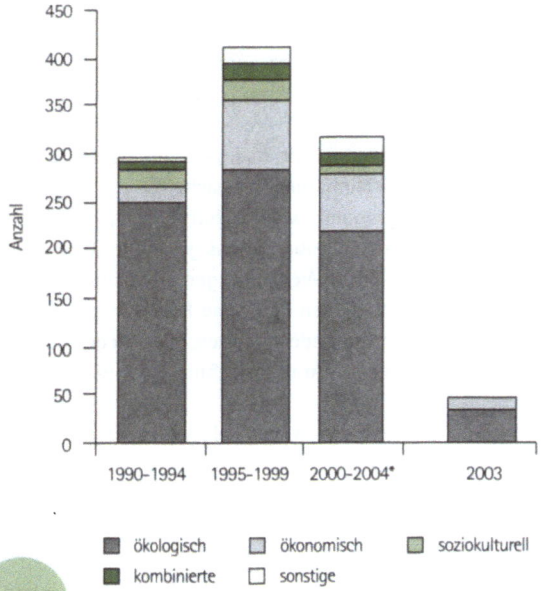

Abb. 1: Anzahl der Forschungsprojekte, zusammengefasst in Fünfjahresintervallen und mit inhaltlicher Zuordnung
[*: hier wurden auch diejenigen Projekte einbezogen, die voraussichtlich in 2004 laufen werden. Die Säule für 2003 gibt den aktuellen Jahresstand wieder.]

Die Anzahl der Forschungsprojekte änderte sich in den drei abgebildeten Fünfjahresintervallen von 295 über 411 auf 317; für 2003 wurden 49 Projekte angegeben.
Die thematische Zuordnung der Forschungsprojekte gibt Abbildung 2 wieder: Hauptsächlich wurde und wird im ökologischen Bereich geforscht, ein ansteigender Trend an Projekten im ökonomischen Bereich ist erkennbar; die Zahl der Projekte mit soziokulturellem Schwerpunkt ist gering. Einen verschwindend kleinen Anteil nehmen die trans- und interdisziplinären Projekte ein, also diejenigen, die „ureigentliche" Nachhaltigkeitsforschung repräsentieren. Da der Aufstellung aber nur die Anzahl der Projekte zugrunde liegt, ist dieses Ergebnis mit Vorsicht zu interpretieren: Gerade ein interdisziplinäres Projekt zur Nachhaltigkeit wird ein größeres Finanzvolumen und eine längere Laufzeit haben. Auch die Ressortabhängigkeit von finanziellen Mitteln für Forschungsvorhaben schlägt sich in diesen Ergebnissen nieder.

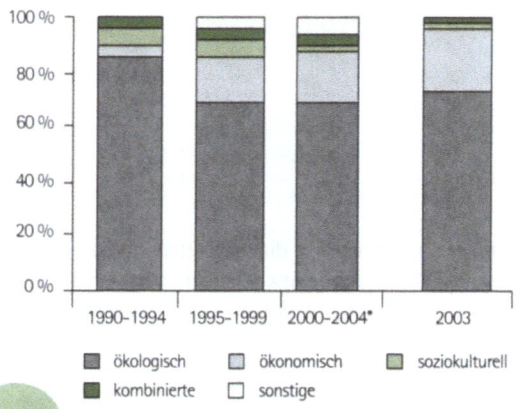

Abb. 2: Inhaltliche Schwerpunkte der Forschungsprojekte
[*: hier wurden auch diejenigen Projekte einbezogen, die voraussichtlich in 2004 laufen werden. Die Säule für 2003 gibt den aktuellen Jahresstand wieder.]

Diplom- und Doktorarbeiten

Zahlreiche Forschungsfragen in den Biosphärenreservaten werden im Rahmen von Diplom- oder Doktorarbeiten behandelt. Die Abbildungen 3 und 4 geben, wiederum in Fünfjahresintervallen, die Anzahl und die thematische Zuordnung der Arbeiten wieder.

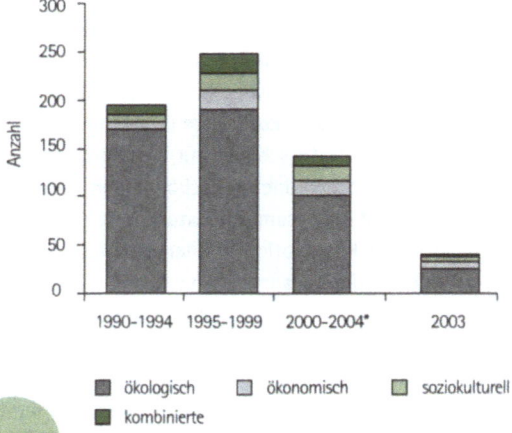

Abb 3: Diplomarbeiten in deutschen Biosphärenreservaten
[*: hier wurden auch diejenigen Projekte einbezogen, die voraussichtlich in 2004 laufen werden. Die Säule für 2003 gibt den aktuellen Jahresstand wieder.]

Voller Leben

5. FALLBEISPIELE AUS DER FORSCHUNG

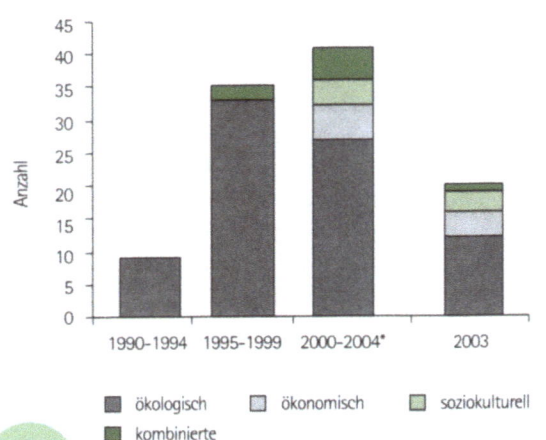

*Abb. 4: Doktorarbeiten in deutschen Biosphärenreservaten
[*: hier wurden auch diejenigen Projekte einbezogen, die voraussichtlich in 2004 laufen werden. Die Säule für 2003 gibt den aktuellen Jahresstand wieder.]*

Bei den Diplomarbeiten fällt die im letzten Fünfjahresintervall niedrige Zahl der Arbeiten auf, der aber im gleichen Zeitraum eine erhöhte Zahl an Doktorarbeiten gegenübersteht. Offensichtlich bieten sich Biosphärenreservate für komplexere Untersuchungen an. Was die inhaltlichen Schwerpunkte anbetrifft, so wird – wie auch bei den Forschungsprojekten – mehrheitlich im ökologischen Bereich gearbeitet. Erfreulich ist die Zunahme von kombinierten, also trans- und interdisziplinären Arbeiten bei den Doktorarbeiten.

Im Fragebogen war auch nach der Beteiligung ausländischer Forscher gefragt. Ausländische Diplomanden und Doktoranden wurden jedoch nur vereinzelt angeführt. Die genannten kamen u. a. aus den Niederlanden, Spanien, Dänemark, Äthiopien und den USA.

Zusammenarbeit mit nationalen Institutionen

Ein Ranking der Zusammenarbeit mit nationalen Institutionen (für die vergangenen fünf Jahre) ergibt, dass die 19 BR-Verwaltungen vorrangig mit Universitäten, Fachbehörden der Länder und Fachhochschulen kooperieren. Das Bundesministerium für Umwelt, Naturschutz und Reaktorsicherheit (BMU) mit seinen nachgeordneten Fachbehörden Umweltbundesamt (UBA) und Bundesamt für Naturschutz (BfN) wird als nächst wichtiger Kooperationspartner genannt. Häufig, aber mit geringerer Priorität angegeben wird das Bundesministerium für Bildung und Forschung (BMBF). Andere Bundesfachbehörden und weitere Einrichtungen werden im Ranking weiter hinten und nur vereinzelt erwähnt. Bemerkenswert ist, dass nur zwei Biosphärenreservate überhaupt und dann mit sehr nachrangiger Einstufung eine Zusammenarbeit mit dem Bundesministerium für Verbraucherschutz, Ernährung und Landwirtschaft (BMVEL) angeben.

Zusammenarbeit mit internationalen Institutionen

Hier dominiert (ebenfalls für die vergangenen fünf Jahre) die Zusammenarbeit mit der EU-Kommission, mit der UNESCO und ihren wissenschaftlichen Programmen und mit ausländischen Universitäten und Forschungseinrichtungen. Erstaunlich ist, dass einige Verwaltungsstellen von Biosphärenreservaten offensichtlich keinerlei internationale Kontakte oder Zusammenarbeit im Forschungsbereich haben.

Sicherung der Ergebnisse

Eine Fragestellung im Rahmen des Fragebogens war, ob und wie sichergestellt wird, dass die Ergebnisse aus wissenschaftlichen Arbeiten, die im Biosphärenreservat durchgeführt werden, diesem zur Kenntnis kommen.

Die Verwaltungen der Biosphärenreservate haben gesicherte Kenntnis über alle Forschungsarbeiten, die einer Genehmigung bzw. einer Befreiung bedürfen oder einer Meldepflicht unterliegen; dies trifft vor allem auf Projekte im ökologischen Bereich in den Kern- und Pflegezonen zu. Die Forschungsarbeiten, die sie selbst in Auftrag geben oder die sie mitfinanzieren, sind von den BR-Verwaltungen durchgängig erfasst. In diesen Fällen ist die Übergabe der Ergebnisse als Auflage oder über Vereinbarungen gesichert.

Forscher, Forschergruppen, wissenschaftliche Institutionen und Behörden nehmen darüber hinaus gerne die Unterstützung und Mitarbeit der BR-Verwaltungen in Anspruch, sei es wegen der hier vorhandenen Orts- und Personenkenntnisse, sei es wegen der hier vorhandenen Daten. In der Regel werden auch in diesen Fällen die Arbeitsergebnisse der BR-Verwaltung übergeben.

Eine BR-Verwaltung gibt an, dass sie wegen der kleinen, überschaubaren Fläche des Biosphärenreservats den Überblick über Forschungsarbeiten hat; eine andere Verwaltungsstelle gibt zu, keinerlei Kenntnis über die im Gebiet laufenden Forschungsarbeiten zu haben.

Einen generellen verbindlichen Mechanismus zur Sicherung der Ergebnisse von Forschungsarbeiten im Biosphärenreservat, insbesondere hinsichtlich nicht-ökologischer Fragestellungen in den Pflege- und Entwicklungszonen, gibt es demnach bislang nicht. Gute Kontakte zu den hier forschenden Einrichtungen kompensieren dies aber offensichtlich.

FALLBEISPIELE AUS DER FORSCHUNG

Kommunikation der Forschungsergebnisse

Die Ergebnisse der Forschungsarbeiten werden (in der Reihenfolge der Häufigkeit) in den öffentlichen Medien, in Fachveröffentlichungen, in Vorträgen und im Internet kommuniziert. Rund die Hälfte der BR-Verwaltungen pflegt eine eigene Datenbank zu Forschungsvorhaben und fast alle archivieren die Ergebnisse.

Für die internationale Gemeinschaft werden die Ergebnisse in den Fachveröffentlichungen, aber vor allem in Vorträgen vor ausländischen Besuchern dargestellt. Eine entsprechende Darstellung im Internet ist die Ausnahme.

Umsetzung der Ergebnisse

Hier war im Fragebogen nach den geschätzten Prozent der Umsetzung der Ergebnisse „im eigenen Biosphärenreservat", „in anderen Biosphärenreservaten in Deutschland", „in Deutschland außerhalb von Biosphärenreservaten", „in anderen Biosphärenreservaten weltweit" und „keinerlei Umsetzung" gefragt. Nur einzelne Angaben konnten ausgewertet werden. Die Einschätzung fällt offensichtlich schwer. Auch die Interpretation, die Fragen seien für die meisten BR-Verwaltungen von keiner nennenswerten Bedeutung, scheint angebracht.

Monitoring in Biosphärenreservaten

Auf die Frage nach Monitoring in Biosphärenreservaten waren Meldungen von sozio-ökonomischen Parametern die Ausnahme. Hier beschränken sich die Aktivitäten der BR-Verwaltungen derzeit überwiegend auf das Dokumentieren von Zahlen der Besucher im Biosphärenreservat oder in den Informationszentren und der Teilnehmer bei Fachführungen. Um so erwähnenswerter sind die Aktivitäten einzelner Biosphärenreservate wie z. B. Verkehrszählungen oder die Erfassung der Großsteingräber zur Erarbeitung eines Erhaltungskonzepts im BR Südost-Rügen, betriebswirtschaftliches Monitoring im BR Spreewald, wo in zehn landwirtschaftlichen Referenzbetrieben ein Satz von ca. 42 Parametern (u. a. Naturalerträge aller Kulturen, Energie-Ein- und -Austräge, Tierbestände) dokumentiert wird oder das Monitoring landwirtschaftlicher und fischereilicher Betriebe (Tierbesatz, Flächenentwicklung) und der Handwerksbetriebe im BR Oberlausitzer Heide- und Teichlandschaft.

Der Schwerpunkt des Monitorings liegt bei den Biosphärenreservaten in Deutschland derzeit im Umweltmonitoring. Eine ausführliche Aufstellung hierzu findet sich in Kap. 5.3.

Viele Daten werden von den BR-Verwaltungen nicht extra erhoben, sondern von anderen, bereits vorhandenen Datensammlungen übernommen und bedarfsgerichtet zusammengetragen (z. B. Einwohner- und Arbeitslosenzahlen).

Monitoring

Langzeit- und Dauerbeobachtungen sind wichtig für das Nachvollziehen von Veränderungen. In ihrer Funktion als Referenzflächen ist dies eine Hauptaufgabe von Biosphärenreservaten. Beim Monitoring werden in regelmäßigen Abständen bestimmte Messgrößen, so genannte Parameter (z. B. Temperatur) gemessen und fortlaufend dokumentiert. Je nach Fragestellung und finanziellen und personellen Möglichkeiten werden die Messungen in Intervallen von Tagen, Wochen, Monaten, Jahren oder mehreren Jahren oder sogar Jahrzehnten durchgeführt. Monitoring kann Tier- und Pflanzenarten, Biotoptypen und Ökosysteme genauso betreffen wie Boden- und Wasserqualität oder Klimafaktoren, Grundwasserpegel, Lawinenflächen, Vegetationszäune, Schalenwildverbiss, Vertragsnaturschutzleistungen, aber auch Arbeitslosenzahlen, Alter und Geschlecht der Bevölkerung, Steueraufkommen, Anzahl der Betriebe, Arbeitsplätze etc. Ziel dieser Beobachtungen ist, jederzeit den Stand und die Veränderung eines Parameters im Laufe der Zeit angeben, ihn in Relation zu Vergleichswerten setzen und Vorhersagen machen zu können. Insbesondere im ökologischen Bereich wird die natürliche Dynamik der Ökosysteme beobachtet, um sie überhaupt einschätzen zu können.

Da die Messung eines jeden einzelnen Parameters nicht realisierbar ist, bedienen sich Forscher besonders im ökologischen Bereich häufig so genannter Indikatoren, deren Veränderungen repräsentativ für weiter gefasste Themenfelder stehen und breitere Aussagen zulassen (z. B. Häufigkeit von Regenwürmern als Indikator für die Bodenqualität).

Die Datenerhebungen und Messungen werden in den Biosphärenreservaten durch Mitarbeiter der Verwaltung (z. B. Naturwacht), durch ehrenamtliche Mitarbeiter (z. B. bei Vogel- oder Schmetterlingszählungen) oder durch beauftragte Wissenschaftler oder Institute durchgeführt.

Die Kosten für ein Monitoring-Programm sind dementsprechend sehr unterschiedlich: Sie reichen von null Euro beim Einsatz von Ehrenamtlichen und Praktikanten bis zu 400.000 Euro pro Jahr für ein ökosystemares Umweltmonitoring.

Genutzt werden die Ergebnisse für Zustandsberichte und auch Vorhersagen für zukünftige Entwicklungen und Trends, zur Überprüfung der Wirkung von durchgeführten Maßnahmen oder auch zur Entscheidung, ob eine Maßnahme initiiert werden soll oder nicht.

Einsatz von GIS

Eine zunehmend wichtige Rolle spielen vor allem beim Monitoring die Geografischen Informationssysteme (GIS). Hier werden die Daten und Messergebnisse den Erhebungsorten zugeordnet und in großen Datenbanken gespeichert. Sie sind damit jederzeit wieder abrufbar und mit den Daten anderer Datenbanken ortsgenau vergleich- und kombinierbar.

Fast alle Biosphärenreservate in Deutschland geben an, Geografische Informationssysteme eingerichtet zu haben; nur im Einzelfall nutzen sie das entsprechende System einer anderen Stelle. Die Systeme werden kontinuierlich ausgebaut und finden vielseitigen Einsatz z. B. für Planungen oder das Erstellen von Kartenmaterial.

Ausstattung mit Humanressourcen

Um die Arbeiten im Bereich Forschung und Monitoring in Relation zu dem dafür vorhandenen Personal der BR-Verwaltungen zu setzen, wurde nach Anzahl der Mitarbeiterinnen und Mitarbeiter mit wissenschaftlicher Ausbildung gefragt. In fünf Verwaltungsstellen gibt es gar keine wissenschaftlichen Mitarbeiter, drei nennen einen oder zwei Wissenschaftler, drei Verwaltungsstellen fünf bis sieben und zwei zehn. Diese arbeiten aber nur im Ausnahmefall wissenschaftlich. Sie sind größtenteils mit Verwaltungstätigkeiten betraut, üben hoheitliche Aufgaben aus oder sind im Projektmanagement tätig.

Fachwissen aus den ökonomischen oder sozialwissenschaftlichen Bereichen ist nur vereinzelt vorhanden. Nur ein Biosphärenreservat gab einen Diplompädagogen als Mitarbeiter an.

Ausstattung mit Finanzressourcen

Von den 19 Verwaltungsstellen verfügen nur drei über einen eigenen Forschungsetat, wobei die Spanne von 12.000 Euro bis 300.000 Euro pro Jahr reicht. Einem Biosphärenreservat wurde für 2003 ein eigener Etat in Aussicht gestellt.

Die BR-Verwaltungen finanzieren ihre Forschungsarbeit überwiegend über Drittmittel. Hier zeigte ein Ranking, dass die jeweiligen Bundesländer an erster, der Bund an zweiter, die EU an dritter und Universitäten an vierter Stelle stehen. Als Drittmittelgeber wurden auch vereinzelt an nachrangiger Stelle Kommunen, Industrie/Gewerbe und Fördervereine genannt.

Vorschläge

Bei dieser eher dürftigen Personal- und Finanzausstattung der BR-Verwaltungen verwundert es nicht, dass eine angemessene (minimale) Ausstattung mit Personal, Finanzmitteln und Technik einer der meistgenannten Verbesserungsvorschläge im Bereich Forschung und Monitoring war, nach denen sich der Fragebogen ebenfalls erkundigte. Darüber hinaus wurden genannt:

- eigener Forschungsetat;
- Verbesserung von Kommunikationsmöglichkeiten zwischen BR-Verwaltung und potenziellen Informationsträgern;
- zentrale Datenbank für Forschungsprojekte zur besseren Koordination zwischen allen deutschen Biosphärenreservaten;
- Aktualisierung der Abstimmung der Forschungsschwerpunkte der verschiedenen Biosphärenreservate in Deutschland;
- Konzeption zur Forschung und Umweltbeobachtung für die einzelnen Biosphärenreservate;
- Forschungsrahmenplan für jedes Biosphärenreservat in Deutschland, der gemeinsam mit den Akteuren vor Ort erarbeitet wird;
- Biosphärenreservate als Forschungsgebiete fördern und bekannt machen;
- einheitliche, verbindliche Rahmenrichtlinie;
- einheitliche Datenbank und Kommunikationsinfrastruktur;
- Einbeziehung aller Biosphärenreservate in ein deutschlandweites Monitoring;
- Erstellung eines Katasters von laufenden Forschungsprogrammen in den deutschen Biosphärenreservaten;
- Forschungsrahmenplan für alle Biosphärenreservate unter Beachtung internationaler Anforderungen.

Diese Aufzählung macht deutlich, dass ein großes Interesse und auch ein großer Bedarf von Seiten der BR-Verwaltungen an Forschung bestehen. In den folgenden Beiträgen werden exemplarisch einige Forschungsvorhaben vorgestellt, die dennoch aufzeigen, dass bereits jetzt intensiv grundlegenden und innovativen, theoretischen und anwendungsbezogenen Fragestellungen nachgegangen wird.

5.2 Stand der Regionalvermarktung landwirtschaftlicher Produkte in den deutschen Biosphärenreservaten

Armin Kullmann

Einleitung

Die Regionalvermarktung nachhaltig produzierter Agrarprodukte ist eine geeignete Strategie, nachhaltiges Wirtschaften als Ziel des UNESCO-Programms Der Mensch und die Biosphäre (Man and the Biosphere, MAB) im Rahmen der Biosphärenreservate umzusetzen.
In einem Forschungs- und Entwicklungsvorhaben (FuE-Vorhaben) im Auftrag des Bundesamts für Naturschutz (BfN), finanziert mit Mitteln des Bundesministeriums für Umwelt, Naturschutz und Reaktorsicherheit (BMU), wurde untersucht, welche Faktoren regionale Vermarktungsprojekte erfolgreich machen und wie der Status quo der Regionalvermarktung in den Biosphärenreservaten zu bewerten ist.

FuE-Vorhaben „Regionalvermarktung in Biosphärenreservaten"

Auf der MAB-Konferenz von Sevilla 1995 wurde der ursprünglich stärker auf Naturschutz, Umweltbeobachtung und -bildung ausgerichtete Auftrag der Biosphärenreservate weiterentwickelt. Seither sollen sie auch als Modellregionen für eine Nachhaltige Entwicklung dienen (UNESCO 1996). Damit wurde die Ökologisierung der Landnutzung eine zentrale Aufgabe der Biosphärenreservate.
Auf der MAB-Konferenz von Pamplona im Jahr 2000 wurde die Entwicklung von nachhaltigem Wirtschaften (Quality Economies) (siehe Kap. 3.3.5) ganz oben auf die Agenda der Biosphärenreservate gesetzt. Die Vermarktung von nachhaltig erzeugten Produkten aus Land- und Forstwirtschaft, Fischerei, Weinbau etc. ist hierzu ein besonders nahe liegendes Instrument, weil es Schutzaspekte mit ökonomischen Beiträgen für die Landnutzer verbinden kann und dadurch ökologische und ökonomische Nachhaltigkeit gleichzeitig zu verwirklichen hilft. Ziel der Regionalvermarktung ist vor allem die Förderung regionaler Stoff- und Wirtschaftskreisläufe (Regionale Kreislaufwirtschaft), gemäß dem bekannten Motto „Aus der Region - für die Region". In der Region erzeugte Rohstoffe sollen herkunftsnah verarbeitet, verkauft und konsumiert werden, um möglichst wenig Verkehr, aber eine hohe Wertschöpfung zu erzeugen. Auch eine Vermarktung in die benachbarten Städte ist notwendig.
Im Rahmen des Forschungs- und Entwicklungsvorhabens „Naturverträgliche Regionalentwicklung durch Produkt- und Gebietsmarketing am Beispiel der Biosphärenreservate", wurde untersucht, ob deutsche Biosphärenreservate im Vergleich zu anderen Regionen bezüglich der Regionalvermarktung tatsächlich eine Modellfunktion einnehmen.
Dies konnte nicht vorausgesetzt werden. In Deutschland finden sich nach Zusammenstellungen des Deutschen Verbands für Landschaftspflege e. V. (DVL) sowie des Naturschutzbunds Deutschland e. V. (NABU) nahezu 400 regionale Vermarktungsinitiativen, davon einige mit überregionalem Renommee (www.reginet.de).
Der Markt für Regionalprodukte muss heute noch als Nische im Qualitäts- und Hochpreissegment betrachtet werden. In diesem stellt der Markt für ökologisch erzeugte Produkte mit einem Anteil von knapp drei Prozent den wichtigsten Referenzmarkt dar, der nach dem BSE-bedingten Wachstumsschub in 2001 im Jahr 2002 erneut stagnierte. Die Premium-Nischen werden wohl noch wachsen, doch unter unveränderten Rahmenbedingungen sowie Konsumgewohnheiten im Bereich einstelliger Marktanteile bleiben. Im Jahre 2003 machte sich die Stagnation im deutschen Öko-Markt auch in den Biosphärenreservaten bemerkbar.
Noch sind viele regionale Vermarktungsprojekte von öffentlicher Förderung abhängig. Diese wird jedoch z. B. durch eine veränderte EU-, Agrar- und Regionalpolitik in Zukunft voraussichtlich geringer ausfallen.

Erfolgsfaktoren der Regionalvermarktung

Im Rahmen des FuE-Vorhabens wurden zunächst Erfolgsfaktoren regionaler Vermarktungsprojekte identifiziert und in einer Evaluierung von zehn ausgewählten Modellprojekten der Regionalvermarktung außerhalb von Biosphärenreservaten getestet. Basierend auf den „Musterlösungen im Naturschutz" (BRENDLE, U. 1999), die als Erfolgsfaktoren für regionale Entwicklungsprojekte allgemein übertragbar sind, sowie auf zentralen Arbeiten zum Thema Regionalvermarktung (BESCH, M., HAUSLADEN, H. 1999; HENSCHE, H.-U. et al. 2000; DACHVERBAND AGRARFORSCHUNG 2000) wurde zunächst ein Satz von 18 Erfolgsfaktoren identifiziert und formuliert.
Die untersuchten Modellprojekte außerhalb von Biosphärenreservaten wurden nach Konsultation zuständiger Experten des Deutschen Verbands für Landschaftspflege e. V. (DVL), des Naturschutzbunds Deutschland (NABU), der Centralen Marke-

5. FALLBEISPIELE AUS DER FORSCHUNG

tinggesellschaft der deutschen Agrarwirtschaft e. V. (CMA) sowie des Verbands deutscher Naturparke e. V. (VDN) ausgewählt. Befragt wurden jeweils die führenden Schlüsselpersonen dieser Modellprojekte oder aber von diesen als Stellvertreterinnen und Stellvertreter benannte Personen. Die Bedeutung sowie die Zufriedenheit der Befragten mit der Erfüllung der Erfolgsfaktoren wurde bei den Modellprojekten und später bei den Biosphärenreservaten durch offene Fragen qualitativ sowie durch gestützte Abfragen quantitativ erfasst.

Die Experten der Modellprojekte wurden in einem zweiten Schritt nach ihrer persönlichen Zufriedenheit mit der Realisierung der Erfolgsfaktoren befragt. Der Vergleich zwischen der Bedeutung der Erfolgsfaktoren und der Zufriedenheit der Experten mit deren Realisierung zeigte deutliche Abweichungen. Die Zufriedenheit wurde insgesamt geringer bewertet als die Bedeutung, was auf die Defizite bei der Realisierung schließen ließ (KULLMANN, A. 2003a).

Auf der Basis der Evaluierung der Modellprojekte wurde der Satz der Erfolgsfaktoren weiterentwickelt und in Anlehnung an HAMM, U. (1991) um zentrale Marketingfaktoren ergänzt. Tabelle 1 nennt die weiterentwickelten Erfolgsfaktoren, die zur Status-quo-Analyse der Regionalvermarktung in den deutschen Biosphärenreservaten eingesetzt wurden und erläutert diese kurz. Im Laufe des FuE-Vorhabens zeigte sich, dass die

Erfolgsfaktoren des Projektmanagements	Kurze Erläuterung
Eigenmotivation der regionalen Akteure	Problemdruck; Problembewusstsein; Veränderungswille; Engagement; Gewinnstreben; Einsatz von Eigenkapital
Engagierte Schlüsselpersonen	Zugpferde; Motoren; Macher, deren Herz für das Projekt schlägt, die den Kopf bilden, das Projekt initiieren, Mitstreiter motivieren
Prozesskompetenz	Fähigkeit, eine Gruppe zu führen, ein Projekt zu managen, eine Organisation zu entwickeln, die Erfolgsfaktoren zu realisieren
Starke Partner	Gewinnung gesellschaftlich, politisch oder wirtschaftlich starker Partner wie Verbänden, Ministern, Kirchen, Firmen o. a.; Schutzgebiete, Naturschützer und Landwirte sind selbst starke Partner
Gute Beziehungen	Gute persönliche Kontakte zu Entscheidern (Landräten, Amtsleitern, Ministern), zu zuständigen Sachbearbeitern und zur Öffentlichkeit; vorbeugendes Umfeldmanagement
Zugang zu Ressourcen	Verfügbarkeit von Arbeitszeit und finanziellen Mitteln, durch Förderprogramme, politische o. a. öffentliche Unterstützung
Aufgabengerechte Organisationsstruktur	1. Projektmanagement: klare Ziele, Instrumente, Prozesse 2. Organisationsentwicklung: Rechtsform, Personal, BWL (vom Projekt zum Unternehmen)
Win-Win-Situation	Kooperation statt Konflikt mit Gruppen unterschiedlicher Interessen; alle müssen Gewinn oder Nutzen erreichen
Erfolge	Erfolge erreichen, auch ökonomischer Art; Erfolgsbilanzen kommunizieren; Erfolgsketten erzeugen; solide Entwicklung jedoch wichtiger als frühe Erfolge
Erfolgsfaktoren des Marketing-Managements	
Marketingkompetenz von Akteuren und Personal	Marktkenntnis und Marktkontakte; Erfahrungen in Produktion, Verarbeitung, Vertrieb, Betriebswirtschaft, Personal- und Unternehmensführung; ggf. Qualifizierung oder externe Beratung
Marketingstrategien	Generallinie des Marketings: Alleinstellungsmerkmale zur Abhebung vom Wettbewerb, Kohärenz der Marketinginstrumente
Sinnvolle Abgrenzung der Herkunftsregion	Region gewisser Größe (z. B. Landkreis) für quantitativ und qualitativ ausreichendes Angebot; endogene Nachfrage abhängig von Einwohnerzahl; regionale Identität der Kulisse wichtig
Definition besonderer Produktions-Richtlinien	Regionalmarken meist Herkunfts- und Qualitätszeichen; Regionalität allein kein ausreichender Zusatznutzen; Tierschutz, Gesundheit, Naturbelassenheit und Transparenz wichtiger
Effektives Kontrollsystem	Versprechen an die Kunden müssen gehalten werden; keine Richtlinien ohne deren effektive Kontrolle; unabhängige Kontrollstellen und Instanzen; Grundlage des Krisenmanagements
Top-Qualität der Produkte und Dienstleistungen	Wichtigster Erfolgsfaktor; Geschmack, Geruch, Optik, Haptik, Konsistenz etc. entscheidend; Verpackung wichtig für´s Image; kundenorientierte Dienstleistungen immer wichtiger
Abnehmergerechtes Preis-Leistungsverhältnis	Abhängig von Preispolitik im Rahmen der Marketingstrategie: Durchschnitts- oder Hochpreissegment? Zielgruppen? Endkunden oder Wiederverkäufer? Passend zu Qualität und Image
Problemlose Distribution	Erreichbarkeit (Märkte, Absatzwege, Verkaufsformen); Erkennbarkeit (Kennzeichen, Marken); technische Voraussetzungen (Lager, Kühlung, Fahrzeuge etc.); Zuverlässige; flexible Logistik
Professionelle Kommunikation	Corporate Design (Logo, Marke); zielgruppenorientierte Werbung; Verkaufsförderung am Point of Sale; Presse- und Öffentlichkeitsarbeit

Tab. 1: Weiterentwickelte Erfolgsfaktoren in der Regionalvermarktung mit kurzen Erläuterungen

FALLBEISPIELE AUS DER FORSCHUNG

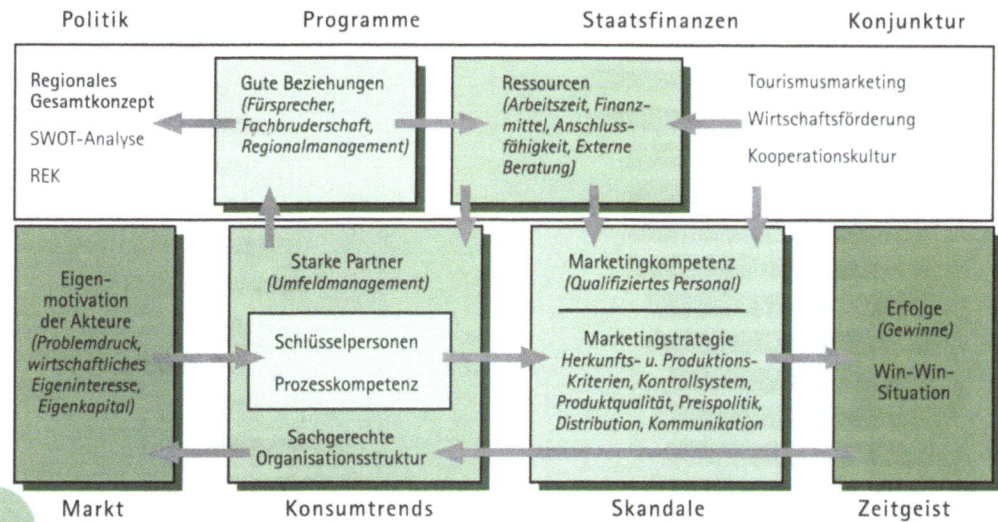

Abb. 1: Wirkungsbeziehungen zwischen den weiterentwickelten Erfolgsfaktoren in der Regionalvermarktung

Rahmenbedingungen wie Politik und Markt sowie die Einbindung in eine regionale Gesamtkonzeption wesentliche externe Einflussfaktoren darstellen. In Abbildung 1 wurde versucht, die Wirkungsbeziehungen der Erfolgsfaktoren grafisch darzustellen. Auf dieser Basis wurde zum Abschluss des FuE-Vorhabens eine praxisnahe Methode zur Erfolgsfaktoren-Analyse (EFA) entwickelt (KULLMANN, A. 2003c).

Bedeutung der Erfolgsfaktoren für die Biosphärenreservate

In der zweiten Erhebungsphase des FuE-Vorhabens wurden die zuständigen Mitarbeiterinnen und Mitarbeiter der 20 Verwaltungsstellen der Bundesländer für die insgesamt 14 deutschen Biosphärenreservate mit ähnlich strukturierten Experten-Interviews zum Status quo der Regionalvermarktung sowie zu den weiterentwickelten Erfolgsfaktoren befragt. In einem Verwaltungsabschnitt waren dabei weder Aktivitäten noch geeignete Ansprechpartner zu finden.

Die Bedeutung der getesteten Erfolgsfaktoren wurde von den Experten der Biosphärenreservate ungefähr genauso hoch eingestuft wie zuvor von den Experten der Modellprojekte (Modellprojekte: 1,39; Biosphärenreservate: 1,32; siehe Abb. 2). In der Bewertung der Bedeutung wurde ebenfalls die Produktqualität als am wichtigsten erachtet. Schlüsselpersonen, deren Prozess- und Marketingkompetenz sowie Marketingstrategien zur Abhebung vom Wettbewerb wurden ebenfalls als sehr wichtig bis wichtig beurteilt. Die Eigenmotivation der regionalen Akteure wurde von den Experten der Biosphärenreservate ähnlich bedeutsam eingeschätzt wie der entsprechende Faktor (Problemdruck) zuvor von den Modellprojekten.

Deutlich weniger wichtig erschien den Gesprächspartnern aus den Biosphärenreservaten eine sachgerechte Organisationsstruktur. Dies könnte darin begründet liegen, dass mit den Verwaltungsstellen, Fördervereinen und Betriebsgesellschaften in den Biosphärenreservaten bereits Strukturen vorliegen, die in anderen Regionen bzw. für einzelne Projekte erst noch aufgebaut werden müssen.

Dies könnte die Befragten zu der Annahme verleiten, die vorhandenen Strukturen seien bereits geeignet. Davon sollte jedoch nicht ausgegangen werden. Die Verwaltungsmitarbeiter in Biosphärenreservaten sind nämlich in den allermeisten Fällen nicht mit dem operativen Geschäft mit regionalen Produkten betraut und sollten es auch nicht sein. Ihre Unterschätzung dieses Faktors könnte somit auch daher rühren, dass sie vom Erfolg und der Effizienz ihrer Organisationsstrukturen weniger betroffen sind.

Alle weiteren Erfolgsfaktoren für das Projektmanagement entsprachen im relativen Ranking der Bedeutung durch die Biosphärenreservate ungefähr dem der Modellprojekte. Innerhalb der Erfolgsfaktoren für das Marketingmanagement wurden Produktqualität, Marketingkompetenz und -strategien, das Kontrollsystem, eine professionelle Kommunikation sowie eine problemlose Distribution als sehr wichtig bis wichtig eingestuft. Die Einschätzung der gewichteten Zufriedenheit der Experten aus den Biosphärenreservaten mit der Realisierung der weiterentwickelten Erfolgsfaktoren zeigte, dass bei den Biosphärenreservaten (-0,34, siehe Abb. 2) eine deutlich größere Unzufriedenheit bestand als bei den Modellprojekten (0,46). Die Zuständigen der Biosphärenreservate waren sich offensichtlich ihrer relativen Erfolge im Vergleich mit anderen Regionen bewusst. Die größte Unzufriedenheit bestand mit den Faktoren Ressourcen und Organisationsstruktur, gefolgt von Kommunikation, starken Partnern und Schlüsselpersonen (KULLMANN, A. 2003b).

5. FALLBEISPIELE AUS DER FORSCHUNG

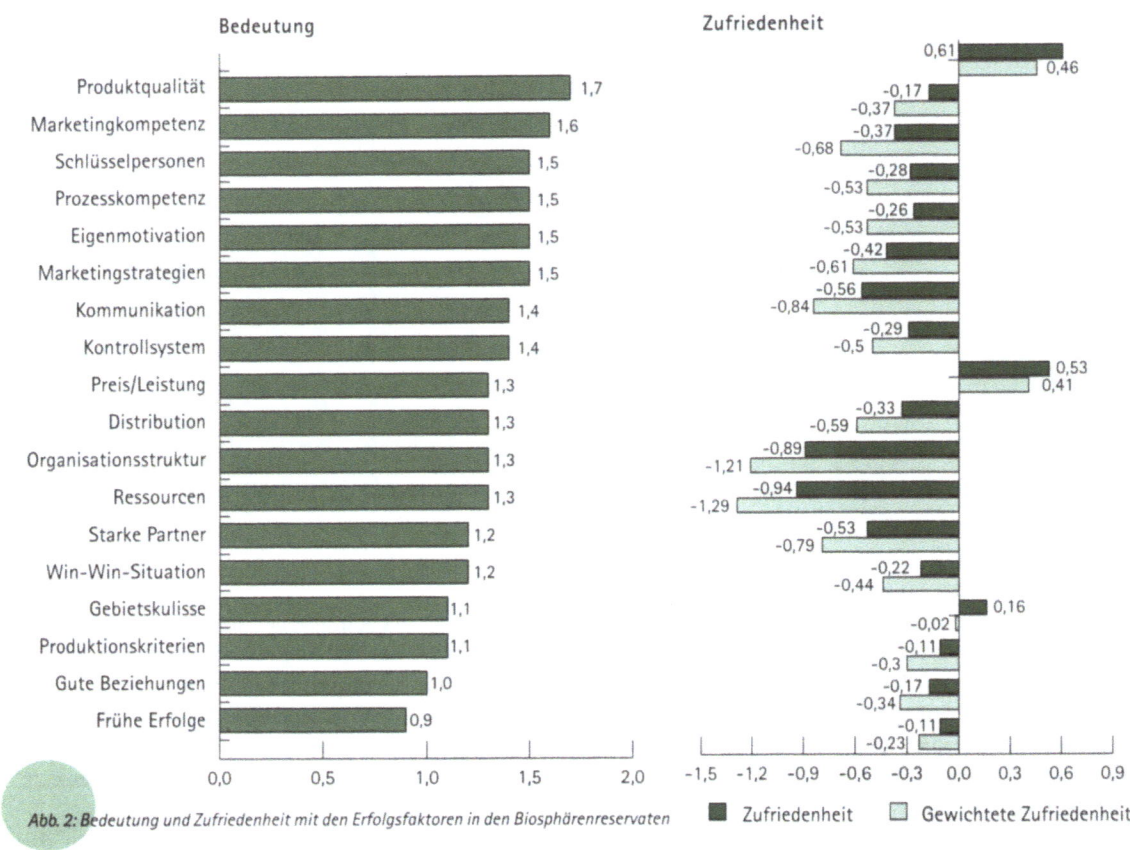

Abb. 2: *Bedeutung und Zufriedenheit mit den Erfolgsfaktoren in den Biosphärenreservaten*

Demgegenüber zeigte die höchste Zufriedenheit mit Marketingstrategien, der Produktqualität und dem Preis-Leistungsverhältnis, dass die Befragten in den Biosphärenreservaten im Durchschnitt durchaus gute Grundlagen für die Regionalvermarktung sehen. Dies muss jedoch je nach Region unterschiedlich beurteilt werden. Aus dem Ranking der Zufriedenheit der einzelnen Befragten ließen sich nicht immer Rückschlüsse auf die Aktivitäten im einzelnen Biosphärenreservat ziehen. Die Vertreterinnen und Vertreter der Biosphärenreservate mit umfangreichen Aktivitäten stuften in der Regel ihre Erfolge und Defizite realistischer ein.

Status quo der Regionalvermarktung in den Biosphärenreservaten

Nur wenige Biosphärenreservate sind Modellregionen der Regionalvermarktung

Art und Anzahl, Größenordnungen und Erfolge der Aktivitäten und Projekte zur Regionalvermarktung in den deutschen Biosphärenreservaten unterscheiden sich erheblich. Die größte Anzahl an Projekten und herausragenden Einzelakteuren (rund 50) wurde im Biosphärenreservat Rhön genannt, wo fünf größere Kooperationen über die Landesgrenzen Hessens, Bayerns und Thüringens hinweg tätig sind. Das Biosphärenreservat Rhön kann auch im bundesweiten Vergleich als führende Modellregion für eine nachhaltigkeitsorientierte Regionalvermarktung betrachtet werden (siehe Kap. 4.1).

Doch auch die drei Biosphärenreservate Schaalsee, Schorfheide-Chorin (siehe Kap. 4.4) und Spreewald haben durchaus Modellcharakter, trotz ihrer Unterschiede in Bezug auf Größenordnung, Marketingkonzeption, Organisationsform und wirtschaftlichem Erfolg. In diesen Biosphärenreservaten waren zum Untersuchungszeitpunkt bereits Regionalmarken eingeführt. In der Rhön wurde von 2002 bis 2003 eine neue Regionalmarke entwickelt. In vier weiteren Biosphärenreservaten (Südost-Rügen, Flusslandschaft Elbe (BB), Oberlausitzer Heide- und Teichlandschaft sowie Pfälzerwald-Nordvogesen) sind in den letzten Jahren regionale Aktivitäten mit anerkennenswertem Umfang und Erfolg durchgeführt worden. Von vier weiteren Verwaltungsstellen sind bisher nur Aktivitäten in geringem Umfang, in vier anderen Verwaltungsbereichen keinerlei Aktivitäten zur Regionalvermarktung entfaltet worden.

Die großen Unterschiede zwischen den Biosphärenreservaten bezüglich Art und Umfang der Aktivitäten in der Regionalvermarktung kann anhand der geprüften Erfolgsfaktoren erläutert werden (KULLMANN, A. 2003 b, c):

FALLBEISPIELE AUS DER FORSCHUNG

Eignung als Herkunftskulisse

Mehr als der Hälfte der Biosphärenreservate fehlt eine Entwicklungszone mit einer zur Nahrungsmittelerzeugung nutzbaren Land- oder Wasserfläche (z. B. die Nationalparke) oder sie sind zu klein oder monostrukturiert, um eine sinnvolle Herkunftsregion zu bilden. Zu klein gewählte Herkunftskulissen können jedoch die Entwicklung regionaler Vermarktungsprojekte behindern.

Die relative Geringschätzung der Bedeutung der Gebietskulisse sowie die relativ hohe Zufriedenheit der Befragten in den Biosphärenreservaten mit diesem Erfolgsfaktor stehen häufig im Widerspruch zur Realität der Eignung eines Biosphärenreservats als Gebietskulisse. In diesen Fällen müssten entweder Entwicklungszonen ausgewiesen oder Kooperationen mit Unternehmen außerhalb der Grenzen des Biosphärenreservats gesucht werden.

Deshalb wird es in der Regel sinnvoll sein, Unternehmen in den angrenzenden Landkreisen einzubinden und diesen die Regionalmarke nutzbar zu machen. So kann eher verhindert werden, dass sich in den Nachbarregionen weitere Vermarktungsprojekte bilden, die in Wettbewerb zu den Aktivitäten der Biosphärenreservate treten und deren Schlagkraft schwächen.

Die Herkunftsregion Schaalsee umfasst bisher vier Gemeinden und sollte ausgeweitet werden. Das deutlich größere BR Schorfheide-Chorin erlaubt die Teilnahme für Betriebe nur bis zu fünf Kilometer außerhalb. In den Biosphärenreservaten Rhön und Spreewald wurde die Gebietskulisse bereits deutlich größer gefasst als das eigentliche Biosphärenreservat.

Orientiert am Ziel des nachhaltigen Wirtschaftens müssten Biosphärenreservate zukünftig nicht nur nach Naturräumen, sondern auch nach sozio-ökonomischen Kriterien abgegrenzt werden. Bis dahin sollten angrenzende Landkreise beteiligt und auf diese Weise eine ausreichend große Herkunftsregion gebildet werden. Diese erweiterte Gebietskulisse sollte gegenüber den Konsumenten selbstbewusst kommuniziert werden.

Produktions- und Qualitätsrichtlinien

Nur die vier Biosphärenreservate mit Regionalmarken (Schaalsee, Schorfheide-Chorin, Spreewald, Rhön) hatten bis Mitte des Jahres 2003 Herkunfts- und Produktionskriterien erarbeitet. Das Niveau der Richtlinien ist in fast jedem regionalen Vermarktungsprojekt Gegenstand langer, z. T. heftiger Diskussionen und kann nur durch eine normative und marketingstrategische Grundsatzentscheidung entschieden werden. Die Standards des ökologischen Landbaus liegen nur rund 35 Prozent aller deutschen Regionalprojekte zugrunde (www.reginet.de). Viele BR-Verwaltungen sehen sich auch den konventionell wirtschaftenden Betrieben verpflichtet, die auf ihrem Weg zu mehr Nachhaltigkeit unterstützt werden sollen. Diese Überlegungen betreffen u. a. das Nahrungsmittelhandwerk und die Gastronomie.

Im BR Schorfheide-Chorin wirtschaften rund 50 Prozent der landwirtschaftlichen Zeichennutzer der Regionalmarke ökologisch; für konventionelle Betriebe gelten Umwelt- und Naturschutzauflagen. Im BR Spreewald finden sich 70 Prozent und im Wirtschaftsraum Spreewald 30 Prozent Öko-Flächen. Eine besondere Förderung der Regionalvermarktung ökologischer Produkte fand jedoch bisher nicht statt.

Am Schaalsee wurden von den Zeichennutzern bisher freiwillige Leistungen aus einem Katalog ökologischer, sozialer und regionalökonomischer Aspekte verlangt. Einige Erzeuger forderten dort jedoch bereits eine Anhebung des Niveaus der Produktions- und Herkunftskriterien.

Im BR Rhön wurden bisher als landwirtschaftliche Partnerbetriebe des Biosphärenreservats nur Öko-Betriebe anerkannt. Ähnlich anspruchsvolle Richtlinien galten für andere Bereiche wie Nahrungsmittelhandwerk oder Gastronomie. Diese Richtlinien sollen zunächst auch die Grundlage des neuen Qualitätssiegels Rhön bilden. Mitte 2003 wurde allerdings noch über niedrigere Einstiegsniveaus diskutiert. Die ökologisch orientierten Akteure befürchteten deshalb eine Verwässerung des Qualitätsimages des BR Rhön.

Als wichtigster Erfolgsfaktor in der Regionalvermarktung wurde jedoch von allen Experten die Produktqualität betrachtet, d. h. Aussehen (Verpackung), Geruch, Geschmack, Bekömmlichkeit etc. der Produkte selbst. Dies sollte dazu führen, sich auch in der Regionalvermarktung um Qualitätsmanagement (QM) zu bemühen. Das EU-Recht schreibt ohnehin die Notifizierung eines QM-Systems vor, wenn die Regionalvermarktung mit öffentlichen Mitteln gefördert wird. Über jährliche Wettbewerbe, ähnlich den DLG-Prämierungen, könnte das Qualitätsniveau auch auf freiwilliger Basis angehoben werden.

Akteure, Produkte, Vermarktungswege

Die Direktvermarktung ist auch in den Biosphärenreservaten die Basis der Regionalvermarktung. Je höher die Anzahl selbst verarbeitender und vermarktender landwirtschaftlicher Betriebe in der Region ist, desto besser. Dies gilt ebenso für andere wichtige Akteursgruppen wie Metzger, Bäcker, verarbeitendes Gewerbe, Industrie, Einzelhandel, Gastronomie und Beherbergungsbetriebe. Ziel sollte natürlich stets sein, diese als Akteure und Partner zu gewinnen.

Anzahl, Dichte und Qualitätsniveau der angesprochenen Akteursgruppen sind abhängig von den gewählten Gebietskulissen. Bezüglich Größe, Organisationsformen und Marketingstrategien regionaler Vermarktungsprojekte herrscht in Biosphärenreservaten, wie auch außerhalb, große Formenvielfalt. In den Marketingstrategien ist grundsätzlich ein Unterschied zwischen Tourismusregionen und weniger touristisch erschlossenen Regionen festzustellen. Urlauber und Tagesgäste stellen in den touristisch erschlossenen Biosphärenreservaten eine wichtige Kundengruppe dar.

Voller Leben

5. FALLBEISPIELE AUS DER FORSCHUNG

Auf den Inseln sowie an der Nordseeküste der Wattenmeer-Biosphärenreservate finden sich sowohl eine größere Anzahl an Direktvermarktern als auch ausgeprägte Gastronomie und Hotellerie. Dies gilt mit Abstrichen auch für die Biosphärenreservate Bayerischer Wald und Berchtesgaden.

Allerdings liegen die Nutzflächen und Ansiedlungsgemeinden der angestrebten Akteure (Landwirte, Verarbeiter etc.) fast alle außerhalb der offiziellen Gebietskulissen und sind daher nur schwer zu integrieren. Hier sollten die BR-Verwaltungen ihre Grenzen überschreiten und, wie etwa im BR Schleswig-Holsteinisches Wattenmeer, ggf. auch eine regionalen Initiative außerhalb unterstützen.

Der Trend der Regionalentwicklung und Wirtschaftsförderung geht zu einem integrierten, umfassenden Regionalmarketing. Dem Tourismus- und Produktmarketing einer Region sollte deshalb grundsätzlich ein abgestimmtes, höheres Qualitätsniveau sowie einander ergänzende Strategien und Kooperationen zugrunde liegen. Natürlich benötigen die Biosphärenreservate eine erstklassige Kommunikation (Corporate Design, Medien, Internet etc.), was bislang in einigen Fällen noch nicht zutrifft.

Ein weiterer wesentlicher Unterschied besteht zwischen West- und Ostdeutschland. Die Agrarstruktur in den neuen Bundesländern besteht zum überwiegenden Teil aus Großbetrieben, die meist als Massenproduzenten auftreten und sehr viel seltener selbst verarbeiten und regional vermarkten. Mit diesen gemeinsame Marketingstrategien zu entwickeln, stellt eine besondere Herausforderung dar, die im BR Spreewald aufgrund der regionalen Tradition des Gurkenanbaus in beispielhafter Form gelungen ist.

In anderen ostdeutschen Regionen ist dies schwieriger, zumal auch die Verarbeitungsstrukturen (Molkereien, Schlachthöfe etc.) sehr stark zentralisiert oder ganz abgebaut wurden. Ähnlich wie in vielen Regionen Westdeutschlands besteht dort die Notwendigkeit, mittelgroße Verarbeitungsstrukturen kooperativ oder einzelbetrieblich wieder aufzubauen. Dazu ist vor allem die politische und finanzielle Unterstützung der jeweiligen Landesregierung notwendig.

Die Vermarktung kann sich jedoch in keiner Region nur auf die Herkunftsregion beschränken. So sind Fulda und Frankfurt/Main für die Rhöner sowie Berlin für die uckermärkischen, Spreewälder und elbländischen Regionalvermarkter wichtige Absatzmärkte. Die Aufzählung zeigt, dass dort schon heute ein Wettbewerb zwischen den BR-Anbietern und anderen Regionen besteht, der noch zunehmen wird. In der Belieferung selbstständiger Lebensmitteleinzelhändler kann eine Zukunftsstrategie der Regionalvermarktung gesehen werden. Diese sind nämlich im Wettbewerb mit den Discountern zunehmend darauf bedacht, sich als Anbieter von Qualitätsprodukten in der Region stärker zu positionieren. Dafür gibt es bereits einige erfolgreiche Beispiele außerhalb der Biosphärenreservate (KULLMANN, A. 2003a)

Modellregion BR Rhön

Die größte Anzahl und Formenvielfalt regionaler Vermarktungsprojekte findet sich mit Abstand im BR Rhön. Entsprechend der Leitprodukte des Biosphärenreservats, die von den Partnerbetrieben des Biosphärenreservats erzeugt und vermarktet werden, finden sich Projekte unterschiedlicher Größe und Organisationsform (siehe Kap. 4.1).

Die Direktvermarkter sind überwiegend in der hessischen und bayerischen Rhön angesiedelt und setzen ihre Produkte über Hofläden und Lieferdienste an die Gastronomie sowie auf Wochen- und Bauernmärkten in benachbarten Städten und Großstädten ab. Die größeren Erzeuger und Verarbeiter hingegen bleiben auf den Absatz an den Groß- und Einzelhandel angewiesen.

Die Rhöngold-Molkerei setzt pro Jahr Molkerei-Produkte aus 15 Millionen Litern Öko-Milch ab und hat daher für die ökologische Landwirtschaft im Biosphärenreservat Rhön eine große Bedeutung.

Eine besondere Rolle spielt dabei die Einzelhandelskette „tegut" mit Sitz in Fulda, welche die „Biosphärenrinder" und erhebliche Anteile von Öko-Bier, Apfelsaft- und Molkereiprodukten abnimmt. Daneben gibt es in der Rhön einige Regionalläden, die ein unterschiedliches Sortiment aus Nahrungsmitteln, Kunsthandwerk und Mitbringseln anbieten.

Zwischen den Erzeugern und Verarbeitern in der Rhön findet entlang der einzelnen Produktlinien und Vermarktungswege eine intensive Kommunikation und Kooperation statt. Diese reicht von Unterstützung bei der Logistik über wechselseitigen Warenbezug, gemeinsame Produktentwicklung bis zu gemeinsamen Messeauftritten. Dies gilt auch für Kontakte

Die „Hemme-Milch" aus dem Biosphärenreservat Schorfheide-Chorin gibt es auch im Supermarkt zu kaufen. Die lachende Kuh ist ein gelungenes Beispiel für einzelbetriebliche Kommunikation.

mit Einzelbetrieben außerhalb und BR-übergreifenden Kooperationen wie die ökologischen Rhönhöfe, die Direktvermarkter, die Beerenobstgemeinschaft Rhön-Vogelsberg oder ökologische Schweine- und Braugerstenerzeuger wie das Ökozentrum Werratal.

Ähnlich wie im BR Schorfheide-Chorin war gut die Hälfte von jeweils 20 in Experteninterviews befragten Akteuren der Meinung, die Einrichtung einer zentralen Marketingorganisation sei sinnvoll.

Qualifizierungsbedarf

Besonders deutlich zeigte sich in der Rhön der hohe Qualifizierungsbedarf der regionalen Akteure in der Regionalvermarktung. Der (Rück-) Gewinnung und der „Heranzüchtung von Zugpferden", d. h. der Qualifizierung des Fach- und Führungspersonals in den Unternehmen und Projekten, wurde von den BR-Leitern wie auch von den wirtschaftlichen Akteuren für die Zukunft eine hohe Bedeutung beigemessen. In den Biosphärenreservaten Südost-Rügen und Schaalsee wurde in diesem Zusammenhang der „Jobmotor Biosphäre" entwickelt (siehe Kap. 4.3).

Im BR Rhön führte u. a. ein Qualifizierungsprojekt für Landfrauen seit Mitte der 90er Jahre zu einer Reihe von Existenzgründungen in der Direkt- und Regionalvermarktung.

Führende Akteure im BR Rhön haben sich mittlerweile zu einem Ausbildungsverbund „Rhöner Qualitätslebensmittel" zusammengeschlossen, um im Verbund mit einer Berufsfachschule gezielt gute Schüler anzuwerben, in Praktika „schnuppern" zu lassen und dann auf hohem Niveau auszubilden. Die Azubis und Personalkräfte sollen erkennen, dass sich ein Engagement im nachhaltigen Wirtschaften unternehmerisch lohnt und so zu zukünftigen Leistungsträgern werden.

Schlüsselpersonen, Organisationsstrukturen, Ressourcen

In den meisten deutschen Biosphärenreservaten wurden bisher keine Planstellen zur Förderung der Regionalvermarktung geschaffen. Meist sind die Referate für die Ökologisierung der Landnutzung mit dem Thema betraut. Häufig sind jedoch zuständige Mitarbeiter nicht ausreichend qualifiziert (Prozess- und Marketingkompetenz) oder es stehen diesen keine ausreichenden Ressourcen (Arbeitszeit, Geld) zur Verfügung, um die Regionalvermarktung zu koordinieren. Die Einstellung eines regionalen Marketingmanagers oder die Gründung einer zentralen Vermarktungsorganisation sind dazu zwei mögliche Optionen.

Für das operative Geschäft, d. h. für Absatz, Vertrieb oder Handel der Regionalprodukte sollten die Biosphärenreservate jedoch die wirtschaftlichen Akteure zentral in die Entscheidungsprozesse integrieren und gemeinsam mit diesen geeignete Marketingstrategien entwickeln.

Die Zusammenarbeit einer staatlichen oder gemeinnützigen Institution (Biosphärenreservat oder Förderverein), welche Zeichennutzung, Richtlinien und Kontrollen regelt sowie durch Öffentlichkeitsarbeit unterstützt, und einer Organisation (z. B. GmbH) für das operative Geschäft in Hand der wirtschaftlichen Akteure hat sich als Best-Practice erwiesen.

Es zeigte sich, dass die Regionalvermarktung in den meisten Biosphärenreservaten intern wie extern nicht ausreichend gefördert wird. Dies liegt häufig in einer nicht ausreichenden Ressourcenausstattung und in der Aufgabenvielfalt begründet. In manchen BR-Verwaltungen entspricht dies offensichtlich der Politik der Hausleitung bzw. der übergeordneten Verwaltungen und Ministerien. Solche übergeordneten Institutionen müssten grundsätzlich stärker informiert, miteinander in Kontakt gebracht und eingebunden werden.

Zwischen Konsens und Konflikt

Die regionalen Akteure können auf Dauer nur für die Kooperation mit dem Biosphärenreservat gewonnen werden, wenn ihnen attraktive Beteiligungs- und Dienstleistungsangebote gemacht werden. Sehr erfolgreiche Unternehmen sowie Meinungsführer sind häufig schwieriger oder gar nicht zu einer Kooperation zu bewegen. Entweder, weil sie sich keinen Zusatznutzen versprechen oder sich in ihrer regionalen Meinungs- und Handlungsführerschaft bedroht fühlen.

Beteiligungsprozesse sollten deshalb von Beginn an offen angelegt sein und niemanden ausschließen, ohne jedoch in der Marketingstrategie die Nachhaltigkeitsziele aufzugeben. Findet sich kein Miteinander, muss man mit dauerhafter Opposition und Konkurrenz mit anderen Akteuren leben.

Gerade in den aktiveren Regionen wurde überdies deutlich, dass ein all zu starkes und an Nachhaltigkeit orientiertes Marketing der Biosphärenreservate und ihrer Produkte von weniger innovativen Akteuren, etwa aus Land- und Ernährungswirtschaft, Gastronomie und Tourismus, nicht gewünscht wird. Der Einfluss dieser Kräfte auf die Leitungen der Biosphärenreservate ist grundsätzlich nicht zu unterschätzen. Vor allem bezüglich Herkunfts- und Produktionskriterien drohen dann Kompromisse zu Lasten von Ökologie, Qualität und Image.

Biosphärenreservate und die Regionalvermarktung in diesen müssen immer mit und gegen regionale Akteure umgesetzt werden. Dies unterscheidet sie grundsätzlich nicht von anderen regionalen Entwicklungsprozessen. Innovationen sind stets mit Konflikten verbunden, und Konflikte haben immer Vor- und Nachnamen, wie einer der BR-Verwaltungsstellenleiter meinte. In manchen Biosphärenreservaten stagnieren oder scheitern Vermarktungsprojekte an andauernden Konflikten innerhalb der Verwaltung.

Daraus folgt, dass in Biosphärenreservaten ein grundsätzlicher Bedarf an bewusstem und methodisch fundiertem Konfliktmanagement besteht, sowohl verwaltungsintern, als auch mit anders denkenden Akteuren aus dem Umfeld. In der Wirtschaft werden heute zunehmend Supervision, Coaching und systemische Methoden zur Qualitätssicherung und Optimierung der Teamarbeit eingesetzt, warum nicht auch in Biosphärenreservaten?

Finanzierung und Wirtschaftlichkeit

In den aktiven Biosphärenreservaten tragen die Verwaltungen über Jahre die organisatorischen Kosten der Regionalvermarktung. Im Falle von Fördervereinen oder Betriebsgesellschaften erfolgt dies meist über Projektförderung. In mehreren Regionen wurde das Handlungsfeld vollständig externen Organisationen übertragen bzw. überlassen, z. B. Direktvermarkterzusammenschlüssen oder landwirtschaftlichen Marketingorganisationen.

Zur Betriebswirtschaft regionaler Vermarktungsprojekte liegen noch keine wissenschaftlichen Untersuchungen vor. Die Rentabilität eines Projekts hängt jedoch immer von den zusätzlichen Stückkosten sowie Erlösen für die Anbieter ab.

Im Falle der gelungenen Aktivierung der regionalen Akteure zu selbst getragenen, kleineren Projekten, z. B. von Landwirten und Gastronomen im BR Rhön, wird die Marketingorganisation meist nebenher geleistet. In diesen Projekten scheint die wirtschaftliche Motivation der Beteiligten ausreichend, um sich auf Dauer zu engagieren.

Bundesweit betrachtet ist es erst wenigen Regionalprojekten gelungen, eine wirtschaftlich rentable zentrale Vermarktung und Distribution aufzubauen. Beispiele dafür sind die Modellprojekte Brucker Land (Fürstenfeldbruck) und Artenreiches Land – Lebenswerte Stadt (Feuchtwangen) (KULLMANN, A. 2003a)

Die Regionalmarke Spreewald hat durch die regionale Gurkenindustrie (40.000 Tonnen Jahresproduktion, mindestens 60 Prozent regionale Rohprodukte) eine außerordentliche wirtschaftliche Bedeutung erreicht, die zu einer vollständigen Refinanzierung ihrer Organisationskosten führt. Sie steht jedoch nicht in unmittelbarem Zusammenhang mit dem Biosphärenreservat. Mit Ausnahme der Regionalmarke Spreewald wurde noch in keinem Biosphärenreservat eine sich selbst tragende, zentrale Marketingorganisation entwickelt.

Ausblick

Ausgehend von den Ergebnissen in den Biosphärenreservaten Rhön (siehe Kap. 4.4) und Schorfheide-Chorin (siehe Kap. 4.5), die im o. g. FuE-Vorhaben vertieft untersucht wurden, ist festzustellen, dass die BR-Verwaltungen ihre, insbesondere durch Regionalmarken mögliche Meinungs-, Markt- und Qualitätsführerschaft konsequent nutzen und ausbauen sollten, auch im Umland der offiziellen Grenzen der Biosphärenreservate. Tun sie dies nicht, überlassen sie das Feld anderen Akteuren oder politischen Kräften, welche die Entwicklung der BR-Regionalvermarktung erschweren können (KULLMANN, A. 2003c).

Die wirtschaftlichen Akteure erwarten nach ersten gemeinsamen Aktivitäten eine Führungsrolle der BR-Verwaltungen hinsichtlich Qualitäts- und Nachhaltigkeitsmarketing sowie eine personelle Kontinuität qualifizierter und engagierter BR-Mitarbeiter (Schlüsselpersonen). Bleibt diese aus, ziehen sich eher schwache Akteure auf bewährte Handlungsfelder zurück, während leistungsstarke Akteure ihre Aktivitäten auch ohne die BR-Verwaltung fortsetzen.

Die wirtschaftlichen Akteure erwarten von den BR-Verwaltungen geradlinige Konzepte zum nachhaltigkeitsorientierten Marketing sowie deren konsequente, qualifizierte Umsetzung. Der Trend in der Regionalentwicklung geht dahin, eine Großregion mit gemeinsamer Identität nach innen und außen zu vermarkten, und zwar abgestimmt im Innen- und Tourismusmarketing, in der Wirtschaftsförderung wie in der Regionalvermarktung. Die Biosphärenreservate sollten versuchen, solche Prozesse federführend mitzugestalten, ohne die eigene Identität im Sinne der UNESCO-Nachhaltigkeitsziele zu verlieren. Diese können in den Regionen aufgrund der Gegebenheiten unterschiedlich ausgelegt werden. Dabei dürfte es nicht möglich sein, auch alle nicht nachhaltig wirtschaftenden Akteure einzubeziehen.

Gemeinsame Rahmenregelungen und Strategien der Regionalvermarktung auf nationaler Ebene, etwa in Bezug auf Mindeststandards der Produktion oder einheitliche Kennzeichnung wurden von den Biosphärenreservaten bisher kaum diskutiert. „Regionalität plus Ökologie plus Qualität", diese Mischung bezeichnete ein Regionalvermarkter als Erfolgs- und Überlebensformel für seine Region, die so für die meisten Biosphärenreservate gilt.

„Plus Professionalität" müsste man mit Blick auf die Erfolgsfaktoren der Regionalvermarktung ergänzen.

Die Regionalvermarktung bietet den Biosphärenreservaten große Handlungsspielräume zur nachhaltigen Regionalentwicklung, die jedoch meist noch nicht ausgeschöpft werden. Mit der im Rahmen des o. g. FuE-Vorhabens entwickelten Erfolgsfaktoren-Analyse (EFA) steht den Akteuren nun eine praxisnahe Methode zur Verfügung, bisherige Stärken und Schwächen schnell zu erkennen und Strategien für eine professionellere Regionalvermarktung zu entwickeln.

Zusammenfassung

Die Status-Quo-Analyse der Regionalvermarktung in den deutschen Biosphärenreservaten zeigte, dass die meisten Biosphärenreservate in diesem Handlungsfeld des nachhaltigen Wirtschaftens noch nicht den Status einer Modellregion erreichen. Neben dem herausragenden BR Rhön wurden auch in den Biosphärenreservaten Schaalsee, Schorfheide-Chorin und Spreewald bereits Regionalmarken eingeführt. Die Erfolgsfaktoren-Analyse (EFA) zeigte jedoch häufig Defizite in den Erfolgsfaktoren des Prozess- sowie des Marketingmanagements. Die Gebietskulisse ist oft zu klein oder ohne

FALLBEISPIELE AUS DER FORSCHUNG

Agrarflächen, und deshalb nicht als Herkunftsregion geeignet. Eine Kooperation mit Akteuren aus dem Umland wäre meist sinnvoll. Bei den Verwaltungen besteht ein großer Bedarf an Erfahrungsaustausch, Qualifizierung und Professionalisierung, an verbesserten Organisationsstrukturen sowie finanzieller und politischer Unterstützung. Über gemeinsame Marketingstrategien der Biosphärenreservate wurde bisher nicht gesprochen. Die wirtschaftlichen Akteure erwarten von den Biosphärenreservaten eine Führungsrolle im nachhaltigkeitsorientierten Marketing.

Literatur

Besch, M., Hausladen, H. (1999): Regionales Marketing im Agribusiness. In: Landwirtschaftliche Rentenbank (Hrsg.): Innovative Konzepte für das Marketing von Agrarprodukten und Nahrungsmitteln. Frankfurt. Schriftenreihe, Bd. 3: 7-50.

Brendle, U. (1999): Musterlösungen im Naturschutz - Politische Bausteine für erfolgreiches Handeln. Bundesamt für Naturschutz (Hrsg.), Bonn.

Dachverband Agrarforschung (Hrsg.)(2000): Regionale Vermarktungssysteme in der Land-, Ernährungs- und Forstwirtschaft. Bd. 30.

Hamm, U. (1991): Landwirtschaftliches Marketing. Stuttgart.

Hensche, H.-U., Ullrich-Jäker, H. u. C. Wildraut (2000): Leitfaden zur Stärkung regionaler Vermarktungsprojekte. Ministerium für Umwelt, Raumordnung und Landwirtschaft in Nordrhein-Westfalen (Hrsg.).

Kullmann, A. (2003a): Erfolgsfaktoren der Regionalvermarktung. 1. Zwischenbericht zum Forschungs- und Entwicklungsvorhaben „Naturverträgliche Regionalentwicklung durch Produkt- und Gebietsmarketing am Beispiel der Biosphärenreservate". Überarbeitete Fassung. Institut für ländliche Strukturforschung (Hrsg.), Frankfurt/Main.

Kullmann, A. (2003b): Status-Quo der Regionalvermarktung in Biosphärenreservaten. 2. Zwischenbericht zum Forschungs- und Entwicklungsvorhaben „Naturverträgliche Regionalentwicklung durch Produkt- und Gebietsmarketing am Beispiel der Biosphärenreservate". Institut für ländliche Strukturforschung (Hrsg.), Frankfurt/Main.

Kullmann, A. (2003c): Regionalvermarktung in Biosphärenreservaten aus Sicht der wirtschaftlichen Akteure. 3. Zwischenbericht zum Forschungs- und Entwicklungsvorhaben „Naturverträgliche Regionalentwicklung durch Produkt- und Gebietsmarketing am Beispiel der Biosphärenreservate". Institut für ländliche Strukturforschung (Hrsg.), Frankfurt/ Main.

5.3 Ökosystemare Umweltbeobachtung

Kati Mattern, Benno Hain und Konstanze Schönthaler

Umweltbeobachtung – eine Aufgabe der Biosphärenreservate

Die deutschen Biosphärenreservate sind mit der Anerkennung durch die UNESCO eine internationale Verpflichtung zur Umweltbeobachtung eingegangen. Die 1995 von der UNESCO-Generalversammlung angenommenen Internationalen Leitlinien für das Weltnetz der Biosphärenreservate (siehe Anhang S. 296) bezeichnen die Biosphärenreservate als Modellgebiete, in denen Ansätze für den Schutz der natürlichen Lebensgrundlagen und die Nachhaltige Entwicklung auf regionaler Ebene demonstriert werden sollen. Dieser Funktion sollen sie insbesondere durch die Unterstützung einer Umweltbeobachtung nachkommen.

Der Stand der Umweltbeobachtung in den Biosphärenreservaten ist auch Bestandteil der alle zehn Jahre durchzuführenden Überprüfung der Biosphärenreservate (UNESCO 1996, UNESCO 2002). Innerhalb des MAB-Programms gibt die Integrierte Umweltbeobachtung der Biosphärenreservate (Biosphere Reserve Integrated Monitoring, BRIM) den Rahmen für die Umweltbeobachtung in UNESCO-Biosphärenreservaten vor (BRIM 2001).

Das deutsche MAB-Nationalkomitee hat die Umweltbeobachtung als „Funktionales Kriterium" in die „Kriterien für die Anerkennung und Überprüfung von Biosphärenreservaten der UNESCO in Deutschland" aufgenommen (Deutsches MAB-Nationalkomitee 1996; siehe Anhang S. 299). In den 1994 von der Länderarbeitsgemeinschaft Naturschutz (LANA) angenommenen „Leitlinien für Schutz, Pflege und Entwicklung" haben sich die Biosphärenreservate dazu bekannt, zur Erfassung globaler Umweltprobleme, wie z. B. Klimawandel oder Verlust biologischer Vielfalt, beizutragen (AGBR 1995). Für die Umweltbeobachtung in deutschen Biosphärenreservaten liegen damit nationale Anforderungen und fachliche Selbstbindungen der BR-Verwaltungen vor.

Die Ergebnisse der Umweltbeobachtung tragen zur Erfüllung der Verpflichtungen aus internationalen Konventionen und Beschlüssen bei wie z. B. der Agenda 21. Sie sind aber auch Grundlage für die Erfolgskontrolle von Managementmaßnahmen, die zur Umsetzung der Schutz- und Entwicklungsziele in den Biosphärenreservaten ergriffen werden. Sie liefern darüber hinaus Beiträge für die Berichterstattung an die Öffentlichkeit (BayStMLU/UBA 2000).

5. FALLBEISPIELE AUS DER FORSCHUNG

Beobachtungsansätze in den Biosphärenreservaten und fachliche Selbstbindungen zur ökosystemaren Umweltbeobachtung

Eine bundesweite Harmonisierung der Umweltbeobachtung in Biosphärenreservaten begann 1993 mit der Entwicklung der „Leitlinien". Bis dahin waren die Aktivitäten der Biosphärenreservate in diesem Bereich von einer „Dominanz sektoraler Beobachtungsvorhaben" charakterisiert. Während in einigen Biosphärenreservaten die Konzipierung und Einrichtung der Umweltbeobachtung noch am Anfang standen, wiesen andere bereits Schwerpunktbereiche für die Beobachtung aus und richteten Dauerbeobachtungsflächen ein (AGBR 1995). In den „Leitlinien" von 1995 verständigten sich die Biosphärenreservate Deutschlands auf allgemeine fachliche Grundsätze für die Umweltbeobachtung.

Die Umweltbeobachtung in den Biosphärenreservaten sollte an den Empfehlungen des Rats von Sachverständigen für Umweltfragen (SRU) aus dem Sondergutachten „Allgemeine Ökologische Umweltbeobachtung" (SRU 1991) ausgerichtet werden. Gegenstand der Empfehlungen ist eine integrierende Umweltbeobachtung auf systemarer oder ökosystemarer Grundlage. Die Beobachtung der Umwelt soll dabei medien- und sektorübergreifend an repräsentativen Standorten und in Anpassung an bestehende Zeitreihen und Standorte organisiert werden. Sie soll sich stärker als bis dahin am Auftrag der Früherkennung von Umweltveränderungen und der Risikovorsorge ausrichten und sich dabei auf die Verknüpfung der Umweltbeobachtung mit der Ökosystem- und Wirkungsforschung stützen.

Die Biosphärenreservate sind zur Umsetzung der Empfehlungen des SRU grundsätzlich besonders geeignet, da sie

- durch ihre Einbindung in das internationale MAB-Programm zur Umweltbeobachtung angehalten sind,
- aufgrund ihres rechtlich gesicherten Status und der vorhandenen Verwaltungsstruktur eine langfristige Umweltbeobachtung ermöglichen und
- als großflächige und weitgehend repräsentative Ausschnitte biogeografisch definierter Landschaftsräume ein breites Spektrum von Ökosystemen beinhalten und damit die Voraussetzungen für die Übertragbarkeit der Resultate einer Umweltbeobachtung auf Räume mit vergleichbarer naturräumlicher Ausstattung und Nutzung besitzen (SCHÖNTHALER, K. et al. 1994 und 1997).

Bestandteile der fachlichen Selbstbindung der Biosphärenreservate waren konkret

- die harmonisierte Erhebung eines „Kerndatensatzes" von Parametern in allen Biosphärenreservaten, der mit Hilfe eines dreigliedrigen Ansatzes problem-, modell- und datengeleitet entwickelt wurde. Er beschreibt die Strukturen und Prozesse in den Ökosystemen und gewährleistet eine integrierte, d. h. sektorübergreifende Umweltbeobachtung nach dem Stand des Wissens,
- eine abgestimmte räumliche Arbeitsteilung, in der jedes Biosphärenreservat den Kerndatensatz in ausgewählten repräsentativen Ökosystemtypen erheben sollte, um damit einen Beitrag zur Beschreibung des Umweltzustands in Deutschland zu leisten,
- eine inhaltliche Arbeitsteilung, in der die Biosphärenreservate – zur Absicherung von Trendaussagen – je nach regionaler „Problemlage" über den Kerndatensatz hinaus vertiefend zusätzliche Parameter erheben.

Der Kerndatensatz der ökosystemaren Umweltbeobachtung sowie die Vorschläge für die räumliche und inhaltliche Arbeitsteilung der Biosphärenreservate wurden in einem Forschungsvorhaben des Umweltbundesamts (UBA) mit Mitteln des Bundesumweltministeriums entwickelt (SCHÖNTHALER, K. et al. 1994 und 1997). In dem Forschungsvorhaben „Konzeption für eine ökosystemare Umweltbeobachtung – Pilotprojekt für Biosphärenreservate" unterbreitete eine Arbeitsgruppe des Lehrstuhls für Landschaftsökologie Weihenstephan (Prof. Wolfgang Haber) in Zusammenarbeit mit der BR-Verwaltung Berchtesgaden auf konzeptioneller Ebene Lösungsvorschläge für die Umsetzung der Anforderungen des SRU-Sondergutachtens an eine ökosystemare Umweltbeobachtung und arbeitete die grundsätzliche Eignung der Biosphärenreservate als Pilotstandorte heraus.

Die BR-Verwaltungen strebten an, diese wissenschaftlich-fachlichen Vorschläge nach ihrer weiteren Präzisierung – vorbehaltlich einer Finanzierung durch Bund und Länder – umzusetzen.

Die Weiterentwicklung zum praxisreifen Beobachtungsprogramm

Die mit der Umweltbeobachtung befassten Wissenschaftler (1995) und die in der Beobachtungspraxis tätigen Länderfachbehörden (1997) beurteilten den Programmvorschlag zur ökosystemaren Umweltbeobachtung in zwei Fachgesprächen als konsensfähig (SCHÖNTHALER, K. et al. 1997, UBA 1998).
Darauf aufbauend gaben das UBA und das Bayerische Staatsministerium für Landesentwicklung und Umweltfragen in Zusammenarbeit mit den Umweltministerien von Hessen und Thüringen ein weiteres Forschungs- und Entwicklungsvorhaben in Auftrag, das von 1997 bis 2001 der Präzisierung und modellhaften Erprobung des Konzepts für die ökosystemare Umweltbeobachtung diente. Die Bosch & Partner GmbH München erarbeitete federführend in Zusammenarbeit mit dem

FALLBEISPIELE AUS DER FORSCHUNG

Ökologie-Zentrum Kiel, der ARSU-GmbH Oldenburg und der AG Ökochemie und Umweltanalytik Westerstede das „Programm der ökosystemaren Umweltbeobachtung". Die Erprobung erfolgte in dem die Bundesländer Bayern, Hessen und Thüringen übergreifenden Biosphärenreservat Rhön unter Federführung der bayerischen BR-Verwaltungsstelle („Rhön-Projekt", SCHÖNTHALER, K. et al. 2003). An dem Projekt waren alle mit Umweltbeobachtung befassten Länderfachbehörden von Bayern, Hessen und Thüringen sowie private Einrichtungen, die Daten in der Rhön erheben, beteiligt.

Die in den Fachgesprächen - unter anderem auch von den Biosphärenreservaten - eingebrachten weiterführenden Hinweise haben die heutige Gestalt und Zusammensetzung des Beobachtungsprogramms stark mitgeprägt. Folgende fachliche Anregungen wurden formuliert:

Zur methodischen Vorgehensweise bei der Herleitung des Kerndatensatzes

Dem modellgeleiteten Ansatz sollte – aus der Sicht der wissenschaftlichen Gutachter – ein größeres Gewicht beigemessen werden, um unabhängig von aktuell diskutierten Umweltproblemen, auch weniger alarmierende, schleichende Veränderungen der Prozesse und Funktionen von Ökosystemen erfassen zu können und damit die Frühwarnfunktion der ökosystemaren Umweltbeobachtung zu erfüllen. Diese Anregungen wurden im Rhön-Projekt aufgegriffen und folgendermaßen umgesetzt: Im Rahmen eines „systemtheoretischen Ansatzes" wurden grundlegende Prozesse und Funktionen von Ökosystemen (wie z. B. die Speicher- und Transformationsfunktion) beschrieben und wichtige Steuergrößen identifiziert. Nutzbare Modelle zur Datenauswertung wurden zusammengestellt. Anhand eines konkreten Beispiels wurde deutlich gemacht, dass sich auch komplexe Modelle mit Daten aus der laufenden Umweltbeobachtung bedienen lassen und auf diesem Wege prognostische bzw. szenarische Aussagen zu möglichen Umweltveränderungen getroffen werden können.

Zur besseren Interpretierbarkeit von Ergebnissen aus der Umweltbeobachtung

Als eine Grundlage hierfür wurde – insbesondere von den Länderfachbehörden – die Bedeutung valider und detailliert ausgearbeiteter Ursachen-Wirkungs-Hypothesen hervorgehoben, anhand derer zum einen eine nachvollziehbare Auswahl von Beobachtungsparametern möglich ist (entsprechend dem problemgeleiteten Ansatz) und zum anderen reale Beobachtungsergebnisse im Verhältnis zu den prognostizierten, erwarteten Umweltveränderungen dargestellt werden können. Auf diese Anregung hin erfolgte eine Vertiefung des problemgeleiteten Ansatzes. Zu zehn zentralen Fragestellungen der ökosystemaren Umweltbeobachtung (vgl. Tab. 2) wurden – basierend auf umfangreichen Literaturrecherchen – ca. 180 Teilhypothesen mit Trendaussagen zu künftigen Umweltveränderungen ausformuliert.

Zur Berücksichtigung der Schwierigkeiten bei der Harmonisierung von Beobachtungsprogrammen

Mit Blick auf diese Empfehlung der Länderfachbehörden erfolgte im Rhön-Projekt eine Anpassung des Kerndatensatzes an die Harmonisierungs- und Standardisierungsempfehlungen für die existierenden Beobachtungsprogramme von Bund und Ländern (Richtlinien und Standards der Bund-Länder-Arbeitsgemeinschaften z. B. von LANA, LAWA, LABO).

Zum Aufzeigen von Schnittstellen der ökosystemaren Umweltbeobachtung mit naturschutzfachlichen Ansätzen der Umweltbeobachtung

Synergien zwischen der ökosystemaren Umweltbeobachtung und den Beobachtungsansätzen des Naturschutzes wie z. B. der Ökologischen Flächenstichprobe und dem Artenmonitoring wurden im Rhön-Projekt geprüft und dargestellt. Die Offenlegung derartiger Synergieeffekte wurde von den Länderfachbehörden als wichtige Voraussetzung für die Umsetzbarkeit der ökosystemaren Umweltbeobachtung angesichts knapper öffentlicher Mittel erachtet (SCHÖNTHALER, K. et al. 1997, UBA 1998).

Im Ergebnis liegt ein modulares Programm der ökosystemaren Umweltbeobachtung vor. Seine wichtigsten Bestandteile sind:

- Ein Kerndatensatz von ca. 500 Parametern, zu denen Daten aus bestehenden Mess- und Beobachtungsprogrammen für integrierende Auswertungen bereitgestellt oder erhoben bzw. durch Ableitung oder Modellierung erzeugt werden sollen.
- Vorschläge, um den Raumbezug in der Umweltbeobachtung herzustellen, d. h. Verfahrensvorschläge, um die Repräsentativität von Messnetzen zu prüfen und um Beobachtungs- und Auswertungsergebnisse räumlich zu verallgemeinern.
- Vorschläge für eine harmonisierte Erhebung von Umweltdaten, die auf den bereits laufenden Harmonisierungsbemühungen von Länder- und Bund-/Länder-Gremien aufbauen.
- Ein Auswertungskonzept als Kernstück der ökosystemaren Umweltbeobachtung (Zusammenstellung sowohl einfacher, von den Landesbehörden bereits eingesetzter oder einsetzbarer als auch komplexerer Auswertungsmethoden, die unterschiedliche Datensätze sektor- und medienübergreifend miteinander verknüpfen). Dazu gehörig wurden Ursache-Wirkungs-Hypothesen mit ca. 180 Teilhypothesen und hypothetischen Trendaussagen zur künftigen Entwicklung relevanter Umweltveränderungen erarbeitet. Sie

definieren die Fragestellungen, denen sich die ökosystemare Umweltbeobachtung annehmen soll und bilden die Struktur für eine Berichterstattung zur ökosystemaren Umweltbeobachtung.
- Ein Vorschlag für die Berichterstattung zur ökosystemaren Umweltbeobachtung („beispielhafter Umweltbericht Biosphärenreservat Rhön"). Sowohl einfache als auch komplexe (modellgestützte) Methoden zur Auswertung vorhandener Daten wurden exemplarisch eingesetzt und die Ergebnisse für einen beispielhaften Umweltbericht aufbereitet, um das Spektrum möglicher Auswertungen aufzuzeigen. Damit ließ sich zeigen, wie sich Ursache-Wirkungs-Zusammenhänge von Umweltveränderungen anschaulich präsentieren lassen.

Der Kerndatensatz ist die gemeinsame Datenbasis, auf die bei allen Aus- und Bewertungen in der ökosystemaren Umweltbeobachtung zurückgegriffen werden soll. Im Kerndatensatz sind alle Parameter zusammengestellt, die nötig sind, um folgende Fragen zu beantworten:
- Wie entwickeln sich die Umweltprobleme?
- Verändern sich grundlegende ökosystemare Prozesse?

Die ca. 500 Parameter des Kerndatensatzes sind vier Prioritätsstufen zugeordnet. Damit werden die Voraussetzungen für eine stufenweise Umsetzung der ökosystemaren Umweltbeobachtung geschaffen.

Umfangreiche Recherchen zu allen im Biosphärenreservat Rhön und seinem nahen Umfeld durchgeführten Mess- und Beobachtungsprogrammen und deren systematische Doku-

Priorität 1 — 257 Parameter
- wichtige Parameter zur allgemeinen Charakterisierung eines Mediums,
- Parameter zur Beschreibung der Landnutzung,
- die meisten Parameter der Betriebsstruktur- und Emittentenanalyse,
- Parameter zur Beschreibung der Gewässerstruktur,
- die chemisch-physikalischen Grundparameter (milieubestimmende Parameter) für die Beschreibung der Beschaffenheit wässriger Lösungen und von Festphasen,
- die Fraktionen des Stickstoffs, Phosphors und Schwefels, sofern diese in relevanten Konzentrationen in dem jeweiligen Medium zu erwarten und für den Stoffhaushalt von Bedeutung sind,
- die (leicht verfügbaren) Kationen Na^+, K^+, Mg^{2+} und Ca^{2+} in nahezu allen Medien,
- das Anion Cl^- in nahezu allen Medien,
- die Schwermetalle (insbesondere die mobilen Anteile) in nahezu allen Medien,
- Parameter zur Kennzeichnung der Gehalte oxidierbarer organischer Substanz und abbaubarer organischer Stoffe,
- bodenmikrobiologische Parameter,
- die wichtigsten Größen zur Kennzeichnung von Wetter und Klima,
- ausgewählte biotische Parameter,
- (passive) Reaktions- und Akkumulationsindikatoren, die sensibel auf den Eintrag eutrofierender und versauernder Substanzen reagieren und die Wirkungen von Schwermetalleinträgen indizieren sowie
- Reaktionsindikatoren, die sensibel auf den Einfluss von Photooxidantien reagieren.

Priorität 2 — 144 Parameter
- Fraktionen des Stickstoffs, Phosphors und Schwefels, sofern diese in dem jeweiligen Medium erwartungsgemäß in nur geringen Konzentrationen auftauchen und für den Stoffhaushalt von geringerer Bedeutung sind,
- die Kationen Mn^{2+}, Al^{3+} und Fe^{2+} in nahezu allen Medien,
- die Gesamtgehalte der Schwermetalle in nahezu allen Medien,
- Parameter zur chemischen Charakterisierung von Gewässersedimenten (insbesondere anorganische Stoffe),
- Parameter zur chemischen Charakterisierung des Schwebstaubs,
- organische Schadstoffe in nahezu allen Medien,
- zusätzliche Größen zur Kennzeichnung von Wetter und Klima,
- weitere biotische Parameter (z. B. ausgewählte Arten(-gruppen)) der Bodenmesofauna, sowie
- aktive Akkumulationsindikatoren, die Wirkungen von Schwermetalleinträgen indizieren.

Priorität 3 — 122 Parameter
- Fraktionen des Schwefels, sofern diese in dem jeweiligen Medium erwartungsgemäß in nur geringen Konzentrationen auftauchen und für den Stoffhaushalt von geringerer Bedeutung sind (z. B. Schwefelfraktionen in der Bodenlösung),
- organische Schadstoffe in Gewässersedimenten,
- zusätzliche Größen zur Kennzeichnung von Wetter und Klima,
- die Gesamtgehalte Kationen Na^+, K^+, Mg^{2+} und Ca^{2+} in einigen Medien (z. B. in der Bodenfestphase),
- die Kationen Mn^{2+}, Al^{3+} und Fe^{2+} in einigen Medien (z. B. im Niederschlagswasser bzw. im Stammabfluss und in der Kronentraufe),
- weitere biotische Parameter (zur Vitalität und Produktivität der Pflanzen) sowie
- Gehalte organischer Schadstoffe in pflanzlichen Geweben.

Priorität A
- Parameter zur Kennzeichnung der luftchemischen Zusammensetzung höherer Atmosphärenschichten (N_2O, CH_4, CO_2, CO, O_3)

Tab. 1: Prioritätsstufen im Kerndatensatz

FALLBEISPIELE AUS DER FORSCHUNG

mentation haben ergeben, dass sich der Kerndatensatz dort inhaltlich nahezu vollständig aus den bereits bestehenden Programmen und Messnetzen bedienen lässt.

In Verbindung mit dem Baustein zum Raumbezug ließ sich überprüfen, ob die Verteilung der Messstellen und Beobachtungsflächen im Raum günstige Voraussetzungen für eine integrierende Auswertung der Daten zu den Parametern des Kerndatensatzes aus unterschiedlichen Messnetzen ermöglicht. Hierzu diente die bundesweite Standortökologische Raumgliederung Deutschlands (SCHRÖDER, W. et al. 1999 und 2001). Sie wurde im Auftrag des UBA und des Statistischen Bundesamts erarbeitet. In ihr wird Deutschland in zwei mal zwei Kilometer große Rasterzellen aufgeteilt, die hinsichtlich ausgewählter standortökologischer Bedingungen annähernd homogen sind. Die potenzielle natürliche Vegetation beschreibt die Homogenität der Rasterzellen hinsichtlich der standortökologischen Bedingungen, die mit Hilfe des regionalstatistischen CART-Verfahrens (Classification and Regression Tree) ermittelt wurde. Es wurde geprüft, inwieweit die im Biosphärenreservat liegenden Rasterzellen in ähnlicher Weise durch Beobachtungs- und Messstellen abgedeckt sind. Ergebnis war, dass nicht alle Teilräume gleichermaßen gut über Messungen und Beobachtungen charakterisiert werden können. Das bedeutet, dass einzelne, ggf. auch zeitlich begrenzte Erhebungen zur Überprüfung von Schätzdaten durchgeführt werden sollten, die z. B. mit Modellen oder geostatistischen Methoden zu erzeugen wären.

Mit der Anpassung des Kerndatensatzes an die laufenden Routinemessprogramme von Bund und Ländern wurden wesentliche Voraussetzungen geschaffen, um das Beobachtungsprogramm umzusetzen. Insbesondere seit dem Beginn der 90er Jahre findet im Rahmen der Arbeitsgremien der Umweltministerkonferenz, den Länder-Arbeitsgemeinschaften und Bund-Länder-Arbeitskreisen eine stärkere Koordinierung und Abstimmung der Mess- und Beobachtungsaktivitäten statt. So haben z. B. die „Länderarbeitsgemeinschaft Wasser" die Richtlinie „Fließgewässer der Bundesrepublik Deutschland – LAWA – Untersuchungsprogramm in den Ländern der Bundesrepublik Deutschland" (LAWA 1997) und die „Länderarbeitsgemeinschaft Boden" eine Richtlinie zur Einrichtung und zum Betrieb von Boden-Dauerbeobachtungsflächen herausgegeben (LABO 2000). In den Vorschlägen des ökosystemaren Beobachtungsprogramms für die harmonisierte Erhebung der Umweltdaten wurden diese Richtlinien, Merkblätter und Standards aufgegriffen. Die in den Materialien zum Rhön-Projekt enthaltene detaillierte Zusammenstellung

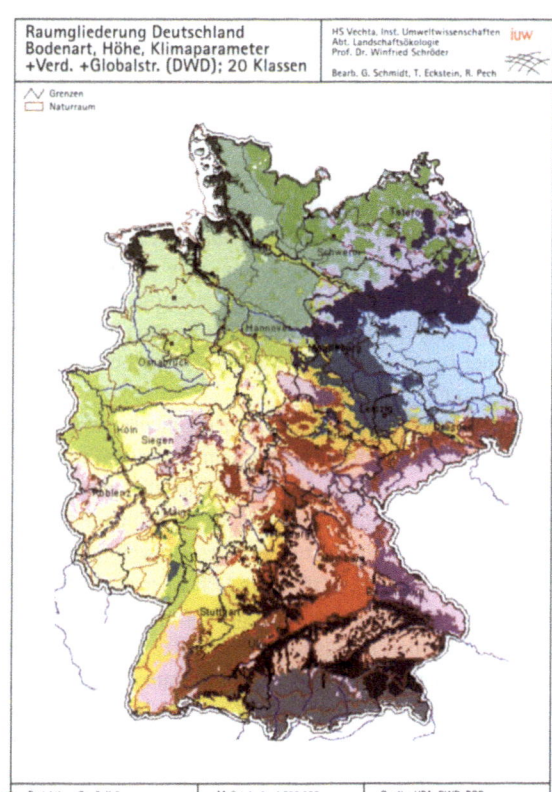

Abb. 1: Bundesweite Standortökologische Raumgliederung: Gliederung mit 20 Raumklassen nach dem CART-Verfahren (SCHRÖDER, W. et al. 2001)

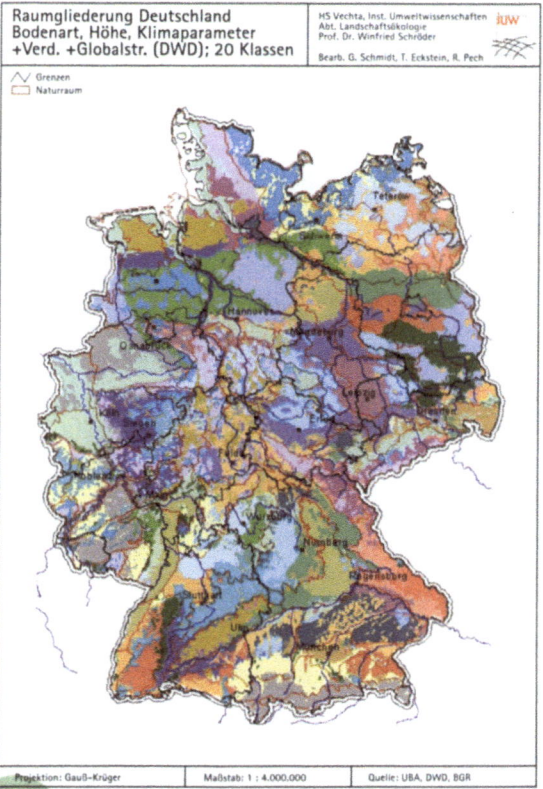

Abb. 2: Bundesweite Standortökologische Raumgliederung: Maximalgliederung nach dem CART-Verfahren (SCHRÖDER, W. et al. 2001)

5. FALLBEISPIELE AUS DER FORSCHUNG

und Auswertung der Standardisierungsempfehlungen ist eine wertvolle Informationsquelle für alle mit sektoralen- und medienübergreifenden Umweltbeobachtungen befassten Einrichtungen (SCHÖNTHALER, K. et al. 2003).

Die Länderfachbehörden sahen in der stärker harmonisierten und integrierenden Auswertung der Beobachtungsergebnisse das größte Potenzial für eine Verbesserung der Aussagen der vorhandenen Beobachtungsdaten. Deshalb wurde im „Rhön-Projekt" ein fortschreibbares Auswertungskonzept entwickelt das Methodenvorschläge für eine Qualitätssicherung sowie für vertiefende und integrierende Datenauswertungen beinhaltet (inklusive der Verknüpfung mit Indikatoren und Umweltqualitätszielen). Die Methodensammlung bietet den beteiligten Institutionen die Möglichkeit, im Rahmen ihrer fachlichen, personellen und finanziellen Kapazitäten Auswertungen durchzuführen. Die in die Sammlung aufgenommenen Auswertungsmethoden nehmen Bezug auf die im Rahmen des problemgeleiteten Ansatzes ausgearbeiteten Ursache-Wirkungs-Hypothesen. Die zehn zentralen Fragestellungen, zu denen Teilhypothesen ausformuliert wurden, sind in Tabelle 2 zusammengestellt.

In Anlehnung an die Struktur, die den derzeit auf internationaler und nationaler Ebene diskutierten Indikatorensystemen zugrunde liegt (u. a. EEA, CSD und OECD), sind die Teilhypothesen in drei Ebenen gegliedert: Ursachen, Primärwirkungen und Sekundärwirkungen.

Für das BR Rhön wurden die für die nationale Ebene formulierten Ursache-Wirkungs-Hypothesen regionalisiert. Vertreter der Landesbehörden und der BR-Verwaltungen der Rhön nahmen hierzu an Workshops teil, in denen sie die Problem- und Entwicklungsschwerpunkte für die Rhön identifizierten und mögliche künftige Trends formulierten. Diese regionalen Ursache-Wirkungs-Hypothesen entsprechen einem ersten Gesamtüberblick über die Umweltsituation im Biosphärenreservat und unterstützen die künftige Schwerpunktsetzung der Erhebungen auf die für das BR Rhön besonders relevanten Fragestellungen.

Als Modell für eine die bisherige, eher sektoral orientierte, Umweltberichterstattung ergänzende Berichtsform wurde für das Biosphärenreservat ein beispielhafter Umweltbericht erstellt. Er liefert für alle medienübergreifend beobachtenden und bewertenden Fachbehörden Gestaltungsanregungen. Der Umweltbericht wurde ausschließlich unter Nutzung des existierenden Datenbestandes der drei am Biosphärenreservat beteiligten Länder erarbeitet. Er macht am Beispiel von zwei Ursache-Wirkungs-Komplexen deutlich, welche umfassenden Aussagemöglichkeiten sich ergeben, wenn alle Institutionen, die Beobachtungsprogramme in der Rhön betreiben, ihre Daten zusammenführen und Beobachtungsprogramme gemeinsam so gestalten würden, dass integrierende Auswertungen der Daten auch für alle anderen Ursache-Wirkungs-Hypothesen möglich wären.

Von besonderem Wert, um die Aussagemöglichkeiten der Umweltbeobachtung weiter zu entwickeln, sind die Zusammenstellung und Eignungsbewertung von Modellen der Ökosystemforschungseinrichtungen, aus Veröffentlichungen der Europäischen Umweltagentur und des Umweltbundesamts zum Wasserhaushalt, Stofffluss und Pflanzenwachstum, zur Exposition und Risikoabschätzung, zur Gesamtdeposition sowie zur globalen Klimasimulation und zu biozönotischen Fragestellungen. Anhand der Ursache-Wirkungs-Hypothese 1 (Eutrophierung und Versauerung von terrestrischen Ökosystemen) wurde exemplarisch aufgezeigt, inwieweit der Einsatz rechnergestützte Modelle, ergänzend zu den einfacheren und bereits praxiserprobten Auswertungsmethoden, geeignet ist, über mediale und sektorale Ansätze hinaus zu stärker integrierenden Aussagen zu kommen.

Problembereich 1
Eutrophierung und Versauerung terrestrischer Ökosysteme und deren Konsequenzen für die Biozönosen

Problembereich 2
Anreicherung toxischer Substanzen in terrestrischen Ökosystemen und Konsequenzen für die Biozönosen

Problembereich 3
Physikalische Bodendegradation (Bodenerosion, Bodenschadverdichtung und Bodenversiegelung) und deren Auswirkungen auf die Ökosysteme und deren Biozönosen

Problembereich 4
Eutrophierung und Versauerung von Fließ- und Stillgewässerökosystemen und Konsequenzen für die Biozönosen

Problembereich 5
Anreicherung toxischer Substanzen in Fließ- und Stillgewässerökosystemen und Konsequenzen für die Biozönosen

Problembereich 6
Veränderungen der Struktur von Fließ- und Stillgewässern und deren Auswirkungen auf die Biozönosen der Gewässer und ihrer Randbereiche

Problembereich 7
Veränderungen der Biodiversität und deren Folgen

Problembereich 8
Klimaveränderungen und deren Konsequenzen für die Ökosysteme und ihre Biozönosen

Problembereich 9
Veränderungen der vertikalen Ozonverteilung (Sommersmog und stratosphärischer Ozonabbau) und deren Auswirkungen auf die Ökosysteme und ihre Biozönosen

Problembereich 10
Veränderungen der Flächennutzung und deren Auswirkungen auf die Ökosysteme und ihre Biozönosen

Tab. 2: Im problemgeleiteten Ansatz berücksichtigte global und national relevante Umweltprobleme (SCHÖNTHALER, K. et al. 2003)

FALLBEISPIELE AUS DER FORSCHUNG 5.

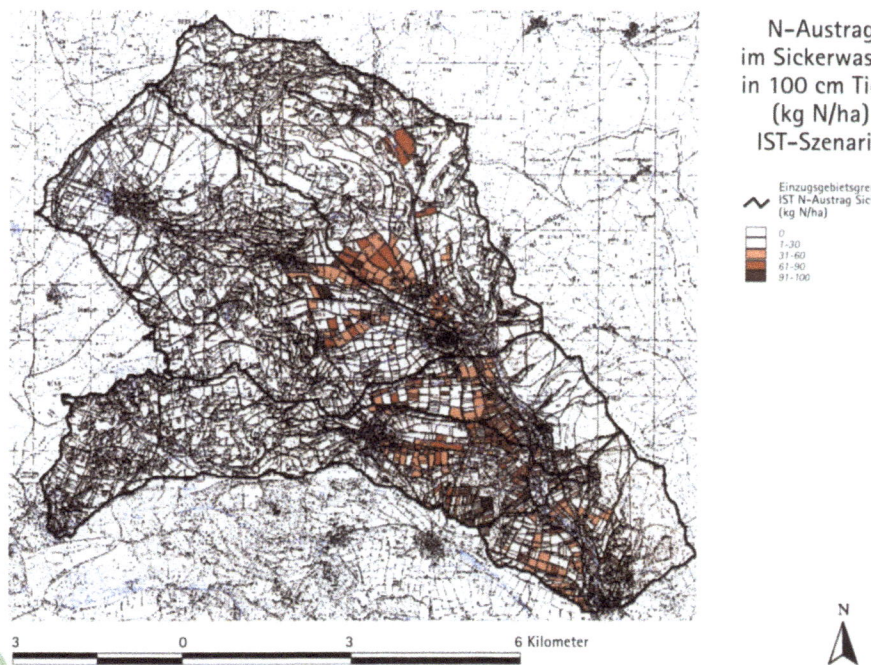

Abb. 3: Modellgestützte Auswertung zum Risiko von Stickstoffausträgen in das Grundwasser im Einzugsgebiet der Streu, bayerischer Teil des Biosphärenreservats Rhön (SCHÖNTHALER, K. et al. 2003)

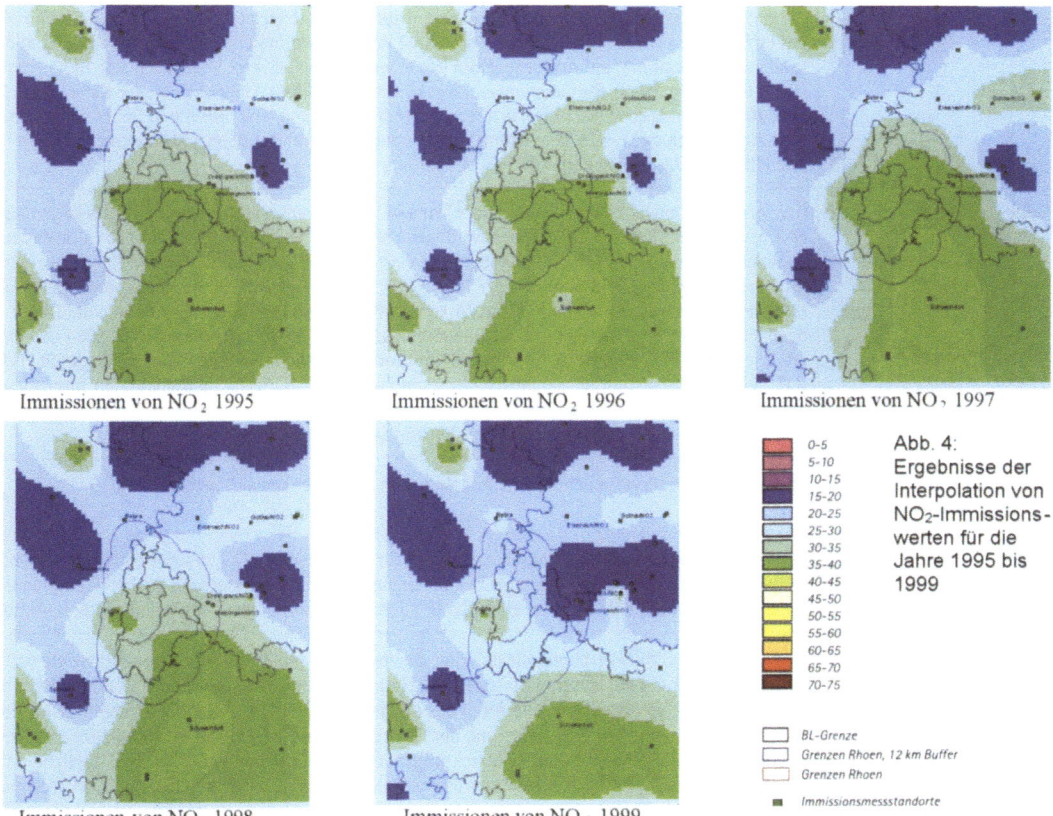

Abb. 4: Auf geostatistischen Methoden basierende Auswertung zur NO_2-Immission im Biosphärenreservat Rhön (SCHÖNTHALER, K. et al. 2003). Durch Ergänzung der im Biosphärenreservat Rhön durchgeführten Messungen des Hessischen Landesamtes für Umwelt und Geologie mit Messstellenwerten aus dem näheren und weiteren Umfeld des Biosphärenreservats lassen sich mit Hilfe geostatistischer Methoden flächendeckende Karten erzeugen. Die Werte sind Schätzwerte, zeigen jedoch nach stichprobenartiger Überprüfung mit konkreten Messwerten nur geringe Abweichungen.

Voller Leben 239

5. FALLBEISPIELE AUS DER FORSCHUNG

Vernetzung und Anwendung der ökosystemaren Umweltbeobachtung

Im Ergebnis des Forschungsvorhabens liegt für das länderübergreifende BR Rhön ein direkt umsetzbares Programm für die ökosystemare Umweltbeobachtung vor. Die Bundesländer Bayern, Hessen und Thüringen haben im Jahr 2002 vereinbart, die ökosystemare Umweltbeobachtung im Biosphärenreservat weiterzuführen und auf dieser Grundlage einen Umweltbericht zu erstellen. Die Handlungsanleitungen und umfangreichen Materialien (SCHÖNTHALER, K. et al. 2003) liefern wesentliche Hilfestellung für vergleichbare Aktivitäten in anderen Biosphärenreservaten. Wertvolle Impulse für die (Um-) Organisation von Umweltbeobachtungsprogrammen sind zum Teil bereits während der Bearbeitungszeit durch die intensive Öffentlichkeitsarbeit vom Rhön-Projekt ausgegangen.

Um eine schrittweise Umsetzung des Konzepts zu ermöglichen, ist es als Baukastensystem aufgebaut, dessen Module sich einzeln bzw. nach und nach umsetzen lassen. Damit sind

Biosphärenreservat	Stand der Umweltbeobachtung
Südost-Rügen	Beobachtung von Brutvögeln und Amphibien (saisonal), (Verkehrsmonitoring); ansonsten noch keine weiteren Aktivitäten zur Umweltbeobachtung
Schleswig-Holsteinisches Wattenmeer	Seit 1997 gemeinsames Monitoringprogramm TMAP (Trilateral Monitoring and Assessment Programme) im Rahmen der dänisch-deutsch-niederländischen trilateralen Zusammenarbeit zur Erfassung des Zustands des Wattenmeeres und zur Überprüfung der Umsetzung der im Trilateralen Wattenmeerplan gesetzten Ziele; harmonisierte Datenerhebung und Datenhaltung; Evaluierung für 2005 geplant; Vorlage der Ergebnisse des TMAP alle vier Jahre zur trilateralen Ministerkonferenz
Hamburgisches Wattenmeer	
Niedersächsisches Wattenmeer	
Schaalsee	Umweltbeobachtung in Bezug auf Landschaften und Biotope, Arten, Sozioökonomie und ökologische Wirkungsfaktoren; im Einzelnen Wassermengen- und Gewässergüteerhebungen, seit 2000 im Rahmen des LIFE-Projekts „Feuchtlebensräume"; seit 2002 Waldmonitoring und Naturwaldbeobachtung der Landesforstverwaltung; auf Artebene: Flora (Orchideen), Fauna: diverse Vogelarten seit 1990, Fischotter (*Lutra lutra*) (seit 1997), Rotbauchunken (*Bombina bombina*) (seit 1999), xylobionte Käfer, Nachtfalter (seit 2001); Ökologische Wirkungsfaktoren: Wetterbeobachtung (seit 1999) und Immissionsmessungen (seit 2001) durch das Landesumweltamt; Darstellung ausgewählter Beobachtungsergebnisse im zweijährlichen Tätigkeitsbericht der BR-Verwaltung
Schorfheide-Chorin	Ökosystemare Umweltbeobachtung parallel zu und in Abstimmung mit dem Rhön-Projekt gemäß einem Monitoringkonzept der FH Eberswalde (LUTHARDT, V. et al. 1999) entwickelt und in Umsetzung; Beobachtung an ausgewählten Ökosystemtypen in räumlicher Arbeitsteilung mit BR Spreewald und BR Flusslandschaft Elbe (Brandenburger Teil) und in Kooperation mit Länderfachbehörden; zentrale Fragestellungen und regionale Ursache-Wirkungs-Hypothesen formuliert; Einrichtung der Dauerbeobachtungsflächen und Ersterhebung abgeschlossen; Wiederholungserhebung für 2004 geplant; integrierende Auswertungen auf Basis der Hypothesen und nach Ökosystemkomplexen durch FH Eberswalde; Berichterstattung für die Biosphärenreservate Brandenburgs ist im dreijährigen Turnus vorgesehen mit Beginn 2003; Aktivitäten eingebunden im Konzept der Integrierenden Ökologischen Dauerbeobachtung in Brandenburg (Federführung Landesumweltamt)
Flusslandschaft Elbe Teilgebiet Schleswig-Holstein	Das Biosphärenreservat machte keine Angaben zum Stand der Umweltbeobachtung.
Flusslandschaft Elbe Teilgebiet Mecklenburg-Vorpommern	Koordinierung aller Aktivitäten durch Landesamt für Umweltschutz MV, erster Überblick über Ökosystemtypen sowie Flora und Fauna in Zusammenhang mit Berichterstattung zu FFH-Richtlinie und Naturparkplan Mecklenburgisches Elbtal (2001) geschaffen, ansonsten noch keine weiteren Aktivitäten
Flusslandschaft Elbe Teilgebiet Niedersachsen	Im Ergebnis des BMBF-Verbundprojekts „Elbe-Ökologie" regionalisierte Umweltqualitätsziele erarbeitet, Inventarisierung der Naturausstattung und Nutzungsarten (GIS), periodische Bestanderfassungen ausgewählter Arten (Brutvögel) und Arten des Anhang II der FFH-RL (Amphibien, Biber (*Castor fiber*), Fischotter (*Lutra lutra*), Fische), Erfassung der FFH-relevanten Biotoptypen in auentypischen Lebensräumen mit Einrichtung von Dauerbeobachtungsflächen in ausgewählten Bereichen, jährliche Erfassung des Rastverlaufs bei Gastvögeln (nordische Gänse (*Anser anser*) und Schwäne (*Cygnus cygnus*)).
Flusslandschaft Elbe Teilgebiet Brandenburg	Vgl. BR Schorfheide-Chorin und BR Spreewald Derzeit Ersteinrichtung der Dauerbeobachtungsflächen der ökosystemaren Umweltbeobachtung

Tab. 3: Stand der Umweltbeobachtung in den 14 deutschen Biosphärenreservaten (Angaben der Biosphärenreservate 2003)

FALLBEISPIELE AUS DER FORSCHUNG

die Voraussetzungen geschaffen, mit der Realisierung der ökosystemaren Umweltbeobachtung zu beginnen, ohne zusätzliche Erhebungen und ohne grundsätzliche Veränderungen der administrativen Strukturen und organisatorischen Abläufe in den Ländern vorzunehmen.

Das Konzept der ökosystemaren Umweltbeobachtung wurde mit Hilfe der Fachgespräche und schriftlichen Stellungnahmen der Wissenschaftler und Länderfachbehörden bereits in seinem Entstehungsprozess aufwändig qualitätsgesichert. Die Begutachtungen haben ergeben, dass das ökosystemare Beobachtungsprogramm sowohl aus wissenschaftlicher als auch aus fachlich-administrativer Sicht grundsätzlich konsensfähig ist.

Die ökosystemare Umweltbeobachtung hat sich mit dem Rhön-Projekt in den Jahren seit dem Erscheinen des Sondergutachtens des Sachverständigenrates von einer anfänglich abstrakten Vorstellung zu einem anwendbaren Instrument entwickelt (vgl. auch SRU 1994, SRU 1998). Wenn eine Umsetzung der im Ratsgutachten angeregten integrierten Umweltbeobachtung in Angriff genommen wird, so steht hiermit das methodische Werkzeug nach dem Stand des Wissens zur Verfügung. Stehen Umstrukturierungen bzw. Kürzungen in

Biosphärenreservat	Stand der Umweltbeobachtung
Flusslandschaft Elbe Teilgebiet Sachsen-Anhalt	Konzept für eine ökosystemare Umweltbeobachtung in Anlehnung an Rhön-Projekt erarbeitet; Dauerbeobachtungsflächen in auentypischen Lebensräumen eingerichtet.
Spreewald	Vgl. Schorfheide-Chorin; Wiederholungserhebung 2003; seit 2000 Naturkundlicher Jahresbericht (Artenschutz), der erweitert werden kann.
Oberlausitzer Heide- und Teichlandschaft	Erfassung der Bestandesentwicklung von Flora und Fauna (Amphibien, Brutvögel); Erstellung von Luftbild-gestützten Kartengrundlagen für das gesamte Biosphärenreservat; ausgewählte Auswertungen von Wetter- und Stillgewässerbeobachtungen.
Vessertal-Thüringer Wald	Umweltbeobachtung konzentriert sich auf die Hauptbiotoptypen Wald, Fließgewässer, Grünland und Moore. Bisher wurden 107 Einzelprojekte mit z. T. befristeten Beobachtungsansätzen durchgeführt. Aktuell werden ca. 1.000 Parameter erfasst. Die Umweltbeobachtungsaktivitäten sind in einer Datenbank mit GIS dokumentiert (BFÖS 2002). Raumbezogene Umweltqualitätsziele für das BR wurden zusammengestellt (BFÖS 2002).
Rhön	Im Rahmen des Rhön-Projekts für das BR länderübergreifend erarbeitet: Überblick über alle Beobachtungsaktivitäten in und um das Biosphärenreservat, zentrale Fragestellungen und regionale Ursache-Wirkungs-Hypothesen, einzelne integrierende Datenauswertungen in Zusammenarbeit mit Länderfachbehörden, beispielhafter Umweltbericht für ausgewählte Umweltproblembereiche; eigene Dauerbeobachtungsflächen vorhanden; Erstellung eines gemeinsamen länderübergreifenden Umweltberichts auf der Grundlage der Methodik des Rhön-Projekts für das BR geplant.
Pfälzerwald-Nordvogesen (deutscher Teil)	Überblick über alle im Biosphärenreservat befindlichen Beobachtungsprogramme in Bearbeitung; noch keine eigenen Dauerbeobachtungsflächen eingerichtet; Einbindung in die Umweltberichterstattung des Landes derzeit in Konzeption.
Bayerischer Wald	Über 515 Einzelprojekte mit z. T. befristeten Beobachtungsansätzen mit Schwerpunkt in der Waldökosystemforschung sowie zur Bestandesentwicklung von Flora und Fauna; seit 2000 medienübergreifende Dauerbeobachtungsfläche in eigener Zuständigkeit (Integrated Monitoring Forellenbach); Aufbau des GIS als fachübergreifende Forschungsplattform 2002 abgeschlossen: damit Grundlage für Überblick über Beobachtungsaktivitäten im Biosphärenreservat geschaffen; kein eigener Umweltbericht vorgesehen, Auswertungen zu ausgewählten Fragestellungen in den Jahresberichten der Nationalparkverwaltung.
Berchtesgaden	Inventarisierung der natürlichen Ausstattung und Nutzung in GIS abgeschlossen, dabei sind viele einmalig zu erhebende flächendeckende Parameter des Kerndatensatzes erarbeitet worden; eigene Beobachtungsaktivitäten der Nationalparkverwaltung wie z. B. Änderung der Biotop- und Nutzungstypen von 1980-1997, (wird u. a. für FFH-Richtlinie und Landschafts-Biodiversität genutzt); Karstwasseruntersuchungen, Vegetationsmonitoring, Waldinventur, limnologische Untersuchungen insbesondere in Quellen, Gamsmonitoring, Auswirkung der Temperaturerhöhung auf alpinen Rasen u. a.; zentrale Fragestellungen sind im Nationalparkplan 2001 definiert (www.nationalparkplan.de); Aufbau einer ökosystemaren Umweltbeobachtung gemäß Rhön-Ansatz mit den folgenden inhaltlichen Schwerpunkten vorgesehen: Beobachtung globaler Klimaveränderungen und deren Auswirkungen sowie Beobachtung der Auswirkungen überregionaler Schadstoffimmissionen; noch kein eigener Umweltbericht; regelmäßige Forschungsberichte der Nationalparkverwaltung

5. FALLBEISPIELE AUS DER FORSCHUNG

den vorhandenen Messnetzen der Umweltbeobachtung an, so kann das Konzept bei der Identifizierung der aus systemarer Blickrichtung unverzichtbaren Parameter helfen.

Einigen Biosphärenreservaten nutzen bereits einzelne Bausteine des Methodenbaukastens, so z. B. das BR Flusslandschaft Elbe (Teilgebiet Sachsen-Anhalt) und das BR Vessertal-Thüringer Wald. Die Fachhochschule Eberswalde entwickelte im Auftrag der Landesanstalt für Großschutzgebiete Brandenburg parallel zum Rhön-Projekt seit 1997 ein Konzept für die ökosystemare Umweltbeobachtung in den Biosphärenreservaten Schorfheide-Chorin, Spreewald und Flusslandschaft Elbe (Teilgebiet Brandenburg) und setzte es bereits um (LUTHARDT, V. et al. 1999). Wiederholungserhebungen werden derzeit durchgeführt. Beide Projekte profitierten voneinander. Eine enge Abstimmung mit den Arbeiten in den Brandenburger Biosphärenreservaten wurde insbesondere bei der Parameterauswahl für den Kerndatensatz der ökosystemaren Umweltbeobachtung gesucht. Ein intensiver Austausch von Ergebnissen und Methodenentwicklungen zwischen beiden Projekten fand speziell bei der Erarbeitung des biotischen Teils des Kerndatensatzes u. a. im Rahmen mehrerer Workshops statt. Das Rhön-Projekt übernahm zum Beispiel bezüglich der Vegetationsparameter die von der Fachhochschule Eberswalde vorgeschlagene Erhebungsmethode. Die Ansätze weisen im Ergebnis zahlreiche Übereinstimmungen auf und lassen sich miteinander verschneiden.

Schnittstellen zum seit 1994 laufenden Trilateralen Wattenmeermonitoring (TMAP), in das die Biosphärenreservate Schleswig-Holsteinisches, Niedersächsisches und Hamburgisches Wattenmeer eingebunden sind, sind ebenfalls gegeben. Die Biosphärenreservate in Deutschland erklärten in den „Leitlinien" (AGBR 1995), Beiträge zur Erfassung globaler Umweltprobleme, wie z. B. Klimawandel oder Verlust biologischer Vielfalt zu erbringen. Sie streben an, durch die Verwendung abgestimmter, d. h. vergleichbarer Umweltbeobachtungsstrategien die von der UNESCO durchgeführten internationalen Umweltprogramme zu unterstützen und zur Umsetzung der internationalen Konventionen und Beschlüsse beizutragen (z. B. im Rahmen des Agenda 21-Prozesses zur Nachhaltigen Entwicklung, vgl. Kap. 3.4).

Die Verwaltungen der Biosphärenreservate können beim Aufbau der Umweltbeobachtung in den Biosphärenreservaten gemäß diesen Verpflichtungen aus dem internationalen MAB-Programm auf den Methodenbaukasten des Rhön-Projekts zurückgreifen.

Dies trifft auch auf die Anforderungen zu, die sich aus dem BRIM-Programm ergeben (HAIN, B. 2001). Insbesondere das Methodenhandbuch des Abschlussberichts bietet Anhaltspunkte für eine effektive Vorgehensweise (SCHÖNTHALER, K. et al. 2003). Eine Broschüre mit einer kurzen übersichtlichen Darstellung des Beobachtungsprogramms wird für die Information der Öffentlichkeit und der Verantwortlichen in der Politik genutzt (BAYSTMLU/UBA 2000).

Als nächste Schritte sind für die einzelnen Biosphärenreservate denkbar:
- Abschließen von Verwaltungsvereinbarungen, um die Zusammenarbeit mit allen an der Umweltbeobachtung beteiligten Fachbehörden von Bund und Ländern abzusichern;
- Überprüfen der für die nationale Ebene formulierten Ursache-Wirkungs-Hypothesen auf ihre Relevanz für die Biosphärenreservate und Formulieren der für das jeweilige Gebiet regional relevanten Hypothesen;
- Zusammenstellen der Bebobachtachtungsaktivitäten in den Biosphärenreservaten unter Nutzung des im Auftrag des UBA entwickelten digitalen Fragebogens zur Dokumentation der Metadaten (CONDAT GMBH, V. KLITZING, F. 2000) und des Geografischen Informationssystems („GIS UB") (SCHRÖDER, W. et al. 2001 und 1999). Eine Anbindung desselben an das ebenfalls im Auftrag des Umweltbundesamts entwickelte geografisches Informationssystem („GIS UB") ermöglicht die Visualisierung und Verschneidung der Beobachtungsprogramme mit den Ergebnissen der bundesweiten Standortökologischen Raumgliederung sowie eine Verknüpfung mit den Metadaten zur Beschreibung der Programme. Durch ein speziell für das Rhön-Projekt entwickeltes Abfragemodul des „GIS UB" können aus den Metadaten der Beobachtungsprogramme diejenigen Parameter selektiert werden, die dem Kerndatensatz entsprechen (SCHRÖDER, W. et al. 2001 und 1999).

Als nächste Schritte für alle Biosphärenreservate gemeinsam sind denkbar:
- Überprüfen und Aktualisieren der seit 1995 angestrebten räumlichen und inhaltlichen Arbeitsteilung der Biosphärenreservate in der Umweltbeobachtung unter Einbeziehung der seitdem anerkannten Biosphärenreservate Oberlausitzer Heide- und Teichlandschaft (1996), Flusslandschaft Elbe (1997) und Schaalsee (2000). Gegebenenfalls müssen die vereinbarte räumliche und inhaltliche Arbeitsteilung an diese neuen Gegebenheiten sowie an veränderte Umweltprobleme bzw. die Wahrnehmung derselben angepasst werden.

Die ökosystemare Umweltbeobachtung im nationalen Kontext

Die aus der Umweltbeobachtung resultierenden Beiträge für die Umweltpolitik des Bundes und der Länder sind als ebenso wichtig zu bewerten, wie die Erfüllung der internationalen Verpflichtungen in Bezug auf das MAB-Programm.

So dient das Programm der ökosystemaren Umweltbeobachtung u. a. der Erfüllung des Beschlusses der 37. Umweltministerkonferenz von 1991, in dem das Bundesumweltministerium um die Weiterentwicklung der Umweltbeobachtung im Sinne der Empfehlungen des Sachverständigenrats von 1990 gebeten wurde.

Mit Paragraf 12 der Novelle des Bundesnaturschutzgesetzes (BNatSchG 2002) erhält die Umweltbeobachtung eine rechtliche Verankerung auf Bundesebene. Umweltbeobachtung ist demnach Aufgabe von Bund und Ländern im Rahmen ihrer Zuständigkeiten. Sie sollen sich gegenseitig bei der Wahrnehmung dieser Aufgabe unterstützen. GASSNER, E. et al. kommentieren diesen Paragrafen dahingehend, dass sich in Bezug auf diese Unterstützungspflicht „spezifische Pflichten zur gegenseitigen Information, zur Mitarbeit an Konzepten und Methoden (ergeben), die eine sach- und kompetenzgerechte Arbeitsteilung erst zustande bringen" (GASSNER, E. et al. 2003). Sie führen hierfür als Beispiel die Erhebung der Boden-Hintergrundwerte durch Bund und Länder an. Sie benennen auch explizit die Erarbeitung der „Konzeption für eine ökosystemare Umweltbeobachtung" seitens der Bundesländer Bayern, Hessen und Thüringen sowie des Bundes im Rahmen des Pilotprojekts BR Rhön zur Ausfüllung dieses gesetzlichen Auftrages. „Vorrangig sind Veränderungen zu Struktur und Funktion des betroffenen Ökosystems zu erfassen" (GASSNER, E. et al. 2003).

Gleichzeitig ermöglicht das Baukastenprinzip, dass das Programm auch für die stärkere Verknüpfung von Umweltbeobachtung und Umweltberichterstattung (Indikatorenbildung für die Politikberatung) bzw. für andere „sektorale" Beobachtungen (z. B. naturschutzbezogene Umweltbeobachtung) nutzbar ist.

Aus einer in ausgewählten Schwerpunkträumen, u. a. in Biosphärenreservaten, etablierten ökosystemaren Umweltbeobachtung können sowohl relevante methodische als auch inhaltliche Beiträge zur Erfüllung bestehender internationaler, europäischer und nationaler Berichtspflichten (z. B. OECD „State of the Environment") als auch politischer Programme erwartet werden. Dies gilt in besonderer Weise für solche Berichtspflichten bzw. politischen Programme, deren Erfüllung eine stärker medien- und sektorübergreifende Betrachtung der Umwelt nahe legt. Hierzu gehören beispielsweise die Nationale Nachhaltigkeitsstrategie der Bundesregierung (BUNDESREGIERUNG 2001) und die dazugehörigen Aktivitäten der Länder (vgl. hierzu auch Empfehlungen des SRU 1998, Tz. 190-194). Das Baukastenprinzip der ökosystemaren Umweltbeobachtung ermöglicht, dass die Einzelbausteine auch unabhängig von der schrittweisen Umsetzung für „sektorale" Beobachtungen, so z. B. für die Umsetzung der mit der Flora-Fauna-Habitat-Richtlinie (FFH) der Europäischen Union oder der Biodiversitätskonvention (CBD) verbundenen Berichtspflichten genutzt werden können.

Das Auswertungskonzept der ökosystemaren Umweltbeobachtung bietet für die Verknüpfung von Umweltbeobachtung und Umweltberichterstattung durch die Erzeugung höher aggregierter Indikatoren zur Beurteilung der ökologischen Gesamtentwicklung geeignete Ansatzpunkte (HAIN, B., SCHÖNTHALER, K. 2003). In besonderer Weise kann die Umsetzung der Nationalen Nachhaltigkeitsstrategie der Bundesregierung (BUNDESREGIERUNG 2001) durch die Länder im Rahmen des Bund-Länder-Arbeitskreises Nachhaltige Entwicklung (BLAK NE) unterstützt werden. Der BLAK NE hat den Auftrag, einen kohärenten Satz von Kernindikatoren der Länder und des Bundes für die Nationale Nachhaltigkeitsstrategie zu entwickeln. Bei der Umsetzung des Arbeitsauftrags zeigen sich insbesondere Probleme bei der länderübergreifenden Verfügbarkeit und Vergleichbarkeit von Umweltdaten für die gemeinsamen Indikatoren. Die im Rhön-Projekt erarbeiteten umfangreichen Zusammenstellungen zu den Ursache-Wirkungs-Hypothesen, zu den Standards und Richtlinien der Bund-Länder-Arbeitskreise und Länderarbeitsgemeinschaften zur Harmonisierung der Umweltbeobachtung und zu den Auswertungsmethoden können hierfür als Arbeitsgrundlagen genutzt werden.

Insbesondere in Biosphärenreservaten sollten die Synergieeffekte zwischen ökosystemarer und naturschutzbezogener Umweltbeobachtung genutzt werden. Im Monitoring zur FFH-Richtlinie ist vorgesehen, die stofflichen Einflüsse auf die zu beobachtenden Arten zu erfassen. Das Konzept der ökosystemaren Umweltbeobachtung sieht eine solche möglichst orts- und zeitgleiche Erhebung und integrierende Auswertung biotischer und abiotischer Daten sowie von Nutzungsdaten vor.

Die Ergebnisse des Rhön-Projekts sollen in die nationale Umsetzung des Artikels 7 und des Beschlusses V1/7 der CBD (Monitoring) einfließen (CBD 2002). Als besonders wertvoll werden hierbei die Parameter aus dem systemtheoretischen Ansatz angesehen, die die Bedeutung der biologischen Vielfalt für die Funktionsfähigkeit von Ökosystemen erfassen. Die Ergebnisse des Rhön-Projekts wurden bereits an das CBD-Sekretariat übermittelt und können ggf. als „regionale Fallstudie" in die Aktivitäten der CBD aufgenommen werden.

Verbunden mit der Novellierung des Gentechnik-Gesetzes zur Umsetzung der EU-Freisetzungsrichtlinie hat die Umweltministerkonferenz im Herbst 2002 ein Konzept des Länderausschusses Gentechnik (LAG) zum „Monitoring von Umweltwirkungen gentechnisch veränderter Pflanzen" zur Kenntnis genommen. Derzeit erarbeiten die Länder mit Unterstützung des Bundes Methoden, wie das Programm praktisch umzusetzen ist. Sie streben einen systemaren Ansatz an, der sich an die Vorgehensweise im Rhön-Projekt anlehnt. Die Umsetzung der ökosystemaren Umweltbeobachtung könnte die hierbei aktuell immer wieder geforderte Erfassung des Umweltzustandes vor der breiten Einführung von gentechnisch veränderten Pflanzen unterstützen („base-line", vgl. UBA 2003).

Durch die Einbindung der Fachbehörden aus allen Bundesländern sind die fachlichen Inhalte des Rhön-Projekts im Wesentlichen bereits mit den Länder-Arbeitsgemeinschaften

5. FALLBEISPIELE AUS DER FORSCHUNG

und Bund-Länder-Arbeitskreisen abgestimmt. Eine offizielle Informationsrunde in den Arbeitsgremien der Umweltministerkonferenz (UMK) wurde 2002 mit einer Vorstellung im Bund-Länder-Arbeitskreis Umweltinformationssysteme (BLAK UIS) begonnen und wird durch das Bayerische Umweltministerium fortgeführt werden. Es wird angestrebt, dort mögliche Strategien zur Umsetzung, insbesondere zu den Voraussetzungen einer verbesserten Datenauswertung, zu diskutieren.

Zusammenfassung

Mit der UNESCO-Anerkennung sind die Biosphärenreservate eine Verpflichtung zur Umweltbeobachtung eingegangen. In den „Leitlinien" (1995) haben sich die Biosphärenreservats-Verwaltungen auf fachliche Grundsätze für die Umweltbeobachtung verständigt, die sich an die Empfehlungen des SRU (1991) anlehnen. In einem Projekt des Umweltbundesamts und des Bayerischen Umweltministeriums wurde am Beispiel des länderübergreifenden Biosphärenreservats Rhön ein praxisreifes Programm für die ökosystemare Umweltbeobachtung entwickelt, das von den Biosphärenreservaten in Teilen bereits umgesetzt wird und auch darüber hinaus im bundesweiten Kontext Anwendungsmöglichkeiten bietet.

Literatur

AGBR (Ständige Arbeitsgruppe der Biosphärenreservate in Deutschland) (Hrsg.) (1995): Leitlinien für Schutz, Pflege und Entwicklung der Biosphärenreservate in Deutschland.

BayStMLU/UBA Bayerisches Staatsministerium für Landesentwicklung/ Umweltbundesamt (Hrsg.) (2000): Ökosystemare Umweltbeobachtung. Vom Konzept zur Umsetzung. Broschüre.

BFÖS (Büro für Ökologische Studien GdbR) (2002): Abstimmung von übergeordneten Umweltqualitätszielen für das Biosphärenreservat Vessertal, im Auftrag der Verwaltung des Biosphärenreservates Vessertal. Unveröffentlicht.

BRIM (Biosphere Reserve Integrated Monitoring) (2001): Report of the Special Meeting on Biosphere Reserves Integrated Monitoring Office of the Global Terrestrial Observing System (GTOS). Food and Agriculture Organization of the United Nations (FAO) from Rome, Italy, 4 - 6 September 2001.

BNatSchG (Bundesnaturschutzgesetz) (2002): Gesetz über Naturschutz und Landschaftspflege (Bundesnaturschutzgesetz – BNatSchG) vom 25.03.2002 (BGBl I Nr. 22 vom 03.04.2002, S. 1193).

Bundesregierung 2001: Perspektiven für Deutschland. Entwurf der nationalen Nachhaltigkeitsstrategie. Unter: http://www.dialog-nachhaltigkeit.de/html/infos.htm.

CONDAT GmbH, v. Klitzing, F. (2000): Konkretisierung des Umweltbeobachtungsprogramms im Rahmen eines Stufenkonzeptes der Umweltbeobachtung des Bundes und der Länder. Teilvorhaben 1 Überarbeitung des Konzeptes Umweltbeobachtung. Teilvorhaben 2 Fortschreibung der Dokumentation von Programmen anderer Ressorts. - Berlin (Umweltforschungsplan des Bundesministeriums für Umwelt, Naturschutz und Reaktorsicherheit. FuE-Vorhaben 299 82 212 / 01, im Auftrag des Umweltbundesamtes).

CBD (Convention on Biological Diversity) (2002): Beschluss VI/7B der 6. Vertragsstaatenkonferenz des Übereinkommens über die Biologische Vielfalt vom 7.-19. April 2002 in Den Haag.

Gassner, E., Bendomir-Kahlo, G., Schmidt-Räntsch, A. u. J. Schmidt-Räntsch (2003): Bundesnaturschutzgesetz. Kommentar unter Berücksichtigung der Bundesartenschutzverordnung, des Washingtoner Artenschutzübereinkommens, der EG-Artenschutz-Verordnung, der EG-Vogelschutz-Richtlinie und der EG-Richtlinie „Flora, Fauna, Habitate". 2. Aufl.

Hain, B. (2001): Concept of Integrated Monitoring and Pilot Implementation in the Rhön Biosphere Reserve. In: UNESCO (Hrsg.)(2001): Special Meeting on Biosphere Reserve Monitoring (BRIM) - Final Report.

Hain, B. und Schönthaler, K. (2003): Naturwissenschaftliche Anforderungen an Indikatoren. In: Wiggering, H., Müller, F. (Hrsg.): Umweltziele und Indikatoren. Technische Anforderungen an ihre Festlegung und Fallbeispiele. Geowissenschaften und Umwelt.

LAWA (Länderarbeitsgemeinschaft Wasser) (Hrsg.) (1997): Fließgewässer der Bundesrepublik Deutschland. 1. Empfehlungen für die regelmäßige Untersuchung der Beschaffenheit der Fließgewässer in den Ländern der Bundesrepublik Deutschland. 2. LAWA-Untersuchungsprogramm in den Ländern der Bundesrepublik Deutschland.

LABO (Länderarbeitsgemeinschaft Boden) (Ad-hoc AG Bodendauerbeobachtung des Ständigen Ausschusses „Informationsgrundlagen" der LABO) (2000): Einrichtung und Betrieb von Boden-Dauerbeobachtungsflächen. In: Rosenkranz, D., Bachmann, G., Einsele, G. u. M. Harreß (Hrsg.): Bodenschutz, ergänzbares Handbuch der Maßnahmen und Empfehlungen für Schutz, Pflege und Sanierung von Böden, Landschaft und Grundwasser. Kennziffer 9006.

Luthardt, V., Vahrson W.-G. u. F. Dreger (1999): Konzeption und Aufbau der Ökosystemaren Umweltbeobachtung für die Biosphärenreservate Brandenburgs. Natur und Landschaft 74 (4).

Deutsches MAB-Nationalkomitee (Hrsg.) (1996): Kriterien für die Anerkennung und Überprüfung von Biosphärenreservaten in Deutschland, Bonn.

SRU (Rat von Sachverständigen für Umweltfragen) (1998): Umweltgutachten 1998. Umweltschutz: Erreichtes Sichern – neue Wege gehen.

SRU (Rat von Sachverständigen für Umweltfragen) (1991): Allgemeine ökologische Umweltbeobachtung. Sondergutachten Oktober 1990.

SRU (Rat von Sachverständigen für Umweltfragen) (1994): Umweltgutachten 1994. Für eine dauerhaft umweltgerechte Entwicklung.

Schönthaler, K., Kerner, H., Köppel, J. u. L. Spandau (1994):

Konzeption für eine ökosystemare Umweltbeobachtung – Pilotprojekt für Biosphärenreservate. Abschlussbericht zum F+E-Vorhaben 101 04 0404/08 im Auftrag des Umweltbundesamtes, unveröffentlicht.

SCHÖNTHALER, K., KERNER, H., KÖPPEL, J. u. L. SPANDAU (1997): Konzeption für eine ökosystemare Umweltbeobachtung – Wissenschaftlich-fachlicher Ansatz. UBA-Texte-Reihe 32/97.

SCHÖNTHALER, K., MEYER, U., POKORNY, D., REICHENBACH, M. SCHULLER D. u. W. WINDHORST (2003): Ökosystemare Umweltbeobachtung; Vom Konzept zur Umsetzung. Hrsg. v. Umweltbundesamt und Bayerischen Staatsministerium für Landesentwicklung und Umweltfragen. In Vorbereitung.

SCHRÖDER, W., AHRENS, E., BARTELS, F. u. B. SCHMIDT (1999): Entwicklung eines Modells zur Zusammenführung vorhandener Daten von Bund und Ländern zu einem Umweltbeobachtungssystem. - 2 Bde., (FuE-Vorhaben 297 81 126 / 01, im Auftrag des Umweltbundesamtes). Unveröffentlicht.

SCHRÖDER, W., ECKSTEIN, T., MATEJKA, H., PESCH, R., u. G. SCHMIDT (2001): Konkretisierung des Umweltbeobachtungsprogramms im Rahmen eines Stufenkonzeptes der Umweltbeobachtung des Bundes und der Länder - Teilvorhaben 3. – Vechta (FuE-Vorhaben 299 82 212 / 02, im Auftrag des Umweltbundesamtes). Unveröffentlicht.

UNESCO (Hrsg.) (1996): Biosphärenreservate. Die Sevilla-Strageie und die Internationalen Leitlinien für das Weltnetz. Hrsg. der dt.-sprach. Ausg.: Bundesamt für Naturschutz, Bonn.

UNESCO (2002): Periodic Review for Biosphere Reserves. In: http://www.unesco.org/mab/docs/periodicE.pdf

UBA (UMWELTBUNDESAMT) (1998): Dokumentation zum 2. Fachgespräch „Konzeption für eine ökosystemare Umweltbeobachtung" vom 20./21. 11. 1997 in Berlin, Fachdokumentation erstellt von Büro für Ökologie und Planung Göttingen. Unveröffentlicht.

UBA (UMWELTBUNDESAMT) (2003): Monitoring von gentechnisch veränderten Organismen. Ergebnisse der Modellprojekte von Bund und Ländern, Unterlagen zur Fachtagung vom 27. Mai 2003 in Berlin. Unveröffentlicht.

5.4 Sozio-ökonomisches Monitoring der schleswig-holsteinischen Wattenmeerregion

Christiane Gätje

Ziele des sozio-ökonomischen Monitorings in der Wattenmeerregion („SÖM Watt")

In der Wattenmeerregion gibt es vielfältige Wechselwirkungen zwischen Mensch und Natur: Hier leben, arbeiten und erholen sich Menschen.

Diese einzigartige Landschaft wurde 1985 in Schleswig-Holstein, 1986 in Niedersachsen und 1990 in Hamburg als Nationalparke unter Schutz gestellt. 1990 wurden dann das Schleswig-Holsteinische, 1992 das Hamburgische und das Niedersächsische Wattenmeer als UNESCO-Biosphärenreservate anerkannt. Die Biosphärenreservate sind kleiner als die jeweils gleichnamigen Nationalparke. Grund dafür ist, dass die Wattenmeer-Nationalparke nach ihrer Anerkennung als Biosphärenreservate weiter entwickelt und im Zuge von Gesetzesnovellierungen flächenmäßig erweitert wurden. Echte Entwicklungszonen im Sinne der heutigen Ansprüche fehlen bei den drei Wattenmeer-Biosphärenreservaten bislang.

Da das Schleswig-Holsteinische Wattenmeer zuerst Nationalpark und erst fünf Jahre später Biosphärenreservat wurde, der Status Nationalpark darüber hinaus einen stärkeren gesetzlichen Schutz der Natur beinhaltet, wird in der Außendarstellung eher der Nationalpark als Alleinstellungsmerkmal genutzt. Die Bezeichnung Biosphärenreservat wird aber in Zukunft - auch getragen durch eine geplante Erweiterung des Biosphärenreservats und neuere Entwicklungen in der Landwirtschaft (siehe Kap. 4.7) - sicher stärker in den Vordergrund rücken.

Die charakteristische Natur- und Kulturlandschaft der Wattenmeer-Biosphärenreservate bildet einen bedeutenden Teil der Existenzgrundlage für die ortsansässige Bevölkerung. Drei Wirtschaftszweige sind dabei von Bedeutung: Tourismus, Fischerei und Landwirtschaft.

Monitoring oder Dauerbeobachtung bedeutet für die Mehrzahl der Großschutzgebiete in Deutschland auch heute noch in erster Linie eine ökologische Umweltbeobachtung. Sozioökonomische Parameter sind meist nur vereinzelt Bestandteil

5. FALLBEISPIELE AUS DER FORSCHUNG

derartiger Programme. Nicht so im Biosphärenreservat Schleswig-Holsteinisches Wattenmeer: Das Deutsche Wirtschaftswissenschaftliche Institut für Fremdenverkehr (dwif) an der Universität München hat im Rahmen eines mehrjährigen, von Bund und Land geförderten Ökosystemforschungsprojekts die sozio-ökonomischen Bedingungen der schleswig-holsteinischen Wattenmeerregion untersucht. Das Projekt mit dem Titel „Ökosystemforschung im Schleswig-Holsteinischen Wattenmeer" wurde von 1989 bis 1994 durchgeführt. Aufbauend auf den Ergebnissen dieses Projekts wurde das sozio-ökonomische Monitoring im Biosphärenreservat Schleswig-Holsteinisches Wattenmeer, das so genannte SÖM Watt konzipiert.

Das Forschungsprojekt zeigte damals, dass der Tourismus mit einer Wertschöpfung von knapp 20 Prozent den mit Abstand wichtigsten Wirtschaftsfaktor in der Region darstellt (siehe Abb. 1.).

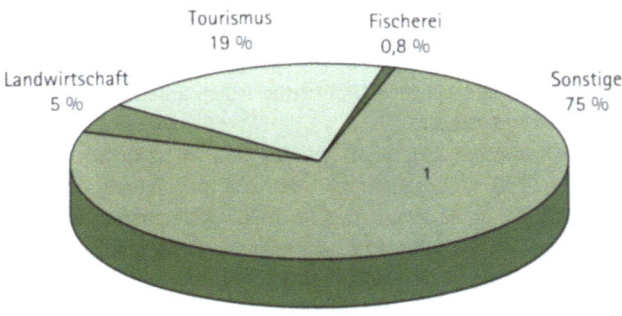

1 Produzierendes Gewerbe, Baugewerbe, sonstiger tertiärer Sektor

Abb. 1: Wertschöpfung einzelner Wirtschaftszweige (1. und 2. Umsatzstufe). (STOCK, M. et al. 1996: 41).

Im BR Schleswig-Holsteinisches Wattenmeer und dessen Umland kommen damit durchschnittlich 19,4 Cent jedes verdienten Euros aus dem Tourismus (NBV/dwif 1997). Auf vielen Inseln und in einigen Gebieten des Festlands der schleswig-holsteinischen Nordseeküste liefert der Fremdenverkehr einen noch höheren Beitrag zum Volkseinkommen, so z. B. mehr als 50 Prozent auf der Hallig Hooge, auf der Insel Amrum und in St. Peter-Ording (STOCK, M. et al. 1996; MÖLLER, A., FEIGE, M. 1998).

Die Ergebnisse aus dem Projekt „Ökosystemforschung im Schleswig-Holsteinischen Wattenmeer" bestätigten, dass die Erfassung ökologischer Daten nicht ausreicht, um die Entwicklung der Wattenmeerregion umfassend zu beschreiben und Trends rechtzeitig erkennen zu können. Die Beschreibung und Analyse einer Region wird erst vollständig, wenn auch soziale und ökonomische Parameter betrachtet werden. Dies trifft insbesondere dann zu, wenn eine nachhaltige, dauerhaft umweltgerechte Entwicklung angestrebt wird.

Der Blick auf die regionale Wirtschaft, auf die Bevölkerungsentwicklung sowie die Meinungen und Wünsche der Bewohner und Gäste ist ebenso wichtig wie die Erfassung und Bewertung (a-)biotischer Parameter (GÄTJE, C. 2003).

Die Ermittlung der Kundenzufriedenheit im Rahmen von Gästebefragungen ermöglicht, die Effizienz von Besucherlenkung und -information zu überprüfen und die Qualität der Angebote im Biosphärenreservat den Bedürfnissen und Wünschen der Gäste entsprechend zu optimieren.

Nicht weniger wichtig ist es, die Bevölkerung und die Vertreterinnen und Vertreter von Interessengruppen hinsichtlich ihrer Wahrnehmung und Akzeptanz der Naturschutzkommunikation und des Vorgehens der Schutzgebiets-Verwaltung regelmäßig zu befragen.

> **Aus dem Gesetz zum Schutz des schleswig-holsteinischen Wattenmeers**
>
> *§ 2 Schutzzweck und andere Zwecke*
> *(...)*
> *(3) (...) Der Erhalt der Natur durch den Nationalpark soll auch durch positive Rückwirkungen auf den Tourismus und das Ansehen der Region der Nachhaltigen Entwicklung zur Verbesserung der Lebens- und Arbeitsbedingungen der im Umfeld lebenden Menschen dienen.*
> *(Gesetz zur Neufassung des Gesetzes zum Schutze des schleswig-holsteinischen Wattenmeeres (Nationalparkgesetz-NPG) vom 17. Dezember 1999 Gl.-Nr.: 791-6)*

Das Zusammenspiel von Nachhaltiger Entwicklung und Tourismus findet auch im Gesetz zum Schutz des schleswig-holsteinischen Wattenmeeres von 1999 explizit Erwähnung: Auch die Dachorganisation der Naturparke, Nationalparke und Biosphärenreservate Deutschlands, EUROPARC Deutschland, erwähnt im gemeinsamen Leitbild für Großschutzgebiete den Naturschutz explizit als regionalen Entwicklungsfaktor (siehe Anhang S. 302).

Insbesondere zur Überprüfung, ob und in welchem Umfang die im Nationalpark-Gesetz bzw. in den EUROPARC-Leitlinien für Biosphärenreservate und Nationalparke formulierten sozio-ökonomischen Ziele:

- positive Rückwirkung des Schutzgebiets auf den Tourismus und das Ansehen der Region,
- Stärkung des Images der Region,
- Förderung eines naturverbundenen Tourismus,
- Erhöhung der Nachfrage nach regionalen Angeboten,
- Einbeziehung der regionalen Bewohner bei Planungen und Maßnahmen,
- stärkere Identifikation der Bevölkerung mit dem Schutzgebiet,
- Bereitstellung exemplarischer Erkenntnisse über die Wechselwirkungen von natürlichen und gesellschaftlichen

FALLBEISPIELE AUS DER FORSCHUNG

Prozessen, von wirtschaftlicher Nutzung und der Entwicklung von natürlichen Lebensräumen, erreicht werden, ist eine entsprechende Datenerhebung bzw. die Zusammenstellung geeigneter sozio-ökonomischer Bewertungsgrundlagen unabdingbar.

Inhalte des „SÖM Watt"

Das ursprüngliche Konzept des sozio-ökonomischen Monitorings in der Wattenmeerregion („SÖM Watt") wurde 1997 für das BR Schleswig-Holsteinisches Wattenmeer in Zusammenarbeit mit dem Deutschen Wirtschaftswissenschaftlichen Institut für Fremdenverkehr an der Universität München (dwif) erarbeitet (MÖLLER, A., FEIL, T. 1997). In den folgenden Jahren entwickelte die Schutzgebiets-Verwaltung das Konzept weiter und begann 1999 mit der Umsetzung. Das heutige (2003) sozio-ökonomische Monitoring des BR Schleswig-Holsteinisches Wattenmeer („SÖM Watt") ist Teil des Programms zum Wattenmeer-Monitoring (LANDESAMT FÜR DEN NATIONALPARK SCHLESWIG-HOLSTEINISCHES WATTENMEER 2001). „SÖM Watt" setzt sich aus drei Bausteinen zusammen (siehe Abb. 2):

SÖM Watt
Bausteine des sozio-ökonomischen Monitorings

SÖM Regional
Wir beschäftigen uns mit der wirtschaftlichen Entwicklung und den Zukunftsperspektiven der Region und möchten diese mitgestalten.
Statistiken und Daten zu
- Bevölkerung
- Wirtschaftsstruktur
- Arbeitsmarkt
- Umwelttrends

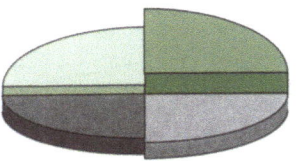

SÖM Trend
Wir möchten die Entwicklung der Besucherzahlen, Art und Intensität der Freizeitaktivitäten sowie Erwartungen und Reisemotive der Urlaubsgäste beobachten.
Durchführung von
- Zählungen
- Gästebefragungen
- Hochrechnungen
- Kartierungen

SÖM Meinung
Wir interessieren uns für Meinungen, Wünsche, Kritik der Menschen, die hier leben sowie der Nordsee- und Nationalparkgäste aus dem gesamten Bundesgebiet.
Befragungen von
- Einwohner/innen
- Bundesbürger/innen

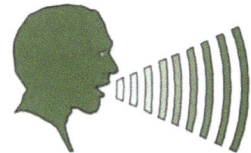

Abb. 2: Die Bausteine des sozio-ökonomischen Monitorings in der schleswig-holsteinischen Wattenmeerregion („SÖM Watt").

Beim ersten Baustein, dem „SÖM Regional", werden aus amtlichen Statistiken ausgewählte Daten zusammengestellt, z. B. zur Entwicklung des Tourismus in der Region (Übernachtungs- und Gästezahlen, Aufenthaltsdauer). Ergänzend finden Einzeluntersuchungen zu Teilaspekten der Wirtschaft im Biosphärenreservat und dessen Umland statt. So läuft beispielsweise in 2003 bis ca. Mitte oder Ende 2004 in Kooperation mit der Fachhochschule Westküste und der Inspektour GmbH ein Projekt zur regionalwirtschaftlichen Bedeutung des Tourismus im Biosphärenreservat.

Die Untersuchungen zum zweiten Baustein, dem „SÖM Trend", gibt es seit 1999: Die Rangerinnen und Ranger der NationalparkService gGmbH befragen an 14 Tagen im Jahr (jeweils vier Tage im Frühjahr und Herbst sowie sechs Tage im Sommer) im Auftrag der BR-Verwaltung an insgesamt 16 ausgewählten Standorten Urlaubsgäste und Tagesausflügler (GÄTJE, C. 2002).

Zeitgleich zu den Gästebefragungen durchgeführte Zählungen und Kurzbefragungen zu Besucherzahl und -struktur bilden einen weiteren Bestandteil der Erhebungen (siehe Tabelle):

	1999	2000	2001	2002	Total
Gezählte Gäste[1]	42.803	27.489	49.492	23.565	143.349
Erfassung der Gästestruktur[2]	4.089	3.264	5.167	3.200	15.720
Gästeinterviews[3]	572	670	1.019	824	3.085
Erfassungstage	84	116	112	112	424

[1] Zählungen an den 16 Erhebungsstandorten (ohne Interviews)
[2] Kurzbefragungen, Erfassung von Besuchertyp, Alter, Zahl der Erwachsenen und Kinder
[3] Interviews zu Einstellungen, Kenntnissen, Erwartungen und Wünschen

Bilanz der Gästebefragungen im sozio-ökonomischen Monitoring („SÖM Watt") im Zeitraum 1999-2002.

Den dritten Baustein, „SÖM Meinung", bilden regelmäßige Befragungen bei der Regionalbevölkerung, um Informationen über Bekanntheitsgrad, Perzeption, also die sinnliche Wahrnehmung, und Akzeptanz des Schutzgebiets zu gewinnen. Diese Befragungen werden seit 2000 durchgeführt. Jährlich wird eine repräsentative Stichprobe von 600 Einwohnerinnen und Einwohnern der Landkreise Dithmarschen und Nordfriesland am Telefon interviewt. Diese Erhebung führt die in Heide angesiedelte Firma Inspektour GmbH (Institut für praxisorientierte Entwicklung & Konzepte im Tourismus/Kooperationspartner der Fachhochschule Westküste) im Auftrag der Schutzgebiets-Verwaltung durch.

In einer punktuell in 1995 und 2001 durchgeführten Untersuchung zur Kommunikations- und Kooperationsstruktur im

NLP/BR Schleswig-Holsteinisches Wattenmeer wurden Repräsentanten der Anliegergemeinden und der wichtigsten Nutzergruppierungen nach ihren Einschätzungen des Auftretens und des Kommunikationsstils der Schutzgebiets-Verwaltung und der NationalparkService GmbH befragt (HAHNE, U. 2001). Diese detaillierte zielgruppenspezifische Untersuchung ergänzt die regelmäßigen Einwohnerbefragungen.

Nutzen des „SÖM Watt“

Die Untersuchungen im Rahmen des „SÖM Watt“ dienen dazu
- rechtzeitig Veränderungen und Trends zu erkennen,
- die Bedeutung des Schutzgebiets für die wirtschaftliche Entwicklung, insbesondere für den Tourismus, zu ermitteln,
- die Zufriedenheit der Besucherinnen und Besucher kontinuierlich zu erfassen und ggf. durch verbesserte Informationsangebote, Besucherlenkung, sowie Schutzgebiets- und Gästebetreuung zu erhöhen,
- durch Abfrage und Berücksichtigung der Meinungen, Wünsche und Interessen der Einheimischen und Gäste die Akzeptanz des Schutzgebiets zu verbessern und
- neue Ansätze für Kooperationen und Konfliktlösungen zwischen Regional- und Schutzgebietsentwicklung zu finden.

Einige Beispiele aus dem „SÖM Watt“

Gästebefragungen

Beim Blick auf die Ergebnisse der Gästebefragungen am schleswig-holsteinischen Wattenmeer fällt die hohe Akzeptanz für Schutzmaßnahmen wie Wegegebote und Betretensverbote (GÄTJE, C. 2000) ebenso wie für den Schutzstatus der Kernzone als Nationalpark auf (siehe Abb. 3).
Frage: „Wie wichtig finden Sie es, dass das Wattenmeer als Nationalpark gesetzlich geschützt ist?"

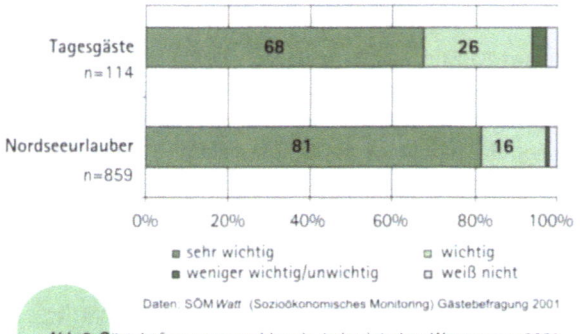

Abb. 3: *Gästebefragung am schleswig-holsteinischen Wattenmeer 2001*

Die Besucher des Wattenmeers stehen der Kernzone des Biosphärenreservats, dem Nationalpark, als einer Einrichtung zum Schutze ihres Urlaubsgebiets positiv, ja sogar sehr positiv gegenüber: Für 68 Prozent der befragten Tagesgäste (n=114) war der gesetzliche Schutz des Wattenmeers „sehr wichtig" und für 26 Prozent „wichtig". Von 859 befragten Nordseeurlaubern gaben sogar 81 Prozent an, der gesetzliche Schutz des Wattenmeeres sei ihnen „sehr wichtig" und weiteren 16 Prozent war er „wichtig". Als weitere Kategorien waren in dieser Befragung „weniger wichtig/unwichtig" und „weiß nicht" angegeben.
Einige der Halligen im nordfriesischen Teil des Wattenmeers wünschen die Aufnahme in das BR Schleswig-Holsteinisches Wattenmeer, und zwar als Entwicklungszone. Vor diesem Hintergrund läuft derzeit (2003) eine Gästebefragung auf der Hallig Hooge, die auch einige Fragen zum Thema Biosphärenreservat stellt (siehe Abb. 4). Die Ergebnisse liegen bei Drucklegung des Buchs leider noch nicht vor (siehe Kap. 4.7).

Das Schleswig-Holsteinische Wattenmeer ist als Biosphärenreservat ausgewiesen. Es soll in den nächsten Jahren auf den Halligen weiter entwickelt werden.
Was würden Sie sich dabei wünschen?
Wie wichtig wäre Ihnen...?
(Interviewer: Bitte alle Themen abfragen)

	Sehr wichtig (1)	Wichtig (2)	Wenig wichtig (3)	Un-wichtig (4)	
a) Schutz der Natur	○	○	○	○	*Schutz Natur* □
b) Typische Kuche mit Produkten aus der Region	○	○	○	○	*Kuche* □
c) Kein Massentourismus	○	○	○	○	*Massentouris* □
d) Mehr Angebote zum Natur erleben, Tiere beobachten	○	○	○	○	*Natur-Erleben* □
e) Besonderes Hallig-Flair	○	○	○	○	*Hallig-Flair* □
f) Qualitativ hochwertige Unterkünfte	○	○	○	○	*Unterkünfte* □
g) Lebensmittel und handwerkliche Produkte aus der Region als Souvenirs	○	○	○	○	*Souvenirs* □
h) Mehr Informationen über die Natur	○	○	○	○	*Natur-Info* □
i) Unkomplizierte Anreise mit öffentlichen Verkehrsmitteln	○	○	○	○	*ÖPNV* □
j) Persönlicher Kontakt zum Gastgeber	○	○	○	○	*Kontakt* □
k) Mehr Informationen über Traditionen auf den Halligen, das Leben auf der Hallig	○	○	○	○	*Hallig-Info* □
Sonstiges:					*Sonstiges* □

Abb. 4: *Auszug aus dem Fragebogen der Gästebefragung* **auf der** *Hallig Hooge 2003*

Einwohnerbefragungen

Die repräsentative Einwohnerbefragung im Jahr 2001 ging u. a. der Frage nach, was die Regionalbevölkerung mit dem Wattenmeer assoziiert („Was fällt Ihnen spontan ein, wenn Sie an das Wattenmeer denken?").
Auf dem ersten Platz landete der Begriff „Ebbe" (überwiegend in Kombination mit „Flut"). Die am meisten genannte Tierart war nicht etwa der Seehund (*Phoca vitulina*), sondern der Wattwurm (*Arenicola marina*), obwohl dieser ja nun keineswegs zu den „sexy species" zählt. Dieses Tier tauchte auch in der zweiten und dritten Nennung häufiger auf und scheint das Wattenmeer auf symbolkräftige Art zu verkörpern.
Die Fachleute vom Potsdam-Institut für Klimafolgenforschung, die die Fragebögen auswerteten, teilten die jeweils

FALLBEISPIELE AUS DER FORSCHUNG

Abb.: Der Wattwurm (Arenicola marina) als Symbolart für das Wattenmeer. Der Wurm lebt in einer U-förmigen Röhre im Wattboden, sandige Kotschnüre an der Sedimentoberfläche offenbaren seine Anwesenheit.

ersten Nennungen auf die offene Frage „Was fällt Ihnen spontan ein, wenn Sie an das Wattenmeer denken?" in Kategorien ein, in denen ähnliche Begriffe zusammengefasst wurden (siehe Abb. 5).

Es fällt auf, dass die Befragten am häufigsten charakteristische Phänomene oder Elemente bzw. Eigenarten des Naturraums Wattenmeer (Kategorie „erlebbare Natur") anführten. Darüber hinaus kamen oftmals kontemplative Begriffe vor (Ruhe, Weite, Schönheit etc.). Auch menschliche Aktivitäten fanden sich unter den ersten Nennungen – allen voran das Wattwandern. Sie fielen allerdings deutlich hinter den vielfältigen Naturphänomenen zurück (REUSSWIG, F., SCHWARZKOPF, J. 2001).

Wirtschaftliche Nutzung spielte insgesamt eine untergeordnete Rolle, obwohl es sich um eine Befragung bei Bewohnern handelte.

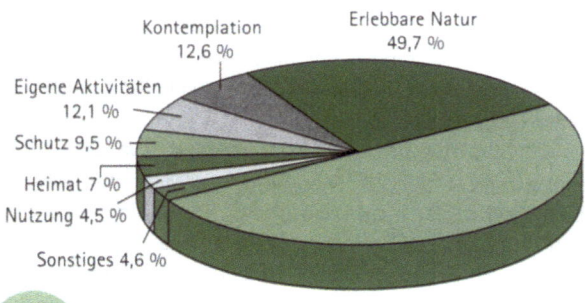

Abb. 5: Die Assoziationsfelder Wattenmeer („SÖM Einwohnerbefragung" 2001, n=603)

Danach nimmt die regionale Bevölkerung das Wattenmeer wahr als weitgehend unberührte, sich selbst überlassene und sichtbar selbst regelnde Natur (Gezeiten), die weitgehend zugänglich ist. Der Mensch erlebt, erkundet und genießt sie beim Wandern und empfindet sie als schön (REUSSWIG, F., SCHWARZKOPF, J. 2001), mit einem Gefühl von Freiheit und Weite.

Zu diesem Befund passt das Ergebnis einer anderen Frage, nach der sich 95 Prozent der Bewohner durch die streng geschützten Bereiche des Biosphärenreservats persönlich nicht eingeschränkt fühlen.

Im Rahmen der gleichen Befragung wurde die so genannte Sonntagsfrage in abgewandelter Form gestellt. Danach hätte eine Dreiviertelmehrheit der Bevölkerung für den Fortbestand des Nationalparks, der Kernzone des Biosphärenreservats, gestimmt, wenn sie vor die Wahl gestellt worden wären (siehe Abb. 6).

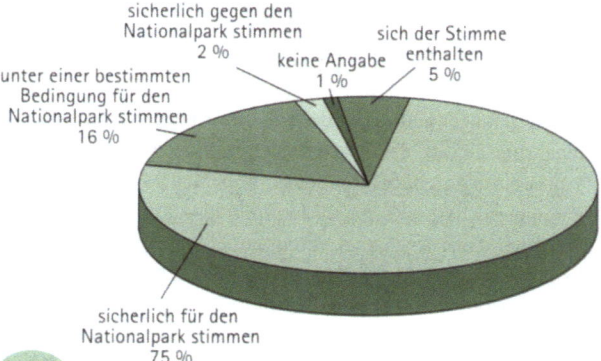

Abb. 6: So antworteten die Menschen, die in der Biosphärenreservatsregion leben, auf die „Sonntagsfrage" („SÖM-Einwohnerbefragung" 2001, n=603).

Die im Jahr 2002 durchgeführte Befragung unter der Regionalbevölkerung offenbart ebenfalls eine hohe Wertschätzung der Nordfriesen und Dithmarscher gegenüber dem Schutzgebiet und bestätigt vergleichbare Ergebnisse aus den Vorjahren. 38 Prozent der Westküstenbewohner sagen zum Nationalpark: „Darauf können wir stolz sein". Weitere 49 Prozent bekennen: „Er ist mir wichtig" (siehe Abb. 7).

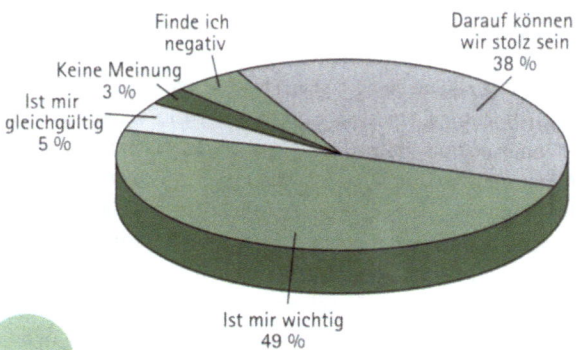

Abb. 7: Bedeutung des Nationalparks für die Bevölkerung der Region (2002)

Einheimische schätzen die größte Informationseinrichtung des Schutzgebiets, das Multimar Wattforum, und bewerten es mit der Traumnote „1". 40 Prozent haben das Multimar Wattforum bereits besucht, die Hälfte von ihnen sogar mehrfach. Weitere 29 Prozent haben einen Besuch geplant.

Im Dezember 2002 wurde die Ausstellung um einen Anbau erweitert, in dem u. a. das vollständige Skelett eines Pottwals (*Physeter macrocephalus*) gezeigt wird. Es ist damit zu rechnen, dass die Eröffnung dieses Walhauses einen weiteren Besucher- und Akzeptanzzuwachs mit sich bringt.

Voller Leben 249

Diese Umfrage-Ergebnisse stellen eine Art Stimmungsbarometer für den Naturschutz im NLP/BR Schleswig-Holsteinisches Wattenmeer dar. Sie machen deutlich, dass das Schutzgebiet nicht nur bei seinen Gästen, sondern auch bei der Mehrheit der Bevölkerung auf große Akzeptanz stößt.

Übertragbarkeit des „SÖM Watt"

Im Wattenmeer gibt es seit der Trilateralen Regierungskonferenz zum Schutz des Wattenmeers in Stade 1997 (CWSS 1998) ein staatenübergreifendes, in seinen Methoden und Parametern harmonisiertes Monitoringprogramm (Trilateral Monitoring and Assessment Program).

In regelmäßigen Abständen werden die erhobenen Daten ausgewertet und ein Bericht zum Qualitätszustand des Wattenmeers veröffentlicht (DE JONG, F. et al. 1999). Das in Dänemark, Deutschland und den Niederlanden durchgeführte Programm umfasst abiotische und biotische Parameter, bisher aber nur wenige sozio-ökonomische: Dies, obwohl ein entsprechendes Konzept erarbeitet wurde (MÖLLER, A. 1996) und verschiedene Seiten die Ergänzung des Programms um geeignete Parameter zur demografischen, wirtschaftlichen und sozialen Entwicklung gefordert haben (IRWC 2000, WOLFF, W. J. et al. 2003).

Auch in den deutschen Biosphärenreservaten gibt es bisher keine einheitliche Datenerhebung zur Zahl der Gästeübernachtungen und Tagesbesucher, ebenso wenig zur regionalwirtschaftlichen Bedeutung der Gebiete. Weitgehend fehlen vergleichbare Untersuchungen z. B. zur Bekanntheit des Schutzstatus, zur Zufriedenheit und Akzeptanz bei Einwohnerinnen und Einwohnern sowie bei Gästen.

Die Einrichtung eines harmonisierten sozio-ökonomischen Monitorings als fester Bestandteil eines Nachhaltigkeits-Monitorings in UNESCO-Biosphärenreservaten könnte dieses Informationsdefizit beheben. Erste Schritte in diese Richtung wurden bereits unternommen. Fachleute für soziales Monitoring diskutierten bei einem Treffen in Rom im Jahr 2001 im Rahmen des Projekts „Biosphere Reserve Integrated Monitoring (BRIM)" des UNESCO-Programms Der Mensch und die Biosphäre (Man and the Biosphere, MAB) über Themenfelder, Methoden, Ansätze sowie institutionelle Einbettungen von Monitoring (siehe Kap. 3.4). Der Workshop-Bericht (LASS, W., REUSSWIG, F. 2002) gibt konkrete Empfehlungen z. B. für Richtlinien und Indikatorensätze.

Zusammenfassung

Im BR Schleswig-Holsteinisches Wattenmeer wurden erstmals im Rahmen des Verbundforschungsvorhabens Ökosystemforschung Wattenmeer neben umfangreichen ökologischen Untersuchungen auch Analysen zur Bevölkerungs- und Wirtschaftsstruktur sowie Gästebefragungen durchgeführt. Nach Abschluss des Projekts wurde ein sozio-ökonomisches Monitoring („SÖM Watt") für das BR Schleswig-Holsteinisches Wattenmeer konzipiert, das sich aus drei Bausteinen zusammensetzt: Auswertung von Statistiken zur Entwicklung des Tourismus in der Region, Zählungen und Kurzbefragungen zur Erfassung der Besucherzahl und -struktur sowie Gäste- und Einwohnerbefragungen.

Ausgewählte Beispiele und der mögliche Nutzen für eine Optimierung der Angebote im Biosphärenreservat, für eine Nachhaltige Entwicklung sowie für eine verbesserte und zielgruppengerechtere Kommunikation und Öffentlichkeitsarbeit werden dargestellt. Die Einrichtung eines harmonisierten sozio-ökonomischen Monitorings als fester Bestandteil eines Nachhaltigkeits-Monitorings in unseren Großschutzgebieten wird empfohlen.

Literatur

CWSS (Ed.) (1998): Ministerial Declaration of the Eighth Trilateral Governmental Conference on the Protection of the Wadden Sea. Stade, Germany, October 22, 1997.

DE JONG, F., BAKKER, J. F., VAN BERKEL, C. J. M., DANKERS, N. M. J. A., DAHL, K., GÄTJE, C., MARENCIC, H. u. P., POTEL (1999): Wadden Sea Quality Status Report. Wadden Sea Ecosystem No. 9. Common Wadden Sea Secretariat & Trilateral Monitoring and Assessment Group.

GÄTJE, C. (2000): Der Mensch in der Nationalparkregion. In: LANDESAMT FÜR DEN NATIONALPARK SCHLESWIG-HOLSTEINISCHES WATTENMEER (Hrsg.), Wattenmeermonitoring 1999, Schwerpunktthema: Der Mensch in der Nationalparkregion, Schriftenreihe des Nationalparks Schleswig-Holsteinisches Wattenmeer, Tönning, Sonderheft: 30-51.

GÄTJE, C. (2003): Socio-economic Targets for the Wadden Sea. In: WOLFF, W. J., ESSINK, K., KELLERMANN, A. U. M. A. VAN LEEUWE (Eds.): Challenges to the Wadden Sea. Proceedings of the 10th International Scientific Wadden Sea Symposium, Groningen, The Netherlands, 31 October - 3 November 2000. Ministry of Agriculture, Nature Management and Fisheries/Dept. of Marine Biology, University of Groningen, S. 221-229.

GÄTJE, C., MÖLLER, A. U. M. FEIGE (2002): Visitor Management by Visitor Monitoring? Methodological Approach and Empirical Results from the Wadden Sea National Park in Schleswig-Holstein. In: ARNBERGER, A., BRANDENBURG, C. U. A. MUHAR (Eds.): Conference Proceedings „Monitoring and Management of Visitor Flows in Recreational and Protected Areas", January 30-February 02, 2002, Vienna, Austria: 68-73.

HAHNE, U. (2001): Kommunikations- und Kooperationsstruktur im Nationalpark Schleswig-Holsteinisches Wattenmeer. Untersuchung erstellt im Auftrag des Landesamtes für den Nationalpark Schleswig-Holsteinisches Wattenmeer. Unveröffentlichter Bericht. 62 S.

IRWC (inter-regional wadden sea cooperation) (2000): Sustainable Tourism Development and Recreational Use in the Wadden Sea Region. NetForum, Final Report. Ribe County, Denmark.

Landesamt für den Nationalpark Schleswig-Holsteinisches Wattenmeer (2001): Wattenmeermonitoring 2000 – Schriftenreihe des Nationalparks Schleswig-Holsteinisches Wattenmeer, Tönning, Sonderheft, 76 S.

Lass, W., Reusswig, F. (eds.) (2002): Social Monitoring: Meaning and Methods for an Integrated Management in Biosphere Reserves. Report of an International Workshop. Rome, 2-3 September 2001. Biosphere Reserve Integrated Monitoring (BRIM) Series No. 1. UNESCO, Paris.

Möller, A. (1996): Socio-economic Monitoring. In: Marencic, H., Bakker, J., Farke, H., Gätje, C., de Jong, F., Kellermann, A., Laursen, K., Pedersen, T. F. & J. de Vlas: The Trilateral Monitoring and Assessment Program (TMAP). Expert Workshops 1995/96. Wadden Sea Ecosystem No. 6. Common Wadden Sea Secretariat & Trilateral Monitoring and Assessment Group, Wilhelmshaven: 66-70.

Möller, A., Feil, T. (1997): Konzept Sozioökonomisches Monitoring im Nationalpark Schleswig-Holsteinisches Wattenmeer, Report, München/Berlin.

Möller, A., Feige, M. (1998): Wirtschaftliche Bedeutung des Tourismus. In: Landesamt für den Nationalpark Schleswig-Holsteinisches Wattenmeer, Umweltbundesamt (Hrsg., Umweltatlas Wattenmeer, Bd. 1 Nordfriesisches und Dithmarscher Wattenmeer: 180-181, Stuttgart.

NBV/DWIF (1997): Meer-Wert. Wirtschaftsfaktor Tourismus – Bestandsaufnahme und Perspektiven für die Westküste Schleswig-Holsteins. Nordseebäderverband/Deutsches Wirtschaftswissenschaftliches Institut für Fremdenverkehr an der Universität München. Husum.

Reusswig, F., Schwarzkopf, J. (2001): Das Wattenmeer vor Augen - Anmerkungen zum Sozio-ökonomischen Monitoring - Einwohnerbefragung Watt 2001. Potsdam-Institut für Klimafolgenforschung. Unveröffentlichter Bericht im Auftrag des Landesamtes für den Nationalpark Schleswig-Holsteinisches Wattenmeer, 16 S.

Stock, M., Schrey, E., Kellermann, A., Gätje, C., Eskildsen, K., Feige, M., Fischer, G., Hartmann, F., Knoke, V., Möller, A., Ruth, M., Thiessen, A. u. R. Vorberg (1996): Ökosystemforschung Wattenmeer - Synthesebericht: Grundlagen für einen Nationalparkplan. Schriftenreihe des Nationalparks Schleswig-Holsteinisches Wattenmeer 8: 784 S..

Wolff, W. J., Essink, K., Kellermann, A. & M. A. van Leeuwe (Eds.) (2003): Challenges to the Wadden Sea. Proceedings of the 10th International Scientific Wadden Sea Symposium, Groningen, The Netherlands, 31 October - 3 November 2000. Ministry of Agriculture, Nature Management and Fisheries/ Dept. of Marine Biology, University of Groningen: 7-11 (Recommendations).

5.5 Allensbach-Umfrage im Biosphärenreservat Rhön

Doris Pokorny

Warum Meinungsumfrage?

Die Ziele des Biosphärenreservats Rhön sollen „zusammen mit den dort lebenden und arbeitenden Menschen erarbeitet und umgesetzt werden" – so die Definition (AGBR 1995). Der Erfolg oder der Misserfolg der Biosphärenreservats-Idee hängt somit maßgeblich von der Akzeptanz in der Bevölkerung ab. Deren Meinung ist also elementar wichtig. Doch: Was wissen die Menschen in der Rhön wirklich vom Biosphärenreservat Rhön? Wie identifizieren sie sich mit den Zielen und Projekten des Biosphärenreservats? Was ist ihnen wichtig? Erreichen wir sie mit unserer Öffentlichkeitsarbeit? Wie wird die Arbeit der Verwaltungsstellen des Biosphärenreservats wahrgenommen?

Auch zehn Jahre nach Anerkennung als UNESCO-Biosphärenreservat (1992) war dies für das Biosphärenreservat Rhön kaum einzuschätzen. So entstand die Idee, im Frühjahr 2002 eine professionelle Meinungsumfrage durchzuführen und hiermit ein anerkanntes Meinungsforschungsinstitut zu beauftragen.

Kosten- und Leistungsangebote bei bundesweit namhaften Instituten wurden eingeholt. Schnell stellte sich heraus, dass für die Fragestellung (und bei dem zu erwartenden Beratungsbedarf) das Institut für Demoskopie Allensbach der richtige Partner sein würde.

Ein länderübergreifendes Projekt sollte es sein, d. h. alle drei Bundesländer (Bayern, Hessen und Thüringen), die Flächenanteile am BR Rhön haben, sollten beteiligt sein. Der Auftrag wurde federführend durch die bayerische Verwaltungsstelle des BR Rhön erteilt. Die Allianz-Umweltstiftung konnte als Sponsor für das Projekt gewonnen werden.

Vorbereitung und Methode

Die Arbeitsschritte und die erforderliche Zuarbeit der Verwaltungsstellen wurden in mehreren Vorgesprächen mit dem Allensbach-Institut festgelegt. Ein eintägiger, länderübergreifender, mit Unterstützung durch Studenten der Technischen Universität Berlin durchgeführter Workshop diente der Identifizierung und Auswahl der Schwerpunktthemen, die in der Umfrage angesprochen werden sollten.

Das Allensbach-Institut „übersetzte" diesen Katalog in einen allgemein verständlichen, für telefonische Interviews geeigneten Fragebogen und machte diesen – was sehr wichtig ist – durch entsprechende zusätzliche (Gegen-)Fragen plausibel. Der endgültige und durch Allensbach vorgetestete Fragebogen umfasste 43 thematische Fragen und 13 statistische Fragen zur Person.

Die Meinungsumfrage fand im Frühjahr 2002 im bayerischen, hessischen und thüringischen Teil des BR Rhön statt: 803 Menschen über 14 Jahre wurden in Telefoninterviews, die zwischen 20 und 25 Minuten in Anspruch nahmen, befragt. Diese Zahl gilt hinsichtlich der Gesamteinwohnerzahl (ca. 133.000) des Gebiets als repräsentativ. Das Institut ermittelte per Telefoncomputer anonym und zufällig die Interviewpartner.

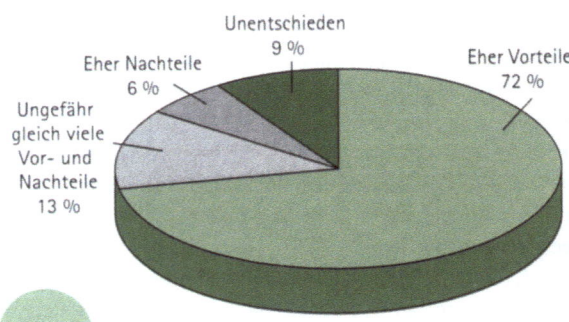

Abb. 2: Biosphärenreservat: Vorteile oder Nachteile? (HANSEN, J. 2002)

Ergebnisse

Wichtigstes Ergebnis der Umfrage ist, dass sich die Rhöner die Idee des Biosphärenreservats bereits zu Eigen gemacht haben. Erstaunlicherweise denken beim Stichwort „Rhön" 90 Prozent seiner Bewohner auch an das Biosphärenreservat. 47 Prozent erklären, ihnen sei der Name Biosphärenreservat Rhön „sehr vertraut". Diese Einschätzungen übertrafen bei weitem die Erwartungen der drei Verwaltungsstellen.

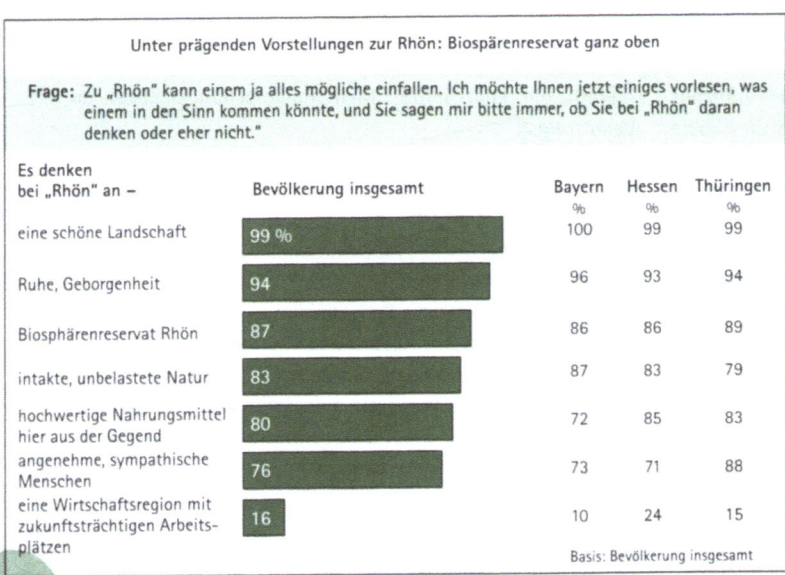

Abb. 1: Assoziationen zur Rhön (HANSEN, J. 2002)

Nahezu drei Viertel der Befragten haben einen guten Eindruck vom Biosphärenreservat. 72 Prozent der Befragten, denen das Thema Biosphärenreservat vertraut ist, verbinden mit diesem Status eher Vorteile für die Region, nur 6 Prozent eher Nachteile.

Über 70 Prozent sehen das BR Rhön als für viele Gegenden mustergültig an - ein Vorbild für viele Regionen in Deutschland und im Ausland. Über 80 Prozent finden, durch das Biosphärenreservat sei die Rhön „auch für viele interessant, die hier sonst nicht herkommen würden". Offensichtlich ist sich die Rhöner Bevölkerung des Stellenwerts der Rhön in Verbindung mit dem Biosphärenreservat durchaus bewusst.

Die Ergebnisse belegen ferner, dass das BR Rhön von einem beträchtlichen Engagement in der Bevölkerung ausgehen kann: Auf einer Skala von 10 („das Biosphärenreservat ist mir außerordentlich wichtig") bis 0 („das Biosphärenreservat ist mir ganz unwichtig") stuft sich fast jeder Fünfte ganz oben ein. Die durchschnittliche Einstufung liegt bei 7, also überraschend positiv.

Zum Nachdenken anregen sollte allerdings, dass das Biosphärenreservat ausgerechnet den Landwirten und den in der Landwirtschaft Tätigen nur unterdurchschnittlich wichtig ist. Ein Schwerpunkt der Bemühungen im Biosphärenreservat ist ja gerade die Landwirtschaft mit dem Ziel der Erhaltung der Kulturlandschaft.

Deutlich wird auch, wo es im Detail noch an Informationen fehlt, denn viele Befragte wissen nicht so genau, ob sie selbst im Biosphärenreservat wohnen oder nicht. Als Konsequenz heißt dies, dass z. B. die schon lange geplante Außenbeschilderung des Biosphärenreservats errichtet werden sollte und über Kartenmaterial stärker als bisher die Abgrenzung des Biosphärenreservats vermittelt werden sollte - stets jedoch vor dem Hintergrund, dass auch das Umland des Biosphärenreservats in die Aktivitäten einbezogen wird.

Die Umfrage brachte ebenfalls zu Tage, dass sich vor allem Jugendliche und jüngere Erwachsene bislang nur wenig für das Biosphärenreservat begeistern lassen. Auf diese Zielgruppe zugeschnittene Konzepte für die Öffentlichkeitsarbeit müssen folglich in Zukunft gezielt entwickelt werden.

Bei Maßnahmen für eine verbesserte Information und einer noch stärkeren Identifizierung kann auf bereits recht intensive Kontakte aufgebaut werden: Denn für rund die Hälfte ist das Biosphärenreservat bereits Gesprächsgegenstand, sie tauschen sich mit anderen darüber aus.

FALLBEISPIELE AUS DER FORSCHUNG

Rund ein Viertel der Bevölkerung hat schon seine Informationszentren besucht. Zwei Drittel erinnern sich an Werbung des Biosphärenreservats, die Hälfte hat Informationsmaterial angeschaut, ein Fünftel an Vorträgen oder Führungen des Biosphärenreservats teilgenommen – und alle sind davon jeweils sehr angetan. Negative Erfahrungen sind äußerst selten. Daraus kann der Schluss gezogen werden, dass die Mittel für die recht aufwendige Öffentlichkeitsarbeit und die vielfältigen Printmedien des Biosphärenreservats grundsätzlich an der richtigen Stelle investiert worden sind: ein wichtiges Feedback in Zeiten knapper Kassen!

Welche Ziele des Biosphärenreservats sieht die Bevölkerung am ehesten als erreicht an? Die Mehrzahl der Befragten meint, dass das Biosphärenreservat am meisten den Zielen des Umweltschutzes gedient hat (40 Prozent meinen, hier sei bereits viel erreicht worden, 41 Prozent meinen, einiges, 9 Prozent wenig, ein Prozent gar nichts und neun Prozent sind unentschieden).

Obwohl seit Jahren im BR Rhön vor allem Aktivitäten in einer nachhaltigen Regionalentwicklung mit wirtschaftlichem Schwerpunkt verfolgt werden (Vermarktung landwirtschaftlicher Produkte etc.), wird in der Rangfolge des Erreichten die Vermarktung heimischer Produkte erst an zweiter Stelle gesehen: 29 Prozent sehen hier viel erreicht (45 Prozent einiges, 14 Prozent wenig).

Nachdenklich stimmt, dass 20 Prozent aller Befragten den Begriff „Rhön" per se nicht mit „hochwertigen, regionalen Lebensmitteln" assoziieren, obwohl zahlreiche, erfolgreiche und weit über die Landesgrenzen hinaus bekannte Leuchtturm-Projekte (z. B. zum Rhönschaf oder zum Streuobst) durchgeführt wurden. Auch wissen, gefragt nach „bestimmten Projekten, Angeboten oder Produkten, die es vom Biosphärenreservat Rhön gibt" 42 Prozent nichts zu antworten. Bei näherem Hinschauen liegt dies nicht am mangelnden Bekanntheitsgrad der genannten Projekte, sondern an der Tatsache, dass diese Aktivitäten von der Bevölkerung nicht per se mit dem „Biosphärenreservat" in Verbindung gebracht werden (siehe Kap. 4.1).

Dies ist ein maßgeblicher Hinweis, dass künftig Projekte mit Bezug zu den Zielen des Biosphärenreservats stärker als bisher auch in diesen Kontext gestellt werden müssen, um die erhofften Synergieeffekte zu erzielen. Insbesondere vor dem Hintergrund der zukünftigen „Dachmarke Rhön" als (werbewirksames) Herkunfts- und Qualitätssiegel ist dies von Bedeutung.

Ein weiterer Aspekt ist erwähnenswert: Lediglich fünf Prozent der Befragten meinen, dass durch das Biosphärenreservat eher Arbeitsplätze weggefallen seien, 34 Prozent der Befragten sind jedoch der gegenteiligen Meinung, dass durch das Biosphärenreservat in der Rhön eher Arbeitsplätze entstanden seien. Diese Einschätzung ist umso wertvoller, als bislang keine Daten verfügbar sind, anhand welcher die tatsächliche Anzahl der direkt und vor allem indirekt entstandenen Arbeitsplätze in der Rhön ermittelt werden könnte.

Die Ergebnisse der Meinungsumfrage, von welchen an dieser Stelle nur einige Beispiele dargestellt wurden, sind für die Ausrichtung der Arbeit der Verwaltungsstellen des Biosphärenreservats höchst relevant.

Mit diesen verbinden im Übrigen fast 60 Prozent der Befragten „engagierte Mitarbeiter".

Die „Nebenwirkungen"

Die Vergabe eines solchen Auftrags war ein Experiment und mit hohem Risiko verbunden, da niemand einzuschätzen vermochte, wie das Ergebnis ausfallen würde. Denn erstmals waren die BR-Verwaltungen mit diesem Instrument in der Lage, Menschen zu erreichen, die bislang nicht oder nicht direkt als Akteure oder Interessenvertreter in die Gestaltung des Biosphärenreservats involviert waren.

Bereits die Umfrage selbst sorgte für Öffentlichkeit und bewegte die Lokalpresse:

Biosphäre und Privatsphäre

GERHARD FISCHER
gerhard.fischer@mainpost.de

Nichts gegen das Allensbacher Institut für Meinungsforschung, bekannt durch die Grande Dame der Demoskopie, Elisabeth Nölle-Neumann. Aber wenn von einem die heißen Kartoffeln dampfen, auf einem unerschöpflichen Berg von selbst gemachtem Heringssalat, wenn also das unwiderstehlichste aller Lieblingsgerichte schon mit den Augen verschlungen wird, dann hat auch das Allensbacher Institut eigentlich zu schweigen.

„Wenn wir uns beeilen, dauert es fünfzehn Minuten", sagt die freundliche Damen-Stimme. Damit könnte man die Zeit fürs Kartoffel-Schälen sinnvoll nutzen, denke ich. Schließlich geht es um mein Bild, um meine Meinung über die geliebte Heimat, die Rhön.

Nach gut zwanzig Minuten – ich habe im Maschinengewehrtempo die Fragen beantwortet – wird meine Frau mit bösen Blicken die Demoskopie verwunschen haben, den Erfinder des Telefons und meine primitive Verführbarkeit durch eine nette Frauenstimme.

Die Umfrage des Allensbacher Instituts hatte unverfänglich begonnen. „Gefällt es Ihnen in der Rhön? Hat die Rhön schöne Landschaften?" waren leichte Fragen, deren demoskopische Verwertbarkeit uns noch heute rätseln lässt.

Am Ende hatte mich die Frau an meinen zahllosen Achillesfersen erwischt: „Sind Sie ein Siegertyp? Übernehmen Sie gerne Verantwortung? Wollen Sie gerne Meinungsführer sein?" und ähnliche Indiskretionen so kurz vor dem Abendessen lassen keine Gegenwehr zu. Ich sage dreimal hintereinander „Nein". Die Kartoffeln dampfen nicht mehr.

Zur Mitte des Interviews ist klar, wer der Auftraggeber dieser Belästigung kurz nach 18 Uhr ist. „Kennen Sie das Biosphärenreservat?", „Finden Sie die Arbeit des Biosphärenreservates gut?", „Sind die Bediensteten im Biosphärenreservat fleißige Menschen?", „Hat das Biosphärenreservat Arbeitsplätze in der Region geschaffen?"

„Deinen Arbeitsplatz für die nächsten Tage sichert es bestimmt, Mädchen", denke ich und rühme dabei die unvergänglichen Leistungen der Biosphärenreservatsverwaltung. Die Geschichte mit dem Reservats-Ranger, der mich auf der Hochrhönstraße festnehmen wollte, nur weil ich von der Straße aus ein Foto schießen wollte, lasse ich unerwähnt.

Nach zwanzig Minuten kennen Biosphärenreservat und Nölle-Neumann meine Charakterschwächen und meinen Gehaltszettel. Einen Moment denke ich: „Wozu eigentlich brauchen wir das Biosphärenreservat?" Der gute Hering macht das Spekulieren vergessen.

Main-Post, 16. Februar 2002

Nicht zu unterschätzen sind auch die Nebenwirkungen der Meinungsumfrage, insbesondere auf die Kommunalpolitik. Nun haben gerade die Politikerinnen und Politiker aus Landkreisen und Kommunen den Nachweis, dass ein Großteil der Bevölkerung hinter der Idee des Biosphärenreservats steht und dass eine große Akzeptanz vorhanden ist.

Entscheidungsträger wissen nun, dass sie sich mit ihrem Engagement für das Biosphärenreservat auf politisch „tragfähigem Boden" befinden. Dies hat weitreichende Konsequenzen und legt den Schluss nahe, dass dies auch bei den bisherigen Skeptikern die Umsetzung des Biosphärenreservats-Gedankens fördern wird.

Die Anerkennung der Ergebnisse durch die Kommunalpolitiker zeigt ferner, dass die Entscheidung richtig war, ein solches Projekt an ein renommiertes und von allen Seiten akzeptiertes Institut zu vergeben.

Bemerkenswert ist zu guter Letzt, dass alle Fragen zum Biosphärenreservat von den Rhön-Bewohnern in Thüringen, Bayern und Hessen ähnlich beantwortet wurden, obwohl die Voraussetzungen in den drei Ländern unterschiedlich sind (verschiedene Kompetenzen der Verwaltungsstellen, verschiedene strukturelle Voraussetzungen und Arbeitsschwerpunkte). Es herrscht überall der Eindruck vor, dass durch das Biosphärenreservat das Zusammengehörigkeitsgefühl der Rhön-Bewohner eher gefördert werde (meinen 62 Prozent), als gehemmt (meinen 4 Prozent). Es vollzieht sich in der Rhön – gerade durch das Biosphärenreservat – also ein Stück echte Wiedervereinigung.

Fazit

Mit der Meinungsumfrage wurden maßgebliche „weiche" Faktoren erfasst. Die Ergebnisse geben vor allem Aufschluss über die Wahrnehmung des Biosphärenreservats in der Bevölkerung. Wenn diese nicht deckungsgleich mit der „Wirklichkeit" ist, ist dies ein wichtiger Hinweis auf Defizite z. B. in der Öffentlichkeitsarbeit und Kommunikation.

Gleiches gilt umgekehrt, denn auch die Verwaltungsstellen des Biosphärenreservats können eine verzerrte Wahrnehmung der öffentlichen Meinung haben. Die positive Überraschung in den Verwaltungsstellen über die Ergebnisse der Umfrage bestätigen dies.

Meinungsumfragen wie diese sollten daher in regelmäßigem Abstand als Instrument der „Standortbestimmung" durchgeführt werden.

Als repräsentatives und statistisch abgesichertes Ergebnis ist die Umfrage jederzeit reproduzierbar und kann so über einen langen Zeitraum Veränderungen aufzeigen. Die Meinungsumfrage würde sich daher hervorragend als Bestandteil eines Konzepts für ein Sozial-Monitoring („Social Monitoring") bzw. zur Erfolgskontrolle eignen (siehe Kap. 3.4).

Schließlich bilden die Ergebnisse auch eine wissenschaftliche Grundlage für die „Periodische Überprüfung" des Biosphärenreservats Rhön.

Der Fragenkatalog ist grundsätzlich auf andere Biosphärenreservate übertragbar, jedoch müssen die Fragen für jedes Gebiet individuell angepasst werden. Eine ähnliche Umfrage, welche auf nationaler Ebene Informationsstand und Wahrnehmung der Biosphärenreservate in der Gesellschaft beleuchten würde, wäre sinnvoll.

Zusammenfassung

Der Erfolg oder der Misserfolg der Biosphärenreservats-Idee hängt maßgeblich von der Akzeptanz in der Bevölkerung ab. Die Ergebnisse einer im Frühjahr 2002 im Biosphärenreservat Rhön durchgeführten professionellen Meinungsumfrage brachte die (überraschend) positive Haltung der Bevölkerung zum Biosphärenreservat ans Tageslicht. Meinungsumfragen erheben für das Management wesentliche „weiche" Faktoren. Sie eignen sich für die Erfolgskontrolle und im Rahmen eines Social Monitorings.

Literatur

AGBR – Ständige Arbeitsgruppe der Biosphärenreservate in Deutschland (1995): Biosphärenreservate in Deutschland. Leitlinien für Schutz, Pflege und Entwicklung.

Institut für Demoskopie Allensbach (2002): Biosphärenreservat Rhön – Allensbacher Repräsentativbefragung im Frühjahr 2002. Unveröffentlicht.

Hansen, J. (2002): Das Biosphärenreservat Rhön – aus der Sicht seiner Bewohner, Institut für Demoskopie Allensbach. Unveröffentliches Manuskript.

5.6 Das Schorfheide-Chorin-Projekt: Entwicklung von Methoden zur Integration von Naturschutz-Qualitätszielen in die landwirtschaftliche Praxis

Eberhard Henne

Einleitung

In den letzten Jahrtausenden hat die landwirtschaftliche Nutzung des Bodens durch die Menschen die meisten Naturlandschaften der Erde beeinflusst und neu gestaltet. Entsprechend den standörtlichen Bedingungen, beeinflusst vom Klima und begrenzt durch die technischen Möglichkeiten entstand so aus primären Naturräumen ein unterschiedliches Spektrum von Kulturlandschaften (PHILIPPS, A. 1998).

Neben der Vernichtung primärer Lebensräume wie Urwälder, Moore, Fluss begleitende Auenwälder und Dünen, die der Lebensraum der ursprünglichen Flora und Fauna waren, entstanden durch die historische Landnutzung Ersatzlebensräume für eine große Zahl von Pflanzen- und Tierarten des Offenlandes. In Mitteleuropa bildete sich so in den letzten Jahrhunderten eine auffallend hohe Artendichte heraus. Der Erhalt reich gegliederter Kulturlandschaften aus einem Mosaik natürlicher, naturnaher und mit geringem Energie- und Stoffeinsatz genutzter Lebensräume ist einer der wichtigsten Beiträge Europas zu einer globalen Naturschutzstrategie (PLACHTER, H. 1999).

In der gängigen Praxis bewirken heute moderne, industrielle Produktionsformen in der Landwirtschaft eine nachhaltige Degradation natürlicher Ressourcen und einen dramatischen Verlust von biologischer Vielfalt (HABER, W. 1986; RAT VON SACHVERSTÄNDIGEN FÜR UMWELTFRAGEN 1996).

Die Landwirtschaft ist damit zur bedeutendsten Verursacherin des Artenverlustes und grundlegender Veränderungen des landschaftsökologischen Funktionsgefüges geworden (KRETSCHMER, H. et al. 1997, PLACHTER, H. 1996).

Nachhaltigkeit in der Landwirtschaft

Ökonomie, Ökologie und sozio-kulturelle Aspekte bilden eine untrennbare Einheit für das Leben des Menschen. Diese Erkenntnis ist der Kern der Leitlinien der Nachhaltigen Entwicklung, auf die sich 1992 die Konferenz der Vereinten Nationen für Umwelt und Entwicklung (UNCED) in Rio de Janeiro geeinigt hat.

Nachhaltigkeit ist dann erreicht, wenn bei der Verbesserung der ökonomischen und sozialen Lebensbedingungen auch die natürlichen Lebensgrundlagen langfristig gesichert werden (BMU 1997).

Es ist deshalb gerade für die Industrienationen eine beispielgebende Aufgabe, für die Bewirtschaftung von Kulturlandschaften Methoden zu entwickeln, die das Funktionieren der ökologischen Systeme und das regional typische Artengefüge dieser Regionen sichern.

Dazu müssen für landwirtschaftlich genutzte Kulturlandschaften regionale und lokale Standards mit klaren Richtlinien und festgesetzten Qualitätsnormen entwickelt werden, an denen sich die landwirtschaftliche Praxis ausrichten kann.

Das Schorfheide-Chorin-Projekt: Ziele und Struktur

Zu diesem Zweck finanzierten in den Jahren 1994 bis 1999 das Bundesministerium für Bildung und Forschung (BMBF) und die Deutsche Bundesstiftung Umwelt (DBU) ein großes multidisziplinäres Forschungs- und Entwicklungsprojekt mit dem Titel „Naturschutz in der offenen agrar genutzten Kulturlandschaft am Beispiel des Biosphärenreservats („Schorfheide-Chorin-Projekt")".

Das Projekt hatte die Zielsetzung, praktische Methoden und Modelle zu entwickeln, mit denen man Umweltqualitätsziele im Bereich des Naturschutzes in die reguläre Landwirtschaft integrieren kann (LEBERECHT, M. 1994). Neben dem Flächenschutz und der Wiederherstellung naturnaher Areale in den Agrarlandschaften sollten für die Nutzflächen Naturschutzziele definiert, geeignete Maßnahmen entwickelt und deren Umsetzung erprobt werden.

An dem Vorhaben waren neben der Biosphärenreservats-Verwaltung mehr als 50 Wissenschaftler aus 22 Forschungseinrichtungen, 41 landwirtschaftliche Unternehmen sowie das Landwirtschaftsamt und die Untere Naturschutzbehörde des Landkreises Uckermark beteiligt (FLADE, M. et al. 2003).

Das Projekt setzte sich aus einem Forschungs- und einem Umsetzungsteil zusammen, die jeweils wiederum in verschiedene Teilprojekte untergliedert waren. Diese beiden Teile waren durch eine Integrationseinheit miteinander verbunden, die für die Aufbereitung der Ergebnisse aus den Teilprojekten verantwortlich war. Das Projekt war durch die interdisziplinäre Zusammenarbeit von Wissenschaftlern, Landwirten, Naturschützern und Verwaltungsangestellten geprägt (PLACHTER, H., WERNER, A. 1998).

5. FALLBEISPIELE AUS DER FORSCHUNG

Um das Einfließen der Arbeiten in die konzeptionelle Arbeit des Biosphärenreservats Schorfheide-Chorin zu gewährleisten und, um vorhandenes Wissen und die Erfahrungen im Projektgebiet für das Forschungsvorhaben zu nutzen, wurde die Projektleitung in die Hände der BR-Verwaltung gelegt (siehe Abb. 1).

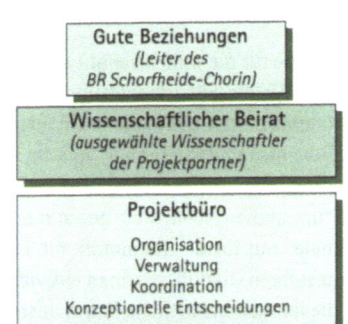

Abb. 1: Organisationsstruktur des Schorfheide-Chorin-Projekts

Aufgaben der BR-Verwaltung im Projekt

Die Leitung des Schorfheide-Chorin-Projekts umfasste im Wesentlichen folgende Aufgaben:
- Zusammenführen der einzelnen wissenschaftlichen Arbeitsergebnisse zu einer multidisziplinären Gesamtheit. Durch die Arbeiten der Integrationseinheit wurde die interdisziplinäre Arbeitsweise immer wieder vorgegeben;
- Diskussion von Teilergebnissen in unterschiedlichen Dialogebenen zwischen Landwirten, Wissenschaftlern und Mitarbeitern der BR-Verwaltung;
- Überprüfung von Teilabschlüssen in Projektprobeläufen und deren anschließende weitere Bearbeitung;
- Durchführen von Beispielvorhaben im Schutzgebiet. Damit wurden abgestimmte Projektergebnisse bereits während der Projektlaufzeit in praktische Verfahren integriert (FLADE, M. et al. 2003).

Rahmenbedingungen

Der wissenschaftliche Beirat des Schorfheide-Chorin-Projekts einigte sich auf die folgenden Grundsätze:
1. Die offenen Agrarlandschaften des Projektgebiets und ihre landwirtschaftliche Nutzung stehen im Mittelpunkt der Untersuchungen.
2. Agrarlandschaften sind durch Nutzung entstanden, deshalb sind die Ziele und Anforderungen des Naturschutzes so zu gestalten, dass Landwirtschaft auch weiterhin möglich ist.
3. Naturfördernde Maßnahmen sollen nach Möglichkeit durch die landwirtschaftlichen Betriebe selbst erfolgen und nicht durch hoheitliche Maßnahmen oder Naturschutzprojekte. Dazu ist die Integration geeigneter Methoden in die Betriebssysteme und ausreichendes Wissen bei den Landwirten erforderlich.
4. Das konkrete Zielspektrum soll so flexibel sein, dass betriebliche Entscheidungen ebenso wie die Dynamik von Ökosystemen und Landschaften so wenig wie möglich eingeschränkt werden.
5. Die Festlegung von Zielen erfolgt primär aus naturschutzfachlicher Sicht. Sie sollen allerdings in einem Abstimmungsprozess mit den landwirtschaftlichen Möglichkeiten abgeglichen und ggf. modifiziert werden, um ein hohes Maß an Umsetzung geeigneter Maßnahmen sicher zu stellen.
6. Die konkrete Zielbestimmung soll sich an einem übergeordneten Leitbild orientieren.
7. Regionale Besonderheiten und Entwicklungspotenziale sollen betont und nicht nivelliert werden.
8. Naturschutzmaßnahmen im Projektgebiet sollen möglichst umfangreich durch den Schutz und die Förderung landschaftsökologischer Schlüsselgrößen und weniger durch den Schutz einzelner Objekte erfolgen.
9. Um eine möglichst hohe Akzeptanz für die einzelnen Maßnahmen zu erreichen, soll durch entsprechende Planungsmethoden Kommunen und Landwirten die Möglichkeit gegeben werden, die Folgen der anstehenden Entscheidungen nachzuvollziehen (PLACHTER, H. et al. 2003).

Problemkreise und Schwerpunkte

Im Schorfheide-Chorin-Projekt wurden Problemkreise untersucht, für deren Lösung es bis dahin noch keine Methoden und Verfahren gab. Da diese Probleme derzeit ein effektiveres Zusammenwirken von Naturschutz und Landwirtschaft im europäischen Raum verhindern, sind sie als inhaltliche Schwerpunkte des Schorfheide-Chorin-Projekts angenommen und zur Bearbeitung empfohlen worden:

- Die Einflüsse der Landnutzung auf die Strukturelemente in den Ackerlandschaften und die landschaftliche Eigenart sollen untersucht werden;
- die negativen Auswirkungen einzelner Landnutzungsmethoden auf Pflanzen- und Tierarten und die Ökosysteme sollen untersucht werden;
- Methoden, wie einzelne Teilziele des Biotop- und Artenschutzes in einem Wertungs- und Abwägungsprozess als Naturschutz-Qualitätsziele (NQZ) formuliert werden können, sollen ausgearbeitet werden;
- Methoden zur Regionalisierung von NQZ sollen entwickelt werden;
- Ein Indikatorsystem, das für die Kontrolle der Wirksamkeit von regionalen Maßnahmen zur Erreichung von NQZ geeignet ist, soll erarbeitet werden;
- Methoden und Verfahren, die entsprechende Naturschutzziele berücksichtigen und die ökonomisch und ökologisch optimale Lösungen für das Betriebsergebnis anbieten (Mehrzieloptimierung) sollen erarbeitet werden;
- der Einfluss von Maßnahmen zur Erreichung von NQZ auf die Erträge der jeweils angebauten Kulturpflanzen soll untersucht und bewertet werden;
- Ergebnisse, die durch regionalisierte NQZ erreicht wurden, sollen bewertet und daraus resultierende weitere Optimierungen von Landnutzungsmethoden entwickelt werden;
- Vorschläge zur Einbindung regionaler Partner in diesen Prozess sollen erarbeitet werden, um politisch notwendige Entscheidungen zur Umsetzung der Maßnahmen zu erreichen. Denn: Maßnahmen zur Erreichung von NQZ können nur erfolgreich sein, wenn auch die Verteilung von Fördermitteln regionale Besonderheiten berücksichtigt;
- Szenarien sollen entwickelt werden, die den Einfluss der sich ändernden agrarpolitischen Rahmenbedingungen auf die Landnutzung und den Naturschutz darstellen.

Das Forschungsprojekt sollte sich darüber hinaus mit speziellen Untersuchungen im geo-ökologischen Bereich zum Verteilungsmuster der Bodenqualitäten, zu bestehenden Bodenerosionen und -verdichtungen, zur Filtrationswirkung der Böden und zum Landschaftswasserhaushalt befassen.

Auch der Einfluss gängiger Landnutzungsmethoden auf regional typische Pflanzengesellschaften und Tiergemeinschaften sollte an ausgewählten Arten und Artengruppen untersucht werden.

Priorisierung der naturschutzfachlichen Ziele

Da nicht alle Naturschutzziele in jeder Landschaftseinheit gleichzeitig zu erreichen waren, musste eine Gewichtung der Ziele in den einzelnen naturräumlichen Grundeinheiten vorgenommen werden. Nur die prioritären NQZ wurden berücksichtigt und in die Optimierungsvorschläge für Landnutzungsmethoden eingebracht.

In speziell entwickelten Simulationsmodellen wurden die optimierten Landnutzungsverfahren theoretisch analysiert und auf ihren Wirkungsgrad hinsichtlich der Erreichung der Naturschutzziele geprüft (MAYER-AURICH, A. et al. 1997).

Damit die vorgeschlagenen Modifikationen in der landwirtschaftlichen Praxis auch Eingang finden, wurden mit den Landwirten in den Untersuchungsgebieten so genannte Feldrandgespräche geführt. Direkt am Ort der Umsetzung konnten so am praktischen Beispiel Vorschläge für eine Änderung der bis dahin üblichen Landnutzungsmethoden gemacht, demonstriert und mit den Praktikern diskutiert werden.

Das Projektgebiet und die Probeflächen

In dem Schorfheide-Chorin-Projekt wurde auf vier räumlichen Ebenen gearbeitet:

1. Das gesamte Projektgebiet umfasste mit ca. 1.600 Hektar fast ein Drittel der landwirtschaftlichen Nutzfläche des Biosphärenreservats. Da auf dieser großen Fläche unmöglich alle Untersuchungen mit der gleichen Intensität ausgeführt werden konnten, wurden
2. fünf verschiedene Untersuchungsgebiete ausgewählt, die jeweils die wichtigsten Kulturlandschaftstypen der Region repräsentieren. Drei davon wurden als spezielle Untersuchungsgebiete von allen Forschungsteilnehmern besonders vertieft bearbeitet (siehe Abb. 2).
3. In diesen speziellen Untersuchungsgebieten wurden nach landschaftsökologischen Gesichtspunkten räumliche Grundeinheiten abgegrenzt, auf die sich die jeweiligen Projektergebnisse und Naturschutz-Qualitätsziele beziehen. Dadurch sollte die Übertragbarkeit der erarbeiteten NQZ und der optimierten Landnutzungsmethoden auch auf andere Regionen mit ähnlichen natürlichen Bedingungen sichergestellt werden.

5. FALLBEISPIELE AUS DER FORSCHUNG

4. Als vierte Ebene, wurde für die einzelnen landwirtschaftlichen Schläge die NQZ konkret definiert und hier geeignete Maßnahmen und Änderungen der Bewirtschaftungsmethoden umgesetzt.

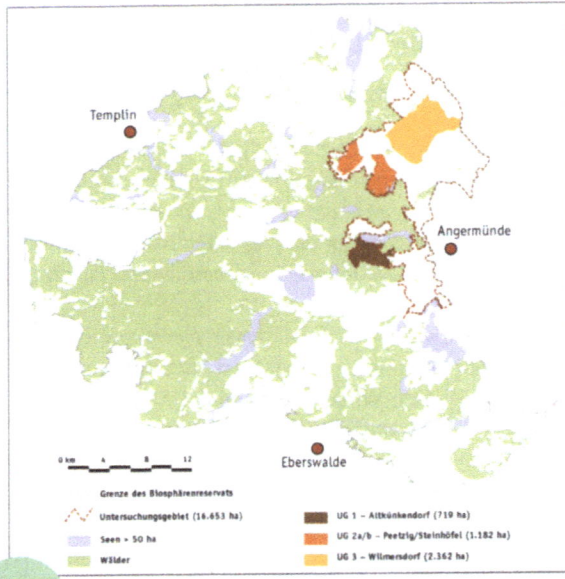

Abb. 2: Lage der Untersuchungsgebiete innerhalb des Biosphärenreservats Schorfheide-Chorin

Methodische Einheiten

Aus Gründen der Handhabbarkeit und der Transparenz wurden methodische Einheiten entwickelt, die dann schrittweise nach einem bestimmten Schema verknüpft werden (HEIDT, E. et al. 1994, 1997; PLACHTER, H., WERNER, A. 1998 sowie WERNER, A., PLACHTER H. 2000).
Das Instrumentarium des Schorfheide-Chorin-Projekts sah wie folgt aus:

Landschaftliche Eigenart und Leitbild

Wenn Naturschutzmaßnahmen nicht nivellierend wirken sollen, sind unbedingt die Besonderheiten einer Landschaft, ihre Eigenart, zu berücksichtigen. Der eigene Charakter einer Region ergibt sich aus standörtlichen Eigenschaften, dem Spektrum von Arten und Ökosystemen, aber auch aus den Nahrungs- und Siedlungsformen. Dieser funktionelle Zusammenhang macht einen wesentlichen Teil der landschaftlichen Eigenart aus. Die landschaftliche Eigenart und übergeordnete Zielsetzungen des Naturschutzes sind die Grundlagen für die Erstellung von naturschutzfachlichen Leitbildern. Ein (naturschutzfachliches) Leitbild ist die umfassende Beschreibung eines Zielkatalogs des Naturschutzes für einen definierten Raum. In Agrarlandschaften müssen dabei neben den Schutzmaßnahmen auch die sozio-ökonomischen Mechanismen berücksichtigt werden, damit ein Zugewinn an Naturwerten zu erwarten ist (BASTIAN, O. 1996).

Qualitätszielkonzept

Im technischen Umweltschutz werden Qualitätsziele schon lange in allen denkbaren Bereichen angewendet. Allerdings sind die Methoden des technischen Umweltschutzes nicht ohne weiteres auf den Naturschutz übertragbar. Aufgrund der natürlichen Dynamik und der großen Anzahl von Arten würde das zu einer Fülle von Zielen und Reglementierungen führen. Qualitätsziele im Naturschutz können deshalb entweder auf Schutzgüter oder auf Maßnahmen bezogen sein (siehe Tabelle).

	UQZ	NQZ
Spektrum der Ziele	begrenzt	unendlich (Arten!)
Räumliche Gültigkeit der Quantifizierung (Standards)	universell (menschliche Gesundheit)	regional bis örtlich
Messbarkeit	direkt	fast immer durch Indikatoren
Natürliche Dynamik	meist gering	meist sehr groß

Generelle Unterschiede zwischen (effektbezogenen) Qualitätszielen im „technischen Umweltschutz" (Umweltqualitätsziele, UQZ) und im Naturschutz (Naturschutz-Qualitätsziele, NQZ)

In einem zweiten Schritt sind die landwirtschaftlichen Maßnahmen zuzuordnen, die mit ausreichender Sicherheit diese Ziele unterstützen (PLACHTER, H., WERNER, A. 1998).

Qualitätsstandards und Indikatoren

Da Qualitätsziele einen Zielzustand nur qualitativ beschreiben und so für die Umsetzung in die Praxis wenig geeignet sind, ist eine Quantifizierung in Form von Qualitätsstandards erforderlich. Die bekannten Qualitätsstandards, z. B. Minimalgrößen überlebensfähiger Tierpopulationen, sind in der Regel allgemeingültig formuliert und mussten an die lokale Situation angepasst werden.

Da eine direkte Messung von Qualitätsstandards im Naturschutz in vielen Fällen nicht möglich ist, ist es sinnvoll, auf praktisch anwendbare Indikatoren zurückzugreifen (PLACHTER, H. 1989; RIECKEN, M. 1990). Auch wenn Indikatoren eine unschärfere Abbildungsqualität als exakte Messungen aufweisen, so können mit ihrer Hilfe Sachverhalte einfacher und schneller abgeklärt werden (PLACHTER, H. 1994).

In den einzelnen Teilprojekten wurden zu den aufgestellten NQZ Indikatoren vorgeschlagen und hinsichtlich ihrer praktischen Anwendbarkeit geprüft. In einem Diskussionsprozess mit anderen Projekten werden die Qualitätsstandards und die dafür geeigneten Indikatoren auf eine in den landwirtschaftlichen Nutzungsmethoden anwendbare Größenordnung reduziert.

Priorisierung von Qualitätszielen

Da nicht alle Qualitätsziele auf jeder Fläche gleiche Bedeutung haben, wurde im Schorfheide-Chorin-Projekt auf zwei unterschiedlichen Raumebenen die Gültigkeit der Ziele für die Fläche geprüft und bewertet.

Zuerst wurden aus der Gesamtheit aller Qualitätsziele diejenigen bestimmt, die in der entsprechenden naturräumlichen Grundeinheit Gültigkeit haben sollten (1. Priorisierung). In einem weiteren Schritt wurden aus diesen vorsortierten Qualitätszielen solche herausgefiltert, die auf dem einzelnen Schlag Beachtung finden können (2. Priorisierung). Vorher wurde die Bedeutung des Schlags für die Verwirklichung des Qualitätsziels in der naturräumlichen Grundeinheit geprüft.

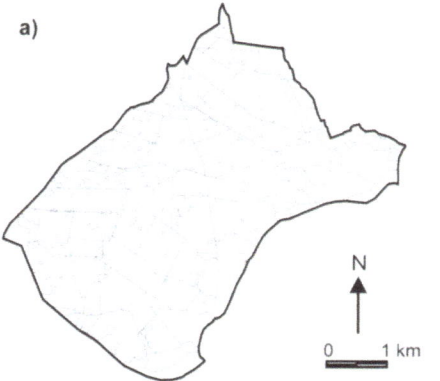

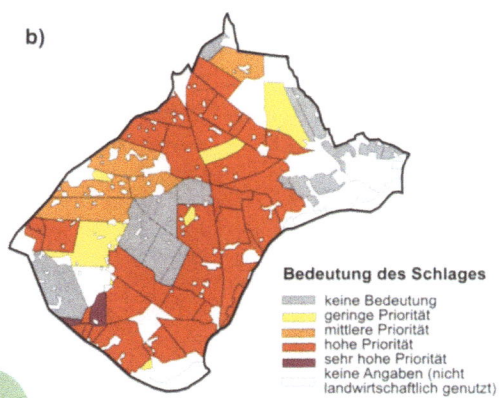

Abb. 3: Potenzial der Schläge des Untersuchungsgebiets 3 (UG 3) für das Qualitätsziel „Schutz einer mittelfristig überlebensfähigen Population des Rebhuhns (Perdix perdix)"
(a) Schläge, die für eine Förderung des Rebhuhns durch entsprechende Bewirtschaftungsmaßnahmen grundsätzlich geeignet sind,
(b) Priorisierung der Schläge aufgrund eines Entscheidungsrasters, das von Rebhuhn-Spezialisten vorgesehen wurde.

Toleranzgrenzenmodell

Feste Grenzwertangaben haben für Naturqualitätsstandards oft einen einengenden oder kontraproduktiven Charakter. Eine auf einen Optimalzustand ausgerichtete Handlungsweise würde die natürliche Dynamik entscheidend einschränken. Optimierungsmodelle sind deshalb im Naturschutz generell fraglich. Wesentlich günstiger sind Toleranzgrenzenmodelle, bei denen Grenzen definiert werden, innerhalb derer bestimmte Zustände oder Nutzungen aus Naturschutzsicht tolerabel sind.

Innerhalb der Grenzwerte sind Veränderungen möglich, ohne dass der Naturschutz aktiv werden muss. Dies räumt dem Landwirt individuelle Entscheidungsspielräume ein und lässt eine ausreichende Landschaftsdynamik zu (FLADE, M. et al. 2003).

Naturschutzfachliche Planung

Im Schorfheide-Chorin-Projekt wurde erstmals ein methodisches Kompendium für die naturschutzfachliche Planung in Agrarlandschaften und für landwirtschaftliche Betriebe entwickelt. Es beinhaltet folgende Aspekte:

- nachvollziehbare Regionalisierung und Präzisierung von Naturschutzzielen,
- Anwendbarkeit des Qualitätskonzepts bei Naturschutzbelangen,
- Festlegung konkreter Indikatoren und von Maßnahmenbündeln für Naturschutz-Qualitätsziele,
- Berücksichtigung der Dynamik von Ökosystemen und Landschaften in der planerischen Zielbestimmung,
- bessere Berücksichtigung prozessorientierter Ansätze,
- Minimierung hoheitlicher Maßnahmen auf Nutzflächen,
- Modelle für die Bindung von öffentlichen Subventionen an konkrete Umweltleistungen,
- Unterstützung betrieblicher und politischer Entscheidungsprozesse.

Methoden und ihre Anwendung

Bei der praktischen Anwendung des Methodenpakets könnte der Landwirt aus den prioritären Zielen diejenigen auswählen und auf seinen Schlägen umsetzen, die sich am besten in die Abläufe seines Betriebs integrieren lassen. Die entsprechenden Leistungen würden von der Gesellschaft honoriert. Eine solche Vorgehensweise hätte den Vorteil, dass

- der Landwirt die Entscheidung über die Maßnahmen selbst trifft und sich deshalb stärker mit ihnen identifiziert,
- sich die Maßnahmen aus den NQZ optimal in die Betriebsabläufe einfügen,
- der Kontrollaufwand minimiert wird, da ein großes Eigeninteresse beim Landwirt besteht, die entsprechenden Honorierungen zu erreichen,
- Naturschutz zu einem gleichberechtigten Produkt der Landwirtschaft neben der bisher einseitig dominierenden Nahrungsmittelproduktion wird (FLADE, M. et al. 2003).

5. FALLBEISPIELE AUS DER FORSCHUNG

Ergebnisse

Durch die interdisziplinäre Zusammenarbeit im Projekt sowie das Arbeiten auf verschiedenen Ebenen und durch die generelle Einhaltung des Prinzips, im Vordergrund der einzelnen Untersuchungen immer die Beziehungen zwischen den abiotischen und biotischen Landschaftselementen und der landwirtschaftlichen Landnutzung zu betrachten, war es möglich, detaillierte Landschaftsdiagnosen zu erstellen.

Die Ermittlung des Naturpotenzials in den Untersuchungsgebieten, die Einsicht in das Beziehungsgefüge seiner einzelnen Komponenten und eine umfassende landschaftsökologische Einschätzung sind unentbehrliche Grundlagen für die Klassifikation von Landschaften als Voraussetzung für die Formulierung von Naturschutz-Qualitätszielen und deren Übertragung in die landwirtschaftliche Praxis.

Fazit

Das Schorfheide-Chorin-Projekt mit seiner vierjährigen Forschungsperiode und der eineinhalbjährigen Nachbereitungsphase hatte ein großes Potenzial. Erstmalig wurde im Schorfheide-Chorin-Projekt das im technischen Umweltschutz entwickelte Konzept der Qualitätsziele und -standards konsequent auf die Entwicklung von NQZ für eine Kulturlandschaft angewandt.

Trotzdem war es natürlich nicht in der Lage, alle Probleme aufzuklären, die mit der Anwendung von Naturschutz-Qualitätszielen in Kulturlandschaften in Verbindung stehen.

Insgesamt können die Ergebnisse aber, wenn sie von der Politik aufgegriffen und über die Verwaltungsebenen umgesetzt werden, wesentlich zur Verbesserung einer nachhaltigen landwirtschaftlichen Nutzung beitragen.

Zusammenfassung

Die Entwicklung von Naturschutz-Qualitätszielen für landwirtschaftliche Nutzflächen ist ein komplexes Vorhaben, bei dem sowohl übergeordnete fachliche Ziele, als auch lokale naturschutzfachliche und betriebsstrukturelle Daten berücksichtigt werden müssen. Der Charakter einer Landschaft wird als „landschaftliche Eigenart" herausgearbeitet und daraus ein landschaftliches Leitbild abgeleitet. Aus dem allgemeinen landschaftlichen Leitbild werden flächenkonkrete Naturschutz-Qualitätsziele formuliert und mit einem entsprechenden Maßnahmepaket für ihre Erreichung untersetzt. Zur Einschätzung des Zustandes einzelner NQZ werden entsprechende Parameter und Indikatoren bestimmt, die auf möglichst einfachem Wege eine Bewertung zulassen. Für jedes Naturschutz-Qualitätsziel werden in einem Toleranzgrenzenmodell Grenzwerte festgelegt, zwischen denen noch tolerable Zustände für ein bestimmtes Qualitätsziel herrschen.

Literatur

BASTIAN, O. (1996): Bestimmung von Landschaftsfunktionen als Beitrag zur Leitbildentwicklung. BTU Cottbus, Aktuelle Reihe 8/96: 67-79.

BMU (BUNDESMINISTERIUM FÜR UMWELT, NATURSCHUTZ UND REAKTORSICHERHEIT) (1997): Auf dem Wege zu einer Nachhaltigen Entwicklung in Deutschland. Bericht der Bundesregierung anlässlich der VN-Sondergeneralsversammlung über Umwelt und Entwicklung 1997 in New York.

FLADE, M., PLACHTER, H., HENNE, E. u. K. ANDERS (2003): Naturschutz in der Agrarlandschaft, Ergebnisse des Schorfheide-Chorin-Projektes. Quelle und Meyer.

HABER, W. 1986: Umweltschutz-Landwirtschaft-Boden Ber. Ahad. Naturschutz Landschaftspflege 10: 26.

HEIDT, E., SCHULZ, R. u. LEBERECHT, M. (1994): Konzeption für die Formulierung und Umsetzung von Leitbildern, Umweltqualitätszielen und Umweltstandards bei der Entwicklung von Vorstellungen für eine umweltgerechte Landnutzung im Biosphärenreservat Schorfheide-Chorin. - Laufener Seminarbeiträge 94/4: 141 - 152.

HEIDT, E., SCHULZ, R. u. PLACHTER, H. (1997): Konzept und Requisiten der naturschutzfachlichen Zielbestimmung, dargestellt am Beispiel einer Agrarlandschaft Nordostdeutschlands (Uckermark, Brandenburg) - Verhandlungen der Gesellschaft für Ökologie 27: 263-272.

KRETSCHMER, H., HOFFMANN, J. u. K. O. WENKEL (1997): Einfluss der landwirtschaftlichen Flächennutzung auf Artenvielfalt und Artenzusammensetzung. Schriftenreihe Ministerium Ernährung, Landwirtschaft und Forsten, Reihe A; Angew. Wissenschaften 485; 266-280.

LEBERECHT, M. (1994): Naturschutzmanagement in der offenen agrar genutzten Kulturlandschaft am Beispiel des Biosphärenreservates Schorfheide-Chorin für Ökologie und Naturschutz 3 (2): 122-125.

MEYER-AURICH, A., ZANDER, P., ROTH, R., UND WERNER, A. (1997): Die Entwicklung von angepassten Anbauverfahren des Pflanzenbaus zur Sicherstellung von Habitatansprüchen typischer Tierarten der Agrarlandschaft. - In: HUMBOLDT-UNIVERSITÄT BERLIN (Hrsg.): Aspekte nachhaltiger Landnutzung. Definition, Ziele, Ergebnisse. - Ökologische Hefte der Landwirtschaftlich-Gärtnerischen Fakultät Berlin 6: 128-134.

PHILLIPS, A. (1998): The Nature of Cultural Landscapes - a Nature Conservation Perspective. Landscape Res. 23: 21-38.

PLACHTER, H. (1989): Zur biologischen Schnellansprache und Bewertung von Gebieten. - Schriftenreihe Landschaftspflege und Naturschutz 29: 107-135.

PLACHTER, H. (1994): Methodische Rahmenbedingungen für synoptische Bewertungsverfahren im Naturschutz. - Zeitschrift für Ökologie und Naturschutz 3. 87-106.

PLACHTER, H. (1996): A Central European Approach for the Protection of Biodiversity. - In: OGRIN, D. (Hrsg.): Nature Conservation Outside Protected Areas: 91-108. - Ministry of Environment and Physical Planing, Ljubljana.

PLACHTER, H. (1999): The Contributions of Cultural Landscapes to Nature Conservation. In: BUNDESDENKMALAMT WIEN (Hrsg.): Monument Site - Cultural Landscape, Exemplified by the Wachau; 93-115 Wien.

PLACHTER, H., WERNER, A. (1998): Integrierende Methoden zu Leitbildern und Qualitätszielen für eine naturschonende Landwirtschaft Z. für Kulturtechnik und Landentwicklung 39; 121-129.

PLACHTER, H., HEIDT, E., KORBUN, T., SCHULZ, R. u. TACKENBERG, O. (2003): Methoden zur Festlegung von Naturschutzzielen in Agrarlandschaften. 99-139 In: FLADE, M., PLACHTER, H., HENNE, E. u. K. ANDERS: Naturschutz in der Agrarlandschaft. Ergebnisse des Schorfheide-Chorin-Projekts.

RAT VON SACHVERSTÄNDIGEN FÜR UMWELTFRAGEN (1996): Umweltprobleme der Landwirtschaft (Sondergutachten) - Kohlhammer, Mainz.

RIECKEN, M. (1990): Ziele und mögliche Anwendungen der Bioindikatoren durch Tierarten und Tierartengruppen im Rahmen raum- und umweltrelevanter Planungen. - Schriftenreihe Landschaftspflege u. Naturschutz 32: 9-26.

WERNER, A., PLACHTER, H. (2000): Integration von Naturschutzzielen in die landwirtschaftliche Landnutzung – Voraussetzung, Methodenentwicklung und Praxisbezug. - Schriftenreihe Agrarspektrum 31: 44-61.

5.7 Moderationsverfahren begleitend zur Pflege- und Entwicklungsplanung für das Gewässerrandstreifenprojekt im Biosphärenreservat Spreewald

Elke Baranek, Beate Günther und Christine Kehl

Ausgangssituation und Verfahrensziele

Das Bundesamt für Naturschutz (BfN) legte nach 1990 einen Schwerpunkt der Förderung durch das Bundesprogramm zur Errichtung und Sicherung schutzwürdiger Teile von Natur und Landschaft mit gesamtstaatlich repräsentativer Bedeutung in die neuen Bundesländer, um das dort außerordentlich reiche Naturerbe zu erhalten (SCHERFOSE, V. et al. 2001). Ziel der Förderung war und ist es, die ökologische Qualität großflächiger natürlicher und naturnaher Landschaftsteile von hervorragender überregionaler Bedeutung dauerhaft gegen Gefahren zu sichern und sie letztlich zu verbessern.

Das Gewässerrandstreifenprojekt Spreewald ist eines dieser Projekte. Bereits 1993 begannen die Vorbereitungen für das umfangreiche Naturschutzgroßprojekt, die die Spreewälder Bevölkerung mit vielen kontroversen Diskussionen begleitete. 1994 wurde die erste, unter Federführung eines Naturschutzvereins erarbeitete, Fassung der Projektkonzeption vorgestellt und stieß auf heftigen Protest aus der Region. Die Kritik an dem Konzept, das sich ausschließlich an Naturschutzzielen orientierte, ging dabei nicht nur von der Bevölkerung, sondern auch von den Trägern öffentlicher Belange aus. Sie alle fühlten sich bei der Erarbeitung des Konzepts ungenügend integriert (HIEKEL, I. et al. 2001).

Eine Redaktionsgruppe überarbeitete daraufhin mehrmals die Konzeption. Neben Vertreterinnen und Vertretern des Naturschutzes und des Biosphärenreservats gehörten dieser Gruppe auch Mitarbeiterinnen und Mitarbeiter aus den Ressorts der Land-, Forst- und Wasserwirtschaft sowie des Tourismus an. Darüber hinaus wurden auch die Gemeinden einbezogen. Gemeinsam erarbeitete die Redaktionsgruppe aus der Konzeption den Bewilligungsantrag.

Für die Abwicklung des Naturschutzgroßprojekts wurde als Projektträger 1998 eigens der Zweckverband „Gewässerrandstreifenprojekt Spreewald" eingerichtet. Ihm gehören die am Projektgebiet beteiligten drei Landkreise, zwei Städte und ein Naturschutzverein an (siehe Abb. 1).

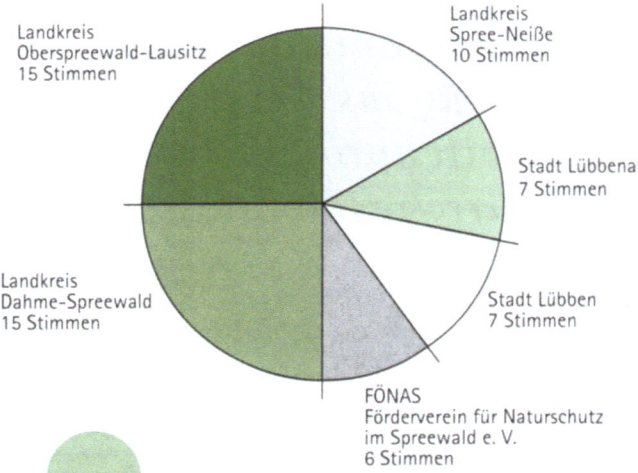

Abb. 1: Zweckverband „Gewässerrandstreifenprojekt Spreewald": Mitglieder und Stimmanteile

Die Redaktionsgruppe entwickelte sich durch Einbindung weiterer regionaler Interessenträger zum Fachbeirat des Zweckverbands. Sie bereitete die Entscheidungen für die Zweckverbandsversammlungen vor. In dieser Arbeitsphase wurde festgestellt, dass die aktive Einbeziehung der Spreewälder in die Problemlösungen die wichtigste Grundlage für die Akzeptanz des Projekts ist (HIEKEL, I. et al. 2001).

Der Bund – vertreten durch das Bundesamt für Naturschutz (BfN) – und das Land Brandenburg – vertreten durch das Ministerium für Landwirtschaft, Umwelt und Raumordnung – bewilligten das Projekt Ende 2000. Es hat ein Gesamtvolumen von 15,5 Millionen Euro und einer Laufzeit von zwölf Jahren. Im Projektgebiet steht die Erhaltung und Entwicklung der spreewaldtypischen Lebensräume mit ihrem charakteristischen Artenbestand in einer nachhaltig genutzten Kulturlandschaft im Vordergrund.

Damit gehen einher:
- Die Verbesserung des Wasserspeichervermögens der Landschaft;
- die Revitalisierung von Niedermoorstandorten;
- die Verbesserung der Lebensqualität in den Fließgewässern;
- die Entwicklung einer standortgerechten Bodennutzung sowie von weitläufigen Sukzessionsbereichen.

Das Gebiet umfasst ca. 23.000 Hektar innerhalb des Biosphärenreservats Spreewald. Die geplanten Maßnahmen liegen fast ausschließlich in einem 8.500 Hektar großen Gebiet, der Kern- und Pflegezone des Biosphärenreservats, das den Status eines Naturschutzgebiets hat.

Die Zuwendungsgeber von Bund und Land gaben hiermit zum ersten Mal ein zweistufiges Verfahren vor: Erst nach einer auf zwei Jahre angesetzten Phase, die der Erstellung des Pflege- und Entwicklungsplans und der einvernehmlichen Abstimmung der geplanten Maßnahmen in der Region dient, soll über die Umsetzungsphase und damit über den Einsatz der Fördermittel entschieden werden.

Dieses Vorgehen kam sowohl der nach wie vor kontroversen Diskussion über die Projektziele und die befürchteten Nutzungseinschränkungen als auch der massiven, z. B. über die Medien geäußerten Forderung nach einer umfassenden Information und Beteiligung der Interessenträger und Betroffenen aus der Region entgegen. Darüber hinaus bietet es den Fördermittelgebern eine erhöhte Planungssicherheit.

Begleitend zur Pflege- und Entwicklungsplanung wurde ein unabhängiges Moderationsteam beauftragt. Damit ist das Spreewaldprojekt das erste Naturschutzgroßprojekt, in dem die Planung durch ein solches Informations- und Beteiligungsverfahren begleitet wird.

Das Moderationsverfahren zielt seit Juni 2001 darauf ab, die Spreewälder in den Planungsprozess einzubeziehen. Das geschieht durch fachliche Information, Öffentlichkeitsarbeit, Diskussion, Aufnahme von Erfahrungen aus der Praxis und Vermittlung zwischen unterschiedlichen Zielen und Interessen.

Das Moderationsverfahren setzt dabei auf das Zusammenwirken regionaler Akteure und Interessenvertreter mit den beauftragten Planern und Experten. Diese Zusammenarbeit soll dazu beitragen, die Pflege- und Entwicklungsplanung zu optimieren, ein größeres wechselseitiges Verständnis für die Interessen vor Ort, die Ziele des Vorhabens und letztlich mehr Akzeptanz für das Gewässerrandstreifenprojekt in der Region zu erreichen.

Im gemeinsamen Planungsprozess werden Eckpunkte und Rahmen für die Entwicklung der Region diskutiert und abge-

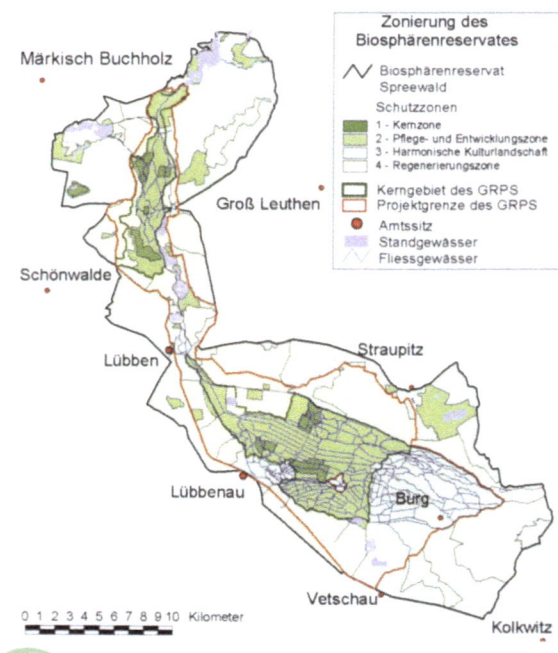

Abb. 2: Lage des Projektgebiets im Biosphärenreservat Spreewald

stimmt, die dann von allen Beteiligten ausgefüllt werden können und müssen. Damit sollen Voraussetzungen geschaffen werden, um mit dem Projekt die im Biosphärenreservat geplanten Vorhaben mit Unterstützung der Bevölkerung des Spreewalds zu verwirklichen. Diese erste Projektphase schließt im Herbst 2003 mit der Vorlage des Pflege- und Entwicklungsplans ab.

Gestaltung des Moderationsverfahrens

Das Moderationsverfahren setzt sich aus unterschiedlichen, aufeinander abgestimmten Bausteinen zusammen. Sie wurden im Lauf des Prozesses den Anforderungen entsprechend ausgestaltet und modifiziert.

Wesentliche Elemente eines Mediationsverfahrens

Ein Mediationsverfahren ist ein freiwilliger, informeller, kooperations- und konsensorientierter Planungs- und Verhandlungsprozess zur Entwicklung sachgerechter, weitgehend gemeinsam getragener Problemlösungen unter Einbezug neutraler, allparteilicher Konfliktmittler (Mediatoren).

Leitziel ist die Sorge für ein faires Gesprächsklima, das gekennzeichnet ist durch einen gleichberechtigten Zugang zu Informationen und das Einbringen von Interessen und Vorschlägen in den Problemlösungsprozess sowie das gemeinsame Entwickeln von Lösungen.

Abb. 3: Das Moderationsverfahren im Überlick

Das interdisziplinär zusammengesetzte Moderationsteam griff bei der Gestaltung des Verfahrens auf umfangreiche Erfahrungen aus Umweltmediationsverfahren sowie anderen Formen von raumbezogenen Planungs- und Beteiligungsprozessen zurück. Wesentliche Elemente der Zielstellung, der Vorgehensweise und des Settings, d. h. vor allem des Verfahrensdesigns und der Rahmenbedingungen, entsprechen einer Multi-Parteien-Mediation im öffentlichen Bereich.

Das Moderationsteam passte jedoch Strukturen, Funktionen und die Arbeitsformen der spezifischen Situation und Aufgabenstellung an – gemäß den zeitlichen und räumlichen Dimensionen des Planungsprozesses.

Das Informations- und Beteiligungsverfahren wurde daher in der Öffentlichkeit als „Moderationsprozess mit Mediationselementen" bezeichnet, um einer gegebenenfalls problematischen Methodendiskussion vorzubeugen. Inwieweit es als spezifische Ausprägung eines Mediationsverfahrens im öffentlichen Bereich methodisch anerkannt wird, bleibt der weiteren Fachdiskussion überlassen.

5. FALLBEISPIELE AUS DER FORSCHUNG

Baustein: Situationsanalyse

Am Beginn des Verfahrens stand eine Situationsanalyse. Sie griff aktuelle Nutzungskonflikte und Interessenkonstellationen zwischen den Akteuren vor Ort auf und bezog kommunikative Aspekte, insbesondere Erwartungen an das Beteiligungsangebot, mit ein.

Mit der Situationsanalyse konnten folgende Ziele erreicht werden:
- Kontaktaufnahme der Moderatorinnen zu verschiedenen Interessengruppen und Ämtern;
- Informationsvermittlung (Rolle der Moderation, der Planer, des Zweckverbands, Ablauf der Planung, geplante Gestaltung des Informations- und Beteiligungsverfahrens);
- Ermittlung des Informations- und Beteiligungsbedarfs sowie Anregungen für deren Gestaltungsrahmen, der Erwartungen an die Auswirkungen des Gewässerrandstreifenprojekts, von Kritik und Anregungen und von positiven und negativen Erfahrungen in Bezug auf bereits erfolgte Beteiligung;
- Vertrauensbildung, Konkretisierung der Verfahrensgestaltung.

Die Situationsanalyse erfolgte durch die Auswertung von Unterlagen der Projektvorgeschichte sowie durch Interviews anhand von Leitfragen mit Interessenvertretern zentraler Nutzergruppen aus dem Projektgebiet (z. B. Naturschutz,

---

Auszug aus den Vereinbarungen zur Zusammenarbeit aller Beteiligten in den Fach- und Gebietsarbeitsgruppen („Spielregeln")

1. Verständigung über den Handlungsrahmen:
- Alle Beteiligten sind sich darüber im Klaren, dass es im Gewässerrandstreifenprojekt um den Einsatz von Fördermitteln vorrangig für den Naturschutz in einer Natur- und Kulturlandschaft geht. Bei Bedarf soll nach alternativen Möglichkeiten für die Realisierung darüber hinaus gehender Interessen und Planungen gesucht werden.
- Es soll eine wirkliche Beteiligung und Einbeziehung unterschiedlicher Interessen und Berücksichtigung der Diskussions- und Arbeitsergebnisse innerhalb des Förderrahmens realisiert werden. Die Fach- und Gebietsarbeitsgruppen werden dazu genutzt, fachliche und regionale Interessen einzubringen und mit den Ingenieuren, Mitgliedern des Fachbeirats, der Projektbegleitenden Arbeitsgruppe und des Projektträgers zu beraten. Als Ergebnis werden Empfehlungen für Erhebungen und Maßnahmen im Rahmen des Pflege- und Entwicklungsplans an die Entscheidungsträger des Zweckverbandes sowie an die Fördermittelgeber erarbeitet.
- Durch eine frühzeitige Einbeziehung der Entscheidungsträger, u.a. im Rahmen der Projektbegleitenden Arbeitsgruppe, soll eine möglichst umfassende Vorabstimmung erzielt werden. Eine abweichende Förderentscheidung seitens der Fördermittelgeber über in dieser Weise erarbeitete Vorschläge im Rahmen des Pflege- und Entwicklungsplans kann jedoch nicht ausgeschlossen werden.

2. Verteilung und Wahrnehmung von Verantwortung bei allen Beteiligten, Fairness-Regeln, Umgang mit Information:
- Befürworter und Kritiker des Projekts bzw. Vertreter unterschiedlicher Interessen sind im Verfahren gleichberechtigte Beteiligte.
- Die gemeinsame Arbeit zielt auf Kompromisse zugunsten der Spreewaldregion, d. h. z. B. möglichst viele Gewinnersituationen herbeizuführen und bei Bedarf Kompensationslösungen anzustreben.
- Diskussionen werden Ergebnis orientiert und pragmatisch geführt, Positionen müssen begründet werden.
- Wenn Kompromisse nicht möglich sind werden Meinungsbilder mit ergänzenden Minderheitsmeinungen statt „k.o.-Abstimmungen" erarbeitet. Diese werden den Entscheidungsträgern vollständig mit Begründungen vorgelegt.
- Bei Bedarf werden Entscheidungen zu Geschäftsordnungsfragen sowie die Wahl von vertretungsberechtigten Personen (Sprecher, Pressesprecher u. a.) mit einfacher Mehrheit der Anwesenden herbeigeführt.
- Jeder steht zu seinem Wort, ob in Stellungnahmen oder am Stammtisch, d. h. eine Ehrlichkeit und Verlässlichkeit in der Argumentation nach innen und außen sowie das Mittragen von Kompromissen wird angestrebt.
- Jeder hat das Recht auf eigene Interessen, auch wenn sie nicht alle in einen Fördertopf passen.
- Die Meinungen, Kompetenzen und Erfahrungen von „Experten" und „Laien" werden gleichermaßen respektiert; d. h. alle bringen Geduld, Toleranz und die Bereitschaft zum Zuhören und Hinhören (!) auf.
- Argumentationen werden zitierfähig und in der Weise geführt, dass sie die weitere Zusammenarbeit in der Region nicht unnötig belasten.
- Informations- und Meinungsbildungsarbeit wird mit verteilten Rollen hergestellt, u. a. durch Berichterstatter und Sprecher, durch die Absicherung der Mandate und durch Protokolle.
- Art, Inhalt und Zeitpunkt von Informationen, die zur Arbeit der Arbeitsgruppen weitergegeben werden, z. B. an die Öffentlichkeit, untereinander sowie an die Managementstelle des Zweckverbandes, werden abgestimmt z. B. in Form gemeinsamer Pressetermine und -erklärungen.
- Soweit rechtlich zulässig und im Aufwand angemessen, werden Informationen wie Planungskonzepte, Projektunterlagen, Gutachten, Förderkonditionen oder Protokolle rechtzeitig und offensiv offen gelegt.
- Die Projekt- und Maßnahmeplanungen sowie Entscheidungen hierüber müssen allgemeinverständlich begründet und nachvollziehbar sein.

Wasser- und Forstwirtschaft, Jagd, Fischerei- und Angelvereine, Landwirtschaft, Tourismus, Kahnfährvereinigungen, Spreewaldverein, Zweckverband). Das Moderationsteam führte die Ergebnisse in einem Situationsbericht zusammen und stellte sie in den Arbeitsgruppen vor.

Aus den Interviewergebnissen entwickelten die Moderatorinnen Vorschläge für „Spielregeln" für die Zusammenarbeit, die ebenfalls in den Arbeitsgruppen beraten und vereinbart wurden (siehe Kasten).

Baustein: Verfahrensmanagement

Das Verfahrensmanagement diente der Abstimmung und Rollenklärung zwischen allen Beteiligten, insbesondere zwischen Planern, Projektmanagement und Moderationsteam. Es wurde eine Strategiegruppe gebildet, um das gemeinsame Vorgehen inhaltlich und dramaturgisch abzustimmen. Dazu gehörten die Vorbereitungen sämtlicher Veranstaltungen, der Öffentlichkeitsarbeit sowie gesonderter bilateraler Gespräche zu Einzelaspekten. Wichtig für die Verfahrensgestaltung war, sich aus verschiedenen Perspektiven über die Ergebnisse der Arbeitsgruppensitzungen zu verständigen und diese in den Planungs- und Moderationsprozess zu integrieren. Darüber hinaus verständigte man sich immer wieder über die Abgrenzung von Aufgaben, die Rollenteilung sowie die Entwicklung eines gemeinsamen Verständnisses von Planung und Beteiligung. Als notwendig erwies sich auch, die Form der Vorbereitungsunterlagen (Karten etc.) zu diskutieren und seitens der Moderation auf Verständlichkeit und Lesbarkeit zu prüfen. Der Abstimmungsbedarf und -aufwand für alle Beteiligten war sehr hoch. Dies war allerdings die Voraussetzung, die angekündigte Verfahrensoffenheit zur Informationsvermittlung auch „intern" einzulösen sowie die regionalen Interessen zu integrieren.

Baustein: Öffentlichkeitsarbeit

Öffentlichkeitsarbeit war ein wesentlicher Aspekt der Beteiligung. Ziel war es, möglichst viele Spreewälder über das Gewässerrandstreifenprojekt Spreewald zu informieren und somit Transparenz und Offenheit über den Verfahrensablauf und -inhalt herzustellen. Die Öffentlichkeitsarbeit konzentrierte sich auf drei Instrumente:
- Pressearbeit
  Das Projektmanagement verfasste zu wichtigen Projektereignissen und zu einzelnen wichtigen Punkten Pressemitteilungen und/oder lud Pressevertreter zu Gesprächen ein.
- Informationsveranstaltungen in der Region
  Bis zum Sommer 2003 fanden zwei Informationsveranstaltungen statt. Die erste Informationsveranstaltung wurde im September 2001 relativ frühzeitig ausgerichtet, um als Auftaktveranstaltung den Beginn des Projekts zu signalisieren und eine gemeinsame regionale Verantwortung für das Projekt herzustellen.

  Die zweite Informationsveranstaltung verfolgte im Januar 2003 das Ziel, über den aktuellen Projektstand und den weiteren Verfahrensablauf zu informieren. Sie wurde in Verbindung mit der im Spreewald traditionell verankerten „Spreewaldkonferenz" durchgeführt. Diese Kombination eröffnete die Möglichkeit, breitere Kreise der Spreewälder Bevölkerung zu erreichen. Weitere Informationsveranstaltungen sollen den Fortgang des Projekts begleiten.
- Ausstellung zum Gewässerrandstreifenprojekt Spreewald
  Mit der Ausstellung wurde ein dauerhaftes, flexibles und gut transportables Medium geschaffen, das an unterschiedlichsten Orten und zu verschiedensten Anlässen, wie Regionalveranstaltungen, Gemeindevertretersitzungen etc., über den jeweiligen Projektstand informieren kann. Dabei wendet sich die Ausstellung an die Spreewälder Bevölkerung und wagt den Spagat zwischen „fachlichen Vermittlungsansprüchen" und Verständlichkeit.
  Mit der Quappe (*Lota lota*) als zentraler Figur und Leitbild der Ausstellung wurde ein Symbol gewählt, dass auf regionale Traditionen, räumliche Bezüge und Probleme hinweist. Die Quappe war 2002 „Fisch des Jahres" und ist eine charakteristische, aber ernsthaft in ihrem Bestand gefährdete Art im Spreewald. Sie wurde daher auch in das Logo des Zweckverbands aufgenommen.

Die Quappe (Lota lota) ist zentrale Figur der Ausstellung und Logo des Zweckverbands „Gewässerrandstreifenprojekt Spreewald"

Baustein: Arbeitsgruppen

Die Arbeitsgruppen (AGs) bildeten einen wichtigen Kristallisationspunkt im gesamten Verfahren. Sie organisierten die Zusammenarbeit zwischen regionalen Experten und den Fachplanern. Der Zuschnitt erfolgte problemorientiert, d. h. es gab Gebietsarbeitsgruppen in den landschaftsökologischen Teilräumen des Projektgebiets und Facharbeitsgruppen, die spezielle, übergreifend interessierende fachliche Themen behandelten (z. B. Wasserwirtschaft, Forstwirtschaft, Aspekte der Fischerei und Jagd, Tourismusbelange, Interessen der Landwirtschaft). Sie setzten sich vorwiegend aus Vertretern der einzelnen Gebiete (Gemeindevertreter, Flächennutzer, Vertreter des Naturschutzes etc.) sowie Mitarbeitern zuständiger Fachämter auf Landkreis- und Landesebene zusammen. Die AGs wählten Sprecher, die sie z. B. im Moderationsplenum vertreten. Außerdem gab es personelle Überschneidungen zwischen den AGs, die den Informationsfluss zwischen diesen unterstützten.

Die Arbeitsgruppensitzungen wurden entsprechend des Planungsstands in mehreren Zyklen und in unterschiedlicher

Form durchgeführt. Eine erste Auswertung führte z. B. dazu, die Facharbeitsgruppen als thematische Workshops zu gestalten. Sowohl in die Vorbereitung als auch in das Programm dieser Workshops wurden Fachleute aus der Region einbezogen. Ihre Erfahrungen und Ortskenntnisse sowie die Inputs externer Experten z. B. aus anderen Großschutzgebieten, Forschungsprojekten und wissenschaftlichen Einrichtungen ergänzten sich sehr gut und stießen auf große Resonanz.

Baustein: Moderationsplenum

Das Moderationsplenum wurde für die Zweckverbandsversammlung als zentrales Instrument zur gegenseitigen Information und Entscheidungsvorbereitung konzipiert. Da der Fachbeirat diese Rolle faktisch schon vor Beginn des Moderationsverfahrens übernommen hatte, konnte die Bildung des Moderationsplenums darauf aufbauen. Um eine Beteiligung aller Verantwortungs- und Interessenvertreter zu ermöglichen und die Strukturen übersichtlicher zu gestalten, wurde die im Zuwendungsbescheid vorgegebene Projektbegleitende Arbeitsgruppe und der Fachbeirat sowie die Sprecher der AGs zum Moderationsplenum zusammengeführt. Ein wichtiger Schritt stellte auch hier die Einführung gleicher „Spielregeln" (Rechte und Pflichten während der Sitzungen) für alle Plenumsmitglieder dar.

Baustein: Dokumentation
und Informationsgrundlagen

Die Ergebnisse der Veranstaltungen im Beteiligungsverfahren wurden stark von der Qualität der Vorbereitungsmaterialien, d. h. von ihrer Verständlichkeit für „Laien" und Lesbarkeit beeinflusst. Wesentlich ist, den erreichten Diskussionsstand transparent zu dokumentieren und zu klärende strittige Punkte aufzuzeigen. Das Moderationsteam protokollierte zu diesem Zweck sämtliche Veranstaltungen und wirkte ggf. auf eine Integration der Arbeitsergebnisse in die Planung hin.

Inhalte des Moderationsverfahrens

Die Schwerpunkte für die Bearbeitung im Moderationsverfahren resultierten aus den Themen und Anliegen, die zu Beginn im Rahmen der Situationsanalyse und in den Beratungen des ersten Zyklus der Fach- und Gebietsarbeitsgruppen erhoben wurden und von den beteiligten Interessengruppen sowie den Projektträgern als besonders kritisch und diskussionsbedürftig eingeschätzt wurden. Außerdem ergaben sich weitere Aspekte im Verlauf des Verfahrens.
Gegenstand der Erörterung in den Fach- und Gebietsarbeitsgruppen waren vor allem Fachthemen und Probleme, die

- aus Konflikten zwischen Naturschutzzielen und Nutzungsinteressen resultierten;
- hinsichtlich der fachlich und/oder ökonomisch günstigsten Lösung zur Zielerreichung zu Beginn des Planungs- und parallel ablaufenden Beteiligungsprozesses noch strittig waren;
- bei der Bevölkerung Besorgnisse hinsichtlich ihrer Lebensumstände (Hochwasserschutz, Einschränkungen durch die Kernzone des Biosphärenreservats) auslösten und
- auf Informationsdefizite zurückzuführen waren.

Auf der Basis der ersten beiden Sitzungszyklen, die schwerpunktmäßig der Bestandsaufnahme und der Verständigung über Projektziele, Spielregeln und Handlungsrahmen dienten, wurde im dritten und vierten Zyklus für zahlreiche Maßnahmenvorschläge ein breiter Konsens in den Arbeitsgruppen erzielt. Hierzu trug u. a. bei, dass in den zu den Sitzungen ausgegebenen Planungsunterlagen erkennbar Bezug genommen wurde auf die Vorschläge und Interessen der Beteiligten aus den vorangehenden Sitzungen.

Andere Maßnahmen und ihre Auswirkungen auf bestehende Nutzungen sind lange und kontrovers diskutiert worden. In einigen Fällen bedurfte es einer vertieften Information und Abstimmung zu einzelnen Planungsaspekten in zusätzlichen Sitzungen, um einen Kompromiss und die Zustimmung der Gebietsarbeitsgruppenmitglieder zu Maßnahmenvorschlägen zu erreichen. Nicht immer konnten Kompromisse erzielt oder Problemlösungen gefunden werden. Auch diese Restkonflikte und offene Fragen wurden jedoch auf den Punkt gebracht und können bei Bedarf oder unter anderen Rahmenbedingungen wieder aufgegriffen und bearbeitet werden.

Die getroffenen Vereinbarungen bildeten einen Bezugsrahmen in mancher hitzigen Diskussion, in der die gemeinsam festgelegten Verfahrensmodalitäten oder Fairnessregeln von den Beteiligten eingefordert wurden. Es hat sich gezeigt, dass vor allem die Forderung nach einem transparenten Umgang mit Informationen sowie die korrekte Wiedergabe von Sachverhalten in den Unterlagen ganz wichtig waren.

Ausblick und Empfehlungen

Festgestellt werden kann, dass sich die Bausteine des Moderationsverfahrens bewährt haben, um einen gezielten Informations- und Erfahrungsaustausch sowie eine Verfahrenstransparenz herzustellen, im Sinne einer besser in der Region verankerten Pflege- und Entwicklungsplanung sowie der Konfliktvermeidung und -bearbeitung. In über 40 Veranstaltungen setzten sich insgesamt mehr als 1.000 Teilnehmer und Teilnehmerinnen mit den Planungen auseinander.
Aus den Erfahrungen mit den Bausteinen des Verfahrens und ihrer zielorientierten Verknüpfung werden als Empfehlungen abgeleitet:

FALLBEISPIELE AUS DER FORSCHUNG 5.

- Es hat sich gezeigt, dass die umfangreiche und vielschichtige Situationsanalyse erforderlich war, um eine qualifizierte Einschätzung der Interessenlage sowie konfliktbehafteter Probleme vorzunehmen und die Vertrauensbildung gegenüber den Moderatorinnen zu befördern.
- Bewährt hat sich auch das Verfahrensmanagement mit der Einrichtung einer „Strategiegruppe" zur Abstimmung und Verzahnung des Moderationsverfahrens und der Fachplanung. Die Arbeit der Strategiegruppe wurde ergänzt durch kleinere, Themen und Aufgaben bezogene Abstimmungsrunden. Wichtig dabei war immer der zeitgerechte, geeignete Informationstransfer, um allen Beteiligten zu ermöglichen, das Gesamtvorhaben im Auge zu behalten.
- In Bezug auf Öffentlichkeitsarbeit stellt sich die generelle Frage: „Wie viel Öffentlichkeit ist notwendig, um ein Naturschutzprojekt dieser Größenordnung in der Region zu verankern und wie viel Öffentlichkeit ist möglich, um eine Arbeits- und Entscheidungsfähigkeit im Verfahren zu garantieren?"
  In der Planungsphase wurde Öffentlichkeitsarbeit gezielt und sparsam betrieben. Insbesondere die Pressearbeit sollte allerdings verstärkt werden, um regelmäßig in geeigneter Form über Projektfortschritte zu informieren.
- Die Fach- und Gebietsarbeitsgruppen haben sehr wichtige Informations- und Vermittlungsfunktionen im Prozess übernommen. Für künftige Verfahren kann diese Struktur empfohlen werden. In der Verfahrensfortführung des Gewässerrandstreifenprojektes Spreewald sollte geprüft werden, inwieweit diese etablierten Arbeitsformen für nachfolgende Abstimmungen nutzbar sind.
- Das Moderationsplenum erfüllte den Anspruch, als zentrales Informations- und Diskussionsforum zu fungieren. Hier werden die Empfehlungen an die Zweckverbandsversammlung vorbereitet, die letztlich über den Inhalt des Pflege- und Entwicklungsplans entscheidet. Die AG-Teilnehmer (einschließlich der Fachplaner) haben sich eine offene und frühzeitige Information und Beratung mit den Fördermittelgebern aus Bund und Land gewünscht, um vor allem die Distanz zwischen der regionalen Situation und den fachlichen Anforderungen auf Bundesebene zu überbrücken. Für die Gestaltung zukünftiger Beteiligungsverfahren sollten die Verantwortlichen daher häufigere und direkte Arbeitskontakte ermöglichen. Die Inhalte der einen oder anderen schriftlichen Anfrage oder Protestnote von Interessenvertretern aus der Region könnten dann in einem anderen Rahmen geklärt werden.
- Dokumentationen (Protokolle, Vorbereitungspapiere, Kartenmaterial etc.) für die Beteiligten waren Grundlage eines flüssigen, transparenten und verbindlichen Arbeitsprozesses. Besondere Bedeutung hatte dabei die Verständlichkeit und Nachvollziehbarkeit dieser Unterlagen nicht nur für Fachleute. Zu beachten ist der hohe Abstimmungsaufwand im Rahmen des Verfahrensmanagements.

Insgesamt hat das Moderationsverfahren erheblich dazu beigetragen, sowohl Planungsinhalte als auch Interessen, Meinungen, Strategien der Beteiligten offen zu legen und zu diskutieren. Vertreter des Zweckverbands, des Biosphärenreservats, des Beirats sowie viele Mitglieder der AGs haben sich in ihren Kommunen, Verbänden und Fachämtern positioniert und somit das Projekt in die öffentliche Diskussion getragen. In die so erzielten regionalen Kompromisse ist viel Arbeit und sowohl „Widerstandsenergie" als auch Verhandlungs- und Kompromissbereitschaft aller Beteiligten im Interesse des Gesamtvorhabens eingeflossen. Zwar ist es nicht möglich und sinnvoll, alle Strukturen des Moderationsverfahrens in den folgenden Phasen aufrecht zu erhalten. Dennoch sollte überlegt werden, mit künftigen Beteiligungsangeboten an vorhandene Strukturen des Moderations- und Beteiligungsverfahrens anzuknüpfen bzw. auf ihnen aufzubauen, um weiterhin Entscheidungsträger und Multiplikatoren in die Prozesse zu integrieren. Dabei sollte darauf geachtet werden, Frauen und Jugendliche besonders zu berücksichtigen, da beide Gruppen im bisherigen Verfahrensverlauf unterrepräsentiert waren.

Erfahrungsgemäß führen Beteiligungsprozesse längerfristig nur dann zu konstruktiven Ergebnissen, wenn es tatsächlich erkennbare Handlungs- und Gestaltungsspielräume gibt und Arbeitsergebnisse sichtbar umgesetzt werden. Das bedeutet für den Zuwendungsgeber, für die Entscheidungsträger und für die Interessenvertreter aus der Region auch künftig mit den erreichten Ergebnissen und erzielten Kompromissen sehr wertschätzend und verantwortungsbewusst umzugehen.

Zusammenfassung

Das Gewässerrandstreifenprojekt im Biosphärenreservat Spreewald ist das erste Naturschutzgroßprojekt, dessen Pflege- und Entwicklungsplanung durch ein Moderationsverfahren begleitet wird. Das Verfahren besteht aus unterschiedlichen Bausteinen und zielt darauf ab, die Spreewälder Bevölkerung durch fachliche Information, Öffentlichkeitsarbeit, Diskussion, Aufnahme von Erfahrungen aus der Praxis und Vermittlung zwischen unterschiedlichen Zielen und Interessen in den Planungsprozess einzubeziehen. Das soll dazu beitragen, die Pflege- und Entwicklungsplanung inhaltlich zu optimieren und mehr Akzeptanz für das Projekt in der Region zu erreichen.

Literatur

HIEKEL, I., STACHE, G., NOWAK, E. U. ALBRECHT, J. (2001): Gewässerrandstreifenprojekt Spreewald, Land Brandenburg in Naturschutzgroßprojekte des Bundes. In: Natur und Landschaft 9/10.

SCHERFOSE, V., BOYE, P., FORST, R., HAGIUS, A., KLÄR, C., NICLAS, G. U. STEER. U. (2001): Naturschutzgroßprojekte des Bundes. In: Natur und Landschaft 9/10.

5.8 Naturschutz und ökologischer Landbau im Biosphärenreservat – das Entwicklungs- und Erprobungsvorhaben Ökodorf Brodowin

Karin Reiter, Johannes Grimm und Helmut Frielinghaus

Landwirtschaft und biologische Vielfalt

Die Landwirtschaft war bis vor wenigen Jahrzehnten ein Faktor, der wesentlich zu unserer Landschafts- und Artenvielfalt beigetragen und viele jetzt schützenswerte Strukturen erst geschaffen hat. Durch die Intensivierung im Agrarbereich seit etwa den 50er Jahren und die Nutzungsaufgabe von Grenzstandorten verschwanden vor allem extensiv genutzte Agrarökosysteme und mit ihnen die an sie angepassten Tier- und Pflanzenarten. Von den etwa 270 Pflanzenarten, die ausschließlich oder regelmäßig in Äckern oder Weinbergen vorkommen, sind bundesweit, in den Ländern und einzelnen Naturräumen zwischen 20 und 35 Prozent gefährdet oder ausgestorben (SCHUMACHER, W., SCHICK, H.-P. 1998). Die Nivellierung der Standorte, die Intensivierung der Produktionsverfahren sowie die Verengung der Fruchtfolgen haben bei der Segetalflora (Ackerbegleitflora) zu einer deutlichen Abnahme der Dichte und der Artenzahl geführt. Zugenommen haben vorwiegend überall vorkommende, euryöke Arten; insgesamt ist seit den 50er Jahren ein Rückgang um etwa 50 Prozent zu verzeichnen (EGGERS, T., ZWERGER, P. 1998). Vor allem der Herbizid-Einsatz und das hohe Stickstoffniveau durch die Düngung werden als Ursache für den Artenrückgang angeführt, im Grünland zudem Entwässerung, Umbruch, Verbrachung oder Aufforstung (POSCHLOD, P., SCHUMACHER, W. 1998).

Um diesen Trend aufzuhalten und umzukehren, reichen die klassischen Instrumente des Naturschutzes nicht aus. Moderner Naturschutz muss zur Entwicklung naturverträglicher nachhaltiger Landnutzungsformen beitragen.

Der ökologische Landbau ist dafür ein guter Partner, da dieses Nutzungssystem den Kriterien und dem Leitbild einer nachhaltigen und naturschutzkonformen Landbewirtschaftung bereits am ehesten entspricht. Der Beitrag des ökologischen Landbaus zum Erhalt der biologischen Vielfalt (Biodiversität) wurde in zahlreichen Untersuchungen vergleichend zu intensiveren Systemen der konventionellen Landwirtschaft quantifiziert (z. B. WEIGER, H., WILLER, H. 1997). Durch den Verzicht auf Pestizide und leichtlösliche Mineraldüngemittel sowie das Bestreben, geschlossene Stoffkreisläufe zu etablieren, sichert der ökologische Landbau in Agrarökosystemen eine höhere floristische und faunistische Diversität als konventionelle Vergleichssysteme. Die deutlich reichere Ackerbegleitflora im ökologischen Landbau ist die Basis für eine hohe faunistische Vielfalt und stabile Insektengemeinschaften, um dem Anwachsen von Populationen möglicher Schadorganismen entgegen zu wirken. Insbesondere für Tiergruppen höherer Trophieebenen, die eine integrale Indikatorfunktion ausüben können, ist diese Anbauform förderlich (KÖNIG, W. et al. 1989). Zudem konnte nachgewiesen werden, dass nach einer Umstellung auf ökologischen Landbau die Anzahl der Arbeitskräfte im landwirtschaftlichen Betrieb deutlich höher ist als vorher (ÖKOLOGIE & LANDBAU, 1998). Die Erschließung neuer Produktionszweige, wie z. B. die Umstellung im Bereich Sonderkulturen, der Einstieg in die hofeigene Verarbeitung oder Direktvermarktung, ist für diesen Zuwachs verantwortlich. Diese sozio-ökonomischen Komponenten (Wiedereingliederung bisher ausgelagerter Bereiche wie Verarbeitung und Vermarktung) haben ein großes Entwicklungspotenzial (GOTHE, D. 2002). Eine Kooperation mit dem ökologischen Landbau durch Einbindung in Naturschutzkonzepte ist daher ein viel versprechender Ansatz, das Konfliktfeld „Landnutzung und Naturschutz" zu harmonisieren sowie die naturschutzgerechte Regionalentwicklung über die Umsetzung von Nutzungs- und Pflegekonzepten voran zu treiben. Die vom Bundesamt für Naturschutz (BfN) geförderten „Naturschutzhöfe" sollen modellhaft Aussagen liefern, wie Naturschutz auch unter betriebswirtschaftlichen Gesichtspunkten sinnvoll in die Betriebsabläufe des ökologischen Landbaus integriert werden kann.

Landnutzung im Biosphärenreservat

Der Ort Brodowin liegt innerhalb des Biosphärenreservats Schorfheide-Chorin in einer eindrucksvollen Kulturlandschaft eiszeitlicher Prägung. Er ist umgeben von Mooren, Wäldern, Wiesen, Äckern und einer Vielzahl von Seen. Das Dorf ist mit einer Arbeitslosenquote von nur drei Prozent und einem florierenden und aktiven Umfeld deutlich in dieser strukturschwachen Region herausgehoben.

Der Landwirtschaftsbetrieb „Ökodorf Brodowin" wirtschaftet seit der Wende ökologisch nach den Richtlinien des Demeter-Verbands. Er trägt mit seinen vielfältigen Aktivitäten und durch die Zusammenarbeit mit Verbänden, Wissenschaft und Institutionen maßgeblich zur positiven überregionalen Wahrnehmung und Entwicklung von Brodowin und seiner Umgebung bei.

Als ein Modell der nachhaltigen Landnutzung eignet sich der ökologische Landbau in besonderer Weise für die Bewirt-

FALLBEISPIELE AUS DER FORSCHUNG 5.

Ökodorf Brodowin – Biohof im Biosphärenreservat

Der Landwirtschaftsbetrieb „Ökodorf Brodowin" wirtschaftet seit 1990 biologisch-dynamisch. Umgeben von sieben Seen liegt Brodowin im uckermärkischen Biosphärenreservat Schorfheide-Chorin (siehe www.brodowin.de).

Standortbeschreibung:
Höhenlage: 60 m über NN
Durchschnittliche Jahresniederschläge: 500 mm
Durchschnittliche Ackerzahl: 33

Mit 1.239 Hektar gehört Ökodorf Brodowin zu den größten ökologischen Betrieben in Deutschland. 1.167 Hektar davon sind Ackerland, 47 Dauergrünland, 25 stehen für den Gemüseanbau und 8 für Dauerkulturen zur Verfügung. Im Rahmen der Fruchtfolge werden zwei Jahre Luzerne (Medicago sativa subsp. sativa) oder Kleegras, Sommerweizen (Triticum aestivum), Dinkel (Triticum spelta), Erbsen (Pisum sativum subsp. sativum) und Winterroggen (Secale cereale) angebaut. 30 Sorten Gemüse und Kräuter wachsen im Freiland und im 2.500 Quadratmeter großen Gewächshaus. Das Herz des Betriebs ist die Milchkuhherde. Es werden 290 Milchkühe mit 350 Jungvieh (Schwarzbunte Kreuzungstiere) gehalten. Die Rinder haben auf der Weide und im Winter in mit Stroh ausgelegten großen Laufställen bestmögliche Lebensbedingungen. Die Rohmilch – täglich 4.500 Liter – wird in der hofeigenen Meierei verarbeitet. Die Produktpalette reicht von Trinkmilch bis zu Butter, Bauernkäse und Mozzarella. Brodowin versteht sich als regionaler Lieferant für den Großraum Berlin. Hofladen und der Lieferservice „ÖkoKorb" erreichen 1.600 Familien. Der Betrieb ist im Rahmen des Bundesprogramms Ökologischer Landbau ein Demonstrationsbetrieb (siehe http://demonstrationsbetriebe.oekolandbau.de).

Landschaft und der darin historisch gewachsenen Arten- und Biotopvielfalt, einschließlich Wild- und früherer Kulturformen wirtschaftlich genutzter oder nutzbarer Tier- und Pflanzenarten, dienen und (...) beispielhaft der Entwicklung und Erprobung von die Naturgüter besonders schonenden Wirtschaftsweisen dienen." Regionalvermarktung, die Verarbeitung vor Ort sowie die ständige Weiterentwicklung und qualitative Optimierung von neuen Produkten und Vermarktungswegen sind dabei ein besonderes Anliegen des Betriebs.

Naturschutzfachliche Optimierung des großflächigen Ökolandbaus am Beispiel des Demeter-Hofs Ökodorf Brodowin

Ziel des Entwicklungs- und Erprobungsvorhabens (EuE) ist es, ökonomisch tragfähige Konzepte zur Integration von Naturschutzzielen in den großflächigen ökologischen Landbau zu entwickeln und praktisch zu erproben (siehe www.naturschutzhof.de). Dabei wird anhand der Idee eines Naturschutzhofs die betriebswirtschaftlich orientierte Produktion durch gezielte Maßnahmen der Landschaftspflege und des Naturschutzes in folgenden vier Themenfeldern ergänzt und unterstützt (siehe auch Tabelle):

Themenfeld 1
Optimierung von Ackerbauverfahren, Fruchtfolgen und Schlagstrukturen: Auf der Basis vorhandenen Wissens und Voruntersuchungen vor Ort werden die angewandten Ackerbauverfahren und Fruchtfolgen überprüft und – so weit betriebswirtschaftlich vertretbar – naturschutzfachlich optimiert. Moderne, großflächig ökologisch wirtschaftende Betriebe tendieren zu einer Vereinfachung der Fruchtfolge und streben aus arbeitstechnischen Gründen möglichst große, zusammenhängende Schläge an. Große, einheitlich bewirtschaftete Bereiche haben kein ausreichendes Angebot an Strukturen oder Habitaten (Fuchs, S. et al. 2003).

Die Optimierung im Rahmen des Projekts umfasst u. a.:
- die Veränderung von Schlagstrukturen,
- den Einsatz naturschutzfachlich sinnvoller Landwirtschaftstechnik,
- Modifikationen in der Fruchtfolge und der räumlichen Anordnung der angebauten Kulturen sowie
- die zeitliche Abstimmung der praxisüblichen Anbauverfahren auf die Lebens- und Reproduktionszyklen ausgewählter Zielarten.

schaftung im Biosphärenreservat. Dort sollen Modelle eines harmonischen Miteinanders von Mensch und Natur im Sinne einer ökologisch, ökonomisch und soziokulturell tragfähigen Entwicklung konzipiert, erprobt und dauerhaft umgesetzt werden (Bundesregierung 2002: 241). Bezüglich der landwirtschaftlichen Nutzung werden Biosphärenreservate im Bundesnaturschutzgesetz (§ 25) als Gebiete definiert, die „(...) vornehmlich der Erhaltung, Entwicklung oder Wiederherstellung einer durch hergebrachte vielfältige Nutzung geprägten

5. FALLBEISPIELE AUS DER FORSCHUNG

Am Ende der Optimierungsprozesse soll eine auf die Lebensraumansprüche der Zielarten abgestimmte Fruchtfolge stehen. Wenn die naturschutzfachlichen (Mindest-)Anforderungen an die Ackerbauverfahren bei einzelnen Fruchtarten nicht erreicht werden können (z. B. aus betriebswirtschaftlichen Gründen oder bei gegenläufigen Ansprüchen mehrerer Zielarten), so dass auf Teilen der Betriebsfläche Populationsverluste zu erwarten sind, sollen diese Verluste auf anderen Flächen mindestens kompensiert werden. Dies wird für ausgewählte Arten (z. B. die Feldlerche (*Alauda arvensis*)) populationsbiologisch für die Betriebsfläche kalkuliert und überprüft.

Die Feldlerche (Alauda arvensis) gehört zu den Tierarten, deren Vorkommen in Brodowin beobachtet wird.

Themenfeld 2

Einführung eines dauerhaften Trockenrasen-Weideverbundsystems zur Pflege bzw. Nutzung kleinflächiger Sonderstandorte, z. B. Gewässerrandstreifen und Trockenrasen (FUCHS, S. et al. 2003): Auf Grenzertrags-Standorten kann auch der ökologische Landbau nicht rentabel wirtschaften. Die Pflege und der Erhalt dieser Lebensräume sind ein vordringliches Naturschutzanliegen, da ein erheblicher Teil der gefährdeten Tier- und Pflanzenarten der offenen Kulturlandschaft auf sie angewiesen ist. Die inmitten der Ackerflächen liegenden Laichgewässer der nach der Flora-Fauna-Habitat-Richtlinie (FFH-Richtlinie) besonders zu schützenden Arten Rotbauchunke (*Bombina bombina*), Laubfrosch (*Hyla arborea*) und Kammmolch (*Triturus cristatus*) erfordern angepasste Nutzungen der Gewässerrandbereiche.

Im Rahmen des Projekts ist geplant, zur Entwicklung eines Biotopverbundsystems eine Herde mit Kleinwiederkäuern (Ziegen, Schafe) aufzubauen sowie das Konzept der „linearen" Wiese zu etablieren (Begradigung von „nicht linearen" und damit technisch schwer bearbeitbaren Schlägen). Vor allem an Hecken-, Wald- und Gewässerrändern üben Säume eine wichtige Habitat- und Vernetzungsfunktion aus. An geeigneten Schlagrändern werden daher Säume angelegt und in Anpassung an die Ansprüche der Zielarten gepflegt.

Themenfeld 3

Nutzung von Gehölzschnitt zur Verbesserung der Bodenstruktur und Kohlenstoff-Bilanz des Betriebs durch Kompostierung: Wertvolle Kleinstrukturen wie Sölle, Hecken oder Feldgehölze erschweren auch im ökologischen Landbau die rationelle Bewirtschaftung, zudem bedürfen Gehölze des Rückschnitts. Im Rahmen der naturverträglichen Pflegenutzung sollen die anfallenden Landschaftspflege-Abfälle kompostiert und in den Betriebskreislauf rückgeführt werden.

Themenfeld 4

Öffentlichkeitsarbeit: Im Rahmen einer intensiven Kommunikation zwischen Projekt und Öffentlichkeit sollen insbesondere die „Naturschutzhof"-Idee und die Projektergebnisse vermittelt werden. Adressatinnen und Adressaten sind Verbraucherinnen und Verbraucher, Landwirtinnen und Landwirte sowie Beratungsinstitutionen. Schülerinnen und Schüler sollen bei Exkursionen oder im Projektunterricht das Vorhaben kennen lernen. Übertragbare Lösungsansätze müssen zudem in den politischen Entscheidungsprozess eingebracht werden, damit sie z. B. bei der angestrebten Bewertung und Honorierung ökologischer Leistungen der Landwirtschaft auf EU-, Bundes- und Landesebene Berücksichtigung finden können.

Erste Ergebnisse (zitiert im Folgenden nach STEIN-BACHINGER, K. et al. 2003) liegen zu den Untersuchungen des ersten Themenfelds vor. Ihnen liegt die Hypothese zu Grunde, dass naturschutzfachlich modifizierte Anbau- bzw. Produktionsverfahren einzelner Fruchtarten zu deutlichen Verbesserungen der Habitatqualitäten bei gleichzeitig weitgehender Kostenneutralität führen. Sind die Maßnahmen nicht kostenneutral, wird eine angemessene Honorierung kalkuliert. Die praxisnahe Erprobung und Entwicklung naturschutzfachlich optimierter Anbauverfahren erfolgt im Hinblick auf die Auswirkungen der erprobten Verfahren auf ausgewählte Zielarten (siehe Kasten). Da die Maßnahmen auf betrieblicher Ebene Ertragsausfall, Qualitätseffekte sowie Minder- oder Mehraufwendungen verursachen, wird mit Hilfe eines betrieblichen Optimierungsmodells (MODAM) eine gesamtbetriebliche Kosten-Nutzen-Analyse vorgenommen. Ziel ist dabei eine optimale Betriebsorganisation unter Berücksichtigung der Naturschutzziele. So konnte nach zweijähriger Versuchsdauer ermittelt werden, dass die mechanische Beikraut-Regulierung im Winter- und Sommergetreide nicht mit den Nestbaube-

---

Zielarten des EuE-Vorhabens:

Feldvögel:	Feldlerche (*Alauda arvensis*), Grauammer (*Miliaria calandra*), Schafstelze (*Motacilla flava*), Braunkehlchen (*Saxicola rubetra*), Wachtel (*Coturnix coturnix*) und Rebhuhn (*Perdix perdix*)
Heckenvögel:	Neuntöter (*Lanius collurio*) und Sperbergrasmücke (*Sylvia nisoria*)
Säugetiere:	Feldhase (*Lepus europaeus*)
Amphibien:	Rotbauchunke (*Bombina bombina*), Laubfrosch (*Hyla arborea*) und Knoblauchkröte (*Pelobates fuscus*)
Insekten:	Schmetterlinge (*Lepidoptera*) und Heuschrecken (*Saltatoria*)
Pflanzen:	Segetalflora und Trockenrasenvegetation

FALLBEISPIELE AUS DER FORSCHUNG

ginnen der bodenbrütenden Feldvögel kollidiert (STEIN-BACHINGER, K. et al., 2003). Die erprobten Nutzungsänderungen im Feldfutterbau (siehe Tabelle, STEIN-BACHINGER, K. et al., 2003) wirkten sich positiv auf die beobachteten Tiergruppen aus, bei einer Schnittzeitpunkt-Verzögerung (mind. sieben Wochen zwischen 1. und 2. Mahd) ist die Futterqualität allerdings nicht mehr für die Milchviehfütterung ausreichend. Als Alternative für diesen Zielkonflikt können durch die Hochschnittvariante (1. Schnitt mit Schnitthöhe 14 Zentimeter, 2. Schnitt nach fünf bis sechs Wochen) die direkten Verluste von Nestlingen, Jungvögeln, Junghasen und Amphibien gesenkt werden. Es besteht die Hypothese, dass schon innerhalb ein bis zwei Wochen nach dem 1. Schnitt die Bedingungen wieder geeignet für die Nestanlage bodenbrütender Vögel sind, so dass der dadurch mögliche frühere 2. Schnitt bessere Futterqualitäten und damit geringere Verluste für den Betrieb aufweist. Anhand der Ermittlung von Erträgen und Qualitäten werden nun entsprechend der naturschutzfachlichen Anforderungen sowie des Futterbedarfs in Kooperation mit dem Betrieb Kompromisse erarbeitet.

Im Rahmen der naturschutzfachlichen Optimierung der Fruchtfolge konnte belegt werden, dass im mehrjährigen Feldfutterbau und im Sommergetreide bis zu fünf Mal mehr Feldvogel-Arten brüten als im Wintergetreide, so dass Änderungen in der Fruchtfolge die Artenzahlen und z. T. auch die Siedlungsdichten typischer Ackervögel erhöhen können (FUCHS, S. et al., 2003).

Naturschutzfachliche Optimierungsmaßnahmen	Gestaltung der Anbau-/ Produktionsverfahren	Umsetzbarkeit		
		Technisch	Organisatorisch	Finanziell
Reduzierung der Intensität der Beikraut-Regulierung	- Verzicht/Reduzierung des Striegeleinsatzes - Verzicht/Reduzierung des Hackeinsatzes	+ +	0 0/-	+/0 0/-
Veränderung der Vegetationsstruktur	- Aufbau dünner Pflanzenbestände - Erhöhung der Reihenweite - schlaginterne Stillegungsflächen	0 0 0	0 0 -	0 0 0/-
Veränderung des Mahdregimes im Feldfutterbau (Leguminosen-Gras-Gemenge)	- Erhöhung der Schnitthöhe - Verzögerung des Schnittzeitpunktes - Einsatz spezieller (schonender) Mahd- und Futterbergungsverfahren	- + -	0 0 0/-	- - - - -
Erhöhung des Anteils naturschutzfachlich attraktiver Kulturen	- Erhöhung des Anteils von Sommerungen	+	0/-	-
Räumliche Anordnung bestimmter Fruchtfolgefelder	- Enge räumliche Verzahnung von Kulturen mit unterschiedlichen Anbauverfahren/Vegetationsverläufen	0	-	0/(-)
Optimierung von Schlagstrukturen	- Etablierung eines optimal verteilten Anteils (5-15% der Ackerfläche) an unbewirtschafteten bzw. optimiert bewirtschafteten Strukturen (keine Gehölzstrukturen) - Beschränkung Schlaggröße auf 25 ha	- - 0	- (-) -	- - 0

Tab.: Beispiele zur Erreichung von Naturschutzzielen durch Änderung der pflanzenbaulichen Nutzung im Demeter-Milchviehbetrieb und Einschätzung deren Umsetzbarkeit

	Technisch:	Organisatorisch (inkl. Fruchtfolgeplanung):	Finanziell:
+	leichte US	keine Änderungen der Betriebsorganisation	keine DB-Verluste
0	US grundsätzlich möglich	leichte Änderungen der Betriebsorganisation	mittlere DB-Verluste, US nur bei Kompensation
-	US nur bei Änderung der technischen Ausstattung	erhebliche Änderungen der Betriebsorganisation, erfordert Beratung	hohe DB-Verluste, US nur bei Kompensation
- -	US nur bei Änderung der techn. Ausstattung, zeitweilig Spezialtechnik erforderlich	erhebliche Änderungen der Betriebsorganisation, dauerhaft erhöhter Managementaufwand	hohe DB-Verluste, hoher Investitionsbedarf, US nur bei Kompensation

Erläuterungen: Qualitative Bewertung der Umsetzbarkeit/Umsetzung (US), [DB = Deckungsbeitrag]

Voller Leben 271

Quo vadis?

Im Biosphärenreservat Schorfheide-Chorin beträgt der Anteil an ökologisch bewirtschafteter Fläche bereits 25 Prozent (FUCHS, S. et al., 2003), die Bewirtschaftungsform entspricht den an Biosphärenreservate gestellten Anforderungen an eine nachhaltige Landnutzung. Die aus dem EuE-Vorhaben gewonnenen Erkenntnisse sind umso wichtiger, da auch ökologisch wirtschaftende Betriebe unter zunehmendem Intensivierungsdruck stehen. Im Zeitablauf ist eine gewisse Parallelität in der (rückläufigen) Gewinnentwicklung von konventionell und ökologisch wirtschaftenden Betrieben festzustellen. Dies deutet darauf hin, dass externe Faktoren (z. B. Klima, allgemeines Preisniveau, EU-Agrarpolitik) ähnliche Einflüsse in beiden Bewirtschaftungssystemen ausüben. Ökologisch wirtschaftende Betriebe sind demnach den gleichen Wettbewerbszwängen ausgesetzt und müssen sich mit den Folgen des Strukturwandels sowie Rationalisierungsdruck auseinander setzen (OFFERMANN, F., NIEBERG, H. 2002). Die Folge sind auch im ökologischen Landbau Intensivierungstendenzen, um das Ertragsniveau zu steigern. Langfristig wirksame naturschutzfachliche Maßnahmen sind vor diesem Hintergrund der unsicheren agrarpolitischen Rahmenbedingungen daher immer schwerer vermittelbar, wenn sie nicht adäquat entlohnt werden. Das Projekt soll Anhaltspunkte liefern, in welche Richtung agrar- und umweltpolitische Instrumentarien weiterentwickelt werden müssen, um naturschutzfachlich zielgerichtet und finanziell angemessen ausgestattet wirksam zu werden.

Ein wichtiger Schritt in Richtung „multifunktionale" Landwirtschaft muss die konsequente Berücksichtigung von Naturschutzzielen sein, wie z. B. die Integration in großflächige Bewirtschaftungssysteme sowie die Erhaltung oder Wiederherstellung von Strukturelementen in der Agrarlandschaft oder die Einrichtung von extensiv bewirtschafteten Bereichen auf den Nutzflächen. Es ist ein wichtiges Anliegen des Vorhabens, den Weg zu weisen in Richtung adäquater Honorierung ökologischer, oberhalb der guten fachlichen Praxis liegender Leistungen, wie sie von der Gesellschaft eingefordert werden.

Zusammenfassung

In Zusammenarbeit mit dem ökologisch wirtschaftenden Demeter-Betrieb Ökodorf Brodowin inmitten des Biosphärenreservats Schorfheide-Chorin werden in einem EuE-Vorhaben des Bundesamts für Naturschutz (BfN) naturschutzfachlich optimierte Anbauverfahren entwickelt, praxisnah unter realen Arbeits- und Marktbedingungen erprobt und betriebswirtschaftlich evaluiert. Die Ergebnisse fließen in eine um naturschutzfachliche Ziele erweitere Betriebsorganisation ein. Die Auswirkungen der veränderten Verfahren werden anhand ausgewählter Zielarten untersucht.

Literatur

BUNDESREGIERUNG (2002): Perspektiven für Deutschland. Unsere Strategie für eine Nachhaltige Entwicklung.

EGGERS, T., ZWERGER, P. (1998): Arten- und Biotopschutz im Rahmen von Produktionsverfahren im Feldbau – Stand und Entwicklungstendenzen. In: Schriftenreihe für Vegetationskunde 29: 59-68.

FUCHS, S., GOTTWALD, F., HELMECKE, A. u. K. STEIN-BACHINGER (2003): Erprobungs- und Entwicklungsvorhaben „Naturschutzfachliche Optimierung des großflächigen Ökolandbaus am Beispiel des Demeter-Betriebes Ökodorf Brodowin". In: BUNDESAMT FÜR NATURSCHUTZ (Hrsg.): Treffpunkt Biologische Vielfalt III: 97-102. Bonn.

GOTHE, D. (2002): Regionale Bio-Lebensmittel im Handel – Situation, Perspektiven, Handlungsempfehlungen. Siehe: www.nabu.de/Downloads/StudieBioRegio.pdf.

KÖNIG, W., SUNKEL, R., NECKER, U., WOLFF-STRAUB, R., INGRISCH, S., WASNER, U. u. E. GLÜCK (1989): Alternativer und konventioneller Landbau. Vergleichsuntersuchungen von Ackerflächen auf Lößstandorten im Rheinland. Schriftenreihe der Landesanstalt für Ökologie, Landschaftsentwicklung und Forstplanung Nordrhein-Westfalen, Band 11.

OFFERMANN, F., NIEBERG, H. (2002): (Wann) Ist ökologisch auch wirtschaftlich? In: Forschungsreport 1/2002.

ÖKOLOGIE & LANDBAU (1998): Ökolandbau schafft Arbeitsplätze. In: Ökologie & Landbau 108, 4/1998: 29-31.

POSCHLOD, P., SCHUMACHER, W. (1998): Rückgang von Pflanzen und Pflanzengesellschaften des Grünlandes – Gefährdungsursachen und Handlungsbedarf. In: Schriftenreihe für Vegetationskunde 29: 83-99.

SCHUMACHER, W., SCHICK, H.-P. (1998): Rückgang von Pflanzen der Äcker und Weinberge – Ursachen und Handlungsbedarf. In: Schriftenreihe für Vegetationskunde 29: 49-57.

STEIN-BACHINGER, K., ZANDER, P. u. S. FUCHS (2003): Optimierung des ökologischen Landbaus auf Grundlage naturschutzfachlicher und betriebswirtschaftlicher Aspekte. In: FREYER, B. (Hrsg.): Beiträge zur 7. Wissenschaftstagung zum ökologischen Landbau, Verlag Universität für Bodenkultur, Institut für ökologischen Landbau, Wien: 165-168.

WEIGER, H., WILLER, H. (Hrsg.) (1997): Naturschutz durch ökologischen Landbau. Ökologische Konzepte 95. Deukalion, Holm.

5.9 Die Weiterentwicklung und Erprobung des „ökosystemaren Ansatzes" der Biodiversitätskonvention in ausgewählten Waldbiosphärenreservaten

Anke Höltermann

Nach dem Übereinkommen über die biologische Vielfalt (Convention on Biological Diversity, CBD) verpflichten sich die unterzeichnenden Staaten, die biologische Vielfalt zum Nutzen heutiger und künftiger Generationen zu erhalten und nachhaltig zu nutzen, indem sie entsprechende Maßnahmen erarbeiten und umsetzen (Art. 6 CBD).

Grundlegendes Ziel der CBD ist die Bewahrung der Biodiversität, die nachhaltige Nutzung biologischer Ressourcen sowie ein gerechter Vorteilsausgleich bei der Nutzung genetischer Ressourcen. Das Übereinkommen wurde 1993 von Deutschland ratifiziert und trat am 21. März 1994 in Kraft.

Einen wichtigen innovativen Anstoß innerhalb der CBD stellt der so genannte Ökosystemansatz (ecosystem approach) dar. Das Konzept des Ökosystemansatzes der CBD wurde 1998 erstmals durch die so genannten Malawi-Prinzipien konkretisiert und im Jahr 2000 mit leichten Veränderungen von der 5. Vertragsstaatenkonferenz der CBD in Nairobi den Unterzeichnerstaaten zur Umsetzung empfohlen. Die Tabelle (rechts) gibt eine Übersicht über die zwölf Prinzipien und fünf Leitlinien des Beschlusses V/6 der CBD.

Vor dem Hintergrund prinzipieller Unsicherheit beim Umgang mit komplexen, nicht-linearen Systemen wie Ökosystemen fordert der Ökosystemansatz u. a. mittels adaptiver Managementmethoden (siehe HÄUSLER, A. et al. 2002: 11) integrative Bewirtschaftungsstrategien zu entwickeln, die die drei Ziele der Konvention miteinander in Einklang bringen: Nutzung und Schutz von Biodiversität sowie gerechter Vorteilsausgleich bei der Nutzung genetischer Ressourcen. Die Festlegung des Managementziels soll in Abstimmung mit allen relevanten gesellschaftlichen Gruppen erfolgen und ein angemessenes Gleichgewicht zwischen den genannten Zielen der Konvention beachten.

Mit dem Ökosystem-Begriff der CBD hat der ursprünglich eher abstrakte und auf naturwissenschaftliche Inhalte ausgerichtete Begriff des Ökosystems eine Erweiterung in soziale, administrative und politisch-ökonomische Dimensionen des Ressourcenmanagements erfahren. Als handlungsorientiert-

---

Die zwölf Prinzipien und fünf Leitlinien des Beschlusses V/6 des Übereinkommens über die biologische Vielfalt (CBD)

Prinzip 1: Die Zielsetzungen für den Umgang mit Land, Wasser und lebenden Ressourcen werden durch gesellschaftliche Entscheidungsprozesse bestimmt.

Prinzip 2: Die Verwaltung sollte dezentralisiert und auf der niedrigsten geeigneten Ebene angesiedelt werden.

Prinzip 3: Die Verwalter von Ökosystemen sollten die (tatsächlichen oder potenziellen) Auswirkungen ihrer Handlungen auf angrenzende und andere Ökosysteme bedenken.

Prinzip 4: Angesichts potenzieller Gewinne, die durch Einflussnahme auf ein Ökosystem erzielt werden können, ist es normalerweise nötig, das Ökosystem in einem wirtschaftlichen Zusammenhang zu betrachten und zu verwalten. Jedes derartige Programm für den Umgang mit einem Ökosystem sollte:
- *a) alle Marktverzerrungen reduzieren, die einen nachteiligen Einfluss auf die biologische Vielfalt haben;*
- *b) Anreizmaßnahmen dahingehend anpassen, dass sie den Schutz und die nachhaltige Nutzung der Biodiversität fördern;*
- *c) Kosten und Nutzen aus dem betreffenden Ökosystem so weit wie möglich internalisieren.*

Prinzip 5: Ein vorrangiges Ziel des ökosystemaren Ansatzes sollte der Schutz der Struktur und Funktionsweise von Ökosystemen sein, um die Dienstleistungen des Ökosystems aufrechtzuerhalten.

Prinzip 6: Die Nutzung eines Ökosystems muss sich innerhalb seiner funktionalen Grenzen bewegen.

Prinzip 7: Die Anwendung des ökosystemaren Ansatzes sollte auf der Grundlage der angemessenen räumlichen und zeitlichen Dimensionen erfolgen.

Prinzip 8: Angesichts der unterschiedlichen Zeithorizonte und der Verzögerungseffekte, die für ökosystemare Prozesse kennzeichnend sind, sollten die Ziele für den Umgang mit Ökosystemen aus einer langfristigen Perspektive gesetzt werden.

Prinzip 9: Die Verwalter eines Ökosystems müssen berücksichtigen, dass Veränderungen unvermeidlich sind.

Prinzip 10: Der ökosystemare Ansatz sollte sich um ein angemessenes Gleichgewicht zwischen Schutz und Nutzung biologischer Vielfalt und um eine Verknüpfung von beidem bemühen.

Prinzip 11: Der ökosystemare Ansatz sollte alle Arten von relevanten Informationen berücksichtigen. Dazu gehören sowohl wissenschaftliche als auch indigene und lokale Kenntnisse, Innovationen und Verfahrensweisen.

Prinzip 12: Der ökosystemare Ansatz sollte alle relevanten gesellschaftlichen Gruppen und alle relevanten Wissenschaftsdisziplinen einbeziehen.

(nicht autorisierte Übersetzung von Cordula Epple, Bundesamt für Naturschutz)

5. FALLBEISPIELE AUS DER FORSCHUNG

> **Leitlinien zur Anwendung des ökosystemaren Ansatzes**
>
> 1. *Schwerpunkt auf die funktionellen Beziehungen und Prozesse innerhalb des Ökosystems setzen*
> 2. *Teilhabe am Nutzen erhöhen*
> 3. *Adaptive Managementverfahren anwenden*
> 4. *Management-Maßnahmen passend zur jeweiligen Aufgabe ausführen bei Dezentralisation auf der niedrigsten Ebene, wie jeweils angemessen*
> 5. *Kooperation zwischen den gesellschaftlichen Gruppen sicherstellen*
>
> *(nicht autorisierte Übersetzung von Thorsten Meyer, M&P – Partner für Öffentlichkeitsarbeit und Medienentwicklung GmbH)*

politische Komponente ist er zur Kurzformel für einen „ganzheitlichen" Ansatz geworden, der auf ein Medien und Institutionen übergreifendes Management von „Ökosystemen" abzielt.

Eine im Ansatz vergleichbare Ausrichtung verfolgt das Konzept des UNESCO-Programms Der Mensch und die Biosphäre (Man and the Biosphere, MAB). Die Sevilla-Strategie nennt als Ziel, Biosphärenreservate als Modelle für Nachhaltige Entwicklung zu nutzen (UNESCO 1996). Mit seinem weltweiten Netzwerk von repräsentativen Natur- und Kulturlandschaften, den UNESCO-Biosphärenreservaten, verfügt es über weltweit 440 geeignete Erprobungsflächen. Eine Zusammenarbeit bietet sich hier also an.

Anlässlich der 6. Vertragsstaatenkonferenz der CBD in Den Haag (2002) fand der Ökosystemansatz auch Eingang in das „Erweiterte Arbeitsprogramm für Wälder" der CBD (vgl. Beschluss VI/22).

Gemäß Programmelement 1, Ziel 1 des Programms soll der Ökosystemansatz beim Management aller Arten von Wäldern angewandt werden. Die Vertragsstaaten, somit auch Deutschland, sind angehalten, regionale Richtlinien zur Anwendung des Ökosystemansatzes auszuarbeiten und im Rahmen von Fallstudien zu überprüfen. Bis 2006 soll darüber hinaus auf der Basis der bis dahin gesammelten Erfahrungen und Fallstudien eine Revision der zwölf Kriterien erfolgen.

Hierbei ergeben sich jedoch verschiedene Schwierigkeiten: Zum einen besteht aufgrund der eher abstrakten Formulierung der zwölf Prinzipien und Leitlinien bei der Konkretisierung des Konzepts im Einzelfall ein großer Interpretationsspielraum, der eine direkte Übertragbarkeit des Konzepts in die Praxis verhindert (siehe hierzu auch KORN, H. et al. 2003). Die Auslegbarkeit des Begriffs begründet einerseits seine Popularität, ist jedoch andererseits bei seiner konkreten Anwendung im Einzelfall hinderlich.

Im Waldbereich wirkt darüber hinaus das nicht geklärte Verhältnis zum forstlichen Nachhaltigkeitskonzept erschwerend für die Formulierung konkreter Anforderungen zur Umsetzung des Ökosystemansatzes. In Anerkennung dieser Tatsache fordert Beschluss VI/12 2(b) der CBD eine Klärung der Überschneidungen und Differenzen des Ökosystemansatzes zum Ansatz der Nachhaltigen Forstwirtschaft („sustainable forest management"). Erste Untersuchungen hierzu liefern ELLENBERG, H. (2003) und HÄUSLER, A. et al. (2002).

Bei der konzeptionellen Weiterentwicklung des ökosystemaren Ansatzes und der Umsetzung des genannten Programmelementes des Erweiterten Arbeitsprogramms für Wälder in Deutschland können Biosphärenreservate eine wichtige Rolle spielen. Im Folgenden sollen Forschungsansätze, die sich aus den genannten Fragen ergeben haben und die im Rahmen eines vom BfN seit dem 15. August 2003 geförderten Forschungsvorhabens „Der ökosystemare Ansatz in ausgewählten Waldbiosphärenreservaten" vertieft werden, weiter ausgeführt werden.

UNESCO-Biosphärenreservate sind Modellregionen, in denen die Erhaltung von Natur- und Kulturlandschaft, die Stärkung der Regionalwirtschaft, der Einbezug der Bevölkerung in die Gestaltung ihres Lebens-, Wirtschafts- und Erholungsraums sowie Forschung und Bildung im Vordergrund stehen. Sie zielen auf eine wirtschaftliche und kulturelle Entwicklung und Neuerung von Kulturlandschaften ohne Zerstörung der natürlichen Lebensgrundlagen ab und können – im speziellen Fall von Wald dominierten Biosphärenreservaten – einen wichtigen Beitrag zur Weiterentwicklung adaptiver und integrativer Naturschutzstrategien im Waldbereich leisten.

Im Rahmen des oben angesprochenen laufenden Forschungs- und Entwicklungsvorhabens des BfN wird die Forschungsanstalt für Waldökologie und Forstwirtschaft, Trippstadt, in Zusammenarbeit mit den Universitäten Freiburg und Kaiserslautern mittels empirischer Untersuchungen die Prinzipien und Leitlinien des ökosystemaren Ansatzes der CBD auf ihre Anwendbarkeit in Biosphärenreservaten überprüfen. Faktische Probleme und Defizite bei der Umsetzung der Kriterien sollen dabei aufgezeigt und eventuelle Lösungsvorschläge entwickelt werden. Unter Einbeziehung der relevanten Interessengruppen vor Ort sollen Strategien und Methoden entwickelt werden, um die Prinzipien zu präzisieren. Die Übertragbarkeit und Aussagekraft der Ergebnisse über die jeweilige Modellregion hinaus wird dabei durch die Einbeziehung verschiedener Biosphärenreservate, die in repräsentativen Kultur- bzw. Naturlandschaften Deutschlands liegen und in unterschiedliche sozioökonomische Rahmenbedingungen eingebunden sind, unterstützt.

Aufbauend auf den Ergebnissen planen die Forschungsnehmer Anregungen und Vorschläge zur Diskussion und eventuellen Revision der zwölf Prinzipien des Ökosystemansatzes zu entwickeln, die im Vorfeld der 8. Vertragsstaatenkonferenz (COP 8, 2006) in den internationalen Diskussionsprozess eingebracht werden können. Daher steht trotz des ausschließlich nationalen Betrachtungsraums und der unterschiedlichen konkreten Realisierungen des Ökosystemansatzes in den jeweiligen Untersuchungsgebieten insbesondere die internationale Umsetzbarkeit und entsprechende Ausformulierung der Überarbeitungsvorschläge in dieser Phase im Vordergrund.

In einem letzten Schritt beabsichtigt die Forschungsanstalt für Waldökologie und Forstwirtschaft schließlich Vorschläge zur formal-institutionellen Errichtung eines internationalen Netzwerks von Beispielgebieten zu erarbeiten, in denen der Ökosystemansatz auf vorbildhafte Weise umgesetzt wird. Über die rein konzeptionelle Weiterentwicklung und Demonstration des Ökosystemansatzes hinaus könnten Biosphärenreservate auch in diesem Zusammenhang eine wichtige Vorreiterrolle spielen: Sollte sich im Laufe der Forschungen erweisen, dass Biosphärenreservate sich zur Demonstration des Ökosystemansatzes in vorbildlicher Weise eignen, wäre auch auf internationaler Ebene die Integration von Biosphärenreservaten in ein Netzwerk von Beispielgebieten zu prüfen.

Zusammenfassung

An Biosphärenreservaten können exemplarisch die Potenziale aber auch die Schwierigkeiten bei der Umsetzung des Ökosystemaren Ansatzes des Übereinkommens über die biologische Vielfalt (CBD) aufgezeigt werden. Der Artikel unterstreicht die Bedeutung von Biosphärenreservaten für die Weiterentwicklung des Ökosystemaren Ansatzes insbesondere für den Waldbereich.

Forschungsoptionen ergeben sich hier insbesondere durch die Abgrenzung zum forstlichen Nachhaltigkeitskonzept sowie im Rahmen der Konkretisierung der zwölf Prinzipien und fünf Leitlinien des Beschlusses V/6 der CBD für das Management von Waldökosystemen.

Literatur

ELLENBERG, H. (2003): „Ecosystem Approach" versus „Sustainable Forst Management" – Versuch eines Vergleichs, Arbeitsbericht der Bundesforschungsanstalt für Forst- und Holzwirtschaft, Universität Hamburg.

HÄUSLER, A., SCHERER-LORENZEN, M. (2002): Nachhaltige Forstwirtschaft in Deutschland im Spiegel des ganzheitlichen Ansatzes der Biodiversitätskonvention, BfN-Skripten 62, 2002, Bonn.

KORN, H., SCHLIEP, R., u. J. STADLER (2003) (Hrsg.): Report of the International Workshop on the „Further Development of the Ecosystem Approach", BfN-Skripten 78, 2003, Bonn.

UNESCO (1996) (Hrsg.): Biosphärenreservate. Die Sevilla-Strategie und die Internationalen Leitlinien für das Weltnetz. Bundesamt für Naturschutz, Bonn.

Ansprechpartner für das Forschungsvorhaben „Der ökosystemare Ansatz in ausgewählten Waldbiosphärenreservaten":

Dr. Ulrich Matthes, Forschungsanstalt für Waldökologie und Forstwirtschaft Rheinland-Pfalz; Tel.: 06306/911-153; Email: Ulrich.Matthes@wald-rlp.de

Dr. Anke Höltermann, Bundesamt für Naturschutz; Tel.: 0228/8491-417; Email: HoeltermannA@bfn.de

Biosphärenreservate in Deutschland: Ein Überblick

6.

6.1 Deutschland in Stichworten

Name
  Bundesrepublik Deutschland (BRD)

Internationale Codes
  D, DE

Lage
  Mittel-Europa

Hauptstadt
  Berlin mit 3.386.667 Einwohnern (2000)

Amtssprache
  Deutsch

Fläche
  357.022 km² (Weltrang 61)

Bevölkerung

  Einwohner:
  82.150.000 (durchschnittl. 230 pro km²); bevölkerungsreichstes Land der EU (Weltrang 12); 91,1 % Deutsche, 8,9 % Ausländer; Minderheiten mit Sonderrechten: Sorben (Wenden), Dänen, Friesen, Sinti und Roma

  Flüchtlinge (Ende 2001):
  116.000 aus Jugoslawien und Bosnien-Herzegowina

  Lebenserwartung (2000): 77 Jahre

  Säuglings- und Kindersterblichkeit (2000): 0,5 %

  Bevölkerungswachstum (ø 1980-2000): 0,2 %

  Analphabetenrate (1998): unter 5 %

  Religion:
  Römisch-Katholische Kirche (1999): 27.017.000; Evangelische Kirche (1999): 26.800.00; Islam (2001): 3.200.000; u. a.

Staat
  Die Bundesrepublik Deutschland ist ein föderativer Staat und besteht aus 16 Bundesländern: Baden-Württemberg [BW], Bayern [BY], Berlin [BE], Brandenburg [BB], Bremen [HB], Hamburg [HH], Hessen [HE], Mecklenburg-Vorpommern [MV], Niedersachsen [NI], Nordrhein-Westfalen [NW], Rheinland-Pfalz [RP], Saarland [SL], Sachsen [SN], Sachen-Anhalt [ST], Schleswig-Holstein [SH] und Thüringen [TH].
  Die elf Länder des ursprünglichen Bundesgebiets (BW, BY, BE, HB, HH, HE, NI, NW, RP, SL, SH) wurden nach 1945 wiedergegründet oder neu geschaffen. Nach den ersten freien Wahlen in der Deutschen Demokratischen Republik (DDR) am 18. März 1990 beschlossen die Parlamentarier der Volkskammer die Neubildung von fünf Bundesländern (BB, MV, SN, ST, TH). Am 3. Oktober 1990 wurde der Beitritt der DDR zum Geltungsbereich des Grundgesetzes der BRD vollzogen; seitdem ist der 3. Oktober deutscher Nationalfeiertag: Tag der Deutschen Einheit
  Demokratisch-parlamentarischer Bundesstaat seit 1949; Grundgesetz von 1949; Wahl alle 4 Jahre; Bundestag als Volks-, Bundesrat als Ländervertretung; Wahlrecht ab 18 Jahre
  Bundesländer jeweils mit eigener Landesverfassung, Landesparlament und Landesregierung. Bundeszuständigkeit in ausschließlicher (z. B. Auswärtige Angelegenheiten), konkurrierender (z. B. Zivil- und Strafrecht) und Rahmen-Gesetzgebung (z. B. Natur- und Landschaftspflege)

Parteien:
  Sozialdemokratische Partei Deutschlands (SPD), Christlich-Demokratische Union - Christlich Soziale Union (CDU/CSU), Bündnis 90 / Die Grünen (B'90/Grüne), Freie Demokratische Partei (FDP), Partei des Demokratischen Sozialismus (PDS) u. a.

Wirtschaft
  BSP (2000): 2.063.734 Mio. $; BIP (2000): 1.872.992 Mio. $; Anteile: Landwirtschaft 1,2 %, Industrie 30,1 %; Dienstleistungen 68,7 %

Weitere Informationen
  www.bundesregierung.de

276 Voller Leben

BIOSPHÄRENRESERVATE IN DEUTSCHLAND: EIN ÜBERBLICK

Quelle: Bundesamt für Naturschutz (BfN), 2003

- Biosphärenreservate
- Siedlungsflächen

6. BIOSPHÄRENRESERVATE IN DEUTSCHLAND: EIN ÜBERBLICK

6.2 Die UNESCO-Biosphärenreservate in Deutschland

Die folgenden „Steckbriefe" geben einen Überblick über zentrale Daten und Fakten der 14 Biosphärenreservate in Deutschland.

Impressionen aus den deutschen Biosphärenreservaten

Biosphärenreservat Südost-Rügen

Biosphärenreservat Hamburgisches Wattenmeer

Biosphärenreservat Schleswig-Holsteinisches Wattenmeer

Biosphärenreservat Niedersächsisches Wattenmeer

Biosphärenreservat Schorfheide-Chorin

Biosphärenreservat Schaalsee

Biosphärenreservat Flusslandschaft Elbe

BIOSPHÄRENRESERVATE IN DEUTSCHLAND: EIN ÜBERBLICK

6.

Biosphärenreservat Spreewald

Biosphärenreservat Oberlausitzer Heide- und Teichlandschaft

Biosphärenreservat Vessertal-Thüringer Wald

Biosphärenreservat Rhön

Biosphärenreservat Pfälzerwald-Nordvogesen

Biosphärenreservat Bayerischer Wald

Biosphärenreservat Berchtesgaden

6. BIOSPHÄRENRESERVATE IN DEUTSCHLAND: EIN ÜBERBLICK

Kultur, Landschaft, Meer und mehr

Biosphärenreservat Südost-Rügen

Bundesland
Mecklenburg-Vorpommern (MV)

Jahr der UNESCO-Anerkennung
1991

Verwaltung
Nationalparkamt Rügen
Blieschow 7a
18586 Lancken-Granitz
Tel.: 038303/885-0
Fax: 038303/885-88
Email: info@nationalparkamt-ruegen.de

Leiter:
Dr. Michael Weigelt

Anzahl der hauptamtlichen Mitarbeiter:
24,5 (von insgesamt 54)

Zuständiges Ministerium
Ministerium für Ernährung, Landwirtschaft, Forsten und Fischerei MV (Dienstherr), Umweltministerium MV (Fachaufsicht Naturschutz), Schwerin

Informationszentren
keine

Informationsmaterial
„.... das wahre Paradies von Rügen" (Basisfaltblatt), „Baustilfibel Rügen", div. Tätigkeitsberichte

Homepage
www.biosphaerenreservat-suedostruegen.de

Fläche

insgesamt:
23.500 ha (= 12.600 ha Bodden und Ostsee, 10.900 ha Land)
Eigentumsverhältnisse: siehe Angaben zu Zonen

Kernzone:
349 ha (200 ha Land, 149 ha Wasser)
Eigentumsverhältnisse: 34,7 % Bund, 25,8 % Land, 25,5 % Landschaftspflegeverband „Ostrügen", 2,3 % BVVG, 11,7 % privat

Pflegezone:
3.204 ha (= 1.354 ha Land, 1.850 ha Wasser)

Entwicklungszone:
19.947 ha (= 8.993 ha Land, 10.954 ha Wasser)
Eigentumsverhältnisse (Pflege- und Entwicklungszone):
1,5 % Bund, 23,4 % BVVG, 0,5 % TLG, 9,4 % Land,
0,1 % Landgesellschaft MV, 1,5 % Stadt Putbus,
5,9 % Gemeinden, 5,8 % Landschaftspflegeverband „Ostrügen",
0,1 % Deutsche Bahn AG, 51,9 % privat

Geografische Lage
südöstliches Rügen mit Teilgebieten Granitz, Mönchgut, Umgebung von Putbus, Insel Vilm, nördlicher Teil des Rügischen Boddens

Naturraum und Ökosystem
repräsentativer Ausschnitt der Boddenküste mit späteiszeitlichen Inselkernen, Steilufern und Ausgleichsküsten

Einwohner im Biosphärenreservat
11.600 (106 pro km², nur auf Landfläche bezogen)

Erfüllung der Funktionen

Schutz:
Zuständigkeit als Untere Naturschutzbehörde; Vertragsnaturschutz (Grünlandextensivierung); div. Renaturierungsprojekte (v. a. Küstenüberflutungsmoore); Maßnahmen zum Arten- und Biotopschutz; Landschaftspflege; Besucherlenkung; Vereinbarungen mit Gewässernutzern; Pflege- und Entwicklungsplan; Konzepte, Gutachten etc. Bundesförderprojekt für Gebiete mit gesamtstaatlich repräsentativer Bedeutung „Ostrügensche Boddenlandschaft"

Entwicklung:
moderiertes Umsetzungskonzept „Modellregion Rügen" (1998/99, 5 Teilprojekte, 17 AG); „Jobmotor Biosphäre" (seit 1999, www.job-motor.de); „Junior-Jobmotor Biosphäre" (seit 2002); „Marktplatz Biosphäre" (seit 2002); „Projektschule Posewald" (seit 1996); „Biosphäre-Ticket" Rügen (seit 2002); diverse Gesamt- und Einzelkonzepte zur Regionalisierung von Landwirtschaft und Fischerei auf Rügen; Mitarbeit bei Projekten des Landkreises (LEADER)

Logistische Unterstützung:
Öffentlichkeitsarbeit und Umweltbildung (viele verschiedene Aktivitäten); Zusammenarbeit mit den Schulen; „Rügener Holz- und Regionalmesse" (seit 1997, www.ruegener-holzmesse.de); „Biosphästspiele" (Internationales Jugend-Jazz-Festival „blue boat" und Kooperation mit den „Putbus-Festspielen"); Kooperationsvertrag mit der Fachhochschule Mittweida und 7 weiteren FH seit 1993, Zusammenarbeit mit div. Universitäten; Verkehrsmonitoring (seit 1993); Artenmonitoring

Regelmäßige Veranstaltungen
„Rügener Holz- und Regionalmesse"; Internationales Jugend-Jazz-Festival „blue boat"; Existenzgründertage und „Stammtische" im „Jobmotor Biosphäre"

Förderverein des BR
„Förderverein Modellregion Rügen e. V."
Rügenhaus
Binzer Str. 50
18528 Zirkow
Tel.: 038393/133829
Email: foerderverein@modellregion-ruegen.de

Partnerschaften
Nationalpark Wollin (Polen), Zentrale Nationalparkverwaltung Kolumbiens, BR Finnisches Schärenmeer, Nationalpark Vilsandi (Estland), Kontakte nach Dänemark, Australien

Besonderheiten
Nationalparkamt Rügen zuständige Landesbehörde für das BR Südost-Rügen (Untere Naturschutzbehörde) und für den Nationalpark Jasmund (Untere Forst- und Naturschutzbehörde)

BIOSPHÄRENRESERVATE IN DEUTSCHLAND: EIN ÜBERBLICK 6.

Meeresgrund trifft Horizont

Biosphärenreservat Schleswig-Holsteinisches Wattenmeer

Bundesland
Schleswig-Holstein (SH)

Jahr der UNESCO-Anerkennung
1990

Verwaltung
*Landesamt für den Nationalpark
Schleswig-Holsteinisches Wattenmeer,
Schloßgarten 1
25832 Tönning
Tel.: 04861/616-0
Fax: 04861/616-69
Email: info@nationalparkamt.de*

Leiter:
Dr. Helmut Grimm

Anzahl der hauptamtlichen Mitarbeiter:
32

Zuständiges Ministerium
Ministerium für Umwelt, Natur und Landwirtschaft, Kiel

Informationszentren
*Multimar Wattforum
Am Robbenberg
25832 Tönning
Tel.: 04861/9620-0
[tägl. 01.04. bis 31.10.: 9.00 - 19.00 Uhr;
01.11. bis 31.03.: 10.00 - 18.00 Uhr]
20 weitere Infozentren der NationalparkService gGmbH und von Naturschutzverbänden auf allen größeren Inseln und vielen Orten am Festland*

Informationsmaterial
*NationalparkService
Tel.: 04861/616-70
Email: service@nationalparkservice.de*

Homepage
www.wattenmeer-nationalpark.de

Fläche
insgesamt:
285.000 ha
Kernzone:
85.500 ha
Pflegezone:
6.400 ha
Entwicklungszone:
193.100 ha
Eigentumsverhältnisse aller Zonen:
nahezu 100 % staatl.

Geografische Lage
Wattenmeer an der schleswig-holsteinischen Nordseeküste zwischen Dänemark im Norden und der Elbmündung im Süden

Naturraum und Ökosystem
Wattflächen, Salzwiesen, Dünen, Strände und Sände, Flachwasserbereich der Nordsee (max. 20 m)

Einwohner im Biosphärenreservat
2 (dauerhaft), 10 (Sommer)

Erfüllung der Funktionen

Schutz:
seit 1985 als Nationalpark ausgewiesen; seit 1990 Biosphärenreservat; seit 1991 Ramsar-Gebiet; Europäisches Vogelschutzgebiet gemäß § 33 BNatSchG und Gebiet gemeinschaftlicher Bedeutung nach Artikel 4, Absatz 2 FFH-Richtlinie gemäß § 33 BNatSchG; Biotopschutz gem. § 15a LNatSchG

Entwicklung:
nachhaltige Tourismusentwicklung; vielfältige Angebote der Naturschutzverbände und der Verwaltung für Urlauber; Entwicklung von detaillierten Managementregelungen zur Sicherstellung einer nachhaltigen Nutzung des Gebiets: Fischerei von Garnelen (Crangon crangon) und Miesmuscheln (Mytilus edulis), Schafweiden auf den Vorlandsalzwiesen

Logistische Unterstützung:
umfangreiche Monitoring-Programme in Abstimmung mit den Niederlanden, Dänemark, Niedersachsen und Hamburg; regelmäßige Aus- und Fortbildungen für Multiplikatoren (z. B. Wattführer, Zivildienstleistende); zahlreiche Projekte zur Regionalentwicklung in Zusammenarbeit mit der NationalparkService gGmbH (inkl. Multimar Wattforum) und den Naturschutzverbänden

Regelmäßige Veranstaltungen
jährl. rund 10.000 naturkundliche Exkursionen und Vorträge

Förderverein
keiner

Partnerschaften
seit 1992 Partnerschaft mit dem russischen Taimyrskij Nature Reserve in Nordsibirien

Besonderheiten
Fläche entspricht dem alten Nationalpark (NPG von 1985); eine Erweiterung wird zurzeit beantragt, bewohnte Inseln vom Nationalpark ausgenommen

Voller Leben

6. BIOSPHÄRENRESERVATE IN DEUTSCHLAND: EIN ÜBERBLICK

Meeresgrund trifft Horizont

Biosphärenreservat Hamburgisches Wattenmeer

Bundesland
Hamburg (HH)

Jahr der UNESCO-Anerkennung
1992

Verwaltung
Nationalpark- und Biosphärenreservatsverwaltung
Hamburgisches Wattenmeer
Billstr. 84
20539 Hamburg
Tel.: 040/42845-3945
Fax: 040/42845-2579
Email: Klaus.Janke@ub.hamburg.de

Leiter:
Dr. Klaus Janke

Anzahl der hauptamtlichen Mitarbeiter:
3

Zuständige Behörde
Behörde für Umwelt und Gesundheit der Freien und Hansestadt Hamburg, Hamburg

Informationszentren
Infozentrum Neuwerk (bis Ende 2003)
Info-Tel.: 04721/28594
ab April 2004:
Nationalpark-Haus Neuwerk
27499 Insel Neuwerk
Tel.: 04721/395349
Öffnungszeiten im Nationalpark-Haus zu erfragen

Informationsmaterial
siehe Homepage

Homepage
www.wattenmeer-nationalpark.de
www.nationalpark-hamburgisches-wattenmeer.de

Fläche
insgesamt:
11.700 ha
Eigentumsverhältnisse: 99,77 % staatl., 0,23 % privat
Kernzone:
10.530 ha
Eigentumsverhältnisse: 100 % staatl.
Pflegezone:
1.170 ha
Eigentumsverhältnisse: 97,7 % staatl., 2,3 % privat
Entwicklungszone:
keine

Geografische Lage
Wattenmeer/Elbmündung

Naturraum und Ökosystem
Wattenmeer, einschl. Dauerflutzone Priele, Sandbänke, freie Wattflächen, Dünen, Salzwiesen und landwirtschaftl. Binnengrodenflächen

Einwohner im Biosphärenreservat
ca. 35 (nur Insel Neuwerk mit ca. 3 km²)

Erfüllung der Funktionen
Schutz:
Schutz und Erhalt der natürlichen Dynamik im Lebensraum Wattenmeer; benannt gemäß FFH-/EG-Vogelschutz-Richtlinie
Entwicklung:
Förderung einer extensiven Weide- und Grünlandbewirtschaftung zum Erhalt der kleinbäuerlichen Strukturen und zugleich Förderung des Reproduktionserfolgs der heimischen Wiesenvögel, d. h. Kiebitz (Vanellus vanellus), Rotschenkel (Tringa totanus), Feldlerche (Alauda arvensis), einschl. Monitoring
Logistische Unterstützung:
Umweltbeobachtungsprogramm als integraler Bestandteil des Trilateralen Wattenmeer-Monitorings (DK/D/NL) zur Umweltbeobachtung für FFH-/EG-Vogelschutzrichtlinie

Regelmäßige Veranstaltungen
keine

Fördervereine
keiner

Partnerschaften
benachbarte Wattenmeer-Biosphärenreservate

Besonderheiten
Biosphärenreservat zugleich Nationalpark

BIOSPHÄRENRESERVATE IN DEUTSCHLAND: EIN ÜBERBLICK 6.

Meeresgrund trifft Horizont

Biosphärenreservat Niedersächsisches Wattenmeer

Bundesland
Niedersachsen (NI)

Jahr der UNESCO-Anerkennung
1993

Verwaltung
*Nationalparkverwaltung Niedersächsisches Wattenmeer
Virchowstr. 1
26382 Wilhelmshaven
Tel.: 04421/911-0
Fax: 04421/911-280
Email: dezernat04whv@br-we.niedersachsen.de*
Leiterin:
Irmgard Remmers
Anzahl der hauptamtlichen Mitarbeiter:
28 (davon 20 Vollzeit- und 8 Teilzeitkräfte)

Zuständiges Ministerium
Niedersächsisches Umweltministerium, Hannover

Informationszentren
*Das Wattenmeerhaus
Südstrand 110b
26382 Wilhelmshaven
Tel.: 04421/9107-0
[April bis Oktober: tägl. 10.00 - 18.00 Uhr;
November: Di-So 10.00 - 17.00 Uhr; 01.-24.12.: geschlossen;
25.12. - 31.03.: Di-So 10.00 - 17.00 Uhr]
weitere 14 Nationalpark-Häuser und -zentren
u. a. auch auf den Inseln (siehe Homepage)*
Informationsmaterial:
siehe Homepage

Homepage
www.wattenmeer-nationalpark.de

Fläche
insgesamt:
*ca. 240.000 ha
Eigentumsverhältnisse: 99 % Land/Bund*
Kernzone:
*ca. 130.000 ha
Eigentumsverhältnisse: 99 % Land/Bund*
Pflegezone:
*ca. 108.000 ha
Eigentumsverhältnisse: 98 % Land/Bund*
Entwicklungszone:
*ca. 2.000 ha
Eigentumsverhältnisse: 99 % Land*

Geografische Lage
Nordseeküste Niedersachsens vom seeseitigen Deichfuß am Festland bis zu einer Linie seewärts der ostfriesischen Inseln bzw. der Platen und Sandbänke im Elbe-Weser-Mündungsdreieck; westlichste Begrenzung Außenems (Ems) bei Borkum, östlichste Kugelbake an der Elbmündung bei Cuxhaven

Einwohner im Biosphärenreservat
1

Erfüllung der Funktionen
Schutz:
fast die gesamte Kern- und Pflegezone und Teile der Entwicklungszone als Nationalpark geschützt; Einrichtung großräumiger Schutzgebiete für Robben (Pinnipedia) und Vögel
Entwicklung:
nachhaltige Tourismusentwicklung (Besucherinformation und -lenkung); Ausgleichszahlungen für Landwirte bei extensiver Flächennutzung; Pflege von Flächen mit örtlichen Landwirten im Rahmen von Vertragsnaturschutz; Zusammenarbeit mit der Küstenschutzverwaltung u. a. bei der Erstellung von Vorlandmanagementplänen
Logistische Unterstützung:
Durchführung der Ökosystemforschung Niedersächsisches Wattenmeer; Watt- und Gästeführerfortbildung; Bildungs- und Öffentlichkeitsarbeit über die Nationalparkhäuser und -zentren; Förderung von Projekten zur Verbesserung und Entwicklung schonenderer Fangmethoden der Fischerei über die Wattenmeerstiftung; Bereitstellung von Materialien zur Bildungs-, Öffentlichkeits- und Informationsarbeit

Regelmäßige Veranstaltungen
siehe Homepage

Förderverein
*„Die Muschel" - Verein der Förderer und Freunde des Nationalparks Niedersächsisches Wattenmeer e. V.
Schleusenstr. 1
26382 Wilhelmshaven
Tel.: 04421/944100*

Partnerschaften
benachbarte Biosphärenreservate im Wattenmeer

Besonderheiten
Biosphärenreservat größtenteils flächengleich mit gleichnamigem Nationalpark; Entschließung des Niedersächsischen Landtages, Anerkennung des Gebiets als UNESCO-Weltnaturerbe zu betreiben

6. BIOSPHÄRENRESERVATE IN DEUTSCHLAND: EIN ÜBERBLICK

Ruheplatz für Reisevögel

Biosphärenreservat Schaalsee

Bundesland
Mecklenburg-Vorpommern (MV)

Jahr der UNESCO-Anerkennung
2000

Verwaltung
Amt für das Biosphärenreservat Schaalsee
Wittenburger Chaussee 13
19246 Zarretin
Tel.: 038851/302-0
Fax: 038851/320-20
Email: poststelle@schaalsee.mvnet.de

Leiter:
Klaus Jarmatz

Anzahl der hauptamtlichen Mitarbeiter:
34

Zuständiges Ministerium
Umweltministerium MV und Ministerium für Ernährung, Landwirtschaft Forsten und Fischerei MV, Schwerin

Informationszentrum
PAHLHUUS-Informationszentrum
(Adresse siehe Verwaltung)
[Mo-Fr 9.00 - 17.00 Uhr; Sa, So: 10.00 - 18.00 Uhr]

Informationsmaterial
Basisfaltblatt „Vielfalt erleben"; „Den Schaalsee erleben"; „Natur und Kultur erleben 2003"; „Porträt einer Landschaft"; „Die Marke für Ihr Wohlbefinden"; „Offizielle Rad- und Wanderkarte Biosphärenreservat Schaalsee"; 3-mal jährl. Infoblatt „Biosphärenreservat Schaalsee aktuell"; vierteljährl. „Regionalmarke aktuell"

Homepage
www.schaalsee.de

Fläche
insgesamt:
30.899 ha
Eigentumsverhältnisse: ca. 47 % staatl., 53 % privat

Kernzone:
1.709 ha
Eigentumsverhältnisse: ca. 90 % staatl., 10 %: privat

Pflegezone:
7.904 ha
Eigentumsverhältnisse: ca. 82 %: staatl., 18 %: privat

Entwicklungszone:
21.286 ha
Eigentumsverhältnisse: ca. 30 %: staatl., 70 %: privat

Geografische Lage
westmecklenburgisches Seen- und Hügelland

Naturraum und Ökosystem
biogeografische Provinz der mittel- und osteuropäischen Wälder

Einwohner im Biosphärenreservat
ca. 22.000 (ca. 71 pro km²)

Erfüllung der Funktionen
Schutz:
div. Monitoringprojekte; Moor-, Gewässer und Kleingewässerrenaturierung; Artenschutzprojekte insb. für die Rotbauchunke (Bombina bombina) und Zielarten der EG-Vogelschutzrichtlinie Schaalsee; Grünlandextensivierungsverträge; Anlage von Fischtreppen; Neuwaldbildung zur Abpufferung von Seen zur Verringerung des Nährstoffeintrags; Gehölzpflanzungen; Pflege von Magerstandorten

Entwicklung:
Agenda 21-Prozess; Regionalmarke „Für Leib und Seele"; monatlicher Biosphäre-Schaalsee-Markt mit Produkten aus der Region; „Theater im PAHLHUUS"; Förderung des Fremdenverkehrs durch Ausbau der Infrastruktur (Beobachtungstürme, Wanderwegeausschilderung, Infotafeln)

Logistische Unterstützung:
Infozentrum im PAHLHUUS und Ausstellung im GRENZHUUS; intensive Zusammenarbeit mit Schulen und anderen Bildungsträgern; „Jobmotor Biosphäre"; Betreuung von Praktikanten und Diplomanden; Fachexkursionen; Besucherbetreuung; Herausgabe eigener Publikationen; Besucherinformation

Regelmäßige Veranstaltungen
„TiP" Theater im PAHLHUUS; „Natur und Kultur erleben" Veranstaltungskalender; AG „Junior-Ranger"

Förderverein
Förderverein Biosphäre Schaalsee e. V.
Wittenburger Chausse 13
19246 Zarrentin
Tel.: 038851/302-31

Partnerschaften
BR Schorfheide-Chorin; BR Südost-Rügen; Kolumbianische Nationalparkverwaltung; im Aufbau befindliche Biosphärenreservate im Iran und im Baltikum

Besonderheiten
Lage auf dem „Grünen Band", dem ehemaligen Grenzgebiet zwischen beiden deutschen Staaten, mit artenreicher Kulturlandschaft; Vielzahl verschiedener, mosaikartig vernetzter Klein- und Großbiotope; zahlreiche Seen und Kleingewässer, Moore, alte Buchenwälder, Magerrasen und Feuchtwiesen, aber auch hochproduktive landwirtschaftliche Flächen und alte Alleen

BIOSPHÄRENRESERVATE IN DEUTSCHLAND: EIN ÜBERBLICK 6.

Kranichland mit weitem Horizont

Biosphärenreservat Schorfheide-Chorin

Bundesland
Brandenburg (BB)

Jahr der UNESCO-Anerkennung
1990

Verwaltung
Biosphärenreservatsverwaltung
Hoher Steinweg 5-6
16278 Angermünde
Tel.: 03331/3654-0
Fax: 03331/3654-10
Email: Monika.Syhring@lags.brandenburg.de

Leiter:
Dr. Eberhard Henne

Anzahl der hauptamtlichen Mitarbeiter:
18

Zuständiges Ministerium
Ministerium für Landwirtschaft, Umweltschutz und Raumordnung des Landes Brandenburg, Potsdam

Informationszentren
Bürgerbüro des BR Schorfheide-Chorin
Töpferstraße 1
16247 Joachimsthal
Tel.: 033361/63380

„Blumberger Mühle" NABU-Hauptinformationszentrum des BR Schorfheide-Chorin
Tel.: 03331/26040

Wildpark Schorfheide gGmbH
Prenzlauer Str. 16
16348 Groß Schönebeck
Tel.: 033393/65855
Öffnungszeiten siehe Homepage

Homepage
www.schorfheide-chorin.de

Fläche
insgesamt:
129.161 ha
Kernzone:
3.648 ha
Pflegezone:
24.650 ha
Entwicklungszone:
100.863 ha

Geografische Lage
etwa 75 km nordöstl. von Berlin

Naturraum und Ökosystem
eiszeitlich geprägte Endmoränen, Grundmoränen und Sanderlandschaften, Wald, Moore, Seen, Offenlandschaft

Einwohner im Biosphärenreservat
ca. 31.000 (ca. 25 pro km²)

Erfüllung der Funktionen
Schutz:
Renaturierungsvorhaben; spezielle Artenschutzprogramme für die vielen bestandsbedrohten, geschützte Tier- und Pflanzenarten; Programme zur Erhaltung bedrohter Nutzpflanzen (alte Getreide-, Kartoffel-, Gemüse- und Obstsorten) durch Fördervereine

Entwicklung:
Entwicklung nachhaltiger Bewirtschaftungsformen mit einzelnen Landnutzern bzw. Unternehmen; Einführung der BR-Regionalmarke zum Aufbau regionaler Wirtschaftskreisläufe; Abstimmung der Forstplanung mit den Pflege- und Entwicklungsplänen des Biosphärenreservats, Zertifizierung der Holzprodukte; Entwicklung nachhaltiger Fischerei; Weiterentwicklung des Tourismus'

Logistische Unterstützung:
Projekte im Bereich Öffentlichkeitsarbeit und Umweltbildung mit regionalen Partnern im Arbeitskreis Öffentlichkeitsarbeit des BR-Fördervereins; zahlreiche Aktivitäten der Naturwacht insb. für Kinder; Bürgerbüro in Joachimstal, Zeitung „Adebar"; Koordination von Forschungsarbeiten mit Partnern in der Region; ökosystemare Umweltbeobachtung

Regelmäßige Veranstaltungen
Aktionstage des Biosphärenreservats; Vorträge und Ausstellungen im Bürgerbüro; Führungen der Naturwacht; Treff der Kindergruppen; weitere siehe Homepage

Förderverein
Kulturlandschaftsverein Uckermark e. V.
Hoher Steinweg 5-6
16278 Angermünde
Tel.: 03331/298082

Partnerschaften
BR Sierra de las Nieves (Spanien)
BR Issyk-Kul (Kirgistan)

6. BIOSPHÄRENRESERVATE IN DEUTSCHLAND: EIN ÜBERBLICK

Weltkultur an wilden Ufern

Biosphärenreservat Flusslandschaft Elbe

Bundesländer
Schleswig-Holstein (SH),
Mecklenburg-Vorpommern (MV),
Niedersachsen (NI),
Brandenburg (BB) und
Sachsen-Anhalt (ST)

Jahr der UNESCO-Anerkennung
Gesamtanerkennung: 1998

Verwaltungen
SH
Landesamt für Natur und Umwelt Schleswig-Holstein (SH)
Hamburger Chaussee 25
24220 Flintbek
Tel.: 04347/704-347
Email: jgemperl@lanu.landsh.de

MV
Naturparkverwaltung Mecklenburgisches Elbetal (MV)
Am Elbberg 20
19258 Boizenburg
Tel.: 038847/624840
Email: naturparkverwaltung@elbetal-mv.de

NI
Bezirksregierung Lüneburg
Biosphärenreservatsverwaltung Niedersächsische Elbtalaue (NI)
Am Markt 1
29456 Hitzacker
Tel.: 05862/96730
Email: elbtalaue@br-lg.niedersachsen.de

BB
Biosphärenreservat Flusslandschaft Elbe – Brandenburg
Neuhausstr. 9
19322 Rühstädt
Tel.: 038791/980-0
Email: br-flusslandschaft-elbe@lags.brandenburg.de

ST
Biosphärenreservatsverwaltung Flusslandschaft Mittlere Elbe
Kapenmühle, PF 13 82
06813 Dessau
Tel.: 034904/421-0
Email: bioresme@t-online.de

Leiter:
SH: Jürgen Gemperlein
MV: Eckhard Steffen
NI: Elvyra Kehbein
BB: Dr. Frank Neuschulz
ST: Guido Puhlmann

Anzahl der hauptamtlichen Mitarbeiter
113 (SH: 1, MV: 12, NI: 12, BB: 19, ST: 69)

Zuständige Ministerien
SH: Ministerium für Umwelt, Naturschutz und Landwirtschaft des Landes Schleswig-Holstein, Kiel
MV: Umweltministerium Mecklenburg-Vorpommern, Schwerin
NI: Niedersächsisches Umweltministerium, Hannover
BB: Ministerium für Landwirtschaft, Umweltschutz und Raumordnung des Landes Brandenburg, Potsdam
ST: Ministerium für Landwirtschaft und Umwelt des Landes Sachsen-Anhalts, Magdeburg

Informationszentren
SH, MV
keine

NI
Elbschloss Bleckede
Schlossstr. 10
21354 Bleckede
Tel.: 05852/95140
Email: info@elbschloss-bleckede.de
[April bis Oktober: Di-So 10.00 - 18.00 Uhr;
November bis März: Mi-So 10.00 - 17.00 Uhr]

BB
Besucherzentrum Rühstädt
Neuhausstr. 9
19322 Rühstädt
Tel.: 038791/98022
Email: ruehstaedt_naturwacht@gmx.de

Besucherzentrum Burg Lenzen
Burgstr. 3
19309 Lenzen
Tel.: 038792/1221
Email: Burg-lenzen@t-online.de
[tägl. 10.00 - 18.00 Uhr]

ST
Informationszentrum Auenhaus
Am Kapenschlösschen 3
06785 Oranienbaum
Tel.: 034904/406-31
Email: bioresme-info@t-online.de
[Mai bis Oktober: Mo-Fr 10.00 - 17.00 Uhr; Sa, So und Feiertage:
11.00 -17.00 Uhr; November bis April: Di-Fr 10.00 - 16.00 Uhr;
Sa, So und Feiertage 13.00 -16.00 Uhr]

Informationsmaterial
u. a.: Natur-Reiseführer: „Elbtalaue – Landschaft am großen Strom";
Faltblatt „Weltkultur an wilden Ufern"

Homepages
SH: keine
MV: www.elbetal-mv.de
NI: www.bezirksregierung-lueneburg.de
BB: www.grossschutzgebiete.brandenburg.de
ST: www.BiosphaerenreservatMittlereElbe.de

BIOSPHÄRENRESERVATE IN DEUTSCHLAND: EIN ÜBERBLICK

Fläche

insgesamt:
ca. 350.370 ha
zur Zonierung und den Eigentumsverhältnissen sind derzeit noch keine Angaben möglich

Geografische Lage

naturnahe Stromtallandschaft mit Flussauen entlang der mittleren Elbe

Naturraum und Ökosystem

Mittelelbeniederung, Norddeutsche Tiefebene: Flusslauf mit Ufersäumen, Überflutungsbereichen (Feuchtgrünland, Staudenfluren, Auwald, Altwasser, Talsand- und Binnendünen), Hangwäldern sowie angrenzende Laub-/ Mischwälder, extensiv genutzte Grünländer

Einwohner im Biosphärenreservat

SH: 0
MV: ca. 25.000 (63 pro km²)
NI: 20.000 (35 pro km²)
BB: 12.500 (23 pro km²)
ST: keine Angabe

Erfüllung der Funktionen

Schutz:
Schutz/Entwicklung der Elbaue mit ihrer gewachsenen Natur- und Kulturlandschaft, ihrer Eigenheit und Schönheit, Erhalt der Lebensgrundlagen der vielfältigen Tier- und Pflanzengesellschaften, Erhaltung und Entwicklung der vollständigen Biotopabfolge im Ufer- und Flachwasserbereich der Elbe, Schutz/Entwicklung der Dessau-Wörlitzer Kulturlandschaft

Entwicklung:
Projekt „Leitbilder des Naturschutzes und deren Umsetzung mit der Landwirtschaft - Ziele, Instrumente und Kosten einer umweltschonenden und nachhaltigen Landwirtschaft im niedersächsischen Elbtal"; Projekt „Auenregeneration durch Deichrückverlegung" (BB) im Rahmen des BMBF-Forschungsverbunds „Elbe-Ökologie"; diverse EU-LIFE-Projekte zur Entwicklung von Natura 2000, Projekt „Schaufenster Biosphärenreservat" zur Schaffung von Informationseinrichtungen und landschaftsgebundenen Gebiets- und Projektinformationen; Regionalmarke; LEADER plus - Projekt; Biosphärenreservats-Touren; EU-LIFE-Projekt in Klieken; EU-INTERREG IIIb; Wetlands II-Projekt; Naturschutzgroßprojekt „Mittlere Elbe" des BfN mit dem WWF

Logistische Unterstützung:
Einrichtung von Naturlehrpfaden und Natur-Erlebnisroute, Zusammenarbeit mit den Schulen der Region; Praktikums-, Diplom- und Doktorarbeiten zu verschiedenen Themen; Aufbau eines Dokumentationssystems; Monitoring für Natura 2000-Gebiete, ökosystemare Umweltbeobachtung

Regelmäßige Veranstaltungen

SH: keine

MV: umfangreiches Jahresprogramm

NI: Vortragsreihe „Elbe-Abende"

BB: umfangreiches Jahresprogramm, Jahrestagungen, Junior-Ranger-Programme, Sommeraktionen, Biosphärenreservatstouren, „Lange Nächte im Besucherzentrum Rühstädt"

ST: u. a. Fachtagungen, Tag der offenen Tür, Schülerveranstaltungen (Kicksstart), Gartenreichtag

Fördervereine des BR

SH
nicht vorhanden

MV
Förderverein Naturpark Mecklenburgisches Elbetal e. V.
Am Elbberg 20
19258 Boizenburg
Tel.: 038847/54755

NI
Förderverein Naturschutz Elbetal e. V.;
Förderverbund Elbtalaue e. V.
Rohrberg 2
29439 Lüchow
Tel.: 05841/973655

BB
Förderverein Biosphärenreservat
Flusslandschaft Elbe - Brandenburg e. V.
19309 Lenzen
Seestr. 18
Tel.: 038792/1701

ST
Förder- und Landschaftspflegeverein
„Biosphärenreservat Mittlere Elbe" e. V.
Albrechtstr. 128
06844 Dessau
Tel.: 0340/2206141

Partnerschaften

BB: Mitglied im EUROSITE-Netzwerk

Besonderheiten

fünf Bundesländer übergreifendes Biosphärenreservat entlang der Elbe; länderübergreifende Koordinierungsstelle in Havelberg, größte zusammenhängende Auenwälder Mitteleuropas

6. BIOSPHÄRENRESERVATE IN DEUTSCHLAND: EIN ÜBERBLICK

Wo die Gondeln Gurken tragen

Biosphärenreservat Spreewald

Bundesland
Brandenburg (BB)

Jahr der UNESCO-Anerkennung
1991

Verwaltung
Biosphärenreservat Spreewald
Schulstr. 9 · 03222 Lübbenau
Tel.: 03542/8921-0 · Fax: 03542/8921-40
Email: br-spreewald@lags.brandenburg.de
Leiter: Eugen Nowak
Anzahl der hauptamtlichen Mitarbeiter: 19

Zuständiges Ministerium
Ministerium für Umweltschutz, Landwirtschaft und Raumordnung des Landes Brandenburg, Potsdam

Informationszentren
Haus für Mensch und Natur Lübbenau
Schulstr. 9 · 03222 Lübbenau
Tel.: 03542/8921-0

Informationszentrum Burg
Byleguhrer Str. 17 · 03096 Burg
Tel.: 035603/691-0

Informationszentrum Schlepzig
Dorfstr. 52 · 15910 Schlepzig
Tel.: 035472/648-98
[April bis September tägl. 10.00 - 17.00 Uhr und nach Vereinbarung]

Informationsmaterial
„Adebar" (Zeitung für Bevölkerung des Biosphärenreservats); Faltblätter zu speziellen Themen: Landwirtschaft, Wald, Paddeln, Wasserwanderkarten mit Tourenempfehlungen, Tier und Pflanzenarten, Umweltbildungs- und -informationsangebote, Spreewaldreport (populärwissenschaftliche Darstellung von Arbeitsergebnissen, Forschungsergebnissen etc); CD-ROM

Homepage
www.spreewald.de
www.grossschutzgebiete.brandenburg.de/br_spree/

Fläche
insgesamt: 47.509 ha
Eigentumsverhältnisse: 14 % Land, 6 % BVVG, 53 % privat, 9 % Gemeinschaftseigentum, 18 % Sonstige
Kernzone: 974 ha
Eigentumsverhältnisse: 36 % Land, 28 % BVVG, 11 % privat, 1 % Bund, 1 % Kommunen, 16 % Sonstige, 7 % unbekannt
Pflegezone: 9.334 ha
Eigentumsverhältnisse: 22 % Land, 10 % BVVG, 45 % privat, 2 % Kommunen, 20 % Sonstige, 1 % unbekannt
Entwicklungszone: 37.201 ha
Eigentumsverhältnisse: 11 % Land, 4 % BVVG, 56 % privat, 12 % Gemeinschaftseigentum, 17 % Sonstige

Geografische Lage
100 km südöstl. von Berlin

Naturraum und Ökosystem
weitgehend naturnahe Auenlandschaft mit ca. 1.550 km Fließgewässern

Einwohner im Biosphärenreservat
49.700, davon 30.500 in den beiden Städten Lübbenau und Lübben, 19.200 im ländl. Raum (99 pro km²; 38 pro km² im ländl. Raum)

Erfüllung der Funktionen
Schutz:
für ca. 12.000 ha Grünlandextensivierungsprogramme (ca. 4.000 ha Feuchtwiesen durch Vertragsnaturschutz über BR Spreewald; Gewässerrandstreifenprojekt Spreewald (in Planung); Schutzprogramme für Otter (Lutra lutra) und Weißstorch (Ciconia ciconia) in Zusammenarbeit mit NGO und Sponsoren
Entwicklung:
Sonderprogramm Lehde und Leipe - Erhaltung der historisch gewachsenen kleinteiligen Kulturlandschaft einschließlich der bäuerlichen und handwerklichen traditionellen Fertigkeiten; Spreewaldwiesenprogramm - Sonderprogramm im Rahmen des EU-kofinanzierten Kulturlandschaftsprogrammes; Regionalmarke Spreewald; Bodenordnungsverfahren Spreewald; Erhaltungsprogramm alter Kultursorten
Logistische Unterstützung:
ökosystemare Umweltbeobachtung auf 30 Dauerbeobachtungsflächen bzw. -fließstrecken, Erhebung von bis zu 295 verschiedenen Parametern; Entwicklung und Umsetzung bodenschonender Technik auf Niedermoorböden in der Land- und Forstwirtschaft; Aufbau eines Systems von Referenzbetrieben im landwirtschaftlichen Sektor; Einführung des „Betriebsbilanzierungs- und Indikatorenmodells REPRO" in Landwirtschaftsbetrieben; Naturwacht Spreewald

Regelmäßige Veranstaltungen
naturkundliche Wanderungen; Radtouren und Veranstaltungen zu speziellen Themen; Öffentlichkeitstage in der Natur-Erlebnis-Uhr; Führungen im Kräutergarten Burg; Höhepunkte wie Tag der Parke, Kinderfeste

Fördervereine
Förderverein für Naturschutz im Spreewald (FÖNAS)
Schulstr. 9 · 03222 Lübbenau
Tel.: 03542/8921-0

Zweckverband Gewässerrandtreifenprojekt Spreewald
Ehm-Welk-Str. 15 · 03222 Lübbenau
Tel.: 03542/872817

Freundeskreis des Arznei- und Gewürzpflanzengartens Burg e. V.
Byleguhrer Str. 17 · 03096 Burg
Tel.: 035603/69124

Carpus e. V. (für Partnerschaft mit BR Palawan/Philippinen)
Nordweg 7 · 03096 Burg
Tel.: 035603/69123

Partnerschaften
BR Palawan (Philippinen), Vertrag bis 2007
Staatsbosbeheer Nationalpark „De Weerribben" (Niederlande), Vertrag bis 2004

BIOSPHÄRENRESERVATE IN DEUTSCHLAND: EIN ÜBERBLICK

6.

Karpfenteiche im Heideland

Biosphärenreservat Oberlausitzer Heide- und Teichlandschaft

Bundesland
Sachsen (SN)

Jahr der UNESCO-Anerkennung
1996

Verwaltung
Verwaltung des BR Oberlausitzer Heide- und Teichlandschaft
Am Sportplatz 231
02906 Mücka
Tel.: 035893/506-40
Fax: 035893/506-50
Email: poststelle@brv.smul.sachsen.de

Leiter:
Peter Heyne

Anzahl der hauptamtlichen Mitarbeiter:
14

Zuständiges Ministerium
Sächsisches Staatsministerium für Umwelt und Landwirtschaft, Dresden

Informationszentren
zurzeit nur bei Verwaltung
[Mo-Do 8.00 - 16.00 Uhr, Fr 8.00 -14.00 Uhr]
Informationszentrum in Planung

Informationsmaterial
zahlreiches Material, siehe Homepage

Homepage
www.biosphaerenreservat-oberlausitz.de

Fläche
insgesamt:
30.102 ha
Eigentumsverhältnisse: 15 % Freistaat, 10 % Bund, 5 % Kommunen, 6 % Naturschutzverein, 64 % privat
Kernzone:
1.124 ha
Eigentumsverhältnisse: 25 % Freistaat, 25 % Bund, 30 % Naturschutzverein, 20 % privat (im Ankauf befindlich)
Pflegezone:
12.015 ha
Eigentumsverhältnisse: 35 % Freistaat, 25 % Bund, 5 % Kommunen, 3 % Naturschutzverein, 32 % privat
Entwicklungszone:
16.963 ha
Eigentumsverhältnisse:
5 % Freistaat, 3 % Bund, 6 % Kommunen, 6 % Naturschutzverein, 80 % privat

Geografische Lage
Ostsachsen

Naturraum und Ökosystem
Oberlausitzer Heide- und Teichgebiet

Einwohner im Biosphärenreservat
12.800 (43 pro km²)

Erfüllung der Funktionen
Schutz:
zahlreiche Arten- und Biotopschutzmaßnahmen für Seeadler (Haliaeetus albicilla), Fischotter (Lutra lutra), Fledermäuse (Chiroptera); Feuchtwiesenpflege; ökol. Durchgängigkeit der Spree; Erhaltung alter Kulturpflanzen und Ackerwildkräuter u. v. a.); umfangreiche Fördermaßnahmen (Schwerpunkt Fischerei und Grünlandpflege); enge Zusammenarbeit mit Bewirtschaftern und Behörden hinsichtlich Unterstützung von Arten- und Biotopschutzmaßnahmen; flächenkonkrete Pflege- und Entwicklungspläne

Entwicklung:
Förderung einer umweltgerechten Bewirtschaftung; Konzeptionen zur Nachhaltigen Entwicklung und Regenerierung; Unterstützung der Regionalvermarktung; Konzeptionen zur Siedlungsentwicklung, Konzepte zu Tourismus und Verkehrsentwicklung; BR-Logo als Qualitätszeichen für Produkte und Leistungen; Naturmärkte

Logistische Unterstützung:
Anschub und Beteiligung an Demonstrationsprojekten; Umweltbildung für Kinder und Erwachsene; umfangreiche Umweltbeobachtungskonzeption; Kooperationsverträge mit wissenschaftlichen Einrichtungen; regelmäßige Analyse von Wasser- und Niederschlagsdaten; Klimamessstation

Regelmäßige Veranstaltungen
Projekttage an allen Schulen; zahlreiche Naturführungen und Vorträge; zwei Fachkolloquien pro Jahr; praktische Seminare für Bevölkerung; 4 Naturmärkte pro Jahr; zahlreiche Umweltbildungsveranstaltungen

Fördervereine des BR
Förderverein für die Natur der
Oberlausitzer Heide- und Teichlandschaft
An der Post 2
02906 Kreba
Tel.: 035893/50266
Email: Foerderverein-oberlausitz@t-online.de

Partnerschaften
BR Spreewald und BR Flusslandschaft Elbe
BR Trebon (Tschechische Republik)

Besonderheiten
zweisprachige Region (deutsch-sorbisch)

Voller Leben

6. BIOSPHÄRENRESERVATE IN DEUTSCHLAND: EIN ÜBERBLICK

Waldesruh und Bachgeplätscher

Biosphärenreservat Vessertal-Thüringer Wald

Bundesland
Thüringen (TH)

Jahr der UNESCO-Anerkennung
1979 (1. Erweiterung 1986, 2. Erweit. 1990)

Verwaltung
Biosphärenreservat Vessertal
Verwaltung
Waldstr. 1 · 98711 Schmiedefeld am Rennsteig
Tel.: 036782/666-0 · Fax: 036782/666-29
Email: poststelle.vessertal@br-np.thueringen.de

Leiter:
Johannes Treß

Anzahl der hauptamtlichen Mitarbeiter:
13

Zuständiges Ministerium
Thüringer Ministerium für Landwirtschaft, Naturschutz und Umwelt, Erfurt

Informationszentrum
Informations- und Bildungszentrum
Biosphärenreservat Vessertal
Nordstr. 96 · 98711 Frauenwald
Tel.: 036782/62947
Email: br-vessertal@t-online.de
[Mo-Fr 9.00 – 16.00 Uhr auf Anfrage; an anderen Tagen auf Anmeldung]

Informationsmaterial
Broschüren; Faltblätter (allgemein, über wichtige Lebensräume, für Kinder); Posterserie; Wanderkarte „Biosphärenreservat Vessertal"; Abreißblöcke mit Empfehlungen für ortsnahe Wanderungen

Homepage
www.biosphaerenreservat-vessertal.de

Fläche
insgesamt: 17.098 ha
Eigentumsverhältnisse: 88 % Freistaat, 12 % privat und Körperschaften
Kernzone: 437 ha
Eigentumsverhältnisse: 97 % Freistaat, 3 % privat und Körperschaften
Pflegezone: 2.024 ha
Eigentumsverhältnisse: 90 % Freistaat, 10 % privat und Körperschaften
Entwicklungszone: 14.637 ha
Eigentumsverhältnisse: 87 % Freistaat, 13 % privat und Körperschaften

Geografische Lage
Mittlerer Thüringer Wald zwischen Ilmenau, Schleusingen und Suhl

Naturraum und Ökosystem
Mittelgebirge, Mittlerer Thüringer Wald, Wälder des gemäßigten Europas, z. B. Hainsimsen-Buchenwald (Luzulo-Fagetum); naturnahes Grasland, z. B. Kreuzblümchen-Borstgrasrasen (Polygalo-Nardetum); Waldstorchschnabel-Goldhaferwiese (Geranio sylvatici-Trisetetum); Hochmoore; naturnahe Fließgewässer des Berglands

Einwohner im Biosphärenreservat
ca. 4.200 (ca. 25 pro km²)

Erfüllung der Funktionen
Schutz:
Erhalt naturnaher Wälder; Umbau von Fichtenreinbeständen in naturnahe Bergmischwälder; Pflege- und Entwicklung von naturnahen Waldbächen und lichten Waldlebensräumen; Generhaltungsplantage für Weißtanne (Albies alba); Förderung der extensiven Grünlandnutzung durch Mahd und Weide; Schutz und Renaturierung von Mooren; Erhalt naturnaher Bergbäche und Renaturierung von ausgebauten Strecken

Entwicklung:
nachhaltige Tourismusentwicklung; nachhaltige Forstwirtschaft nach den Prinzipien des naturnahen Waldbaus; Umsetzung des Pflege- und Entwicklungsplans – Fachteil Wald – für ausgewählte Bereiche; Förderung der Mittelgebirgslandwirtschaft durch Beratung und Betreuung der Landwirte und Unterstützung bei der Fördermittelbeantragung mit dem Ziel der Erhaltung des Offenlandes

Logistische Unterstützung:
Umweltbildung und -information; Fachexkursionen; naturkundl. Wanderungen; Umweltbildungsprogramme und Projekttage für Schulklassen; Informations- und Bildungszentrum; Infogarten; Ausstellungen; verschiedene Lehrpfade und Infostände; Entwicklung von Umweltqualitätszielen mit Ursache-Wirkungs-Hypothesen; Betrieb von Umweltüberwachungseinrichtungen des Deutschen Wetterdienstes u. a.; Erstellung eines Leit- und Zielartenkonzepts; Führung einer Bibliografie; Bestockungsprofilanalysen in der Kernzone; waldkundliche Erstaufnahme in den Naturwaldparzellen „Vessertal" sowie „Marktal und Morast"; Forschungsprojekt zur Biomanipulation in der Talsperre Schönbrunn; Bereitstellung von Daten für das Biosphere Reserve Integrated Monitoring (BRIM) und für diverse Metadatenbanken im Internet

Regelmäßige Veranstaltungen
thematische Führungen für Besuchergruppen; Ferienprogramme; Projekttage für Schulklassen; Diavorträge; Europäischer Tag der Parke im Mai jeden Jahres

Förderverein
Förderverein Biosphärenreservat Vessertal-Thüringer Wald e. V.
Nordstr. 96 · 98711 Frauenwald
Tel.: 036782/62947
Email: br-vessertal@t-online.de

Besonderheiten
BR-Verwaltung auch zuständig für die Wahrnehmung der staatl. Aufgaben des Naturparks Thüringer Wald im Bereich Naturschutz und Landschaftspflege; der Rennsteig, Kammweg des Thüringer Waldes mit 168 km Länge und einer der bekanntesten Höhenwanderwege Deutschlands durchquert das Biosphärenreservat nahezu mittig.

BIOSPHÄRENRESERVATE IN DEUTSCHLAND: EIN ÜBERBLICK 6.

Der Natur eine Zukunft – Den Menschen neue Chancen

Biosphärenreservat Rhön

Bundesländer
Hessen (HE),
Thüringen (TH),
Bayern (BY)

Jahr der UNESCO-Anerkennung
1991

Verwaltungen
Landrat des Kreises Fulda
Abt. Landwirtschaft Forsten und Naturschutz
Hessische Verwaltungsstelle Biosphärenreservat Rhön
Groenhoff-Haus / Wasserkuppe
36129 Gersfeld
Tel.: 06654/9612-0
Email: vwst@biosphaerenreservat-rhoen.de

Biosphärenreservat Rhön Verwaltung Thüringen
Mittelsdorfer Str. 23
98634 Kaltensundheim
Tel.: 036946/382-0
Email: poststelle.rhoen@br-np.thueringen.de

Regierung von Unterfranken
Bayerische Verwaltungsstelle Biosphärenreservat Rhön
Oberwaldbehrunger Straßen 4
97656 Oberelsbach
Tel.: 09774/9102-0
Email: postmaster@brrhoenbayern.de

Leiter:
HE: Heinrich Heß
TH: Karl-Friedrich Abe
BY: Michael Geier

Anzahl der hauptamtl. Mitarbeiter:
18,5 (HE: 6, TH: 8, BY: 4,5)

Zuständige Ministerien
HE: Hessisches Ministerium für Umwelt, Landesentwicklung und Verbraucherschutz, Wiesbaden
TH: Thüringer Ministerium für Landwirtschaft, Naturschutz und Umwelt, Erfurt
BY: Bayerisches Staatsministerium für Landesentwicklung und Umweltfragen, München

Informationszentren/ -stellen
HE
Informationsstelle Biosphärenreservat Rhön
Groenhoff-Haus - Wasserkuppe, 36139 Gersfeld
Tel.: 06654/96120
[Mo-Fr 7.30 -16.00 Uhr, Sa, So 10.00 -16.00 Uhr]

Landschaftsinformationszentrum Rasdorf
Am Anger 32
36169 Rasdorf
Tel.: 06651/9601-0
[Öffnungszeiten nach Vereinbarung]

TH
Info-Stelle Biosphärenreservat Rhön
Jagdschloss Fasanerie,
98617 Hermannsfeld
[Sa, So:14.00 -18.00 Uhr; Di-Do 14.00 -16.00 Uhr;
Fr 10.00 -16.00 Uhr; Mo geschlossen]

BY
Info-Zentrum „Haus der Schwarzen Berge"
Rhönstr. 97
97772 Wildflecken-Oberbach
Tel.: 09749/9122-0
[April bis Oktober: Di-Fr 10.00 -18.00 Uhr; Sa, So 10.00 -17.00 Uhr]

Info-Zentrum „Haus der Langen Rhön"
Unterelsbacher Str. 4
97656 Oberelsbach
Tel.: 09774/910260
[April bis Oktober: Mo-Fr 9.00 -17.00 Uhr;
So, Sa 10.00 -17.00 Uhr; Di geschlossen]

Haus auf der Grenze/Point Alpha
Tel.: 06651/919030
[November bis März: tägl. 10.00 -17.00 Uhr;
April bis Oktober: tägl. 9.00-18.00 Uhr]

Propstei Zella/Rhön
Tel.: 036964/93510
[Di-Fr 10.00 - 17.00 Uhr; Sa, So 13.00 - 17.00 Uhr]

Informationsmaterial
„Das Biosphärenreservat Rhön - Immer ein Erlebnis"; Jahresprogramme der Informationszentren; Mitteilungen aus dem Biosphärenreservat; Broschüren; Faltblätter; Dia-Shows; Videofilme

Homepage
www.biosphaerenreservat-rhoen.de

Fläche
insgesamt:
184.939 ha (davon HE: 63.564 ha, TH: 48.573 ha, BY: 72.802 ha)
Kernzone:
4.199 ha
Eigentumsverhältnisse:
83 % privat, 1 % kommunal, 16 % staatl.
Pflegezone:
67.483 ha
Entwicklungszone:
107.557 ha
Eigentumsverhältnisse (Pflege- und Entwicklungszonen):
noch nicht erhoben
(5.700 ha des bayerischen Teilgebiets sind noch nicht zoniert)

Geografische Lage
Dreiländereck zwischen Hessen, Thüringen und Bayern

Voller Leben

6. BIOSPHÄRENRESERVATE IN DEUTSCHLAND: EIN ÜBERBLICK

Naturraum und Ökosystem
um zentrale basaltene Hochfläche (Hohe Rhön) Kranz einzelner, waldbestandener Kegelberge (Vorderrhön), Übergang in das schwäbisch-fränkische Schichtstufenland (Südrhön); Höhenbereich von ca. 230 bis 950 m ü. NN; landwirtschaftl. Nutzung mit Schwerpunkt Grünlandbewirtschaftung in den höheren Lagen, vernetzt mit Hecken und Wäldern; Waldanteil ca. 42 %. Wälder der Vorderrhön naturnahe und artenreiche Bergmischwälder; im Bereich des Oberen Buntsandsteins und dem Oberen Muschelkalk und z. T. auch im Oberen Muschelkalk vorwiegend Ackerbau; Kalkmagerrasen auf Steilhängen des Unteren Muschelkalks als Folge der Schafbeweidung v. a. in TH.

Einwohner im Biosphärenreservat
135.618 (79 pro km²), davon
HE: 48.858,
TH: 39.294,
BY: 47.466

Erfüllung der Funktionen

Schutz:
Ankauf und Pflege von Flächen zur Erhaltung und Entwicklung wertvoller Naturräume; Großprojekt „Hohe Rhön/Lange Rhön" in Bayern, „Thüringer Rhönhutungen" zur Erhaltung der Kalkmagerrasen weitere Erhaltungsmaßnahmen durch verschiedene Förderprogramme; Modellprojekt „Landschaftspflege durch Großbetriebe" anhand des größten, ökologisch wirtschaftenden Betriebs im Biosphärenreservat

Entwicklung:
Schwerpunkt der Entwicklungsaktivitäten: Aufbau einer länderübergreifenden Regionalvermarktung, dazu u. a. Schaffung von Kooperationen von Landwirtschaft, verarbeitendem Gewerbe und Handel und in Zusammenarbeit mit zahlreichen Partnern aus Behörden und Verbänden, z. B. Vermarktung von Streuobstprodukten, Rhönschafprodukten, Rindfleisch, Bachforelle; dabei Kopplung mit Dienstleistungen im Bereich Freizeit/Tourismus

Logistische Unterstützung:
Umweltbildung und Öffentlichkeitsarbeit: Schnittstelle bei den multifunktionalen Infozentren/-stellen mit breitem Programmangebot; Grundlagen zur Erfassung von Umweltdaten durch Pilotprojekt „Ökosystemare Umweltbeobachtung"; Aufbau eines GIS; Forschungsprojekte z. B. FuE-Vorhaben „Erfolgskontrolle in Naturschutzgroßvorhaben", EuE-Vorhaben „Konfliktlösungen zwischen Sport und Naturschutz am Beispiel der Hohen Rhön", BMBF-Vorhaben zur großflächigen stochastischen Beweidung, Forschungsvorhaben zur Kontrolle von Neophyten, Renaturierungsversuche zur Umwandlung von Intensivgrünland in halbnatürliche Wiesenbestände); systematische Erforschung der Wälder der Kernzone in HE und TH; regionale Arbeitsgemeinschaft Rhön (ARGE) zur länderübergreifenden Zusammenarbeit von Landräten, Behörden, Organisationen, im Rahmen der ARGE u. a. Schaffung einer „Dachmarke Rhön"

Regelmäßige Veranstaltungen
Präsentation von Forschungsergebnissen; Exkursionen; Veranstaltungen der Infozentren; Diavorträge; Videofilme; Vogelbestandserfassung; Schäfertreffen; jährl. Sternwanderung mit Schülern; Ausstellungen; Präsentationen auf Messen; Tag der Artenvielfalt; wissenschaftl. Symposien; Workshops mit Holzbildhauern etc.

Fördervereine
HE
Verein Natur und Lebensraum Rhön e. V.
Groenhoff-Haus - Wasserkuppe
36129 Gersfeld
Tel.: 06654/9612-0
BY
Verein Naturpark und
Biosphärenreservat Bayerische Rhön e. V.
Oberwaldbehrunger Str. 4
97656 Oberelsbach
Tel.: 09774/910250
Email: info@brrhoenbayern.de

Partnerschaften
HE: Region Parrikkala (Finnland);
BY: Zusammenarbeit mit der Region Limousin (Frankreich)

Besonderheiten
länderübergreifendes Biosphärenreservat: Regelung der Zusammenarbeit der Verwaltungsstellen durch das Verwaltungsabkommen über die Einrichtung, Entwicklung und Verwaltung des BR Rhön (1.12.2002): Federführung einer Verwaltungsstelle für 3 Jahre, dabei Koordinierung der länderübergreifenden Projekte

BIOSPHÄRENRESERVATE IN DEUTSCHLAND: EIN ÜBERBLICK 6.

Wo der Wald die Reben küsst

Biosphärenreservat Pfälzerwald-Nordvogesen

Bundesland
Rheinland-Pfalz (RP)

Jahr der UNESCO-Anerkennung
national: 1993
grenzüberschreitend: 1998

Verwaltung
Trägerorganisation für den deutschen Teil:
Naturpark Pfälzerwald e. V.
Franz-Hartmann-Str. 9
67466 Lambrecht
Tel.: 06325/95520
Fax: 06325/955219
Email: info@pfaelzerwald.de
Leiter:
Werner F. Dexheimer
Anzahl der hauptamtlichen Mitarbeiter:
5

Zuständiges Ministerium
Ministerium für Umwelt und Forsten Rheinland-Pfalz, Mainz

Informationszentren
Pfalzmuseum für Naturkunde
Hermann-Schäfer-Str. 17
67098 Bad Dürkheim
Tel.: 06322/94130
[Di-So 10.00 - 17.00 Uhr]

Biosphärenhaus, Fischbach bei Dahn
Am Königsbruch 1
66996 Fischbach bei Dahn
Tel.: 06393/92100
Internet: www.biosphaerenhaus.de
[Di-So 9.30-17.00 Uhr]

Informationsmaterial
Info-Broschüren; Faltblätter; Poster; wissenschaftl. Jahrbuch; touristische Karte; Zeitungsbeilagen; Dokumentationen; Routenführer

Homepage
www.pfaelzerwald.de
www.biosphere-pfaelzerwald-vosges.org

Fläche
insgesamt:
177.842 ha (nur deutscher Teil)
Eigentumsverhältnisse: 70 % Land, 20 % Gemeinden, 10 % privat
Kernzone:
3.739 ha
Eigentumsverhältnisse: 94 % Land, 6 % Gemeinden
Pflegezone:
49.261 ha
Eigentumsverhältnisse: 76 % Land, 24 % Gemeinden
Entwicklungszone:
124.842 ha
Eigentumsverhältnisse: ca. 70 % Land, 20 % Gemeinden, 10 % privat

Geografische Lage
im Südwesten der Bundesrepublik, im Süden von Rheinland-Pfalz; französischer Teil im nördlichen Elsaß/östlichen Lothringen

Naturraum und Ökosystem
Pfälzerwald/Weinstraße (D) und Nordvogesen (F): Trias-Buntsandstein-Mittelgebirge; großräumige, naturnahe terrestrische Ökosysteme (überwiegend: dichtgeschlossene, sommergrüne Mittelgebirgswälder der gemäßigten Zone; auch: baumfähige Graslander, Magerwiesen, Zwergstrauchheiden und extensive Kulturpflanzen-Bestände); kleinräumige, naturnahe semiterrestrische Ökosysteme (z. B.: Moore, moorähnliche Sümpfe); weitläufige und kleinräumige, naturnahe limnische Ökosysteme (z. B.: Stillwasser und permanente Fließgewässer); v. a. im Randbereich des Biosphärenreservats auch urban-industrielle und agrar-industrielle Ökosysteme

Einwohner im Biosphärenreservat
ca. 160.000 (ca. 90 pro km²)

Erfüllung der Funktionen des BR
Schutz:
GIS-gestütztes Beweidungskonzept zur Offenhaltung der Täler im Pfälzerwald; Initiative „Pro Luchs"; Schutz der Wildkatze (Felis sylvestris), des Wanderfalken (Falco peregrinus), der Fledermäuse (Myotis spec.).
Entwicklung:
Europäische Charta für einen nachhaltigen Tourismus; Vermarktung regionaler Produkte; deutsch-französische Bauernmärkte; Partnerbetriebe Biosphärenreservat
Logistische Unterstützung:
energetische und stoffliche Verwendung von Holz; Wildbret-Vermarktungsinitiative; Fach-Arbeitsgruppe Umweltbildung zur Vernetzung der Akteure und Initiativen

Regelmäßige Veranstaltungen
Wasgauer Gespräche; Vorträge; Präsentationen; Führungen

Förderverein
angestrebt

Partnerschaften
angestrebt

Besonderheiten
Erstes grenzüberschreitendes Biosphärenreservat der Europäischen Union (Deutschland/Frankreich)
Adresse des französischen Teils:
SYCOPAR
Maison du Parc - B.P. 24
F-67290 La Petite Pierre
Tel.: 0033/388/0149-59, Fax: -60
Email: contact@parc-vosges-nord.fr
Direktor: Marc Hoffsess

6. BIOSPHÄRENRESERVATE IN DEUTSCHLAND: EIN ÜBERBLICK

Grenzenlose Waldwildnis

Biosphärenreservat Bayerischer Wald

Bundesland
Bayern (BY)

Jahr der UNESCO-Anerkennung
1981

Verwaltung
Nationalpark- und Biosphärenreservatsverwaltung
Freyunger Str. 2
94481 Grafenau
Tel.: 08552/9600-0
Fax: 08552/9600-100
Email: poststelle@fonpv-bay.bayern.de

Leiter:
Karl Friedrich Sinner

Anzahl der hauptamtlichen Mitarbeiter:
193

Zuständiges Ministerium
Bayerisches Staatsministerium für Landesentwicklung und Umweltfragen, München

Informationszentren
Hans-Eisenmann-Haus
Böhmstr. 35
94556 Neuschönau
Tel.: 08558/96150
[tägl. 9.00 - 17.00 Uhr (Winter: bis 16.00 Uhr)]
Haus zur Wildnis (im Bau)

Informationsmaterial
Bildungs- und Informationsangebot des Nationalparks (siehe Homepage)

Homepage
www.nationalpark-bayerischer-wald.de

Fläche
insgesamt:
13.329 ha
Kernzone:
10.224 ha

Pflegezone:
3.105 ha

Entwicklungszone:
0

Eigentumsverhältnisse (alle Zonen):
99 % Freistaat, 1 % privat und Kommunen

Geografische Lage
Gebirgszug zwischen dem „Großen Rachel" (1.453 m) und „Lusen" (1.373 m) entlang der deutsch-tschechischen Grenze im Landkreis Freyung-Grafenau (Südostbayern)

Naturraum und Ökosystem
innerer Bayerischer Wald (mit Höhenlagen zwischen 700 und 1.453 m); zu 99 % bewaldet. Aufichtenwäldern in Tallagen, Bergmischwäldern (Fichte-Buche-Tanne; v. a. Luzolo-fagetum) an Hanglagen, Bergfichtenwäldern (Soldanello-piceetum) in Hochlagen (über 1.150 m); Besonderheiten: Hochmoore, Blockfelder und ein eiszeitlicher See (Rachelsee).

Einwohner
Anzahl Einwohner im Biosphärenreservat:
0

Erfüllung der Funktionen des Biosphärenreservats
Schutz:
größte naturschutzrechtl. geschützte Landfläche in Deutschland. Kernzone vorrangig für Prozessschutz (Lebensgemeinschaften entwickeln sich ohne menschliche Eingriffe entsprechend ihrer natürlichen Dynamik; Renaturierung und Rückführung in naturnahen Zustand der durch den Menschen stärker beeinträchtigten Lebensräume (z. B. Moore, Bachläufe); gezielte Artenschutzmaßnahmen für einzelne hochrangig gefährdete Tier- und Pflanzenarten, z. B. Auerhuhn (Tetrao urogallus), Luchs (Lynx lynx), Eibe (Taxus baccata)

Entwicklung:
Schwerpunkt: Entwicklung eines nachhaltigen, naturverträgl. („sanften") Tourismus und eines umweltschonenden, öffentlichen Personennahverkehrsnetzes („Igelbusse"); Unterstützung der naturschonenden regionalen Land- und Forstwirtschaft (z. B. Hackschnitzelheizungen, „Kiosk der Region", regionale Produkte im Wildniscamp)

Logistische Unterstützung:
Bildungseinrichtung „Jugendwaldheim" und „Wildniscamp am Falkenstein": Umweltbildungsarbeit für Schulklassen mit nahezu 10.000 Schülern pro Jahr; über 3.000 Bildungsveranstaltungen (Führungen, Vorträge, Seminare) pro Jahr mit über 40.000 Menschen; bisher im BR ca. 600 Forschungsprojekte (Schwerpunkt Naturschutz); im Rahmen der „High Tech-Offensive" derzeit Entwicklung eines Internet basierten, touristischen GIS

Regelmäßige Veranstaltungen
siehe Homepage

Förderverein des Biosphärenreservats
Verein der Freunde des Ersten Deutschen Nationalparks Bayerischer Wald e. V.
Kröllstr. 5
94481 Grafenau
Tel.: 08552/9205-27
Email: info@nationalparkfreunde.de

Partnerschaften
Memorandum mit Nationalpark und BR Sumava (Tschechische Republik)

Besonderheiten
Biosphärenreservat flächengleich mit gleichnamigem Nationalpark (Altgebiet); in der Kernzone entsteht das größte Wildnisgebiet im gesamten mittel-, west- und südeuropäischen Raum

BIOSPHÄRENRESERVATE IN DEUTSCHLAND: EIN ÜBERBLICK   6.

AlpenNatur erleben – Gesundheit spüren

Biosphärenreservat Berchtesgaden

Bundesland
Bayern (BY)

Jahr der UNESCO-Anerkennung
1990

Verwaltung
Landratsamt Berchtesgadener Land
Salzburger Straße 64
83435 Bad Reichenhall
Tel.: 08651/773-521
Fax.: 08651/773-599
Email: roland.beier@lra-bgl.de und

Nationalparkverwaltung Berchtesgaden
Doktorberg 6
83471 Berchtesgaden
Tel.: 08652/9686-0
Fax: 08652/9686-40
Email: m.vogel@nationalpark-berchtesgaden.de

Leiter:
Roland Beier; Dr. Michael Vogel

Anzahl der hauptamtlichen Mitarbeiter:
70

Zuständiges Ministerium
Bayerisches Staatsministerium für Landesentwicklung und Umweltfragen, München

Informationszentren
Nationalpark-Haus Berchtesgaden
Franziskanerplatz 7
83471 Berchtesgaden
Tel.: 08652/64343
Fax: 08652/69434
[ganzjährig tägl. 9.00 - 17.00 Uhr]
fünf weitere Zentren, siehe Homepage

Homepage
www.lra-bgl.de
www.nationalpark-berchtesgaden.de

Fläche
insgesamt:
46.710 ha
Kernzone:
13.896 ha
Eigentumsverhältnisse: 100 % staatl.
Pflegezone:
6.914 ha
Eigentumsverhältnisse: 100 % staatl.
Entwicklungszone:
25.900 ha
Eigentumsverhältnisse: teils Staat, Gemeinde, privat

Geografische Lage
Südostoberbayern

Naturraum und Ökosystem
Berchtesgadener Alpen, Hochgebirge, Wälder

Einwohner im Biosphärenreservat
45.229 (97 pro km²)

Erfüllung der Funktionen
Schutz:
Waldumbau, Wildmanagement, Wald-Wild-Management

Entwicklung:
Nationalparkplan

Logistische Unterstützung:
Ökosystemanalyse; Umweltbeobachtung unter Nutzung von GIS; Umweltbildung, d. h. Besucherbetreuung, Multiplikatorenbildung, Exkursionen, Wanderungen

Regelmäßige Veranstaltungen
Jahresversammlungen des Fördervereins; Arbeitstagungen des Nationalparkbeirats

Förderverein
Freunde des Nationalparks Berchtesgaden e. V.
Doktorberg 6
83471 Berchtesgaden
Tel.: 08652/9686-0
Fax.: 08652/9686-40
Email: m.vogel@nationalpark-berchtesgaden.de

Partnerschaften
keine

Besonderheiten
Kern- und Pflegezone sind flächengleich mit Nationalpark Berchtesgaden

Anhang

7.

7.1 Die Internationalen Leitlinien für das Weltnetz der Biosphärenreservate

Einführung

Im Rahmen des UNESCO-Programms Der Mensch und die Biosphäre (MAB) werden Biosphärenreservate mit dem Ziel eingerichtet, eine ausgewogene Beziehung zwischen Menschen und der Biosphäre zu fördern und beispielhaft darzustellen. Biosphärenreservate werden vom Internationalen Koordinationsrat (ICC) des MAB-Programms auf Antrag des betreffenden Staates ausgewiesen. Biosphärenreservate unterliegen der ausschließlichen Hoheitsgewalt desjenigen Staates, in dem sie sich befinden. Sie fallen ausschließlich unter seine Rechtsprechung. Die Biosphärenreservate bilden ein Weltnetz, die Beteiligung der Staaten daran ist freiwillig. Die vorliegenden Internationalen Leitlinien für das Weltnetz der Biosphärenreservate wurden mit dem Ziel aufgestellt, die Effektivität der einzelnen Biosphärenreservate zu steigern sowie gegenseitiges Verständnis, Kommunikation und Zusammenarbeit auf regionaler und internationaler Ebene zu stärken.
Die internationalen Leitlinien für das Weltnetz der Biosphärenreservate sollen zu einer breiten Anerkennung der Biosphärenreservate beitragen und aussagekräftige Beispiele in der Praxis fördern und unterstützen. Der Ausschluss von Biosphärenreservaten aus dem Netz sollte als Ausnahme von diesem grundsätzlichen positiven Ansatz angesehen werden. Ein Ausschlussverfahren setzt umfangreiche Überprüfungsverfahren voraus, bei denen die kulturellen und sozio-ökonomischen Verhältnisse des betreffenden Staates angemessen berücksichtigt werden. Ebenso ist eine vorherige Konsultation mit der betreffenden Regierung vorgesehen.
In den Internationalen Leitlinien für das Weltnetz der Biosphärenreservate sind Maßnahmen zur Ausweisung, Unterstützung und Förderung von Biosphärenreservaten vorgesehen. Dabei wird die Diversität örtlicher und nationaler Umstände berücksichtigt. Die Staaten werden darin bestärkt, nationale Kriterien für Biosphärenreservate zu erarbeiten und anzuwenden, die auf den spezifischen Bedingungen des betreffenden Staates beruhen.

Artikel 1 – Begriffsbestimmung

Biosphärenreservate sind Gebiete, bestehend aus terrestrischen und Küsten- sowie Meeresökosystemen oder aus einer Kombination derselben, die international im Rahmen des UNESCO-Programms Der Mensch und die Biosphäre (MAB) nach Maßgabe vorliegender Internationaler Leitlinien für das Weltnetz der Biosphärenreservate anerkannt werden.

Artikel 2 – Weltnetz der Biosphärenreservate

1. Biosphärenreservate bilden ein Weltnetz, das Weltnetz der Biosphärenreservate, im Folgenden als Netz bezeichnet.

2. Das Netz stellt ein Instrument zur Erhaltung der biologischen Vielfalt und nachhaltigen Nutzung seiner Bestandteile dar und leistet somit einen Beitrag zu den Zielen des Übereinkommens über die Biologische Vielfalt und anderer einschlägiger Übereinkünfte und Instrumente.

3. Die einzelnen Biosphärenreservate verbleiben unter der Hoheitsgewalt des Staates, zu dem sie gehören. Im Rahmen der vorliegenden Internationalen Leitlinien ergreifen die Staaten Maßnahmen, die sie nach Maßgabe ihres nationalen Rechts als erforderlich erachten.

Artikel 3 – Funktionen

Durch die Verbindung der drei im Folgenden aufgeführten Funktionen sollen Biosphärenreservate Modellstandorte zur Erforschung und Demonstration von Ansätzen zu Schutz und Nachhaltiger Entwicklung auf regionaler Ebene sein:

1. Schutz: Beitrag zur Erhaltung von Landschaften, Ökosystemen, Arten und genetischer Vielfalt;
2. Entwicklung: Förderung einer wirtschaftlichen und menschlichen Entwicklung, die soziokulturell und ökologisch nachhaltig ist;
3. logistische Unterstützung: Förderung von Demonstrationsprojekten, Umweltbildung und -ausbildung, Forschung und Umweltbeobachtung im Rahmen lokaler, regionaler, nationaler und weltweiter Themen des Schutzes und der Nachhaltigen Entwicklung.

Artikel 4 – Kriterien

Allgemeine Kriterien, als Voraussetzung für die Anerkennung eines Gebietes als Biosphärenreservat, sind:

1. Das Gebiet soll sich aus einer Reihe verschiedener ökologischer Systeme zusammensetzen, die für bedeutende biogeografische Systeme repräsentativ sind, einschließlich abgestufter Formen des Eingriffs durch den Menschen;
2. das Gebiet soll für die Erhaltung der biologischen Vielfalt von Bedeutung sein;
3. das Gebiet soll die Möglichkeit bieten, Ansätze zur Nachhaltigen Entwicklung auf regionaler Ebene zu erforschen und zu demonstrieren;
4. das Gebiet soll über eine ausreichende Größe verfügen, um die in Artikel 3 aufgeführten Funktionen der Biosphärenreservate erfüllen zu können;
5. das Gebiet soll diese Funktionen durch eine entsprechende Einteilung in die folgenden Zonen erfüllen:
a) eine gesetzlich definierte Kernzone oder Gebiete, die langfristigem Schutz gewidmet sind, und die mit den Schutzzielen des Biosphärenreservats übereinstimmen sowie eine ausreichende Größe zur Erfüllung dieser Ziele aufweisen;
b) eine Pufferzone (In Deutschland wird diese Zone auch als Pflegezone bezeichnet.) oder eindeutig festgelegte Zonen, die die Kernzone/n umschließen oder an sie angrenzen, in denen nur Aktivitäten stattfinden, die mit den Schutzzielen vereinbar sind;
c) eine äußere Übergangszone (In Deutschland wird diese Zone auch als Entwicklungszone bezeichnet.), in der Vorgehensweisen zur nachhaltigen Bewirtschaftung von Ressourcen gefördert und entwickelt werden.

6. Für eine angemessene Beteiligung und Mitarbeit u. a. von Behörden, örtlichen Gemeinschaften und privaten Interessen bei der Bestimmung und Ausübung der Funktionen eines Biosphärenreservats sollen organisatorische Vorkehrungen getroffen werden.

7. Zusätzlich sollen Vorkehrungen getroffen werden für
a) Mechanismen zur Lenkung der menschlichen Nutzung und Aktivitäten in der oder den Pufferzonen;
b) Strategien oder Pläne zur Bewirtschaftung des Gebiets als Biosphärenreservat;
c) Die Bestimmung einer Behörde oder eines Mechanismus zur Umsetzung dieser Strategien bzw. Pläne;
d) Programme zur Forschung, Umweltbeobachtung, Bildung und Ausbildung.

Artikel 5 – Anerkennungsverfahren

1. Biosphärenreservate werden vom Internationalen Koordinationsrat (ICC) des MAB-Programms nach folgendem Verfahren als Mitglieder des Netzes anerkannt:
a) Über ihr MAB-Nationalkomitee, sofern vorhanden, reichen die Staaten Anträge mit begleitenden Unterlagen beim Internationalen MAB-Sekretariat der UNESCO ein, nachdem sie in Frage kommende Landschaften unter Berücksichtigung der in Artikel 4 definierten Kriterien überprüft haben;
b) das Sekretariat überprüft den Inhalt sowie die begleitenden Unterlagen; sofern der Antrag unvollständig sein sollte, bittet das Sekretariat den antragstellenden Staat, fehlende Informationen nachzureichen;
c) die Anträge werden dem Beratungskomitee für Biosphärenreservate zur Stellungnahme und Empfehlung an den ICC vorgelegt;
d) der Internationale Koordinationsrat (ICC) des MAB-Programms entscheidet über die Anträge auf Anerkennung. Der Generaldirektor der UNESCO benachrichtigt den betreffenden Staat über die Entscheidung des ICC.

2. Staaten werden ermutigt, ihre bestehenden Biosphärenreservate zu überprüfen, zu verbessern und gegebenenfalls ihre Erweiterung vorzuschlagen, damit sie im Rahmen des Netzes vollständig funktionsfähig sind. Erweiterungsvorschläge werden dem gleichen oben beschriebenen Anerkennungsverfahren unterzogen.

3. Biosphärenreservate, die vor der Verabschiedung der vorliegenden Internationalen Leitlinien für das Weltnetz der Biosphärenreservate anerkannt worden sind, werden bereits als Teil des Netzes betrachtet. Die Bedingungen der Interna-

tionalen Leitlinien für das Weltnetz der Biosphärenreservate gelten somit auch für diese Biosphärenreservate.

Artikel 6 – Öffentlichkeitsarbeit

1. Die Anerkennung eines Gebiets zum Biosphärenreservat sollte vom Staat und der zuständigen Behörde publik gemacht sowie öffentlichkeitswirksam durch die Verbreitung von Informationsmaterial zum Ausdruck gebracht werden.
2. Für Biosphärenreservate innerhalb des Netzes sowie dessen Ziele sollte eine kontinuierliche Öffentlichkeitsarbeit betrieben werden.

Artikel 7 – Mitarbeit im Netz

1. Die Staaten arbeiten im Rahmen gemeinsamer Maßnahmen des Netzes, einschließlich wissenschaftlicher Forschung und Umweltbeobachtung, auf globaler, regionaler und regional übergreifender Ebene mit oder fördern sie.
2. Die zuständigen Einrichtungen sollen die Ergebnisse von Forschungsarbeiten, damit zusammenhängende Veröffentlichungen und andere Daten, unter Berücksichtigung der Rechte auf geistiges Eigentum, zugänglich machen, um das Funktionieren des Netzes und den größtmöglichen Nutzen aus dem Informationsaustausch zu sichern.
3. Die Staaten und zuständigen Einrichtungen sollen die Umweltbildung und -ausbildung sowie die Entwicklung der menschlichen Ressourcen in Zusammenarbeit mit anderen Biosphärenreservaten im Netz fördern.

Artikel 8 – Regionale und thematische Teilnetze

Die Staaten sollen die Bildung und den gemeinschaftlichen Betrieb regionaler und/oder thematischer Teilnetze von Biosphärenreservaten unterstützen und die Entwicklung des Informationsaustauschs, einschließlich des elektronischen Informationsaustauschs im Rahmen dieser Teilnetze fördern.

Artikel 9 – Regelmäßige Überprüfung

1. Alle zehn Jahre soll der Zustand jedes Biosphärenreservats auf der Grundlage der Kriterien des Artikel 4 und basierend auf einem Bericht der für das jeweilige Biosphärenreservat zuständigen Einrichtung überprüft werden. Der betreffende Staat übermittelt den Bericht dem Sekretariat.
2. Das Beratungskomitee für Biosphärenreservate nimmt gegenüber dem ICC Stellung zu dem Bericht.
3. Der ICC prüft die periodischen Berichte der betreffenden Staaten.
4. Gelangt der ICC zu der Auffassung, dass der Zustand oder die Bewirtschaftung des Biosphärenreservats zufriedenstellend ist oder sich seit der Anerkennung oder der letzten Überprüfung verbessert hat, bestätigt der ICC dieses förmlich.
5. Gelangt der ICC zu der Auffassung, dass die in Artikel 4 aufgeführten Kriterien vom Biosphärenreservat nicht mehr erfüllt werden, kann er dem betreffenden Staat empfehlen, unter Berücksichtigung seiner kulturellen und sozio-ökonomischen Verhältnisse, Maßnahmen zur Einhaltung der Bestimmungen des Artikel 4 zu ergreifen. Der ICC zeigt dem Sekretariat auf, wie es den betreffenden Staat bei der Umsetzung der Maßnahmen unterstützen sollte.
6. Sollte der ICC feststellen, dass das betreffende Biosphärenreservat die Kriterien nach Artikel 4 dennoch nicht innerhalb eines angemessenen Zeitraums erfüllt, wird das Gebiet nicht länger als Biosphärenreservat, das zum Netz gehört, bezeichnet.
7. Der Generaldirektor der UNESCO informiert den betreffenden Staat über die Entscheidung des ICC.
8. Sollte ein Staat ein Biosphärenreservat unter seiner Hoheitsgewalt aus dem Weltnetz streichen wollen, informiert er das Sekretariat. Die Mitteilung geht zur Kenntnisnahme an den ICC. Dieses Gebiet wird dann nicht länger als Biosphärenreservat, das zum Netz gehört, bezeichnet.

Artikel 10 – Sekretariat

1. Die UNESCO handelt als Sekretariat des Weltnetzes und ist für seine Funktionsfähigkeit und seine Förderung verantwortlich. Das Sekretariat sorgt für Kommunikation und Zusammenarbeit zwischen einzelnen Biosphärenreservaten und Experten. Die UNESCO entwickelt und unterhält außerdem ein weltweit zugängliches Informationssystem über Biosphärenreservate, das mit anderen einschlägigen Initiativen verknüpft werden soll.
2. Um einzelne Biosphärenreservate und das Funktionieren des Netzes und seiner Teilnetze zu stärken, bemüht sich die UNESCO um finanzielle Unterstützung aus bilateralen und multilateralen Quellen.
3. Die Liste der Biosphärenreservate, die zum Weltnetz gehören, ihre Ziele sowie nähere Einzelheiten dazu, werden vom Sekretariat regelmäßig fortgeschrieben, veröffentlicht und verteilt.

UNESCO (1996): Biosphärenreservate. Die Sevilla-Strategie und die Internationalen Leitlinien für das Weltnetz. – Bundesamt für Naturschutz, Bonn, S. 20-23.

Einzelexemplare können kostenfrei bestellt werden bei:
MAB-Geschäftsstelle im BfN
Konstantinstr. 110
53179 Bonn

Weitere Informationen auch unter
www.biosphärenreservate.de und www.unesco.org/mab

7.2 Nationale Kriterien

Auszüge aus den „Kriterien für Anerkennung und Überprüfung von Biosphärenreservaten der UNESCO in Deutschland" (Deutsches Nationalkomitee für das UNESCO-Programm Der Mensch und die Biosphäre (MAB), 1996: 5-10)

2. Verfahren zur Anerkennung

Vor Einleitung des Verfahrens zur Anerkennung eines Gebiets als Biosphärenreservat der UNESCO wird empfohlen, mit dem Deutschen Nationalkomitee für das UNESCO-Programm Der Mensch und die Biosphäre abzuschätzen, ob dieses Gebiet als Biosphärenreservat geeignet ist. Insbesondere sollen Fragen zur Repräsentativität und damit zur Ausgestaltung des Netzes geklärt werden. Das deutsche MAB-Nationalkomitee mit seiner Geschäftsstelle ist bereit, die Erstellung des Antrags zu begleiten. Der Antrag auf Anerkennung umfasst eine Beschreibung der zur Anerkennung als Biosphärenreservat vorgeschlagenen Landschaft auf der Grundlage der „Kriterien für Anerkennung und Überprüfung von Biosphärenreservaten der UNESCO in Deutschland", das in englischer bzw. französischer Sprache ausgefüllte „Nomination Form for Biosphere Reserves" der UNESCO, Erläuterungen, Materialien, Karten und Tabellen als Anlage.

Der Antrag auf Anerkennung einer Landschaft als Biosphärenreservat ist von dem für Naturschutz und Landschaftspflege zuständigen Ministerium des Landes zu stellen. Um zu gewährleisten, dass im beantragten Biosphärenreservat künftig alle Schutz-, Pflege- und Entwicklungsziele im Konsens der Ressorts des Landes gemeinsam gestaltet und ausgefüllt werden, soll der Antrag mit allen betroffenen Landesressorts, ggf. durch Kabinettbeschluss abgestimmt werden. Der Antrag ist in 30-facher Ausführung an den Vorsitzenden des Deutschen MAB-Nationalkomitees (Bundesministerium für Umwelt, Naturschutz und Reaktorsicherheit) zu richten.

Die Geschäftsstelle des deutschen MAB-Nationalkomitees prüft den Antrag auf Richtigkeit und Vollständigkeit. Ist diese gegeben, folgt die fachliche Prüfung des Antrags durch das deutsche MAB-Nationalkomitee anhand der Kriterien für Anerkennung und Überprüfung; grundsätzlich ist eine Bereisung des beantragten Gebiets vorgesehen. Das deutsche MAB-Nationalkomitee beschließt mit Begründung über den Antrag und die Weiterleitung an das zuständige Bundesministerium für Umwelt, Naturschutz und Reaktorsicherheit. Das Bundesministerium für Umwelt, Naturschutz und Reaktorsicherheit übermittelt – entsprechend den Regularien der UNESCO – fünf Exemplare der „Nomination Form for Biosphere Reserves" dem Generaldirektor der UNESCO. Gegebenenfalls kann die UNESCO zusätzliche Informationen vom deutschen MAB-Nationalkomitee bzw. von dem antragstellenden Land erbitten.

Das für das MAB-Programm zuständige Entscheidungsgremium der UNESCO, der Internationale Koordinationsrat (ICC), entscheidet über die Bewerbung und schlägt dem Generaldirektor ggf. die Anerkennung vor. Bei negativem Votum wird der Antrag an das zuständige Landesministerium mit einer Begründung der Ablehnung zurückgeleitet. Mit der Anerkennung durch den Generaldirektor ist das vorgeschlagene Gebiet mit sofortiger Wirkung in den internationalen Verbund der Biosphärenreservate aufgenommen; auf nationaler Ebene ist das Biosphärenreservat zugleich mit sofortiger Wirkung Mitglied der Ständigen Arbeitsgruppe der Biosphärenreservate in Deutschland* (AGBR). Der Generaldirektor übersendet die Urkunde dem Vorsitzenden des Nationalkomitees. Der Vorsitzende überreicht die Urkunde dem für das neu eingerichtete Biosphärenreservat zuständigen Minister des antragstellenden Landes.
[* Seit 2000 Erfahrungsaustausch der Biosphärenreservate Deutschlands (EABR)]
(...)

4. Kriterienkatalog
[Ausschlusskriterien sind mit (A), weitere Kriterien mit (B) gekennzeichnet]

Strukturelle Kriterien

■ **Repräsentativität**
(1) Das Biosphärenreservat muss Ökosystemkomplexe aufweisen, die von den Biosphärenreservaten in Deutschland bislang nicht ausreichend repräsentiert werden. (A)

■ **Flächengröße**
(2) Das Biosphärenreservat soll in der Regel mindestens 30.000 ha umfassen und nicht größer als 150.000 ha sein. Länderübergreifende Biosphärenreservate dürfen diese Gesamtfläche bei entsprechender Betreuung überschreiten. (A)

■ **Zonierung**
(3) Das Biosphärenreservat muss in Kern-, Pflege- und Entwicklungszone gegliedert sein. (A)
(4) Die Kernzone muss mindestens 3 Prozent der Gesamtfläche einnehmen. (A)
(5) Die Pflegezone soll mindestens 10 Prozent der Gesamtfläche einnehmen. (A)
(6) Kernzone und Pflegezone sollen zusammen mindestens 20 % der Gesamtfläche betragen. Die Kernzone soll von der Pflegezone umgeben sein. (A)
(7) Die Entwicklungszone soll mindestens 50 Prozent der Gesamtfläche einnehmen; in marinen Gebieten gilt dies für die Landfläche. (A)

■ **Rechtliche Sicherung**
(8) Schutzzweck und Ziele für Pflege und Entwicklung des Biosphärenreservats als Ganzes und in den einzelnen Zonen

sind durch Rechtsverordnung oder durch Programme und Pläne der Landes- und Regionalplanung sowie die Bauleit- und Landschaftsplanung zu sichern. Insgesamt muss der überwiegende Teil der Fläche rechtlich geschützt sein. Bereits ausgewiesene Schutzgebiete dürfen in ihrem Schutzstatus nicht verschlechtert werden. (B)

(9) Die Kernzone muss als Nationalpark oder Naturschutzgebiet rechtlich geschützt sein. (A)

(10) Die Pflegezone soll als Nationalpark oder Naturschutzgebiet rechtlich geschützt sein. Soweit dies noch nicht erreicht ist, ist eine entsprechende Unterschutzstellung anzustreben. (B)

(11) Schutzwürdige Bereiche in der Entwicklungszone sind durch Schutzgebietsausweisungen und die Instrumente der Bauleit- und Landschaftsplanung rechtlich zu sichern. (B)

■ Verwaltung und Organisation

(12) Eine leistungsfähige Verwaltung des Biosphärenreservats muss vorhanden sein bzw. innerhalb von drei Jahren aufgebaut werden. Sie muss mit Fach- und Verwaltungspersonal und Sachmitteln für die von ihr zu erfüllenden Aufgaben angemessen ausgestattet werden. Der Antrag muss eine Zusage zur Schaffung der haushaltsmäßigen Voraussetzungen enthalten. (A)

(13) Die Verwaltung des Biosphärenreservats ist der Höheren bzw. Oberen oder der Obersten Naturschutzbehörde zuzuordnen. Die Aufgaben der Biosphärenreservatsverwaltung und anderer bestehender Verwaltungen und sonstiger Träger sind zu klären und arbeitsteilig abzustimmen. (B)

(14) Die hauptamtliche Gebietsbetreuung ist sicherzustellen. (B)

(15) Die ansässige Bevölkerung ist in die Gestaltung des Biosphärenreservats als ihrem Lebens-, Wirtschafts- und Erholungsraum einzubeziehen. Geeignete Formen der Bürgerbeteiligung sind nachzuweisen. (B)

(16) Für teilweise oder vollständige delegierbare Aufgaben sind geeignete Strukturen und Organisationsformen zu entwickeln, die gemeinnützig oder privatwirtschaftlich ausgerichtet sind. (B)

■ Planung

(17) Innerhalb von drei Jahren nach Anerkennung des Biosphärenreservats durch die UNESCO muss ein abgestimmtes Rahmenkonzept erstellt werden. Der Antrag muss eine Zusage zur Schaffung der haushaltsmäßigen Voraussetzungen enthalten. (A)

(18) Pflege- und Entwicklungspläne, zumindest für besonders schutz- bzw. pflegebedürftige Bereiche der Pflege- und der Entwicklungszone, sollen innerhalb von fünf Jahren auf der Grundlage des Rahmenkonzepts erarbeitet werden. (B)

(19) Die Ziele des Biosphärenreservats bzw. das Rahmenkonzept sollen zum frühestmöglichen Zeitpunkt in die Landes- und Regionalplanung integriert sowie in der Landschafts- und Bauleitplanung umgesetzt werden. (B)

(20) Die Ziele zu Schutz, Pflege und Entwicklung des Biosphärenreservats sollen bei der Fortschreibung anderer Fachplanungen berücksichtigt werden. (B)

Funktionale Kriterien
■ Nachhaltige Nutzung und Entwicklung

(21) Gestützt auf die regionalen und interregionalen Voraussetzungen und Möglichkeiten sind in allen Wirtschaftsbereichen nachhaltige Nutzungen und die tragfähige Entwicklung des Biosphärenreservats und seiner umgebenden Region zu fördern. Administrative, planerische und finanzielle Maßnahmen sind aufzuzeigen und zu benennen. (B)

(22) Im primären Wirtschaftssektor sind dauerhaft-umweltgerechte Landnutzungsweisungen zu entwickeln. Die Landnutzung hat insbesondere die Zonierung des Biosphärenreservats zu berücksichtigen. (B)

(23) Im sekundären Wirtschaftssektor (Handwerk, Industrie) sind insbesondere Energieverbrauch, Rohstoffeinsatz und Abfallwirtschaft am Leitbild einer dauerhaft-umweltgerechten Entwicklung zu orientieren. (B)

(24) Der tertiäre Wirtschaftssektor (Dienstleistungen u. a., in Handel, Transportwesen und Fremdenverkehr) soll dem Leitbild einer dauerhaft-umweltgerechten Entwicklung folgen. (B)

■ Naturhaushalt und Landschaftspflege

(25) Ziele, Konzepte und Maßnahmen zu Schutz, Pflege und Entwicklung von Ökosystemen und Ökosystemkomplexen sowie zur Regeneration beeinträchtigter Bereiche sind darzulegen bzw. durchzuführen. (B)

(26) Lebensgemeinschaften der Pflanzen und Tiere sind mit ihren Standortverhältnissen unter Berücksichtigung von Arten und Biotopen der Roten Listen zu erfassen. Maßnahmen zur Bewahrung naturraumtypischer Arten und zur Entwicklung von Lebensräumen sind darzulegen und durchzuführen. (B)

(27) Bei Eingriffen in Naturhaushalt und Landschaftsbild sowie bei Ausgleichs- und Ersatzmaßnahmen müssen regionale Leitbilder, Umweltqualitätsziele und -standards angemessen berücksichtigt werden. (B)

■ Biodiversität

(28) Wichtige Vorkommen pflanzen- und tiergenetischer Ressourcen sind zu benennen und zu beschreiben; geeignete Maßnahmen zu ihrer Erhaltung am Ort ihres Vorkommens sind zu konzipieren und durchzuführen. (B)

■ Forschung

(29) Im Biosphärenreservat ist angewandte, umsetzungsorientierte Forschung durchzuführen. Das Biosphärenreservat muss die Datenbasis für die Forschung auf der Grundlage des Ökosystemtypenschlüssels der AG CIR (1995) vorgeben.

Schwerpunkte und Finanzierung der Forschungsmaßnahmen sind im Antrag auf Anerkennung und im Rahmenkonzept nachzuweisen. (B)

(30) Die für das Biosphärenreservat relevante Forschung Dritter soll durch die Verwaltung des Biosphärenreservats koordiniert, abgestimmt und dokumentiert werden. (B)

■ Ökologische Umweltbeobachtung

(31) Die personellen, technischen und finanziellen Voraussetzungen zur Durchführung der Ökologischen Umweltbeobachtung im Biosphärenreservat sind nachzuweisen. (B)

(32) Die Ökologische Umweltbeobachtung im Biosphärenreservat ist mit dem Gesamtansatz der Umweltbeobachtung in den Biosphärenreservaten in Deutschland, den Programmen und Konzepten der EU, des Bundes und der Länder zur Umweltbeobachtung sowie mit den bestehenden Routinemessprogrammen des Bundes und der Länder abzustimmen. (B)

(33) Die Verwaltung des Biosphärenreservats muss die im Rahmen des MAB-Programms zu erhebenden Daten für den Aufbau und den Betrieb nationaler und internationaler Monitoringsysteme den vom Bund und den Ländern zu benennenden Einrichtungen unentgeltlich zur Verfügung stellen. (B)

■ Umweltbildung

(34) Inhalte der Umweltbildung sind im Rahmenkonzept unter Berücksichtigung der spezifischen Strukturen des Biosphärenreservats auszuarbeiten und im Biosphärenreservat umzusetzen. Maßnahmen zur Umweltbildung sind als eine der zentralen Aufgaben der Verwaltung bereits im Antrag nachzuweisen. (B)

(35) Jedes Biosphärenreservat muss über mindestens ein Informationszentrum verfügen, das hauptamtlich und **ganzjährig** betreut wird. Das Informationszentrum soll durch **dezentrale** Informationsstellen ergänzt werden. (B)

(36) Mit bestehenden Institutionen und Bildungsträgern ist eine enge Zusammenarbeit anzustreben. (B)

■ Öffentlichkeitsarbeit und Kommunikation

(37) Das Biosphärenreservat muss auf der Grundlage eines Konzepts zielorientierte Öffentlichkeitsarbeit betreiben. (B)

(38) Im Rahmen der Öffentlichkeitsarbeit eines Biosphärenreservats sind neben Verbrauchern insbesondere Erzeuger und Hersteller von Produkten für eine wirtschaftlich tragfähige und Nachhaltige Entwicklung zu gewinnen. (B)

(39) Zur Förderung der Kommunikation der Nutzer und zum Interessenausgleich sollen Berater („Moderatoren") eingesetzt werden. (B)

(...)

DEUTSCHES MAB-NATIONALKOMITEE (Hrsg.) (1996): Kriterien für Anerkennung und Überprüfung von Biosphärenreservaten der UNESCO in Deutschland, Bonn.

Hinweis:
Einzelexemplare des vollständigen Textes können kostenfrei angefordert werden bei:
MAB-Geschäftsstelle im BfN
Konstantinstr. 110
53179 Bonn

Weitere Informationen und aktuelle Formulare unter:
www.biosphärenreservate.de und www.unesco.org/mab

7.3 Leitbilder des deutschen Dachverbandes für Großschutzgebiete EUROPARC Deutschland e.V.

Dachleitbild Großschutzgebiete

Großschutzgebiete in Deutschland: Lebensräume für Mensch und Natur

Großschutzgebiete sind geschützte Landschaften, die das Naturerbe für Mensch und Natur bewahren und entwickeln. Sie sichern die Lebensräume von Mensch und Natur durch den Schutz von Boden, Wasser und Luft sowie von Lebensgemeinschaften der Tiere und Pflanzen und sie wirken mit bei der behutsamen Entwicklung der gewachsenen Natur- und Kulturlandschaften.

Aufgaben und Ziele der Großschutzgebiete

Die Bewahrung unserer natürlichen Lebensgrundlagen gehört zur Grundverantwortung unserer demokratischen Gesellschaft. Natur- und Umweltschutz bilden die Voraussetzungen eines zivilen, gesellschaftlichen Zusammenlebens, dessen Qualität sich auch am pfleglichen Umgang mit den natürlichen Ressourcen bemisst.

Zur Sicherung dieser natürlichen Lebensgrundlagen dient die Ausweisung und Entwicklung von Großschutzgebieten mit dem Ziel, bestimmte, national wie international bedeutsame Gebiete Deutschlands unter einen besonderen Schutz zu stellen. Dabei wurden drei sich ergänzende Schutzkonzepte entwickelt.

- Nationalparke sind Landschaften, in denen Natur Natur bleiben darf.
- Biosphärenreservate sind national wie international repräsentative Modellregionen für ein ausgeglichenes Zusammenleben von Mensch und Natur.
- Naturparke bewahren und entwickeln Kulturlandschaften für die Erholung von Mensch und Natur.

Die Großschutzgebiete sind im nationalen Naturschutzrecht verankert und werden im Rahmen nationaler und internationaler Kriterien weiterentwickelt. In ihnen dokumentiert sich das Interesse der Gesellschaft, Natur- und Lebensräume zu bewahren, die ohne den besonderen staatlichen Schutz in ihrer Eigenentwicklung bedroht sind.

Selbstverständnis der Verwaltungen der Großschutzgebiete

Die Verwaltungen der Großschutzgebiete verstehen sich als Verantwortliche für den Schutz von Natur- und Lebensräumen und als Dienstleister für Besucher und Bewohner ihrer Regionen. Sie sind glaubwürdige Kommunikationspartner in der regionalen und überregionalen Öffentlichkeit und zuverlässige Kooperationspartner für regionale Entwicklungsprozesse.

Die Großschutzgebiete schützen und erhalten die natürlichen Lebensgrundlagen und stehen damit in der ethischen Verantwortung auch für die nachfolgenden Generationen. Sie schaffen Erfahrungsräume für ein unmittelbares Erleben von Natur und bieten einmalige Anschauungsbeispiele für Umweltbildung und Forschung. Die Großschutzgebiete erhöhen die Attraktivität ihrer Region und wirken damit als wichtiger Wirtschaftsfaktor für die regionale Entwicklung.

Umweltpädagogische Angebote

Unter dem Leitbild **Natur erkennen, Umwelt verstehen**, entwickeln die Großschutzgebiete eine Vielzahl von umweltpädagogischen Angeboten. Aufgabe dieser Angebote ist es, die Ziele der Großschutzgebiete zu vermitteln, ein unmittelbares Erleben von Natur zu ermöglichen und die Wechselwirkungen von Mensch und Umwelt zu verstehen.

(Angenommen von der Mitgliederversammlung EUROPARC Deutschland, März 2002)

Leitbild Nationalparke

Nationalparke: Natur Natur sein lassen

Nationalparke sind Landschaften, in denen Natur Natur bleiben darf. Sie schützen Naturlandschaften, indem sie die Eigengesetzlichkeit der Natur bewahren und Rückzugsgebiete für wildlebende Pflanzen und Tiere schaffen. Damit schaffen die Nationalparke einmalige Erlebnisräume von Natur und

sichern notwendige Erfahrungsräume für Umweltbildung und Forschung. Deshalb sind sie unverzichtbar für die biologische Vielfalt und den Artenreichtum unserer Erde.
Gleichzeitig erhöhen die Nationalparke die Attraktivität ihrer Region und tragen mit zu ihrer wirtschaftlichen Entwicklung bei.

Bewahrung der eigengesetzlichen Natur
Nationalparke sind Landschaften, in denen sich die Natur nach ihren eigenen Gesetzen entwickeln kann. Sie lassen Raum für natürliche Entwicklungsprozesse und für die Selbstregulierung der Natur. Dies schließt ihre wirtschaftliche Nutzung und ihre Regulierung durch menschliche Eingriffe weitgehend aus. Nationalparke schaffen Rückzugsräume für wildlebende Pflanzen und Tiere, die sonst nur noch geringe Überlebenschancen haben. Damit schützen die Nationalparke Lebensräume in der Natur, in denen sich unsere biologische Vielfalt und der vorhandene Reichtum an Arten weiter entfalten kann.

Einblicke in die Werkstatt Natur
Die Nationalparke ermöglichen einen Einblick in eine nahezu unberührte Natur, die in ihrem Eigenleben nicht gestört ist. Für alle diejenigen, die diesen ständigen Kreislauf von Werden und Vergehen respektieren, vermitteln die Nationalparke einmalige Einblicke in die Werkstatt Natur. Wer die Eigenart und die Schönheit der Natur unmittelbar erleben möchte und Orte der stillen Erholung sucht, ist in den Nationalparken herzlich willkommen.
Die Nationalparke geben Anschauungsbeispiele für eine ganzheitliche Naturerfahrung, die Wissen und Emotionen miteinander verknüpft. Damit sind sie unverzichtbar für eine Umweltbildung, die beispielhaftes Erleben mit dem Wissen über die natürlichen Zusammenhänge verbindet.

Von der Natur lernen
Die Nationalparke bilden einmalige Erfahrungsräume für wissenschaftliche Beobachtung und Erforschung. Sie helfen, die Eigengesetzlichkeit der Natur zu verstehen und vermitteln wertvolles Wissen über den schonenden Umgang mit der Natur. Damit ermöglichen sie Lernerfahrungen und wissenschaftliche Erkenntnisse, die sich auch auf andere Bereiche übertragen lassen.

Naturschutz als regionaler Entwicklungsfaktor
Nationalparke sind zu einem wichtigen Faktor regionaler Entwicklung geworden. Sie prägen das Erscheinungsbild einer Region und tragen mit dazu bei, das Image einer Region zu stärken. Damit fördern sie einen naturverbundenen Tourismus und erhöhen die Nachfrage nach regionalen Angeboten.

Durch die Einbeziehung der regionalen Bewohner bei Planungen und Maßnahmen werden die Voraussetzungen geschaffen, dass sich die Menschen vor Ort mit ‚ihrem Nationalpark' identifizieren. Nationalpark heißt: Naturschutz mit den Menschen im gemeinsamen Interesse von Mensch **und** Natur.
(Angenommen von der Mitgliederversammlung EUROPARC Deutschland, März 2002)

Leitbild Biosphärenreservat

Biosphärenreservate sind Modellregionen für ein ausgeglichenes Zusammenleben von Mensch und Natur

Biosphärenreservate sind Modellregionen, in denen das Zusammenleben von Mensch und Natur beispielhaft entwickelt und erprobt wird. Sie schützen Kulturlandschaften vor zerstörenden Eingriffen und erhalten und entwickeln wertvolle Lebensräume für Mensch und Natur. Sie sorgen für ein ausgewogenes Verhältnis von menschlicher Nutzung und natürlichen Kreisläufen und tragen damit zur regionalen Wertschöpfung bei.
Biosphärenreservate ermöglichen exemplarische Erkenntnisse für Forschung und Wissenschaft über die Wechselwirkungen von natürlichen und gesellschaftlichen Prozessen.

Bewahrung und Entwicklung von Kulturlandschaften
Biosphärenreservate sind national wie international bedeutsame Regionen, in denen das Miteinander von Mensch und Natur beispielhaft bewahrt und gefördert wird. Sie dienen dazu, gewachsene Kulturlandschaften zu schützen und behutsam zu entwickeln. Damit erfüllen die Biosphärenreservate drei wichtige Funktionen:
- Die Biosphärenreservate schützen Kulturlandschaften vor zerstörenden Eingriffen und
- erhalten wertvolle Lebensräume für Menschen wie für Pflanzen und Tiere.
- Die Biosphärenreservate sind repräsentative Kulturlandschaften, in denen ein ausbalanciertes Verhältnis von Mensch und Natur entwickelt wird.
- Die Biosphärenreservate vermitteln exemplarische Erkenntnisse über die Wechselwirkungen von wirtschaftlicher Nutzung und der Entwicklung von natürlichen Lebens-

räumen. Damit sind sie wertvolle Anschauungsbeispiele für Umweltbildung wie für wissenschaftliche Forschung. Biosphärenreservate sind Modellregionen, in denen ein ausgewogenes Miteinander von Mensch und Natur in einer gewachsenen Kulturlandschaft geschützt und durch nachhaltige Maßnahmen einer regionalen Entwicklung gefördert wird. Damit sichern und entwickeln die Biosphärenreservate zukunftsfähige Lebens- und Kulturräume auch für die nachfolgenden Generationen.

Bewahrung von Lebensräumen

Die Biosphärenreservate sind ein wesentlicher Teil des Programms **Der Mensch und die Biosphäre**, das die UNESCO 1970 ins Leben rief. Ziel dieses Programms ist es, durch beispielhafte Maßnahmen ein verträgliches und dauerhaftes Miteinander von Mensch und Natur zu entwickeln und zu erproben. Die Biosphärenreservate schützen und bewahren die natürlichen Lebensräume von Mensch und Natur.

Ihr Ziel ist es, dass an die Stelle einer bedenkenlosen Naturbeherrschung durch den Menschen die Beherrschung des Verhältnisses von Mensch und Natur tritt.

Nachhaltige Regionalentwicklung

Die Biosphärenreservate verstehen sich als Modellregionen, in denen ein ausgewogenes Verhältnis zwischen der Bewahrung der natürlichen Ressourcen und der wirtschaftlichen Nutzung und Entwicklung erprobt wird.

Sie fördern die regionalen Entwicklungspotenziale und unterstützen die Menschen beim Aufbau von wirtschaftlich tragfähigen Strukturen, die den natürlichen Lebensräumen und Ökosystemen Rechnung tragen.

Die Biosphärenreservate verstehen Umwelt- und Naturschutz als Entwicklungschance für die Regionen, die ihnen hilft, sich als unverwechselbare Kulturlandschaften zu erhalten und daraus wirtschaftliche Werte zu schöpfen.

Die Biosphärenreservate sind kompetente Ansprechpartner für alle Bürger und aktive Kommunikations- und Kooperationspartner für regionale Projekte und Initiativen.

Anschauungsbeispiele für Bildung und Wissenschaft

Die Biosphärenreservate fördern wissenschaftliche Vorhaben, die das Zusammenwirken von regionaler Nutzung und den natürlichen Kreisläufen in Kulturlandschaften untersuchen und Strategien für eine umweltgerechte Landschaftsnutzung entwickeln.

Die Biosphärenreservate sind lebendige Anschauungsbeispiele für alle diejenigen, die Landschaft erkunden und Natur unmittelbar erfahren wollen. Sie vermitteln Einblicke in weitgehend unberührte Lebensräume und ermöglichen ein unmittelbares Erleben von Natur, das alle Sinne des Menschen anspricht. Damit sind sie unverzichtbar für die Umweltbildung.

Die Biosphärenreservate haben einen klaren kommunikativen und pädagogischen Auftrag. Sie vermitteln ein Verständnis von gesellschaftlichen Werten, die am ausbalancierten Miteinander von Mensch und Natur seine ethische Begründung erfährt. Kulturlandschaft ist Arbeit mit der Natur, nicht gegen sie.
(Angenommen von der Mitgliederversammlung EUROPARC Deutschland, März 2002)

Leitbild Naturparke

Naturparke: Harmonisches Miteinander für Mensch und Natur

Naturparke sind Regionen, in denen sich Mensch und Natur erholen können. Sie bewahren und entwickeln Landschaft und Natur und unterstützen einen naturverträglichen Tourismus. Sie fördern eine nachhaltige Regionalentwicklung und entwickeln Angebote zur Umweltbildung und zur Öffentlichkeitsarbeit. Damit tragen sie dazu bei, die Ansprüche der Menschen an ihre Lebens- und Wirtschaftsräume mit den Anforderungen von Landschafts- und Naturschutz in Einklang zu bringen.

Erhalt und Entwicklung von Landschaft und Natur

Naturparke erhalten und entwickeln Kulturlandschaften durch den Schutz von Natur und Landschaft und durch die Mitwirkung an Prozessen einer behutsamen und nachhaltigen Regionalentwicklung. Im Mittelpunkt der Aufgaben von Natur- und Landschaftsschutz stehen abgestimmte Pflege- und Entwicklungsmaßnahmen, die die Lebensräume der Tiere und Pflanzen schützen. Dies setzt eine gemeinsame Entwicklung von Konzepten und Planungen voraus, in die alle Akteure der Naturparke eingebunden sind.

Förderung und Unterstützung einer nachhaltigen Regionalentwicklung

Naturparke sind Regionen, in der Natur- und Landschaftsschutz Hand in Hand gehen mit der regionalen Entwicklung. Dazu gehört die Stärkung der Wertschöpfung im ländlichen Raum, z. B. durch die Förderung von umweltgerechter Landnutzung und regionalen Wirtschaftskreisläufen, sowie durch die Unterstützung einer landschaftstypischen Dorf- und Siedlungsentwicklung.

Die Naturparke unterstützen kulturelle und künstlerische Aktivitäten, die die regionale Identität und Eigenart stärken und das Leben in der Region attraktiv und abwechslungsreich machen. Durch eigene Angebote und durch Unterstützung von Initiativen und Projekten helfen die Naturparke, ihre Region weiter zu entwickeln und bilden so einen wichtigen Faktor bei der Planung und Gestaltung von regionalen Prozessen.

Entwicklung eines naturverträglichen Tourismus
Die Naturparke schaffen Erlebnisräume von Natur und unterstützen und fördern touristische Angebote, die den Ansprüchen an Natur- und Landschaftsschutz sowie der Eigenart der Region Rechnung tragen. Die Naturparke beteiligen sich aktiv an der naturverträglichen touristischen Erschließung und Vernetzung. Damit erhöhen sie die Attraktivität ihrer Region und werden zu einem wichtigen Partner bei der regionalen Entwicklung und Vermarktung.

Entwicklung von Angeboten zur Umweltbildung und Öffentlichkeitsarbeit
Die Naturparke sind aktive Kommunikationspartner für die Region wie für ihre Besucher. Sie vermitteln die Ziele von Landschafts- und Naturschutz gegenüber den verschiedenen Besuchergruppen und sie bringen sich kooperativ ein in die Entwicklungsprozesse der Region.
Die Naturparke informieren durch kontinuierliche Presse- und Medienarbeit die Öffentlichkeit und vermitteln Sachinformationen und aktuelle Freizeitangebote für ihre Besucher. Die Mitarbeiter der Naturparkverwaltung stehen Schulen, Bildungseinrichtungen und naturinteressierten Besuchern als Betreuer von Führungen und als fachkundige Experten zur Verfügung. Sie entwickeln Aktivitäten zur Umweltbildung und unterstützen schulische und außerschulische Einrichtungen bei der Umsetzung von umweltpädagogischen Angeboten.
Damit leisten die Naturparke einen wichtigen Beitrag für Umweltbildung und regionale Öffentlichkeitsarbeit.
(Angenommen von der Mitgliederversammlung EUROPARC Deutschland, März 2002)

EUROPARC Deutschland

Dachverband für Nationalparke,
Biosphärenreservate und Naturparke
in Deutschland
Bundesgeschäftsstelle
Marienstr. 31
10117 Berlin
Tel.:   030/2887 882-0
Fax: 030/2887 882-16
Email: info@europarc-deutschland.de
Internet: www.europarc-deutschland.de

7.4 Abkürzungsverzeichnis

AGBR/EABR: Erfahrungsaustausch der Biosphärenreservate Deutschlands (vormals: Arbeitsgruppe der Biosphärenreservate)
ATKIS: Amtliches Topografisch-Kartografisches Informationssystem
BMU: Bundesministerium für Umwelt, Naturschutz und Reaktorsicherheit
BNatSchG: Bundesnaturschutzgesetz
BR: Biosphärenreservat
BRIM: Integriertes Monitoring in Biosphärenreservaten (Biosphere Reserves Integrated Monitoring)
BSE: Bovine Spongiforme Encephalopathie („Rinderwahnsinn")
BUND: Bund für Umwelt und Naturschutz Deutschland e. V.
BVVG: Bodenverwertungs- und -verwaltungsgesellschaft mbH
CBD: Übereinkommen über biologische Vielfalt, Biodiversitätskonvention (Convention on Biological Diversity)
CCC: Konferenz der Klima-Konvention (Climate Change Conference)
CCD: Wüstenkonvention (Convention to Combat Desertification)
CI: Conservation International
CITES: Washingtoner Artenschutzübereinkommen; Übereinkommen über den internationalen Handel mit gefährdeten Arten freilebender Tiere und Pflanzen (Convention on International Trade in Endangered Species of Wild Fauna and Flora)
COP: Vertragsstaatenkonferenz (Conference of the Parties)
DBU: Deutsche Bundesstiftung Umwelt
DDT: Dichlor-Diphenyl-Trichlorethan
DLG: Deutsche Landwirtschaftsgesellschaft
DVL: Deutscher Verband für Landschaftspflege e. V.
EABR: Erfahrungsaustausch der Biosphärenreservate Deutschlands
EuE: Erprobungs- und Entwicklungsvorhaben
FCCC: Klimarahmenkonvention (Framework Convention on Climate Change)
FFH: Fauna-Flora-Habitat
FuE: Forschungs- und Entwicklungsvorhaben
FUL: Förderprogramm Umweltschonende Landwirtschaftung
FSC: Forest Stewardship Council
GEF: Globale Umweltfazilität (Global Environmental Facility)
GIS: Geografisches Informationssystem
GTZ: Gesellschaft für Technische Zusammenarbeit GmbH
GV: Großvieheinheit
IBA: Vogelschutzgebiet (Important Bird Area)
ICC: Internationaler Koordinationsrat des MAB-Programms (International Coordination Council)
ICLEI: Internationaler Rat für lokale Umweltinitiativen (International Council for Local Environmental Initiatives)
IUCN: Weltnaturschutzunion (The World Conservation Union; vormals: International Union for Conservation of Nature and Natural Resources)
LABO: Bund/Länder-Arbeitsgemeinschaft für Bodenschutz
LANA: Bund/Länder-Arbeitsgemeinschaft für Naturschutz, Landschaftspflege und Erholung
LAWA: Bund/Länder-Arbeitsgemeinschaft Wasser
LN: Landwirtschaftliche Nutzfläche
LNatSchG: Landesnaturschutzgesetz
LSG: Landschaftsschutzgebiet
MAB: Der Mensch und die Biosphäre (Man and the Biosphere)
MODAM: Mehrziel Entscheidungshilfe für das Management von Agrarökosystemen (Multi-Objective Decision Support Tool for Agroecosystem Management)
NABU: Naturschutzbund Deutschland e. V.
NLP: Nationalpark
NGO: Non-Governmental Organisation (NRO)
NK: Nationalkomitee
NN: Normalnull
NQZ: Naturschutz-Qualitätsziele
NRP: Naturpark
NRO: Nicht-Regierungs-Organisation
NSG: Naturschutzgebiet
OECD: Organisation für wirtschaftliche Zusammenarbeit und Entwicklung (Organization for Economic Cooperation and Development)
ÖPNV: Öffentlicher Personennahverkehr
QM: Qualitätsmanagemnt
PPF: Peace Park Foundation
spp.: species pluralis (lat.), mehrere Arten
spec.: species (lat.), Art
SRU: Rat von Sachverständigen für Umweltfragen
TK: topografische Karte
TLG: Treuhandliegenschaftsgesellschaft mbH
TMAP: Trilaterales Monitoring- und Bewertungsprogramm für das Wattenmeer (Trilateral Monitoring and Assessment Program)
UBA: Umweltbundesamt
UFOPLAN: Umweltforschungsplan des BMU
UNESCO: Organisation für Erziehung, Wissenschaft und Kultur der Vereinten Nationen (United Nations Educational, Scientific and Cultural Organization)
UVP: Umweltverträglichkeitsprüfung
WBGU: Wissenschaftlicher Beirat der Bundesregierung Globale Umweltveränderungen
WHO: Weltgesundheitsorganisation (World Health Organization der UN)
WWF: World Wide Fund for Nature (vormals: World Wildlife Fund)
WTO: Welthandelsorganisation (World Trade Organisation)
WTO: Welttourismusorganisation (World Tourism Organisation)

7.5 Glossar

abiotisch: ohne Leben, leblos

adaptives Management: Ökosystemare Prozesse sind häufig nicht-linear und zeitverzögert. Ein anpassungsfähiges Management ist in der Lage, auf solche Unsicherheitsfaktoren einzugehen und dennoch rationale Entscheidungen zu treffen. Es beinhaltet z. B. Lernphasen und Phasen, in denen Rückmeldungen aus der Forschung abgewartet werden.

Agro-foresting: häufig in Regenwaldgebieten vorkommende Bewirtschaftungsform, verbindet land- und forstwirtschaftliche Nutzungsmuster; traditionell bedeutende Rolle bei Projekten in der Entwicklungszusammenarbeit; z. B. Anbau von Obstbäumen im Wald, um Schädlingsbefall zu reduzieren; führt weg von der naturzerstörenden Brandrodung

Altersklassenwirtschaft: Bewirtschaftung des Waldes durch Einteilung in Flächen, die jeweils vollständig geerntet und dann wieder bepflanzt werden, so dass alle Bäume auf einer Fläche immer gleichaltrig sind

anthropogen: vom Menschen geschaffen oder unter seinem Einfluss entstanden oder verändert

Audit: Prüfung von Qualitäts- und Umweltmanagementsystemen innerhalb eines Betriebs; Managementinstrument für eine systematische, dokumentierte und objektive Ermittlung von Abweichungen des Ist-Zustands eines auditierten Bereichs von definierten Soll-Vorgaben

Balje: breiter und tiefer Wasserverlauf im Wattgebiet, der unmittelbar oder durch Seegaten mit der offenen See in Verbindung steht

Barriere-Insel: küstenparallele Inselkörper aus Sand bestehend, mit Großdünen

Best Practice: beste realisierte Lösung

Biodiversität: Vielfalt von Ökosystemen, Lebensgemeinschaften, Arten und genetischer Varianz innerhalb einer Art biologische Automation: Natürliche Abläufe und Selbststeuerungsmechanismen der Natur sollen bei der Waldbewirtschaftung möglichst weitgehend ausgenutzt werden.

Biosphäre: Gesamtheit des von Lebewesen besiedelten Teils der Erde

biotisch: auf Lebewesen, auf Leben bezüglich

Biotop: durch bestimmte Pflanzen und Tiergesellschaften gekennzeichneter Lebensraum

Bodden: seichte, unregelmäßig geformte Bucht mit enger Öffnung zum Meer

boreal: in nördlichen Gegenden lebend

Bottom-up-Prozess: Prozess in einem hierarchischen System, der von der untersten Strukturebene ausgehend über verschiedene Zwischenebenen zur obersten Strukturebene verläuft (Gegenteil: Top-down-Prozess)

Buhne: vom Ufer aus in das Wasser hineingebauter Dammkörper

Buschpackung: gebündeltes Strauchwerk oder Reisig; wird bei Buschlahnungen zwischen einer Doppelpfahlreihe fest eingebaut und mit Draht gegen Aufschwimmen gesichert

Clearing-House-Mechanismus: Instrumentarium zur Verbreitung von Information und „Know-how" zur Umsetzung der CBD

degressive Förderung: Förderung mit im Lauf der Zeit abnehmender Höhe des Förderbetrags

Endemiten: Tier- und Pflanzenarten, die ausschließlich in einem eng begrenzten Gebiet heimisch sind

Eulitoral: periodisch trockenfallender Bereich an der Küste; Gezeitenzone zwischen dem Niveau des mittleren Tidehochwassers (MTHW) und des mittleren Tideniedrigwassers (MTNW)

euryök: nicht an bestimmte Umweltverhältnisse gebunden; verbreitet vorkommend

Eutrophierung: Anreicherung von Nährstoffen, die zur Veränderungen in einem Ökosystem oder Teilen davon führt

Fauna: Gesamtheit wildlebender Tierarten

Fegen: bei Geweih tragendem Wild (Hirsch, Rehbock) das Reiben mit dem fertig ausgebildeten Geweih an Stämmen und Zweigen, wobei der Bast vom Geweih entfernt wird

Fischer-Tropsch-Verfahren: Verfahren zur Produktion von Kraftstoffen aus Kohle

Flora: Gesamtheit wildlebender Pflanzenarten

Fruchtfolge: Aufeinanderfolge verschiedener Feldfrüchte auf einem Acker; Anbau wechselnder Feldfrüchte nach bestimmten Grundsätzen; beugt der Bodenermüdung und der Ausbreitung von Schädlingen vor, ist aber auch aus betriebsorganisatorischen und -wirtschaftlichen Gründen nötig

Funktionen eines UNESCO-Biosphärenreservats: Schutz, Nutzung und logistische Unterstützung (siehe Internationale Leitlinien, Artikel 3, S. 297)

Großschutzgebiete: Sammelbegriff für Biosphärenreservate, Naturparke und Nationalparke

Habitat: Standort, an dem eine Tier- oder Pflanzenart regelmäßig vorkommt

Hutung: nicht eingezäunte, extensive Weidefläche, auf der Nutztiere gehütet werden

Hydromelioration: hochgradige Entwässerung eines land- bzw. forstlich genutzten Standorts mit dem Ziel, das Ertragspotenzial und/oder die Bearbeitbarkeit zu steigern; erfolgte in der Regel unter weitgehender Ausklammerung ökologischer Aspekte

7. ANHANG

Hypertrophierung: hochgradige Nährstoffüberversorgung

Inwertsetzung: wirtschaftliche Nutzung einer bisher ungenutzten Ressource, um Gewinn zu machen („in Geld verwandeln"); Begriff nicht einheitlich verwandt, manchmal auch synonym zu „Valorisierung"

IUCN-Schutzgebiets-Kategorien: Einteilung der weltweiten Schutzgebiete in (wertfreie) Kategorien in Abhängigkeit vom **hauptsächlichen Schutzziel:** Strenges Naturreservat/Wildnisgebiet (I a), Wildnisgebiet (I b), Nationalpark (II), Naturmonument (III), Habitat-/Artenschutzgebiet (IV), Geschützte Landschaft/Geschütztes Seegebiet (V) und Ressourcenschutzgebiet (VI).

Kulturlandschaft: aufgrund der Nutzung durch den Menschen in historischer Zeit entstandene und durch die Nutzungsformen geprägte Landschaft mit überwiegend anthropogenen Ökosystemen (im Gegensatz zur Naturlandschaft)

Lahnung: niedriger buhnenartiger Damm aus Busch- oder Steinpackungen; fördern durch Wasserberuhigung die Schlickablagerung und damit die Landgewinnung an der Küste

Landespflege: zusammenfassende Bezeichnung für die Aufgabengebiete Naturschutz und Landschaftspflege einschließlich der Grünordnung

Landschaftspflege: Vorbereitung und Durchführung von Maßnahmen zur Sicherung der nachhaltigen Nutzungsfähigkeit der Naturgüter sowie der Vielfalt, Eigenart und Schönheit von Natur und Landschaft

Landschaftsrahmenplan: Landschaftsplanung auf regionaler Ebene (z. B. Regierungsbezirk, Region, Kreis), u. a. als Fachbeitrag zum Regionalplan (vgl. Paragraf 15 BNatSchG)

Landwirtschaft, biologisch-dynamische: Landnutzung nach den Regeln der ökologischen Landwirtschaft und unter Berücksichtigung von kosmischen Einflussgrößen nach Rudolf Steiner

Landwirtschaft, integrierte: Anbausystem der konventionellen Landwirtschaft mit dem Ziel der Minimierung der synthetischen Betriebsmittel durch Einsatz umweltschonender Verfahren (Schadschwellenprinzip: bei Überschreitung werden chemisch-synthetische Biozide eingesetzt); keine über die bestehende Gesetzgebung hinausgehende, einheitliche und verbindliche Vorgaben

Landwirtschaft, konventionelle: herkömmliche Landnutzung mit dem Ziel der weitgehenden Maximierung der Erträge; Anwendung von Dünge- und Pflanzenschutzmitteln in konventionellen Anbausystemen („Gute fachliche Praxis" und „integrierte Landbewirtschaftung") nach bestehender Gesetzeslage (Düngeverordnung, Pflanzenschutzgesetz)

Landwirtschaft, ökologische: zeichnet sich u. a. durch den Verzicht auf leichtlösliche Mineraldünger und synthetische Pflanzenschutzmittel aus; für den Ökologischen Landbau existieren definierte und verbindliche Anbaurichtlinien, die über die Anbauverbände oder in der Verordnung (EWG) 2092/91 (EG-Öko-Verordnung) festgeschrieben sind; die Einhaltung der Vorgaben wird kontrolliert

LEADER II: Gemeinschaftsinitiative der EU im Rahmen der Strukturfonds zur Entwicklung des Ländlichen Raums; Förderung der wirtschaftlichen Entwicklung von Landgemeinden in den strukturschwächsten Regionen

LIFE: seit 1992 bestehendes Finanzierungsinstrument der EG für Pilotvorhaben in den Bereichen Umwelt, Natur und Drittländer

Logistische Unterstützung: eine der Funktionen von UNESCO-Biosphärenreservaten (siehe Internationale Leitlinien, Artikel 3, S. 297)

Melioration: Maßnahmen zur nachhaltigen Verbesserung der land- und forstwirtschaftlichen Nutzbarkeit des Bodens

Monitoring: langfristige, regelmäßig wiederholte und zielgerichtete Erhebungen im Sinne einer Dauerbeobachtung mit Aussagen zu Zustand und Veränderungen von Natur und Landschaft

Natura 2000: europaweites Schutzgebietssystem als Umsetzung der FFH- und der Vogelschutzrichtlinie

natürlich: vom Menschen unverändert, in ursprünglichem Zustand

naturnah: ohne direkten menschlichen Einfluss entstanden und vom Menschen nicht wesentlich verändert, dem natürlichen Zustand nahe kommend

Naturschutzgroßprojekte: Projekte im Bundesförderprogramm zur „Errichtung und Sicherung schutzwürdiger Teile von Natur und Landschaft mit gesamtstaatlich repräsentativer Bedeutung" (seit 1979) sowie im Gewässerrandstreifenprojekt des Bundes (seit 1989)

Naturwacht: Sammelbezeichnung für haupt- und ehrenamtlich tätige Schutzgebietsbetreuer mit Überwachungs- und Informationsfunktion (Ranger)

Neozoen/Neophyten: zugewanderte oder eingeführte bzw. eingeschleppte gebietsfremde Tier- und Pflanzenarten, die im neu besetzten Gebiet selbsttragende Populationen bilden

Nutzung: eine der Funktionen von UNESCO-Biosphärenreservaten (siehe Internationale Leitlinien, Artikel 3, S. 297)

Ökosystem: nach Art 2. der CBD ein dynamischer Komplex von Gemeinschaften aus Pflanzen, Tieren und Mikroorganismen sowie deren nicht lebender Umwelt, die als funktionelle Einheit in Wechselwirkung stehen

Ökosysteme, akkumulierende: Lebensräume, in denen infolge gebremster Stoffumsetzungsprozesse insbesondere organische Substanz angereichert wird; unter humiden Klimabedingungen zählen dazu insbesondere natürliche Moorstandorte mit ihrer Torfspeicherung (Kohlenstoff-Akkumulation)

Ökosysteme, semiaquatische: Lebensräume mit permanenter Wassersättigung des Standorts (bis zu flachem Überstau) und daran angepasster Sumpfvegetation; in der Regel Standorte mit Akkumulation organischer Substanz

Ökosystemkomplex: Zusammensetzung aus mehreren Ökosystembausteinen, daher sowohl auf einer räumlichen Ebene als auch auf der Ebene der Vernetzung höher zu bewerten

Paludikultur: Nutzungsökosysteme, in denen unter semiaquatischen Standortbedingungen hochproduktive pflanzliche Biomasse erzeugt werden kann

Planfeststellung: rechtsverbindliches Verfahren, in dem zur Schaffung von Baurecht für Vorhaben die Abwägung aller Belange abschließend vorzunehmen ist

Polder: von Deichen umschlossenes Gebiet im Überschwemmungsbereich eines Wasserlaufs, das dem Hochwasserschutz dienen soll

Polytrophierung: Überversorgung mit Nährstoffen; gilt hier für einen Standort, ein Ökosystem, das von einer in der Regel artenarmen, konkurrenzstarken und hochproduktiven Vegetation geprägt wird

pontische Arten: Arten, die ihren Ursprung im Schwarzmeerraum haben

Public-Private Partnership: gleichberechtigte Zusammenarbeit von privaten und öffentlichen Einrichtungen (z. B. GmbH - Kommune)

Prädatoren: Tierarten, die sich von anderen Tieren ernähren (im Gegensatz zu Pflanzenfressern)

Prozessschutz: Zulassen aller für das jeweilige Ökosystem natürlichen, sowohl biotischen als auch abiotischen Vorgänge

Ramsar Konvention: Übereinkommen über Feuchtgebiete, insbesondere als Lebensraum für Wat- und Wasservögel, von internationaler Bedeutung; ausgewiesene Ramsar-Gebiete

Regionen Aktiv: 2002 vom Bundesministerium für Verbraucherschutz, Ernährung und Landwirtschaft ausgelobter bundesweiter Wettbewerb

Ressourcen: Vorräte materieller und ideeller Art, die in der Regel nur im begrenzten Umfang vorhanden sind

Rote Listen: Verzeichnisse von gefährdeten Arten, Artengesellschaften und Biotopen auf Länder-, nationaler, europäischer oder internationaler Ebene

rural: ländlich, bäuerlich

Schälen: Abbeißen oder Abnagen von noch nicht zu stark verborkter Baumrinde als Teil der Nahrungsaufnahme von Schalenwild

Schalenwild: die dem Jagdrecht unterliegenden wildlebenden Paarhufer, darunter die Familie der Hirschartigen (Cerviden) mit den heimischen Vertretern Rotwild und Rehwild sowie den nicht heimischen Vertretern Damwild und Sikawild, die Familie der Rinderartigen (Boviden) mit den Vertretern Gamswild, Muffelwild und Steinwild, sowie das Schwarzwild (Wildschwein); „Schale" Bezeichnung für die Klauen (Hufe) der Paarhufer

Schlag: Ackerfeld; beim Fruchtwechsel ist das Ackerland in einzelne Schläge aufgeteilt: Getreideschlag, Maisschlag usw.

Schutz: eine der Funktionen von UNESCO-Biosphärenreservaten (siehe Internationale Leitlinien, Artikel 3, S. 297)

Seegat: Rinne zwischen benachbarten Barriere-Insel; verbindet das Wattengebiet mit dem offenen Meer

Segetalflora: von lat. „segetalis", zur Saat gehörig; Ackerbegleitflora; umfasst Pflanzen, die gesellschaftsbildend mit Nutzpflanzen vorkommen; deren Kultur ist für sie erträglich, fördernd oder lebensnotwendig (auch Ackerwildkräuter, Ackerunkräuter).

Stakeholder: Anteilseigner, Beteiligter

Sukzession: zeitliche Aufeinanderfolge von Arten bzw. Lebensgemeinschaften bei der Entwicklung eines Biotops

Top-down-Prozess: Prozess in einem hierarchischen System, der von der oberen Strukturebene ausgehend über verschiedene Zwischenebenen zur untersten Strukturebene verläuft (Gegenteil: Bottom-up-Prozess)

thermophil: wärmeliebend

Trophie: Nährstoffversorgung/-gehalt eines Ökosystems

ubiquitär: überall vorkommend, überall vertreten

Valorisierung: Zuweisung, Schätzung oder Berechnung eines Wertes für eine bisher nicht bewertete Ressource. Dieser Wert wird in den meisten Fällen monetär (in Geldwert) ausgedrückt, er kann aber auch nicht-monetärer Art sein. Ein bei einer Valorisierung geschätzter oder errechneter monetärer Wert kann, muss aber nicht in der Praxis tatsächlich umgesetzt werden.

Valorisierungsmethoden: Methoden, um den Wert einer bisher nicht bewerteten Ressource zu schätzen bzw. zu berechnen. Eine bekannte Methode ist z. B. die Zahlungsbereitschaftsanalyse: Durch Umfragen unter Zielgruppen wird ermittelt, wie viel diese für die Nutzung einer Ressource – oder die Unterlassung einer Nutzung – zu zahlen bereit wären.

Verbeißen: Abfressen von Knospen, Trieben und Blättern von jungen Bäumen durch Schalenwild

Versauerung: Veränderung des pH-Werts (Maßeinheit der vorhandenen Wasserstoffionen) in den sauren Bereich

Vertragsnaturschutz: Verträge mit Landnutzern unter Auflagen einer naturverträglichen bzw. naturschutzgerechten Bewirtschaftung, oft mit konkreter Zielstellung für den Arten- und Biotopschutz; finanzielle Entschädigung für Einkommensminderung

xylobiont: von/im Holz lebend

7.6 Sachverzeichnis

Agenda 21:
11, 17 f., 40, 44, 47, 68, 87, 89, 96, 100 f., 117, 119 f., 130, **164**, 157, 159, 233, 242, 284

Arten(schutz):
16 f., 20 f., 23, 29 f., 37, 47, 49, 66, 69 ff., 73, 80 ff., 85 ff., 89, 91, 93, 95 f., 98, 101, 105, 109 f., 111 f., 114 ff., 124, 131 ff., 138, 163, 165, 168 ff., 172 ff., 175, 177, 187, 193 f., 198, 200, 202, 205, 211, 213, 217, 223, 235 f., 240 f., 243 f., 255 ff., 258, 262, 268 ff., 271 ff., 274, 280, 284 f., 287 ff., 290, 292, 294, 297, 300, 303

Besucherlenkung:
116 f., **167**, 210, 246, 248, 280

Biosphärenreservate, grenzüberschreitend:
15, 18, 36, 143, **212**

BR Bayerischer Wald:
23, **26**, 47, 95, 105, 109, 114, 118, **129**, 152, 158, 230, 234, 241, 279, **294**

BR Berchtesgaden:
23, **26**, 55, 95, 105, 114, 118, **129**, 158, **187**, 230, 234, 241, 279, **295**

BR Flusslandschaft Elbe:
11, 15, **26**, 50, 83 ff., 91, 105, **129**, 198, 228, 240 ff., 278, **286**

BR Hamburgisches Wattenmeer:
26, 95, 114, **129**, 240, 242, 278, **282**

BR Niedersächsisches Wattenmeer:
26, 95, 114, **129**, 192, 240, 242, 278, **283**

BR Oberlausitzer Heide- und Teichlandschaft:
26, **129**, 179, 223, 228, 241 f., 279, **289**

BR Pfälzerwald-Nordvogesen:
85, **26**, 105, 109, 117, **129**, 158, 204, 213, 215 f., 228, 241, 279, **293**

BR Rhön:
23, 91, **26**, 105, 114, 117 f., 125 f., **129**, 144, 146, 209, 213 ff., 218, 228 ff., 231 f., 235 f., 238 f., 240 f., **251**, 279, **291**

BR Schaalsee:
26, 112, 117 f., **129**, 156 f., **164**, 228 f., 231 f., 240, 242, 278, **284**

BR Schleswig-Holsteinisches Wattenmeer:
26, 113, **129**, 175, 240, 242, 245 ff., 248, 250, 278, **281**

BR Schorfheide-Chorin:
26, 75, 85, 91, 98, 105, 112, 118, **129**, 160, 201, 209, 228 ff., 231 f., 240 ff., **255**, **268**, 278, **285**

BR Spreewald:
26, 55, 105, **129**, 187, 201, 223, 228 f., 232, 240 ff., **261**, 279, **288**

BR Südost-Rügen:
26, 66, 69, 85, 92, 105, 112, 118, **129**, 156, 223, 228, 231, 240, 278, **280**

BR Vessertal-Thüringer Wald:
11, **26**, 68, 105, 109, 116, **129**, **167**, 241 f., 279, **290**

BR in Gründung Bliesgau:
204

BNatSchG:
20, 24, 35, 37, 129 f., 204, 206, 243, 269, 281

DDR:
10, 26, 34, 37, 89, 146, 164, 167, 201 f., 276

EABR/AGBR:
26 f., 30, 32, 34 f., 37 ff., 60, 299

Entwicklungszone:
11, 14 f., 23 ff., **26** f., 32, 34 f., 37, 41, 66, 72, 76 f., 85 ff., 88, 105, 110 ff., 115, 121, 129, 168, 172, 178, 192 ff., 210, 220, 222, 229, 245, 248, 280 ff., 283 ff., 286, 288 ff., 291, 293 ff., 297, 299 f.

EUROPARC:
38, 60, 113, 117, 144, 166, 216, 246, 302

Flora-Fauna-Habitat-Richtlinie (FFH):
97 f., 169, 172, 205, 240, 243, 270, 281 f.

Fischerei:
67, 96, 161 f. 181, 185, 196, 207, 225, 245 f., 263, 265, 280 f., 283 ff., 289

Förderung:
11, 24, 33, 46 f., 49, 53, 66, 70, 86, 94, 100 ff., 106, 108, 112, 121, 132, 139, 141 ff. 147 ff., 150, 165 f., 168, 175, 178, 203, 212 f., 225, 227, 229 ff., 232, 246, 256, 259, 261, 296 ff., 301, 304

Forschung:
10 f., 16, 24, 34 f., 37 ff., 40, 42 ff., 50 f., 54 f., 62, 66 ff., 69 ff., 75, 91, 107 f., 120, **124**, 142, 144 f., **220**, 181, 184 ff., 208 ff., 216, 218, 225, 234, 241, 246, 255 ff., 274, 297 f., 300 ff., 303 f.

Frauen:
47, 54, 101, 148, 231, 267

Gesundheit:
16 f., 21, 100 f., 104, 114, 122, 161 f., **187**, 226, 258, **295**

GIS:
141, 169, 172 f., 189, 224, 240 ff., 292 ff., 295

Indikatoren:
19 f., 80, 107 f., 124, 126 f., 189, 223, 236, 238, 243, 250, 257 ff., 260, 268, 288

Kernzone:
11, 15, 23 f., **26** f., 32, 34 f., 49, 66, 69, 71, 77 ff., 96, 105, 109 ff., 112, 137, 170 f., 188, 192, 194, 197, 210, 248 f., 266, 280 ff., 283 ff., 286, 288 ff., 291, 293 ff., 297, 299 ff.

Kinder/Jugendliche:
9, 20, 24, 47, 53 ff., 56 f., 71, 90, 95 f., 128

Kommunikation:
19, 22, 47, 49 ff., 54 ff., **59**, 71, 82, 87, 97, 106, 108, 116, 124, 126, 128, 159, 165 f., 183, 213, 216, 218, 223 f., 226 ff., 230, 246 ff., 250, 254, 270, 296, 298, 301 f., 304 f.

Konflikte:
15, 30, 43, 45, 48 f., 51, **59**, 64, 81, 97, 116 f., 120 f., 127 f., 130, 168 ff., 173, 184, 198 ff., 210, 212 f., 215 ff., 218, 226, 231, 248, 263, 266 ff., 271, 292

Konvention über die biologische Vielfalt (CBD):
11, 14 f., 43 f., 116 f., 122, 138 f., 142, 209, 243, **273**, 297

Kooperation:
33, 38 f., 48, 56, **59**, 70, 96, 106, 116 ff., 126, 138, 149 f., 154, 166, 169, 179 f., 199, 206 f., 212 f., 215 ff., 226 ff., 229 ff., 233, 240, 247 f., 268, 271, 274, 289, 292

Kulturlandschaft:
15, 19, 23, 26, 29 f., 32 ff., 35, 37 f., 41, 43, 46, 68, 70, **73**, **80**, 89, 93 f., 101, 105, 113, 124, 128, 131 f., 142, 148, 160 ff., 163, 179, 181 f., 201 ff., 204 ff., 207, 210, 245, 252, 255, 257, 260, 262, 264, 268, 270, 274, 284 f., 287 f., 302 ff.

Landwirtschaft:
24, 61, 63, 71, 78, 80 f., 83, 86 ff., 89, 91, 94, 97, 99, 100 f., 104 f., 106 ff., 118, 136, 140, 148 f., 150, 154, 160 ff., **175**, 181, 185, 187, 194, 198 ff., 202 f., 205 ff., 208 ff., 214 ff., 225, 229 ff., 245 f., 252, **255**, 265, **268**, 280, 282, 284, 287 f., 290, 292

Monitoring:
11, 43 f., 51, 70 ff., 95 f., 98, 112, 124, 141, 145, **220**, **245**

Nationalpark:
14 f., 23, 26 f., 32 ff., 36, 38, 40, 47, 60, 77 ff., 95, 113 ff., 117, 134, 137, 139 ff., 154, 156 ff., 166, 175, 178, 188 f., 192 ff., 196, 212, 229, 241, 245 ff., 248 f., 280 ff., 284, 294 f., **302**

Nationalparkprogramm der DDR:
26, 34, 37, 164, 201

Naturpark:
26 f., 33, 35 f., 38, 48, 60, 73, 113 ff., 117 f., 164, 169, 201, 215, 240, 246, 293, 302, 304 f.

Naturschutz:
11, 19 f., 23 f., 33 ff., 42, 44 ff., 47 ff., 50, 57, 63, **66**, 80, 83 ff., 86 f., 89 f., 92, 96 f., 101, 105 ff., 114 f., 117 f., 120, 123, 124 f., 138 f., 141 f., 145, 160, 164, 166, **167**, 177, 193 ff., 199, 202, 205 ff., 209, 212, 218, 225, 229, 235, 250, **255**, 262, 264, 266 f., **268**, 274, 303 ff.

Naturwacht/Ranger:
33, 48, 77, **95**, 185, 224, 247, 284 f., 288

Öffentlichkeitsarbeit:
12, 32, 38, 40, 60 f., 69, 71 f., 90, 92, **95**, 98, 123 f., 144, 157, 160, 163, 166, 168, 173, 179, 184, 216, 226, 231, 240, 250 ff., 253 f., 262, 265, 267, 270, 280, 283, 292, 298, 301

Partizipation:
22, 43, 47 f., 50 f., 55, 57, 63, 108, 117, 127 f., 139, 143, 173 f., 218, 262 ff., 266 f., 300

Pflegezone:
11, 23 f., 26 f., 32, 34 f., 66, 71 f., 85 f., 96, 110, 116, 131 f., 168, 172, 188, 192, 194, 197, 222, 262, 280 ff., 283 ff., 286, 288 ff., 291, 293 ff., 297, 299 f.

Rahmenkonzept:
32, 53, 124, 128 ff., 131 ff., 134 f., 143, 147 ff., **164**, 179, 214, 221, 300 f.

Ramsar Konvention:
14 f., 193, 281

Regionalentwicklung:
12, 15, 40, 49, 76, 84, 88 f., 105, 109, 111 f., 118, 128, 143 ff., 159, **160**, 165, 207 ff., 210, 213, 225, 230, 232, 253, 268, 281, 304

Regionalmarke/Dachmarke:
61, 86 f., 118, 148, **160**, 226, 228 ff., 232, 253, 284 f., 287 f.

Regionalvermarktung:
38, 118, 144, **146**, 178, **225**, 269, 289, 292

Sport:
48, 56 f., 70, 90, 101, 114, 116 f., 136, 158 f., 167, 169 ff., 172, 188, 194, 249

Tourismus:
11, 24 f., 30, 33 f., 38, 49, 51, 66 f., 76, 89, 101, 104 ff., 108 f., **113**, 124, 126, 130, 132, 138, 143, 145, 160, 166, **167**, 175, 178, 187 f., 197, 201 ff., 207, 209 f., 215, 217, 227, 229 ff., 245 ff. 248, 250, 261, 263, 303 ff.

Umweltbeobachtung:
6, 11, 26, 34 f., 37 f., 40, 66, 70 f., 96, 126 ff., 185, 224 f., **233**, 282, 285, 287 ff., 292, 295, 297 f., 301

Umweltbildung:
11, 26, 32 ff., 35, 37, 40, 46, **53**, 71 f., 89, 95 f., 98, **124**, 126, 132, 145, 150, 152, 154 f., 159, 165, 168, 178, **179**, 203, 207, 209, 214 f., 280, 285, 288 ff., 292 ff., 295, 297 f., 301 ff., 304 f.

Valorisierung:
21, 67, 75, 84

Verkehr:
17, 30, 44, 53, 56, 76, 100 f., 114, 117 f., 132, 143, 158 f., 168 f., 174, 214, 223, 225, 240, 280, 289, 294

Vertragsnaturschutz:
21, 24, 70, 85, 91 f., 95, 97 f., 109, 175, 199 f., 203, 205, 214, 223, 280, 283, 288

Wald/Forst:
18, 48 f., 55 ff., 66 f., 70 f., 74, 76 f., 80 f., 83 f., 85 f., 88 f., 93, 95, 99, **109**, 139 ff., 143, 145, 152 ff., 155, 159, 168 ff., 171 f., 181, 185, 190, 193, 202, 204 f., 208, 214, 240 f., 263, 270, **273**, 284 f., 288, 290, 292, 295

Welterbekonvention:
14 f., 19, 83, 88

Zonierung:
11, 14, 23, 32, 84, 115 ff., 131, 136, 139, 164, 194, 207 f., 210, 299 f.

7.7 Autorenverzeichnis

Altmann, Herbert:
Altbürgermeister der Gemeinde Kirchdorf im Wald

Baranek, Elke:
Ingenieurin Landschaftsplanung und Gartenbau, freiberufliche Moderatorin mit den Schwerpunkten Beteiligungsprozesse und partizipative Verfahren in der Landnutzungsplanung, Politikgestaltung, Stadt- und Regionalentwicklung sowie Konsumentenforschung; freie Tätigkeit u. a. für die Bornholdt-Ingenieure GmbH, wissenschaftliche Mitarbeiterin am Zentrum Technik und Gesellschaft der TU Berlin

Blahy, Beate:
Ingenieurin für Veterinärmedizin, Mitarbeiterin der BR-Verwaltung Schorfheide-Chorin im Bereich „Öffentlichkeitsarbeit, Naturwacht und Internationale Beziehungen", Vorsitzende des Bundesverbands Naturwacht e. V.

Bode, Wilhelm:
Jurist und Diplom-Forstwirt, Leitender Ministerialrat Abteilung „Natur und Mensch", Ministerium für Umwelt des Saarlandes

Boley-Fleet, Kirsten:
Geografin, Dezernentin der Abteilung Naturschutz des Landesamts für den Nationalpark und der BR-Verwaltung Schleswig-Holsteinisches Wattenmeer; Schwerpunkte: regionale Schutzkonzepte, MAB, Eingriffsregelungen, Zusammenarbeit mit Verbänden und Kommunen

Brendel, Ulrich:
Biologe, Mitarbeiter der Zukunft Biosphäre GmbH – Gesellschaft zur nachhaltigen Entwicklung mbH im BR Berchtesgaden; Schwerpunkte: Konzepte zur Nachhaltigen Entwicklung, Artenschutz, ökologische Gutachten, Umweltbildung

Brendle, Uwe:
Verwaltungswissenschaftler, wissenschaftlicher Direktor, Leiter der Abteilung „Natur und Gesellschaft", Bundesamt für Naturschutz (BfN); Mitglied im Beirat „Regionen Aktiv"

Dittrich, Monika:
Geografin, Mitarbeiterin der Deutschen Gesellschaft für Technische Zusammenarbeit (GTZ) GmbH; Schwerpunkt: Management natürlicher Ressourcen

Druckrey, Frauke Dr.:
Chemikerin, 1992-2001 Umweltreferentin beim Verband der Chemischen Industrie e. V. (VCI); Schwerpunkte: Responsible Care, Sustainable Development und Grundsatzfragen der Umweltpolitik; Mitglied des deutschen MAB-Nationalkomitees, Mitglied der internationalen UNESCO MAB Focus Group on Quality Economies in Biosphere Reserves

Engels, Barbara:
Biologin, wissenschaftliche Mitarbeiterin der Fachgebiete „Internationaler Naturschutz/MAB" und „Erholungsvorsorge, Freizeitnutzung und Tourismus", Bundesamt für Naturschutz (BfN)

Erdmann, Karl-Heinz Dr.:
Geograf, Leiter des Fachgebiets „Gesellschaftliche und rechtliche Grundlagen des Naturschutzes", Bundesamt für Naturschutz (BfN); Lehrbeauftragter an der Universität Bonn und der Hochschule Vechta

Frielinghaus, Helmut:
Agraringenieur, Bereichsleiter Feldbau im Ökodorf Brodowin Landwirtschafts GmbH & Co. KG

Gätje, Christiane Dr.:
Biologin, Dezernentin der Abteilung „Monitoring und Forschung" des Landesamts für den Nationalpark und der BR-Verwaltung Schleswig-Holsteinisches Wattenmeer; Schwerpunkte: Koordination von Ökosystemforschungsprojekt und Wattenmeermonitoring, Aufbau und Durchführung des sozio-ökonomischen Monitorings, nachhaltiger Tourismus

Geier, Michael:
Landespflege-Ingenieur, Landschaftsarchitekt, Leiter der bayerischen Verwaltungsstelle des BR Rhön

Gietl, Susanne:
Forstingenieurin und Erzieherin, pädagogische Leiterin des „Wildniscamps am Falkenstein", BR/NLP Bayerischer Wald

Göppel, Josef:
Diplom-Forstingenieur (FH), Mitglied des Deutschen Bundestags (Vorsitzender des Arbeitskreises Umwelt der CSU), Vorsitzender des Deutschen Verbandes für Landschaftspflege (DVL), Präsidiumsmitglied des Deutschen Naturschutzrings, Mitglied des deutschen MAB-Nationalkomitees

Hatzfeldt, Hermann Graf:
Volkswirt, Eigentümer der Hatzfeldt-Wildenburg'schen Verwaltung, Schloss Schönstein (Wissen), Vorsitzender der FSC Arbeitsgruppe Deutschland, Mitglied des Rats für Nachhaltige Entwicklung, Mitglied des deutschen MAB-Nationalkomitees

Grimm, Johannes Dr.:
Agrarwissenschaftler und Landwirt, Projektmanagement Dr. Grimm (Landwirtschaft, Ökologie, Umwelt, Boden), zurzeit Geschäftsführer des Naturschutzhofs Brodowin

Günther, Beate:
Biologin und Germanistin, freiberufliche Tätigkeit und wissenschaftliche Mitarbeit als Mediatorin (BM), Moderatorin, Trainerin, Supervisorin in Gestaltungs- und Beteiligungsprozessen im Bereich öffentlicher Planungen; Projektmanagerin zahlreicher Umweltprojekte sowie Agenda 21-Prozesse in Berlin und Brandenburg

Hain, Benno Dr.:
Biologe, Leiter des Fachgebiets „Grundsatzfragen der Ökologie", Umweltbundesamt (UBA); Schwerpunkte: Umweltqualitätsziele, Alpenkonvention, Konvention zur biologischen

Vielfalt und Ökosystemforschung; Leiter der Arbeitsgruppe „Bergspezifische Umweltqualitätsziele" der Alpenkonvention

Hein, Gertrud Dr.:
Geografin, Dezernentin für Fortbildung an der Natur- und Umweltschutz-Akademie NRW (NUA) eingerichtet bei der Landesanstalt für Ökologie, Bodenordnung und Forsten des Landes NRW (LÖBF), Mitglied des deutschen MAB-Nationalkomitees

Heinze, Birgit:
Lizenziatin der Naturwissenschaften (TR), Übersetzerin, Mediatorin, Mitarbeiterin des Fachgebiets „Internationaler Naturschutz/MAB", Bundesamt für Naturschutz (BfN); Schwerpunkte: Finanzierungsinstrumente, EU-Erweiterung, Naher Osten, MAB; MAB-Geschäftsstelle im BfN

Hellmuth, Elke Dr.:
Diplom-Lehrerin und Geografin, stellvertretende Leiterin des BR Vessertal-Thüringer Wald; Schwerpunkte: Landschaftsplanung und Landnutzung

Henne, Eberhard Dr.:
Tierarzt, Leiter des BR Schorfheide-Chorin, 1. Vorsitzender von EUROPARC Deutschland

Heyne, Peter:
Biologe, Leiter des BR Oberlausitzer Heide- und Teichlandschaft

Höltermann, Anke Dr.:
Diplom-Forstwirtin, wissenschaftliche Mitarbeiterin des Fachgebiets „Integrativer Naturschutz im Agrar-, Forst- und Siedlungsbereich", Bundesamt für Naturschutz (BfN)

Jarmatz, Klaus:
Biologe, Leiter des BR Schaalsee

Job-Hoben, Beate:
Ökologin, wissenschaftliche Mitarbeiterin des Fachgebiets „Erholungsvorsorge, Freizeitnutzung, Tourismus", Bundesamt für Naturschutz (BfN)

Kehl, Christine Dr.:
Biologin, Projektmanagerin des Gewässerrandstreifenprojekts im BR Spreewald

Königstedt, Brigitte Dr.:
Biologin, Mitarbeiterin des BR Flusslandschaft Elbe, Teilgebiet Niedersachsen; Schwerpunkte: Artenschutzkonzepte und Biotopmanagement

Kruse-Graumann, Lenelis Prof. Dr.:
Psychologin, Leiterin des Lehrgebiets Ökologische Psychologie am Institut für Psychologie, Fern-Universität Hagen; Honorarprofessorin an der Universität Heidelberg; Schwerpunkte: Umweltpsychologie sowie Sozial- und Sprachpsychologie, Mitglied zahlreicher Gremien, u. a. des Wissenschaftlichen Beirats der Bundesregierung Globale Umweltveränderungen (bis 2000) und des deutschen MAB-Nationalkomitees

Kullmann, Armin:
Agraringenieur, Bereichsleiter Regionalberatung und Marketing, Institut für ländliche Strukturforschung an der Universität Frankfurt a. M. (IfLS)

Mack, Rolf-Peter Dr.:
Agrarbiologe, Leiter des Vorhabens „People and Biodiversity in Rural Areas. Sustainable Livelihoods for Diverse Cultural and Natural Landscapes" der Deutschen Gesellschaft für Technische Zusammenarbeit (GTZ) GmbH

Mattern, Kati:
Geografin, wissenschaftliche Mitarbeiterin des Fachgebiets „Grundsatzfragen der Ökologie", Umweltbundesamt (UBA); Schwerpunkte: ökosystemare Umweltbeobachtung, Indikatoren, Umweltqualitätsziele und Konvention zur biologischen Vielfalt

Mayerl, Dieter:
Landespflege-Ingenieur, Landschaftsarchitekt, Ministerialrat, 1974-2003 Bayerisches Umweltministerium, Schwerpunkte: Landschaftsplanung/-pflege u. a. für Biosphärenreservate; 1991-1995 Mitglied des deutschen MAB-Nationalkomitees; 1997-2000 Vorsitzender der Arbeitsgruppe für UNESCO-Biosphärenreservate in Deutschland (AGBR)

Meier, Ariane:
Kommunikationswissenschaftlerin, weiterführendes Studium im Bereich Umwelt, Kultur und Gesellschaft an der University of Lancaster, Institute for Environment, Philosophy and Public Policy (GB); Schwerpunkt: kulturelle Wahrnehmung von Natur

Nauber, Jürgen:
Diplom-Forstwirt, Leiter des Fachgebiets „Internationaler Naturschutz/MAB", Bundesamt für Naturschutz (BfN), Geschäftsführer des deutschen MAB-Nationalkomitees

HAN Nianyong:
Biologe, Generalsekretär des Chinesischen MAB-Nationalkomitees, Chinesische Akademie der Wissenschaften (Peking)

d'Oleire-Oltmanns, Werner Dr.:
Biologe, Geschäftsführer der Zukunft Biosphäre GmbH – Gesellschaft zur nachhaltigen Entwicklung mbH im BR Berchtesgaden

Petschick, Michael:
Agraringenieur, Leiter des Referats für die Ökologisierung der Landnutzung im BR Spreewald; Schwerpunkte: Projektentwicklung LEADER, Regionalmanagement, Vertragsnaturschutz

Plachter, Harald Prof. Dr. Dr. h. c.:
Biologe, Professor für Naturschutz am Fachbereich Biologie der Universität Marburg; Schwerpunkte: Populationsökologie gefährdeter Arten, naturschutzfachliche Bedeutung natürlicher Störungen (Überschwemmung, Beweidung), Naturschutz in Agrarlandschaften, Arbeitsmethoden des Naturschutzes (Bewertung, Planung), generelle Strategien des Naturschutzes; Mitglied u. a. der World Commission on

Protected Areas der IUCN, der deutschen Delegation zur Welterbekonvention der UNESCO und des deutschen MAB-Nationalkomitees sowie zahlreicher Gutachter-Gremien (u. a. Bundesforschungsministerium, Deutsche Bundesstiftung Umwelt)

Pokorny, Doris Dr.:
Landespflege-Ingenieurin, stellvertretende Leiterin der bayerischen Verwaltungsstelle des BR Rhön; Schwerpunkte: Koordination von Forschung und Umweltbeobachtung, internationale Zusammenarbeit, Mitglied des Advisory Committee for Biosphere Reserves der UNESCO

Precht, Folkert Dr.:
Geograf, Leiter des Referats „Wissenschaften" der Deutschen UNESCO-Kommission (DUK)

Preyer, Rolf-Dieter:
Diplom-Verwaltungswirt, Oberamtsrat im Referat für Forschungs- und Technologiepolitik des Auswärtigen Amts; Schwerpunkt: naturwissenschaftliche Programme der UNESCO

Puhlmann, Guido:
Ingenieur Meliorationswesen, Leiter der BR-Verwaltung Flusslandschaft Mittlere Elbe

Reiter, Karin Dr.:
Biologin, Mitarbeiterin des Fachgebiets „Integrativer Naturschutz im Agrar-, Forst- und Siedlungsbereich", Bundesamt für Naturschutz (BfN)

Remmers, Irmgard:
Landespflege-Ingenieurin, Leiterin der Nationalparkverwaltung Niedersächsisches Wattenmeer (zugleich zuständige Verwaltung für das BR Niedersächsisches Wattenmeer)

Rimpau, Jürgen Prof. Dr.:
Agrarwissenschaftler, Mitglied zahlreicher Gremien, u. a. des Vorstands der Deutschen Landwirtschafts-Gesellschaft e. V., des Rats für Nachhaltige Entwicklung und des deutschen MAB-Nationalkomitees

Schönthaler, Konstanze:
Landespflege-Ingenieurin, Gesellschafterin und Prokuristin der Bosch & Partner GmbH; Schwerpunkte: ökosystemare Umweltbeobachtung, Umweltqualitätsziele, Indikatoren, Schutzgebietsplanung sowie Alpenkonvention und Konvention zur biologischen Vielfalt

Schreiber, Hans-Joachim:
Diplom-Agraringenieur, Ministerialdirigent, Leiter der Abteilung „Naturschutz und Landschaftspflege", Umweltministerium des Landes Mecklenburg-Vorpommern; Sprecher der Biosphärenreservate in Deutschland, Mitglied des deutschen MAB-Nationalkomitees

Schulz, Christiane:
Geoökologin, Diplomthema und Projektbegleitung „nachhaltige Landnutzung" in der BR-Verwaltung Spreewald im Referat „Ökologisierung der Landnutzung"

Schulz, Werner F. Prof. Dr.:
Volkswirt, Ordinarius für Umweltmanagement an der Universität Hohenheim, Institut für Betriebswirtschaftslehre und Direktor des Deutschen Kompetenzzentrums für Nachhaltiges Wirtschaften (DKNW) an der Privaten Universität Witten/Herdecke gGmbH, Mitglied des deutschen MAB-Nationalkomitees

Specht, Rudolf Dr.:
Biologe, wissenschaftlicher Mitarbeiter des Fachgebiets „Internationaler Naturschutz/MAB", Bundesamt für Naturschutz (BfN)

Steinmetz, Elke:
Geografin und Biologin, Referentin im Referat „Allgemeine und grundsätzliche Angelegenheiten des Naturschutzes", Bundesministerium für Umwelt, Naturschutz und Reaktorsicherheit (BMU), Schwerpunkt: MAB

Succow, Michael Prof. Dr.:
Biologe, Direktor des Botanischen Instituts und des Botanischen Gartens, Universität Greifswald, Schwerpunkte: Pflanzenökologie auf dem Gebiet der Moorökologie, vegetationsorientierte Landschaftsökologie sowie Naturschutz; Träger des Alternativen Nobelpreises 1997, Vorsitzender des Stiftungsrats der Michael Succow Stiftung zum Schutz der Natur, Mitglied des deutschen MAB-Nationalkomitees

Treß, Johannes:
Agraringenieur, Leiter des BR Vessertal-Thüringer Wald

Vogel, Michael Dr.:
Biologe, Leiter des Nationalparks Berchtesgaden, Präsident des Netzwerks Alpiner Schutzgebiete

Walter, Alfred:
Volkswirt, Ministerialrat, Leiter des Referats „Allgemeine und grundsätzliche Angelegenheiten des Naturschutzes", Bundesministerium für Umwelt, Naturschutz und Reaktorsicherheit (BMU); Vorsitzender des deutschen MAB-Nationalkomitees

Weigelt, Michael Dr.:
Biologe, Leiter des Nationalparkamts Rügen (zuständig für BR Südost-Rügen und Nationalpark Jasmund)

Wenzel, Peter:
Diplom-Forstwirt, Ministerialdirigent, Leiter der Abteilung „Naturschutz und Forsten", Ministerium für Landwirtschaft und Umwelt des Landes Sachsen-Anhalt

Zeck, Holger:
Biologe, Mitarbeiter der Abteilung „Natur und Mensch", Ministerium für Umwelt des Saarlandes; zuständig für das geplante Biosphärenreservat Bliesgau

If you have any concerns about our products,
you can contact us on
ProductSafety@springernature.com

In case Publisher is established outside the EU,
the EU authorized representative is:
**Springer Nature Customer Service Center GmbH
Europaplatz 3, 69115 Heidelberg, Germany**

Printed by Libri Plureos GmbH
in Hamburg, Germany